矿山机械与设备

主　编　格日乐　卜桂玲

副主编　丁志勇　曹　宇

参　编　吴　晗　宋青龙

北京理工大学出版社

BEIJING INSTITUTE OF TECHNOLOGY PRESS

内容简介

本书系统、全面地介绍了采掘机械、运输提升机械、流体机械的工作原理、运行理论、典型结构、使用和维修方法，广泛收集现场新的先进设备，对本领域中的科技成就及发展动向作了介绍，力争让新知识进入课本。本书是集矿山企业专家和校内专家各方面意见编写而成的。

本书内容充实，可作为采矿工程、机械设计及其自动化专业的教材，也可作为其他相关人员的辅助资料。

图书在版编目（CIP）数据

矿山机械与设备／格日乐，卜桂玲主编．—北京：北京理工大学出版社，2020.5
ISBN 978-7-5682-7360-2

Ⅰ.①矿…　Ⅱ.①格…　②卜…　Ⅲ.①矿山机械-高等学校-教材　Ⅳ.①TD4

中国版本图书馆CIP数据核字（2019）第168565号

出版发行／北京理工大学出版社有限责任公司
社　　址／北京市海淀区中关村南大街5号
邮　　编／100081
电　　话／（010）68914775（总编室）
　　　　　（010）82562903（教材售后服务热线）
　　　　　（010）68948351（其他图书服务热线）
网　　址／http://www.bitpress.com.cn
经　　销／全国各地新华书店
印　　刷／涿州市新华印刷有限公司
开　　本／787毫米×1092毫米　1/16
印　　张／29.25
字　　数／687千字
版　　次／2020年5月第1版　2020年5月第1次印刷
定　　价／89.80元

责任编辑／多海鹏
文案编辑／多海鹏
责任校对／周瑞红
责任印制／李志强

校企合作教材编委会

前　言

本书是根据应用型本科转型发展的要求，参考《矿山机械与设备》教学大纲要求编写而成的，可作为采矿工程、机械设计及其自动化专业的教材，也可作为其他相关人员的辅助资料。

本书系统全面地介绍了采掘机械、运输提升机械、流体机械的工作原理、运行理论和典型结构，同时增加了设备的操作使用和维修方法的介绍，理论联系实际，实用性较强。

本书由格日乐、卜桂玲担任主编，曹宇、丁志勇担任副主编，吴晗、宋青龙参与编写。宋青龙编写第一章和第二章，卜桂玲编写第四章，吴晗编写第五章和第六章，格日乐编写第八章~第十章，曹宇编写第三章和第七章。丁志勇编写各种机械设备的操作使用和维修方法，格日乐进行了文字修改和校对。

由于水平有限，书中难免有缺点和错误，敬请读者批评指正。

编　者

目　　录

第一章　采煤机械

第一节　概述

我国是产煤大国，煤炭是我国最主要的能源，是保证我国国民经济飞速增长的重要物质基础。煤炭工业的机械化是指采掘、支护、运输和提升的机械化。随着采煤机械化的发展，采煤机已成为现代最主要的采煤机械，是实现煤矿生产机械化和现代化的重要设备之一。机械化采煤可以减轻体力劳动、提高安全性，达到高产量、高效率、低消耗的目的。

现在常用的采煤机械有两种：滚筒式采煤机和刨煤机。

一、采煤机的发展

20 世纪 40 年代初，英国和苏联相继研制出链式采煤机。这种采煤机是用截链落煤，在截链上安装有被称为截齿的专用截煤工具，其工作效率低。同时德国研制出了用刨削方式落煤的刨煤机。

20 世纪 50 年代初，英国和德国相继研制出滚筒式采煤机，这就是第一代采煤机，即固定滚筒式采煤机。在这种采煤机上安装有截煤滚筒，它是一种圆筒形部件，其上装有截齿，用截煤滚筒实现装煤和落煤。这种采煤机与可弯曲输送机配套，奠定了煤炭开采机械化的基础。这种采煤机的主要特点有两个：其一是截煤滚筒的安装高度不能在使用中调整，对煤层厚度及其变化适应性差；其二是把圆筒形截煤滚筒改进成螺旋叶片式截煤滚筒，即螺旋滚筒，极大地提高了装煤效果。

20 世纪 60 年代，英国、德国、法国和苏联先后对采煤机的截煤滚筒做出革命性改进。20 世纪 60 年代初，研制出第二代采煤机——单滚筒式采煤机；1964 年，研制出第三代采煤机——双滚筒式采煤机。

双滚筒式采煤机截煤滚筒在使用中可以调整其高度，完全解决对煤层储存条件的适应性；同时把圆筒形截煤滚筒改进成螺旋叶片式截煤滚筒，即螺旋滚筒，极大地提高了装煤效果。这两项关键的改进是滚筒式采煤机被称为现代化采煤机械的基础。可调高螺旋滚筒式采煤机或刨煤机与液压支架和可弯曲输送机配套，构成综合机械化采煤设备，使煤炭生产进入高产、高效、安全和可靠的现代化发展阶段。从此，综合机械化采煤设备成为各国地下开采煤矿的发展方向。20 世纪 70 年代以来，综合机械化采煤设备朝着大功率、遥控、遥测方向发展，其性能日臻完善，生产率和可靠性进一步提高。1970 年无链牵引采煤机研制成功，1976 年出现了第四代采煤机——电牵引采煤机。工矿自动检测、故障诊断以及计算机数据处理和数显等先进的监控技术已经在采煤机上得到应用。

采煤机的发展方向：

（1）牵引传动方式向电牵引方式发展。

（2）大功率化。采煤机的功率将达到 1 100 ~ 1 500 kW，以电牵引为主。

（3）以提高牵引速度为主。以 14 ~ 16 m/min 的牵引速度为目标。

（4）截煤滚筒的切割深度在逐步增加。如今在澳大利亚，1.0 m 的切割深度已非常普遍。

（5）调整方式趋向交流变频调速。

（6）牵引方式向无链牵引方向发展。

（7）调高范围向大的方向发展。目前中厚煤层最大采高可达 5 m，薄煤层采高最低可达到 0.8 m。

二、采煤机的分类

采煤机的分类方法：

（1）按滚筒数目，可分为单滚筒式和双滚筒式采煤机。

（2）按煤层厚度，可分为厚煤层、中厚煤层和薄煤层采煤机。

（3）按调高方式，可分为固定滚筒式、摇臂调高式和机身摇臂调高式采煤机。

（4）按牵引传动方式，可分为机械牵引、液压牵引和电牵引采煤机。

（5）按机身设置方式，可分为横向布置和纵向布置采煤机。

（6）按牵引机构，可分为链牵引和无链牵引采煤机。

三、刨煤机

刨煤机是一种用于 0.8 ~ 2 m 薄煤层开采的综合机械化采煤设备，集“采、装、运”功能于一身，配备自动化控制系统，实现无人工作面全自动化采煤。由于对电动机的高品质需求，刨煤机的价格一般比采煤机高 1 ~ 2 倍，例如三一重装的刨煤机在良好状态下可日产煤 5 000 t，生产效率大大高于采煤机，并且可将采煤机不宜开采的薄煤层开采出来，避免造成资源的浪费。图 1 – 1 所示为刨煤机的外形。

刨煤机是一种外牵引的浅截式采煤机，采用刨削的方式落煤，并通过煤刨的犁面将煤装入工作面输送机。刨煤机与刮板输送机组成刨煤机组。

图 1 – 1　刨煤机的外形

（一）刨煤机的优点

（1）截深浅（一般为 50 ~ 100 mm），可充分利用煤的压张效应，刨削力及单位能耗小。

（2）刨落下的煤的块度大（平均切屑断面积为 70 ~ 80 cm^2），煤粉量少，煤尘少，劳动条件好。

（3）结构简单，可靠刨头的位置可以设计得很低（约 300 mm），可实现薄煤层、极薄煤层的机械化开采。

（4）工人不必跟机操作，可在顺槽控制台进行操作。

（二）刨煤机的缺点

（1）对地质条件适应性不如滚筒式采煤机。

（2）调高比较困难，开采硬煤层比较困难。

（3）刨头与输送机和底板的摩擦阻力大，电动机功率的利用率低。

（三）刨煤机的适用条件

（1）煤质中硬及中硬以下应选用拖钩刨，中硬以上应选用滑行刨。刨煤机最适合刨节理发达的脆性煤，硬煤一般不宜采用刨煤机，最好要求不黏顶煤，如煤层轻度黏顶，则可进行人工处理；要求含硫化铁的块度小，且含量不多。

（2）顶板中等稳定以下的工作面用刨煤机，可配套液压支架。要求底板较平整，没有底鼓或超过 70～100 mm 的起伏不平；拖钩刨要求底板中等硬度，否则煤刨容易“啃底”；泥岩、黏土、砂质岩等软底板，宜采用滑行刨；用刨煤机的机采工作面，要求顶板中等稳定，用点柱或带帽点柱支护顶板；顶板允许裸露宽度为 0.8～1.1 m，时间为 2～3 h；要求伪顶厚不大于 200 mm。

（3）煤层沿走向及倾斜方向没有大的断层及褶曲现象。小断层落差为 0.3～0.5 m 时可以采用刨煤机，大于 0.5 m 时可超前处理。

（4）煤层厚度在 0.5～2.0 m，倾角小于 25°（最好在 15°以下）。

（四）刨煤机采煤时必须遵守的规定

（1）沿工作面，必须至少每隔 12 m 装设能随时停止刨头和刮板输送机的装置，也可发送信号，由刨煤机操作员集中操作。

（2）刨煤机应有刨头位置指示器，同时必须在刮板输送机两端设置明显标志，防止刨头同刮板输送机机头发生撞击。

（3）工作面倾角在 12°以上时，配套的刮板输送机必须装设防滑锚固装置，以防止刨煤机组作业时下滑。

（五）《煤矿工人技术操作规程》对使用刨煤机的规定和要求

（1）试车时应遵守以下规定：

①用电话或声光信号发出开机信号，让工作面所有人员退到安全地点。

②乳化液泵运输巷及工作面刮板输送机械顺序启动。

③打开供水喷雾装置，喷雾应良好。

④点动刨煤机两次。

经检查各部位声音正常，仪表指示准确，牵引链松紧合适，方可正式刨煤。

（2）刨煤机要根据煤层硬度调整刨煤深度。为避免上漂或下扎，要随时调整刨刀角度，采高上限要小于支架高度 0.1 m，不准割、碰顶梁。

（3）刨头被卡住时，必须停机，查找原因，不准来回开动刨头进行冲击。

（4）不准用刨煤机刨坚硬夹石或硫化铁夹层。必须经过放炮处理后，才允许开机刨煤。

（5）紧链时，任何人不准靠近紧链叉或紧链钩，将紧链工具取下后方可开刨煤机。

（6）不准用刨煤机牵拉、推移、拖吊其他设备、物件。

（7）非紧急情况下，不准用紧急开关停刨煤机。

（8）不刨煤时，不得让刨煤机空运转，只许点动开关，防止过位损坏设备。

（9）发现刨刀不锋利时，应立即更换。更换时，要将开关打在停电位置且闭锁刮板输送机，并通知其他操作员后方可工作。

（10）发现刨煤机有下列情况之一时，应立即停止刨煤，妥善处理后方可继续刨煤：

①运转部件发出异常声音、强烈振动或温度超限时。

②各种指示灯、仪表指示异常时。

③无直接操作刨煤机和刮板输送机随时启动或停止的安全装置或该装置失灵时。

④刨头被卡住闷车时。

⑤有危及人员安全情况时。

⑥工作面、运输巷刮板输送机停机时。

四、滚筒式采煤机的组成

采煤机基本上以双滚筒式采煤机为主，由截割部、牵引部、电气系统和辅助（附属）装置四部分组成，如图1－2所示。

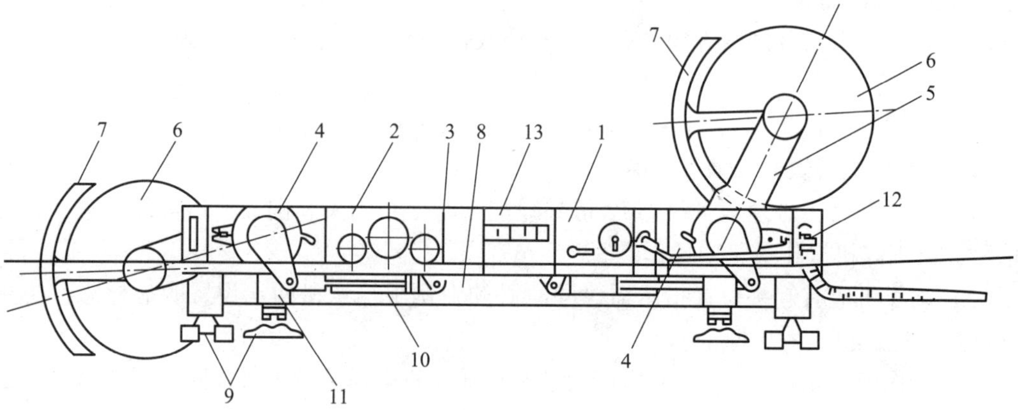

图1－2　双滚筒式采煤机的组成

1—电动机；2—牵引部；3—牵引链；4—机头减速箱；5—摇臂；6—滚筒；7—弧形挡煤板；8—底托架；9—滑靴；10—摇臂调高油缸；11—机身调斜油缸；12—托缆装置；13—电气控制箱

（一）截割部

截割部包括摇臂齿轮箱（对整体调高采煤机来说，摇臂齿轮箱和机头齿轮箱为一整体）、机头齿轮箱、滚筒及附件。其主要作用是落煤和装煤。

（二）牵引部

牵引部由牵引传动装置和牵引机构组成，牵引机构是移动采煤机的执行机构，又分为链牵引和无链牵引。牵引部的主要作用是控制采煤机，使其按要求沿工作面运行，并对采煤机进行过载保护。

（三）电气系统

电气系统包括电动机及其箱体和装有各种电子元件的中间箱（连接筒），为采煤机提供动力并对其进行过载保护及控制其动作。

（四）辅助（附属）装置

辅助装置包括挡煤板、底托架、电缆拖拽装置、供水喷雾冷却装置及调高、调斜装置等。

五、滚筒式采煤机的工作原理

采煤机的割煤是通过螺旋滚筒上的截齿对煤壁进行切割实现的。

采煤机的装煤是通过滚筒螺旋叶片的螺旋面进行装载的，即利用螺旋叶片的轴向推力，将从煤壁上切割下来的煤抛到刮板输送机溜槽内运走。

六、机械化采煤的类型

机械化采煤分为普通机械化采煤（简称普采）、高档普通机械化采煤（简称高档普采）、综合机械化采煤（简称综采）和综采放顶煤采煤（简称综放），其主要区别就是支护设备不一样。

（一）普通机械化采煤

普通机械化采煤是指用机械方法破煤和装煤，用输送机运煤，用金属支柱和金属铰接顶梁来支护顶板，如图 1－3 所示。其特点是设备投资少，安全性差；人工架设顶梁、支柱和降柱慢，生产效率低。

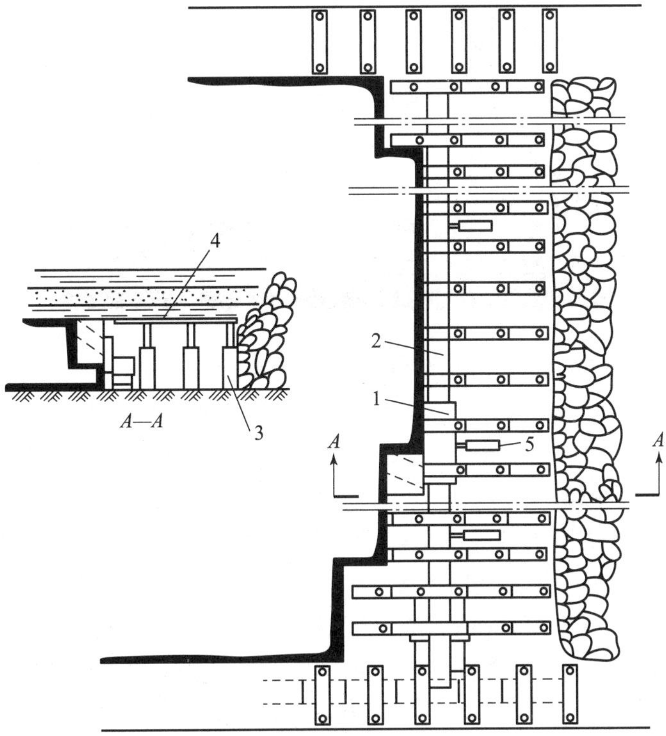

图 1－3　普通机械化采煤

1—单滚筒式采煤机；2—刮板输送机；3—金属支柱；4—金属铰接顶梁；5—千斤顶

（二）高档普通机械化采煤

高档普通机械化采煤是指用机械方法破煤和装煤，输送机运煤，用单体液压支柱支护顶板。其特点是设备比普采投资稍多，安全性稍好；人工架设顶梁、支柱和降柱稍快，生产效率比普采稍高一些。

（三）综合机械化采煤

综合机械化采煤是指用机械方法破煤和装煤，用输送机运输，用普通液压支架支护顶板。其特点是设备比高档普采投资多，安全性也好；升架、降架快，生产效率比高档普采高。综合机械化采煤工作面布置及配套设备如图1-4所示。

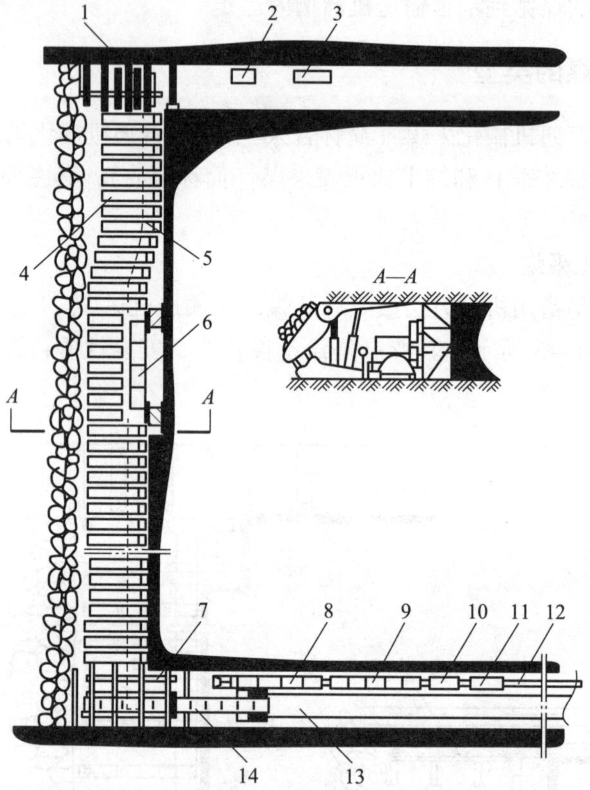

图1-4　综合机械化采煤工作面布置及配套设备

1，7—端头支架；2—液压安全绞车；3—喷雾泵站；4—液压支架；5—刮板输送机；6—双滚筒式采煤机；8—集中控制台；9—配电箱；10—乳化液泵站；11—移动变电站；12—轨道；13—带式运输机；14—转载机

（四）综采放顶煤采煤

综采放顶煤采煤是指用机械方法破煤和装煤，输送机运输，用放顶煤液压支架支护顶板。其优点是生产效率高，缺点是投资大，只适合于在特厚煤层中使用。

综采工作面设备是指工作面和平巷生产系统中的机械和电气设备，其中包括滚筒式采煤机（刨煤机）、液压支架、可弯曲刮板输送机、桥式转载机、可伸缩带式输送机、乳化液泵站、供电设备、集中控制设备、单轨吊车以及其他辅助设备等。

七、综采采煤机的工作过程

（一）工作过程

（1）采煤。采煤机从工作面一端开始。

（2）移架。采煤机移动后，液压支架要移动，及时支护，以保护设备及人员安全。

（3）推输送机（溜子）。

（二）双滚筒位置

一次采全高方式，即总是采煤机前滚筒采顶煤、后滚筒采底煤。因此采煤机换向时，需要把前、后滚筒调整一下位置。其符合采煤方法的要求，也有利于采煤机滚筒摇臂的润滑。

（三）采煤机的进刀方式

当采煤机沿工作面割完一刀后，需要重新将滚筒切入煤壁，推进一个截深，这一过程称为“进刀”。常用的进刀方式有工作面端部斜切法和工作面中部斜切法两种。

1. 工作面端部斜切法

利用采煤机在工作面两端25～30 m范围内斜切进刀的方法称为工作面端部斜切法，如图1－5所示。其操作过程如下：

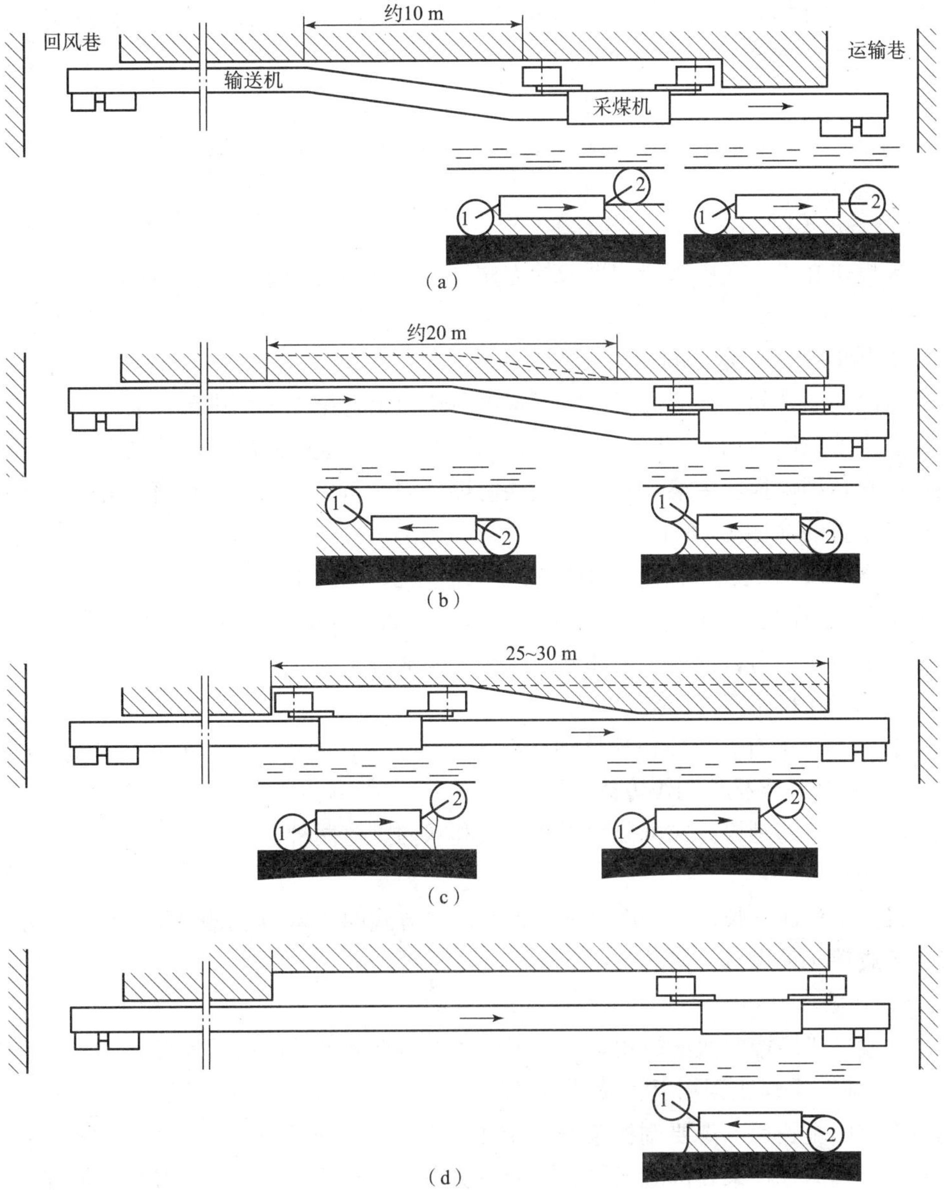

图1－5　工作面端部斜切法

1，2—滚筒

（1）采煤机下行正常割煤时，滚筒 2 割顶部煤，滚筒 1 割底部煤（图 1－5（a）），在离滚筒 1 约 10 m 处开始逐段移输送机。当采煤机割到工作面运输巷处（输送机头）时，令滚筒 2 逐渐下降，以割底部残留煤，同时将输送机移成如图 1－5（b）所示的弯曲形。

（2）翻转挡煤板（现代采煤机已经不设挡煤板了，如果没有此步省略，下同），将滚筒 1升到顶部，然后开始上行斜切（图 1－5（b）中虚线），斜切长度约 20 m，同时将输送机移直（图 1－5（c））。

（3）翻转挡煤板并令滚筒 1 下降割煤，同时令滚筒 2 上升，然后开始下行切割（图 1－5（c）中虚线），直到工作面运输巷。

（4）翻转挡煤板，将滚筒位置上下对调，由滚筒 2 割残留煤（图 1－5（d）），然后快速移过斜切长度（25～30 m）开始上行正常割煤，随即移动下部输送机，直到工作面回风巷时又反向牵引。重复上述进刀过程。

可见，端部斜切法要在工作面两端近 20 m 地段使采煤机往返一次、翻转挡煤板及对调滚筒位置 3 次，所以工序比较复杂。这种方法适用于工作面较长、顶板较稳定的条件。

2. 工作面中部斜切法（半工作面法）

利用采煤机在工作面中部斜切进刀的方法称为工作面中部斜切法，如图 1－6 所示。其操作过程如下：

（1）开始时工作面是直的，输送机在工作面中部弯曲（图 1－6（a）），采煤机在工作面运输巷将滚筒 1 升起，待滚筒 2 割完残留煤后快速上行至工作面中部，装净上一刀留下的浮煤，并逐步使滚筒斜切入煤壁（图 1－6（a）中虚线）；然后转入正常割煤，直到工作面回风巷；再翻转挡煤板，令滚筒 1 下降割残留煤，同时将后部输送机移直，此时工作面是弯的、输送机是直的（图 1－6（b））。

（2）将滚筒 2 升起，机器下行割掉残留煤后，快速移到中部，逐步使滚筒斜切入煤壁（图 1－6（b）中虚线），转入正常割煤，直到工作面运输巷；再翻转挡煤板，令滚筒 2 下降，即完成了一次进刀；然后将上部输送机逐步移成图 1－6（c）所示状态，即又恢复到工作面是直的、输送机是弯的位置。

（3）将滚筒 1 上升，机器快速移到工作面中部，又开始新的斜切进刀，重复上述过程。

（四）滚筒式采煤机的割煤方式

滚筒式采煤机的割煤方式可分为单向割煤和双向割煤两种。

1. 单向割煤

采煤机沿工作面全长往返一次只进一刀的割煤方式叫作单向割煤。单向割煤一般用于煤层厚度小于或等于采煤机采高的条件下。

2. 双向割煤

骑带式输送机溜槽的双滚筒式采煤机工作时，运动前方的滚筒割顶部煤，后部滚筒割底部煤。“爬底板”采煤机则相反，应是前滚筒割底部煤，后滚筒割顶部煤。

割完工作面全长后，需要调换滚筒的上下位置，并把挡煤板翻转 180°，然后进行相反方向的割煤行程。这种采煤机沿工作面牵引一次进一刀，返回时双进一刀的割煤方式叫作双向割煤。

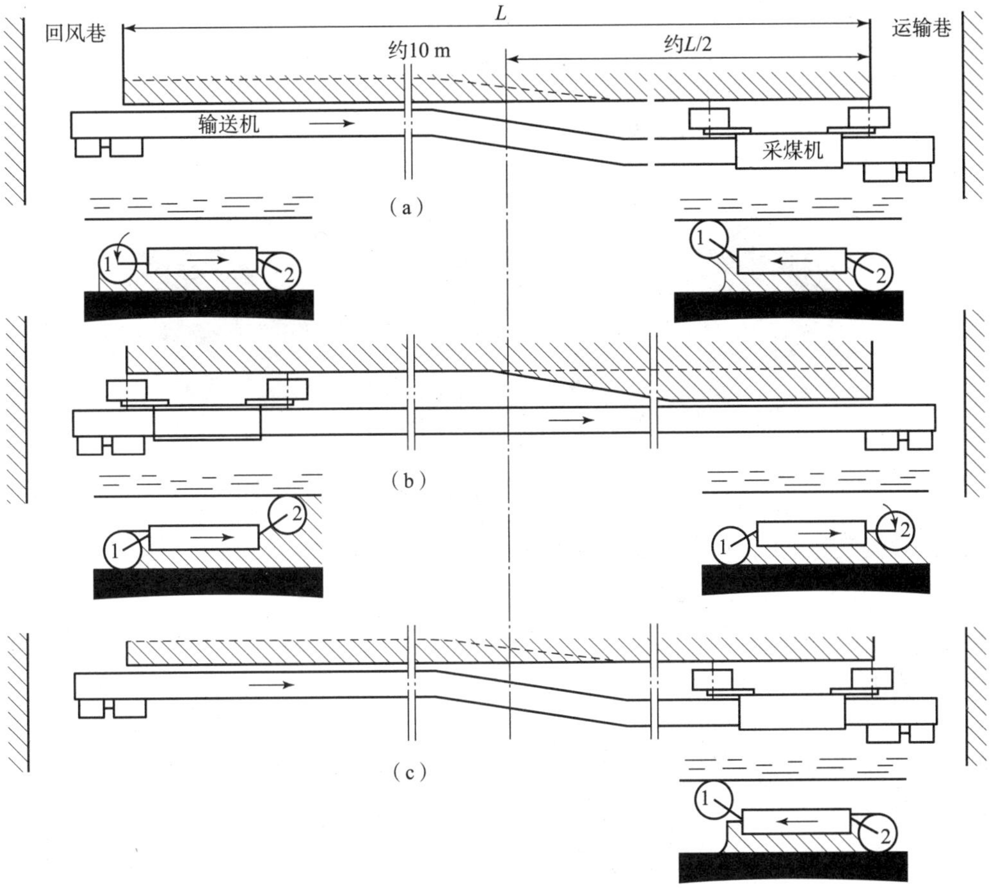

图 1-6　工作面中部斜切法

1，2—滚筒

第二节　滚筒式采煤机的截割部

采煤机的截割部是由采煤机的工作机构和传动装置所组成的。截割部消耗的功率占采煤机装机总功率的 80% ~90%。工作机构截割性能的好坏、传动装置质量的高低，都将直接影响采煤机的生产率、传动效率、比能耗和使用寿命。生产率和比能耗的高低主要体现在截割部。

截割部的作用是将电动机的动力经过减速后，传递给截割滚筒，以进行割煤，并通过滚筒上的螺旋叶片将截割下来的煤装到工作面输送机上。为提高螺旋滚筒的装煤效果，在滚筒后面还装有挡煤板。

双滚筒式采煤机具有两个结构相同、左右对称的截割部，它们分别位于采煤机的两端。左、右截割部可由一个电动机驱动，也可分别由两个电动机驱动。双滚筒式采煤机具有生产能力强、效率高、用于开采中厚煤层时能一次采全高、能自开缺口、装煤效果好、机器稳定性能好以及不经改装能适应于左右工作面等优点。

一、工作机构

采煤机工作机构的作用就是承担落（碎）煤、装煤任务，是采煤机的重要部件。

螺旋滚筒式工作机构是使用较广泛的工作机构，如图 1－7 所示。

（a）　　　　　　　　　　（b）

图 1－7　螺旋滚筒式工作机构

（一）截齿及固定

1. 截齿的作用

截齿是采煤机直接落煤的刀具。截齿的几何形状和质量直接影响采煤机的工况、能耗、生产率和吨煤成本。

2. 截齿的要求

对截齿的基本要求是强度高、耐磨损、几何形状合理、固定可靠。

3. 截齿的类型

采煤机使用的截齿主要有扁截齿和镐形截齿两种。

1）扁截齿

如图 1－8 所示，扁截齿沿滚筒径向安装，故又称径向截齿，习惯称为刀形截齿。这种截齿适用于截割各种硬度的煤，包括坚硬煤和黏性煤，使用较多。其刀体端面呈矩形。在图 1－8（a）中，销钉和橡胶套装在齿座侧孔内，装入截齿时靠刀体下端斜面将销钉 3 压回，对位后销钉被橡胶套弹回至刀体窝内而将截齿固定；在图 1－8（b）中，销钉和橡胶套装在刀体孔中，装入时，销钉沿斜面压入齿座孔中而实现固定；在图 1－8（c）中，销钉和橡胶套装在齿座孔中，用卡环挡住销钉并防止橡胶套转动，装入时，刀体斜面将销钉压回，靠销钉卡住刀体上缺口而实现固定。

2）镐形截齿

如图 1－9 所示，截齿的刀体安装方向接近于滚筒的切线，又称为切向截齿。这种截齿一般在脆性煤和节理发达的煤层中具有较好的截割性能。

镐形截齿结构简单，制造容易。从原理上讲，截煤时镐形截齿可以绕轴线自转而自动磨锐。

4. 截齿的材料

截齿刀体的材料一般为 40Cr、35CrMnSi、35SiMnV 等合金钢，经调质处理获得足够的强度和韧性。扁形截齿的端头镶有硬质合金片，镐形截齿的端头堆焊硬质合金层。硬质合金是一种碳化钨和钴的合金。碳化钨硬度极高，耐磨性好，但性质脆，承受冲击载荷的能力差。在碳化钨中加入适量的钴，可以提高硬质合金的强度和韧性，但硬度稍有降低。截齿上的硬

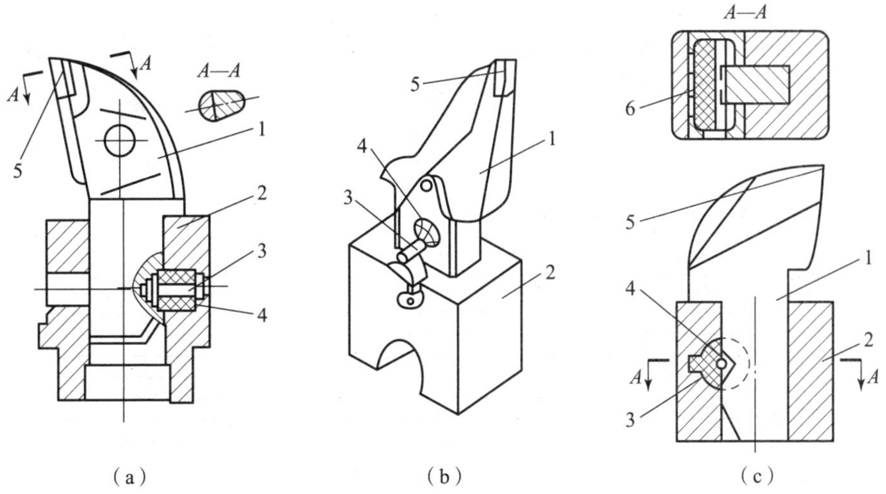

图 1－8　扁截齿及其固定

1—刀体；2—齿座；3—销钉；4—橡胶套；5—硬质合金头；6—卡环

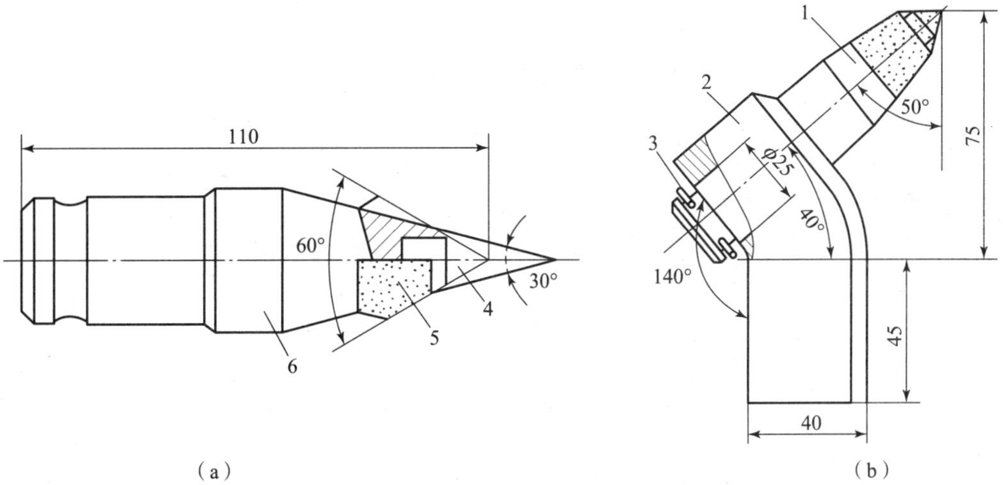

图 1－9　镐形截齿及其固定

1—镐形截齿；2—齿座；3—弹簧；4—硬质合金头；5—碳化钨合金层；6—卡环

质合金常用 YG－8C 或 YG－11C。YG－8C 适用于截割软煤或中硬煤，而 YG－11C 适用于截割坚硬煤。经验证明，改进截齿结构，适当加大截齿长度，增大切屑厚度，可以提高煤的块度，降低煤尘。

5. 截齿的固定

对于小型镐形截齿采用弹簧圈把截齿固定在齿座上；对于扁截齿用柱销将其固定在齿座上，为了防止柱销外移或转动，再用弹簧钢丝定位；还有的用柱销式弹性元把扁截齿固定在齿座中，利用弹簧挡圈使柱销定位。有的截齿利用插在橡胶圈内的柱销定位，即柱销两端卡在齿座相应的光槽里的固定方式。

6. 截齿的配置

螺旋滚筒上截齿的排列规律称为截齿配置。合理选择参数和配置形式，可使煤的块度合理、截割比能耗最小、滚筒载荷变化小、机器运行稳定。

截齿的配置情况用图 1－10～图 1－12 来表示。

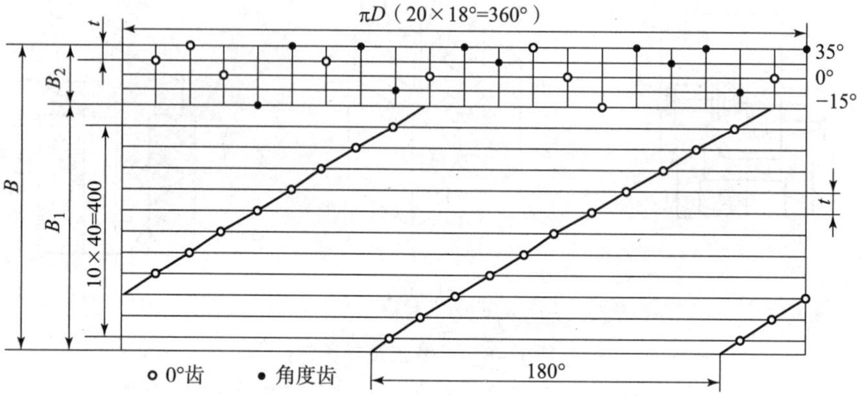

图 1－10　双头螺旋滚筒截齿配置图（一）

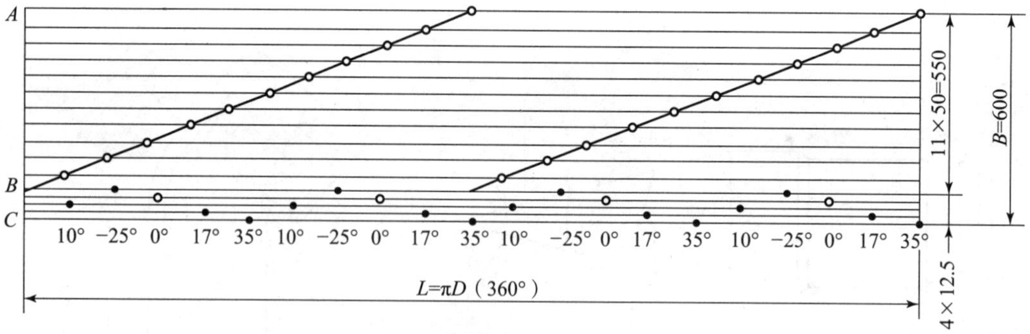

图 1－11　双头螺旋滚筒截齿配置图（二）

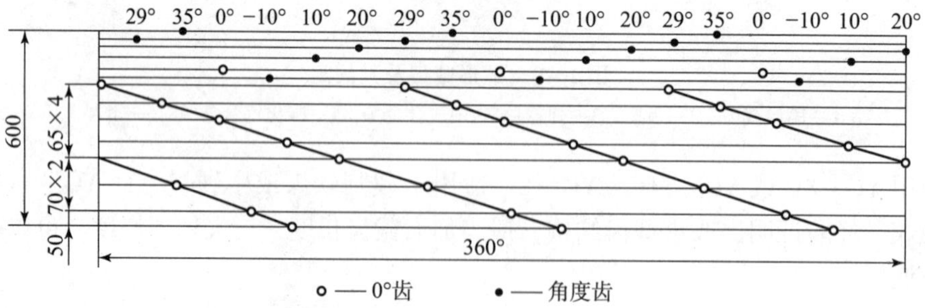

图 1－12　变截距截齿排列图

在图 1－10～图 1－12 中，用细实线表示齿尖运动轨迹的水平线（即截线），相邻截线间的距离就是截线距，竖线表示截齿的位置。实心或空心点表示截齿齿尖的位置，用粗实线代表螺旋叶片。实心的点是有角度的，“＋”表示向煤壁倾斜，“－”表示向采空区倾斜。而不偏斜的齿则称为 0°齿。在螺旋叶片上的齿，一般都装成 0°。

特点如下：

（1）叶片上截齿按螺旋线排列，大部分是变截距的。

（2）滚筒端盘截齿排列较密，为减少端盘与煤壁的摩擦损失，截齿倾斜安装。靠里边的煤壁处顶板压张效应弱，截割阻力较大，为了避免截齿受力过大、减轻截齿过早磨损，端盘截齿配置的截线应加密，截齿应加多。端盘截齿一般为滚筒总截齿数的一半左右，端盘消耗功率一般约占滚筒总功率的1/3。

（二）螺旋滚筒

1. 滚筒的结构

螺旋滚筒是滚筒式采煤机的截割机构，用来落煤和装煤。煤矿中常用的是滚削式螺旋滚筒。

滚削式螺旋滚筒的结构如图 1－13 所示，螺旋主要由叶片、轮毂和端盘组成。螺旋叶片和端盘有齿座，其上装有镐形截齿和扁截齿，叶片内有喷雾水道，叶片上两齿座之间装有内喷雾喷嘴。螺旋滚筒一般为铸焊结构，即齿座、筒毂和端盘是单独铸造或锻造的，加工后和叶片组焊成一体。滚筒也有整体铸造的。叶片一般用 20～30 mm 厚钢板锻压而成。

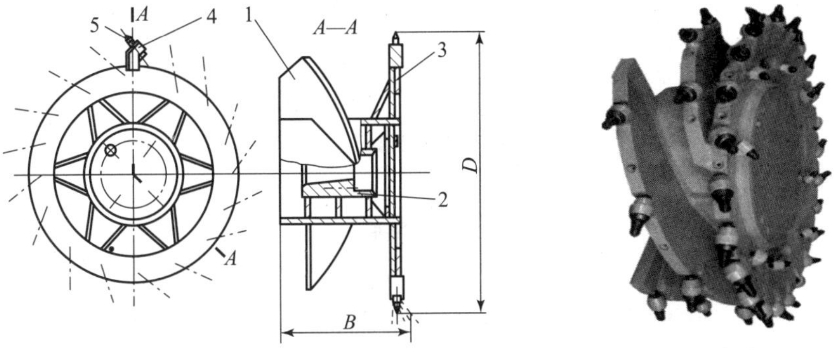

（a）　　　　（b）

图 1－13　滚削式螺旋滚筒的结构

1—螺旋叶片；2—筒毂；3—端盘；4—齿座；5—截齿

2. 滚筒的几个参数

滚筒的结构参数主要有直径、宽度、螺旋叶片的头数和升角以及截齿的排列等。

1）滚筒的三个直径

滚筒的三个直径是指滚筒直径 D、筒毂直径 D_g 及螺旋叶片外缘直径 D_y，如图1－14 所示。

（1）滚筒直径是截齿齿尖的截割圆直径，是三个直径中最大的直径。常用的直径范围为 0.65～2.30 m。我国规定的滚筒直径系列为 0.50，0.55，0.60，0.70，0.75，0.80，0.85，0.90，0.95，1.00，1.10，1.25，1.40，1.60，1.80，2.00，2.30 和 2.60（单位：m）。

滚筒直径应根据煤层厚度（或采高）来选择。

滚筒直径主要取决于所采煤层的厚度（或采高）和采煤机的形式。摇壁调高式双滚筒采煤机，滚筒直径一般应稍大于最大采高的一半。底托架调高的双滚筒式采煤机，滚筒直径一般应小于煤层的最小厚度（一般应小于 0.1～0.2 m）。中厚煤层的单滚筒式采煤机，滚筒直径应为最大采高的 0.5～0.6 倍。薄煤层双滚筒式采煤机或一次采全高的单滚筒式采煤机，其滚筒直径应为煤层最小厚度减去 0.1～0.3 m。

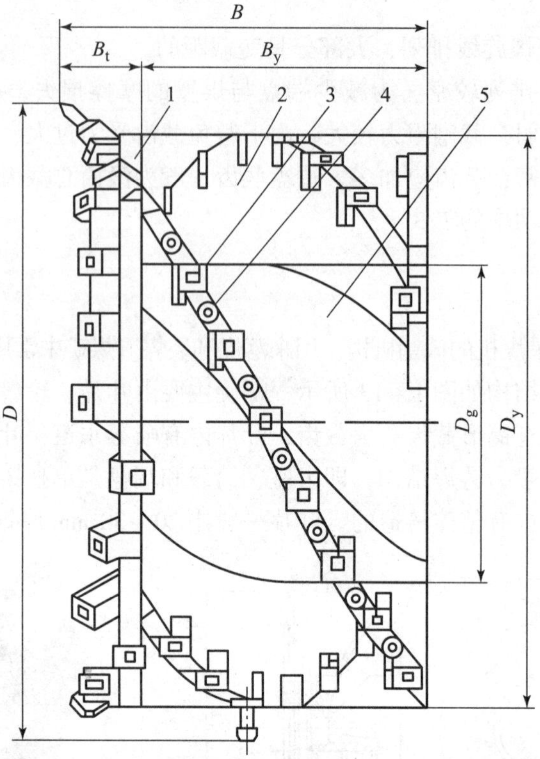

图 1－14　螺旋滚筒

1—端盘；2—螺旋叶片；3—齿座；4—喷嘴；5—筒毂

（2）筒毂直径。筒毂直径决定了叶片间的体积。相同的外缘直径条件下，筒毂直径越小，其空间越大；反之筒毂直径越小，空间就越小，使煤在滚筒内循环和重复破碎的可能性增加。滚筒三个直径间的关系可参考表 1－1。

表 1－1　滚筒三个直径间的关系

滚筒直径	D_y/D_g	通常 D_y/D_g
大直径，$D>1$ m	不小于 2	1.25～1.67
小直径，$D<1$ m	不小于 2.5	

（3）螺旋叶片外缘直径，指齿座凸出的最大直径。

2）滚筒的宽度

滚筒宽度是指滚筒边缘到端盘最外侧截齿齿尖的距离，也即采煤机的理论截深。目前，采煤机的截深有 0.6～1.0 m 多种，其中以 0.6 m 用得最多。随着综采技术的发展，也有加大截深到 1.0～1.2 m 的趋势。一般滚筒的实际截深小于滚筒的结构宽度，也就是滚筒的宽度应等于或稍大于采煤机滚筒截深。

3）滚筒螺旋叶片头数、升角及旋向

滚筒螺旋叶片头数、升角及旋向对落煤，特别是装煤能力有很大的影响。

（1）叶片头数。

根据螺旋滚筒上螺旋叶片的数量，分别有单头螺旋滚筒、双头螺旋滚筒和三头螺旋滚筒。双滚筒式采煤机常用的是二头或三头螺旋滚筒。螺旋叶片头数主要是按截割参数的要求确定的，对装煤效果影响不大。直径 $D<1.25$ m 的滚筒一般用双头，$1.25<D<1.4$ m 的滚筒用二头或三头，$1.4<D<1.6$ m 的滚筒用三头或四头。

（2）升角。

单头螺旋叶片及其展开后的形状如图 1－15（a）和图 1－15（b）所示。D_y 和 D_g 分别表示螺旋叶片的外径和内径，B_y 为螺旋叶片的导程。不同直径上的螺旋升角不同，螺旋叶片的外缘升角与内缘升角分别为 α_y 和 α_g，显然螺旋叶片外缘的升角小于内缘的升角。

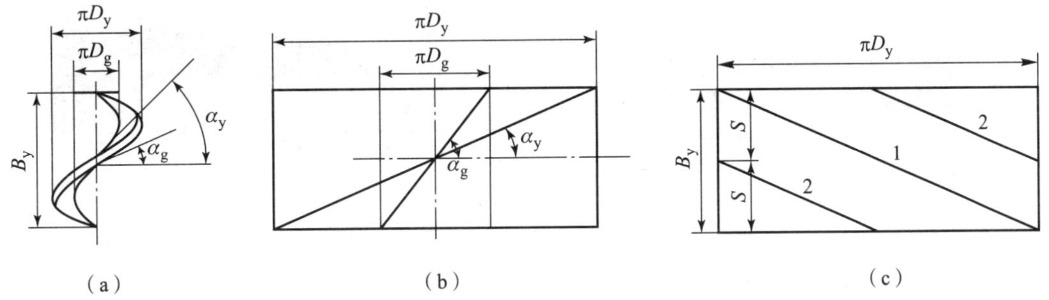

图 1－15　螺旋叶片升角及头数

螺旋叶片升角的大小直接影响装煤的效果。一般来说，升角越大，排煤的能力越大。但升角过大，会将煤抛出很远，以致甩到溜槽的采空区侧，并引起煤尘飞扬；升角过小，螺旋的排煤能力小，煤在螺旋叶片内循环，造成煤的重复破碎，使能量消耗增大。大量实验表明，螺旋叶片外径升角在 20°左右、内径升角在 40°～50°范围内装煤效果较好。

螺旋叶片升角：

$$\alpha = \arctan\frac{nS}{\pi D}$$

式中　α——升角；

n——螺旋头数；

S——螺距，其大小应保证从滚筒中顺利地排出煤，一般在 0.25～0.40 m；

D——对应的直径。

（3）旋向。

螺旋滚筒螺旋线的方向有左旋和右旋两种，分别称为左旋滚筒和右旋滚筒。其合理转向的确定关系到装煤效果、运行稳定性和操作员操作的安全。

（4）转向。

双滚筒式采煤机有两个滚筒，站在采空区看采煤机，分别称为左滚筒和右滚筒。采用反向对滚的双滚筒式采煤机，左截割部用左旋滚筒，右截割部用右旋滚筒。一般其前端的滚筒沿顶板割煤，后端的滚筒沿底板割煤。这种布置方式操作员操作安全，煤尘少，装煤效果好，如图 1－16（a）所示。

在某些特殊条件下，例如煤层中部含硬夹矸时，可使用左螺旋的右滚筒，逆时针旋转；左滚筒则为右螺旋，顺时针旋转，如图 1－16（b）所示。运行中，前滚筒割底煤，后滚筒割顶煤。在下部采空的情况下，中部硬夹矸易被后滚筒破落下来。

某些型号的薄煤层采煤机，滚筒与机体在一条轴线上，如图 1－16（d）所示。前滚筒割出底煤以便机体通过，因此也采用"前底后顶"式布置。有时对于过地质构造，也需要采用“前底后顶”式。后滚筒割顶煤后，立即移支架，以防顶煤或碎矸垮落。

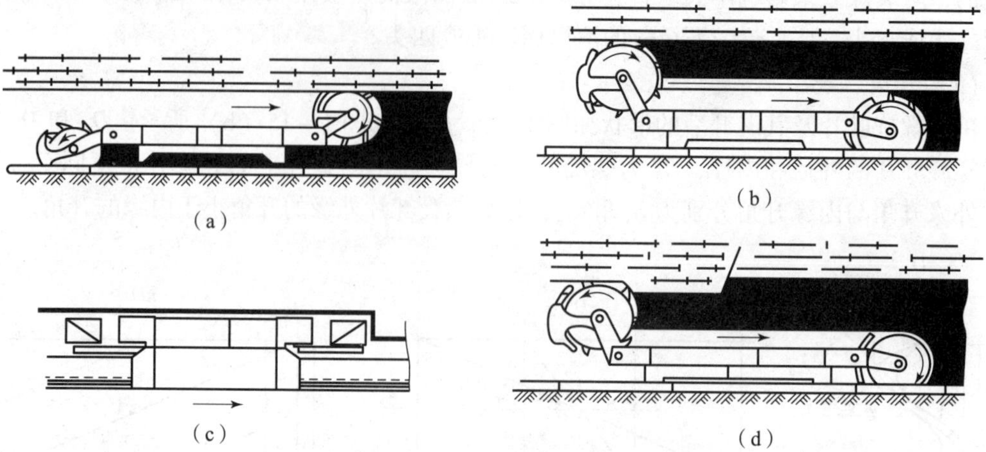

图 1－16　双滚筒式采煤机滚筒的位置和转向

单滚筒式采煤机，其转向和工作面有关，如图 1－17 所示。左、右工作面是站在工作面下方向高处看，在左面的称为左工作面，在右面的称为右工作面。

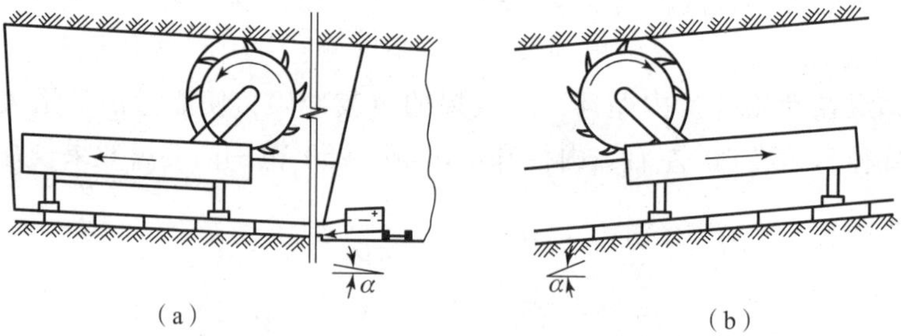

图 1－17　单滚筒式采煤机的滚筒旋转方向

(a) 右工作面；(b) 左工作面

通常情况下，左工作面选右旋滚筒，右工作面选左旋滚筒，这样的滚筒旋转方向有利于采煤机稳定运行。当采煤机上行割顶煤时，其滚筒截齿自上而下运行，煤体对截齿的反力是向上的。但因滚筒的上方是顶板，无自由面，故煤体反力不会引起机器振动。当机器下行割底煤时，煤体反力向下，也不会引起振动，并且下行时负荷小，不易产生“啃底”现象。这样的转向还有利于装煤，产生的煤尘少，煤块不抛向操作员位置。

特殊情况，有的工作面将采煤机滚筒位于回风巷方向一端。采煤机进行截割，当采煤机截割部在工作面上方、牵引部在下方时，右工作面应采用右螺旋滚筒，左工作面采用左螺旋滚筒。其优点是，改善了操作员的工作条件，少吸煤尘，电动机处在进风流中，有利于安全；电缆车在机体下方，可不必通过机体，以减少挤坏电缆事故。主要缺点是上行时机体不稳，功率消耗大；下行时采煤机后方煤尘大，对跟机作业工人不利；输送机煤流通过采煤机下部，使块煤率下降，有时被大块卡住等。因此应用较少，有的仅在少数倾角较小的工作面使用。

(5) 滚筒的转速。

滚筒的转速对煤的块度、生成的粉尘量以及装煤能力都有影响。一般来说，对于直径一定的滚筒，滚筒转速越高，切削量就越小，煤的块度就越小，块煤量就越少，产生的煤粉量增大，且使用单位能耗增加。滚筒转速低时反之。滚筒的转速与装煤能力关系较大，要求滚筒的装煤能力大于落煤能力，否则落下的煤会堵塞在螺旋叶片中。因此，滚筒转速的选择要兼顾装煤效果与煤粉生成量。一般滚筒转速为 30 ~ 50 r/min。

二、截割部传动装置

截割部传动装置的作用是，将电动机的动力传递给滚筒，以达到滚筒需要的转矩和转速要求。由于截割需要消耗采煤机总功率的 80% ~ 90%，因此要求截割部传动装置具有较高的强度、刚度和可靠性，并具有良好的润滑密封、散热条件和较高的传动效率。传动装置还应适应滚筒调高的要求，使滚筒保持适当的工作高度。对于单滚筒式采煤机，还应使传动装置能适应左、右工作面的要求。

双滚筒式采煤机具有两个结构相同、左右对称的截割部，它们分别位于采煤机的两端。左、右截割部可由一个电动机驱动，也可分别由两个电动机驱动。

截割部传动装置一般由机头减速箱和摇臂减速箱组成。

（一）采煤机截割部的特点

（1）截割部均采用机械传动。固定减速箱是截割部的主要组成部分。采煤机电动机的转速一般为 1 470 r/min 左右，而滚筒的转速根据不同的直径一般为 30 ~ 50 r/min。为了达到减速目的，截割部减速箱一般由 3 ~ 5 级减速齿轮组成。

（2）有一对圆锥齿轮传动。由于滚筒的轴线与电动机的轴线垂直（这种装置称为纵向布置，如果平行，则称为横向布置），因而在截割部减速箱里都采用一对圆锥齿轮传动。

（3）有一对可更换的变速齿轮。滚筒的截割速度（截齿刀尖的圆周切向速度）一般为 4 ~ 5 m/s，因而采用不同直径的滚筒时，其转速应相应地改变，故在截割部减速箱中一般有一对可更换的变速齿轮，通过改变齿轮的齿数，可以改变滚筒的转速。

（4）在电动机和滚筒之间设有一离合器。采煤机调动或检修，或试验牵引部时需打开离合器，使滚筒停止转动。此外，为了人员安全，当采煤机停止工作时，也需要将滚筒与电动机断开。

（5）一般采用摇臂中加惰轮的形式。为了使采煤机自开缺口，截煤滚筒一般伸出机身（或底托架）长度以外一定的距离，多数采煤机采用摇臂的形式。为了适应煤层厚度和煤层的起伏变化，截煤滚筒的高度都是可以调的。为扩大调高范围，希望摇臂长一些，因此在摇臂中增加了惰轮。

（6）行星齿轮传动。行星齿轮与传统齿轮传动相比，传动效率高，减速比大。

（7）设有机械过载保护。采煤机滚筒往往承受大的冲击载荷，为了保护传动件不易受损，在传动系统中设有机械过载保护装置，如在机械传动中安装安全销。通常安全销的剪切强度为电动机额定力矩的 2.0 ~ 2.5 倍。

（8）装有辅助液压泵。为了实现截割部滚筒高度的调整和挡煤板的翻转，采煤机都有一套单独的辅助液压系统。辅助液压泵有的装在截割部减速箱内，有的装在单独的辅助液压箱内，也有的装在牵引部内。

（二）截割部常见的传动方式

1. 电动机－固定减速箱－摇臂（不含行星齿轮传动）－滚筒（图 1－18（a））

这种传动方式应用较多，其特点是传动简单，摇臂从固定减速箱端部伸出，支承可靠，强度和刚度好，但摇臂下降位置受输送机限制，卧底量较小。

2. 电动机－固定减速箱－摇臂－行星齿轮传动－滚筒（图 1－18（b））

这种传动方式在滚筒内装了行星齿轮传动后，可使前几级传动比减小，简化了传动系统，并使末级（行星齿轮）齿轮的模数减小，但筒壳尺寸加大，因而这种传动方式适合于中厚煤层采煤机。

3. 电动机－减速箱－滚筒（图 1－18（c））

这种传动方式取消了摇臂，而靠电动机、减速箱和滚筒组成的截割部来调高，使齿轮数大大减少，机壳的强度、刚度增大，并且可获得较大的调高范围，还可使采煤机机身长度大大缩短，有利于采煤机开缺口等工作。

4. 电动机－摇臂－行星齿轮传动－滚筒（图 1－18（d））

这种传动方式由于电动机轴与滚筒轴平行，故取消了易损坏的锥齿轮，传动简单，调高范围大，机身长度小。新的电牵引采煤机都采用这种传动方式。

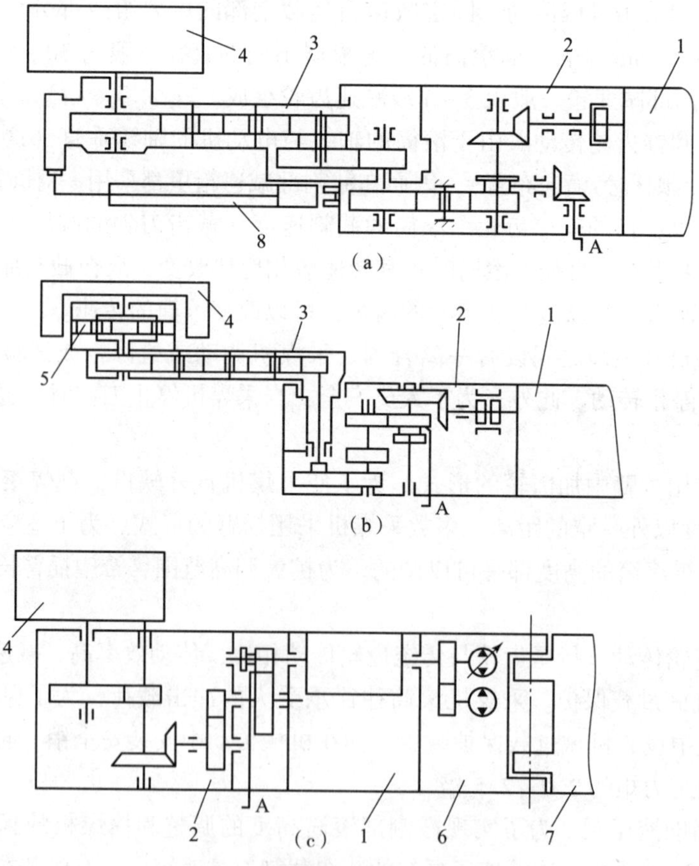

图 1－18　截割部常见的传动方式

1—电动机；2—固定减速箱；3—摇臂；4—滚筒；5—行星齿轮传动；6—泵箱；7—机身及牵引部；8—调高油缸；A—离合器手把

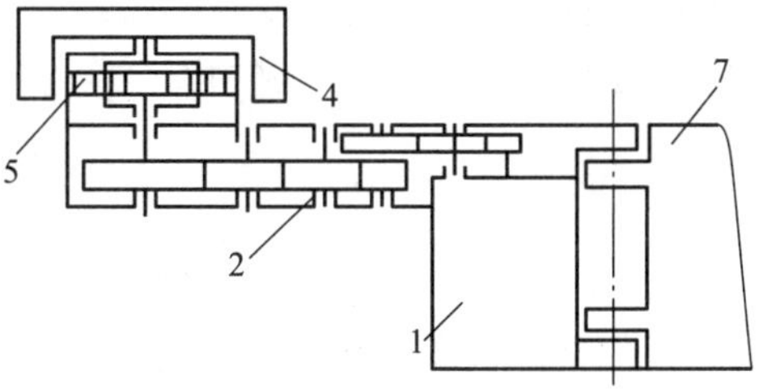

（d）

图1－18 截割部常见的传动方式（续）

1—电动机；2—固定减速箱；4—滚筒；5—行星齿轮传动；机身及牵引部

（三）传动润滑

采煤机截割部传动的功率大，传动件不仅受冲击且负载很大，因此传动装置的润滑十分重要。

1. 飞溅润滑

最常用的方法是飞溅润滑。一般在减速箱中，减速器的轴在同一水平面或接近同一水平面上，润滑效果好，润滑油面位置合适，就可以由大齿轮带动油液飞溅到齿轮的啮合面上进行润滑，同时甩到减速箱的箱壁上，以利于散热。

2. 强迫润滑

随着现代采煤机功率的加大，采取强制方法的润滑也日见增多，即用专门的润滑装置将润滑油供应到各个润滑点上。这种方式适合用于摇臂中齿轮的润滑。

采煤机摇臂齿轮的润滑具有特殊性，它不但承载和冲击大，而且割顶煤或割底煤时，摇臂中的润滑油集中在一端，使其他部位的齿轮得不到润滑，因此，在采煤机操作中，当滚筒割顶煤或割底煤时，工作一段时间后，应停止牵引，将摇臂下降或放平，使摇臂内全部齿轮都得到润滑后再工作。

3. 油脂润滑

一些相对转速不太大的传动部件，通常用压力注油器定期注入油脂润滑。

第三节 滚筒式采煤机的牵引部

牵引部的作用是移动采煤机，使截割机构切入煤壁落煤时进行工作移动或进行非工作调动，而且移动时的牵引速度关系到煤炭的产量和质量，并且对工作机构的效率也有所影响。

牵引部包括牵引机构和传动装置两部分。牵引机构是直接移动机器的装置。传动装置用来驱动牵引机构并实现牵引速度的调节，它是完成能量转换的部件，即将电动机的电能转换成主链轮或驱动轮的机械能。

牵引传动装置可以装在采煤机本身的内部，称为内牵引；也可以装在采煤机的外部（主要是指在工作面的两端），称为外牵引。内牵引应用广泛，外牵引仅在薄煤层采煤机上为了减少机身长度时才采用，在中厚煤层及以上，外牵引已经被淘汰。传动装置按速度调节分为机械牵引、液压牵引和电牵引三类。

牵引机构有锚链牵引和无链牵引两种形式。随着高产高效工作的要求，以及要求采煤机的功率和牵引力增大，有链牵引逐渐显现出强度不够的安全隐患，正逐步退出历史舞台，被无链牵引所替代。

一、牵引部的特点

（1）具有足够大的牵引力，使采煤机能顺利割煤和爬坡。

（2）牵引速度一般为 0 ~ 10 m/min，而且能无级调速，适应不同煤质条件下的工作。

（3）采煤机电动机转向不变时，通过换向机构，能实现双向牵引。

（4）采煤机牵引一般根据电动机负荷和液压变化进行自动调速，以充分发挥采煤机的最大效能。

（5）过载保护装置，即当机器超过其额定负载时，能够自动停止牵引，以保护机器。

二、采煤机牵引机构

采煤机牵引机构是牵引动力的输出装置，它牵引采煤机沿工作面方向穿梭工作。牵引机构分为链牵引机构和无链牵引机构。钢丝绳牵引由于牵引力的限制，易发生断绳事故，并且断裂后不易重新连接，故这种牵引机构已被淘汰。

（一）链牵引机构

1. 工作原理

链牵引的工作原理如图 1－19 所示，牵引链 3 绕过主动链轮 1 和导向链轮 2，两端分别固定在输送机上、下机头的紧链装置 4 上。当行走部的主动链轮转动时，通过牵引链与主动链轮啮合驱动采煤机沿工作面移动。当主动链轮逆时针方向旋转时，牵引链从右段绕入，这时左段链为松边，其拉力为 p_1，采煤机在此力作用下克服阻力而向右移动；反之，当主动链轮顺时针方向旋转时，则采煤机向左移动。

2. 分类

（1）锚链牵引机构的牵引方式有内牵引和外牵引两种，采煤机多采用内牵引方式。

（2）根据链轮的安装位置不同，有立式链轮和水平链轮两种。立式链轮吐链方便；而水平链轮的牵引链容易堆积，造成牵引链在链轮处被卡死。另外，冒落的矸石也容易进入水平链轮，产生严重磨损和脱链现象。因此，在中厚煤层采煤机上，广泛采用立式链轮布置形式。

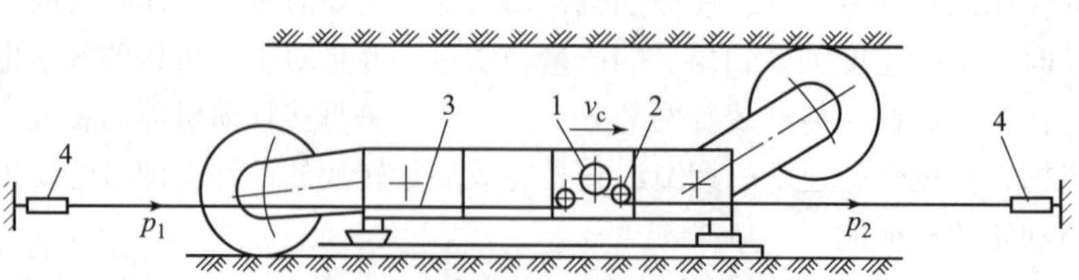

图 1－19　链牵引的工作原理

1—主动链轮；2—导向链轮；3—牵引链；4—紧链装置

3. 组成

链牵引机构包括牵引链、链轮、链接头和紧链装置。

4. 矿用圆环链和链接头

锚链为矿用高强度圆环链。圆环链中的链环一平一立，交错相接。圆环链与链轮啮合情况如图 1－20 所示，平环卧在链轮的齿间槽里，立环嵌入链轮立环槽里，链轮转动时，依靠轮齿的圆弧侧面将作用力传递到锚链上，而牵引链对链轮的反作用力则为采煤机的牵引力。

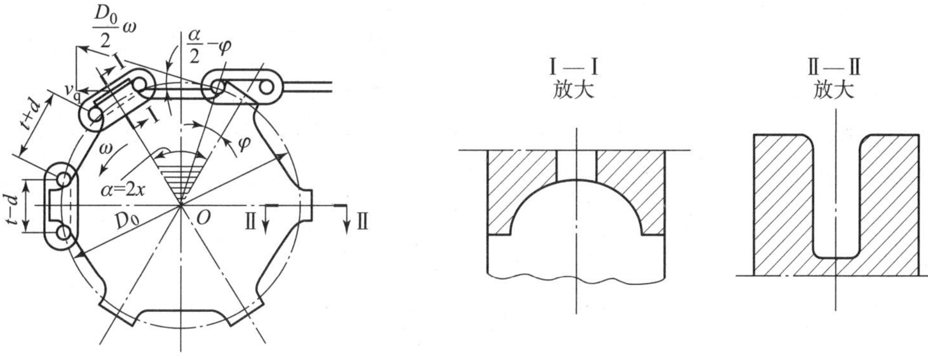

图 1－20 圆环链与链轮啮合情况

采煤机和刨煤机的牵引链都采用高强度矿用圆环链，如图 1－21 所示，它是用 23MnCrNiMo 优质合金钢经编链成形后焊接而成的。圆环链已标准化，GB/T 12718—1991《矿用高强度圆环链》对圆环链的形式、基本参数和尺寸、技术要求、试验方法等都做了规定。为了制造和运输方便，圆环链一般做成适当长度、由奇数个链环组成的链段，以便于运输，使用时将这些链段用链接头接成所需长度。处理断链事故时也需用链接头连接，对链接头的要求是：外形尺寸与圆环链相差不大，强度不低于链环，装拆方便，运行中不会自行脱开。链接头用 65Mn 等优质钢制作，并需进行严格的质量检验。

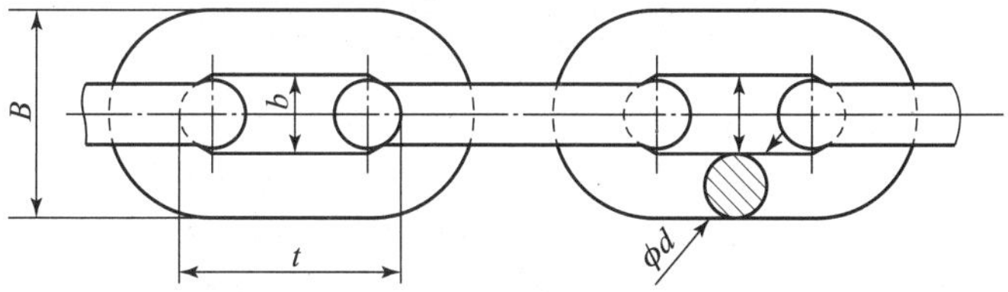

图 1－21 高强度矿用圆环链

5. 链轮

圆环链链轮的几何形状比较复杂，其形状与制造质量对于链环和链轮的啮合影响很大。链轮形状不正确会啃坏链环，加剧链环和链轮的磨损，或者使链环不能与轮齿正确啮合而掉链。链轮通常用 ZG35CrMnSi 铸造，齿面淬火硬度为 HRC45～50。如果改为锻造，齿形部分模锻或电解加工，可以大大提高使用寿命。

6. 牵引速度波动

圆环链缠绕到链轮上后，平环链棒料中心所在的圆称为节圆（其直径为 D），各中心点的连线在节圆内构成了一个内接多边形，造成的结果是牵引速度不均匀，致使采煤机负载不平稳。齿数越少，速度波动越大。主动链轮的齿数一般为 5～8 个。

7. 牵引链的固定与张紧

通常，牵引链通过紧链装置固定在输送机两端。紧链装置产生的初拉力可使牵引链拉紧，并可缓和因紧边转移到松边时弹性收缩而增大的紧边的张力。

目前，采煤机的牵引链紧链装置主要有弹簧紧链装置和液压紧链装置两种。液压紧链装置的工作原理如图 1－22 所示。牵引链 1 绕过导向链轮 2，通过连接环和液压缸 3 连接。如果采煤机由右向左开始工作，此时左端牵引链的张紧力使左端拉紧装置的安全阀 7 大大超过调定值，使液压缸全部缩回，而采煤机右端牵引链的预紧力（初张力）由定压减压阀 5 的调定压力值来决定，并使右端拉紧装置的液压缸活塞杆伸出。当采煤机继续向左端牵引时，将使非工作边张力逐渐增加，当右端液压缸的压力值增加到安全阀的调定值时，安全阀动作，液压缸收缩，导向链轮 2 左移，即用液压缸的行程补偿牵引链的弹性收缩，从而限制了非工作边张力的增加。

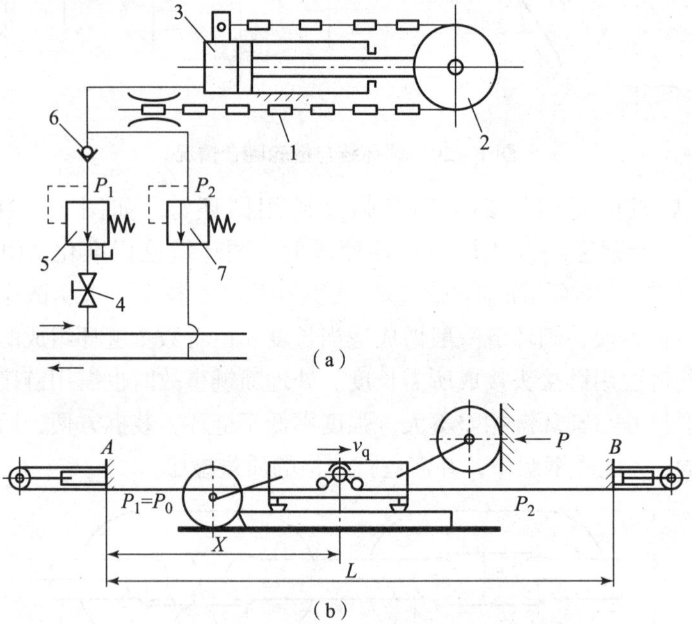

图 1－22　液压紧链装置的工作原理

1—牵引链；2—导向链轮；3—液压缸；4—截止阀；5—定压减压阀；6—单向阀；7—安全阀

液压紧链装置的优点是非工作边能保持恒定的张力，其初张力（预紧力）的大小由定压减压阀的调定值决定。在工作过程中，非工作边的张力大小由安全阀的整定值决定。弹性伸长量的存在，使采煤机移动时产生振动，其最大振幅可达 5 mm，从而引起切屑断面的急剧变化，导致采煤机载荷发生大的变化，使零部件承受较大的动载荷，这是链牵引的最大缺点。因此，近年来广泛采用无链牵引的采煤机。

（二）无链牵引机构

1. 无链牵引机构的优点

使用无链牵引机构的采煤机通常称为无链牵引采煤机。

无链牵引具有以下一系列优点：

（1）由于取消了牵引链，使工作面的劳动环境得到改善，特别是消除了牵引链与输送机刮板相碰而产生的噪声。

（2）消除了由于牵引链工作中的脉动而引起的采煤机振动，使采煤机移动平稳、载荷均匀，延长了机器的使用寿命，降低了故障率。

(3) 可利用无链双牵引传动将牵引力提高到400～600 kN，以适应采煤机在大倾角条件下工作。利用制动器还可使机器的防滑问题得到解决。

(4) 可以实现工作面多台采煤机同时工作，提高了工作面产量。

(5) 由于没有链牵引，链条产生的围绕链轮的啮合损失小，啮合效率高，可将牵引力有效地用在割煤上。

(6) 由于取消了在输送机两端的紧链补偿装置，简化了输送机两端头的设施，故使采煤机可以直接割到两端头。

(7) 没有牵引链，避免了液压电动机的“反链敲缸”事故。

2. 无链牵引装置的缺点

(1) 对输送机的弯曲和起伏不平的要求较高，对煤层地质条件变化的适应性较差，因底板及输送机起伏太大，故会影响链牵引机构的啮合，特别是仰采时齿条较易损坏。

(2) 无链牵引机构使机道增加100 mm，所以提高了对支架支承能力的要求。

(3) 由于输送机增加了供牵引行走的元件，故初期投资有所增加。

3. 无链牵引机构的形式

1) 齿轮－销轨式

如图1－23所示，这种行走机构是通过驱动轮2经中间轮3与铺在输送机上的圆柱销排式齿轨相啮合而使采煤机移动的。

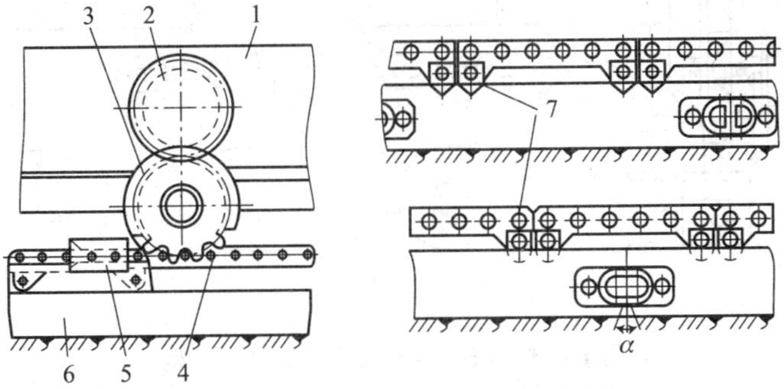

图1－23 齿轮－销轨式无链牵引机构

1—牵引部；2—驱动轮；3—中间轮；4—销轨；5—导向滑靴；6—溜槽；7—销轨座

2) 滚轮－齿轨式

如图1－24所示，滚轮（又称销轮）－齿轨式无链牵引行走机构由两个牵引传动箱分别驱动滚轮与固定在输送机上的齿轨相啮合而移动机器。滚轮5由直径为100 mm的圆柱组成，因此强度大，工作可靠。MG－300 W、AM－500型采煤机使用的就是这种行走机构。

3) 链轮－链轨式

如图1－25所示，链轮－链轨式无链牵引机构由采煤机牵引部传动装置的长齿驱动链轮2，使其与铺设在输送机采空区侧挡板内链轨架上的不等节距圆环链相啮合而移动机器。EDW－300L、DTS－300型采煤机使用的就是这种行走机构。

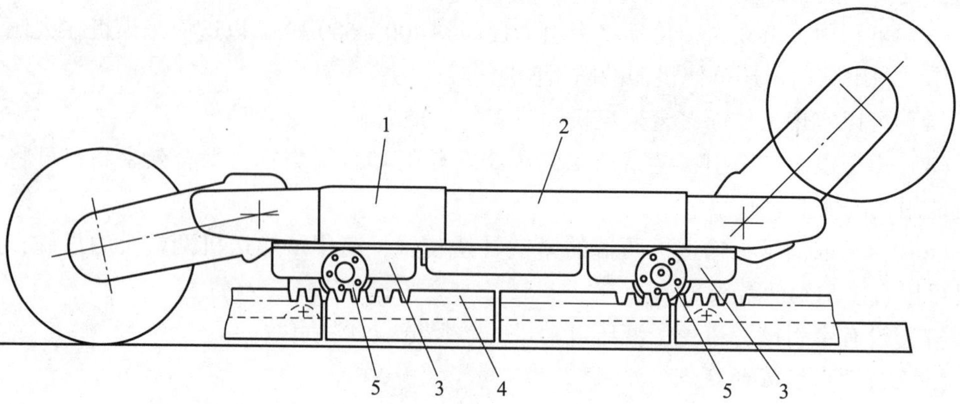

图 1-24　滚轮-齿轨式无链牵引机构

1—电动机；2—牵引部泵箱；3—牵引部传动箱；4—齿条；5—滚轮

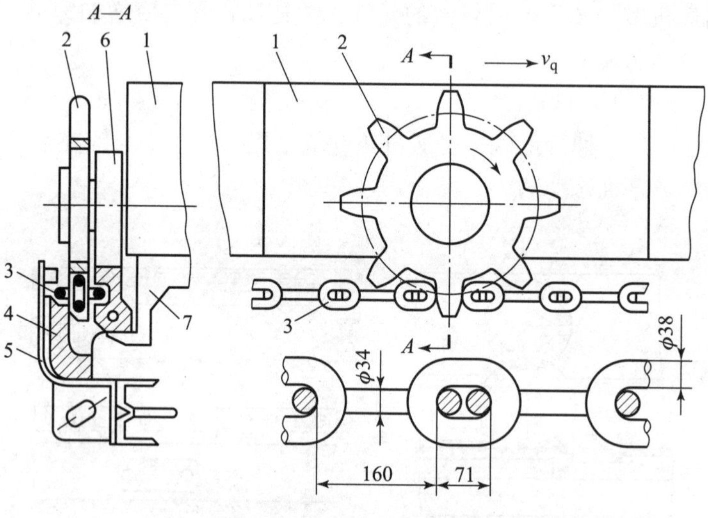

图 1-25　链轮-链轨式无链牵引机构

1—传动装置；2—驱动链轮；3—圆环链；4—链轨架；
5—侧挡板；6—导向滚轮；7—底托架

4）复合齿轮齿轨式

如图 1-26 所示，这种机构在采煤机牵引部的出轴上装一套双四齿交错齿轮 2，以驱动装在底托架的双六齿交错齿轮 3，后者与输送机上交错齿条轨道啮合而移动机器。BJD 系列采煤机即采用这种行走机构。

三、牵引部传动装置

（一）作用

牵引部传动装置的作用是将采煤机电动机的能量传到主动链轮或驱动轮并实现调速。

（二）分类

牵引部传动装置按传动类型可分为机械牵引、液压牵引和电牵引三类。

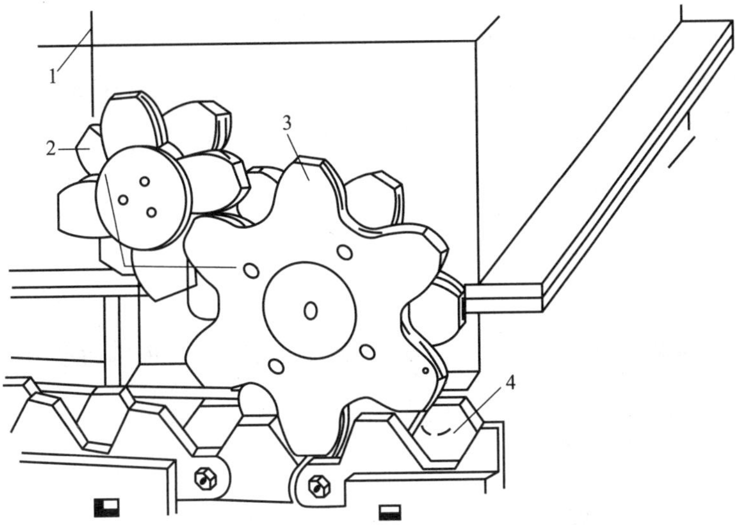

图 1－26　复合齿轮齿轨式无链牵引机构

1—牵引部；2—双四齿交错齿轮；3—双六齿交错齿轮；4—交错齿条

1. 机械牵引

机械牵引采煤机具有制造方便、结构紧凑且简单、定比传动、运行可靠、维修方便等特点。但对煤层条件变化适应性较差，不能实现无级调速。

2. 液压牵引

液压牵引采煤机是利用液压传动来驱动牵引部的。液压传动装置体积小、质量小、惯性小、转矩大、运行平稳，易于实现无级调整、换向、停止和过载保护，便于操作和实现自动调速，但液压牵引易出故障、维修困难、油液易污染，所以逐渐被电牵引取代。

液压牵引系统常用保护回路：

(1) 伺服变量机构。

控制效果：给定调速杆相应的位置，主油泵就有相应的排量和排油方向。

(2) 主回路。

主要部件：双向变量泵、双向定量油马达。

调速：改变主油泵的排量。

换向：改变主油泵的排油方向。

(3) 补油和热交换回路。

主要部件：吸油过滤器、油泵、精过滤器、补油单向阀、梭阀、背压阀、冷却器。

作用：向主油路补充油液及置换做功后温度升高的油液。

(4) 手动调速换向系统。

作用：调整采煤机的牵引速度和改变采煤机的牵引方向。

(5) 液压恒功率调速油路。

作用：牵引过载时减小牵引速度，牵引欠载时增大牵引速度。

(6) 过载保护回路。

作用：采煤机牵引严重过载时对主油泵起到安全保护作用。

3. 电牵引

电牵引是新一代采煤机采用的牵引调速方式，有晶闸管直流电动机调速、大功率晶体管变频交流电动机调速和采用电控交－直－交调压调频的交流电动机调速三种形式。电牵引不仅克服了液压调速时工作介质易受污染以及受温度变化影响大的弊端，而且具有效率高、寿命长、易实现各种保护、监控和显示以及减小采煤机尺寸的优点，因此成为今后的发展方向。

（1）电牵引采煤机的类型。

①纵向单电动机驱动型：主要用于开采薄煤层。

②横向双电动机驱动型：大多数电牵引采煤机均为此型（不包括牵引部及其他辅助部分的驱动电动机）。

（2）按牵引电动机的调速特性分。

①直流串励电牵引采煤机。

②直流他励电牵引采煤机。

③直流复励电牵引采煤机。

④交流变频电牵引采煤机。

（3）根据调速原理不同，牵引电动机有直流和交流两种类型。

（4）电牵引工作原理。

电牵引采煤机是通过对专门驱动牵引部的电动机调速，从而调节牵引速度的采煤机。电牵引采煤机如图 1－27 所示，是将交流电输入可控硅整流，由控制箱控制直流电动机调速，然后经齿轮减速装置带动驱动轮使机器移动。两个滚筒分别用交流电动机经摇臂来驱动。由于截割部电动机的轴线与机身纵轴线垂直，所以截割部机械传动系统与液压牵引的采煤机不同，没有锥齿轮传动。这种截割部兼作摇臂的结构可使机器的长度缩短。摇臂调高系统的油泵由单独的交流电动机驱动。

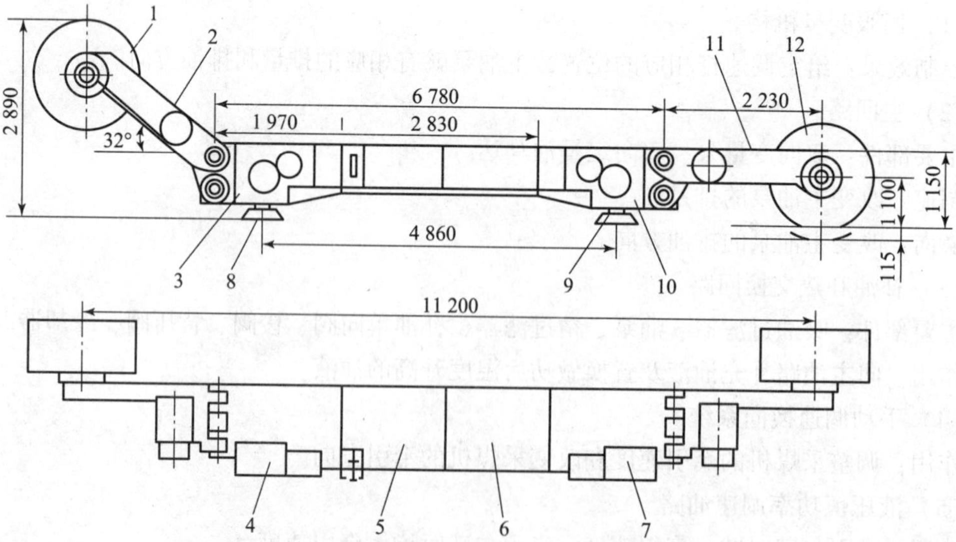

图 1－27　MG300/720－AWD 型电牵引采煤机示意图

1，12—左、右滚筒；2，11—左、右摇臂；3，10—左、右牵引箱；4，7—左、右行走箱；5，6—变频调速箱及控制箱；8，9—左、右滑靴

(5) 电牵引采煤机的特点。

电牵引采煤机具有以下特点：

①取消了易出故障、维修困难的液压电动机、液压泵、阀组和大量易燃、易漏、易污染、价格较贵的液压油，抗污染能力大大提高，从而提高了运行的可靠性和经济合理性。

②电牵引部的调速、换向、过载保护和各种监控都可以由电气系统实现，易于实现各种保护、检测和显示。机械传动部分大为简化，因而可以缩小采煤机的体积。采煤机总量可比液压牵引采煤机减轻1/3左右。

③电牵引部传动效率比液压牵引提高近30%。

④采用电子元件控制系统，动作灵敏、迅速，过渡过程反应快，只有几十分之一秒，保护装置齐全，具有较好的自动调速性能，为实现采煤机全自动控制提供了条件。

⑤取消了传统采煤机的平板式托架，而采用框架结构，大框架由三段组成，它们之间用高强度液压螺栓副连接，结构简单、强度大、可靠性高，且便于拆装。

⑥采用交流变频调速，调速范围广、体积小、故障少，能得到大的牵引速度和牵引力。

⑦各主要部件安装均单独进行，部件间没有动力传递连接，都能从机身的采空侧抽出，容易更换，维修方便，且设备利用率高。

⑧截割电动机横向布置在摇臂上，摇臂和机身连接处没有动力传递，取消了易损坏的螺旋伞齿轮传动和结构复杂的通轴，可使机身长度缩短。

⑨采煤机电源电压等级多采用3 300 V，采用单根电缆供电，电缆数量和直径减小，利用电缆拖移，便于现场管理。

⑩调高系统多采用集成阀块，管路少，维修方便。

⑪变频器安装在采煤机机身上，可避免因牵引电缆拖移损坏而造成变频器损坏，并且向牵引电动机提供更优质的电源。

⑫采煤机上所有的截割反力、调高液压缸反力和牵引反力均由大框架承受。

⑬各个需要动力的部件，都由单独电动机驱动，不但可以减少相互间复杂的传动关系，而且有较好的通用性和互换性。

第四节　辅助装置

采煤机除了截割部、牵引部、电动机与电气控制装置外，其余的部分称为辅助装置，采煤机的辅助装置包括底托架、拖移电缆装置、喷雾降尘装置和防滑装置等。

一、底托架

底托架是支承采煤机整个机体的一个部件，是采煤机的机座，将牵引部、截割部和电动机用螺栓固定在底托架上组成一个整体，用螺栓固定在底托架上，并利用底托架下面铰接的四个滑靴在刮板输送机上滑行。采煤机一般用铸钢底托架，结构坚固，自重大，降低了采煤机的重心，使其运行平稳。

底托架与输送机之间具有足够的空间，便于输送机上的大块煤顺利从采煤机下通过。底托架的高度应与煤层的厚度以及所选用的滚筒直径相适应。

采煤机底托架分为固定式与可调式两种。

固定式底托架上复板与溜槽之间的距离、倾角保持不变，采用这种托架的采煤机，对煤层的起伏变化适应性较差。可调式底托架具有机身调斜功能，可根据煤层的变化随时调整机身与溜槽之间的角度，以适应倾斜煤层的开采要求。

采煤机底托架还分为整体式和分段组合式。整体式底托架刚度大、强度高，但入井及井巷运输比较困难；分段组合式底托架强度偏小，刚度较弱，连接易松动，但有利于入井及井巷运输。电牵引采煤机采用框架式机身，由左、中、右框架构成，用高强度液压螺栓副连接，简单可靠，拆装方便。

底托架上的滑靴是采煤机的支承件，按照滑靴的结构和作用不同，分为导向滑靴和非导向滑靴两种，位于采空侧的为导向滑靴，位于煤壁侧的为非导向滑靴。非导向滑靴又分为平滑靴和滚轮滑靴两种。

两个导向滑靴利用开口导向管与输送机上的导向管滑动连接，具有支承、导向及防止采煤机掉道的作用；两个煤壁侧滑靴具有支承并使采煤机沿工作面输送机滑动的功能。平滑靴结构简单；滚轮滑靴结构复杂，它与输送机之间为滚动摩擦，运行阻力较小。

二、滚筒调高和机身调斜

为了使滚筒能适应底板的起伏不平，常需调整机身摆动的倾角，称为调斜。采用的方法是将采空区上的滑靴上加上调节油缸。

为了适应煤层的变化，在煤层高度范围内调整滚筒的高度，称为调高。

液压调高系统如图 1－28 所示。

当换向阀在中间位置时，调高油泵排出的压力油直接经中位返回油缸，两个油缸不进油、不回油，调高液压缸保持在合适位置。

当换向阀处于左或右位置时，两个调高油缸一个伸出、另一个缩回。

系统最大的工作压力由回路上安装的安全阀 2 来控制。

液压锁的作用是防止换向阀 5 处于中位时调高油缸缩回。

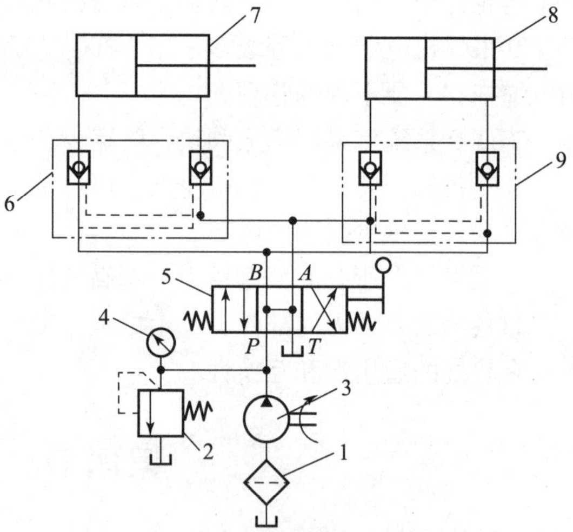

图 1－28　液压调高系统

1—粗过滤器；2—安全阀；3—液压泵；4—压力表；5—换向阀；6，9—液压锁；7，8—调高液压缸

三、拖移电缆装置

电缆架用来盘绕采煤机的供电电缆和水管。拖移电缆装置用来保护电缆和水管，以便在工作面上移动。采煤机工作时，相当于工作面长度一半的动力电缆和水管要被拖拉，为避免它们在拖移过程中承受拉力而损坏，通常将它们夹持在电缆拖移链中，放在电缆槽中拖移。

电缆拖移装置的作用是当采煤机沿工作面移动时，拖动采煤机的动力电缆和降尘用的水管，代替了人工盘电缆的繁重体力劳动。

目前，采煤机的电缆拖移装置有两种类型：一种是采用链式电缆夹装置（见图 1－29）；另一种是不用链式电缆夹，而在工作面输送机侧板上设置管理移动电缆的装置。大部分采煤机都采用链式电缆夹，少数的如与伽立克设备配套的采煤机，不采用链式电缆夹装置。

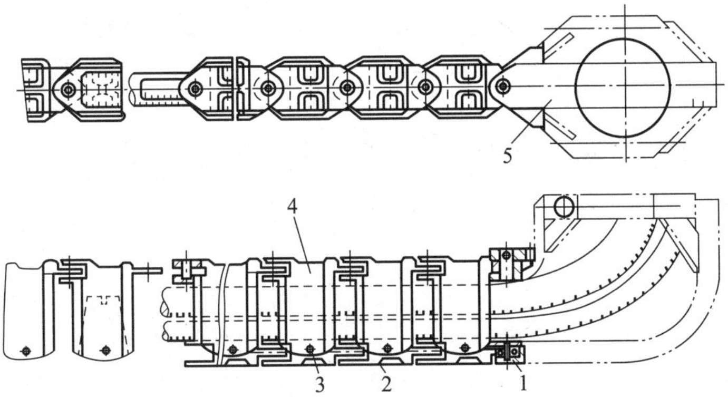

图 1－29　拖移电缆夹装置

1—销轴；2—扁链夹；3—挡销；4—框形链夹；5—弯头

链式电缆夹装置是将移动电缆和水管卡在链式电缆夹内，采煤机直接拖动链式电缆夹，从而带着电缆和水管跟随采煤机移动，这样，拖动电缆的拉力由链式电缆夹承受，电缆和水管不承受拉力，并且得到电缆夹的保护，可以防止被砸坏。当采煤机沿工作面牵引时，链式电缆夹在输送机侧边的电缆槽内移动。链式电缆夹一般选用高强度轻型材料，以减轻质量。

四、喷雾降尘装置

滚筒式采煤机在截煤和装煤过程中会产生大量的煤尘，这不仅易引起煤尘爆炸事故，而且会直接危害工人的健康。特别是随着综合机械化程度的提高，工作面的产量大大提高，煤尘的生成量也随之增加，因此，综合机械化采煤工作面的降尘问题是一个很重要的问题。

喷雾降尘装置的作用：减少煤尘，冲淡瓦斯，冷却截齿，湿润煤层，防止截割火花。

喷雾降尘装置的种类有内喷雾和外喷雾两种。

目前，采煤机普遍采用内、外喷雾系统。压力水经滚筒轴中收孔道及叶片上的供水通道，从安装在滚筒叶片和端盘上的喷嘴喷出水雾的降尘方式叫作内喷雾。压力水从安装在靠近滚筒附近，如摇壁上或机身其他部位适当的地方（如挡煤板处）的喷嘴喷出水雾的降尘方式叫作外喷雾。

内喷雾由于喷嘴靠近截齿，有利于把煤尘消灭在生成之初、洒湿煤体表面及减少粉尘的产生，因而内喷雾灭尘效果好且耗水量小。利用雾状的水喷洒在煤壁上，对煤粉的产生起到了抑制作用，这种降尘方式是一种积极的措施。

外喷雾的喷嘴离滚筒较远，只能降低扩散中的粉尘，灭尘效果差且耗水量大。因此，现在采煤机多采用内外喷雾相结合的方式，降尘效果较好。冷却喷雾系统应使用中硬以下的水，最好是软水，且需过滤，不得有明显的机械杂质和悬浮物。

采煤机冷却系统用于冷却电动机、截割部和液压牵引部。采煤机冷却系统和喷雾系统是结合在一起的，一部分压力水经过冷却系统后，还可用来喷水降尘，可节约用水。

图 1－30 所示为某采煤机冷却喷雾系统。主水阀由球形截止阀、过滤器和压力表等组成，其功能是将 320 L/min 的冷却喷雾水进行控制、分流、过滤和水压显示。采煤机前、后滚筒喷雾水量可通过水阀水量调节手把调节分配。分水阀的作用是对水阀来水进行二次分配

和对冷却水进行限压，内设有安全阀，其调定压力为 2 MPa，安装部位为左牵引部。

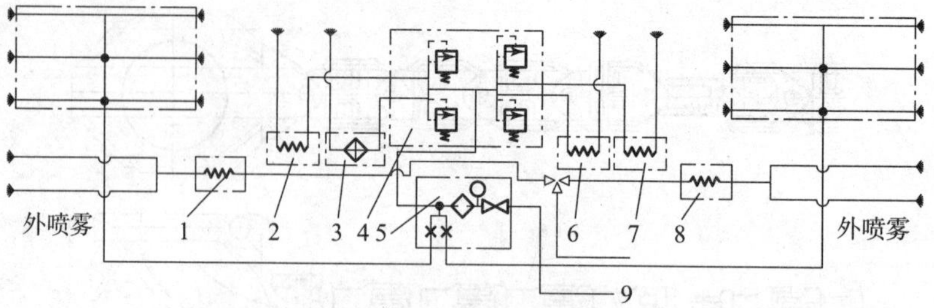

图 1-30　采煤机冷却喷雾系统

1—左摇臂水套；2—左截割电动机水套；3—液压箱冷却器；4—分水阀块；5—主水阀；6—牵引电动机水套；7—右截割电动机水套；8—右摇臂水套；9—总进水管

由分水阀左路分出来的两路冷却水，一路给液压传动部冷却，另一路给左截割部电动机冷却，两路水最后从左牵引部煤壁侧流出。由分水阀右路分出来的两路冷却水，一路给牵引电动机冷却，另一路给右截割电动机冷却，两路水最后由右牵引部煤壁侧流出。

外喷雾喷嘴设在左右摇臂水套上，外喷雾水源为单独水源，由一根软管单独供水，流量为 120 L/min，压力为 6. 3 MPa。

水阀将内喷雾水分为左、右两路，分别接入左、右截割部内喷雾水套，经左、右滚筒 3 个叶片流道后经滚筒喷嘴喷出。

五、防滑装置

骑在输送机上工作的采煤机，当煤层倾角大于 10°时，就有下滑的危险。特别是链牵引采煤机上行工作时，一旦断链，就会发生机器下滑的重大事故。因此，《煤矿安全规程》规定：当工作面倾角在 10°以上时，必须有可靠的防滑装置。

常用的防滑装置有防滑杆、液压安全绞车和液压制动器等。

（一）防滑杆

在采煤机底托架下装有防滑杆和操纵手把，防滑杆是顺着倾斜方向向下安装的。当采煤机向下采煤时，即使牵引链断了，由于滚筒受煤壁阻挡，采煤机不会下滑，因而可用手把将防滑杆提起。当采煤机向上采煤时，则需将防滑杆放下，这时如发生断链下滑，防滑杆即插在输送机刮板上，从而防止采煤机下滑事故的发生。但在发生断链后，操作员应及时停止刮板输送机，以免采煤机随刮板输送机下滑。这种装置只用于中小型采煤机。

（二）液压安全绞车

这是一种液压传动的滚筒式小绞车，它装在工作面上部的回风巷内。绞车的钢丝绳固定在采煤机上，当采煤机发生断链情况时，通过采煤机下滑而使绞车制动，采煤机在绞车钢丝绳的牵制下停止下滑。这种防滑绞车具有以下特点：绞车不需要任何操作，当采煤机启动时，防滑绞车先于采煤机自动启动；当采煤机停止时，绞车电动机同时停止，绞车制动闸将绳筒制动住；当采煤机向下牵引时，通过钢丝绳带动绞车向外放绳，绞车放绳的速度始终保持与采煤机的牵引速度一致，并随着采煤机牵引速度的变化面自动调节钢丝绳的速度，使钢丝绳的张力始终保持不变。

由上可知，防滑绞车的运转状态完全受采煤机的控制，它与采煤机的运行协调一致，始终保持钢丝绳为张紧状态，并保持一定的张力。钢丝绳的张力可根据具体情况进行调节。液压防滑绞车采用变量液压泵和定量液压电动机系统，其工作原理和采煤机的液压牵引相似。

这种结构形式在中小型采煤机上使用较多。

（三）液压制动器

在无链牵引中，可在牵引部液压马达输出轴上设置两套液压制动器，代替设于上平巷的液压安全绞车，防止停机时采煤机下滑，一套工作、一套备用，这是大功率采煤机上使用最多的防滑装置。

第五节　MG700/1660－WD 型交流电牵引采煤机

一、概述

MG700/1660－WD 型交流电牵引采煤机是鸡西煤矿机械有限公司自主开发研制的新型大功率交流电牵引采煤机。

（一）适用范围

MG700/1660－WD 型交流电牵引采煤机主要用于煤层厚度为 2 300～4 533 mm，煤层倾角小于 12°，含有夹矸等硬煤质厚煤层、年产 500 万 t 以上、高产高效综合机械化工作面，可在周围空气中的甲烷、煤尘、硫化氢、二氧化碳等不超过《煤矿安全规程》中所规定的安全含量的矿井中使用。整体为多部电动机横向布置，电控系统为机载式，采用计算机控制技术。

（二）产品型号、含义及电动机功率

MG700/1660－WD：

M—采煤机，G—滚筒式，700—截割功率（kW），1660—装机功率（kW），W—无链牵引，D—电牵引。

总装机功率为 1 660 kW，截割功率为 2×700 kW，牵引功率为 2×110 kW，调高泵站功率为 2×20 kW。牵引型式为齿轮－齿轨式。操作控制点位置分别设置在机身两端头处，可直接操作按钮或手把，也可以采用无线电发射器离机遥控。

（三）主要技术参数

主要技术参数如表 1－2 所示。

（四）主要特点

（1）整机布置采用无底托架、积木式组合结构，多电动机横向布置、多点驱动。

（2）机身通过一组液压拉杆（共 5 根 $\phi70$）形成刚性连接。

（3）截割部为分体直摇臂型式，臂杆部分可实现左右互换；臂杆与连接块采用四个小圆柱销和 11 个 M48×3 螺杆连接；行星减速器处带有冷却水套，直齿腔内部装有冷却水管。

（4）整机设有集中注油装置，可方便地为左、右截割部行星机构，直齿传动腔，左、右牵引齿轮腔以及左、右牵引部液压油池注油。

（5）牵引调速采用机载式交流变频调速、一拖一控制方式，具有四象限运行能力，并可实现一拖二应急运行。牵引驱动采用准渐开线齿轮－强力销排型式。

表 1－2　采煤机主要技术参数

1	适应煤层			
	采高范围/mm	2 300～4 533		
	煤层倾角/(°)	≤12		
	煤质硬度	f≤4.5		
2	总体			
	基面高度/mm	1 691		
	机身宽度/mm	1 720		
	摇臂回转中心距底板高度/mm	1 441		
	摇臂回转中心距离/mm	8 636		
	行走轮中心距离/mm	5 811		
	行走轮啮合中心高/mm	560		
	有效截深/mm	865		
3	电动机截割牵引泵			
	型号	YBCS2－7（8）A	YBQYS3－110A	YBRB3－20
	额定功率/kW	700	110	20
	额定转速/（r·min^{-1}）	1 486	1 480	1 473
	额定电压/V	3 300	460	3 300
	型式	三相异步、定子水冷、矿用隔爆型		
4	牵引部			
	牵引调速方式	交流变频、机载		
	牵引行走型式	摆线轮、销轨		
	牵引功率/kW	2×110		
	牵引速度/(m·min^{-1})	12.5/22 14.5/25.5		
	牵引力/kN	938/532 809/460		
	调车速度/(m·min^{-1})	22/25.5		
5	截割部			
	截割功率/kW	2×700		
	摇臂型式	直摇臂、双行星、内冷却		
	摇臂长度/mm	2 822		
	摇臂摆角	总摆角 60°，上摆角 44°，下摆角 16°		
	滚筒转速与截割速度			
	齿尖线速度/(m·s^{-1}) 滚筒转速/(r·min^{-1}) 滚筒直径/mm	38.09	33.69	29.7
	2 500	4.99	4.41	3.89
	2 250	4.49	3.97	3.5

续表

6	泵站		
	输入功率/kW	2×20	
	泵型号	PGP511B+PGP511A	
	额定压力/MPa	22.5/21	
	额定排量/（$mL\cdot r^{-1}$）	23/4	
	过滤精度/μm	20	
7	操纵型式布置		
	中间电控、两端控制站控制及无线电遥控		
8	电缆		
	主电缆：MCP 3×185+1×95+4×10+（2×2.5）PST		
	截割电缆：MCP 3×70+3×35/3E+3×（2×2.5ST）		
	牵引电缆：MCP 3×70+3×35/3E+3×（2×2.5ST）		
	泵电机电缆：MCP 3×10+3×6/3E+3×（2×2.5ST）		
	屏蔽控制电缆：5×1；6×1；3×1。外径：φ10 mm		
9	冷却和喷雾		
	电动机冷却方式	定子水冷；电控箱、摇臂水套冷却	
	喷雾方式	滚筒内喷雾、机身外喷雾	
	喷雾泵型号	PB320/63；PB210/100	
	额定流量/（$L\cdot min^{-1}$）	320；210	
	最大压力/MPa	6.3；10	
	冷却及内喷雾水压/MPa	2.6	
	外喷雾水压/MPa	4.0	
	主水管型号	KJR25（外径 φ39 mm）	
10	配套运输机		
	运输机型号	中部槽尺寸/mm	生产厂家
	SGZ1（8）0/1400	15（8）×10（8）×352	张家口煤机公司
	SGZ1（8）0/1050	15（8）×10（8）×337	西北煤机一厂
	SGZ960/9（8）	1 500×9（8）×308	张家口煤机公司
11	整机质量/t	约 90	

（6）液压系统采用两个二联齿轮泵，左右单独油箱、左右独立执行系统、分离式操作元件，可实现左、右截割部同时调高，并具有手动换向（应急）功能。

（7）电控系统由多个具有 CAN 接口的模块组成网络式控制系统，具有抗干扰能力强、实时性好、系统组成灵活、维护方便快捷等优点。

（8）具有 12 in① 真彩液晶显示屏幕集中显示和左、右操作站简要显示机器的运行工况。

① 1 in＝2.54 cm。

（9）控制方式为机身中段集中操作、机身两端操作站控制及无线离机遥控。

（10）具备适应现代化矿井所需的各种检测、监测功能和远程传输接口。

二、整机组成及工作原理

（一）组成

MG700/1660－WD 型交流电牵引采煤机主要由左右牵引部、截割部、左右连接块、左右行走箱、顶护板、拖缆装置、左右支承组件以及电控部组成。电气控制系统、液压传动系统及喷雾冷却系统组成机器的控制保护系统。如图 1－31 所示，左右牵引部、电控部通过一组液压拉杆（共 5～7 根）形成刚性连接。左右牵引部分别与电控部的左右端面干式对接。两行走箱为整体焊接结构，除壳体外其他的零部件为左右完全互换结构，分别固定在左右牵引部的箱体上。牵引部与电控部对接面用圆柱销定位，配以高强度螺钉和螺母连接。

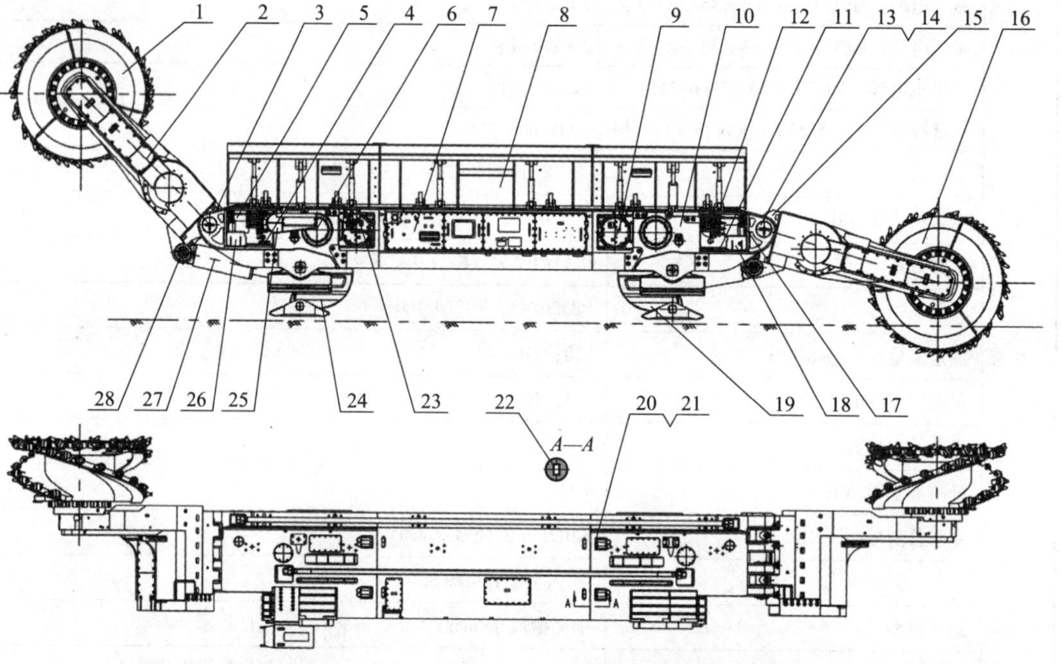

图 1－31　MG700/1660－WD 型交流电牵引采煤机外形

1，16—采煤机螺旋滚筒；2—截割部；3—左连接块；4，11—注油组件；5—左牵引部；6—左行走部；7—电控部；8—顶护板；9—右牵引部；10—右行走部；12—液压系统；13—长铰轴组件；14—短铰轴组件；15—右连接块；17—操作站组件；18—右本安接线盒；19—右支承组件；20—螺钉；21—螺母；22—定位销；23—喷雾冷却系统；24—左支承组件；25—拖揽装置；26—左本安接线盒；27—调高油缸；28—油缸铰轴组件

截割部为分体直摇臂结构，即截割电动机、减速器均设在截割机构减速箱上，截割机构减速箱为左右互换结构，通过左右连接块分别与左右牵引部、调高油缸铰接，油缸的另一端铰接在支承组件上，当油缸伸缩时，实现摇臂升降。左、右支承组件固定在左、右牵引部上，与行走箱上的导向滑靴一起承担整机质量。

（二）工作原理

采煤机整体由煤壁侧的两组支承组件和操作侧的两只导向滑靴分别支承在工作面输送机

上。行走箱中的行走轮与输送机齿轨相啮合，当行走轮转动时，采煤机便在工作面输送机上牵引行走，同时截割电动机通过截割机械传动带动滚筒旋转，完成落煤及装煤作业。

行走箱上的导向滑靴一起承担整机质量。

三、牵引部

牵引部分为左牵引部和右牵引部，本机牵引部为对称结构，其中除壳体外，牵引传动装置左右完全相同，主要包括牵引电动机和牵引传动系统。工作原理是将电动机输入的动力通过牵引传动系统传递给行走箱的驱动轮和行走轮，行走轮与输送机销轨相啮合，实现采煤机的牵引。

为使采煤机能在较大的倾角条件下可靠工作，在牵引部一轴上设有液压制动器，能防止机器下滑，当工作面倾角 <12°时，可以不安装液压制动器。

（一）牵引传动系统

1. 牵引部结构及原理

牵引部结构如图 1－32 所示。

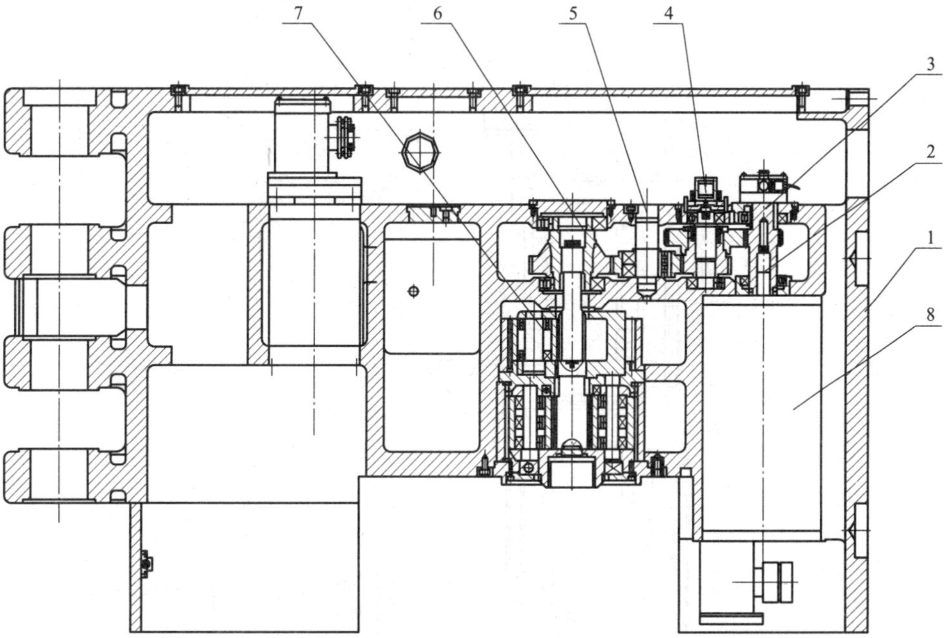

图 1－32 牵引部结构

1—左牵引壳体；2—花键轴；3——轴组件；4—二轴组件；5—三轴组件；6—四轴组件；7—双行星机构；8—电动机

牵引部的机械传动系统由二级直齿轮传动和一组双级行星减速机构组成的，牵引电动机输出轴花键与一轴齿轮内花键相连，将电动机的输出转矩通过牵引传动系统传给行走箱的驱动轮，带动行走轮转动，通过行走轮与销排啮合，实现采煤机的行走。一轴通过花键与液压制动器相连，实现牵引传动装置的制动。操作机器前面阀组上控制注油的手动换向阀，可方便地为各齿轮腔与液压腔注油。液压油的注油装置在左牵引部上，齿轮油的注油装置在右牵引部上。放油口在油池底面。齿轮腔与液压油池的注油油位最高不超过油标的中间位置。

本机设有两种牵引速度，通过调整第一级直齿轮传动不同齿数的配比来实现牵引速度的变化，可根据不同的工况进行选择，如表 1－3 所示。

表 1－3 牵引速度

项目	一轴齿轮配比齿数	二轴齿轮配比齿数	最大牵引速度/($m \cdot min^{-1}$)	最大牵引力/kN
低速	23	57	12. 5	938
高速	25	55	14. 5	815

2. 双级行星减速器

如图 1－33 所示，双级行星减速器由两组 NGW 型行星机构组成。动力输入端通过内花键将动力传递给太阳轮，从而将动力输入第一级行星机构，经第一级行星机构减速后将动力通过行星架内花键传至第二级行星机构太阳轮，再经第二级行星机构减速后将动力通过行星架内花键传递给行走箱。为保证行星机构的匀载，第一级行星机构采用行星架和太阳轮双浮动型式，第二级采用内齿圈和太阳轮双浮动型式。

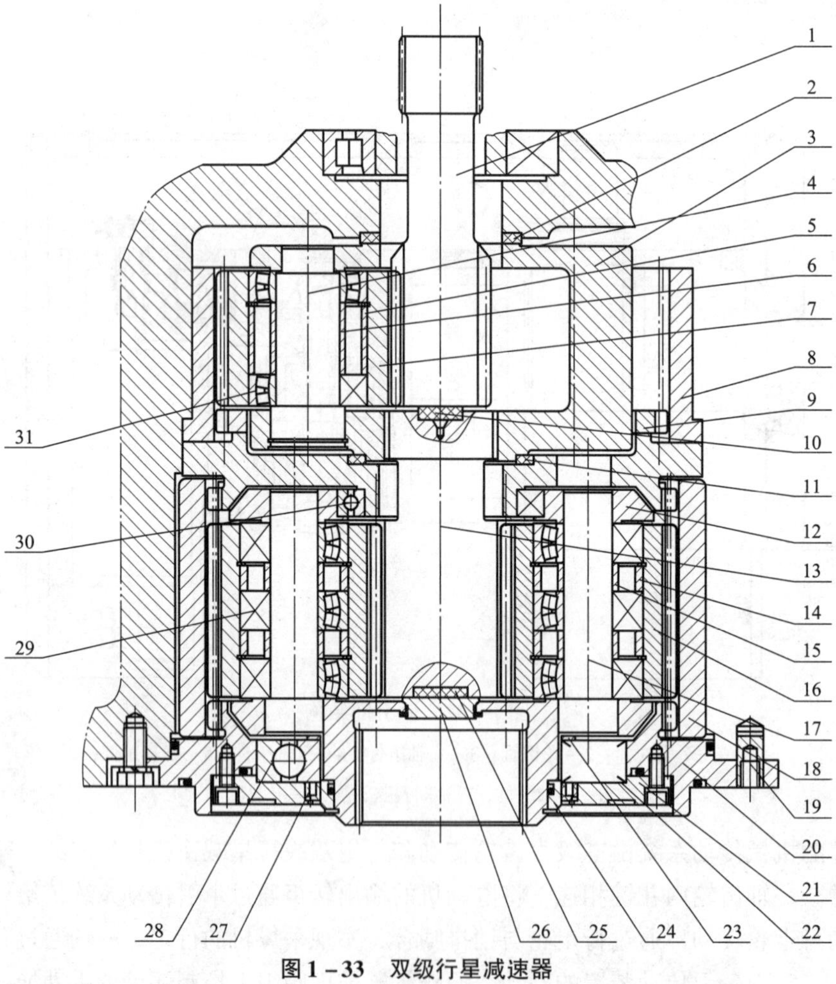

图 1－33 双级行星减速器

1—太阳轮 I；2，11—环；3—行星架 I；4，17—轴；5，6，14，15，24—套；7—行星轮 I；8—内齿圈 I；9—连接座；10，23—垫；12—行星架 II；13—太阳轮 II；16—行星轮 II；18—内齿圈 II；19—圆柱销；20—连接盘；21—盖；22—调整垫片；25—限位垫；26—堵；27—CR 220 × 250 × 15；28，29，30，31—滚动轴承

3. 牵引电动机

牵引电动机为隔爆型三相交流电动机，与变频调速系统配套，作为采煤机的牵引动力源，可适用于环境温度不高于40 ℃、相对湿度不大于95%、含有甲烷或爆炸性煤尘的场合。

在下井前应仔细检查所有螺钉及部件是否完好、输出轴转动是否灵活；观察水道有无阻塞；测量绝缘电阻，当阻值低于1 MΩ时，牵引电动机需进行干燥处理。开机前需先通水，拆装时应特别注意部件的隔爆面，不许有磕碰损伤。

四、截割机构

（一）作用和组成

截割机构主要完成截煤和装煤作业，其主要组成部分有截割电动机、摇臂减速箱、连接块、润滑冷却系统、内外喷雾系统、离合装置和滚筒等。此外，还包括一个温度传感器和一个倾角传感器，用于检测摇臂的温度和摆角。

（二）结构

截割机构的具体结构如图1－34所示。

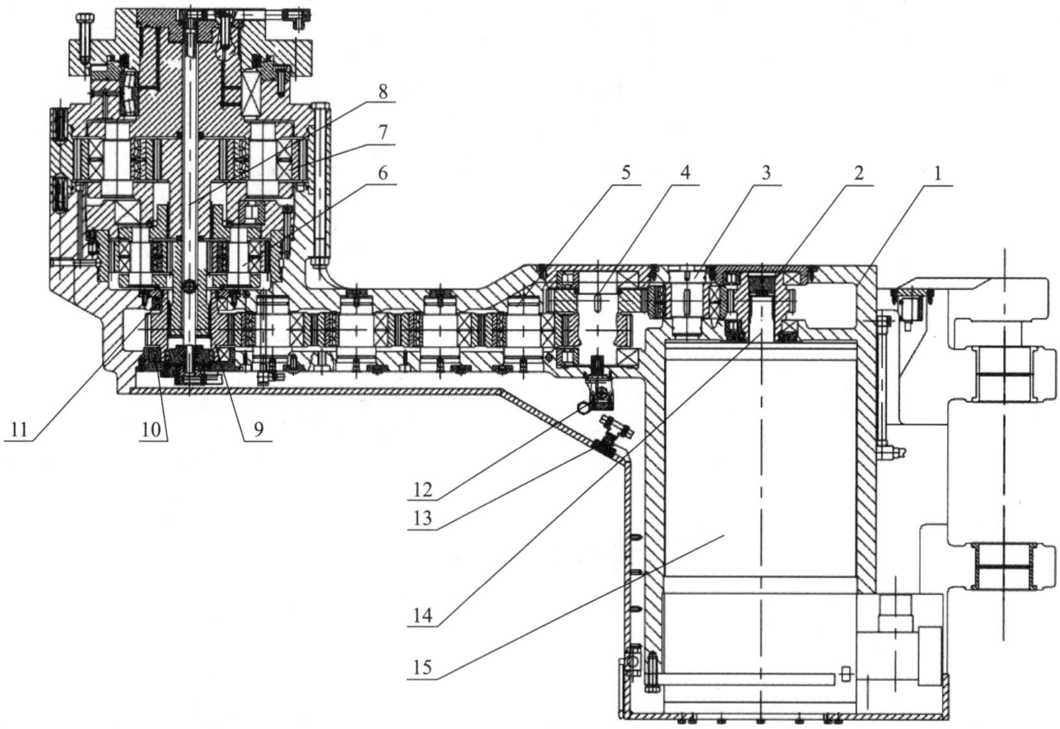

图1－34 截割机构具体结构

1—截割部壳体；2—一轴；3—二轴；4—三轴；5—四轴；6—一级行星减速器；7—二级行星减速器；8—内喷雾装置；9—齿轮；10，11—FAG滚动轴承；12—西德福齿轮泵；13—检测排油阀组；14—扭矩轴；15—电动机YBCS2－750（A）

截割机构减速箱为整体直摇臂型式，左、右截割机构减速箱完全互换，截割机构减速箱通过连接块与牵引部铰接，只有连接块及护罩分左右。

1. 传动系统

截割机构的传动系统有二级直齿轮传动和二级行星减速，其中改变第一级减速齿轮传动副的齿数比，可使滚筒获得 38.092 r/min、33.69 r/min、29.722 r/min 三种不同的转速。其配套滚筒有两种：2.25 m、2.5 m。

每部截割机构均由一台 700 kW 的交流电动机单独驱动，电动机动力是通过扭矩轴输出到截割传动系统的，扭矩轴不仅起到动力传递和离合器的作用，而且起到柔性启动和保护其他机械传动件及电动机的作用。

操作机器前面阀组上控制注油的手液动换向阀，可方便地为各齿轮腔注油。注油装置在右牵引部上，放油口在油池底面。注油油位：应在油标的中间位置（将截割部处于水平状态）。

2. 一轴组件

一轴组件如图 1 – 35 所示。轴齿轮一端与截割电动机输出轴以渐开线花键干式连接。该轴齿轮设有三种齿数，与二轴齿轮相啮合，以实现不同滚筒的转速配齿。

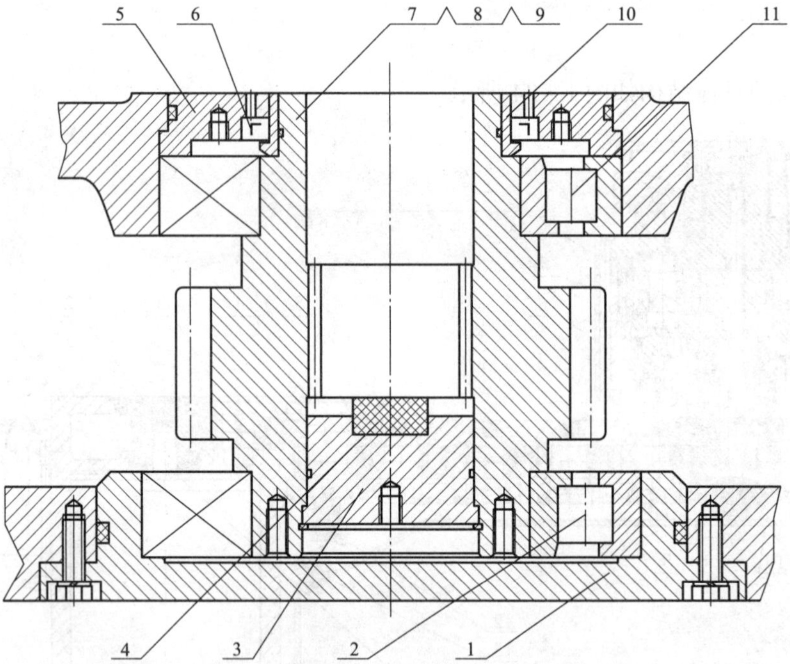

图 1 – 35　一轴组件

1—轴承套杯；2—滚动轴承；3—堵；4—垫；5—距离套；6—CR 130 × 160 × 12；7—齿轮（$Z=25$）；8—齿轮（$Z=27$）；9—齿轮（$Z=29$）；10—套；11—滚动轴承

3. 二轴组件

二轴组件如图 1 – 36 所示。二轴为一个惰轮轴，由于在一对变速轮之间，故轴套采用偏心套结构，与心轴之间用平键定位，实现惰轮轴线的三个位置。

4. 三轴组件

三轴组件如图 1 – 37 所示。三轴为双联齿轮结构，通过平键将大齿轮的动力传递给小齿轮，实现截割部的第一级减速；同时在操作侧安装一部齿轮泵，实现直齿腔齿轮的润滑。该轴组大齿轮设有三种齿数，实现不同滚筒的转速配齿，其可从煤壁侧轴承套杯处拆卸。

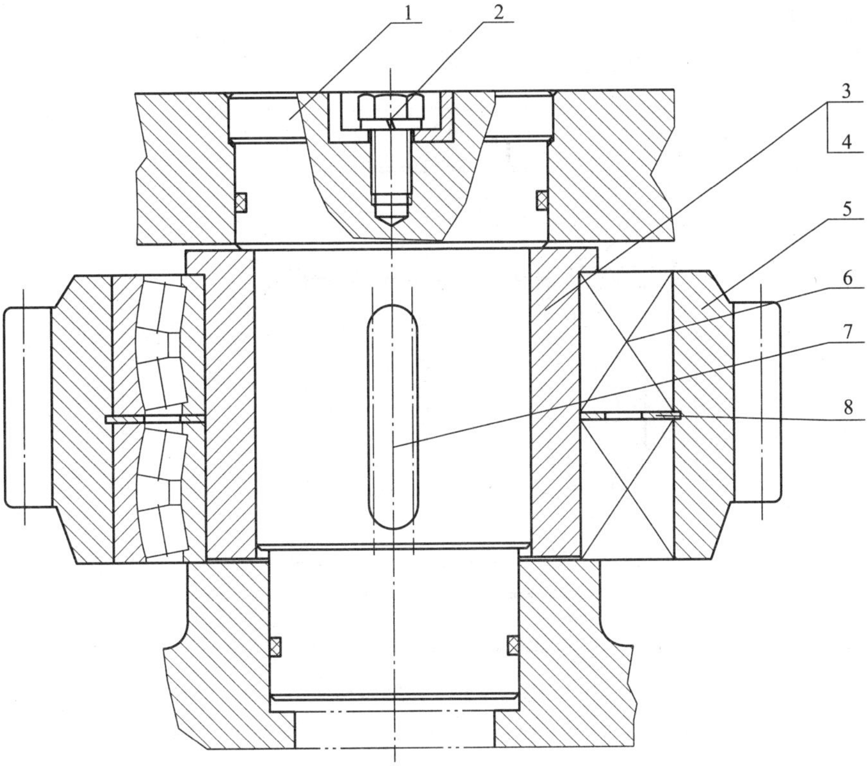

图 1－36　二轴组件

1—轴；2—挡块；3—偏心套；4—套；5—齿轮；6—G 滚动轴承；7—键（20×12×90）；8—挡圈（225×3）

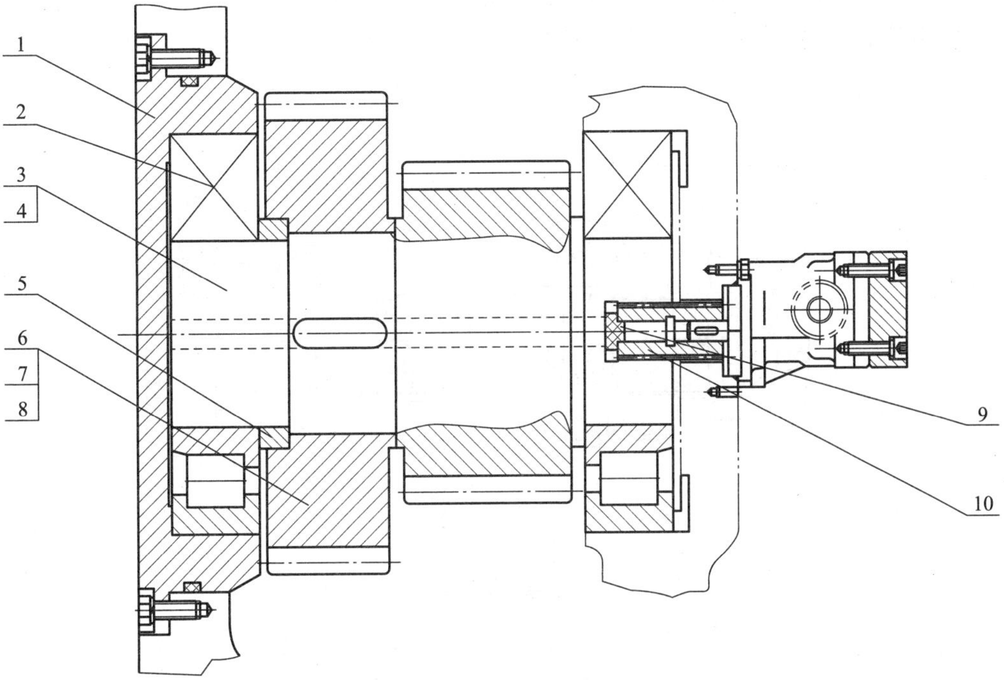

图 1－37　三轴组件

1—轴承套杯；2—滚动轴承；3—齿轮轴；4—键（20×12×63）；5—距离垫；6—齿轮（$Z=42$）；7—齿轮（$Z=40$）；8—齿轮（$Z=38$）；9—垫；10—花键轴

5. 四轴组件

四轴组件如图 1 – 38 所示。该轴为惰轮轴，每部安装四组。

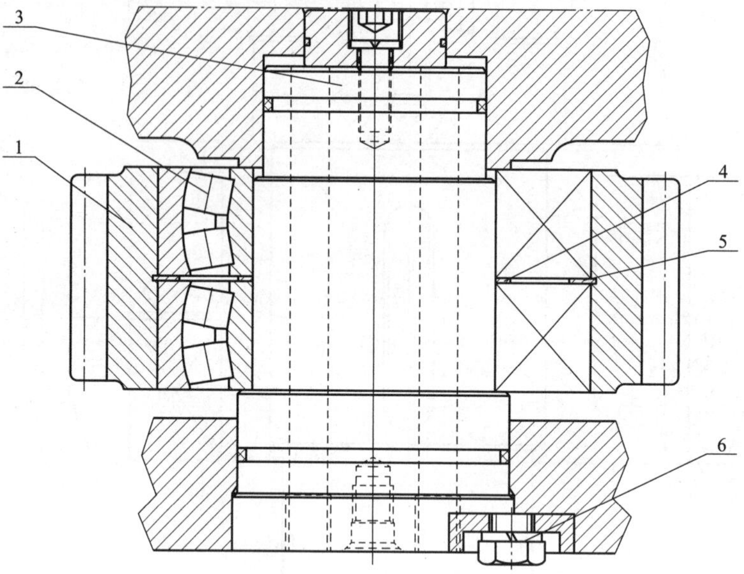

图 1 – 38　四轴组件

1—齿轮；2—滚动轴承；3—轴；4—垫；5—挡圈；6—挡块

6. 一级行星齿轮减速器

一级行星齿轮减速器如图 1 – 39 所示，为四行星轮 NGW 型行星机构，主要由太阳轮、行星轮、内齿圈、行星架和轴承等组成。太阳轮的另一端与摇臂大齿轮的内花键相连，输入扭矩，经减速后由行星架内花键输出。该级减速器内齿圈设有冷却水道。

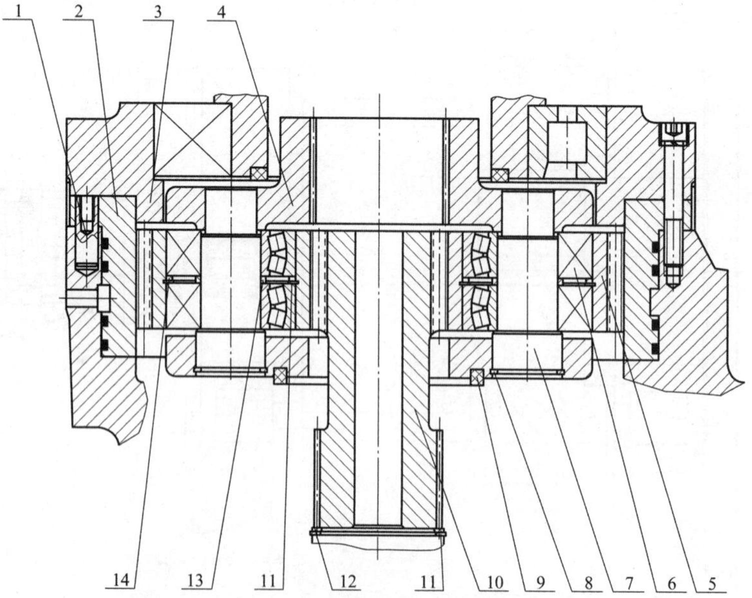

图 1 – 39　一级行星齿轮减速器

1—销子；2—内齿圈；3—轴承座；4—行星架；5—行星轮；6—FAG 滚动轴承；
7—轴；8，11—挡圈；9，12—垫；10—太阳轮；13—内套；14—外套

7. 二级行星齿轮减速器

二级行星齿轮减速器如图 1－40 所示，为四行星轮 NGW 型行星机构，主要由太阳轮、行星轮、内齿圈、行星架、轴承、机械密封装置和滚筒连接盘等组成。第一级行星机构通过行星架将动力传递给二级太阳轮，经二级行星减速后通过行星架外花键带动滚筒连接盘回转，将动力传递给螺旋滚筒。

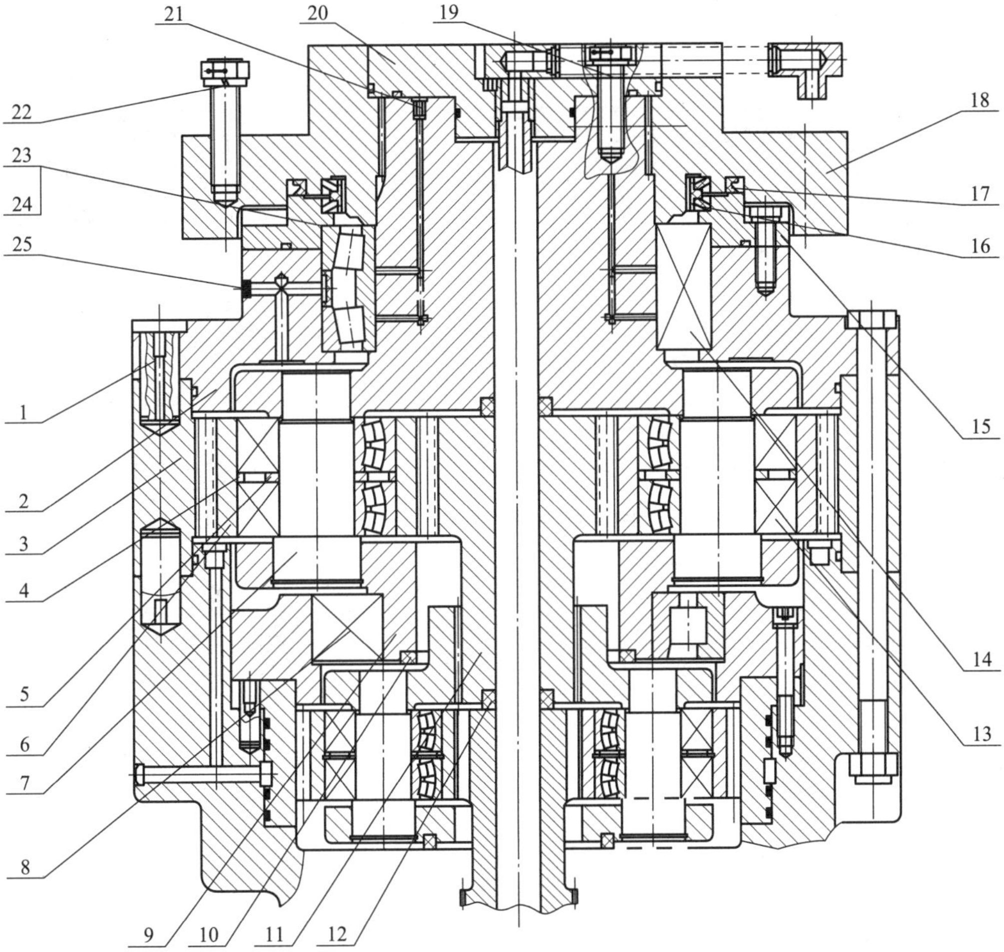

图 1－40　二级行星齿轮减速器

1—销子（50×100）；2—轴承套杯；3—内齿圈；4—外套；5—内套；6—行星轮；7—轴；8，13—滚动轴承；9—行星架；10，12—尼龙垫；11—太阳轮；14—M263349D－M263310－M263310EA；15—端盖；16—CR 171025；17－CR 405500；18—滚筒连接套；19—镀锌钢丝；20—压盖；21—内六角螺塞；22—镀锌钢丝（ϕ3.5×4 000）；23，24—调整垫；25—堵

8. 截割部的冷却与润滑

截割部的冷却主要采取在直齿腔设置上下两组冷却管，第一级行星减速器内齿圈及壳端面设有冷却水道，冷却水先穿过直齿腔进入壳体端面冷却，然后进入第一级行星减速器内齿圈冷却，最后经喷嘴座喷出。直齿腔润滑是通过安装在截割部三轴操作侧的润滑泵实现的，润滑泵从截割部高速端吸油，然后把油打到低速端。

五、行走部

行走部采用焊接箱体结构，左、右行走部内部传动件通用，壳体分左、右。行走箱内部传动为大模数渐开线齿轮传动，行走轮为渐开线齿轮。行走部主要由驱动轮、惰轮组件、行走轮组件和导向滑靴组成，如图 1－41 所示。

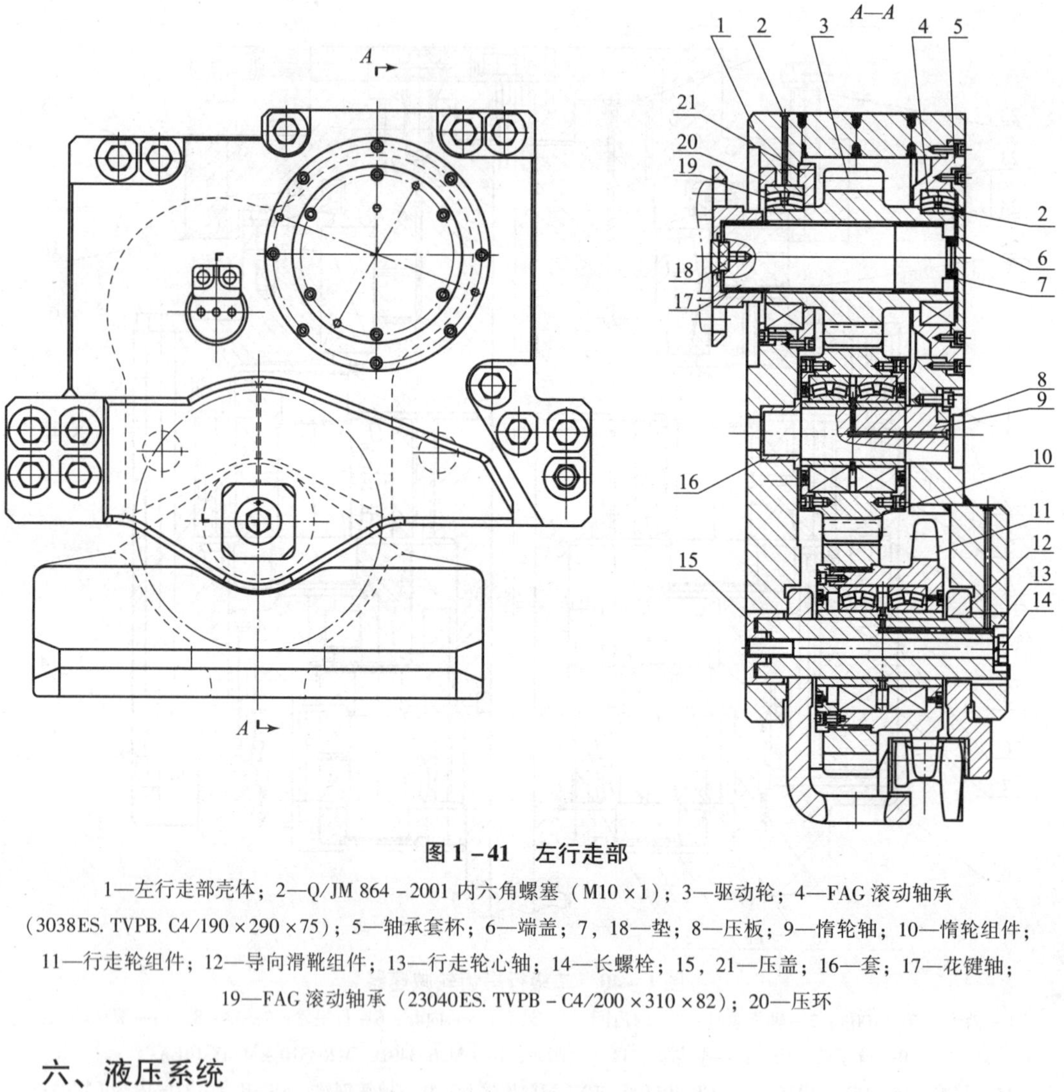

图 1－41　左行走部

1—左行走部壳体；2—Q/JM 864－2001 内六角螺塞（M10×1）；3—驱动轮；4—FAG 滚动轴承（3038ES. TVPB. C4/190×290×75）；5—轴承套杯；6—端盖；7，18—垫；8—压板；9—惰轮轴；10—惰轮组件；11—行走轮组件；12—导向滑靴组件；13—行走轮心轴；14—长螺栓；15，21—压盖；16—套；17—花键轴；19—FAG 滚动轴承（23040ES. TVPB－C4/200×310×82）；20—压环

六、液压系统

采煤机的液压系统原理如图 1－42 所示，其由调高泵、液压管路系统、调高油缸和液压制动器等组成。采煤机设有两套完全一样的泵站，分别安装在左、右牵引部上。该系统主要包括两部分：调高回路、控制和制动回路。

（一）调高泵站

本机设有两套相同的调高泵站，分别布置在采煤机左、右牵引部的两端，由调高泵电动机，调高泵，控制阀组，粗、精过滤器，管路系统组成。所有液压元件均可从操作侧抽出，维修方便。

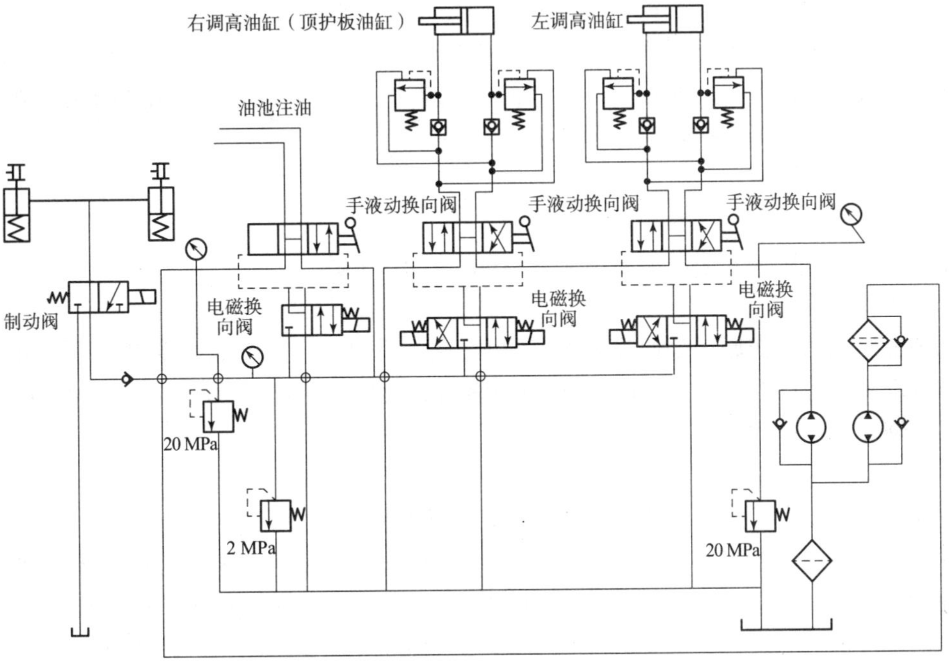

图 1-42 采煤机的液压系统原理

1. 调高回路

调高回路的功能是使滚筒能按操作员所要求的位置工作。由泵电动机提供动力驱动调高泵。调高泵为双联齿轮泵，由一联排量为 23 mL/r 和一联排量为 4 mL/r 的齿轮泵共用一个动力源串联组成，共用一个吸油口、两个排油口，本机控制左、右滚筒调高的回路为两个各自独立的回路，即左右滚筒可以同时调高，分别由一联 23 mL/r 的齿轮泵提供油源。两只手液动换向阀（中位机能为 H 型）分别控制左、右摇臂的调高。当采煤机不调高时，调高泵排出的压力油由手液动换向阀的中位排回油池。当调高手柄动作时，手动换向阀的 P、T 口分别与 A、B 口接通，高压油经过手液动换向阀打开液压锁进入调高油缸的一侧腔，另一侧腔中的液压油经液压锁和手液动换向阀回到油池，实现摇臂的升降。另外，在调高过程中，为防止系统压力过高而损坏油泵及附件，在两回路中各设一个高压安全阀，调定压力为 20 MPa，起到保护系统的作用。

采煤机调高的电液控制是通过电磁换向阀动作来实现的。当操作机器两端的控制站上或遥控器上相应的按钮时，控制调高的电磁换向阀一侧线圈得电动作，低压油经电磁换向阀阀口进入手液动换向阀控制腔，推动阀芯向一侧运动，使调高油液通过手液动换向阀进入油缸的相应侧腔，实现摇臂升降的电液控制。

当调高命令取消后，手液动换向阀的阀芯在弹簧的作用下复位，油泵卸荷，调高油缸在液压锁的作用下自行封闭油缸两腔，将摇臂锁定在调定位置。

2. 控制和制动回路

控制和制动回路是使手液动换向阀和制动器动作的油路，油源是由一联排量为 4 mL/r 的齿轮泵提供的。油泵排出的油经过低压溢流阀回油池，为保证电磁换向阀和制动电磁阀动作时能推动手液动换向阀阀芯和制动器活塞动作，回路中低压溢流阀的开启压力设为 2 MPa。液压制动回路的动作是在采煤机给出牵引速度时，制动电磁阀线圈得电动作，低压控制油通过制动电磁阀进入制动器，推动活塞运动以压紧弹簧，使内外摩擦片松闸，牵引解锁，采煤机正常牵引。当采煤机停机时，制动电磁阀失电复位，在弹簧的作用下压力油腔中的液压油回油池，同时内外摩擦片被压紧，牵引制动，使采煤机停止牵引并防止下滑。当工作面倾角大于16°时，必须安装液压制动器。

（二）各液压元件

1. 双联齿轮泵

本机使用的双联齿轮泵的型号是 PGP511B + PGP511A。

2. 电磁换向阀

两种电磁阀的工作原理是通过采煤机的电控系统发出电信号，使电磁铁带电，电磁力吸住衔铁推动阀芯移动，从而达到改变电磁阀进出口的目的。当电信号消失时，阀芯在弹簧力的作用下恢复在中位。

3. 调高油缸

调高油缸主要由耳座、缸体、阀芯、接管、活塞杆、导向套和活塞等组成。

它的工作原理是：当 P 口进油时，压力油经液压锁进入活塞腔，活塞杆腔的回油经 O 口回油池，因活塞杆是固定在牵引部上的，所以缸体外伸，摇臂升高；当 O 口进油时，压力油经液压锁进入活塞杆腔，活塞腔的回油经 P 口回油池，缸体回缩，摇臂下降。

4. 液压锁

液压锁安装在牵引部杆腔内，通过软管与调高油缸相连，液压锁的阀芯开启压力为 32 MPa，当压力超过 32 MPa 时安全阀开启，油液回油池。

5. 吸油过滤器

粗过滤器安装在油池的正面，采用网式滤芯，过滤精度为 80 μm，流量为 120 L/min，以保证液压系统内部油质的清洁。

6. 精过滤器

精过滤器采用进口管道过滤器，滤芯材料为玻璃纤维，一次性使用，可更换，流量为 60 L/min，过滤精度为 25 μm，最大压力为 35 MPa。其作用主要是保证控制油源的油质清洁。

7. 制动器

制动器主要由外壳、活塞、内外摩擦片等组成。采煤机不牵引时，活塞腔通过制动电磁阀与油池相连，活塞在弹簧力的作用下压紧内外摩擦片产生制动力矩，使采煤机制动。当发出牵引信号时，通过电气系统使二位四通电磁阀动作，压力油经制动电磁阀阀口进入液压制动器的活塞腔，活塞在压力油的作用下压紧弹簧组，使内外摩擦片脱离接触，制动器轴空转，采煤机正常牵引。

8. 其他辅件

采煤机液压回路高压软管、硬管以快速接头、铰接或扣压式接头的形式连接，拆装方便，密封性能好，使用寿命长。安装时需注意不允许损坏 O 形密封圈。

七、喷雾冷却系统

（一）喷雾冷却系统的原理

喷雾冷却系统的主要作用是在采煤机工作时对工作面降尘，同时对机器主要部件（电动机、电控部等）进行冷却。喷雾冷却系统的原理如图 1-43 所示。

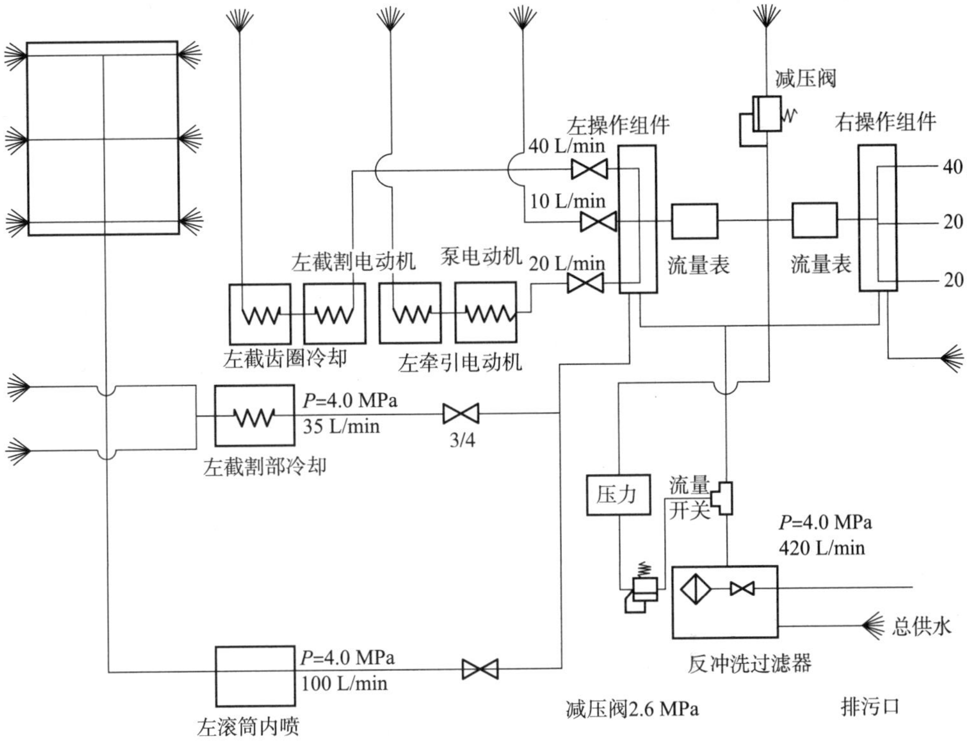

图 1－43　喷雾冷却系统的原理

采煤机主来水管经拖缆机构接入反冲洗过滤器，第一路为高压冷却水，分别供给左右摇臂冷却管，然后经喷嘴座喷出；第二、三路为左右内喷雾供水，为螺旋滚筒提供喷雾用水；第四路为低压冷却水路，通过减压阀将来水压力减至 2.6 MPa，给各电动机、齿圈、电控箱提供冷却水。左右内喷雾、左右外喷雾及左右冷却水路均有控制流量大小的开关阀和阀的开关。冷却水路装有压力流量开关，当冷却水流量低于设定值时，系统处于保护状态，不能开车。

（二）喷雾冷却系统主要元件

反冲洗过滤器：主要控制主来水的通断及来水的过滤，可实现在线式反冲洗。

流量表：显示冷却水的流量。

压力流量开关：为机器提供保护，当冷却水流量低于设定值时系统处于保护状态，不能开车。

减压阀：将工作面泵站的来水减压，给机器提供冷却水，压力设定为 2.6 MPa。

泄压阀：为冷却水路提供压力保护，使冷却水压力不高于设定值，压力设定为 2.8 MPa。

开关阀：可根据实际情况控制各水路的通、断以及流量的宏观控制。

以上元件均采用进口元件，性能可靠。

八、其他附属结构

（一）拖缆装置

拖缆装置的作用是，采煤机运行时，拖动与保护随机移动的供电电缆和供水管，使电缆和水管不因受过大拉力而损坏。拖缆装置设有磁性传感器，当电缆和水管因受拉力过大而发生水平位移时，磁性传感器和磁块相对位置发生变化，会相对错开，电气系统则会采集信息并做出相应的保护措施。拖缆装置固定在左行走箱的上面，结构如图 1－44 所示。

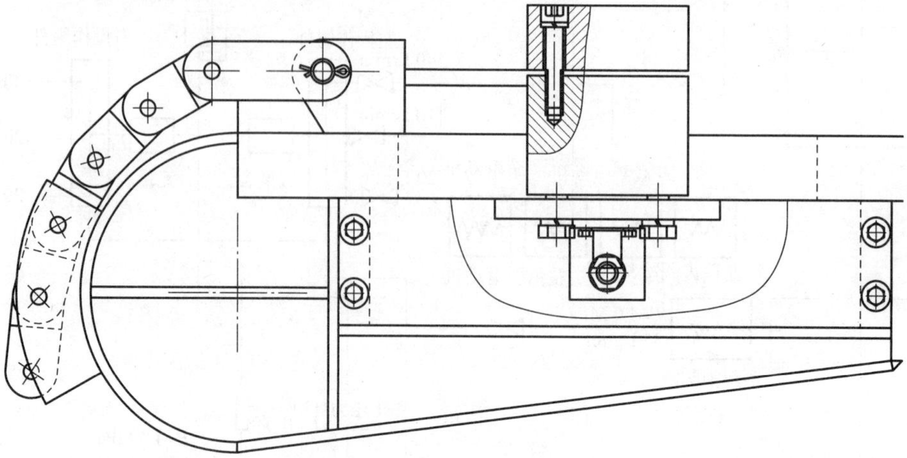

图 1－44　拖缆装置

根据采煤机和运输机不同的配套关系，可以通过改变拖缆装置的横向长度来改变轴向尺寸，以适应不同运输机电缆槽位置的变化。

（二）支承组件

支承组件固定在采煤机左右牵引部煤壁侧下面，与左右行走部的导向滑靴共同支承采煤机。它主要由支承腿、护罩、压盖、锁紧帽、轴、滑靴等组成。另外，调高油缸的铰接点也设在支承组件上，可以通过改变支承架的高度来改变整机的高度，以适应不同机面的要求。

第六节　采煤机的使用

采煤机在综采工作面设备中是一种较复杂的机器。因为井下工作条件恶劣，检修质量不符合要求、违规操作或检查维护不良等各种原因，都会导致采煤机在运行中发生一些意料不到的故障。因此，预防和减少采煤机的故障，出现故障后准确判断并排除故障，对发挥采煤机的效率、加强安全生产具有重要的意义。

一、《煤矿安全规程》对采煤机的使用要求

（一）使用滚筒式采煤机采煤时应遵守的规定

（1）采煤机上装有能停止工作面刮板输送机运行的闭锁装置。启动采煤机前，必须先巡视采煤机四周，发出预警信号，确认人员无危险后方可接通电源。采煤机因故暂停时，必须打开隔离开关和离合器。采煤机停止工作或者检修时，必须切断采煤机前级供电开关电源并断开其隔离开关，断开采煤机隔离开关，打开截割部离合器。

（2）工作面遇有坚硬夹矸或者黄铁矿结核时，应当采取松动爆破处理措施，严禁用采煤机强行截割。

（3）工作面倾角在 15°以上时，必须有可靠的防滑装置。

（4）使用有链牵引采煤机时，在开机和改变牵引方向前，必须发出信号，只有在收到

返向信号后才能开机或者改变牵引方向，防止牵引链跳动或者断链伤人。必须经常检查牵引链及其两端的固定连接件，发现问题应及时处理。采煤机运行时，所有人员必须避开牵引链。

（5）更换截齿和滚筒时，采煤机上下 3 m 范围内必须护帮护顶，禁止操作液压支架。必须切断采煤机前级供电开关电源并断开其隔离开关，断开采煤机隔离开关，打开截割部离合器，并对工作面输送机施行闭锁。

（6）采煤机用刮板输送机作轨道时，必须经常检查刮板输送机的溜槽、挡煤板导向管的连接情况，防止采煤机牵引链因过载而断链；采煤机为无链牵引时，齿（销、链）轨的安设必须紧固、完好，并经常检查。

（7）采煤机必须安装内、外喷雾装置。割煤时必须喷雾降尘，内喷雾工作压力不得小于2 MPa，外喷雾工作压力不得小于 4 MPa，喷雾流量应当与机型匹配。无水或者喷雾装置不能正常使用时必须停机；液压支架和放顶煤工作面的放煤口必须安装喷雾装置，降柱、移架或者放煤时同步喷雾。破碎机必须安装防尘罩和喷雾装置或者除尘器。

（8）采煤机工作地点，每半年至少监测 1 次噪声。

（二）使用刨煤机采煤时应遵守的规定

（1）工作面至少每隔 30 m 装设能随时停止刨头和刮板输送机的装置，或者装设向刨煤机操作员发送信号的装置。

（2）刨煤机应当有刨头位置指示器；必须在刮板输送机两端设置明显标志，防止刨头与刮板输送机机头撞击。

（3）工作面倾角在 12°以上时，配套的刮板输送机必须装设防滑、锚固装置。

（三）使用掘进机、掘锚一体机、连续采煤机掘进时应遵守的规定

（1）开机前，在确认铲板前方和截割臂附近无人后方可启动；采用遥控操作时，操作员必须位于安全位置；开机、退机、调机时，必须发出报警信号。

（2）作业时，应当使用内、外喷雾装置，内喷雾装置的工作压力不得小于 2 MPa，外喷雾装置的工作压力不得小于 4 MPa。

（3）截割部运行时，严禁人员在截割臂下停留和穿越，机身与煤（岩）壁之间严禁站人。

（4）在设备非操作侧，必须装有紧急停转按钮（连续采煤机除外）。

（5）必须装有前照明灯和尾灯。

（6）操作员离开操作台时，必须切断电源。

（7）停止工作和交班时，必须将切割头落地。

（四）采用综合机械化采煤时应遵守的规定

（1）必须根据矿井各个生产环节、煤层地质条件、厚度、倾角、瓦斯涌出量、自然发火倾向和矿山压力等因素，编制工作面设计文件。

（2）运送、安装和拆除综采设备时，必须有安全措施，明确规定运送方式、安装质量、拆装工艺和控制顶板的措施。

（3）工作面煤壁、刮板输送机和支架都必须保持直线。支架间的煤、矸必须清理干净。倾角大于 15°时，液压支架必须采取防倒、防滑措施；倾角大于 25°时，必须有防止煤（矸）窜出刮板输送机伤人的措施。

（4）液压支架必须接顶。顶板破碎时必须超前支护。在处理液压支架上方冒顶时，必须制定安全措施。

（5）采煤机采煤时必须及时移架。移架滞后采煤机的距离，应当根据顶板的具体情况在作业规程中明确规定；超过规定距离或者发生冒顶、片帮时，必须停止采煤。

（6）严格控制采高，严禁采高大于支架的最大有效支护高度。当煤层变薄时，采高不得小于支架的最小有效支护高度。

（7）当采高超过 3 m 或者煤壁片帮严重时，液压支架必须设护帮板。当采高超过 4.5 m 时，必须采取防片帮伤人措施。

（8）工作面两端必须使用端头支架或者增设其他形式的支护。

（9）工作面转载机配有破碎机时，必须有安全防护装置。

（10）处理倒架、歪架、压架，更换支架，以及拆修顶梁、支柱、座箱等大型部件时，必须有安全措施。

（11）在工作面内进行爆破作业时，必须有保护液压支架和其他设备的安全措施。

（12）乳化液的配制、水质、配比等必须符合有关要求。泵箱应当设自动给液装置，防止吸空。

（13）采煤工作面必须进行矿压监测。

二、开机前检查

（1）必须检查机器附近有无人员工作。

（2）检查各操作手把、按钮及离合器手把位置是否正常。

（3）检查油位是否符合规定要求，有无渗漏现象。

（4）采煤机在启动前必须先供水、后开机；停机时，先停机、后断水；检查各路水量，特别是用作冷却后喷出的水量需保证。

（5）检查管路线路、水源和电源情况。

（6）检查滚筒截齿、喷雾外喷嘴，更换或处理失效元件。

上述项目首次开机应全面检查处理，以后按检修计划和操作规程分部分进行。另外，在开机前和正常运行中，随时检查工作面输送机铺设情况以及顶底板和支架情况。

三、电牵引采煤机操作顺序

滚筒采煤机型号很多，生产厂家不同，其操作方法也不同，基本有以下几个步骤：

（一）一般规定

（1）电牵引采煤机正、副操作员必须熟悉电牵引采煤机的性能及构造原理，通晓操作规程，按完好标准维护和保养采煤机，懂得回采基本知识和工作面作业规程，经过培训考试并取得合格证后，方能持证上岗。

（2）要和工作面及运输巷刮板输送机操作员、转载机操作员、乳化液泵操作员和液压支架工等密切合作，按规定顺序开机、停机，不准强行切割硬岩。

（3）电动机、开关附近 20 m 以内风流中瓦斯浓度达到 1.5% 时，必须停止运转，撤出人员，切断电源，进行处理。

（4）操作人员必须学会观察采煤机各显示窗的内容，根据显示内容判断采煤机的运行状况。

（二）启动操作

操作采煤机启动前，操作员必须巡视采煤机周围，通知所有人员撤离到安全地点，确认在机器转动范围内无人员和障碍物后，方可按下列顺序启动采煤机：

（1）解除电气闭锁及接通电源。

（2）发出开机报警信号。

（3）打开供水阀，使矿井喷雾洒水。

（4）启动采煤机液压泵站。

（5）抬起左、右滚筒，脱离底板支承。

（6）启动滚筒电动机并做转向检查。

（三）摇臂升降操作

（1）将电动离合器操作手柄置于合适的位置上，并可靠锁紧。

（2）左右摇臂升降操作均可在两处实现，即控制箱上的左升、右升、左降、右降按钮和左、右端头控制站的上升、下降按钮。这两处可同时实现对采煤机左、右摇臂的操作。

（四）牵引系统操作

（1）牵电装置送电操作：牵引送电操作是用控制箱上的牵电按钮来实现的。当采煤机得电 40 s 后，按下牵电按钮，牵电装置吸合，变频装置得电。

（2）牵电装置断电操作：牵电装置断电是由牵停按钮和牵电按钮同时实现的，先按牵停按钮不要放开，再按一下牵电按钮，此时牵电装置跳闸，变频器失电。

（3）牵引操作：可在控制箱及左、右端头三处操作，实现采煤机左行、右行、增速和减速停止功能。

（4）左行操作：当牵电装置吸合，变频器得电后，按住左行按钮，变频器开始输出，采煤机开始左行，按住左行按钮不放，变频器频率增加，采煤机增速向左运行。若要使采煤机减速，则按右行按钮。若要使采煤机减速到零，可以直接按牵停按钮，也可以按住右行按钮（假如采煤机正在左行）直至采煤机减速到零。

（5）若要改变采煤机的运行方向，必须先按牵停按钮，然后再按方向按钮（左行或右行），采煤机才能改变方向。牵停按钮既是采煤机的牵引停止按钮，又是改变牵引方向的前置按钮，它和牵电按钮共同作用发出牵引信号。

（6）右行操作：与左行操作的区别是左行时按左行按钮，而右行时按右行按钮，其他和左行相同。

（五）系统显示操作

采煤机右前盖板显示屏下有操作按钮，可实现监控系统的人机对话，在显示屏上可显现出以下内容，截割电动机、牵引电动机、油泵电动机和瓦斯检测运行参数，牵引系统运行参数，曲线显示，故障内容显示，保护参数设置，极限参数设置，运行参数设定。

四、运行注意事项

（1）在操作员交班或对采煤机进行修理、维护以及更换截齿时，必须断开采煤机上的电源隔离开关，按下停止行走牵引按钮，并将摇臂离合器手柄处于断开位置，然后通过采煤机上的运闭按钮使工作面输送机不能启动。

（2）先通水、后开机，严格按电控操作程序操作，开车时每隔 2 min 点动一次试车，直到检查声响和仪表显示正常后方可正式运行。

（3）电动机正常停止运行，启动时不允许使用隔离开关手柄，只能在特殊的紧急情况下或启动电动机按钮不起作用时才可使用。但此后必须检修隔离开关的触点。

（4）采煤机在运行时要随时注意滚筒的位置，防止滚筒切割液压支架的前探梁和工作面输送机的铲板，避免损坏截齿、齿座以及滚筒。

（5）操作时要随时注意电缆、水管的状态，防止挤压、蹩劲和跳槽，以免挤伤、挂坏电缆及水管。

（6）操作时要经常检查机器是否有异常的噪声和发热，注意观察所有的仪表、油位、指示器是否处于正常工作状态，发现异常情况应马上处理。

（7）采煤操作时，左右摇臂及滚筒必须处于一上一下的位置，不允许左右摇臂同时处于上部位置。

（8）采煤机割煤时，任何人严禁在煤壁侧作业，如需作业时，采煤机必须停机并闭锁输送机。

（9）工作面输送机移溜要滞后采煤机滚筒 15 m 进行操作。

（10）除温装置是在变频器停机三天以上短期使用，正常时加热器切勿使用。

（11）随时注意各工种间的协调配合，照应机器运行前方和后方人员，安全操纵。

（12）交检时牵引回零，停机，左右滚筒处于低位，隔离开关分断。注意要先停机、后停水。

（13）发现截齿短缺时必须及时补齐。被磨钝的截齿应及时更换，更换截齿要将电源关掉，闭锁工作面输送机，以防发生事故。

（14）当采煤机有异常声响、异味，发生堵转，牵引手把失灵，拖缆被卡住，供水装置缺水，喷雾失效等情况时应立即停机处理。

（15）注意观察油压、油温及机器的运转情况，如有异常，应立即停机检查。

（16）长时间停机或换班时，必须断开隔离开关，把离合器手柄脱开、锁紧，并关闭水阀开关等。

（17）未遇意外情况，在停机时不允许采取紧急停车措施。

五、一般停机工作

（1）收工时将采煤机停在切口处或无淋水及支架完好地点。

（2）待滚筒内煤卸干净后，停止滚筒转动。

（3）滚筒降落到底板上，停止液压泵站。

（4）切断电源，将隔离开关和操作手把置于停止位置，关闭总供给水阀。

（5）清扫机器各部分的煤尘，记录采煤机的工作日志。

第七节　采煤机的检修和维护保养

为了保证维修工作人员的安全，需要注意以下事项：

（1）只有在切断了采煤机的电源之后，才允许进行检修工作；隔离开关必须置于“关”

的位置，未经授权时开关不得接通。

（2）在倾斜工作面检修时要确保采煤机不会滑动。

（3）在检修时，拆下的各个组件以及在井下需更换的组件的运输包装和防护盖板需保存，以备今后再用。

（4）零件和较大的组件在更换时应该非常小心地固定在起吊设备上，并确保不会因此发生危险。

（5）只能使用性能良好并有足够起重力的起吊装置。

（6）不要在悬挂空中的重物底下停留或者工作。

（7）只委托有经验的人员固定重物并给吊车操作员发送指令，发令人必须处在操作人员的视力范围内或者与他保持通话联系。

（8）在检修/修理开始时，需将采煤机表面的脏物清理干净，尤其是清洁接头和螺栓连接处不要使用腐蚀性的清洁剂。

（9）如果在装配、检修和修理时有必要拆下安全装置，那么在检修和修理工作结束后必须马上重装安全装置并进行检查。

（10）只有在上述工作结束之后才可以让采煤机继续工作。

一、采煤机的检修

采煤机是综合机械化采煤设备中的关键设备，其性能和设备状态直接关系到综采工作面的生产效率。采煤机各零件的制造精度较高，但采煤工作面条件比较复杂、变化较大，因此必须有计划地对采煤机进行检修。

按检修内容，采煤机的检修可分为小修、中修和大修。

（一）采煤机的小修

在采煤机投入使用后，除了每天检修班的正常检修外，每三个月就应该进行一次停机小修，以提前处理可能导致严重损坏的隐患问题。

（1）将破损的软管全部更新，各阀、液压接头和仪表若不可靠应进行更换。

（2）各油室应清洗干净，并更换经过滤后的新油液。

（3）紧固所有的连接螺栓。

（4）对每个润滑点加注足够的润滑油或油脂。

（5）齿座若有开焊或裂纹应重新焊好。

（二）采煤机的中修

采煤机的中修一般在使用期达 6 个月以上或者采煤 35 万 t 以上时进行，中修场地应设在有起重设备的厂房内，中修项目包括：

（1）拆下所有的盖板、液压系统管路和冷却系统管路。

（2）清洗机器周围所有的脏物和被拆下的零部件。

（3）更换已损坏的易损件，如密封、轴承、接头、阀、仪表和液压元件等。

（4）检查截割部、牵引部的传动齿轮是否有异常。

（5）所有的齿轮箱、液压箱内部要清洗干净，并按规定更换新的油液。

（6）打开电动机控制箱盖，检查各电气元件的损坏情况，以及电动机绕组的对地绝缘电阻。

（7）组装好采煤机后应按规定程序进行牵引部、截割部的试验。

（8）按规定试验程序进行整机试验。

（三）采煤机的大修

采煤机在采完一个工作面后应升井大修。大修要求采煤机进行解体清洗检查；更换损坏零件；测量齿轮啮合间隙；对液压元件应按要求进行维护和试验；电气元件检修更换时，应做电气试验。机器大修后，主要零部件应做性能试验、整机空转试验，检测有关参数，符合大修要求后方可下井。

如果其主要部件磨损超限、整机性能普遍降低，但具备修复价值和条件的，可进行以恢复性能为目标的整机大修。采煤机的大修应在集团公司有能力的机修厂进行。

（1）将整机全部解体，按部件清洗检查。编制可用件与补制件明细表及大修方案，制订制造和采购计划。

（2）主油泵、补油泵、辅助泵、马达、各种阀、软管、仪表接头、摩擦片、轴承、密封等都应更换新件。

（3）对所有的护板、箱体、滚筒、摇壁，凡碰坏之处都要进行修复，达到完好标准。

（4）各油室应清洗干净，并加注合格的油液。

（5）紧固所有的连接螺栓。

（6）各主要部件装配完成，按试验程序单独试验后，方可进行组装。

（7）对电动机的全部电控元件逐一检查，关键器件必须更换。

（8）组装后按整机试验要求及程序进行试验，其主要技术性能指标不得低于出厂标准。

二、采煤机的维护和保养

《煤矿安全规程》规定采掘设备（包括液压支架、泵站系统）必须有维修和保养制度并有专人维护，保证设备性能良好。设备的维修和保养工作要落实到人，要责任与经济效益相结合，维修工作好的给予奖励，维修和保养不当的要承担责任，其中包括经济责任，这样的设备维修和保养制度称为包机制。

（一）采煤机的检查

对采掘设备的维修、保养实行“班检”“日检”“周检”“月检”，这是一项对设备进行强制检修的有效措施，称为“四检”制。正确的维护和检修，对提高机器的可靠性、减少事故率及延长使用寿命十分重要。

1. 班检

班检由当班操作员负责进行，检查时间不少于30 min。

（1）检查处理外观卫生情况，保持各部清洁，无影响机器散热、运行的杂物。

（2）检查各种信号、仪表情况，确保信号清晰、仪表显示灵敏可靠。

（3）检查各部连接件是否齐全、紧固，特别要注意各部对口、盖板、滑靴及防爆电气设备的连接与紧固情况。

（4）检查牵引链、连接环及张紧装置连接固定是否可靠，有无扭结、断裂现象，液压张紧装置供应压力是否适宜，安全阀动作值整定是否合理。

（5）检查导向管、齿轨、销轨（销排）连接固定是否可靠，发现有松动、断裂或其他异常现象和损坏等，应及时更换处理。

（6）补充、更换短缺、损坏的截齿。

（7）检查各部手柄、按钮是否齐全、灵活、可靠。

（8）检查电缆、电缆夹及拖缆装置连接是否可靠，是否无扭曲、挤压、损坏等现象，电缆不许在槽外拖移（用电缆车的普采面除外）。

（9）检查液压与冷却喷雾装置有无泄漏，压力、流量是否符合规定，雾化情况是否良好。

（10）检查急停、闭锁、防滑装置与制动器性能是否良好，动作是否可靠。

（11）倾听各部转动声音是否正常，发现异常要查清原因并处理好。

2. 日检

日检由维修班长负责，有关维修工和操作员参加，检查处理时间不少于 4 h。其主要作用是进行班检各项内容的检查，处理班检处理不了的问题。

（1）按照各部件润滑要求给采煤机各部件进行注油润滑，检查自动集中润滑系统是否渗漏，是否注油正常；检查所有外部液压软管和接头处是否有渗漏或损坏。

（2）检查喷雾灭尘系统的工作是否有效、供水接头是否漏水、喷嘴是否堵塞和损坏、水阀是否正常工作，堵塞的喷嘴要及时清洗更换。

（3）检查行走轮与导向滑靴的工作状况。

（4）检查供水系统零部件是否齐全，有无泄漏、堵塞，发现问题应及时处理好；检查水量，特别是用作冷却后喷出的水量一定要符合要求。

（5）检查截割滚筒上的齿座是否有损坏、截齿是否有丢失和磨损，并及时更换。

（6）检查电气保护整定情况，做好电气试验（与电工配合）。

（7）检查电动机与各传动部位温度情况，如发现温度过高，要及时查清原因并处理好。

（8）检查所有护板、挡板、楔铁、螺栓、螺钉、螺堵和端盖是否有松动，若有松动应及时紧固。

（9）检查电缆、水管、油管是否有挤压和破损。

（10）检查各压力表是否损坏。

（11）检查机器运转时，各部位的油压、温升及声响，以及中间段间的连接是否有松动。

（12）检查各操作手柄、按钮动作是否灵活。

3. 周检

除每天的维护和检查以外，还必须按以下要求进行每周的检查。周检由综采机电队长负责，机电技术员及日检人员参加，检查处理时间不小于 6 h。

（1）检查和处理日检中不能处理的问题，并对整机的大致情况做好记录。

（2）从放油口取样化验工作油中的过滤油质是否符合要求。

（3）认真检查处理对口、滑靴、支承架、机身等部位相互间连接情况和滚筒连接螺栓的松动情况并及时紧固。

（4）检查牵引链链环节距伸长量，发现伸长量达到或超过原节距的 3% 时，应更换。

（5）检查过滤器，必要时清洗或更换。

（6）检查电控箱，确保腔室内干净、清洁、无杂物，压线不松动，符合防爆与完好要求。

（7）检查电缆有无破损，接线、出线是否符合规定。

（8）检查接地设施是否符合《煤矿安全规程》规定。

（9）检查液压系统和润滑部位，检查电缆和电气系统。

（10）检查安装在阀组粗过滤器上真空表的读数，当真空表读数大于规定值时，应该拆下进行清洗或更换过滤器的滤芯。

（11）检查操作员对采煤机的日常维护情况和故障记录。

4. 月检

除每日与每周的维护和检查以外，还必须按以下要求进行每月的检查。月检由机电副矿长或机电总工程师组织机电科和周检人员参加，检查处理时间同周检或稍长一些时间。

（1）进行周检各项内容的检查，处理周检难以解决的问题。

（2）处理漏油，取油样检查化验。

（3）检查电动机绝缘、密封、润滑情况，必要时补充锂润滑脂。

（4）从所有的油箱中排掉全部的润滑油，按照规定注入新的润滑油。

（5）检查液压系统和润滑部位，检查电缆、电气系统。

（6）采煤机井下因故必须拆开部件时，应采取以下预防措施：

①采煤机周围应喷洒适量的水，适当减小工作面的通风，选择顶板较好、工作范围较大的地点。

②在拆开部件的上方架上防止顶板落渣的帐篷。

③彻底清理上盖及螺钉窝内的煤尘和水。

④用于拆装的工具以及拆开更换的零件必须清点，以防止遗落在箱体内。

⑤排除故障后，箱内油液最好全部更换。

5. 检修维护采煤机时应遵守的规定

（1）坚持“四检”制，不准将检修时间挪作生产或他用。

（2）严格执行对采煤机的有关规定。

（3）充分利用检修时间，合理安排人员，认真完成检修计划。

（4）检修标准按《煤矿机电设备完好标准》执行。

（5）未经批准，严禁在井下打开牵引部机盖。必须在井下打开牵引部机盖时，需由矿机电部门提出申请，经矿机电领导批准后实施。开盖前，要彻底清理采煤机上盖的煤矸等杂物，清理四周环境并洒水降尘，然后在施工部位上方吊挂四周封闭的工作帐篷，检修人员在帐篷内施工。

（6）检修时，检修班长或施工组长（或其他施工负责人）要先检查施工地点、工作条件和安全情况，再把采煤机各开关、手把置于停止或断开的位置，并打开隔离开关（含磁力启动器中的隔离开关），闭锁工作面输送机。

（7）注油清洗要按油质管理细则执行，注油口设在上盖上，注油前要先清理干净所有碎杂物，注油后要清除油迹，并加密封胶，然后紧固好。

（8）检修结束后，按操作规程进行空运转，试验合格后再停机、断电，以结束检修工作。

（9）检查螺纹连接件时，必须注意防松螺母的特性，不符合使用条件及失效的应予以更换。

（10）在检查和施工过程中，应做好采煤机的防滑工作。注意观察周围环境变化情况，确保施工安全。

三、采煤机的完好标准

《煤矿机电设备完好标准》中对采煤机有严格规定。

（一）机体的完好标准

（1）机壳、盖板裂纹要固定牢靠，接合面严密，不漏油。

（2）操作手把、按钮、旋钮完整，动作灵活可靠，位置正确。

（3）仪表齐全、灵敏准确。

（4）水管接头牢固，截止阀灵活，过滤器不堵塞，水路畅通、不漏水。

（二）牵引部的完好标准

（1）牵引部运转无异响，调速均匀准确。

（2）牵引链伸长量不大于设计长度的3%。

（3）牵引链轮与牵引链传动灵活，无咬链现象。

（4）无链牵引轮与齿条、销轨或链轨的啮合可靠。

（5）牵引链张紧装置齐全可靠，弹簧完整。紧链液压缸完整，不漏油。

（6）转链、导链装置齐全，后者磨损不大于10 mm。

（三）截割部的完好标准

（1）齿轮传动无异响，油位适当，在倾斜工作位置，齿轮能带油，轴头不漏油。

（2）离合器动作灵活可靠。

（3）摇臂升降灵活，不自动下降。

（4）摇臂千斤顶无损伤，不漏油。

（四）截割滚筒的完好标准

（1）滚筒无裂纹或开焊。

（2）喷雾装置齐全，水路畅通，喷嘴不堵塞，水呈雾状喷出。

（3）螺旋叶片磨损量不超过内喷雾的螺纹。无内喷雾的螺旋叶片，磨损量不超过厚度的1/3。

（4）截齿缺少或截齿无合金的数量不超过10%，齿座损坏或短缺的数量不超过2个。

（5）挡煤板无严重变形，翻转装置动作灵活。

（五）电气部分的完好标准

（1）电动机冷却水路畅通，不漏水，电动机外壳温度不超过80 ℃。

（2）电缆夹齐全牢固，不出槽，电缆不受拉力。

（六）安全保护装置的完好标准

（1）采煤机原有安全保护装置（如刮板输送机的闭锁装置、制动装置、机械摩擦过载保护装置、电动机恒功率装置及各电气保护装置）齐全可靠，整定合格。

（2）有链牵引采煤机在倾斜15°以上工作面使用时，应配用液压安全绞车。

（七）底托架、破碎机的完好标准

（1）底托架无严重变形，螺栓齐全紧固，与牵引部及截割部接触平稳。

（2）滑靴磨损均匀，磨损量小于10 mm。

（3）支承架固定牢靠，滚轮转动灵活。

（4）破碎机动作灵活可靠，无严重变形、磨损，破碎齿齐全。

四、采煤机冷却喷雾系统日常检查内容

（1）检查供水压力、流量、水质，发现不符合用水要求时，要及时查清原因并处理好。

（2）检查供水系统有无漏水情况，当发现漏水时，要及时处理好。

（3）每班检查喷雾情况，如有堵塞或脱落，要及时疏通补充。

（4）每周检查 1 次水过滤器，必要时清洗并清除堵塞物。如经常严重堵塞，要缩短检查周期，必要时每日检查 1 次，确保供水质量。

五、采煤机的润滑

在井下采掘机械中，由于采煤机负荷大、工作条件恶劣，并且是在移动中工作，因此采煤机使用寿命的长短和其工作效能能否发挥，在很大程度上取决于对其维护的好坏。而维护工作归结于保证其良好的润滑、及时更换缺损零件和排除事故隐患等，以达到设备安全运行的目的，这就必须严格执行采煤机的一系列维护和保养制度。

采煤机维护的好坏，在很大程度决定着润滑情况的好坏，尤其是液压牵引采煤机，其 2/3 的故障是润滑方面造成的，因此必须高度重视采煤的润滑问题。

（一）采煤机上使用的油脂

采煤机上使用的油脂主要分为两类，即润滑油和润滑脂。

采煤机上经常使用的润滑油有液压油；常用的润滑脂有锂基润滑脂、钙钠基润滑脂和钙基润滑脂。

1. 润滑油

1）采煤机液压油

在液压传动系统中，液压油既是传递动力的介质，也是液压传动机构的润滑剂。此外液压油还具有冷却和防锈的作用，且其不同于一般的润滑油。液压油对液压系统的工作性能会产生很大的影响。因此选择液压油时，要从传递动力和润滑两个方面来考虑，只有选择黏度合适的液压油，才能充分发挥设备的效能。

采煤机液压油主要用于牵引部液压系统和附属液压系统，是以深度精制的润滑油作为基础油，加入抗磨、抗氧化、抗泡、增黏、降凝等多种添加剂调和制成的。其中使用较多的是 N100、N150 号抗磨液压油。

采煤机液压系统对液压油的要求：

①具有适宜的黏度和良好的黏温性，黏度指数应大于 90。

②有良好的润滑性能和抗磨性能。

③化学性能稳定，抗氧化能力强，抗泡性好。在储存及工作过程中不应氧化生成胶质，能长期使用且不变质。当系统温度、压力变化时，油液的性能不变。

④有良好的防锈性能和抗乳性能。

⑤有良好的抗腐蚀性能。

⑥抗剪切性能好。

⑦闪点高，凝固点低。

⑧对密封材料适应性强，以免影响密封件的使用寿命。

2）齿轮油

齿轮油的作用：

①减少齿轮及其他运动件的磨损，使设备正常运转，保证有关零件的使用寿命。

②减小摩擦力、减少功率损失、提高效率、降低能耗。

③分散热量，起冷却作用。

④减轻振动，减小噪声程度，缓解齿轮之间的冲击。

⑤冲洗表面污物及固体颗粒，减少齿面的磨粒磨损。

⑥防止腐蚀，避免生锈。

3）极压油

在润滑油中加入极压添加剂，用于高温、重载、高应力的条件下，能使金属表面形成一层牢固的化合物质，防止金属表面直接接触，造成胶合、烧结、熔焊等摩擦面损伤。这种含有极压添加剂的润滑油称为极压油。采煤机牵引部传动齿轮箱和截割部齿轮传动系统的润滑较多使用极压工业齿轮油。

极压工业齿轮油分为铅型极压工业齿轮油和硫磷型极压工业齿轮油两类。

（1）铅型极压工业齿轮油。这种油适用于承受重载荷、冲击载荷，且一般不接触水的机械中的润滑。该油加有极压添加剂等多种添加剂，因此油膜强度大、摩擦系数小，可对高载荷及冲击载荷维持有效的油膜，润滑性能可靠，有较好的抗氧化安定性、抗腐蚀性、防锈性、抗泡性。

（2）硫磷型极压工业齿轮油。这种油采用深度精制润滑油，按成品黏度需要调成基础油，加入硫磷型极压抗磨剂以及防锈、抗泡剂制成，因此与铅型极压工业齿轮油相比有较为突出的特点，即：有极好的抗磨性和极压性；有良好的分水性，可及时排出混入油中的水分，不易乳化；抗氧化安定性好，能在800℃以上高温的齿轮箱中较好地工作。这种油适用于重载荷、反复冲击载荷的封闭式齿轮传动装置，特别适用于极易进水、使用条件恶劣、油温很高的采煤机截割部齿轮箱。目前，我国大功率采煤机都采用N220、N320号硫磷型极压工业齿轮油。

2. 润滑脂

1）组成

润滑脂由基础油、稠化剂、稳定剂和添加剂组成，是半固体可塑性润滑材料，俗称黄油。

2）润滑脂的适用条件与类型

润滑脂与润滑油比较，油蜡强度、缓冲性能、密封和防护性能、黏附性能均优，主要用于下列工作条件下机械的润滑：

①由于装置关系，不可能使用润滑油的部位。

②低速、重负荷、高温高压、经常逆转或产生冲击负荷的机械。

③工作环境潮湿，水和灰尘较多，难以密封的机械，以及与酸性气体或腐蚀气体接触的工作部件。

④长期工作而不经常更换润滑剂的摩擦部件，如密封的滚珠轴承或长期停止工作在摩擦面上无法形成保护油膜的滚珠轴承。

⑤高速电动机和自动装置等。

煤矿采煤机械常用的润滑脂有钙基润滑脂、钠基润滑脂、钙钠基润滑脂、锂基润滑脂四种类型。

（二）鉴别液压油

液压油质量的好坏，不但会影响工程机械的正常工作，而且会造成液压系统零部件的严重损坏。通过油液检测，我们可以准确地了解油品的质量，因此对于重要应用场合，我们建议通过油液检测来对油品的选用做出客观而精确的指导。现结合工作实践归纳出几种在无专用检测仪器情况下，粗略地鉴别液压油质量的方法。

1. 水分含量鉴定

1）目测法

如油液呈乳白色混浊状，则说明油液中含有大量水分。

2）燃烧法

用洁净、干燥的棉纱或棉纸沾少许待检测的油液，然后用火将其点燃，若发现“噼啪”的炸裂声响或闪光现象，则说明油液中含有较多水分。

2. 液压油杂质含量的鉴别

1）感观鉴别

油液中有明显的金属颗粒悬浮物，用手指捻捏时直接感觉到细小颗粒的存在；在光照下，若有反光闪点，则说明液压元件已严重磨损；若油箱底部沉淀有大量金属屑，则说明主油泵或电动机已严重磨损。

2）加温鉴别

对于黏度较低的液压油可直接放入洁净、干燥的试管中加热升温，若发现试管中油液出现沉淀或悬浮物，则说明油液中已含有机械杂质。

3）滤纸鉴别

对于黏度较高的液压油，可用纯净的汽油稀释后，再用干净的滤纸进行过滤。若发现滤纸上存留大量机械杂质（金属粉末），则说明液压元件已严重磨损。

4）声音鉴别

若整个液压系统有较大的、断续的噪声和振动，同时主油泵发出“嗡嗡”的声响，甚至出现活塞杆“爬行”的现象，这时观察油箱液面、油管出口或透明液位计，会发现大量的泡沫。这种情况说明液压油已浸入大量的空气。

5）应用铁谱技术鉴别

铁谱技术是以机械摩擦副的磨损为基本出发点，借助于铁谱仪把液压油中的磨损颗粒和其他颗粒分离出来，并制成铁谱片，然后置于显微镜或扫描电子显微镜下进行观察，或按尺寸大小依次沉积在玻璃管内，应用光学进行定量检测。通过以上分析可以准确获得系统内有关磨损方面的主要信息。

六、故障现象及处理

采煤机的故障类型大致有三类：一是机械部分故障；二是电气部分故障；三是液压部分故障。

（一）采煤机机械及其他故障的原因及处理措施

1. 截割部齿轮、轴承损坏的主要原因及预防措施

(1) 由于设备使用时间过长，有的机械零件磨损超限，甚至接近或达到疲劳极限。

预防措施：首先在地面检修采煤机时尽可能将齿轮和轴承更换成新的，并确保检装质量，保障良好的润滑，减少磨损。

（2）由于操作不慎，使滚筒截割输送机铲煤板、液压支架顶梁（或前梁）或铰接顶梁，使截割部齿轮轴承承受巨大的冲击载荷。

预防措施：加强支架工、操作员的工作责任心，提高操作技术，严格执行操作规程。操作员要正确规范地操作采煤机，及时掌握煤层及顶板情况，尽量避免冲击载荷。

（3）缺油或润滑油不足，在有的齿轮副或轴承副之间出现边界摩擦，导致齿轮轴承很快磨损失效。

预防措施：各润滑部位要按规定加够润滑油脂，并按“四检”制的要求及时检查、更换或补充润滑油脂。

2. 引起截割部减速器过热的原因及处理方法

（1）原因：用油不当。处理方法：按规定量注油。

（2）原因：油量过多或过少。处理方法：按规定量排油或注油。

（3）原因：油中水分超限，或油脂变质，使得油膜强度降低。处理方法：换油，并经常检查油质，发现不合格应及时更换。

（4）原因：齿轮、轴承磨损超限，接触精度太低，引起发热。处理方法：更换齿轮及轴承。

（5）原因：截割负荷太大。处理方法：调节牵引速度与截深，降低负荷。

（6）原因：无冷却水，或冷却水流量及压力不足。处理方法：无冷却水及冷却喷雾系统不合格不得开机，并修复冷却喷雾系统。

（7）原因：冷却器损坏或冷却水短路。处理方法：更换冷却器，查清短路原因并修复。

3. 造成有链牵引采煤机断链的原因

（1）牵引链使用时间过长，链环磨损超限，节距伸长量超过原节距的3%，导致强度满足不了要求或卡链而断链。

（2）牵引链拧“麻花”，当通过链轮时咬链而引起断链。

（3）连接环安装使用不规范，缺弹簧张力销。

（4）采煤机滑靴腿变形、煤壁侧滑靴掉道，导致运行阻力过大而引起断链。

（5）溜槽、铲煤板、挡煤板相互间闪缝、错茬及外部阻力过大而引起断链。

（6）牵引链两端无张紧装置，呈刚性连接，采煤机运行方向后面的链子松弛，导致松边链轮间窝链（平链轮易发生此类故障），大大增加了运行阻力，造成断链。

（7）牵引链或链连接质量不合格，造成断链。

4. 造成采煤机机身振动的主要原因及处理措施

原因：采煤机滚筒上的截齿，尤其是端面截齿中的正截齿（指向煤壁）短缺、合金刀头脱落、截齿磨钝而未能及时补充、更换时，就会引起机身剧烈振动。截齿缺少及不合格的越多，振动就越厉害。

处理措施：及时补充、更换脱落或不合格的截齿。

（二）采煤机电气部分常见故障分析及处理

1. 采煤机不启动的原因

（1）左面急停按钮是否解锁，控制线有无断线，整流二极管是否烧毁。

（2）磁力启动器是否有电，是否在远控位置。如果无问题，则把远控开关打近控，如果启动开关能启动，则说明故障不在开关；如果不能启动，则说明开关有故障，应检查开关。

（3）控制回路是否畅通，包括电缆、按钮、连线等。

（4）隔离开关接触是否良好、有无损坏。

（5）启动按钮是否损坏。

（6）电动机电源是否缺相。

（7）带重荷情况下启动。

（8）自保回路中带水压接点，未供水启动电动机，采煤机不能启动。

2. 采煤机启动后不能自保的原因

（1）启动时，手柄扳在“启动”位置时间过短。

（2）自保继电器 KA 接点接触不良或烧毁。

（3）控制变压器一、二次熔断器熔断，线路接触不良或断路。

（4）控制变压器烧毁。

（5）电动机中的热继电器没有复位。

3. 采煤机不能牵引的原因

（1）功控超载电磁铁接反或损坏，保护插件损坏或插件执行继电器损坏。

（2）松闸电磁铁在牵引手把过零后不松闸。

4. 运行中用急停按钮停机解锁时自启动的原因

（1）启动手把没有到零位。

（2）启动按钮接点粘连。

（3）自保继电器接点粘连。

5. 输送机不启动的原因

（1）采煤机上“运行”按钮没有解锁。

（2）控制回路短路或开路。

（3）磁力启动器有故障。

（三）判断、检查故障方法

尽管采煤机故障较多，但只要能够分析故障程序，特别是对采煤机液压系统有较全面的了解，就能对液压系统故障做出正确判断。

1. 判断故障的程序

根据实践经验，判断故障程序的方法是看、听、摸、测和综合分析。

（1）看：看运行日志，主要液压元件、电气元件、轴承的使用和更换时间，液压系统图，电气系统图，机械传动系统图和油脂化验单；到现场看采煤机运转时液压系统高低压变化情况，以及过滤系统是否正常。

（2）听：听取当班操作员介绍发生故障前后的运行状态、故障征兆等，征询操作员对故障的看法和处理意见，必要时可开动采煤机听其运转声响。

（3）摸：用手摸可能发生故障点的外壳，判断温度变化情况，也可用手摸液压系统有无泄漏，特别是主油泵配流盘、接头密封处、辅助泵、低压安全阀、旁通阀等是否泄漏。

（4）测：通过仪表测量绝缘电阻及冷却水压力、流量和温度，检查液压系统中高、低压变化情况，油质污染情况，主液压泵、液压电动机的漏损和油温变化；检查伺服机构是否失灵，高、低压安全阀及背压阀开启和关闭情况是否正常，各种保护系统是否正常等。

（5）综合分析：根据以上听、摸、看、测所取得的材料进行综合分析，准确地找出故障原因，提出可行的处理方案，尽快排除故障。

2. 判断故障的方法

为准确迅速地判断故障，查找到故障点，必须了解故障的现象和发生过程。其判断的方法是先部件、后元件，先外部、后内部，层层解剖。

（1）先划清部位。首先判断是电气故障、机械故障还是液压故障，相应于采煤机的部位便是电动机部、截割部和牵引部的故障。

（2）从部件到元件。确定部件后，再根据故障的现象和前面所述的判断故障的程序查找到具体元件，即故障点。

3. 采煤机故障处理的一般步骤和原则

1）采煤机故障处理的一般步骤

（1）首先了解故障的现象和发生过程。

（2）分析引起故障的原因。

（3）做好排除故障的准备工作。

2）采煤机故障处理的原则

在查找故障原因时，根据现象和经过做出正确的判断是一种十分重要而复杂的工作，在没有十分把握时，可以按照先简单后复杂、先外部后内部的原则来处理。

（四）井下修理采煤机的注意事项

（1）工具、备件、材料必须准备充分。在修理过程中，工具，特别是专用工具十分重要。更换的备件要规格、型号相符，最好是用全新备件，若是修复的备件，必须通过鉴定并符合要求，否则会使应该排除的故障得不到排除，造成错觉而怀疑其他原因，以致事故范围扩大，拖延事故处理的时间。在处理事故时，材料也十分重要，它不仅会影响处理事故的时间，而且会影响处理事故的质量，如在清洗液压元件时，绝不可用棉纱类织物擦洗，以免埋下隐患。

（2）在拆卸过程中要记清相对位置和拆卸顺序，必要时将拆下的零部件做标记，以免在安装过程中接错，延长处理事故时间。

（3）在排除故障时，必须将机器周围清理干净，并检查机器周围顶板支护情况，在机器上方挂好篷布，防止碎石掉入油池中或冒顶片帮伤人。

（4）处理完毕后，一定要清理现场，清点工具，检查机器中有无杂物，然后盖上盖板，注入新油并进行运转，试运转合格后检修人员方可离开现场。

七、采煤机的井上验收、试运转及井下运输

（一）井上验收

新采煤机与大修后的采煤机应组织验收，要根据有关技术标准、规范来检验采煤机的配套情况、技术性能、质量、数量及技术文件是否齐全、合格。参加验收的人员必须熟悉采煤机的性能，了解采煤机的结构和工作过程。采煤机操作员和维修人员一定要参加验收工作。

采煤机的验收包括以下内容：

（1）列出采煤机各部件名称及数量，检查各部件是否完整。

（2）根据采煤机的技术特征，检查是否符合要求。

（3）检查配套的刮板输送机、液压支架及桥式转载机等的配套性能和配套尺寸是否符合要求。

（4）进行采煤机的机械部分动作试验，检验各手把及部件的动作是否灵活、可靠，并对底托架、滑靴及滚筒进行外观检查。

（5）进行采煤机电气部分的动作试验，检验各按钮的动作是否符合要求、各防爆部件及电缆接口是否符合要求。

（6）进行牵引部性能试验，包括空载跑合试验、分级加载试验、正转和反转压力过载试验以及牵引速度零位和正反向最大速度测定。进行空载跑合试验时，其高压管路压力不大于4 MPa，油温升至40 ℃后，接通冷却水，正、反向各运转1 h。分级加载试验按额定牵引力的50%及75%加载，每级正、反向各运转30 min，加载结束时油温不大于80 ℃。

（7）进行截割部性能试验时，包括空载跑合试验和分级加载试验。空载跑合试验需在滚筒转速下正、反向各转3 h；分级加载试验按电动机额定功率的50%及75%加载，每级正、反向转30 min，加载结束时，油温不大于100 ℃。

（8）将摇臂位于水平位置，16 h后其下沉量小于2 mm。

（9）在不通冷却水的条件下，电动机带动机械部分空运转1 h，电动机表面温度小于70 ℃，无异常振动声响及局部温升。

（二）地面检查及试运转

1. 地面运转前检查的主要内容

（1）采煤机零部件是否齐全、完好。

（2）运动部件的动作是否灵活、可靠。

（3）手把位置是否正确，操作是否灵活、可靠。

（4）外部管路连接是否正确，各接头处是否有漏水、漏油现象，各油池、油位润滑点是否按要求注入油脂。

（5）各箱体腔内有无杂物和积水。

（6）电气系统的绝缘、防爆性能是否符合要求。

2. 试运行

（1）地面试运行，即一般不少于30 min的整机运行。

（2）操作各部手把，检查按钮动作是否灵活可靠。

（3）注意各部机体运行的声音和平稳性。

（4）测量各处温升是否符合要求。

（5）摇臂升降要灵活，同时测量升到最高、最低位置的时间。

（6）操作牵引换向手柄调速旋钮，使采煤机正、反向牵引，测量其空载转速是否符合要求，及其手把在中间零位时牵引速度是否为零。

（7）在试验运行期间，要检查各部连接处是否漏油、各连接管路是否漏油、运转声音是否正常。

（8）检查各个压力表的读数是否正确。

（9）测量电动机三相电流是否正常、平衡。

（三）采煤机的井下运输

采煤机经井上检查及试运转正常后，即可向井下运送，运输时，可根据矿井具体条件将采煤机拆成几部分，如拆成滚筒、摇臂、截割部减速箱、牵引部、电动机及底托架等几部分分别运输。但在各方面条件允许的情况下应尽量少拆，条件允许时可以不解体，这样可以减少安装工作量，同时对保证安装质量也大有好处。

1. 井下运输注意事项

（1）采煤机下井时，应尽可能分解成较完整、较大的部件，以减少运输安装的工作量，防止设备损坏，并根据井下安装场地和工作面的情况，确定各部分下井的顺序，以便于井下安装。

（2）下井前所有齿轮腔和液压腔的油应全部放净，所有外露的孔口必须密封，外露的结合面、偶合器、拆开的管接头及凸起易碰坏的操作手柄都必须采取保护措施。采煤机分解后的自由活动部分，如主机架上的调高液压缸以及一些管路等都必须加以临时固定和保护，以防止在起吊、井下运输时损坏，并防止污水浸入设备内部。

（3）采煤机井下运输时，较大、较重的部件，如主机架、摇臂等用平板车运送，能装入矿车的可用矿车运送。平板车尺寸要适合井下巷道运输条件。

（4）用平板车运输时要找正重心、达到平稳，可以用长螺杆紧固在平板上，不推荐使用钢丝绳或锚链固定，因为这种固定方式在运输途中容易松动而使物品滑落，更不允许直接用铅丝捆绑。

（5）搬装、运输过程中，应避免剧烈振动、撞击，以免损坏设备。

（6）起吊工具，如绳爪、吊钩、钢丝绳、连接环要紧固可靠，经外观检查合格后方可使用。

（7）对起吊装置，其能力应考虑具有不低于 5 倍的安全系数；对拖曳装置，其能力应考虑具有不低于 2 倍的安全系数。

（8）在平板车运输时，装物的平板车上不许站人，运送人员应坐在列车的乘人车内，并应有信号与列车驾驶员联系。

（9）平板车上坡运输时，在运输物体后不得站人。

2. 装车顺序

装车顺序就是指零件装车的先后排列程序，这种先后排列程序是由现场安装地点和井下运输条件来确定的。零部件进入安装地点的先后程序一般是右滚筒、右摇臂、右截割部减速箱、底托架、牵引部、电动机、左截割部减速箱、左摇臂、左滚筒及护板等。

（四）井下安装采煤机

在工作面选择一段场地，沿场地全长安装液压支架，应保证有足够的液压支架，以加强顶板的支护和承担采煤机各部分的重力，必要时可安装附加支柱。

（1）将左牵引传动箱、中间控制箱（内装泵站）和右牵引传动箱三段组合成一体，然后把这个机身的组合体安装于工作面输送机上。

（2）分别安装左、右摇臂于左、右牵引传动箱上。

（3）根据各软管标签上的标记连接各有关零部件。

（4）根据各电缆标签上的标记接通各有关电路。

（5）接通压力液，以便调高油缸的活塞杆伸出，直到能够装上与摇臂的连接铰销为止。

（6）安装滚筒，拆去滚筒的螺堵，安装喷嘴和截齿。

（五）井下试运转

（1）使用前检查程序。

①铺设刮板输送机，将采煤机骑在输送机上。

②装配合格并接通电动机电源前进行以下检查。

a. 把采煤机各部件内部的存油全部排放干净。

b. 所有的液压腔和齿轮腔注入规定的油液，注入的油量应符合规定要求。

c. 检查油路、水路系统管路是否有破损、蹩劲、漏油、漏液现象，喷雾灭尘系统是否有效，其喷嘴是否堵塞。

d. 检查滚筒上的截齿是否锋利、齐全，且方向正确、安装牢固。

e. 检查各操作手柄、锁紧手柄、按钮动作是否灵活、可靠，且位置正确。

③在正式割煤前还要对工作面进行一次全面的检查，如工作面信号系统是否正常，工作面输送机铺设是否平直，运行是否正常，液压支架、顶板和煤层的情况是否正常等。

④按正常井下操作顺序接上符合要求的水、电后，进行整机空载运行，并检查各运转部分的声音是否正常，有无异常的发热和渗漏现象；再操作各电控按钮和手把，检查动作是否灵活、可靠，内外喷雾是否正常，采煤机与输送机配套是否合适。

（2）做好记录。

八、预防和减少采煤机故障的措施

为了减少采煤机的故障，提高采煤机的开机率和使用率，增加煤炭产量，必须做到以下几点要求。

（一）提高工人素质

提高工人素质是使用好综采设备的关键，因此采煤机操作员和维护工经过培训并取得合格证后方可上岗工作，对于新机型更是如此。在正常生产中，每年都要进行一定时间的脱产或半脱产培训，以提高工人素质，适应现代化煤矿发展的需要。

（二）支持“四检”制，严格进行强制检修

为了使采煤机始终处于良好状态，必须严格执行“四检”制，即班检、日检、周检、月检，加强采煤机的维护和检修，发现问题及时处理，消除各种隐患。

（三）严格执行操作规程，不违章作业

采煤机操作员要根据工作面煤质、顶板、底板等地质条件选择合理的牵引速度，不能超载运行，严格执行开、停机顺序，不允许带负荷启动及频繁启动，更不能强行切割及“带病”工作。

（四）严格执行验收标准

采煤机大修后应严格按检修质量标准验收，并附有出厂验收报告和防爆合格证、试验报告单等。

（五）加强油质管理，防止油液污染

采煤机的用油要由专人管理，要严格执行原煤炭工业部颁发的《综采设备油脂管理细则》。

（六）定期检查电动机绝缘

电动机故障绝大多数是由电动机进水、润滑不良造成的，所以要经常检查电动机的绝缘电阻，一般新换电动机每天检查一次，连续检查三天，正常后应每周检查 2～3 次。如果发现绝缘损坏或绝缘阻值下降，应仔细检查电动机冷却系统是否有进水现象，并及时处理。

第八节 采煤机主要参数的确定

组成综合机械化采煤工作面的采煤机、输送机和液压支架有严格的配套要求，以实现高产高效，这就是所说的“三机配套”。这里只介绍采煤机的选取，其他内容在相应章节中介绍。

一、采煤机选型

采煤机应考虑煤层的状况和对生产能力的要求，以及与输送机和液压支架的配套要求。

（一）根据煤的坚硬度选型

采煤机适于开采 $f<4.0$ 的缓倾斜及急倾斜煤层。对 $f=1.8\sim2.5$ 的中硬煤层，可采用中等功率的采煤机；对黏性煤及 $f=2.5\sim4.0$ 的中硬以上煤层，采用大功率采煤机。

坚固性系数 f 只反映煤体破碎的难易程度，不能完全反映采煤机滚筒上截齿的受力大小，有些国家采用截割阻抗 A 表示煤体抗机械破碎的能力。截割阻抗标志着煤岩的力学特征，通常根据煤层厚度和截割阻抗选取装机功率。

（二）根据开采截割阻抗选择

中等功率的采煤机最适于开采截割阻抗为 180～240 N/mm（截割阻抗是指切割单位厚度煤体所对应的截割阻力）的中硬煤层，大功率采煤机则可开采中硬以上的黏结性煤层（截割阻抗为 240～360 N/mm）。

（三）按煤层厚度选型

煤层厚度，是指煤层顶板或底板之间的垂直距离。由于成煤条件各不相同，煤层的厚度差异也很大，薄者仅几厘米（一般称为煤线），厚煤可能达 200 m 以上。根据煤层的形状、煤质、开采方法以及当地对煤的需求情况，综合当代煤炭开采技术和经济条件，确定出的可开采的最小煤层厚度称为最低可采厚度。低于最低可采厚度的煤层一般不开采。

在实际工作中，根据开采技术条件的特点，煤层按厚度可分为以下四类：极薄煤层：煤层厚度小于 0.80 m；薄煤层：厚度为 0.85～1.30 m；中厚煤层：厚度为 1.3～3.50 m；厚煤层：厚度在 3.50 m 以上。

（1）极薄煤层：最小截高在 0.65～0.80 m 时，只能采用爬底板采煤机。

（2）薄煤层：最小截高在 0.75～0.90 m 时，可选用骑槽式采煤机。

（3）中厚煤层：选择中等功率或大功率的采煤机。对于采高 1.10～1.90 m 的普采工作面，一般选用单滚筒采煤机；对于采高 1.20～2.50 m 的普采工作面，可选用单滚筒或双滚筒采煤机。综采工作面必须选用双滚筒采煤机。

（4）厚煤层：适应于大截高的采煤机应具有调斜功能，以适应大采高综采工作面地质及开采条件的变化；由于落煤块度较大，采煤机和输送机应有大块煤破碎装置，以保证采煤机和输送机的正常工作。

（四）采煤机的装机功率应根据采高确定

表1-4中的功率范围值可根据煤质硬度确定，下限适用于软煤，上限适用于硬煤。

表1-4　装机功率和采高之间的关系

采高/m	装机功率/kW	
	单滚筒式采煤机	双滚筒式采煤机
0.6~0.9	约50	约100
0.9~1.3	50~100	100~150
1.3~2.0	100~150	150~200
2.0~4.0	150~200	200以上

（五）根据煤层倾角选型

按倾角分为近水平煤层（<8°）、缓倾斜煤层（8°~25°）、中斜煤层（25°~45°）和急斜煤层（>45°）。

骑槽式或以溜槽支承导向的爬底板采煤机在倾角较大时应考虑防滑问题。当工作面倾角大于15°时，应使用制动器或安全绞车作为防滑装置。

（六）按牵引类型选择

首选电牵引采煤机，因为电牵引采煤机克服了液压牵引采煤机所具备的许多缺点，并且电牵引采煤机的功率大、牵引快等，对于高产高效综采工作面已成为必选机种。

二、采煤机的基本参数

（一）采煤机的生产率

采煤机的生产率取决于矿山地质条件，与采煤机的性能、组织管理等有关，分为理论生产率和实际生产率。

1. 理论生产率

理论生产率是指采煤机在给定条件下以最大可能的工作参数连续运行得到的生产率，也称为最大生产率。一般采煤机技术特征中给出的生产率（生产能力）就是理论生产率，它的计算公式如下：

$$Q_1 = 60HBv_q\rho \tag{1-1}$$

式中　Q_1——理论生产率，t/h；

H——采高，m；

B——截深，m；

v_q——给定条件下最大可能的牵引速度，m/min；

ρ——实体煤密度，$\rho = 1.3 \sim 1.4\ \text{t/m}^3$。

2. 实际生产率

实际生产率是考虑了采煤机必须完成的辅助作业时间（检查机器、换截齿、开缺口空行程等）、消除故障时间和采煤机以外的各种原因所造成的停机后得到的生产率。

这些因素是由工作面组织工作和其他配套设备所存在的问题引起的，如输送机和液压支架工作能力不适应或故障、工作面事故、供电系统故障等。

显然，由于采煤机自身以及外界各种因素造成的停机时间使采煤机的实际生产率低于理论生产率较多。为了提高实际生产率，从采煤机自身方面看，就是要合理地提高牵引速度，减少辅助作业时间，加强机器的检查保养，不出或少出故障，提高采煤机的开机率；从工作面组织和技术管理方面看，就是要使配套设备的工作能力满足采煤机的要求，采煤工艺的各工序间要协调好，杜绝工作面事故，尽量减少设备故障等。

采煤机的实际生产率必须满足工作面产量计划的要求。

实际生产率可由下列公式计算：

$$Q_2 = k_1 k_2 Q_1$$

式中　Q_2——实际生产率，t/h；

Q_1——理论生产率，t/h；

k_1——采煤机技术上可能达到的连续工作系数，一般 $k_1 = 0.5 \sim 0.7$。

k_2——采煤机实际工作中能达到的连续工作系数，一般 $k_2 = 0.6 \sim 0.65$。

（二）截深

截深是指采煤机滚筒切入煤壁的深度，是由端盘外侧的齿尖到滚筒内侧边缘之间的距离。

截深与滚筒宽度相适应。截深决定着工作面每次推进的步距，是决定采煤机装机功率和生产率的主要因素，也是与支护设备配套的一个重要参数。

截深与截割高度关系很大。截割高度较小，工人行走艰难，采煤机牵引速度受到限制，为保证适当的生产率，宜用较大截深；反之，截割高度很大时煤层容易片帮，顶板施加给支护设备的载荷大，此时限制生产率的主要因素是运输能力。

目前我国多数采煤机的截深在 0.60 m 左右。在薄煤层中，由于牵引速度不能太快，为了提高生产率，采煤机截深可加大到 0.75 ~ 1.00 m；现代的电牵引采煤机，为了使其生产率满足高产高效的要求，截深普遍达到 0.80 ~ 1.00 m，少数甚至可达 1.20 m，这和当前装机功率增加有很大的关系。

（三）滚筒直径

滚筒直径是指滚筒截齿齿尖处的直径。单滚筒式采煤机一次采全高，采煤机的滚筒直径比最小采高稍小一些，即

$$D = H_{min} - (0.1 \sim 0.3)\text{m}（H_{min}\text{为最小采高}）$$

中厚煤层使用的单滚筒式采煤机的滚筒直径和双滚筒式采煤机一次采全高，其滚筒直径 D 应稍大于最大采高的一半，即

$$D = (0.55 \sim 0.60) H_{max}（H_{max}\text{为最大采高}）$$

（四）采高

采高就是采煤机的实际开采高度。

采高大小对确定采煤机整体结构有决定性影响，它既决定了采煤机使用的煤层厚度，也是与支护设备配套的重要参数。

考虑煤层厚度的变化、顶板下沉和上浮煤等会使工作面高度缩小，煤层（或分层）厚度不宜超过采煤机最大采高的 90% ~95%，且不宜小于采煤机最小采高的 110% ~120%。

（五）滚筒转速及截割速度

滚筒转速的选择会直接影响截煤比能耗、装载效果和粉尘大小等，转速过高，不仅煤尘产生量大，且循环煤增多，转载效率降低，截煤比能耗降低。根据实践经验，一般认为采煤

机滚筒的转速控制在 30～50 r/min 较为适宜。

（六）机面高度与底托架高度

1. 机面高度 A

机面高度是指从工作面底板表面至采煤机上表面的高度。一种采煤机型往往有几种不同的机面高度（靠使用不同高度的底托架及输送机槽获得），以适应在采高范围内不同高度工作时的要求，因此选型时要特别注意，并向厂家说明。

如图 1－45 所示，在已知最大采高时，可用下面的公式计算出相应的机面高度和底托架高度。

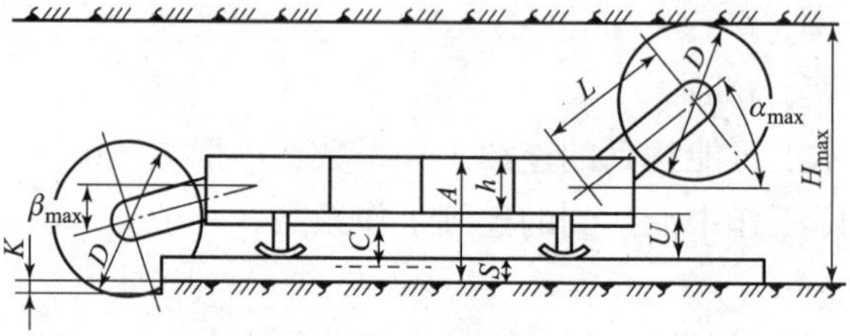

图 1－45　采煤机的机面高度和卧底量

$$A = H_{max} + \frac{h}{2} - \left(L\sin\alpha_{max} + \frac{D}{2}\right) \tag{1-2}$$

式中　A——机面高度，m；

H_{max}——最大采高，m；

h——采煤机机身高度，m；

L——摇臂长度，m；

α_{max}——摇臂向上最大摆角；

D——滚筒直径，m。

2. 底托架高度 U

$$U = A - S - h = H_{max} - \left(\frac{h}{2} + L\sin\alpha_{max} + \frac{D}{2} + S\right)$$

式中　U——底托架高度，m；

S——输送机槽槽帮高度，m。

采煤机的机面高度应保证在最小采高时的过机高度（采煤机机面到支架顶梁的间距）不小于 100～250 mm。

3. 过煤高度 C

确定底托架高度后，应核算是否能保证必要的过煤高度 C。

$$C = U - S - B$$

式中　B——底托架厚度。

一般，在中厚煤层中应达到 $C \geqslant 250 \sim 300$ mm；在薄煤层中应达到 $C \geqslant 200 \sim 300$ mm。用于高产高效工作面的采煤机，由于其生产能力很大，顺利过煤成为突出的问题，过煤空间断面成为反映采煤机能力的重要参数，一般可达 0.5～0.6 m^2。

4. 最大卧底量 K_{max}

最大卧底量就是采煤机能切割到底板以下的深度，和摇臂向下摆角有关。

$$K_{max} = -\left(A - \frac{h}{2} - L\sin\beta_{max}\right) + \frac{D}{2}$$

式中　K_{max}——最大卧底量，m。

B_{max}——摇臂向下的最大摆角。

在选用采煤机时，为了满足采高的要求，需要合理地选择滚筒直径和机身高度，还要考虑卧底量要求，卧底量一般为 100 ~ 300 mm。

（七）牵引速度

牵引速度是决定采煤机生产率和装机功率的重要参数。目前，一般采煤机的最大牵引速度在 10 m/min 左右。牵引速度决定了其生产率，其受限于采煤机自身的功率、配套输送机的运输能力和支架的支护速度等。实际工作中，如使用采煤机的自动调速系统，则可以预先给定较高的牵引速度，运行中由自动调速系统调节牵引速度，但应注意输送机的运煤能力和移架速度是否跟得上。如不使用自动调速系统，操作员则根据工作面条件（煤质硬度、是否含夹石及所含的程度、倾斜工作面的运行方向等）以及工序间的配合情况选择合适的牵引速度，这在很大程度上取决于操作员的责任心和技术熟练程度。

用于高产高效工作面的采煤机，为了满足高生产率的要求，其牵引速度已有大幅度的提高。

采煤机截割时牵引速度的高低，直接决定采煤机的生产效率及所需电动机功率，由于滚筒装煤能力、运输机生产效率、支护设备推移速度等因素的影响，采煤机在截割时的牵引速度比空调时低得多，采煤机牵引速度在零到某个值的范围内变化。选择截煤机时的牵引速度，要根据下述几个方面因素综合考虑。

当截割阻力变小时，应加快牵引，以获得较大的截割厚度，增加产量和增大煤的块度；当截割阻力变大时，则应放慢牵引，以减小截割厚度，防止电动机过载，保证机器正常工作。

液压牵引：最大牵引速度可达 10 ~ 12 m/min。

电牵引：最大牵引速度可达 18 ~ 25 m/min。

1. 根据采煤机最小设计生产率 Q_{min} 决定的牵引速度 v_1

$$v_1 = \frac{Q_1}{60HB\gamma} \text{ (m/min)}$$

式中　Q_1——采煤机最小设计生产率，t/h；

H——采煤机平均采高，m；

B——采煤机截深，m；

γ——煤的容重，t/m^3。

2. 根据截齿最大切削厚度决定的牵引速度 v_2

采煤机截割过程中，是滚筒以一定的转速 n，同时又以一定的牵引速度 v_2 沿工作面移动的，切削厚度呈月牙规律变化，如果滚筒一条截线上安装的截齿数为 m，则截齿最大的切削厚度 h_{max} 在月牙中部，可用下式求出：

$$h_{max} = \frac{1\,000 v_2}{mn} \text{ (mm)}$$

选择牵引速度 v_2，并与支架推移速度 v_3 协调，使采煤机既能满足工作面生产能力的要求，又可避免齿座或叶片参与截割，并能保证采煤机安全生产。上式中，m 为螺旋的头数，一般取 2～3。一般来说，h_{max} 应小于截齿伸出齿座长度的 70%，根据国产采煤机的实际情况，截齿伸出齿座长度在 100～200 mm，则

$$v_2 = \frac{mnh_{max}}{1\ 000}\ (\mathrm{m/min})$$

3. 按液压支架的推移速度决定牵引速度 v_3

一般来讲，支架的推移速度应大于采煤机的牵引速度，这样可保证采煤机安全生产。

截割时牵引速度应根据上述三方面情况综合分析后确定，其最大值应等于或大于完成生产率的最小速度，但应小于切削厚度最大时速的速度及液压支架推移速度。

（八）牵引力

采煤机牵引力与装机功率有着直接关系，而装机功率又是反映采煤机综合能力的重要参数。液压牵引采煤机一般有单电动机、双电动机及多电动机的组合，在采煤机适用范围内，可根据工作面条件选用。例如，采高较小、煤质较软、含岩较少以及倾角不大时使用单电动机。电牵引采煤机除牵引电动机外，还有截割部电动机，其装机功率多在 1 000 kW 以上，最大可达 3 000 kW 左右，以适应高产高效工作面的要求。

第九节　其他类型采煤机

一、刨煤机

（一）刨煤机的工作原理及工作过程

1. 工作原理

结构组成：刨煤部、输送部、液压推进系统、喷雾降尘系统、电气系统和辅助装置等。

工作原理：以刨头为工作机构，采用刨削方式破煤。

2. 工作过程

刨煤机的刨头通过刨链沿输送机往复牵引时，利用刨头上刨刀的切削力把煤刨落，同时利用刨头的梨形斜面把煤装入输送机。输送机和刨煤机组成一个整体，利用液压千斤顶推移，从而实现了落煤、装煤和运煤等工序的机械化。

（二）刨煤机的特点

1. 优点

（1）截深较浅（30～120 mm）：可以充分利用煤层的压张效应，刨削力及单位能耗小。

（2）牵引速度大：一般为 20～40 m/min，快速刨煤机可达 150 m/min。

（3）刨落下的煤块度大，煤尘少（平均切削断面积为 70～80 $\mathrm{cm^2}$）。

（4）结构简单，工作可靠：刨头可以设计得很低（约 300 mm），可实现薄煤层、极薄煤层的机械化采煤。

（5）工人不必跟机操作，可在顺槽进行控制，对薄煤层、急斜煤层机械化和实现遥控具有重要意义。

2. 缺点

（1）对地质条件的适应性不如滚筒式采煤机。

（2）不易实现调高。

（3）开采硬煤层比较困难。

(4) 刨头与输送机、底板的摩擦阻力大，电动机功率的利用率低。

(三) 结构分类

1. 按刨刀对煤的作用力性质分

1) 动力刨煤机

刨头本身需带动力，其刨刀本身带有产生冲击的振动器，刨刀以冲击力来破碎煤。由于结构复杂，动力传递困难，所以发展缓慢。它是专为解决硬煤开采而设计的。

2) 静力刨煤机

刨头本身不带动力，单纯凭借刨链牵引力工作，其结构比较简单，目前煤矿井下基本上使用的都是静力刨煤机。

2. 按刨头的导向方式分

1) 拖钩式刨煤机

刨链位于输送机采空区一侧，刨头设有插在中部槽底部的撑板，刨刀可看成一钩子，刨链拖动刨刀时，带动刨头对煤壁产生楔入作用（故称拖钩式）。

2) 滑行式刨煤机

它是在拖钩式刨煤机的基础上发展起来的，刨头无撑板，刨头在导轨上滑行。滑行刨由于克服了拖钩刨摩擦阻力大的缺点，故牵引速度快，刨煤动力加大，能刨硬煤。

目前常用静力刨煤机包括拖钩刨煤机、滑行刨煤机和滑行拖钩刨煤机。图 1－46 所示为刨煤机示意图。

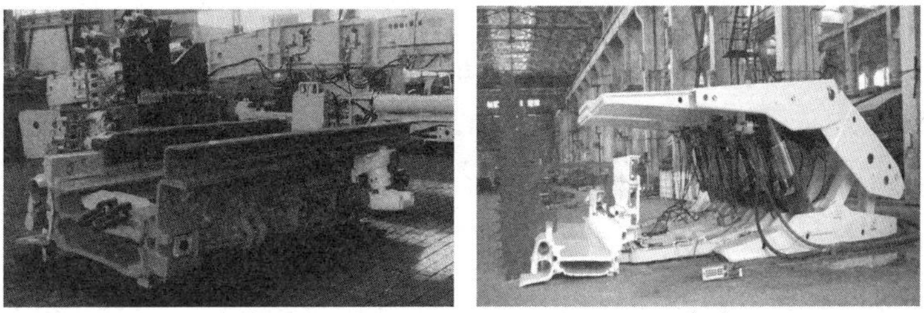

（a）　　（b）

图 1－46　刨煤机示意图

(四) 主要结构

1. 拖钩式刨煤机

1) 结构原理

刨煤机与工作面输送机组成一体，成为具有能落煤、装煤和运煤的机组。刨煤机组沿工作面全长布置，其结构如图 1－47 所示。

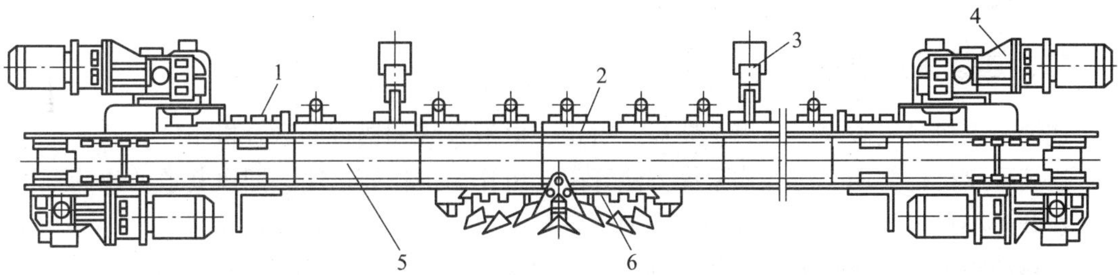

图 1－47　拖钩式刨煤机结构

1—刨链；2—导链架；3—推进油缸；4—刨头驱动装置；5—输送机；6—刨头

刨头是刨煤机的工作机构，由刨体、回转刀座、刨刀和掌板等组成，如图 1－48 所示。

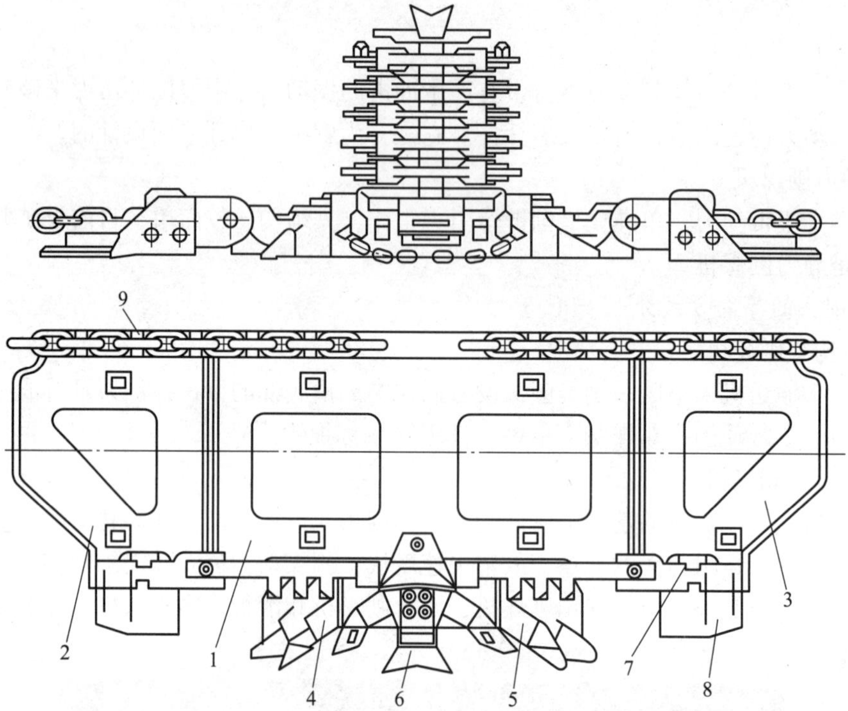

图 1－48　刨头

1—刨体；2，3—左、右掌板；4，5—回转刀座；6—预割刀；7—导向块；8—限位块；9—卡链块

在刨体的回转刀座上装有底刀、预割刀、腰刀和顶刀。

2. 滑行式刨煤机

滑行式刨煤机的刨煤方式与拖钩式刨煤机相同，但刨头的滑行装置比较特殊，这种滑行装置大大减小了摩擦阻力，提高了刨煤机的有效功率。

在输送机靠近煤壁侧的中部槽帮上装有滑行架，其长度与中部槽相等。在滑行架上设有两根导向管，刨头就沿着这两根管滑动。

刨头以滑行架为导轨，刨链在滑行架内拖动刨头工作。

滑行架兼具刨头导向、装煤、刨链导向、护链及限制刨深等作用。刨头上装有平衡架，平衡架沿着输送机采空侧的导向管滑动，以保证刨头工作稳定 。

滑行式刨煤机多用于薄、中厚煤层，其结构如图 1－49 所示。

二、连续采煤机

连续采煤机是集破煤、落煤、装运、行走、电液系统和锚掘的联合机组。

连续采煤机主要用于房柱式采煤方法开采，可作为工作面运输、回风巷道的快速掘进设备。在开采小块段、不规则块段、工作面准备巷道以及回采残留煤、边角煤和“三下”（水下、公路铁路下和建筑物下）煤等方面，连续采煤机具有绝对优势。

美国 JOY 公司先后推出 10 cm、11 cm 和 12 cm 系列滚筒式连续采煤机。

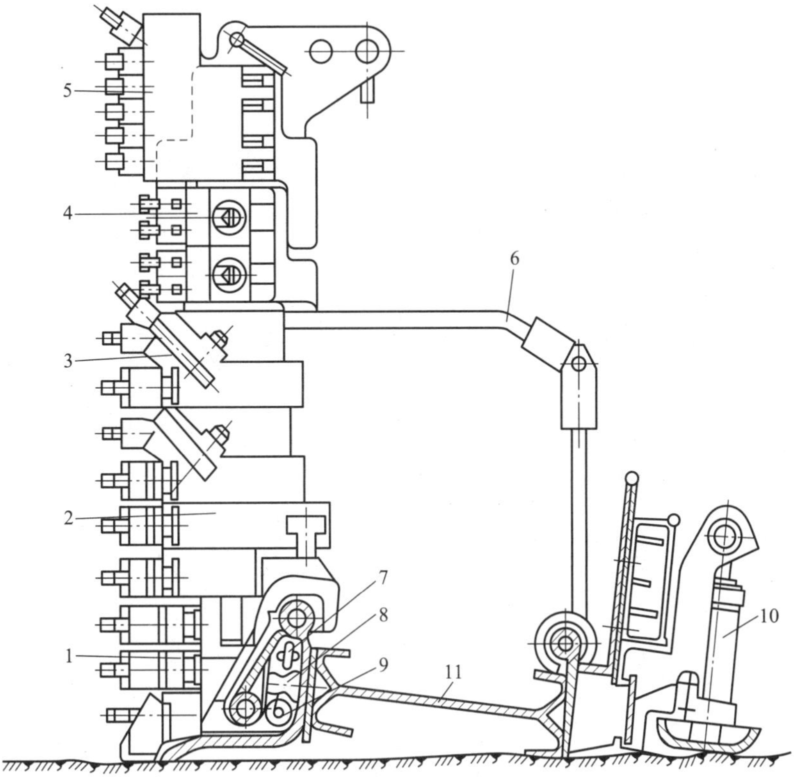

图 1－49　滑行式刨煤机的结构和工作原理

1—滑行架；2，3—加高块；4—中间加高块；5—顶刀座；6—平衡架；7—空回链；8—导链块；9—刨链；10—抬高千斤顶；11—输送机

（一）连续采煤机的组成和工作原理

1. 组成

连续采煤机（见图 1－50）由截割机构、装运机构、行走机构（履带）、液压系统、电气系统、冷却喷雾除尘装置以及安全保护装置等组成。

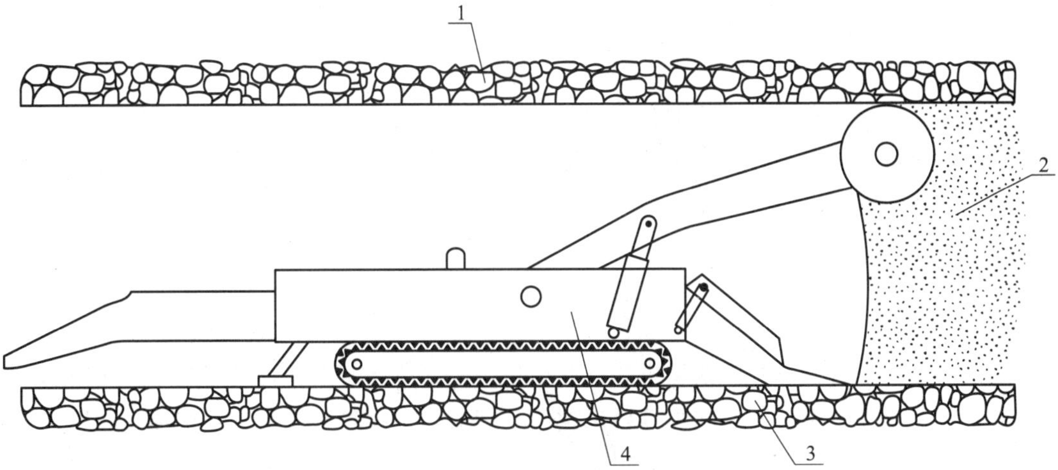

图 1－50　连续采煤机

1—顶板；2—煤层；3—底板；4—连续采煤机

2. 工作机构

连续采煤机的工作机构是横置在机体前方的旋转截煤滚筒，截煤滚筒（有的还装有同步运动的截割链）上装有以一定规律排列的镐形截齿。

3. 工作原理

截割机构的升降液压缸先将截割滚筒举至要截割的高度位置，行走履带再向前推进，同时旋转的截煤滚筒切入煤层的一定深度，即截槽深度；然后行走履带停止推进，升降液压缸使截煤滚筒向下运动至底板，即可割出宽度等于截煤滚筒长度、厚度等于截槽深度的弧形条带煤体，即一个循环作业截割下来的煤体。

（二）连续采煤机的结构特点

1. 优点

（1）由于液压系统简单，大多采用电动机驱动，不受或少受液压元件故障多的制约，故传动系统可靠。

（2）既可用于掘进，又可用于采煤。用于掘进时，掘、锚、装、运可平行作业，掘进速度快、工效高；用于采煤时，能充分发挥连续采煤机采掘合一的功能，便于采煤工艺改革，减少了顶板管理工作量，尤其对于边角煤、残煤的开采具有普通掘进机无可比拟的优点。

（3）多顺槽开拓长壁工作面时，可保证工作面所需足够风量，对控制瓦斯积聚非常有利，适用于高瓦斯矿井。从安全方面看，在主通道冒顶时，还可提供备用的脱险通道。

2. 缺点

（1）连续采煤机及配套梭车往复运行，对底板破坏比掘进机严重。在松软底板条件下，后配套设备最好选用桥式胶带转载机。

（2）连续采煤机受地质条件影响较大，一般煤层倾角不宜太大，煤层厚度在 1.3 ~ 4.0 m 之间。底板坚硬或矿井水对底板影响较小，顶板应为中等稳定，有较好的自控和可锚性。

（3）截割头在液压缸控制下上下摆动，巷道断面一般为矩形，对其他巷道断面适用性较差。由于截割头一般在 3 m 左右，通常大于机身宽度，故仅适用于巷道宽度大的矿井。

（4）在用于煤巷快速掘进时，由于掘、锚分离作业，不得不多开联络巷并进行快速密闭，因而给今后生产通风管理带来了不利因素。另外，对于有自然发火危险的矿井，煤体暴露多，可造成安全隐患，应辅之防、灭火技术措施。

（三）连续采煤机掘进巷道时需要配套的设备

连续采煤机掘进巷道时需要配套的设备包括锚杆钻机、运煤车、铲车、给料破碎机、可伸缩带式输送机、通风和降尘设备、供配电设备、排水沟挖沟机等。

（四）EML340 型连续采煤机

EML340 型连续采煤机（见图 1 – 51）是我国研制的第一台用于短壁开采和高产高效长臂综采工作面的巷道准备，以及满足“三下”采煤、回收煤柱和残采区等煤炭资源回收的机型。

这是煤炭科学研究总院山西煤机装备有限公司根据市场需求和我国煤机国产化研制的迫切要求，在调研和分析了国外同类进口机型的基础上，结合煤炭科学研究总院山西煤机装备有限公司多年来在煤机领域优势专业积累的经验，从我国煤层储存条件、开采特点出发而研制的。

图 1-51　EML340 型连续采煤机外形

1. 基本组成与特点

主要组成：截割机构、装运机构、行走机构、主机架、稳定靴、集尘系统、液压系统、电气系统、冷却喷雾系统、润滑系统、驾驶操纵系统及附件等。图 1-52 所示为 EML340 型连续采煤机结构。

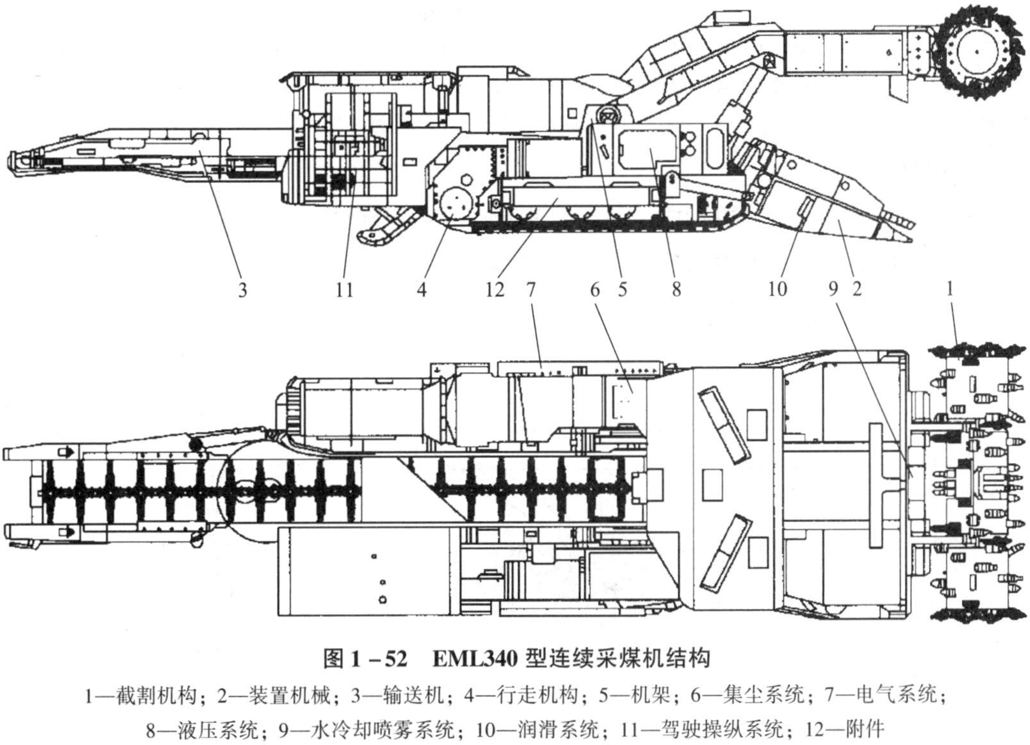

图 1-52　EML340 型连续采煤机结构

1—截割机构；2—装置机械；3—输送机；4—行走机构；5—机架；6—集尘系统；7—电气系统；8—液压系统；9—水冷却喷雾系统；10—润滑系统；11—驾驶操纵系统；12—附件

2. 截割机构

结构组成：截割臂、截割齿轮箱、截割电动机、截煤滚筒、截割端盘、截割臂升降油缸及两套机械保护装置，如图 1-53 所示。

3. 装运机构

装运机构：装载机构 + 输送机构。

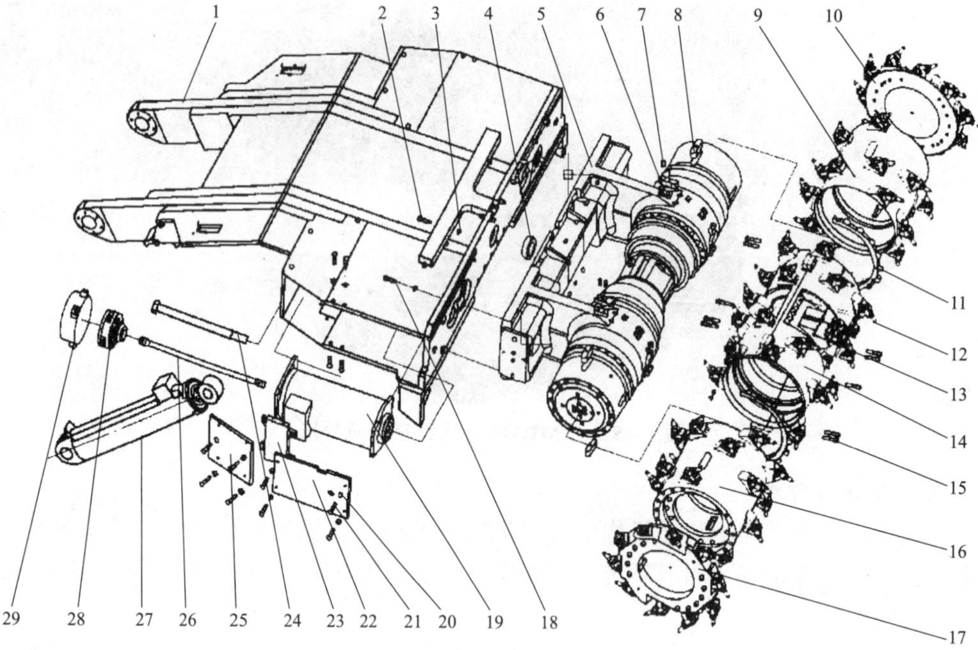

图 1－53　截割机构

1—截割部；2，15，18，21，24—螺栓；3，13—止动垫圈；4—销；5—截割齿轮箱；6—卡块；7—螺钉；8—键；9，16—左、右滚筒；10，17—左、右端盘；11—截割环；12—螺母；14—中间滚筒；19—电动机；20—垫圈；22，25—侧盖板；23—盖板；26—扭矩轴；27—截割臂升降油缸；28—限矩器；29—电动机护罩

1）装载机构

结构组成：铲板、装运电动机、装运减速器、星轮和链轮组件。

装载机构的左、右减速器对称地布置在铲板的两侧，分别由两台 45 kW 的交流电动机驱动，如图 1－54 所示。

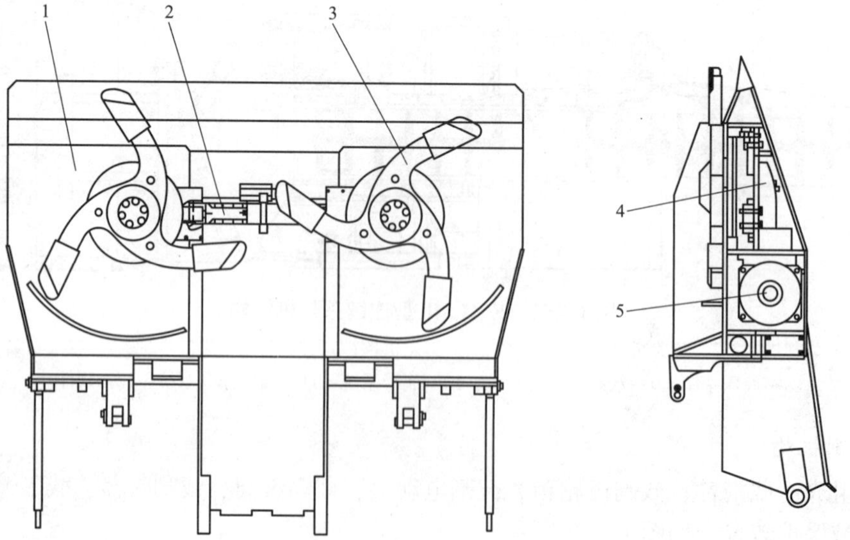

图 1－54　装载机构

1—铲板；2—链轮组件；3—星轮；4—装运减速器（左、右各一个）；5—装运电动机

2）输送机构

输送机构采用单链刮板输送机，其结构如图 1－55 所示，主要由中部输送槽、输送机机尾、刮板链、滚筒与滑板组件、张紧油缸和机尾摆动油缸等组成。

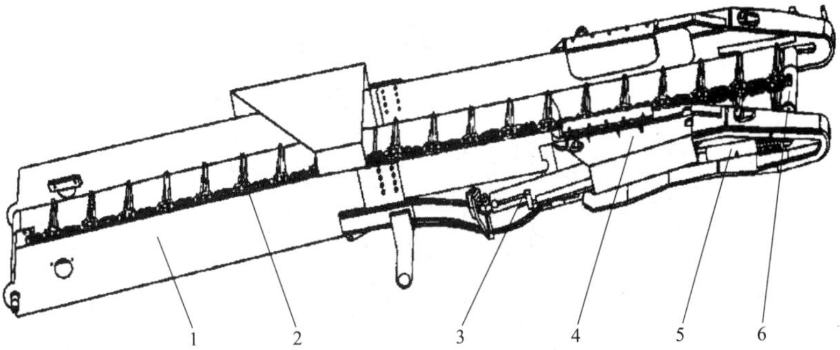

图 1－55　输送机

1—中部输送槽；2—刮板链；3—机尾摆动油缸；4—输送机机尾；5—张紧油缸；6—滚筒与滑板组件

4. 行走机构

采用无支重轮履带行走机构。左、右行走机构对称布置，分别由电动机直接驱动。右行走机构如图 1－56 所示，行走机构减速器如图 1－57 所示。

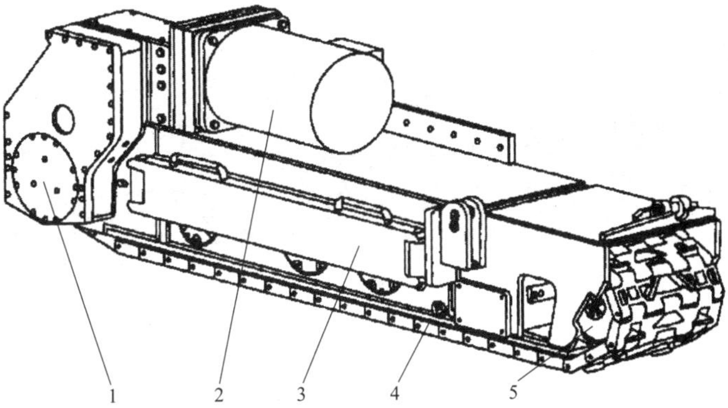

图 1－56　右行走机构

1—行走机构减速器；2—行走电动机；3—履带架；4—履带链；5—导向张紧装置

5. 机架

机架主要由主机架、后机架、稳定靴等组成，如图 1－58 所示。

6. 集尘系统

（1）外喷雾降尘系统。

（2）湿式除尘系统，对工作面含尘气流实行强制性吸出，配合工作面压入式通风组成集尘系统。

湿式除尘系统由吸风箱、喷雾杆、过滤器、水滴分离器、泥浆泵和风机等组成，如图 1－59 所示。

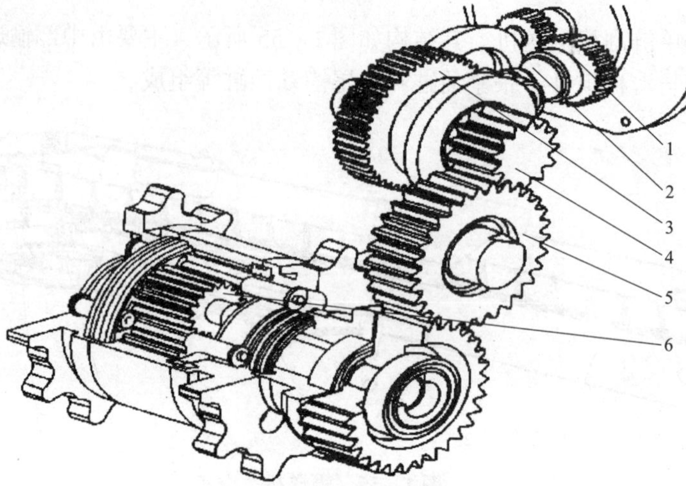

图 1－57　行走机构减速器

1—一级齿轮；2—二级齿轮；3—三级齿轮；4—四级齿轮；5—惰轮；6—五级行星减速齿轮

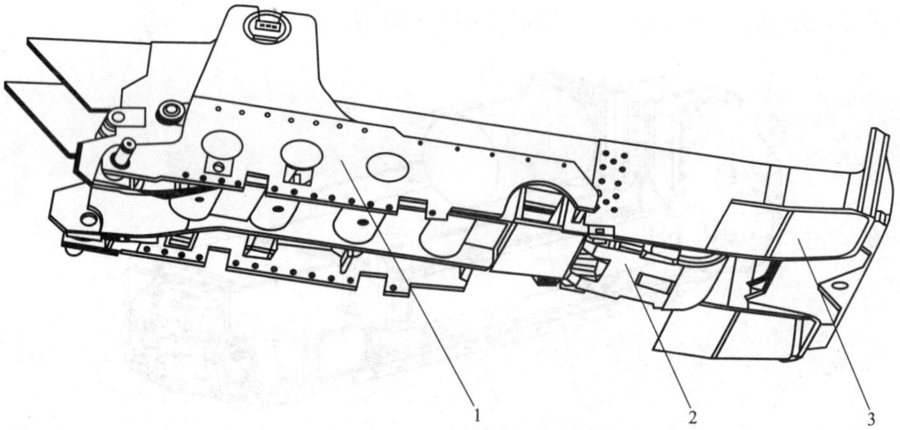

图 1－58　机架

1—主机架；2—稳定靴；3—后机架

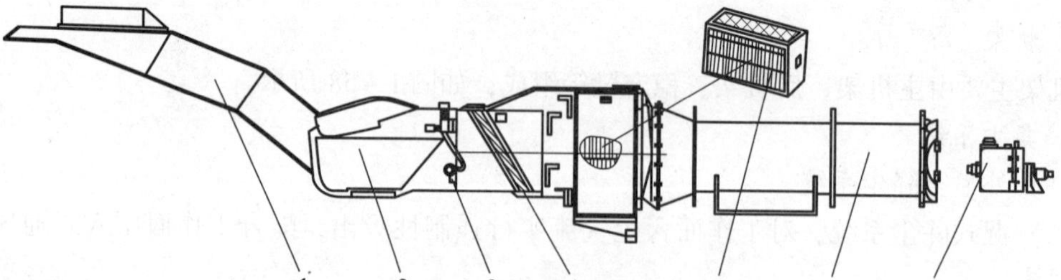

图 1－59　湿式除尘系统

1—吸尘风箱；2—风筒；3—喷嘴；4—除雾垫层；5—水滴分离器；6—风机；7—泥浆泵

（五）12CM18－10D 型连续采煤机配置设备（见图 1－60）

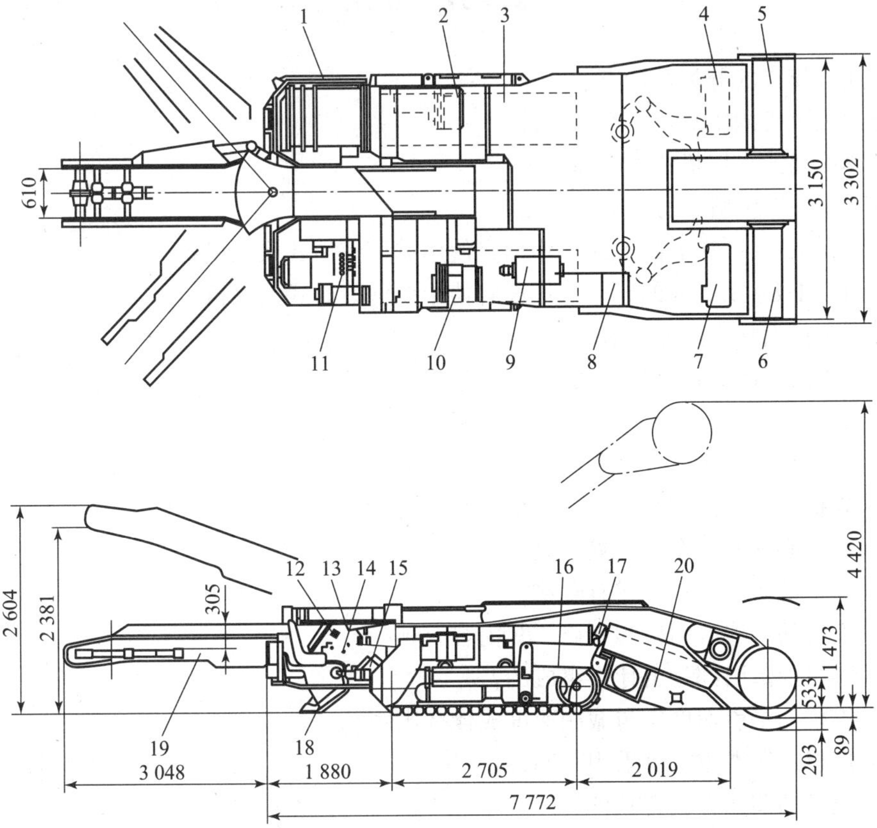

图 1－60 12CM18－10D 型连续采煤机

1—电控箱；2—左行走履带电动机；3—左行走履带；4—左截煤滚筒电动机；5—左截煤滚筒；6—右截煤滚筒；7—右截煤滚筒电动机；8—装运机构电动机；9—液压泵和电动机；10—右行走履带电动机；11—操作把手；12—行走部控制器；13—主控站；14—输送机升降液压缸；15—主断路器；16—截割臂升降液压缸；17—装载机构升降液压缸；18—稳定液压缸；19—输送机构；20—装载机构

1. 电动机情况

该设备共有 7 台电动机，总装机功率为 448 kW，其中截割机构为 2×140 kW，装载运输机构为 45 kW，行走机构为 2×26 kW，液压泵站为 52 kW，湿式除尘装置为 19 kW。除行走机构为直流电动机外，其他均为交流电动机，且为外水冷型。交流电动机的额定电压为 1 050 V，直流电动机的额定电压为 250 V。

2. 主要特点

机架整体布局紧凑，主要驱动力均为电动机，传动效率较高，故障率较低，且电动机均布置在易于拆装的外侧，方便维修和更换；操作方便、安全，既可手动，也可离机遥控；有操作显示屏进行操作步骤显示和故障显示，不会发生误动作；易发生过载的传动系统中装设有安全离合器和扭矩轴；辅助装置设有瓦斯监测、湿式除尘和干式灭火装置；两台截割电动机横向布置在截割壁的两侧，通过减速器将动力传至截割链及左右侧截煤滚筒。

复习思考题

1. 试述刨煤机的分类及特点。
2. 试述刨煤机的优缺点及适用条件。
3. 试述滚筒式采煤机的工作原理。
4. MG300 采煤机型号的意义是什么?
5. 采高在 1.1 ~1.9 m 的普采工作面宜使用哪种滚筒式采煤机?
6. 采高在 1.8 ~3.2 m 的普采工作面宜使用哪种滚筒式采煤机?
7. 采煤工作面降尘的方法有哪些?
8. 采煤机按滚筒数目分为哪两种?
9. 采煤机按牵引部传动方式分为哪三种?
10. 采煤机按牵引方式分为哪两种?
11. 采煤机必须能拆成几个独立部件?其目的是什么?
12. 采煤机必须有什么样的喷雾装置?
13. 采煤机的防滑装置形式有哪些?
14. 采煤机的检修有四检和三修,其内容有哪些?
15. 采煤机的牵引部是由什么组成的?
16. 采煤机的牵引速度应与截割速度成什么比例?
17. 采煤机的润滑方式可采用哪四种?
18. 采煤机的调速方式有几种?
19. 采煤机的组成可以分为哪几部分?
20. 采煤机电动机轴心与滚筒轴心垂直时,传动装置中需装有什么装置?
21. 采煤机工作机构是直接担负落煤和装煤的部件,主要有哪两种?
22. 采煤机滚筒宽度和采煤机截深的关系是什么?
23. 采煤机滚筒的三个直径包括什么?
24. 采煤机截齿有哪两种?
25. 采煤机螺旋叶片有哪两种旋向?
26. 采煤机牵引链的拉紧方式有哪两种?
27. 采煤机牵引链一般采用什么链?可用什么表示?
28. 采煤机械的作用是什么?井下广泛使用的是哪种采煤机?
29. 底托架是由托架、导向滑靴和支承滑靴等组成的吗?
30. 对采煤机牵引部的要求是有哪些?
31. 放顶煤液压支架的特点是什么?
32. 观察者面向采煤机来看,双滚筒的转向应是怎么样分配的?
33. 滚筒的截割速度是什么?
34. 滚筒式采煤机的总体布置方式有哪几种?
35. 厚或特厚煤层开采可采用什么方法来实现?
36. 截齿的主要失效形式是什么?

37. 截齿主要有哪两种形式？

38. 截齿排列图上的斜线代表什么？小圆圈或小圆点代表什么？横坐标上的角度代表什么？

39. 刨煤机有哪三种形式？

40. 理论上讲采煤机截齿应采用什么截距排列？

41. 螺旋叶片的头数与什么有关？中硬以下的煤采用几头螺旋？中硬以上的煤采用几头螺旋？

42. 煤矿安全规程规定，工作面倾角在15°以上，应采用什么牵引的采煤机？

43. 喷雾泵站的作用是什么？

44. 普采工作面设备包括哪些？

45. 牵引链的紧链方式有哪几种？

46. 无链牵引的优点是什么？

47. 现代机械化采煤可分为哪几种？

48. 综采工作面的设备有哪些？

49. 综采工作面中的“三机”配套指的是什么？

第二章　支护设备

在井下煤矿生产过程中，为了防止顶板冒落造成人员和设备伤害，并给人员和机器设备维持一定的工作空间，就必须对顶板进行支承与管理。这就是支护设备的作用。

用于支护的设备经历过木支柱、金属摩擦支柱、单体液压支柱、组合支架、液压支架等几个阶段，在现阶段高产高效的矿井机械化采煤中，使用最多的是液压支架，其次是单体液压支柱或组合支架。

在第一章中介绍的普采、高档普采和综采，就是使用不同的支护设备与刮板输送机、采煤机配套生产的，在这里就不再叙述了。

使用金属摩擦支柱或单体液压支柱，其移动全是人工操作，劳动强度大，生产效率低，安全性不高，只在小型矿井中工作面或者不重要的支护中使用。

液压支架是煤矿综采工作面中的配套支护设备，它的主要作用是支护采场顶板，维护安全作业空间，推移工作面采运设备。其控制系统作为液压支架的“心脏”，由乳化液泵站集中供液，提供动力，满足支架的各种动作要求，保证支架安全可靠工作。液压支架是以高压液体为动力，由液压元件和金属构件组成，支护性能好，移动速度快，强度高，更为安全，所以使工作面的产量和效率都得到了提高，降低了工人的劳动强度。因此是实现综合机械化采煤高产高效的工作面关键设备之一。

第一节　液压支架的工作原理及分类

液压支架能为采煤工作面的人员和设备创造安全空间，用来完成支承和管理顶板的设备还可以完成支架本身的移动、推移刮板输送机，因此也称为自移式支架。图 2－1 所示为液压支架外形。

一、液压支架的组成

液压支架种类很多，每种支架的结构也不太一样，但总体来讲大致相同。

液压支架由液压元件和金属构件组成，其中液压元件主要包括立柱、千斤顶、操纵阀、安全阀、液压锁等。金属构件主要由顶梁、底座、掩护梁、护帮板和四连杆机构等组成，如图 2－2 所示。

金属部件之间主要是铰接结构，立柱位于顶梁与底座之间。金属构件构可筑成一个安全可靠的空间。

二、液压支架的工作原理

液压支架除了构成一个安全空间外，还要实现随工作面的移动而移动。因此液压支架必须完成四个基本动作，即升、降、推和移。其工作主要是由乳化液泵站送过来的高压液体，通过不同的液压缸来完成的，如图 2－3 所示。

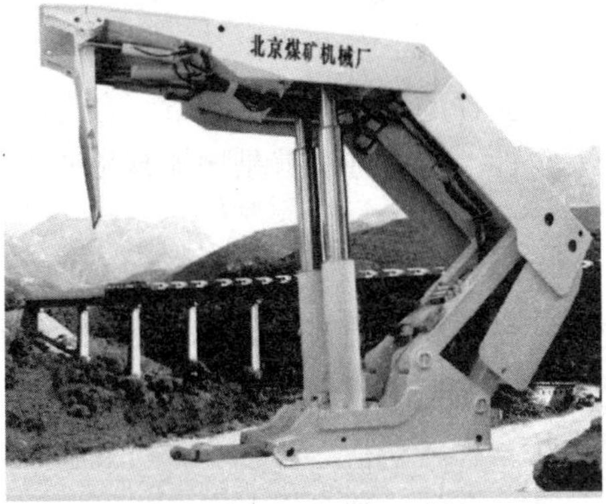

图 2－1 液压支架外形

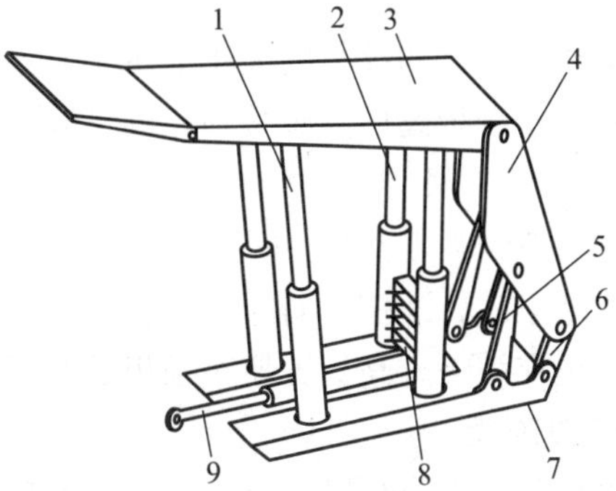

图 2－2 液压支架的组成

1—前立柱；2—后立柱；3—顶梁；4—掩护梁；5—前连杆；6—后连杆；7—底座；8—操纵阀；9—推移装置

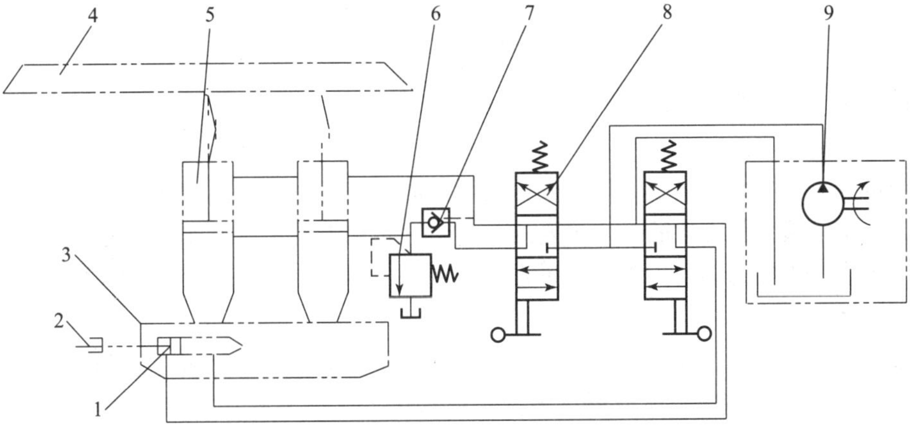

图 2－3 液压支架的工作原理

1—推移千斤顶；2—输送机；3—底座；4—顶梁；5—立柱；6—安全阀；7—液控单向阀；8—操纵阀；9—乳化液泵站

（一）支架的升降

液压支架的升降是依靠立柱的伸缩来完成的。立柱是位于顶梁与底座之间的液压缸，由安全阀和控制阀（液控单向阀和安全阀）来控制。支架在升降过程中传动受到来自顶板的力，根据力的变化特点分为四个阶段，包括初撑阶段、增阻阶段、恒阻阶段和卸载降柱阶段。

1. 初撑阶段

将操纵阀置于升柱位置（上位），高压液体进入立柱下腔，立柱上腔回液，这时立柱升柱。在升降过程中，当支架的顶梁刚刚接触顶板时，立柱下腔压力开始升高，直到立柱下腔压力达到泵站压力时，停止供液，液控单向阀立即关闭，这一过程为支架的初撑阶段。此时支架对顶板的支承力为初撑力。初撑力的大小为

$$P_c = \frac{\pi}{4} D^2 P_b n \times 10^3 (\mathrm{kN})$$

式中　D——支架立柱的缸径，m；

P_b——泵站的工作压力，MPa；

n——支架立柱的个数。

由上述可知，初撑力的大小取决于泵站的工作压力、立柱的缸径和立柱数量。合理的初撑力可以防止顶板离层，减缓顶板的下降速度，增强安全性。有效办法就是增加泵站的工作压力。

2. 增阻阶段

初撑结束后，液控单向阀关闭，此时立柱下腔液体被封闭。随着顶板的缓慢下沉，立柱下腔压力也在缓慢升高，支架对顶板的支承力也在提高，即支架的承载增阻阶段。

3. 恒阻阶段

当顶板压力进一步增加时，立柱下腔压力也随之升高，直到达到支架上安全阀设定压力时，安全阀溢流，立柱下降，下腔压力也降低。当降低到安全阀设定压力后，停止溢流，安全阀关闭。随着顶板压力的继续下沉，安全阀重复这一过程。因为安全阀的原因，液压支架对顶板的支承力始终保持在某一数值上下，这就是支架的恒阻阶段。这时支架对顶板的支承力称为工作阻力，它是由支架上的安全阀调定压力来控制的。支架的工作阻力计算公式为

$$P=\frac{\pi}{4}D^2P_a\times10^3(\text{kN})$$

式中　P_a——支架安全阀的调定压力，MPa；

其他符号的意义同前。

同样可知工作阻力的大小取决于安全阀调定的工作压力、立柱的缸径和立柱数量。

支架的工作阻力是支架的一个重要的参数，它表示支架对顶板支承力的大小。但它并不能完全表示出该支架的能力，常用支护强度来表示，即单位面积上所承受的工作阻力。

4. 卸载降柱阶段

当采煤机截煤过后，欲将支架移到新的位置，需要将支架进行降柱。这时操纵阀手把放到下降（下）阀位，高压液体将通过液控单向阀进入立柱上腔，下腔回液，从而使立柱降柱，这时立柱对顶板的支承力下降一直到0为止。

由上可知，支架工作时，支承力是随时间变化而变化的，支承力与时间的关系曲线称为支架工作特性曲线。如图2－4所示，t_0、t_1、t_2分别表示初撑、增阻、恒阻阶段的时间。

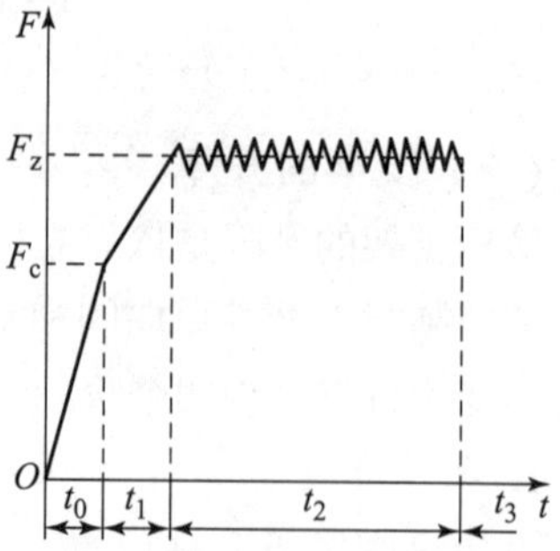

图2－4　液压支架工作特性曲线

t_0—初撑阶段；t_1—增阻阶段；t_2—恒阻阶段；t_3—卸载降柱阶段

（二）推溜和移架

支架和运输机构的前移都是由底座上的千斤顶来完成的。

三、液压支架的分类和特点

液压支架分为普通的中部支架和用于特殊部位、特殊煤层的特种支架。

中部支架又分为支承式支架、掩护式支架和支承掩

护式支架。

特种支架分为端头支架、薄煤层支架、厚煤层支架（放顶煤支架、铺网支架、一次采全高支架）和大倾角支架。

（一）支承式支架

支承式支架的结构特点是：顶梁较长，一般在 4 m 左右；立柱多，一般在 4 ~6 根，并且是垂直布置的；后侧有简单的挡矸板，用来防止矸石进入架中，但挡矸效果不好，同时设有复位装置。支承式支架的结构形式如图 2 –5 所示。

支承式支架的支护性能是：支承力大，且作用在支架的中后部，因此切顶性能好；工作空间大，通风效果好；对顶板重复支承，容易把顶板压碎；抗水平载荷能力差，稳定性差；挡矸性能不好。

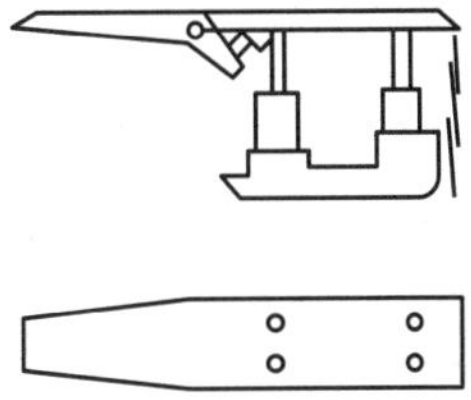

图 2 –5　支承式支架的结构形式

由上可知，支承式支架适用于直接顶稳定、基本顶有明显或强烈来压、水平力不大的顶板。

（二）掩护式支架

掩护式支架的结构特点是：顶梁短，一般为 3 m 左右；立柱少，一般有 2 根立柱，呈倾斜布置，用来增加调高的范围；架间有活动的侧护板，能互相分开或靠近，靠近时，可实现架间的密封；用前后连杆连接掩护梁和底座，构成四连杆机构，使梁保持不变，可以防止架前漏矸。掩护式支架的结构形式如图 2 –6 所示。

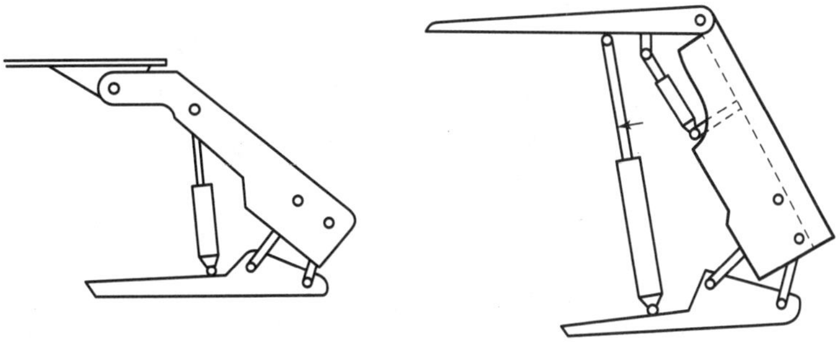

（a）　　　　（b）

图 2 –6　掩护式支架的结构形式

（a）间接支承；（b）直接支承

掩护式支架支护特点是：切顶能力弱；控顶距小；梁端距变化小；掩护性好；调高范围大。

由上可知，掩护式支架适用于松散破碎的不稳定或中稳定顶板。

（三）支承掩护式支架

既有支承式支架的特点，又有掩护式支架的掩护梁，切顶性和防护性适中，适用于压力较大、易冒落的中等稳定或稳定的顶板，适应条件比较好，这一类支架应用较多。支承掩护式支架的结构形式如图2 –7所示。

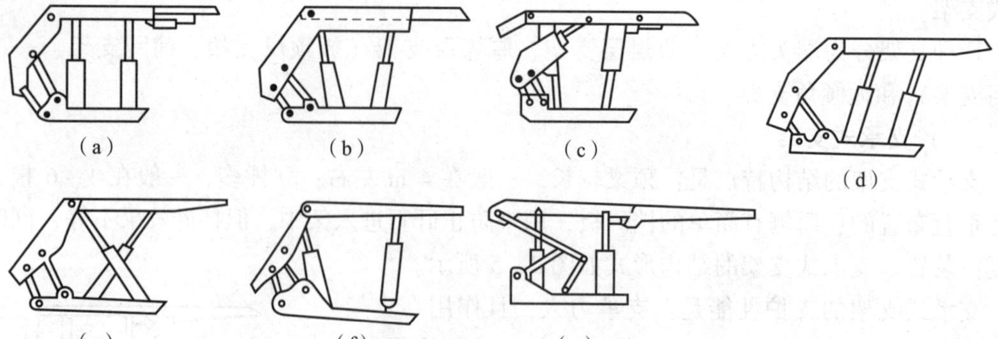

图 2-7　支承掩护式支架的结构形式

第二节　液压支架的结构

一、顶梁

顶梁是支架支承顶板的部件，要求具有一定的强度和刚度，以适应其保护空间安全性的需要，一般是用厚钢板焊接成箱形结构。它分为整体式和分段组合式两种，其中分段式又可分为铰接式和伸缩式两种，如图 2-8 所示。

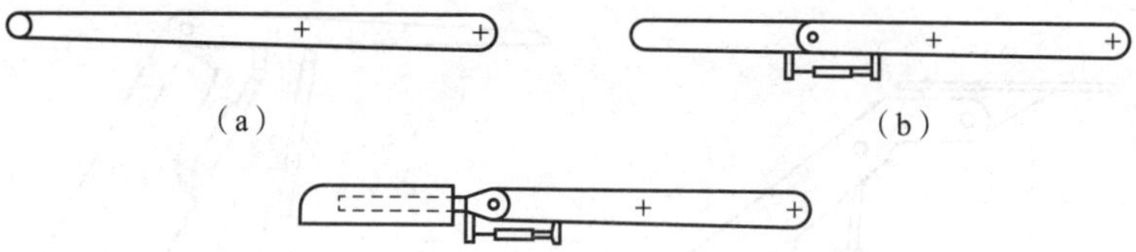

图 2-8　顶梁的结构形式

(a) 整体式顶梁；(b) 铰接式顶梁；(c) 伸缩式顶梁

(一) 整体式顶梁

整体式顶梁结构简单，质量小，但对顶板不平适应性差，其多用于顶板平整、稳定，不易片帮的工作面。

(二) 铰接式顶梁

顶梁分成两个部分，即前梁和后梁，前梁与后梁之间相对转角在 20°左右。其适应顶板性能好，但两梁之间要加上千斤顶，以保证稳定。

(三) 伸缩式顶梁

伸缩式顶梁是在铰接顶梁前增加了一个可伸缩的梁，目的是在采煤机割煤之后、移架之前，能及时伸出前梁，完成超前支护，以防止片帮。

二、底座

底座是支架与底板接触的部件，承受立柱传来的顶板压力并把它均匀分布在底板上。支架同时是四连杆之一，还要通过底座使支架与推移机构相连，用来完成支架的移动和推动刮板输送机。底座的结构形式如图 2－9 所示。

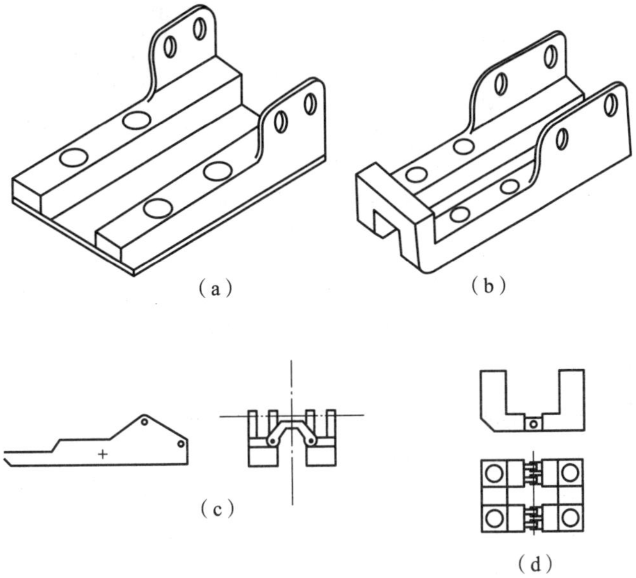

图 2－9　底座的结构形式

(a) 整体刚性底座；(b) 分式刚性底座；(c) 左、右分体底座；(d) 前、后分体底座

（一）整体刚性底座

其特点是：底部封闭，接触面积大，适应于底板松软、采高大、倾角大和顶板稳定的采煤工作面。其缺点是排矸性差。

（二）分式刚性底座

底座分成左、右两部分，上部用过桥或箱形机构将左、右两部分连接。底部不封闭，与底板接触面积小，但排矸能力增加，不适合松软的底板。

（三）左右分体底座

底座分成左、右两部分，用铰接或连杆将左、右两部分连接，这样可以使左、右部分有相对的摆动，以适应底板不平的情况，但稳定性差。底部不封闭，与底板接触面积小，但排矸能力增加，不适合松软的底板。

（四）前后分体底座

底座分成前、后两部分独立的两个箱体，用铰接或连杆将前后两部分连接，以适应底板不平的情况，多用于多排立柱、支承式支架、支承掩护式支架和端头支架。

三、掩护梁

掩护梁是掩护式和支承掩护式支架上的部件，它的作用是阻挡采空区冒落的矸石进入工作面，并承受冒落矸石的载荷和顶板传过来的水平推力。掩护梁也是四连杆之一，一般做成箱形结构，有时也做成左、右对称结构。

掩护梁的结构如图 2－10 所示。

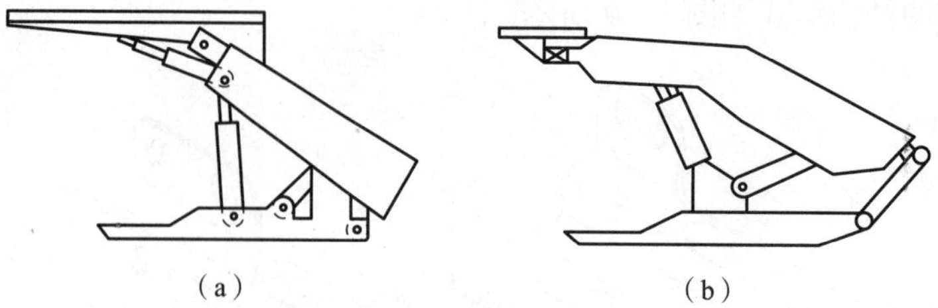

图2－10　掩护梁的结构

(a) 直线型；(b) 折线型

(一) 直线型掩护梁

这类掩护梁整体性好，强度大，目前应用较多，如图2－10 (a) 所示。

(二) 折线型掩护梁

相对直线型来讲，有效增加了空间，也增加了通风量，如图2－10 (b) 所示。但支架歪斜时架间密封性差，加工工艺差，目前应用较少。

四、连杆

连杆是掩护式和支承掩护式支架上的部件，它与掩护梁和底座形成四连杆机构。其作用是，既可承担支架的水平力，也可使梁端距基本保持不变，减少架前落矸，增加了控顶性，如图2－11 所示。

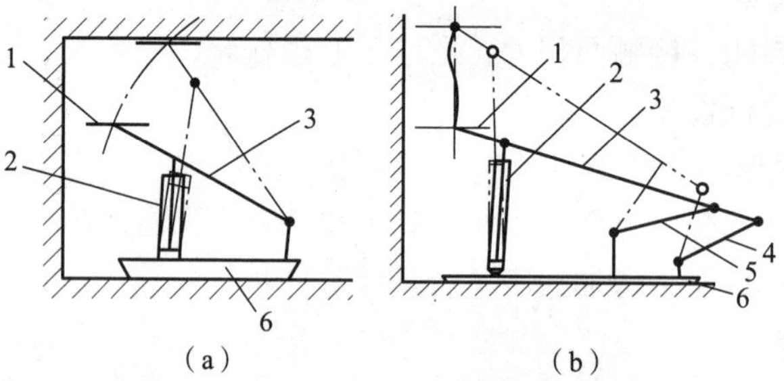

图2－11　四连杆的作用

(a) 未使用四连杆；(b) 使用四连杆

1—前梁；2—立柱；3—掩护梁；4—后连杆；5—前连杆；6—底座

前后连杆一般采用分体式，即两个前连杆和两个后连杆；也有的将两个后连杆用钢板焊接在一起，以增强挡矸能力。

五、立柱

立柱是液压支架上承受顶板压力的部件，同时也是支架升降动作的液压部件。液压支架的立柱结构如图2－12 所示。

(一) 单伸缩双作用立柱

单伸缩双作用立柱结构简单，调高方便，伸缩比一般为1.6 左右，缺点是调高范围小。

(二) 单伸缩机械加长杆立柱

总行程为液压行程 L_1 与机械杆行程 L_2 之和，这种立柱调高范围大，比双伸缩立柱低，在中厚煤层应用较多。

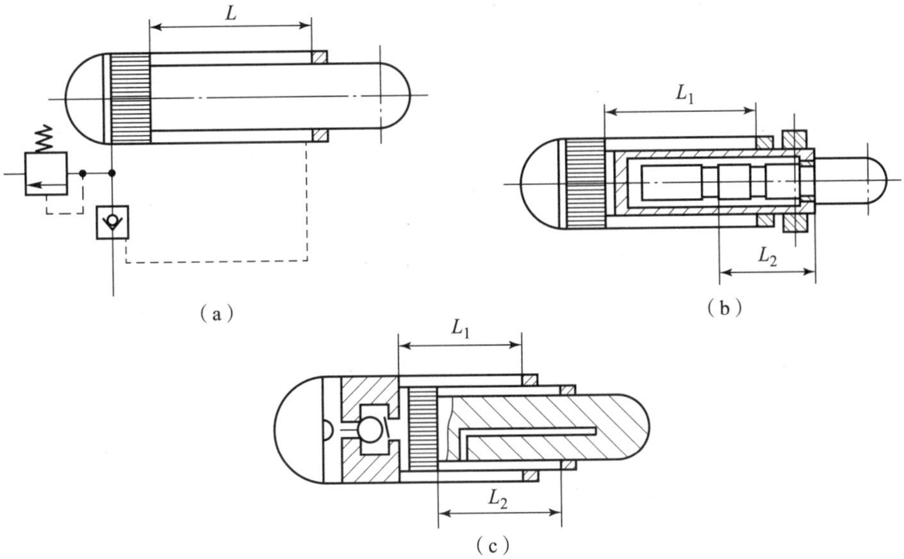

图 2－12 液压支架的立柱的结构形式

(a) 单伸缩双作用立柱；(b) 单伸缩机械加长杆立柱；(c) 双伸缩双作用立柱

(三) 双伸缩双作用立柱

双伸缩双作用立柱有两级液压行程，可以在井下随时调节，伸缩比可以达到3，但结构复杂、价格高。

六、千斤顶

千斤顶用于完成液压支架支承顶板以外的其他动作。根据作用不同，有推移千斤顶、前梁千斤顶、伸缩梁千斤顶、侧推千斤顶、调架千斤顶、防倒千斤顶、防滑千斤顶和护帮千斤顶等。

其工作原理和立柱相似，从外形来看，直径稍小些，长度短点儿；从受力情况看，千斤顶有的受拉，有的受压（立柱主要受压）。

七、推移装置

支架推移装置是实现支架自身前移和输送机前推的装置，一般由推移千斤顶、推杆或框架等导向传力杆件以及连接头等部件组成，其中推移千斤顶形式有普通式、差动式和浮动活塞式。

(一) 无框架式（直接式）

无框架式（直接式）推移装置采用普通式或差动式千斤顶，千斤顶的两端直接通过连接头、销轴分别与输送机和支架底座相连，如图 2－13 所示。支架移动时必须有专门的导向装置，而不能直接用千斤顶导向。这种推移装置可用于底座上有专门导向装置的插腿式等支架，目前应用较少。

1. 普通式

普通式推移千斤顶通常是外供液普通活塞式双作用油缸，应用较少。

2. 差动式

差动式推移千斤顶则利用交替单向阀或换向阀的油路系统，使其减小推输送机力，应用较多。

3. 浮动活塞式

浮动活塞式推移千斤顶的活塞可在活塞杆上滑动（保持密封），使活塞杆腔（上腔）供液时拉力与普通千斤顶相同，但在活塞腔（下腔）供液时，使压力的作用面积仅为活塞杆断面，从而减小了推输送机力。

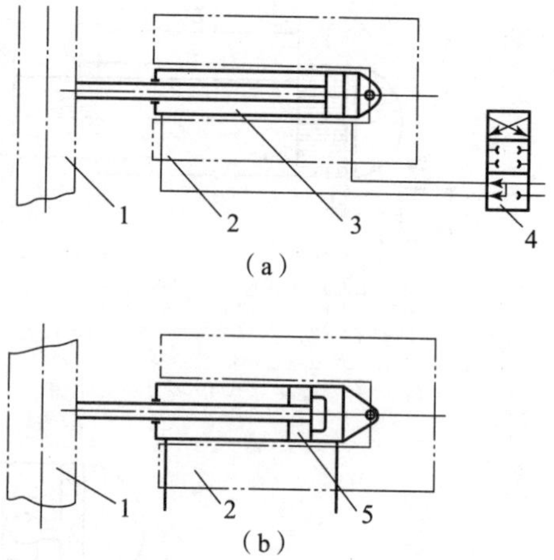

图 2－13　无框架式推移装置

（a）差动式；（b）浮动活塞式

1—输送机；2—支架；3—差动油缸；4—操纵阀；5—浮动活塞

（二）框架式

1. 长框架式如图 2－14 所示。

长框架式如图 2－14 所示，框架一端与输送机相连，另一端与推移千斤顶的活塞杆或缸体相连。推移千斤顶与支架相连，即用框架来改变千斤顶推拉力的作用方向，用千斤顶推力移支架，用拉力推输送机，使移架力大于推输送机的力。框架一般用高强度圆钢制成，作为支架底座的导向装置。由于框架长，框架的抗弯性能差，易变形，装卸不方便，不宜在短底座上采用，质量较大，成本较高。这种推移装置只需用普通千斤顶，推拉力合理，应用较广。

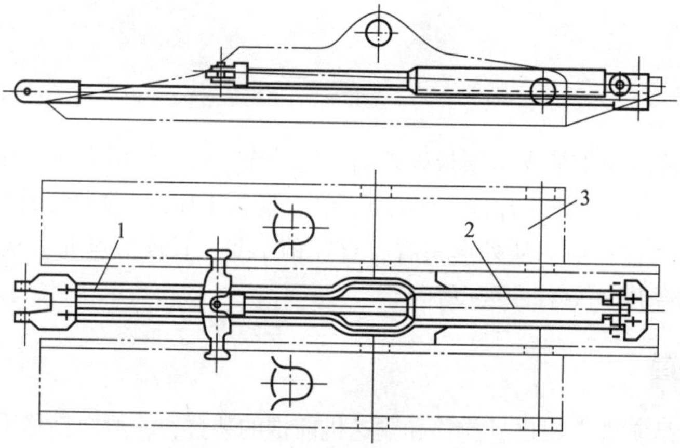

图 2－14　长框架式推移装置

1—传力框架；2—推移装置；3—支架底座

2. 短框架式

平面短框架式推移装置，其结构如图 2－15 所示。通过推杆，千斤顶分别与输送机、支架相连，千斤顶多采用浮动活塞式，以减小推输送机力。由于平面短推杆与千斤顶位于同一轴线，故受力较好，同时，用推杆作导向装置，抗弯强度高，导向性能好。这种推移装置推拉力合理，导向简单、可靠，应用广泛。

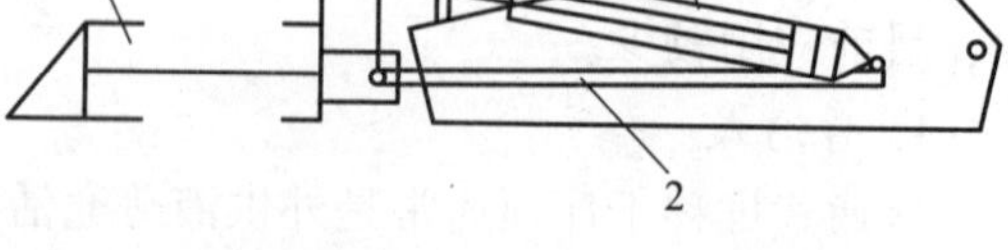

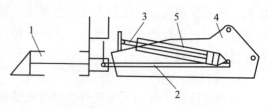

图 2－15　短框架式推移装置

1—输送机；2—框架；3—千斤顶活塞杆；4—支架底座；5—千斤顶缸体

八、活动侧护板

活动侧护板安装在掩护梁和顶梁侧面，其作用是：

(1) 加强掩护梁的顶梁之间的架间密封，防止矸石进入架内。

(2) 移架时起导向作用。

(3) 活动侧护板利用千斤顶能调整架间距。

活动侧护板的类型如图 2－16 所示。

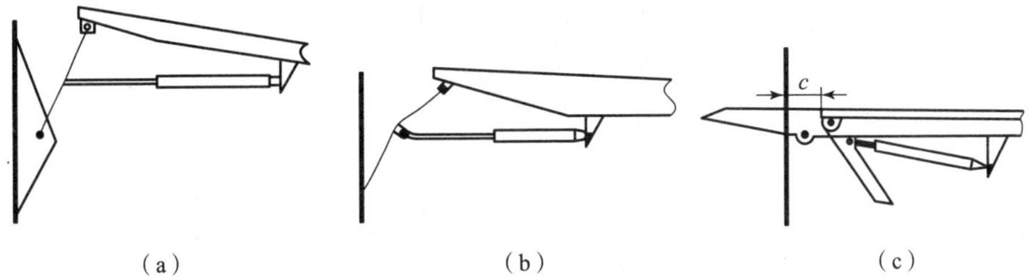

图 2－16　活动侧护板的类型

(a) 上伏式；(b) 嵌入式；(c) 下嵌式

九、护帮装置

《煤矿安全规程》规定，当采高超过 3 m 或者煤壁片帮严重时，液压支架必须设护帮板；当采高超过 4.5 m 时，必须采取防片帮伤人措施。

护帮装置设在顶梁前端，使用时将护帮板推出，支承在煤壁上，起到护帮作用，防止片帮现象发生。

护帮装置的形式如图 2－17 所示。

十、防倒、防滑装置

《煤矿安全规程》规定，工作面煤壁、刮板输送机和支架都必须保持直线，支架间的煤、矸必须清理干净。当倾角大于 15°时，液压支架必须采取防倒、防滑措施；当倾角大于 25°时，必须采取防止煤（矸）窜出刮板输送机伤人的措施。

其方法是利用装设在支架间的防滑千斤顶、防倒千斤顶的推力，来防止支架下滑或倾倒，并且可以进行架间调整。

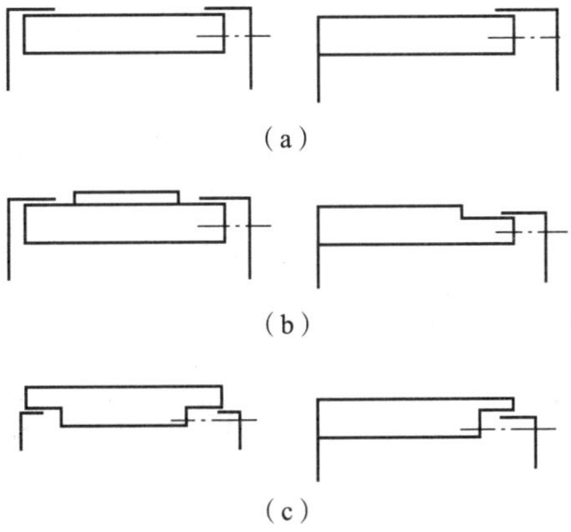

图 2－17　护帮装置的形式

(a)，(b) 下垂式；(c) 普通翻转式

几种防倒、防滑装置如图 2－18 所示。图 2－18 (a) 所示为在支架的底座旁设置一个与防滑撬板 3 相连的防滑调架千斤顶移架时，防滑调架千斤顶 4 伸出，推动橇板顶在邻架的导向板上，起导向防滑作用，而顶梁之间装有防倒千斤顶 2 防止支架倾倒。图 2－18 (b)

所示为两个防倒千斤顶 2 装在底座箱的上部，通过其动作达到防倒、防滑和调架的作用。图 2－18（c）所示为在相邻两支架的顶梁（或掩护梁）与底座之间装一个防倒千斤顶 2，通过链条或拉杆分别固定在各支架的顶梁和底座上，千斤顶 2 防倒、千斤顶 4 调架。

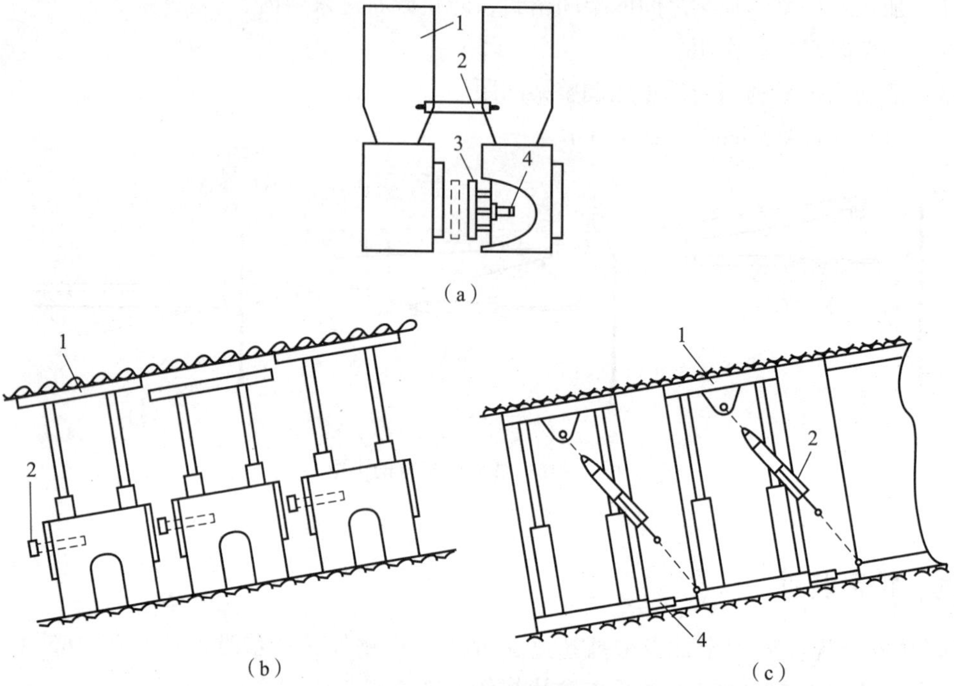

图 2－18　防倒防滑装置

1—顶梁；2—防倒千斤顶；3—防滑撬板；4—防滑调架千斤顶

十一、三阀

液控单向阀、安全阀和操纵阀统称“三阀”，其中液控单向阀和安全阀合在一起构成控制阀。

液控单向阀的主要作用是封锁住立柱下腔液体，使立柱能够承受压力。

安全阀的作用是保护立柱的安全，并且可令立柱具有稳定的工作阻力。

操纵阀的实质是手动换向阀，作用是用立柱或千斤顶换向，实现液压支架的各个动作。操纵阀目前也有遥控的。

第三节　中厚煤层液压支架

一、液压支架产品型号说明

液压支架产品型号的命名分三部分，如图 2－19 所示。

第一部分为产品类型及特征代号，用大写汉语拼音字母表示。

第二部分为液压支架主要参数代号，用阿拉伯数字表示。

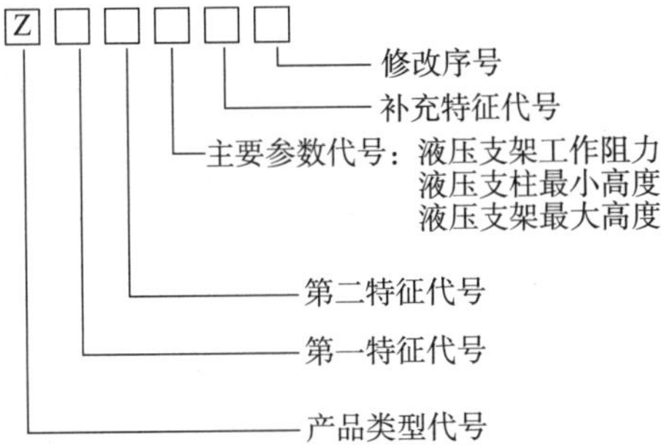

图 2-19　液压支架命名结构

第三部分为补充特征及修改序号代号，用阿拉伯数字与汉语拼音字母表示。

（1）产品类型代号——Z。

（2）第一特征代号，表示产品的支护功能、主要用途。

D—支承式支架；Z—支承掩护式支架；Y—掩护式支架；Q—大倾角；F—放顶煤；P—铺网；C—充填式；G—过渡；T—端头。

（3）第二特征代号，表示产品的结构特征和使用场所等。

液压支架型号中的特征代号及含义见表 2-1。

表 2-1　液压支架型号中的特征代号及含义

第一特征代号	第二特征代号	含义
Y	Y	支承掩护式
	省略	支承掩护式支架，平衡千斤顶设在顶梁和掩护梁之间
	Q	支承掩护式支架，平衡千斤顶设在底座和掩护梁之间
Z	省略	四柱支顶的支承掩护式支架
	Y	二柱支顶的支承掩护式支架
	X	立柱“X”布置支承掩护式支架
D	省略	垛式支架
	B	稳定机械为摆杆的支承式支架
	J	节式支架

注：其他特殊支架略，请参考 MT/T 154.5—1996《液压支架产品型号编制和管理办法》。

（4）主要参数代号依次表示液压支架的工作阻力、最小高度和最大高度，均用阿拉伯数字表示，参数之间用“/”符号隔开，工作阻力单位为 kN，高度单位为 dm（分米，1 dm = 10 cm = 100 mm），一般舍去小数。

（5）“补充特征代号”是“第二特征代号”的补充。

L—机械联网；C—插腿式或插板式。

（6）“修改序号”用带括号的大写英文字母依次表示，如第一次改型用（A）表示，第二次改型用（B）表示。

（7）所有汉语拼音字母一律采用大写字母，其中不得用“I”和“O”两个字母，以免与“1”和“0”相混淆。

（8）型号中字体大小相仿，不得采用角标。

（9）型号中不得用地区或单位名称作为“特征代号”。

例 1：支承掩护式支架。

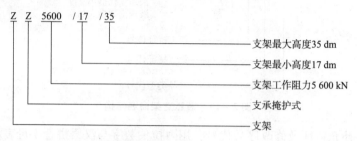

例 2：整体顶梁、电液控制的掩护式支架。

以常见的 ZZ5600/20/35LD（B）型液压支架为例，说明支架的常见结构。

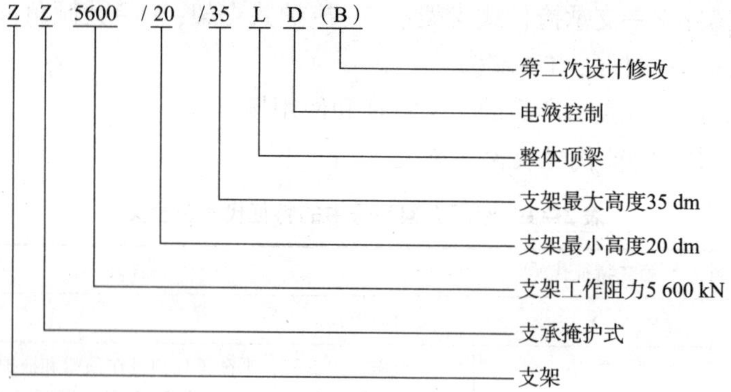

这是一种支承掩护式支架。

ZZ5200/17/35 的型号含义：

Z—液压支架；Z—支承掩护式；5200—工作阻力为 5 200 kN；

17—支架最小高度为 1 700 mm；35—支架最大高度为 3 500 mm。

二、支架的适用条件

（1）用于单一煤层开采工作面。

（2）适用工作面采高范围为 1.9 ~ 3.5 m。

（3）作用于每架支架上的顶板压力不能超过 5 200 kN。

三、支架的主要技术特征

（一）支架

型式：支承掩护式液压支架。

高度（最低/最高）：1 700 mm/3 500 mm。

宽度（最小/最大）：1 430 mm/1 600 mm。

中心距：1 500 mm。

初撑力（P = 31.5 MPa）：4 364 kN。

工作阻力（P = 37.55 MPa）：5 200 kN。

对底板比压（平均）：1.46～1.68 MPa。
支护强度：约0.75 MPa。
泵站压力：31.5 MPa。
操纵方式：手动操作。
支架质量：15 t。
运输尺寸（长×宽×高）：6 127 mm×1 430 mm×1 700 mm。

（二）立柱

型式：双伸缩。
缸径：210 mm/160 mm。
柱径：200 mm/130 mm。
工作阻力（P=37.55 MPa）：1 300 kN。
初撑力（P=31.5 MPa）：1 091 kN。
行程：1 802 mm。

（三）推移千斤顶

型式：普通。
缸径：160 mm。
杆径：105 mm。
推力/拉力：360 kN/633 kN。
行程：900 mm。

（四）前梁千斤顶

缸径：140 mm。
杆径：85 mm。
推力/拉力（P=31.5 MPa）：485 kN/306 kN。
工作阻力（P=37.55 MPa）：578 kN。
行程：180 mm。

（五）护帮千斤顶

缸径：100 mm。
杆径：70 mm。
推力/拉力（P=31.5 MPa）：247 kN/126 kN。
工作阻力（P=37.55 MPa）：295 kN。
行程：440 mm。

（六）侧推千斤顶

缸径：63 mm。
杆径：45 mm。
推力：98 kN。
收力：48 kN。
行程：170 mm。

四、支架组成及其作用

ZZ5200/17/35液压支架主要由金属结构件、液压元件两大部分组成，其总图如图2－20所示。

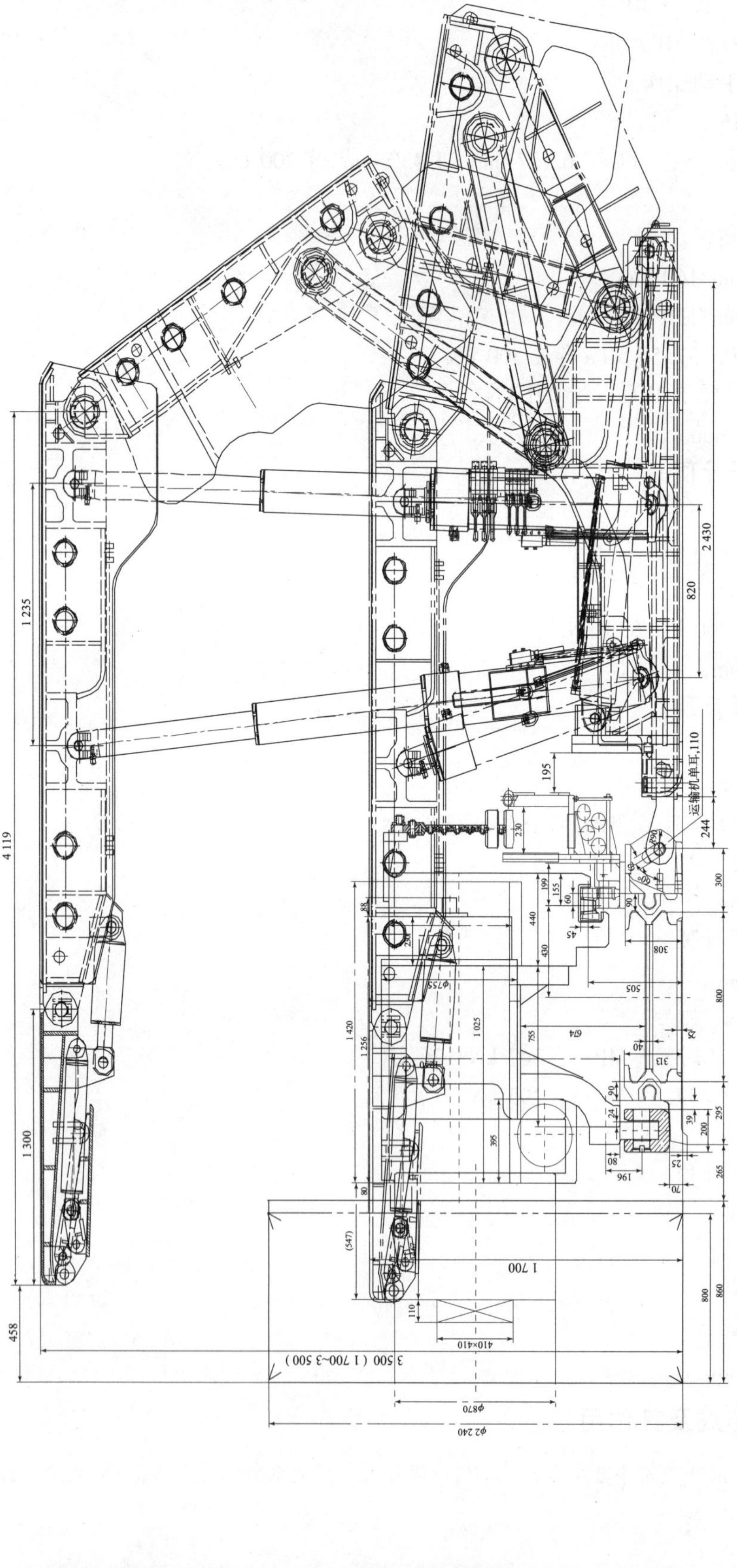

图 2-20　ZZ5200/17/35 支架总图

金属结构件有护帮板、前梁、顶梁、掩护梁、前后连杆、底座、推移杆以及侧护板等，如图 2－20 所示。

液压元件主要有立柱、各种千斤顶、液压控制元件（主控阀、单向阀、安全阀等）、液压辅助元件（胶管、弯头、三通等）以及随动喷雾降尘装置等。

五、支架的主要机构及其作用

（一）顶梁（图 2－21）

顶梁机构直接与顶板接触，支承顶板，是支架的主要承载部件之一，其主要作用包括：

（1）承接顶板岩石的载荷。

（2）反复支承顶板，可对比较坚硬的顶板起破碎作用。

（3）为回采工作面提供足够的安全空间。

顶梁的结构一般分为整体式和分体式（即顶梁前加前梁）。本支架顶梁为整体式结构。

ZZ5200/17/35 型支承掩护式液压支架顶梁采用钢板拼焊箱形变断面结构。四条主肋形成整个顶梁外形，顶梁相对较长，可提供足够的行人空间。顶梁上平面一侧低一个板厚，用于安装活动侧护板，控制顶梁活动侧护板的千斤顶和弹簧套筒均设在顶梁体内，并在顶梁上留有足够的安装空间。

（二）护帮板（图 2－22）、前梁（图 2－23）

护帮板起到及时支护顶板的作用，护帮板可翻转，对比较破碎的顶煤或岩石及时进行支护，对煤壁起到防止片帮的作用。

前梁是由钢板拼焊成的整体结构，在前梁千斤顶的推拉下，前梁可以上下摆动，对不平顶板的适应性强。

（三）掩护梁（图 2－24）

掩护梁上部与顶梁铰接，下部与前、后连杆相连，经前、后连杆与底座连为一个整体，是支架的主要连接和掩护部件，其主要作用包括：

（1）承受顶板给予的水平分力和侧向力，增强支架的抗扭性能。

（2）掩护梁与前、后连杆和底座形成四连杆机构，保证梁端距变化不大。

（3）阻挡后部落煤前窜，维护工作空间。

另外，由于掩护梁承受的弯矩和扭矩较大，工作状况恶劣，所以掩护梁必须具有足够的强度和刚度。

本支架的掩护梁为整体箱形变断面结构，用钢板拼焊而成，为保证掩护梁有足够的强度，在它与顶梁、前后连杆连接部位都焊有加强板，在相应的危险断面和危险焊缝处也都有加强板。

（四）底座（图 2－25）

底座是将顶板压力传递到底板并稳定支架的部件，除了满足一定的刚度和强度要求外，还要求对底板起伏不平的适应性要强、对底板接触比压要小，其主要作用包括：

（1）为立柱、控制系统、推移装置及其他辅助装置形成安装空间。

（2）为工作人员创造良好的工作环境。

（3）具有一定的排矸、挡矸作用。

（4）保证支架的稳定性。

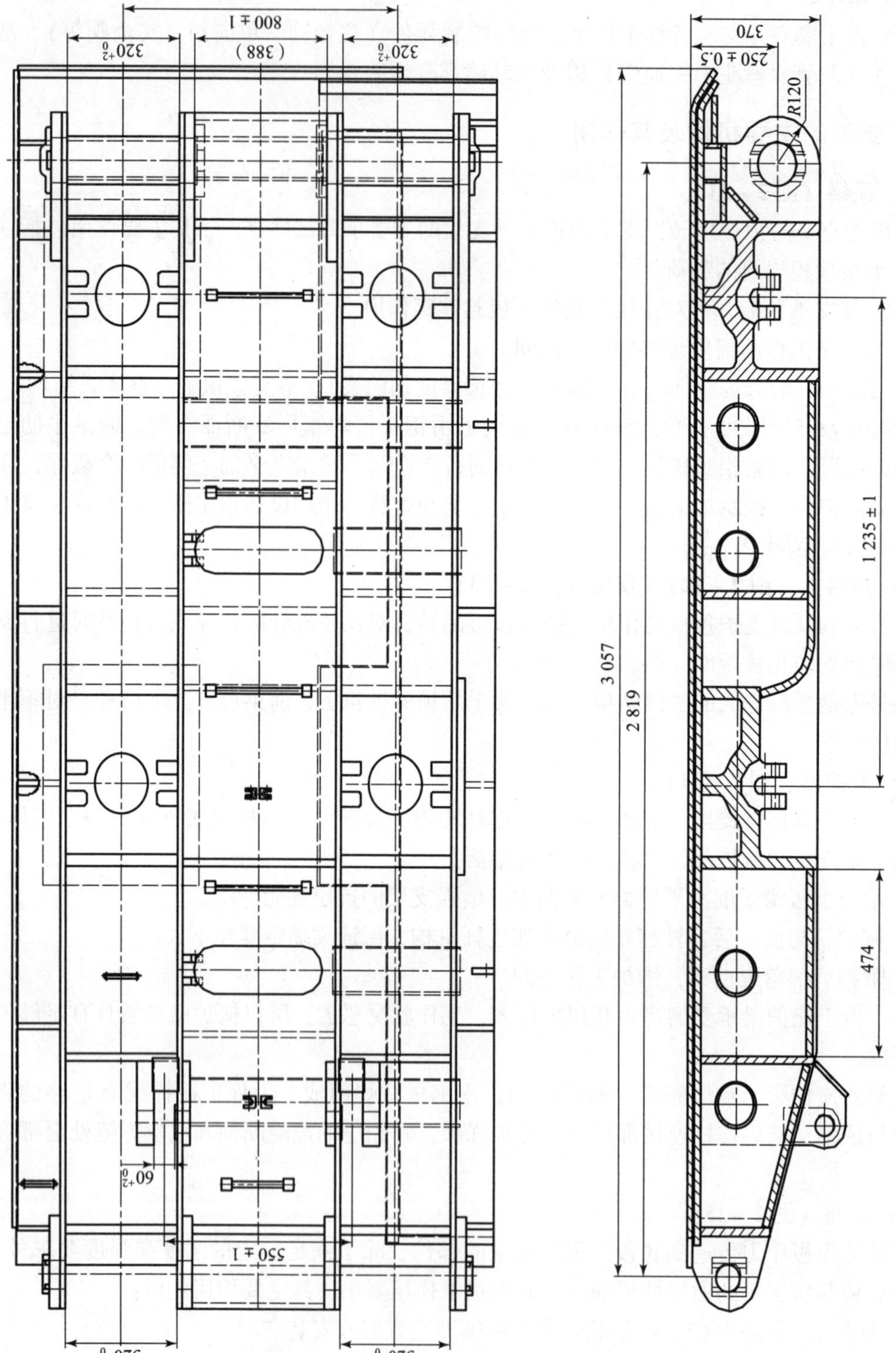

图 2-21　顶梁

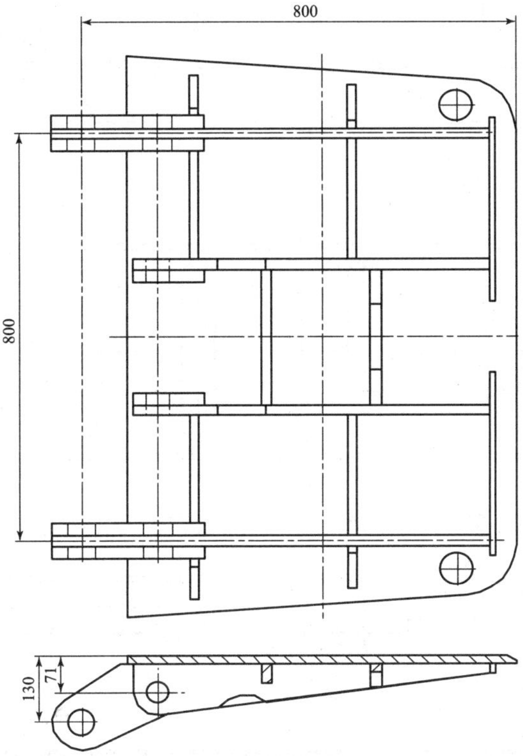

图 2-22　护帮板

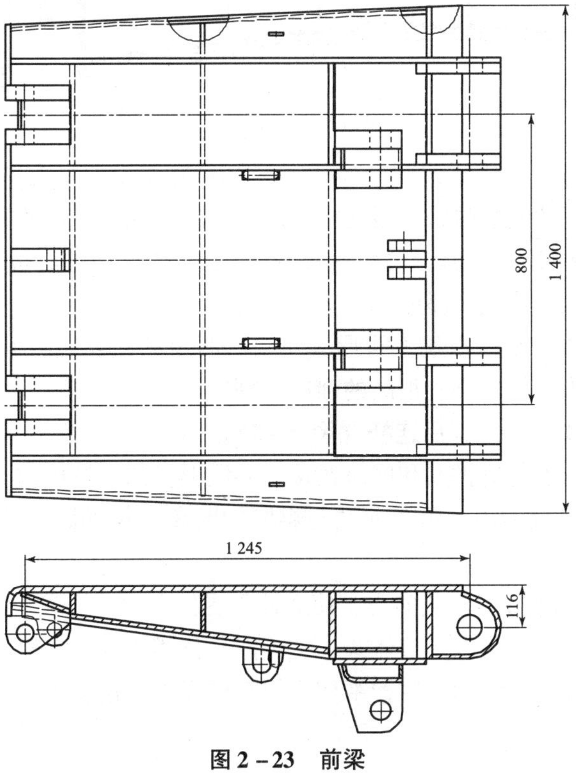

图 2-23　前梁

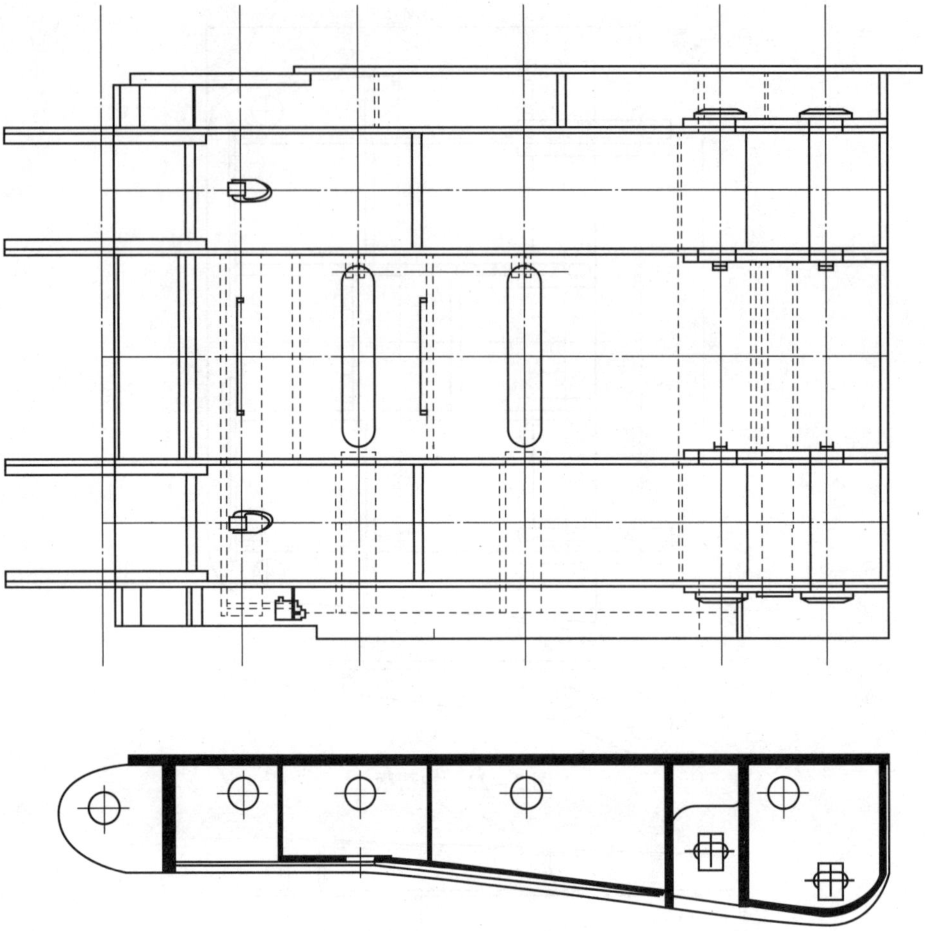

图 2－24 掩护梁

底座的结构形式可分为整体式和分体式，分体式底座由左、右两部分组成，排矸性能好，对底板起伏不平的适应性强，但与底板接触面积小。比压较小的整体式底座是用钢板焊接成的箱形结构，整体性强，稳定性好，强度高，不易变形，与底板接触面积大，比压小，但底座中部排矸性能较分体式底座差。

支架底座为整体式底座，四条主肋形成左、右两个立柱安装空间，中间通过前端大过桥、后部箱形结构连为一体，具有很高的强度和刚度。

（五）前连杆（图 2－26）、后连杆（图 2－27）

前、后连杆上下分别与掩护梁和底座铰接，共同形成四连杆机构，其主要作用包括：

（1）使支架在调高范围内，顶梁前端与煤壁的距离（梁端距）变化尽可能小，以更好地支护顶板。

（2）承受顶板的水平分力和侧向力，使立柱不受侧向力。

前、后连杆的结构形式可以是整体式，也可以是分体式。本支架前、后连杆均为分体式单连杆，为钢板焊接的箱形结构，这种结构不但有很强的抗拉、抗压性能，而且有很强的抗扭性能。

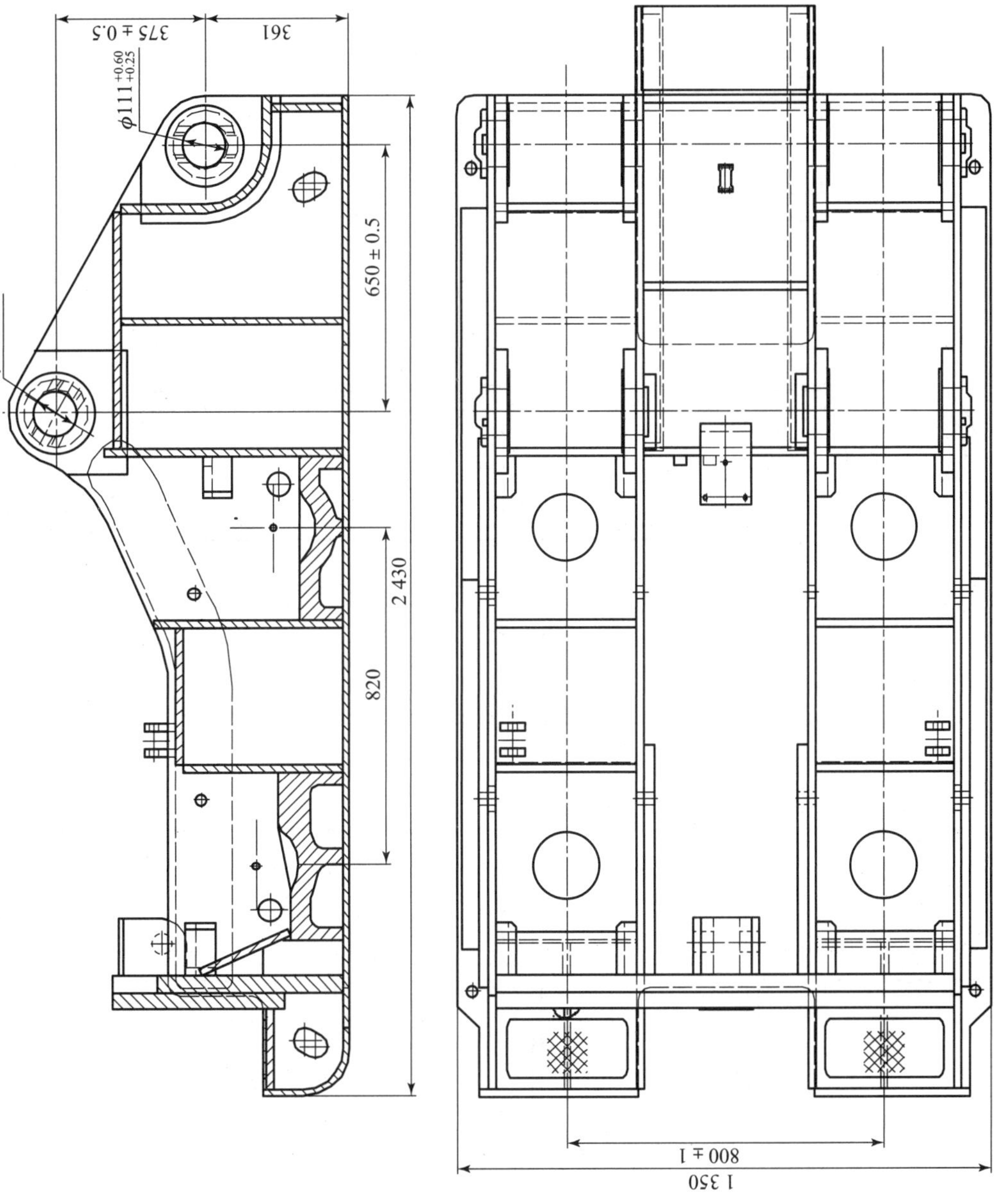

图 2－25　底座

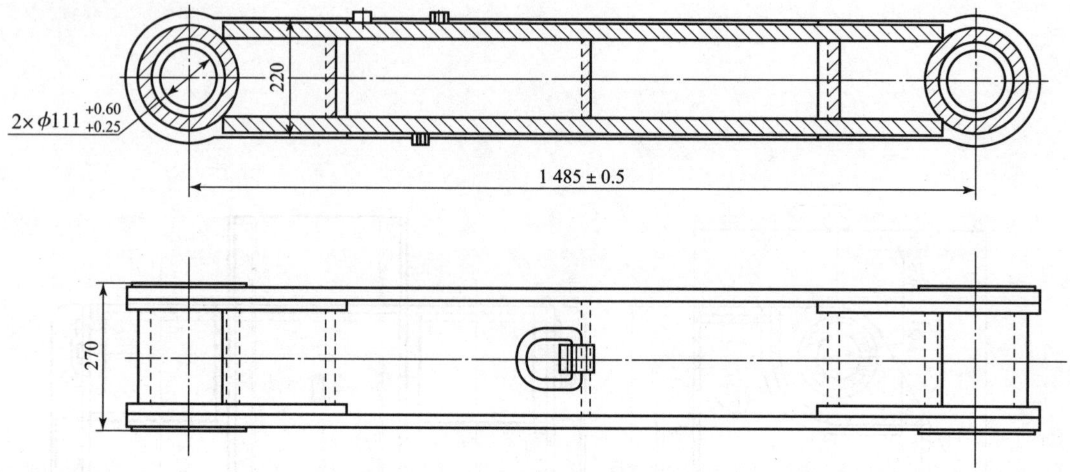

图 2－26　前连杆

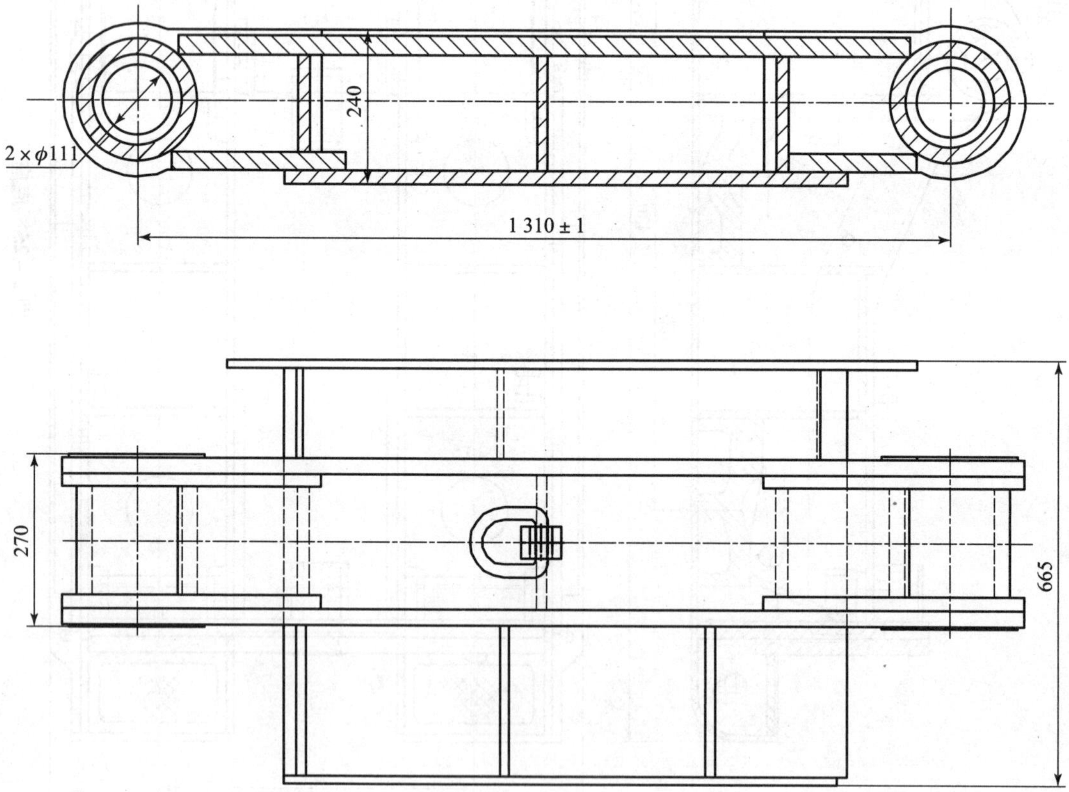

图 2－27　后连杆

（六）推移机构

支架的推移机构包括推移杆、连接头、推移千斤顶和销轴等，主要作用是推移运输机和拉架。

推移杆的一端通过连接头与运输机相连，另一端通过千斤顶与底座相连，推移杆除承受推拉力外，还承受侧向力，且在底座下滑时有一定的防滑作用。其结构如图 2－28 所示。

本支架由于采用整体箱形短推杆结构，故结构强度高，且对底板的适应性强。

（七）液压系统

本支架的液压系统原理如图 2－29 所示，其主要由乳化液泵站、主进液管、主回液管、各种液压元件、立柱及各种用途的千斤顶组成。采用快速接头和 U 形卡及 O 形密封圈连接，拆装方便，性能可靠。

支架性能的好坏和对工作面地质条件的适应性，在很大程度上取决于防护装置的设置。

在主进、回液三通到操纵阀之间，装有截止阀、过滤器、回油断路阀等，可根据需要接通或关闭某条液路，可以维修某一胶管及液压元件，过滤器能过滤主进液管来的高压液，防止脏物、杂质进入架内管路系统。

本支架液压系统所使用的乳化液是由乳化油与水配制而成的，乳化油的配比浓度为 5%，使用乳化液应注意以下几点：

（1）定期检查浓度，浓度过高会增加成本；浓度太低则可能造成液压元件腐蚀，影响液压元件的密封。

（2）防止污染，定期（两个月左右）清理乳化液箱。

（3）防冻：乳化液的凝固点为－3 ℃左右，与水一样也具有冻结膨胀性，乳化液受冻后，不但体积膨胀，稳定性也会受到影响。因此，乳化液在地面配制和运输时要注意防冻。

（八）侧护板

设置侧护板，提高了支架掩护和防矸性能，一般情况下，支架顶梁和掩护梁设有侧护板。

侧护板通常分为固定侧护板和活动侧护板两种，左右对称布置，一侧为固定侧护板，另一侧为活动侧护板。固定侧护板可以是永久性的，也可以是暂时性的（也称为双向可调活动侧护板）。暂时性固定侧护板可以在调换工作面方向时，改作活动侧护板，而此时另一侧的活动侧护板改为固定侧护板。

活动侧护板一般由弹簧套筒和千斤顶控制。侧护板的主要作用如下：

（1）阻挡矸石，即在降架过程中，由于弹簧套筒的作用，使活动侧护板与邻架固定侧护板始终相接触，能有效防矸。

（2）操作侧推千斤顶，用侧护板调架，对支架防倒有一定作用。

本支架顶梁和掩护梁设有单侧活动侧护板，顶梁和掩护梁活动侧护板分别由两个弹簧套筒和两个千斤顶控制。弹簧套筒是由导杆和弹簧组成的，侧护板是由钢板直角对焊的结构。

（九）立柱和千斤顶

1. 立柱（图 2－30）

立柱把顶梁和底座连接起来，承受顶板的载荷，是支架的主要承载部件，要求立柱有足够的强度，工作可靠，使用寿命长。

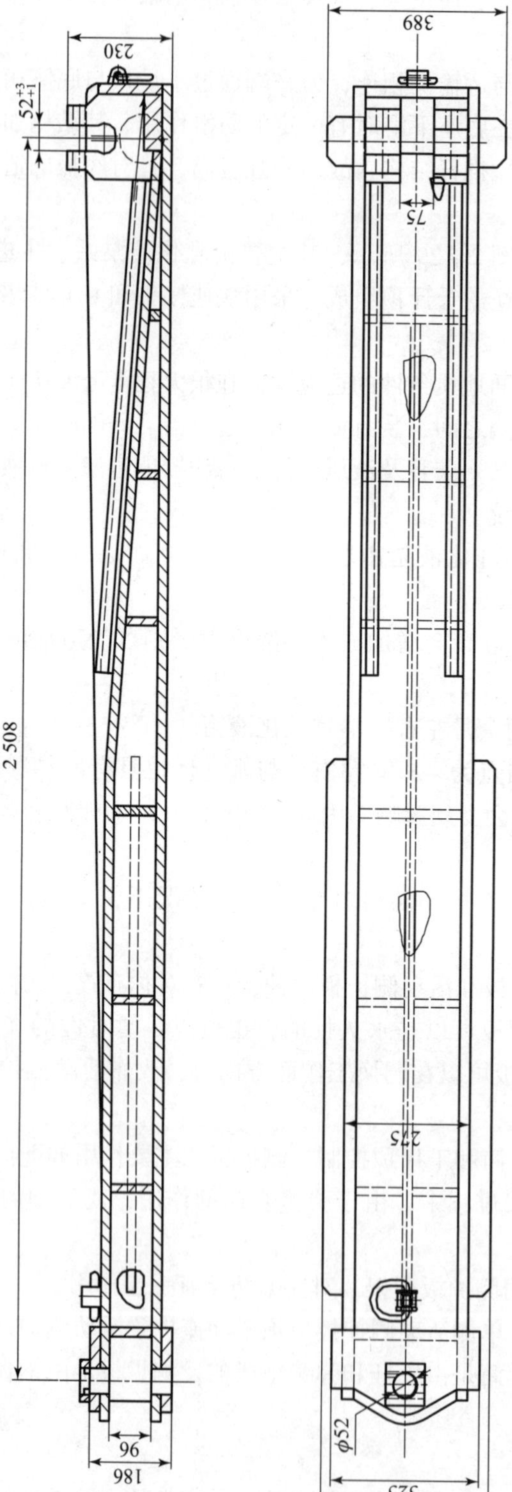

图 2-28　推杆

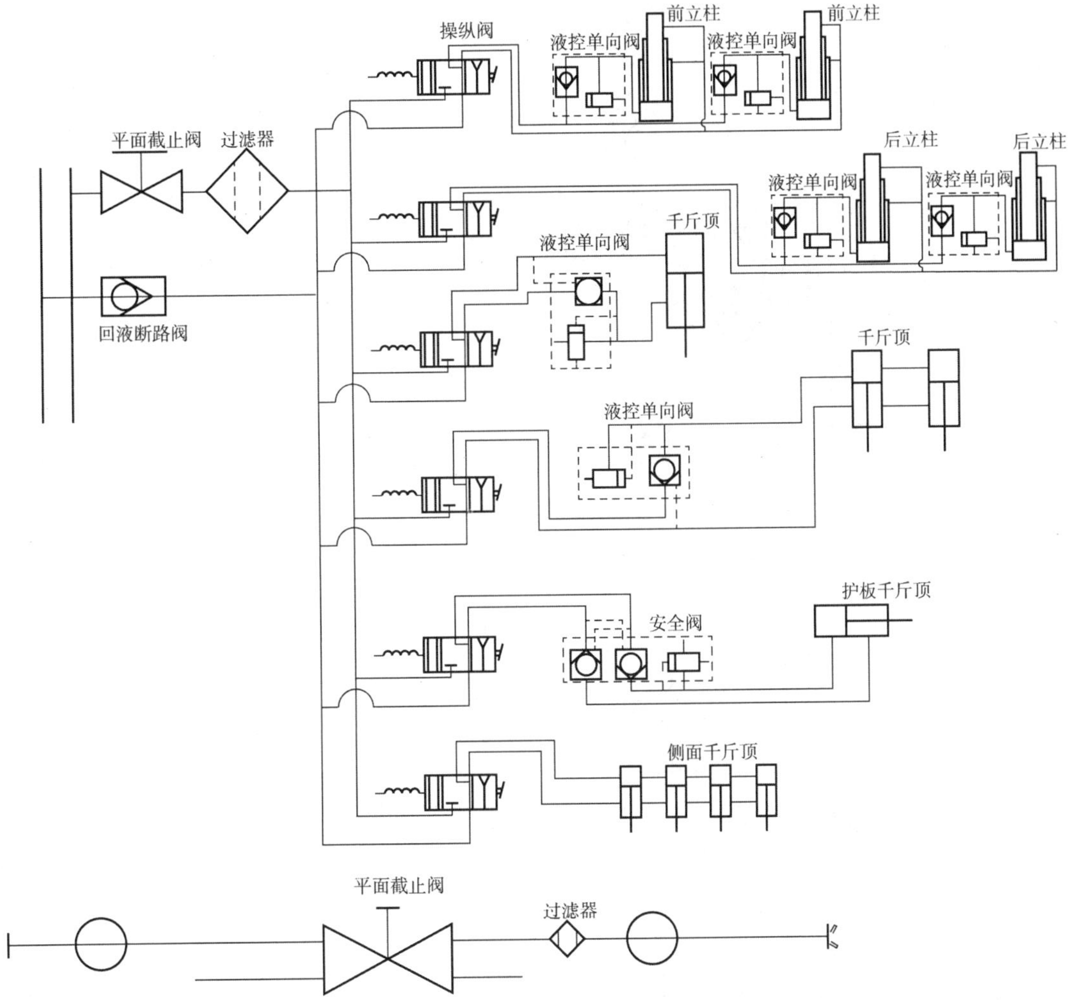

图 2－29　液压系统原理

立柱有两种结构形式，即双伸缩和单伸缩。双伸缩立柱调高范围大，使用方便，但其结构复杂，加工精度高，成本高，可靠性较差；单伸缩立柱成本低，可靠性高，但调高范围小。单伸缩机械加长段的立柱能起到双伸缩立柱的作用，不仅具有较大的调高范围，而且具有成本低、可靠性高等优点，但使用时不如双伸缩立柱方便。

本支架立柱为双伸缩立柱，是由缸体、活柱、导向套及各种密封件组成的。

立柱初撑力通常是指立柱大腔在泵站压力下的支承能力。初撑力的大小直接影响支架的支护性能，合理地选择支架的初撑力，可以减缓顶板的下沉，对顶板的管理有利。本支架的立柱缸径为 $\phi210/\phi160$，初撑力为 1 091 kN。

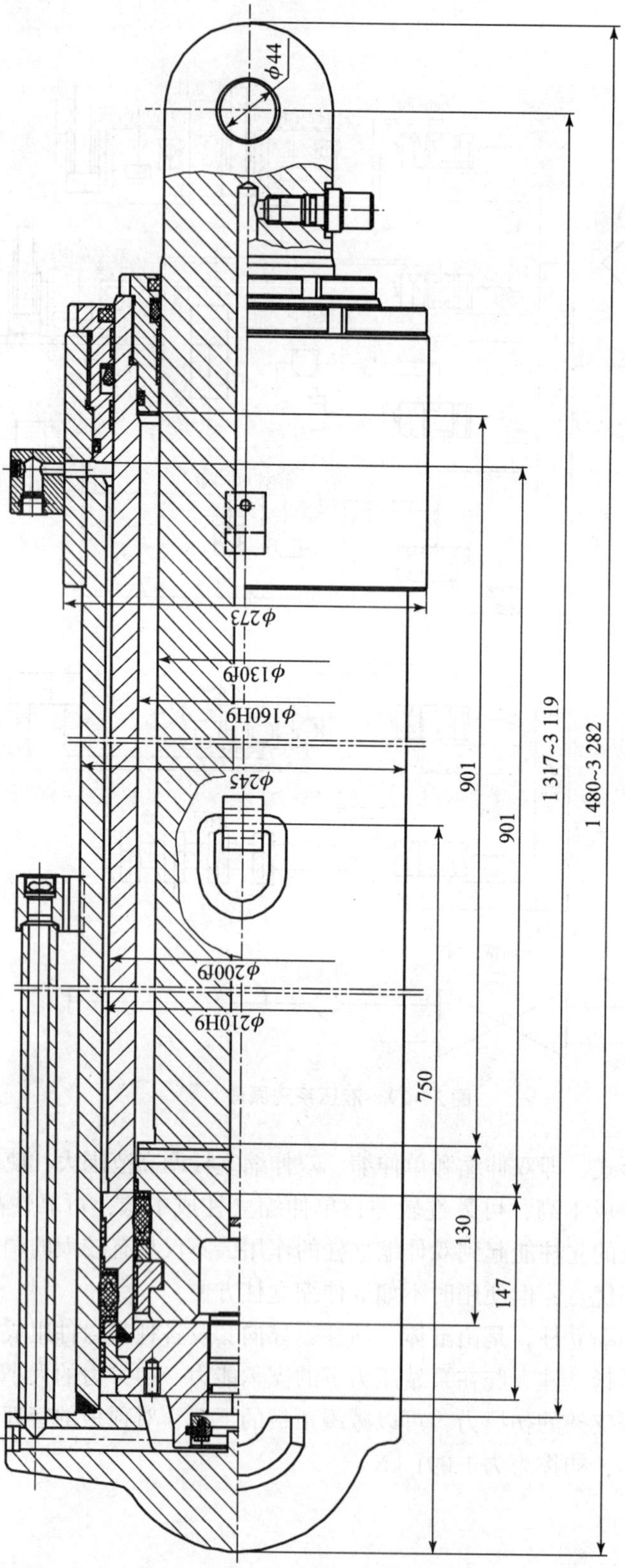
φ44
φ273
φ130f9
φ160H9
φ245
φ200f9
φ210H9
901
901
750
130
147
1 317~3 119
1 480~3 282

图 2－30　立柱

立柱的工作阻力，是指在外载荷作用下，立柱大缸下腔压力增加，当压力超过控制立柱的安全阀调定压力时，安全阀泄液，立柱开始卸载，此时立柱所能承受的力即工作阻力。立柱的工作阻力为 1 300 kN。

2. 各种用途的千斤顶

1）推移千斤顶（图 2－31）

位于底座中间的推移千斤顶的作用是推移输送机和拉移支架，根据所需要的拉力大于推力的特点，推移千斤顶倒装。

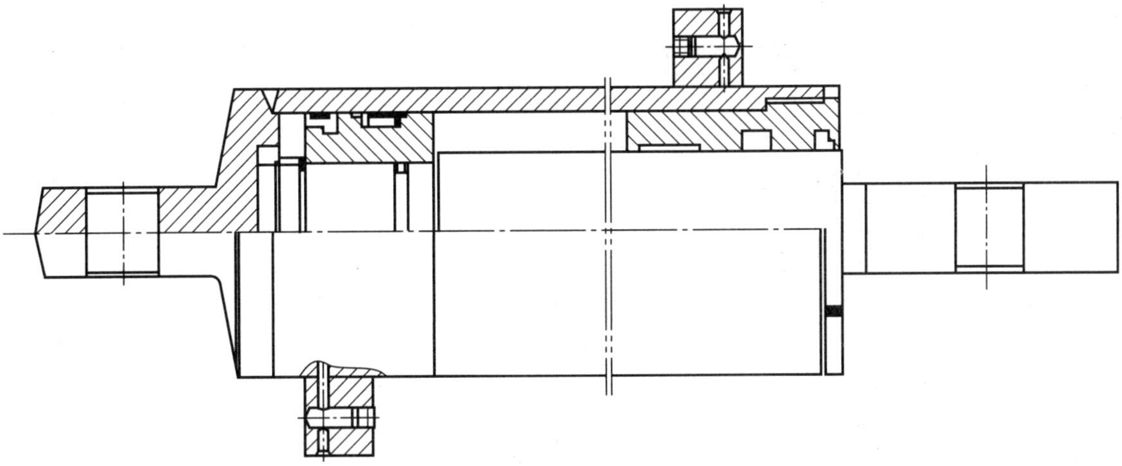

图 2－31 推移千斤顶

推移千斤顶由缸体、活塞、活塞杆、导向套和密封件等组成。

2）前梁千斤顶（图 2－32）

前梁千斤顶与顶梁铰接，使前梁可以上下摆动，适应不平的顶板。

伸缩梁千斤顶主要由缸体、活塞、活塞杆、导向套及各种密封件组成。

3）侧推千斤顶（图 2－33）

侧推千斤顶位于顶梁及掩护梁的内部，前端通过导向轴与侧护板相连，后端与顶梁或掩护梁相接。其主要作用是控制侧护板的伸出与收回。

侧推千斤顶主要由缸体、活塞、活塞杆、导向套及各种密封件组成。

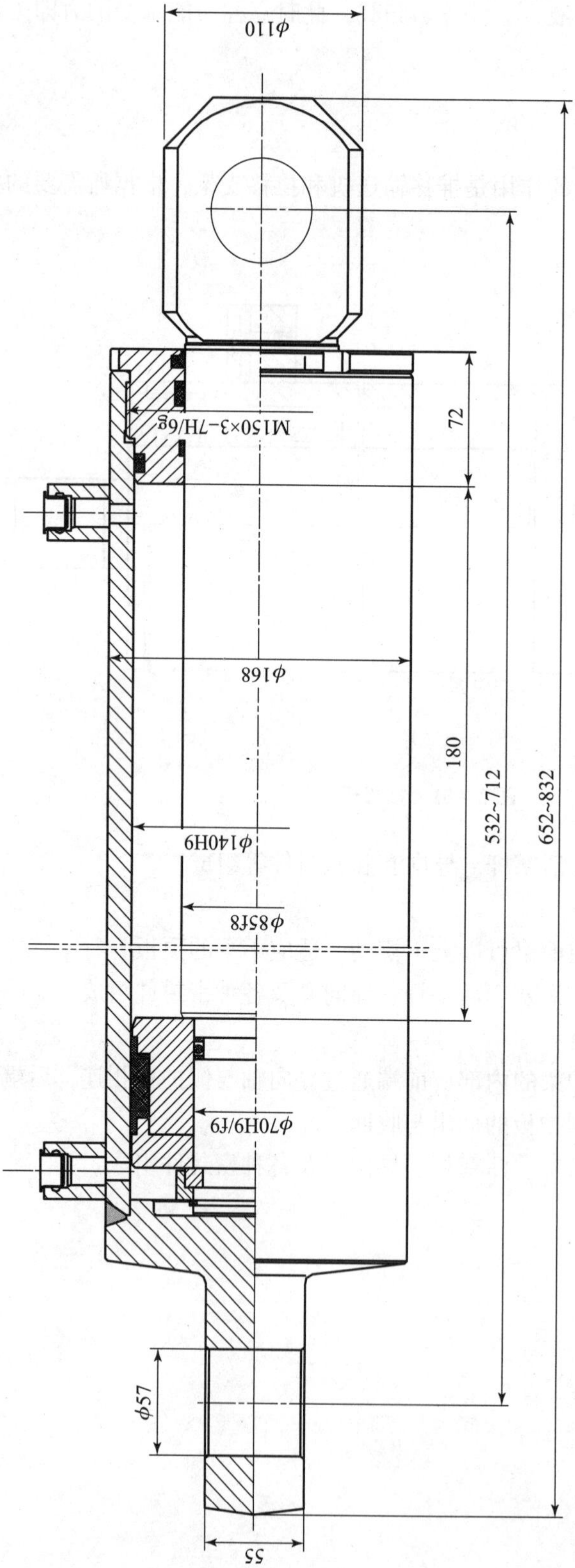
φ110
M150×3-7H/6g
72
φ168
180
532~712
652~832
φ140H9
φ85f8
φ70H9/f9
φ57
55

图 2-32　前梁千斤顶

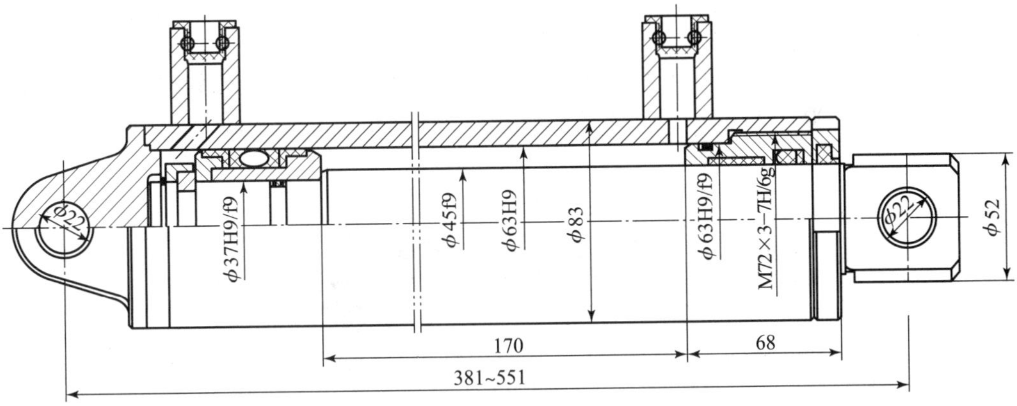

图 2－33　侧推千斤顶

第四节　厚煤层一次采全高液压支架

ZY12000/28/64D 型两柱掩护式大采高液压支架，是由山西平阳重工机械有限责任公司设计、制造的一款大采高电液控液压支架。该型支架具有结构简单、性能全面、可靠性高、安全适应性强等特点。图 2－34 所示为 ZY12000/28/64D 的外形。

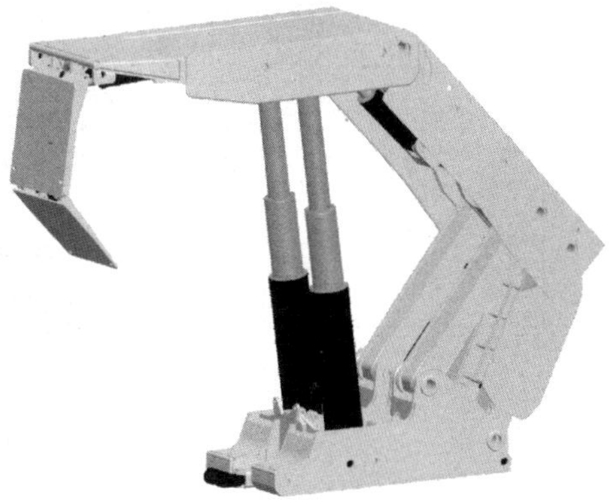

图 2－34　ZY12000/28/64D 的外形

执行的标准

（1）GB 25974. 1—2010《煤矿用液压支架　第 1 部分：通用技术条件》。

（2）GB 25974. 2—2010《煤矿用液压支架　第 2 部分：立柱和千斤顶技术条件》。

（3）GB 25974. 3—2010《煤矿用液压支架　第 3 部分：液压控制系统及阀》。

一、支架型号组成及含义

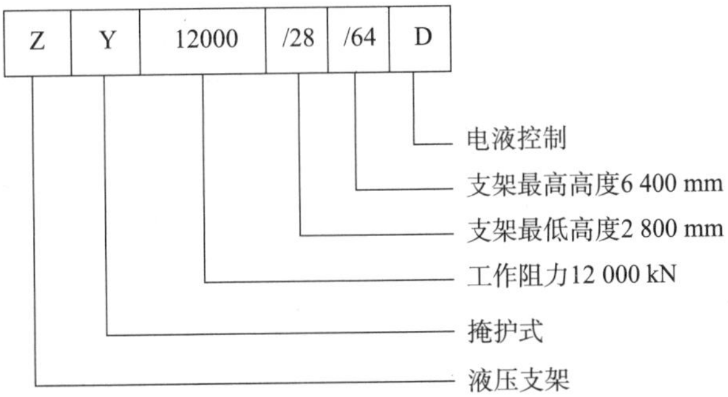

二、适用条件

该支架适用于采高 3. 0 ~6. 1 m，倾角小于 25°，顶板中等稳定，底板较为平整的中厚煤层或厚煤层。ZY12000/28/64D 型支架结构如图 2 –35 所示。

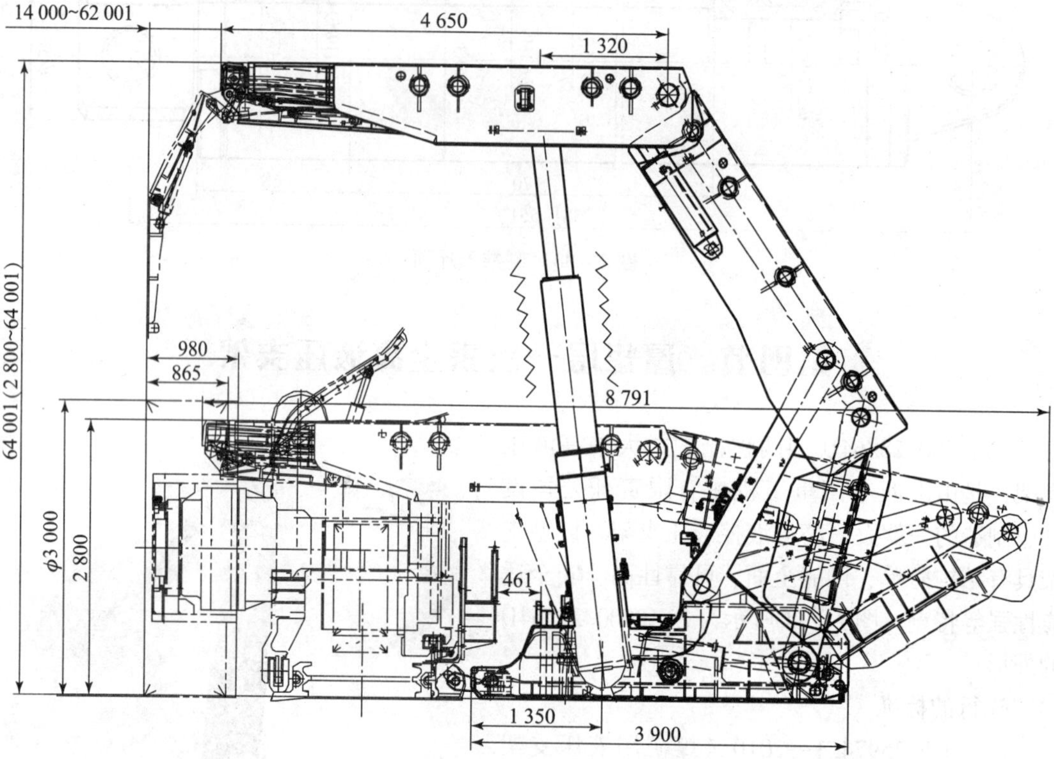

图 2 –35　ZY12000/28/64D 型支架结构

三、技术特征

型式：两柱掩护式。

高度（最低/最高）：2 800 mm/6 400 mm。

中心距：1 750 mm。

宽度（最小/最大）：1 680 mm/1 880 mm。

初撑力（P =31. 5 MPa）：10 390 kN。

工作阻力（P =38. 86 MPa）：12 000 kN。

支护强度：1. 27 ~1. 31 MPa。

底板比压：2. 13 ~4. 45 MPa。

采高：3. 0 ~6. 2 m。

立柱缸径：φ420 mm。

泵站压力：37. 5 MPa。

操纵方式：电液控制。

质量：45 650 kg。

四、支架的主要结构及作用

（一）顶梁

顶梁直接与顶板接触，是支架的主要承载部件之一，其主要作用包括：

（1）承接顶板岩石的载荷。

（2）反复支承顶板，可对比较坚硬的顶板起破碎作用。

（3）为回采工作面提供足够的安全空间。

本支架顶梁是整体式带双侧活动侧护板结构，如图 2－36 所示。

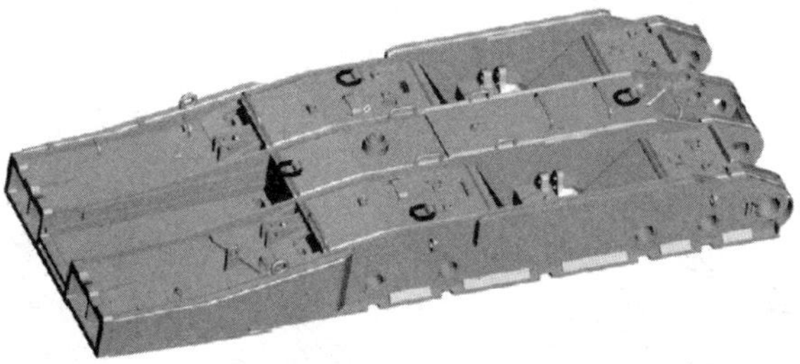

图 2－36　顶梁外形

顶梁直接与顶板接触，是支承维护顶板的主要箱形结构件，其将来自顶板的压力直接传递给支架的立柱。

顶梁采用钢板拼焊箱形变断面结构，四条主肋形成了整个顶梁的主体，可提供足够行人空间。顶梁两侧均安装有活动侧护板，使用时一侧用销轴固定，一侧活动，可根据工作面方向调整活动侧，适用于左右工作面。控制顶梁活动侧护板的千斤顶和弹簧套筒均设在机梁体内，并在顶梁上留有足够的安装空间。

顶梁下面与两根立柱铰接，把立柱支承力传输到顶板。顶梁通过固定销轴与掩护梁铰接，并通过平衡千斤顶保持铰接点的平衡。

（二）掩护梁

掩护梁上部与顶梁铰接，下部与前、后连杆相连，经前、后连杆与底座连为一个整体，是支架的主要连接和掩护部件，如图 2－37 所示。其主要作用包括：

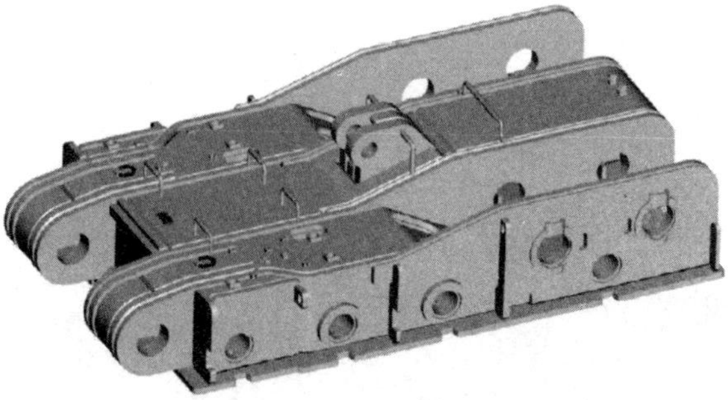

图 2－37　掩护梁外形

（1）承受顶板给予的水平分力和侧向力，保证支架的抗扭性能。

（2）掩护梁与前、后连杆及底座形成四连杆机构，实现支架的运动趋势。

(3) 阻挡后部落煤前窜，维护工作空间。

另外，由于掩护梁承受的弯矩和扭矩较大，工作状况恶劣，所以掩护梁必须具有足够的强度和刚度。

本支架掩护梁为整体箱形变断面结构，用钢板拼焊而成，为保证掩护梁有足够的强度，在它与顶梁及前、后连杆连接部位都焊有加强板，在相应的危险断面和危险焊缝处也都有加强板。掩护梁两侧同样均安装有活动侧护板，控制方式及结构与顶梁相同。

(三) 前、后连杆

前、后连杆上下分别与掩护梁和底座铰接，共同形成四连杆机构，如图 3－38 所示。其主要作用包括：

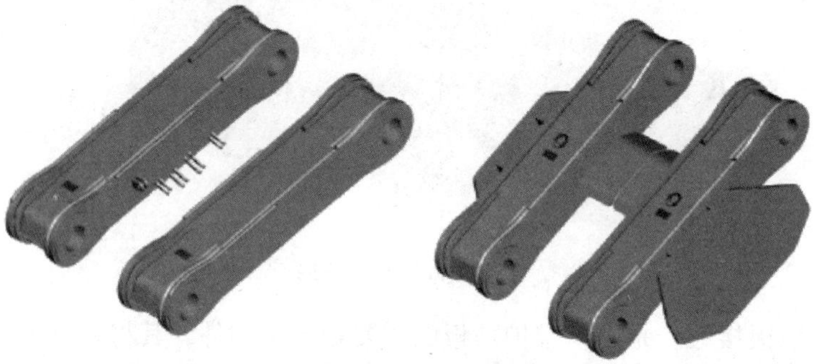

图 2－38 前、后连杆

(1) 使支架在调高范围内，顶梁前端与煤壁的距离（梁端距）变化尽可能小，更好地支护顶板。

(2) 承受顶板的水平分力和侧向力，使立柱不受侧向力。

前、后连杆的结构形式可以是整体式，也可以是分体式。本支架前、后连杆均为分体式双连杆，为钢板焊接的箱形结构。这种结构不但有很强的抗拉抗压性能，而且有很强的适应性能。

(四) 底座

底座是将顶板压力传递到底板并稳定支架的部件，除了满足一定的刚度和强度外，还要求对底板起伏不平的适应性要强，对底板接触比压要小，其外形如图 2－39 所示。其主要作用包括：

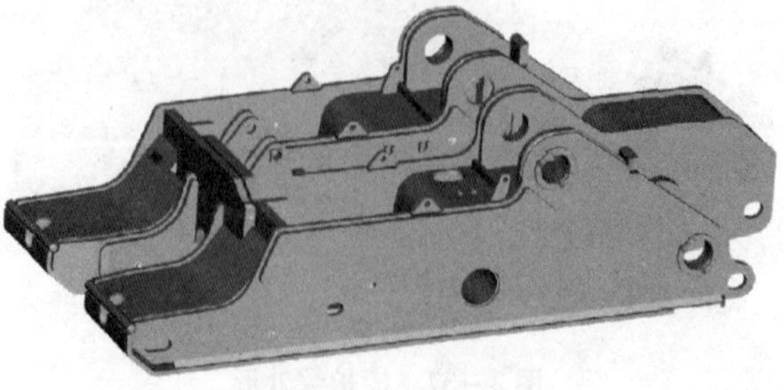

图 2－39 底座外形

(1) 为立柱、控制系统、推移装置及其他辅助装置形成安装空间。

（2）为工作人员创造良好的工作环境。

（3）具有一定的排矸、挡矸作用。

（4）保证支架的稳定性。

底座的结构形式可分为整体式和分体式，分体式底座由左、右两部分组成，排矸性能好，对底板起伏不平的适应性强，但与底板接触面积小；整体式底座整体性强，稳定性好，强度高，不易变形，与底板接触面积大，比压小，但底座中部排矸性能较差。

本支架底座为分体式底座，四条主肋形成左、右两个立柱安装空间，中间通过前端过桥、后部箱形结构把左、右两部分连为一体，具有较强的强度和刚度。

（五）支架辅助装置及其作用

支架性能的好坏和对工作面地质条件的适应性，在很大程度上取决于支架的推移装置、抬底装置以及防护装置的设置和完善程度。

1. 推移装置

推移装置一般包括推杆、连接头、推移千斤顶和销轴等，主要作用是推移输送机和拉移支架，如图 2－40 所示。

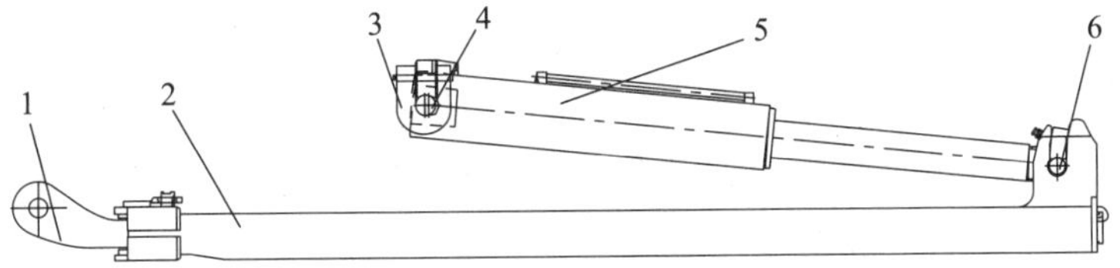

图 2－40　推移装置

1—连接头；2—推杆；3—底座固定耳座；4—固定销轴；5—推移千斤顶；6—销轴

推杆的一端通过连接头与输送机相连，另一端通过千斤顶与底座相连，推杆除承受推、拉力外，还承受侧向力，底座下滑时有一定的防滑作用。推杆采用等断面的箱形钢板焊接结构。

本支架推移装置布置在底座框架中央，采用倒装推移千斤顶长推杆结构，可保证有足够的拉架力。

2. 侧护装置

如图 2－41 所示，侧护装置主要由侧护板、侧推千斤顶、导杆、弹簧及连接销轴等组成。

设置侧护装置，可以提高支架掩护和防矸性能，一般情况下，支架顶梁和掩护梁均设有侧护装置。

侧护装置通常分为单侧活动和双侧活动侧护板两种，单侧活动结构通常用于近水平工作面（或倾角在 10°以下）支架，结构简单，支架质量小。双侧活动结构复杂，支架质量大，对工作面倾角适应性较好，通常用于倾角 10°以上的工作面，可根据工作面倾角方向调整一侧活动、一侧固定。

侧护板结构如图 3－32 所示，本支架顶梁和掩护梁均设双侧活动侧护板，使用时一侧固定、一侧活动。

本套支架首采面为右工作面，支架出厂时，侧护板左侧采用销轴固定，右侧活动。

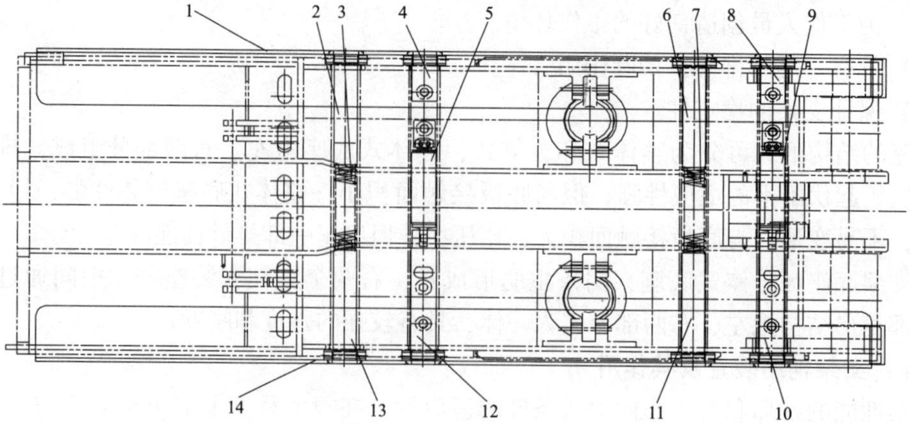

图 2-41　侧护板结构

1—顶梁左侧护板；2，6，11，13—弹簧导杆；3，7—弹簧；4，8—固定导杆；5，9—侧推千斤顶；10，12—侧推导杆；14—顶梁右侧护板

注意：

试运转前，拆除活动侧护板的运输固定元件。

在降架移架时，相邻两支架间侧护板高度方向搭接量应不小于 200 ~ 300 mm，支架前移时顶梁不能在邻架侧护板下，以防止损坏邻架侧护板。

移架后升架时，应及时调直支架（顶梁和底座与相邻支架的顶梁和底座平行），防止支架进入邻架顶梁下，而损坏邻架侧护板。

3. 护帮装置

护帮装置是提高液压支架适应性的一种常用装置，其主要作用如下：

（1）护帮，即通过挑梁（护帮板）贴紧煤壁，向煤壁施加一个作用力，防止片帮。

（2）作临时支护，在支架能及时支护的情况下，采煤机过后挑起护帮可实现超前支护。当煤壁出现片帮时，护帮可伸入煤壁线以内，临时维护顶板，避免引发冒顶。在支架滞后支护的情况下，利用护帮可实现及时支护。

护帮装置主要有两种类型：一类为简单铰接式结构，由护帮板、护帮千斤顶及铰接销轴组成，结构简单，但挑起力矩小，且当顶梁或前梁带伸缩梁时厚度较大，难以实现挑起；另一类为四连杆式结构，一般由护帮板、护帮千斤顶、长杆、短杆及连接销轴组成。这种护帮装置结构复杂，挑起力矩大，应用较多。

大采高支架多采用四连杆式二级或三级护帮装置，如图 2-42 所示，本支架护帮装置采用四连杆式二级护帮结构，护壁长度达到 3 000 mm。一级护帮板铰接在伸缩梁的前部，采用两个 ϕ125 mm 缸径的护帮千斤顶控制，可向上翻转 3°；二级护帮铰接在一级护帮前部，采用两个 ϕ100 mm 缸径千斤顶控制，可向上翻转，与一级护帮挑平，收回时与一级护帮成 90°。一级护帮与二级护帮之间采用联动控制，支护煤壁或收回护帮时，通过控制一级护帮千斤顶即可完成。

注意：

（1）在采煤机到来之前一定要收回护帮板，使采煤机顺利通过，防止滚筒割顶梁护帮。

（2）采高低于 4.5 m，护帮板收回时，应同时控制一、二级护帮往回收，防止二级护帮板磕碰输送机电缆槽。

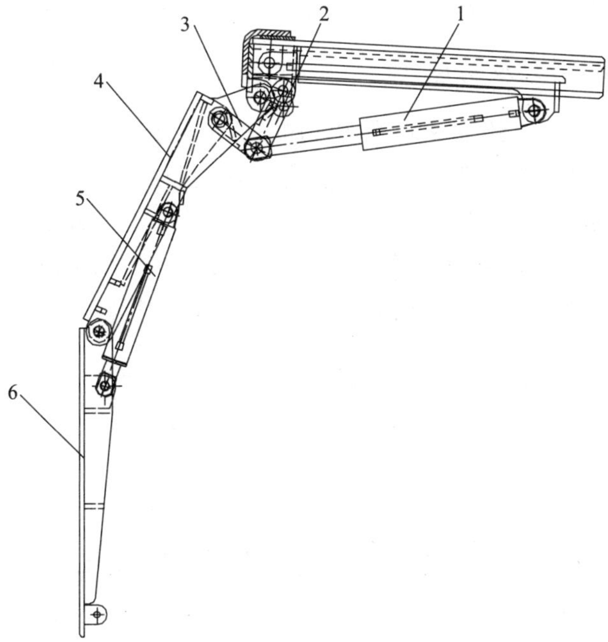

图 2－42　护帮装置

1—一级护帮千斤顶；2—长杆；3—短杆；4—一级护帮板；5—二级护帮千斤顶；6—二级护帮板

（3）支架前移时，应收回护帮。

4. 伸缩装置

伸缩装置是提高支架防护性能的常用装置，主要用于破碎顶板的及时维护。

如图 2－43 所示，伸缩装置主要由伸缩梁、伸缩千斤顶及连接销轴组成。

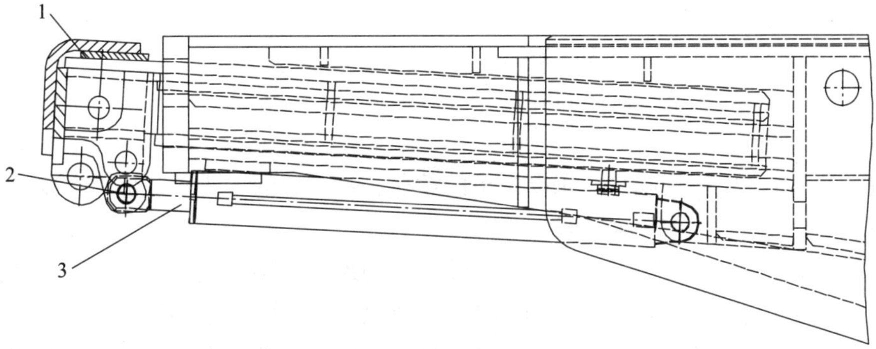

图 2－43　伸缩装置

1—伸缩梁；2—连接销轴；3—伸缩千斤顶

本支架伸缩梁采用五插箱式焊接结构，伸缩行程达 900 mm，当采煤机滚筒过后伸缩梁伸出，及时支护顶板，以提高支架对顶板的维护性能。

煤壁片帮严重时，在采煤机通过未进行推溜的情况下，将伸缩梁伸出，使护帮板提前护帮，防止片帮。

注意：

（1）采煤机滚筒过来前应超前 3 架收回伸缩梁，防止采煤机割伸缩梁。

（2）支架移架前必须收回伸缩梁，严禁伸缩梁在伸出状态下移架。

五、液压系统的组成及特点

液压支架的各项动力、动作的来源与实现均由液压系统来完成。

液压支架的液压系统主要由泵站、主进回液管路、进回液三通、截止阀、过滤器、操纵阀组（或电液阀组）以及阀组到各执行元件的管路、执行元件等组成。

操纵阀组（或电液阀组）是支架的主要控制元件，是由相同型号、流量，或者不同型号、不同流量的阀片通过配液板连接而成的。操纵阀位于中位时，各执行机构管路与回液系统相通。

（一）液压执行元件主要参数、结构及功能

1. 立柱

立柱的外形如图 2－44 所示。

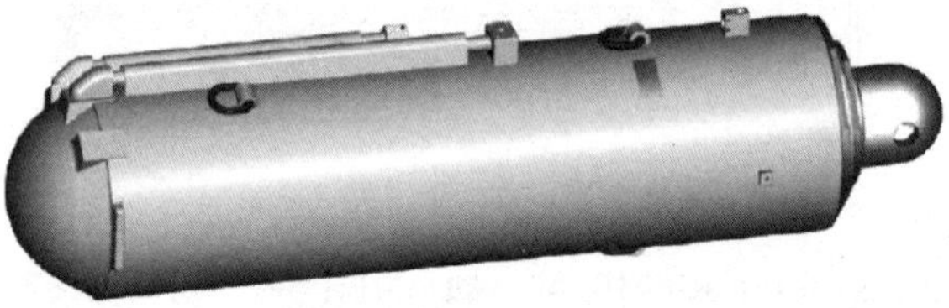

图 2－44　立柱的外形

1）主要参数

型式：双伸缩。

缸径：420 mm/310 mm。

柱径：400 mm/280 mm。

初撑力（$P=31.5$ MPa）：4 364 kN。

工作阻力（$P=43.3$ MPa）：6 000 kN。

2）结构及功能

立柱把顶梁和底座连接起来，承受顶板的载荷，是支架的主要承载部件，要求立柱有足够的强度，且工作可靠、使用寿命长。

立柱有两种结构型式，即双伸缩和单伸缩。双伸缩立柱调高范围大，使用方便，但其结构复杂，加工精度高，成本高，可靠性较差；单伸缩立柱成本低，可靠性高，但调高范围小。单伸缩机械加长段的立柱能起到双伸缩立柱的作用，不仅具有较大的调高范围，而且具有成本低、可靠性高等优点，但使用时不如双伸缩立柱方便。

立柱的结构和性能，依据架型、支承力大小和支承高度而定。本支架立柱为双伸缩立柱，是由大缸体、中缸体、活柱、导向套及各种密封件组成的。

注意：

（1）危险的超压会引起压力流体突然溢流而导致液压管路容易爆裂，缸体有严重损坏的风险。禁止关闭立柱的上腔，这样会导致上腔有成倍的额定压力增加，引起缸体爆裂的危险。

（2）支架在升架支承顶板时，在顶梁接顶后应延长一段时间，再将立柱操纵阀手柄放

回中间位置，确保支架立柱达到预定的初撑力。

(3) 工作面最小采高应确保支架立柱有足够的剩余行程（≥300 ~ 500 mm），以便于降架，防止顶板突然来压，支架出现压死损坏现象。

(4) 采用擦顶移架时，降架高度在 100 ~ 200 mm 之间即可。

2. 推移千斤顶

1）主要参数

型式：普通双作用带位移传感器（1 根）。

缸径：200 mm。

杆径：140 mm。

推力/拉力：504 kN/989 kN。

行程：960 mm。

2）结构及功能

推移千斤顶外形如图 2－45 所示，安装于底座中部，作用是推移输送机和拉移支架。

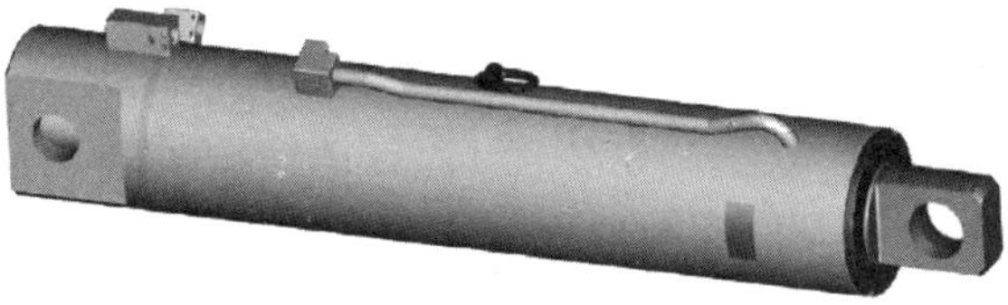

图 2－45　推移千斤顶外形

本支架采用倒装推移千斤顶，长推杆结构，拉架力大于推溜力。推移千斤顶由缸体、活塞、活塞杆、导向套及密封件等组成。移架时，支架应尽快前移，以防止顶板冒顶。

3. 平衡千斤顶

1）主要参数

型式：普通双作用（1 根）。

缸径：250 mm。

杆径：160 mm。

额定推力（P =43.3 MPa）：2 125 kN。

额定拉力（P =43.3 MPa）：1 255 kN。

2）结构及功能

平衡千斤顶的外形如图 2－46 所示。两柱掩护式支架平衡千斤顶在支架承载时通过承受拉压力的变化起到调节支架合力作用位置、改善顶板控制效果的作用。当顶板比较完整，顶梁后部压力较大，需较大承载及切顶能力时，平衡千斤顶承受拉力，并将支架合力作用位置后移，增大支架后部承载及切顶能力。当顶板较破碎，顶梁前部压力较大，需较大承载能力时，平衡千斤顶承受压力，并将支架合力作用位置前移，增大支架前部的承载能力。平衡千斤顶承载能力越大，合力作用位置调节能力越大。

本支架采用 ϕ250 mm 缸径的平衡千斤顶，上下腔工作阻力（拉力/推力）达到 1 255 kN/2 125 kN。平衡千斤顶由缸体、活塞、活塞杆、导向套及密封件等组成。

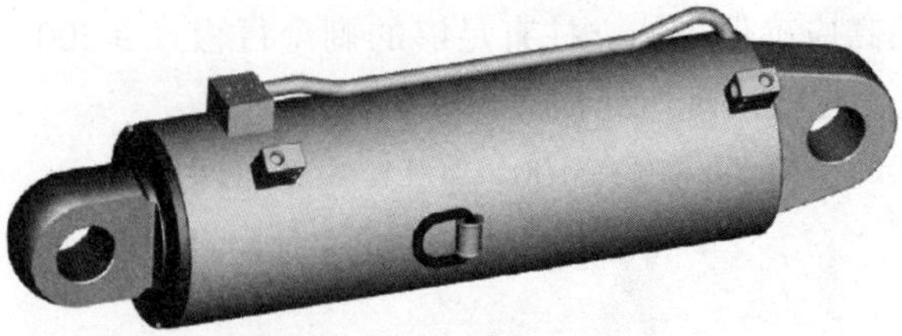

图 2-46 平衡千斤顶外形

注意：

(1) 严禁支架在平衡伸出及收回极限位置状态下（必须留有不小于 20 mm 的行程）使用，防止支架在非正常状态下受载过大而损坏。

(2) 支架在升柱接顶的同时，应及时操作平衡千斤顶，调整支架接顶状态，严禁支架在顶梁仰头状态下不动平衡千斤顶而只升立柱。

4. 护帮千斤顶

1) 主要参数

(1) 一级护帮千斤顶。

型式：普通双作用（2 根）。

缸径：125 mm。

杆径：85 mm。

工作推力（$P=40$ MPa）：490 kN。

拉力：208 kN。

行程：560 mm。

(2) 二级护帮千斤顶。

型式：普通双作用（2 根。）

缸径：100 mm。

杆径：70 mm。

工作推力（$P=40$ MPa）：314 kN。

拉力：126 kN。

行程：370 mm。

2) 结构及功能

一级护帮千斤顶前端通过长短杆与一级护帮连接，后端与伸缩梁连接，通过护帮千斤顶的伸缩可控制护帮板翻转，起到护壁的作用。

二级护帮千斤顶前端通过长短杆与二级护帮连接，后端与一级护帮连接，通过千斤顶伸缩控制二级护板挑平与收回。

本支架一、二级护帮板设计为一体式结构，一级护帮千斤顶与二级护帮千斤顶采用交替双向控制阀联动控制，在控制支架支护煤壁或收回时，只需操纵一级护帮即可完成，简化了支架控制方式。

护帮千斤顶主要由缸体、活塞、活塞杆、导向套及密封件等组成，如图 2-47 所示。

图 2-47　护帮千斤顶外形

注意：

(1) 在采煤机到来之前一定要收回护帮板，使采煤机顺利通过，防止滚筒割顶梁护帮。

(2) 采高低于 4.5 m，护帮板收回时，应同时控制一、二级护帮往回收，防止二级护帮板磕碰输送机电缆槽。

(3) 支架前移时，应收回护帮。

5. 伸缩千斤顶

1) 主要参数

型式：普通双作用（2 根）。

缸径：100 mm。

杆径：70 mm。

工作推力（P=40 MPa）：314 kN。

拉力：126 kN。

行程：900 mm。

2) 结构及功能

伸缩千斤顶前端与伸缩梁连接，后端与顶梁连接，通过伸缩梁千斤顶的伸缩控制伸缩梁的伸出与收回，及时支护因片帮暴露出的顶板或采煤机割过后新暴露出的顶板。

伸缩梁千斤顶主要由缸体、活塞、活塞杆、导向套及密封件等组成，如图 2-48 所示。

图 2-48　伸缩千斤顶外形

注意：

(1) 采煤机滚筒过来前应超前收回伸缩梁，以防止采煤机割伸缩梁。

(2) 支架移架前必须收回伸缩梁，严禁在伸缩梁伸出状态下移架。

6. 侧推千斤顶

1) 主要参数

型式：普通双作用（4 根）。

缸径：100 mm。

杆径：70 mm。

推力：247 kN。

拉力：126 kN。

行程：200 mm。

2) 结构及功能

侧推千斤顶安装于顶梁及掩护梁的内部，前、后端通过导杆与侧护板相连。其主要作用是控制侧护板的伸出与收回。

本支架侧推千斤顶采用内进液结构，工作时，活塞杆头部固定，缸筒在液压力的作用下伸缩，从而带动活动侧护板的伸出与收回。

侧推千斤顶主要由缸体、活塞、活塞杆、导向套及各种密封件组成，如图 2－49 所示。

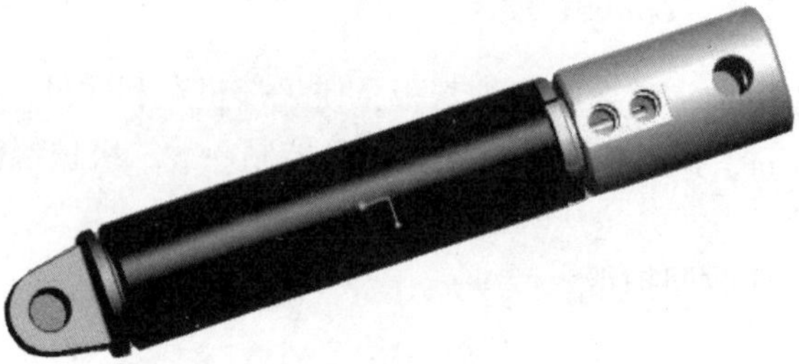

图 2－49　侧推千斤顶外形

7. 抬底千斤顶

1）主要参数

型式：普通双作用（1 根）。

缸径：160 mm。

杆径：120 mm。

推力：633 kN。

拉力：277 kN。

行程：290 mm。

2）结构及功能

抬底千斤顶的主要功能是在移架时抬起底座前端，以便于支架前移。

抬底千斤顶安装在底座过桥的后面，采用内进液结构，上端活塞杆头部通过小过桥与底座过桥相接，下端缸筒在液压力的作用下压在推杆上，从而实现底座头部的抬起。抬底千斤顶主要由缸体、活塞、活塞杆、导向套及密封件等组成，如图 2－50 所示。抬底千斤顶在非工作状态时（即支架处于正常工作状态或立柱处于上升状态时），千斤顶缸筒应处于收回位置。

图 2－50　抬底千斤顶外形

8. 底调千斤顶

1）主要参数

型式：普通双作用（1 根）。

缸径：160 mm。

杆径：120 mm。

推力：633 kN。

拉力：277 kN。

行程：245 mm。

2）结构及功能

底调千斤顶一般采用内进液结构，安装于底座边（柱窝）箱体的后部，活塞杆固定，缸筒在液压力的作用下伸出，作用于邻架底座侧面，用于调整支架间的相互位置。

底调千斤顶主要由缸体、活塞、活塞杆、导向套及密封件等组成。

底调千斤顶在非工作状态时，千斤顶缸筒应处于收回位置。

（二）支架液压系统的特点

（1）液压支架供液系统额定供液压力为31.5 MPa，允许公差为±10%。

确保工作面支架液压系统任何部位供液压力不小于20 MPa，否则会使电液控制系统发生故障。

（2）所有胶管及管路辅件接头均采用DN系列。

（3）架间供液管公称直径DN50，回液管公称直径DN50，喷雾架间管公称直径DN25。

（4）供液管路在进入支架时，每架均设有手动反冲洗过滤器，过滤精度不低于25 μm，流量不小于900 L/min。同时对反冲过滤器用的乳化液加以回收，减少乳化液浪费。反冲过滤器每天最少应反冲一次，以防止系统堵塞。

（5）每台支架主进液回路设置DN25球形截止阀，主回液回路设置DN32回液断路阀。

（三）乳化液要求

乳化液的要求：防止腐蚀和润滑。

ZY12000/28/64D型电液控支架属高端支架，电液控系统的阀类、立柱千斤顶的密封对乳化液质量要求高的润滑性，各阀类动作灵敏性的好坏在很大程度上取决于乳化液质量的优劣，尤其是先导阀的液孔小，对乳化液质量要求更高的防腐性。因此，支架要求乳化液对阀类和油缸的密封件的无腐蚀性和软化性能好。

（1）工作液为5%的乳化油和95%的中性水。

（2）支架采用的乳化液是由乳化油与水配制而成的，乳化油的配比浓度为5%，使用乳化油应注意以下几点：

①定期检查浓度，浓度过高会增加成本；浓度太低则可能造成液压元件腐蚀，影响液压元件的密封。

②防止污染，定期（一个月左右）清理泵站乳化液箱。

③乳化液的pH值需在7~9范围内。

④防冻：乳化液的凝固点为-3 ℃左右，与水一样，乳化液也具有冻结膨胀性，乳化液受冻后，体积稳定性会受到影响。因此，乳化液在地面配制和运输过程中应注意防冻。

⑤乳化油必须满足“MT76-83《液压支架用乳化油》”标准的规定，即：乳化油按对水质硬度的适应性，选取相应的牌号（见表2-2）。

表 2－2　液压支架用的乳化油

牌号	M－5	M－10	M－15	M－T
适应水质硬度/（mEq·L^{-1}）	≤5	>5，≤10	>10，≤15	≤15

⑥配制液压支架用乳化液的水质应符合下列条件：无色、无臭、无悬浮物和机械杂质；pH 值在 7～9 范围内；氯离子含量不大于 5.7 mEq/L；硫酸根离子含量不大于 8.3 mEq/L。

第五节　其他类型液压支架

一、过渡支架

（一）ZYG12000/26/55D 型过渡支架主要技术参数及结构特征（见表 2－3）

表 2－3　ZYG12000/26/55D 型过渡支架主要技术参数

序号	项目	ZYG12000/26/55D 型两柱掩护式智能耦合型过渡支架			单位
1	支架	型式	两柱掩护式		
		高度	最低/最高	2 600～5 500	mm
		宽度	最小/最大	1 680～1 880	mm
		中心距		1 750	mm
		初撑力	P＝31.5 MPa	8 728	kN
		工作阻力	P＝43.3 MPa	12 000	kN
		底板比压	前端	1.80～4.26	MPa
		支护强度		1.17～1.25	MPa
		泵站压力		31.5	MPa
		质量		46.361	t
		运输尺寸	长×宽×高	8 432×1 680×2 600	mm
		操纵方式		智能电液控制	
2	立柱	型式	2 个	双伸缩	
		缸径		420/310	mm
		柱径		400/280	mm
		初撑力	P＝31.5 MPa	4 364	kN
		工作阻力	P＝43.3 MPa	6 000	kN
		行程		2 810	mm

（二）过渡支架主要结构特征（图 2－51）

（1）过渡支架采用整体顶梁、一级护帮板机构、双侧活动侧护板，侧护板使用时一侧可伸缩，另一侧用锁销固定。其他结构与中部支架相同。

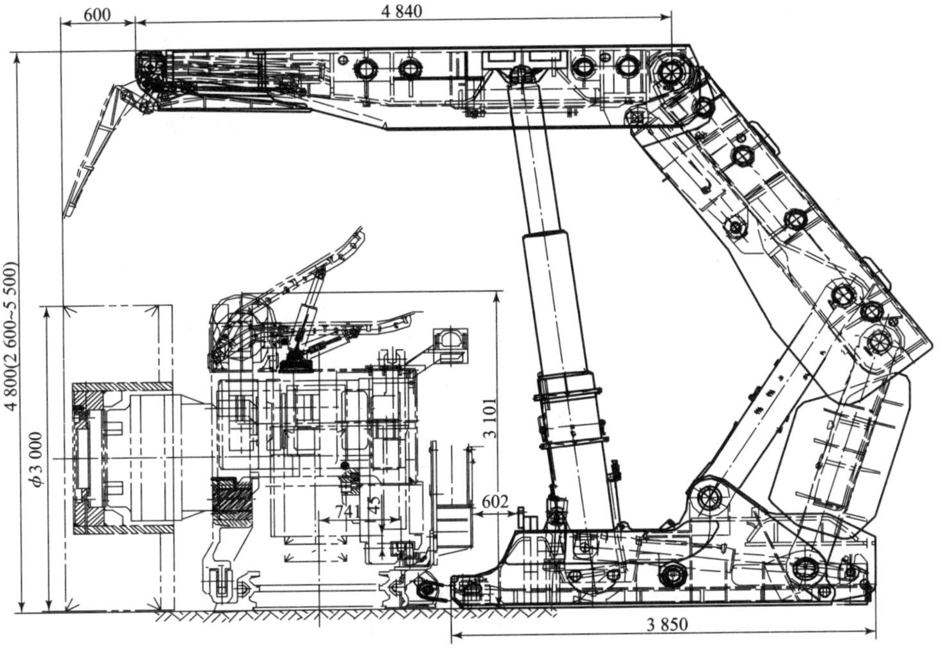

图 2－51　ZYG12000/26/55D 型过渡支架结构特征

(2) ZYG12000/26/55D 型过渡支架相邻中部支架布置，除支架高度及护帮结构外，其余结构与中部支架相同。

(3) ZYGT12000/26/55D 型过渡支架相邻端头支架布置，根据配套情况，相比 ZYG12000/26/55D 过渡支架，顶梁适当加长，其余结构均相同。

二、ZYT12000/26/55D 型端头支架主要技术参数及结构特征

ZYT12000/26/55D 型端头支架主要技术参数见表 2－4。

表 2－4　ZYT12000/26/55D 型端头支架主要技术参数

序号	项目	ZYT12000/26/55D 型两柱掩护式智能耦合型端头支架			单位
1	支架	型式	两柱掩护式		
		高度	最低/最高	2 600 ~ 5 500	mm
		宽度	最小/最大	1 680 ~ 1 880	mm
		中心距		1 750	mm
		初撑力	P = 31.5 MPa	8 728	kN
		工作阻力	P = 43.3 MPa	12 000	kN
		底板比压	前端	1.80 ~ 4.26	MPa
		支护强度		1.06 ~ 1.14	MPa
		泵站压力		31.5	MPa
		质量		46.256	t
		运输尺寸	长 × 宽 × 高	9 400 × 1 680 × 2 600	mm
		操纵方式		智能电液控制	

续表

序号	项目	ZYT12000/26/55D 型两柱掩护式智能耦合型端头支架			单位
2	推移千斤顶	型式	1 个	普通双作用	
		缸径		230	mm
		柱径		140	mm
		推溜力	$P=31.5$ MPa	823	kN
		拉架力	$P=31.5$ MPa	1 308	kN
		行程		960	mm
3	立柱	型式	2 个	双伸缩	
		缸径		420/310	mm
		柱径		400/420	mm
		初撑力	$P=31.5$ MPa	4 364	kN
		工作阻力	$P=43.3$ MPa	6 000	kN
		行程		2 810	mm

（一）端头支架主要结构特征（图 2－52）

（1）端头支架顶梁为刚性整体顶梁带伸缩梁结构。其他结构及参数与过渡支架相同。

（2）根据配套情况，端头支架顶梁相比相邻过渡支架适当加长。

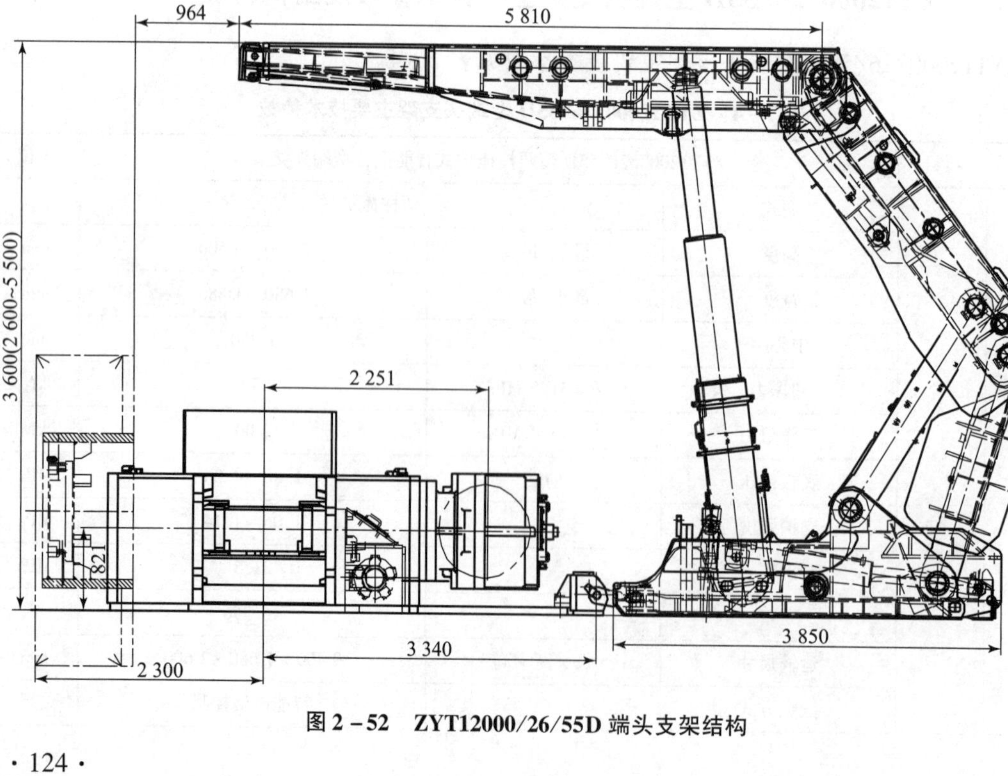

图 2－52　ZYT12000/26/55D 端头支架结构

（3）机头、机尾两端的端头支架底座外侧加装挡矸板，顶梁外侧加装侧翻板装置。

（4）端头支架顶梁上预留抬底油缸安装座，需要时可安装抬底油缸，以调整端头支架的姿态。

三、运输巷超前支架主要技术参数及结构特征

（一）ZYDC15600/28/42D 型超前支架主要技术参数（见表 2－5）

表 2－5　ZYDC15600/28/42D 型超前支架主要技术参数

序号	项目	ZYDC15600/28/42D 型运输巷超前支护液压支架			单位
1	支架	型式	两架一组整体式		
		高度	最低/最高	2 800～4 200	mm
		宽度		3 640	mm
		初撑力	$P=31.5$ MPa	12 360	kN
		工作阻力	$P=39.7$ MPa	15 600	kN
		底板比压		1.79	MPa
		支护强度		0.13	MPa
		泵站压力		31.5	MPa
		质量		99.75	t
		操纵方式		电液控制	
2	立柱	型式	8 个	单伸缩	
		缸径		250	mm
		柱径		230	mm
		初撑力	$P=31.5$ MPa	1 545	kN
		工作阻力	$P=43.3$ MPa	1 950	kN
		行程		1 395	mm
3	推移千斤顶	型式	4 个	普通双作用	
		缸径		230	mm
		柱径		140	mm
		推溜力	$P=31.5$ MPa	1 308	kN
		拉架力	$P=31.5$ MPa	823	kN
		行程		1 800	mm
4	侧翻千斤顶	型式	16 个	普通双作用	
		缸径		80	mm
		柱径		60	mm
		推力	$P=31.5$ MPa	158	kN
		工作阻力	$P=38$ MPa	192	kN
		行程		100	mm

续表

序号	项目	ZYDC15600/28/42D 型运输巷超前支护液压支架			单位
5	前梁千斤顶	型式	6 个	内进液	
		缸径		140	mm
		柱径		105	mm
		推力	$P=31.5$ MPa	485	kN
		工作阻力	$P=38$ MPa	584	kN
		行程		146	mm
6	伸缩千斤顶	型式	4 个	普通双作用	
		缸径		100	mm
		柱径		70	mm
		推力	$P=31.5$ MPa	247	kN
		拉力	$P=31.5$ MPa	126	kN
		行程		900	mm

（二）运输巷超前支架工作原理

支架采用两架一组结构（见图 2－53（a））及两步一移方式（即采煤机割两刀，超前支架前移一次）。两架超前支架分别布置于破碎机前后，通过推移油缸及连接头与转载机相连，实现超前支护 20 m。两架支架均采用分体底座、分体连杆、整体斜梁、整体顶梁结构，顶梁可左右旋转 15°，提高了对顶板的适应能力。两架超前支架除顶梁外，底座、连杆、斜梁、侧翻及前梁、护帮板均可互换使用。超前支护的工作原理如图 2－53（b）所示。

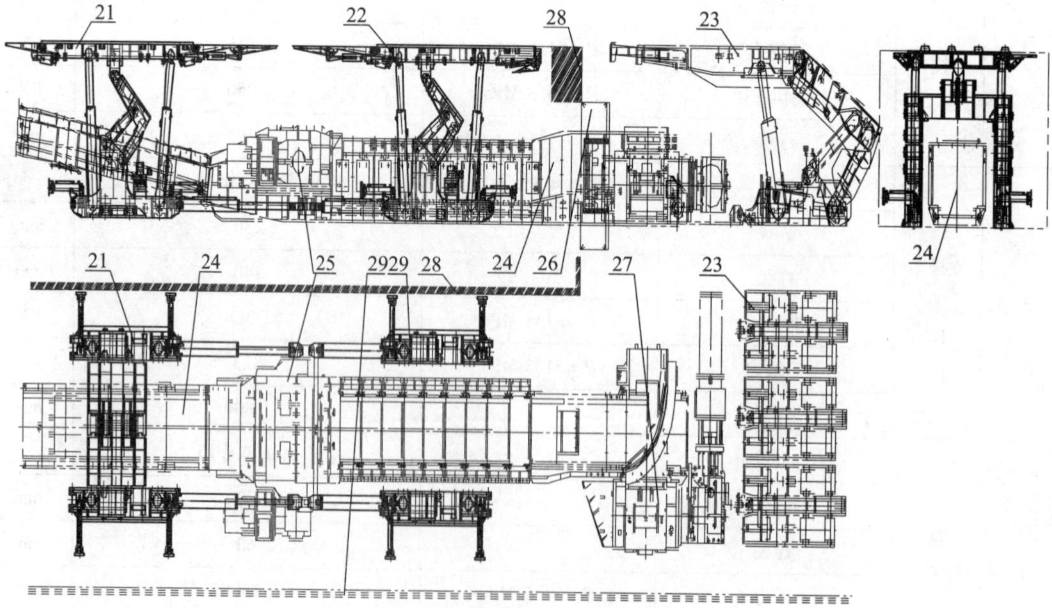

（a）

图 2－53　超前支护的结构和工作原理

（a）超前支护的结构

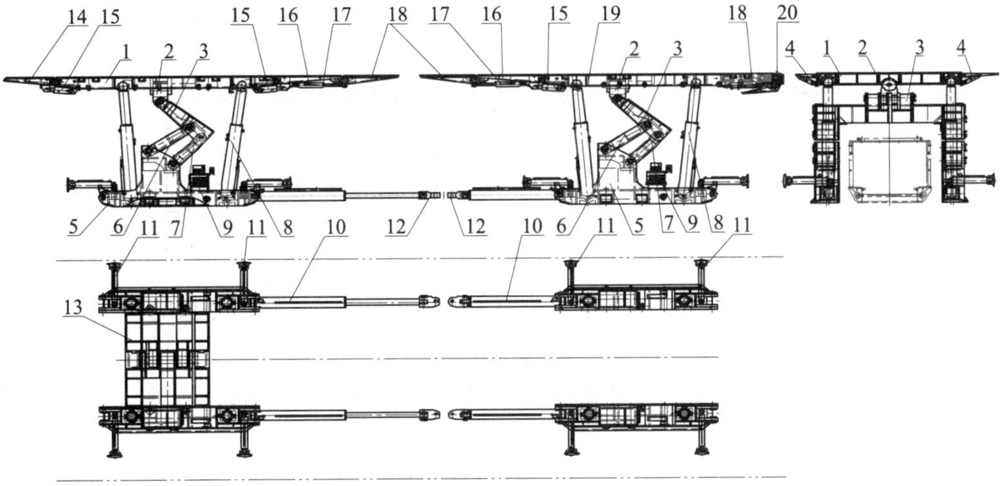

(b)

图 2－53 超前支护的结构和工作原理（续）

(b) 超前支护的工作原理

1—前顶梁主体；2—万向连接头；3—斜梁；4—侧向挡矸装置；5—底座；6—前连杆；7—后连杆；8—立柱；9—电液控制系统；10—推移千斤顶；11—侧向调架装置；12—连接头；13—连接座；14—前梁；15—前梁千斤顶；16—后梁；17—护帮千斤顶；18—护帮；19—后顶梁主体；20—伸缩梁；21—前超前支架；22—后超前支架；23—端头支架；24—转载机；25—破碎机；26—刮板机机头；27—煤壁；28—岩壁

后超前支架 22 顶梁一端（煤帮侧）采用整体顶梁带伸缩梁及一级护帮板结构，伸缩行程 900 mm，护帮长度 900 mm，以实现采煤机割两刀、超前支架移一次前对顶板的及时支护，保证与采煤机及转载机、端头支架一刀一移时的安全空间。顶梁另一端采用铰接前梁带护帮板结构，以减少顶梁主体长度，增大支护面积要求；前梁顶梁两端分别采用铰接前梁带护帮板或铰接前梁结构，以减少顶梁主体长度，增大支护面积，提高对顶板的适应性。

超前支架 21、22 通过推移千斤顶 10、连接头 12 与转载机 24（破碎机部位）连接，转载机 24 的前移通过三架端头支架 23 推移油缸推动实现；超前支架的前移通过支架上推移油缸的拉移实现，即端头支架、转载机、超前支架三者的相互协调关系为：采煤机割煤，三架端头支架推移油缸推动转载机前移两个步距后，第一架超前支架通过与转载机相连的推移油缸推动而前移两个步距，后超前支架则通过超前支架上的推移油缸拉移而前移两个步距，与端头支架间的空顶部分由超前支架及端头支架上的伸缩梁、护帮板实现及时支护。

（三）运输巷超前支架主要结构特征

（1）支架采用两架一组前、后置结构，两步一移方式，前、后架结构均相同。支架的前移以转载机为支点，通过与转载机相连的推移油缸来实现。

（2）支架采用紧凑型小四连杆四柱支承掩护式结构，满足支架与转载机、破碎机之间的配套关系，同时保证超前支架的稳定性。

（3）支架顶梁与斜梁采用万向连接头连接，顶梁可左右旋转 15°，以提高对顺槽顶板的适应能力。

（4）支架顶梁采用前、后端铰接前梁及护帮板结构，减少顶梁主体长度，增大支护面积，提高对顶板的适应性。两侧设计侧翻板结构，可有效扩大支护面积，以保证设备、人员安全。

（5）支架底座两侧均设计有侧向调架装置，侧调千斤顶可旋转安放，不用时可旋转与底座平行，不影响行人通过。

（6）前架支架左、右底座前部通过连接座连接成一体，以防止支架前移时发生偏斜。

（7）支架采用电液控制系统，可实现自动和手动控制，亦可实现远程控制（在端头支架上），满足智能化工作面要求。

（8）支架初撑力可通过集控中心或控制器进行调整，以满足顺槽顶板的“支”“护”要求。

（9）前后架管路系统均为各自独立系统，每架管路均由底座经连杆、斜梁延展到顶梁上，管路走向整齐、顺畅。

（10）超前支架顶梁上设置纵向垫条，垫条宽 300 mm、高 150 mm、长 800 mm 左右，纵向间距 700 mm 左右，横向中心间距为 950 mm。

（11）超前支架推移千斤顶安装位移传感器，满足行程 1 800 mm 的要求。

（12）超前支架立柱上安装压力传感器，每架前、后柱各 1 个，支架初撑力可调。

（13）运输巷超前支架实现超前支护长度 20 m。

四、放顶煤支架

放顶煤支架用于特厚煤层采用冒落开采时支护顶板和放顶煤，利用与放顶煤支架配套的采煤机和工作面输送机开采底部煤，上部煤在矿山压力的作用下将其压碎而冒落，冒落的煤通过放顶煤支架的溜煤口流到工作面输送机。其外形如图 2－54 所示。

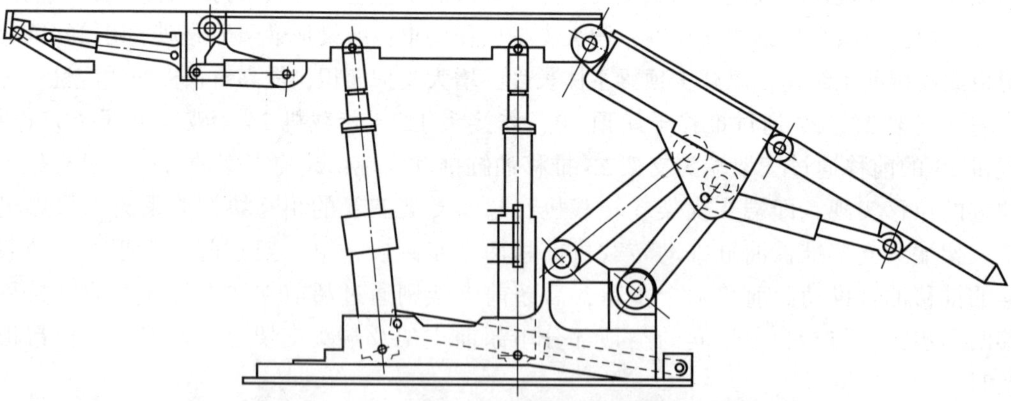

图 2－54　ZF6400/17/32 型放顶煤液压支架外形

ZF6400/17/32 型放顶煤液压支架是在认真总结国内外放顶煤技术成果，分析研究各种放顶煤支架特点和使用经验的基础上，由天地科技股份有限公司开采所事业部设计、中煤北京煤矿机械有限责任公司制造的新型低位放顶煤支架。

（一）支架的适用条件及主要配套设备

适用条件：

（1）煤层自然厚度为 4. 49 ~ 7. 17 m，平均厚度为 5. 65 m。

（2）煤层倾角小于 7°。

(3) 顶底板均为砂质泥岩，局部为粉砂岩，顶底板结构松软，吸水易软化，强度较低。

主要配套设备：

采煤机：MG300/700 - WP，数量 1 台。

工作面刮板输送机：前部输送机：SGZ800/750 型刮板输送机，数量 1 台；后部输送机：SGZ800/750 型刮板输送机，数量 1 台。

(二) 支架的特点

(1) 工作面三机采用大配套，截深为 800 mm。为了保证截深和有效的移架步距，支架的推移千斤顶的行程定为 900 mm，为高产高效创造了有利条件。

(2) 支架的前连杆采用双连杆，大大提高了支架的抗扭能力。

(3) 放煤机构高效可靠；后部输送机过煤高度高，增加了大块煤的运输能力，尾梁向上、向下回转角度大，增加了对煤的破碎能力和放煤效果。

(4) 尾梁 - 插板机构采用小尾梁 - 插板机构，尾梁 - 插板运动结构选用 V 形槽形式，运动灵活自如。

(5) 底座中部为推移机构，推移千斤顶采用倒装形式，结构可靠、移架力大，可实现快速移架。推移机构为长推杆机构，采用两节铰接形式。

(6) 底座中部设计抬底机构，抬底千斤顶伸出，顶上推杆以抬起底座前端。

(7) 液压系统采用 400 L/200 L 大流量换向阀，双回路环形分段供液。

(8) 支架立柱、千斤顶密封选用进口材料切削加工的 TSM 聚氨酯组合密封。

(9) 支架前、后均配置喷雾降尘系统。

放顶煤综采法的优点是：巷道掘进量小、工作面搬迁次数少、成本低、效率高。

(三) 支架的组成

液压支架主要由金属结构件和液压元件两大部分组成。

金属结构件有护帮板、前梁、顶梁、掩护梁、尾梁、插板、前后连杆、底座、推移杆以及侧护板等。

液压元件主要有立柱、各种千斤顶、液压控制元件（换向阀、单向阀、安全阀等）、液压辅助元件（胶管、弯头、三通等）以及随动喷雾降尘装置等。

(四) 主要技术特征

高度（最低/最高）：1 700 mm/3 200 mm。

宽度（最小/最大）：1 410 mm/1 580 mm。

中心距：1 500 mm。

初撑力（$P = 31.4$ MPa）：5 232 kN。

工作阻力（$P = 36.86$ MPa）：6 400 kN。

底板平均比压：1.2 ~ 2.2 MPa。

支护强度：0.82 ~ 0.88 MPa。

煤层倾角：小于 7°。

泵站压力：31.5 MPa。

操纵方式：本架手动操作。

质量：21.2 t。

（五）支架的主要结构件及其作用

1. 前梁机构

前梁机构由前梁、伸缩梁和护帮板组成，在顶梁前部铰接，和顶梁一起支护顶板，伸缩梁起到及时支护顶板的作用，护帮板可翻转，可对比较破碎的顶煤或岩石进行及时支护，并对煤壁起到防止片帮作用。

2. 顶梁机构

顶梁机构直接与顶板接触，支承顶板，是支架的主要承载部件之一，其主要作用包括：

（1）承接顶板岩石及煤的载荷。

（2）反复支承顶煤，可对比较坚硬的顶煤起破碎作用。

（3）为回采工作面提供足够的安全空间。

放顶煤支架顶梁为分体式结构，顶梁前端设有前梁机构，液压支架顶梁采用钢板拼焊箱形变断面结构。顶梁采用单侧活动侧护板，顶梁顶板一侧上平面低一个板厚，用于安装活动侧护板，控制顶梁活动侧护板的千斤顶和弹簧套筒均设在顶梁体内，并在顶梁上留有足够的安装空间。

3. 掩护梁

掩护梁上部与顶梁铰接，下部与前、后连杆相连，经前、后连杆与底座连为一个整体，是支架的主要连接和掩护部件，其主要作用包括：

（1）承受顶板给予的水平分力和侧向力，以增强支架的抗扭性能。

（2）掩护梁与前、后连杆及底座形成四连杆机构，以保证梁端距变化不大。

（3）阻挡后部落煤前窜，维护工作空间。

支架的掩护梁为整体箱形变断面结构，用钢板拼焊而成，掩护梁采用单侧活动侧护板，控制掩护梁活动侧护板的千斤顶和弹簧套筒均设在顶梁体内，并在顶梁上留有足够的安装空间。

4. 底座

底座是将顶板压力传递到底板和稳定支架的部件，除了满足一定的刚度和强度外，还要求对底板起伏不平的适应性强，对底板接触比压小，其主要作用包括：

（1）为立柱、液压控制装置、推移装置及其他辅助装置形成安装空间。

（2）为工作人员创造良好的工作环境。

（3）具有一定的排矸、挡矸作用。

（4）保证支架的稳定性。

支架底座为整体式刚性底座，底座前部用厚钢板过桥连接，后部用箱形结构连接。底座中、后部底板敞开，以便于浮煤及碎石排出；底座前端为大圆弧结构，防止移架时啃底。

5. 前、后连杆

前、后连杆上下分别与斜梁和底座铰接，共同形成四连杆机构。

支架前、后连杆均为整体单连杆，且为钢板焊接的箱形结构，这种结构不但有很强的抗拉、抗压性能，而且有很强的抗扭性能。

6. 尾梁

尾梁上部与掩护梁铰接，由两个尾梁千斤顶支承，支架前移后垮落的顶煤及顶板直接作用到尾梁上。尾梁是支架掩护和实现放顶煤的关键部件。

尾梁采用整体箱形结构，用钢板拼焊而成，前部留有插板千斤顶耳座，两侧后部留有尾梁千斤顶耳座，尾梁内留有装插板的空间。

7. 插板

插板由插板千斤顶与尾梁相连，处于尾梁内部，是实现放顶煤的直接部件。插板是由钢板拼焊的等断面结构，插板千斤顶耳座放在插板内部，这样不但便于插板的安装，也增大了插板强度。

8. 推移机构

支架的推移机构包括推移杆、连接头、推移千斤顶和销轴等，主要作用是推移输送机和拉架。

支架推移机构采用铰接式长推杆结构，由前、后推杆铰接而成，适应性强，易于拆装。支架的推移杆采用等断面的箱形钢板焊接结构，前、后推杆均有导向条，其作用是为推移千斤顶导向并能阻挡输送机下滑。

9. 防护装置

支架性能的好坏和对工作面地质条件的适应性，在很大程度上取决于防护装置的设置和完善程度。本支架设有比较完善的防护装置，性能可靠，其主要包括侧护板和护帮板等机构。

1）侧护板

设置侧护板，提高了支架的掩护和防矸性能，一般情况下，支架顶梁和掩护梁设有侧护板。侧护板通常分为固定侧护板和活动侧护板两种，左、右对称布置，一侧为固定侧护板，另一侧为活动侧护板，固定侧护板可以是永久性的，也可以是暂时性的（也称为双向可调活动侧护板）。暂时性固定侧护板可以在调换工作面方向时改作活动侧护板，而此时另一侧的活动侧护板改为固定侧护板。

活动侧护板一般由弹簧套筒和千斤顶控制。侧护板的主要作用如下：

（1）阻挡矸石，即使在降架过程中，由于弹簧套筒的作用，活动侧护板与邻架固定侧护板始终相接触，能有效防矸。

（2）操作侧推千斤顶，用侧护板调架，对支架防倒有一定作用。

本支架顶梁和掩护梁设有单侧活动侧护板，另一侧为固定侧护板，顶梁活动侧护板由两个弹簧套筒和两个千斤顶控制。弹簧套筒是由导杆、弹簧和弹簧筒等组成的，侧护板是由钢板直角对焊的结构，侧板上的耳子是在运输时固定活动侧护板用的。

2）护帮板

护帮装置铰接在前梁下部的伸缩梁上。护帮板在前端，护帮千斤顶与托板连接。需护帮时可操作护帮千斤顶，使护帮板下部贴紧煤壁。在采煤机到来之前一定要收回护帮装置，使采煤机顺利通过，并防止滚筒割前梁。当前方片帮、梁端距过大时，可先推出护帮板，但在采煤机通过之前必须收回帮护板。当顶板发生冒落或梁端距过大时，护帮板可翻转，并可对煤壁上方顶板进行临时支护。

10. 放顶煤机构

本支架为低位放顶煤支架，放顶煤机构位于掩护梁的后端，主要包括尾梁、插板、插板千斤顶及尾梁千斤顶等。放煤时，只要将插板收回并摆动尾梁，垮落的顶煤即可从尾梁后部流进输送机。

11. 液压系统、喷雾降尘系统及其控制元件

本支架的液压系统由乳化液泵站、主进液管、主回液管、各种液压元件、立柱及各种用途的千斤顶组成。操纵方式采用本架手动操作，采用快速接头和U形卡及O形密封圈连接，拆装方便，性能可靠。

在主进、回液三通到换向阀之间，装有平面截止阀、过滤器、回油断路阀、截止阀，可根据需要接通或关闭某条液路，可以不停泵维修某胶管及液压元件，过滤器能过滤主进液管来的高压液，防止脏物、杂质进入架内管路系统。

本支架液压系统所使用的乳化液是由乳化油与水配制而成的，乳化油的配比浓度为5%。使用乳化液时应注意以下几点：

（1）定期检查浓度，浓度过高会增加成本；浓度太低可能造成液压元件腐蚀，影响液压元件的密封。

（2）防止污染，定期（两个月左右）清理乳化液箱。

（3）防冻：乳化液的凝固点为 -3 ℃左右，与水一样也具有冻结膨胀性，乳化液受冻后不但体积膨胀，稳定性也会受到影响，因此，乳化液在地面配制和运输时要注意防冻。

12. 降尘系统

放顶煤工作面的煤尘要比普通工作面大得多，除了采煤机割煤过程中产生的煤尘以外，在移架和放顶煤过程中都会产生大量的煤尘。目前综采工作面的含尘量均超过保安规程的指标，已成为制约放顶煤采煤法发展的重要障碍，故防尘工作特别重要。放顶煤工作面防尘的重点是减少煤尘量，一般采用以下措施：

（1）煤层预注水，即超前工作面在顺槽里对煤体进行预注水。

（2）喷水灭尘，即支架上带有喷雾洒水装置，当采煤机切割煤或放顶煤时即进行洒水灭尘。

该支架带有完善的前、后喷雾降尘系统，支架前部采用手动控制方式，用来控制采煤机割煤产生的粉尘；后部采用自动控制方式，用来控制放顶煤所产生的粉尘，它由插板千斤顶来控制喷水阀的关闭，当插板千斤顶收回放煤时，由千斤顶小腔的高压液打开喷水阀，开始喷水。

该支架喷水系统有以下特点：

（1）管路简单，操作方便。

（2）两条管路都可单独控制，由截止阀任意关闭。

（3）对双喷头采用随动控制系统，可节约水源，并可有效控制粉尘。

五、铺网支架

液压支架中带有铺网机构的支架称为铺网液压支架，简称铺网支架。铺网支架在厚煤层分层开采时使用。它是在普通支承掩护式或掩护式液压支架的基础上发展起来的，因此在支架的结构上与普通支架有很多相同之处，其区别主要在支架后部。铺网支架后部带有尾梁、摆杆和铺网机构等，在支架的后部要提供铺网作业的空间。铺网装置在支架的尾部，也有在前部的铺网支架。

（一）确定支架的特点

铺网支架与普通支架相比，具有以下特点：

1. 确定支架高度

普通支架的高度是根据煤层的厚度来确定的，铺网支架高度的确定主要考虑以下因素：

（1）煤层厚度。在支架选型和设计时，要使支架的采高与煤层的厚度匹配，支架的采高应与煤层的总厚度成整数倍关系，再考虑 200 mm 的富余量，即支架的最大高度。

（2）使工作面易于管理。

（3）应使支架在井下能够整体运输，且搬运方便。

2. 支架的后部要有足够的安全空间

由于工人铺网作业是在支架的后部进行的，因此要求支架的后部提供足够的安全空间。后部空间是由掩护梁与尾梁形成和维护的，一般要求后部提供的空间满足高度不小于1. 1 m、宽度不小于 1. 0 m 的要求，以便工人进行铺网作业。

铺网支架尾梁的控制方式有千斤顶控制尾梁和四连杆控制尾梁两种。

3. 架间要有足够的行人和运网空间

由于运输金属网和行人都要从相邻两架间通过，因此要求两架之间要有足够的行人空间，一般相邻两架间的距离要大于 400 mm。为了增加架间的空间，可以采取减少底座的宽度及后连杆采用单连杆、前连杆采用 Y 形连杆等措施。

4. 保证架间距不变

保证架间距不变的作用有两个：一是保证网槽和网卷与相邻支架底座互不干涉，以免碰坏网槽和网卷；二是保证金属网有足够的搭接量，以保证铺网的质量。

（二）铺网机构的特点

铺网机构如图 2－55 所示，国内铺网支架的铺网机构主要有以下三种。

（1）如图 2－55（a）所示的铺网机构是在安装放网卷之前，把一轴穿入网卷中心，然后把轴安装在固定座上。随着支架的前移，网卷绕轴转动并展开，实现自动铺网。这种铺网机构的优点是网卷绕轴转动，转动灵活，网卷不易脱落；缺点是安放网卷前需要穿轴，操作麻烦。

（2）如图 2－55（b）所示的铺网机构主要由网槽组成，网槽固定在底座或后连杆上，网卷放入网槽内，一端从槽内引出，随着支架的前移，实现自动铺网。这种铺网机构的优点是网卷无须穿轴，放网方便；缺点是网卷转动不太灵活，有时网会从网槽中脱出。

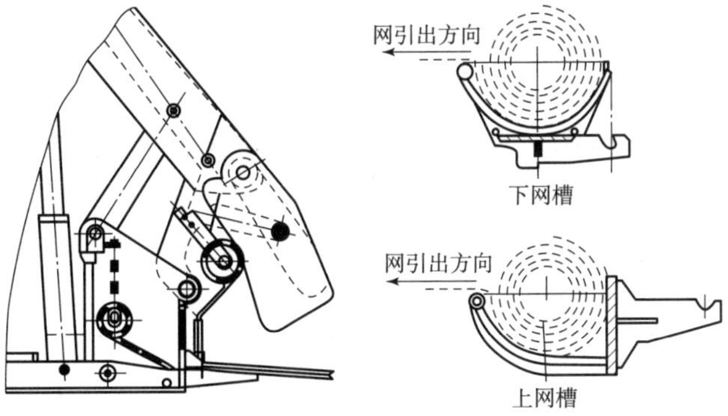

（a）　　（b）

图 2－55　铺网机构

（3）第三种为柔性铺网机构，网卷用一根钢丝绳穿过，钢丝绳的两端固定在相邻两架的支架上。此种铺网机构主要用于架间网的铺设，由于钢丝绳是柔性的，故能随支架的前移做正常的扭斜。

六、三软支架

三软支架是指适用于三软煤层的支架。三软煤层是指煤质软（易片帮）、顶板软（破碎不稳定）、底板软（易陷底）的煤层。

三软支架的主要特点和性能要求如下：

（1）一般选用掩护式架型，尽量减小梁端距、控顶距和重复支承次数。

（2）有可靠的护帮和护顶装置，一般采用伸缩梁、挑梁和护帮板实现对顶板的超前及时支护。

（3）采用带压移架或擦顶移架。

（4）合理提高初撑力，防止顶板过早离层，增加顶板的稳定性。

（5）采取措施，防止底座前端陷底。

（6）增大底座接触面积，减小对底扳的接触比压。

七、放顶煤液压支架

放顶煤液压支架是随着放顶煤开采方法的发展而产生的，它是解决厚及特厚煤层开采的一种经济有效的方法。我国放顶煤液压支架的发展从低位放顶煤液压支架的研制开始，经历了高位、中位放顶煤，现在又回到低位放顶煤。

（一）放顶煤液压支架的结构及特点

高位放顶煤液压支架的放煤口处于支架的上部，即顶梁上，一般使用单输送机运送采煤机采下的煤和放落的顶煤，使工作面运输系统简单。但由于放煤口较高、煤尘较大、支架顶梁较短，故容易出现架前顶煤放空而造成支架失稳或移架困难的现象。

中位放顶煤液压支架的放煤口位于支架的中部，即掩护梁上，工作面为双输送机，一前一后分别运输采煤机采下的煤和放落的顶煤。由于工作面有两套独立的出煤系统，采煤和放煤间干扰较少，可以实现采、放平行作业，提高工作面的生产率。

低位放顶煤液压支架的放煤口位于支架后部掩护梁的下方，其后输送机直接放在底板或底座后方的拖板上。该支架适应性强，是目前我国广泛使用的放顶煤液压支架。以反向四连杆低位大插板放顶煤液压支架为代表的新型高效放顶煤液压支架，成为放顶煤液压支架架型发展的方向。

反向四连杆低位放顶煤液压支架的结构如图 2－56 所示，该支架为双输送机配备，其结构和性能特点如下：

（1）采用双前连杆和单后连杆结构的宽形反向四连杆机构，布置在前、后立柱之间，提高了支架的抗偏载能力和整体稳定性。

（2）大插板式尾梁放煤机构，其尾梁千斤顶 4 可双位安装，既可支设在顶梁 1 上，也可支设在底座 6 上，一般状态是支设在顶梁上。后部放煤空间大，为顺利放煤创造了良好的作业环境，可充分发挥后部输送机的输送能力，操作维修方便。尾梁摆动有利于落煤，插板伸缩量大，放煤口调节灵活，对大块煤的破碎能力强，可显著提高顶煤的采出率。

（3）支架为四柱支承掩护式支架，后排立柱支承在顶梁与四连杆机构铰接点的后端，可适应外载集中作用点的变化，切顶能力强。

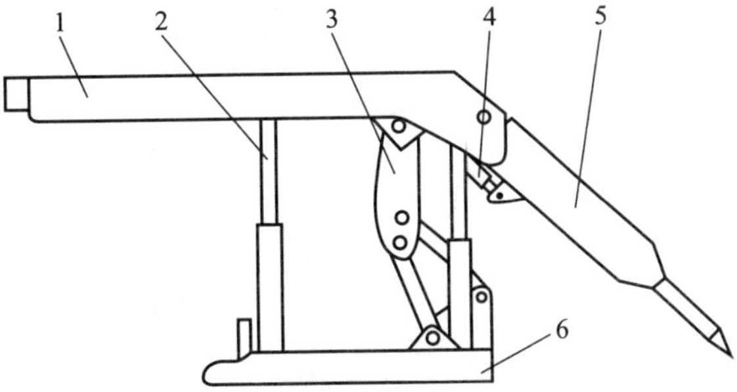

图 2－56　反向四连杆低位放顶煤液压支架

1—顶梁；2—立柱；3—掩护梁；4—尾梁千斤顶；5—尾梁；6—底座

(4) 顶梁相对较长，掩护空间较大，通风断面大，而且对顶板的反复支承可使较稳定的顶煤在矿压作用下预先断裂破碎，有利于放煤。

(二) 放煤机构

放煤机构是设计放顶煤液压支架的关键，它不但能自由地控制放煤，而且有对放下的大块煤破碎的功能。放煤机构主要有三种形式，即摆动式放煤机构、插板式放煤机构和折页式放煤机构。

1. 摆动式放煤机构

摆动式放煤机构如图 2－57 所示，由放煤千斤顶 1、插板千斤顶 2、放煤摆动板 3 和插板 4 组成，主体是放煤摆动板。放煤摆动板内部设有轨道，用以安装插板，上端铰接在掩护梁放煤口上沿，在中下部由两个一端固定在底座上的放煤千斤顶推拉，使放煤摆动板上下摆动，与掩护梁形成一定的角度，用于破碎顶煤和打开整个放煤窗口。

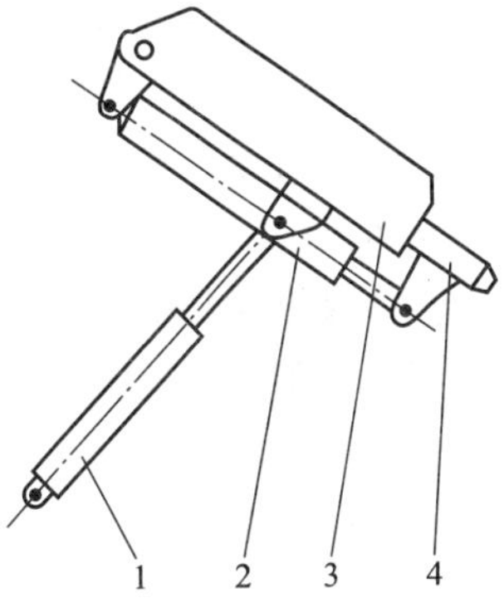

图 2－57　摆动式放煤机构

1—放煤千斤顶；2—插板千斤顶；3—放煤摆动板；4—插板

在放煤摆动板内装有可伸缩的插板，插板前端设有用于插煤的齿条，齿条下部有耳座，与插板千斤顶连接。在插板千斤顶的作用下，插板伸出或收回，用于启闭局部窗口。

摆动式放煤机构在关闭状态时，插板伸出，搭在放煤口前沿；放煤时，由液压控制系统先收缩插板，以免损坏插板，然后摆动放煤机构。

2. 插板式放煤机构

插板式放煤机构如图 2－58 所示，由尾梁 7、尾梁千斤顶 6、插板 9 和插板千斤顶 8 等组成。

尾梁和插板都是由钢板焊接而成的箱形结构，尾梁体内设有滑道，插板安装在滑道内，操纵插板千斤顶可使插板在滑道上滑动，以实现伸缩。关闭或打开放煤口，操纵尾梁千斤顶，可使尾梁上下摆动，以松动顶煤或放煤。插板的前端设有用于插煤的齿条。

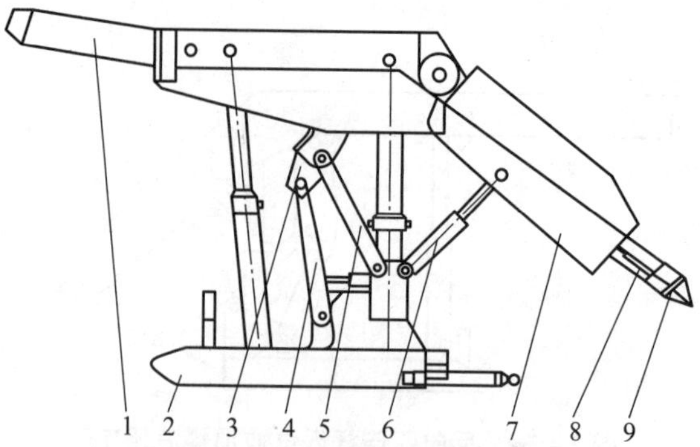

图 2－58　插板式放煤机构

1—顶梁；2—底座；3—斜梁；4—前连杆；5—后连杆；
6—尾梁千斤顶；7—尾梁；8—插板千斤顶；9—插板

插板放煤机构在关闭状态时，插板伸出，挡住矸石流入后部输送机；放煤时，收回插板，利用尾梁千斤顶和插板千斤顶的伸缩调整放煤口进行放煤。

3. 折页式放煤机构

折页式放煤机构如图 2－59 所示，由折页千斤顶 1 和折页板 2 组成。它通过开启、关闭两扇可转动折页门来控制放煤。由于受结构限制，折页门在放煤位置时很难达到垂直掩护梁位置，影响放煤的面积，而且折页板铰接处有较大缝隙，密封性能差，故这种放煤机构已基本不用。

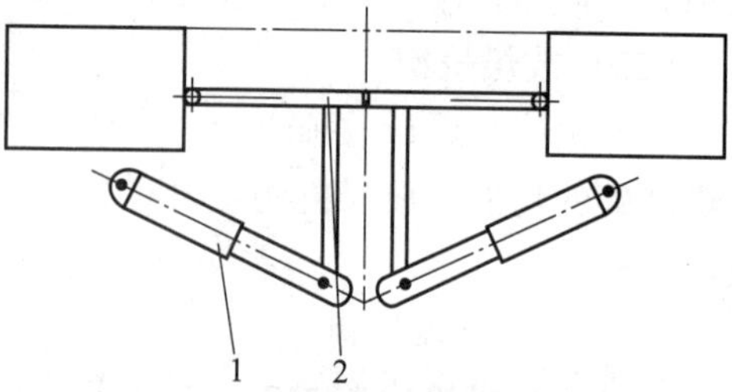

图 2－59　折页式放煤机构

1—折页千斤顶；2—折页板

第六节　单体液压支柱

单体支护设备包括木支柱、金属摩擦支柱、单体液压支柱、金属铰链顶梁、切顶支柱和滑移顶梁支架。

木支柱强度受材质影响很大，各支柱承载不均衡，回柱困难，效率低，回柱后复用率低，木材浪费量大，工作面顶板下沉量大，冒顶事故多，不安全，不适合机械化采煤；但其质量小，适应性强。

金属摩擦支柱结构简单，质量小，造价低，回柱后复用率高，但初撑力小且不均匀，支承力受温度和湿度的影响大，容易造成工作面顶板不均衡下沉和破碎，影响安全生产，也无法保证足够的恒增阻降距。

单体液压支柱是介于金属摩擦支柱和液压支架间的一种支护设备。单体液压支柱具有体积小、支护可靠、使用和维护方便等优点。它既可与金属铰接顶梁配套用于普通机械化采煤工作面支护顶板和综合机械化采煤工作面支护端头，也可作单独点柱或其他临时性支护，适用于倾角小于 25°、比压大于 20 MPa 的缓倾斜煤层。单体液压支柱工作阻力恒定，各支柱承受载荷均匀，初撑力大，支设效率高，操作方便，工人劳动强度低，可实现远距离卸载，回柱安全，工作面顶板下沉量小，冒顶事故少；但构造比较复杂，如果局部密封失效，会导致整个支架失去支承能力，检修量大，维护费用高。

从安全状况的改善、工作面生产率的提高、辅助材料消耗量的降低以及最终实际支护费用的降低等方面来分析，单体液压支柱具有较明显的综合优势。

一、单体液压支柱

单体液压支柱在工作面的布置情况如图 2－60 所示，由泵站经主油管 1 输送的高压乳化液用注液枪 6 注入单体 4，每一个注液枪可担负几个支柱的供液工作。在输送管路上装有总截止阀 2 和支管截止阀 3，以作控制用。活塞式单体液压支柱按提供注液方式不同，分为外注式和内注式两种。前者结构复杂，质量大，支承升柱速度慢，故使用不如后者普遍。

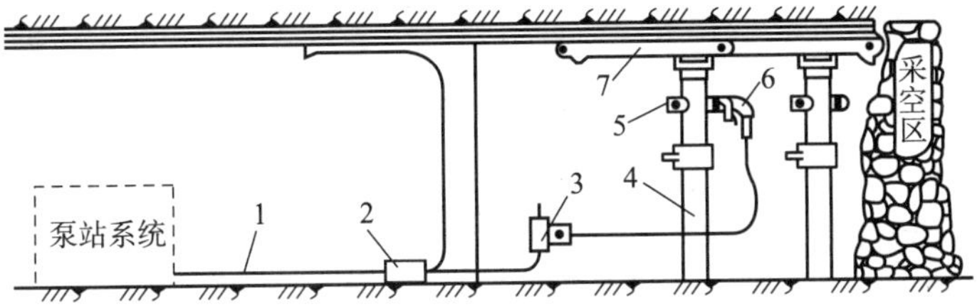

图 2－60　单体液压支柱工作面布置图

1—主油管；2—总截止阀；3—支管截止阀；4—单体；5—三用阀；6—注液枪；7—顶梁

二、支柱型号组成和排列方式

产品类型及特征代号用汉语拼音大写字母表示：D 表示单体液压支柱，第一特征代号中 N 表示内注式支柱，W 表示外注式支柱；第二特征代号中 S 代表双伸缩，无字母代表单伸缩，Q 代表轻合金。主参数用阿拉伯数字表示，补充特征代号一般不用。修改序号用加括号的大写拼音字母（A）、（B）、（C）…表示，用来区分类型、主参数、特征代号均相同的不同产品。支柱型号组成和排列方式如图 2－61 所示。外注式系列单体液压支柱规格及主要技术特征如表 2－6 所示。

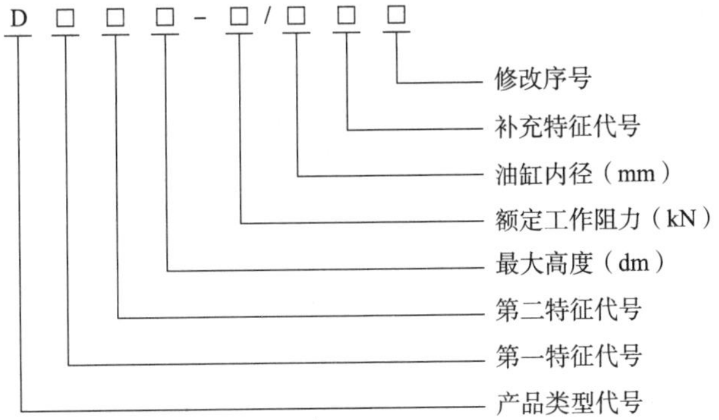

图 2－61　支柱型号组成和排列方式

表 2-6　外注式系列单体液压支柱规格及主要技术特征

项目	DW06-300/100	DW08-300/100	DW10-300/100	DW12-300/100	DW14-300/100	DW16-300/100	DW18-300/100	DW20-300/100	DW22-300/100	DW25-300/100	DW28-300/100	DW31.5-300/100	DW35-300/100
最大高度/mm	600	800	1 000	1 200	1 400	1 600	1 800	2 000	2 240	2 500	2 800	3 150	3 500
最小高度/mm	485	578	685	792	900	1 005	1 110	1 240	1 440	1 700	2 000	2 350	2 700
工作行程/mm	145	222	315	408	500	595	690	760	800	800	800	800	800
质量/kg	25.1	26.2	32	36.3	40	43.5	47	48	55	58	70	76.4	82.8
装液量/kg	0.9	1.1	0.9	1.2	1.5	1.8	2.1	4	5	5	5	5	5
额定工作阻力/kN	300									250		200	
额定工作液压/MPa	38.2									31.8		25.5	
初撑力/kN 泵压（20 MPa）	118												
初撑力/kN 泵压（25 MPa）	157												
油缸内径/mm	100												
使用手柄回柱的最大力/kN	<200												
降柱速度/（$mm \cdot s^{-1}$）	>40												
工作液	含煤 10（M10）乳化油（或含 MDT 乳化油），1%～2%乳化液												
顶盖形式	四爪顶盖或铰接顶盖												
是否用顶梁	用												
底梁面积/cm^2	113 或 176.7 大底座												

三、ND 型内注式单体液压支柱

国内外生产的各种类型的内注式单体液压支柱在结构上大同小异，差别不大。以 ND18－25/80 型为例说明内注式单体液压支柱的符号意义：N—内注式；D—单体液压支柱；18—支柱最大高度，1 800 mm；25—支柱额定工作阻力，25 kN；80—油缸直径，80 mm。

内注式单体液压支柱的结构如图 2－62 所示，它由顶盖、通气阀、安全阀、卸载阀、活塞、活柱体、油缸、手摇泵和手把体等部分组成。

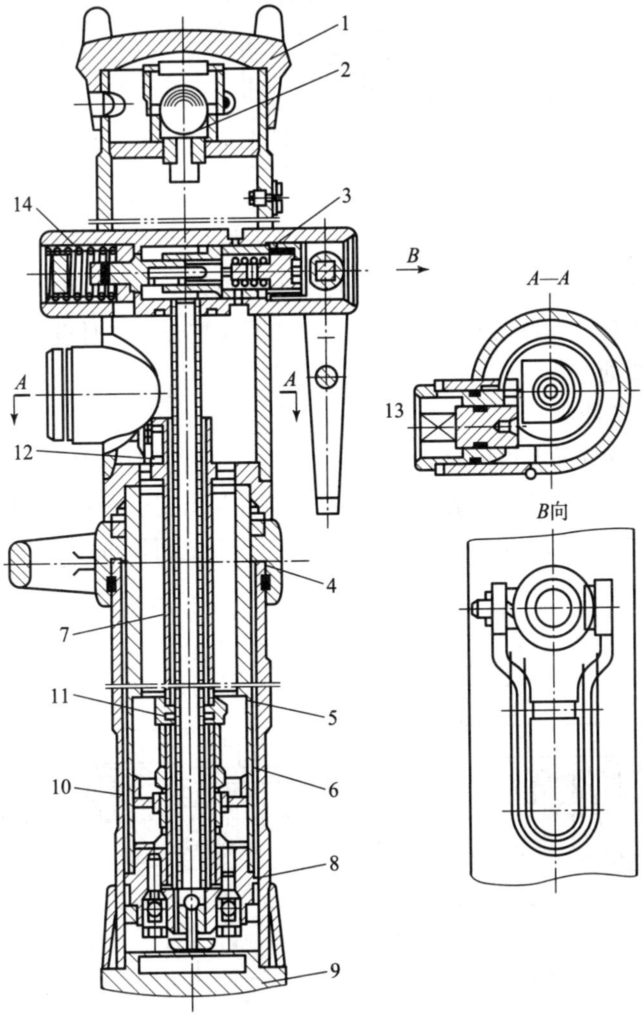

图 2－62　内注式单体液压支柱的结构

1—顶盖；2—通气阀；3—安全阀；4—活柱体；5—柱塞；6—防尘圈；7—手把体；8—油缸体；9—活塞；10—螺钉；11—曲柄；12—卸载阀垫；13—卸载装置；14—套管

（一）通气阀

内注式单体液压支柱是靠大气压力进行工作的。活柱体升高时，活柱体内腔储存的液压油不断压入油缸，需要不断补充大气；活柱体下降时，油缸内液压油排出活柱体内腔，活柱体内腔的多余气体通过通气阀排出；支柱放倒时通气阀自行关闭，防止内腔液压油漏出。NDZ 型内注式单体液压支柱采用重力式通气阀，其结构如图 2－63 所示，它由端盖、钢球、阀体、顶杆、阀芯和弹簧等部件组成。

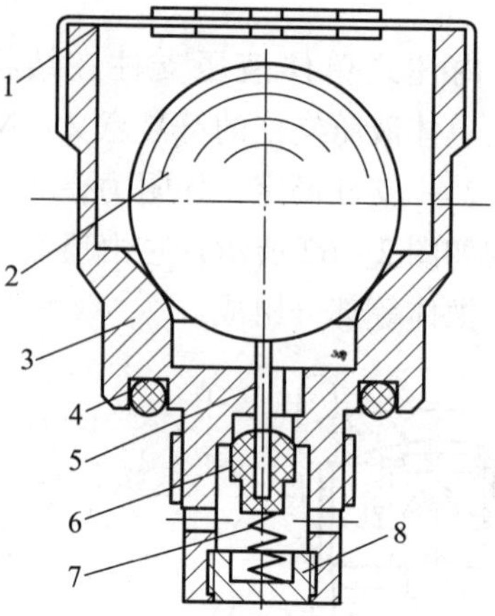

图 2-63 通气阀的结构

1—端盖；2—钢球；3—阀体；4—密封圈；5—顶杆；6—阀芯；7—弹簧；8—螺母

端盖 1 上装有两道过滤网，以防止吸气时煤尘等脏物进入活柱内腔。支柱在直立时，钢球 2 的质量作用在顶杆 5 和阀芯 6 上，从而使通气阀被打开。这时空气经过滤网、阀芯 6 和阀体 3 与活柱上腔相通。

（二）安全阀和卸载阀

内注式单体液压支柱随着顶板的下沉，活柱要下降一点，但要求支柱对顶板的作用力应基本上保持不变，即支柱的工作特性是恒阻力，这一特性是由安全阀来调定保证的。同时安全阀又起着保护作用，使支柱不致因超载过大而受到损坏。安全阀和卸载阀如图 2-64 所示。

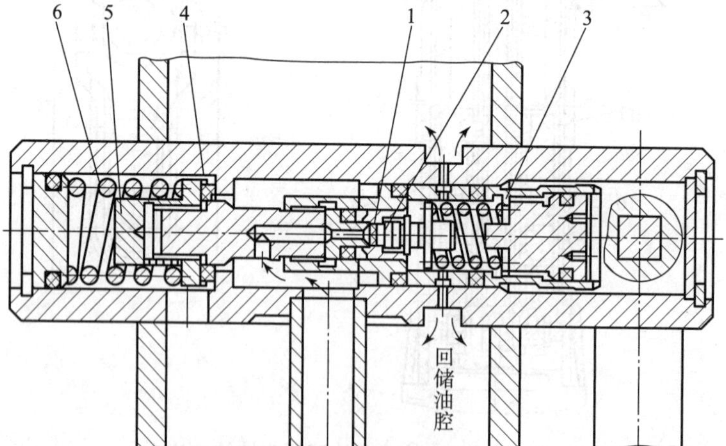

图 2-64 安全阀和卸载阀

1—安全阀垫；2—导向套；3—弹簧；4—卸载阀垫；5—卸载阀座；6—弹簧

当支柱所承受的载荷超过额定工作阻力，高压液体作用在安全阀垫 1 和六角形的导向套 2 上的推力大于安全阀的弹力时，使弹簧 3 被压缩，安全阀垫与导向套一起向右移位而离开阀座。这时，高压液体便经阀针节流后从阀座与阀垫及导向套之间的缝隙外溢，使支柱内腔的液体压力降低，于是支柱下降。若支柱所承受的载荷低于额定工作阻力，高压液体作用在阀垫和导向套上的力减小，这时阀垫和导向套在弹簧力的作用下向左移动复位，关闭安全阀，高压液体停止外溢，支柱载荷不再降低，保证支柱基本恒阻。安全阀弹簧的压缩力是由右边的调压螺钉来调定的，以适应不同的工作阻力。

内注式单体液压支柱在正常工作时要求卸载阀关闭。当回柱时，将卸载阀打开，使油缸的高压液体经该阀流回到活柱内腔，从而达到降柱的目的。卸载阀由卸载阀垫、卸载阀座和弹簧等部件组成。为了减少卸载时高压液体的运动阻力，提高密封性能，将卸载阀垫密封面制成圆弧形。

（三）活塞

活塞是密封油缸和活柱在运动时的导向装置，其上装有手摇泵及有关阀组。

内注式支柱主要技术特征见表 2－7。

表 2－7　内注式支柱主要技术特征

项目 规格	DN04	DN05	DN06	DN08	DN10	DN12	DN14	DN16	DN18
最大高度/mm	430	510	630	800	1 000	1 200	1 400	1 600	1 800
最小高度/mm	360	410	510	590	770	850	1 000	1 100	1 200
工作行程/mm	70	100	140	210	300	350	400	500	600
额定工作阻力/kN	250								
额定工作油压/MPa	49.7								
油缸内径/mm	80								
初撑力/kN	49					68.7～78.5			
底座面积/cm²	120					129			
初撑时作用在手把上的最大力矩/(N·m)	<200								
使用手把回柱的最大力矩/(N·m)	<200								
空载时手把摇动一次活柱升高值/mm	≥12					≥20			
全行程降柱速度/(mm·s⁻¹)	>20					>30			
回柱方式	用卸载工具进行操作								
工作液体	N7 液压油/5#液压油								
顶盖形式	柱帽					顶盖或铰接顶盖			
是否用顶梁	不用					用			
重量/kg	17	20	23	26	29	34	38	41	45
装油量/L	0.6	0.9	1	1.3	1.7	2.1	2.5	3	3.3
适用煤层厚度/m	0.4	0.5	0.6	0.7～0.8	0.9～1	1.1～1.2	1.3～1.4	1.4～1.6	1.5～1.8

四、外注式单体液压支柱

支柱由顶盖、三用阀、活柱体、复位弹簧、手把体、活塞、底座体等主要零部件组成，如图2-65所示。

(一) 顶盖

顶盖是直接和顶梁接触的受载零件，它通过三只弹性圆柱销和活柱体相连接。

(二) 三用阀

三用阀由单向阀、安全阀和卸载阀组成。

三用阀是外注式单体液压支柱的心脏，其结构如图2-66所示。单向阀供单体液压支柱注液用，卸载阀供单体液压支柱卸载回柱用。安全阀保证单体液压支柱具有恒阻特性。DW型外注式单体液压支柱采用的安全阀、卸载阀及单向阀，三个阀组装在一起，以便于井下更换和维修。使用时，利用左右阀筒上的螺纹将二用阀连接组装在支柱柱头上，依靠阀筒的O形密封圈与柱头密封。单向阀供支柱注液时用。

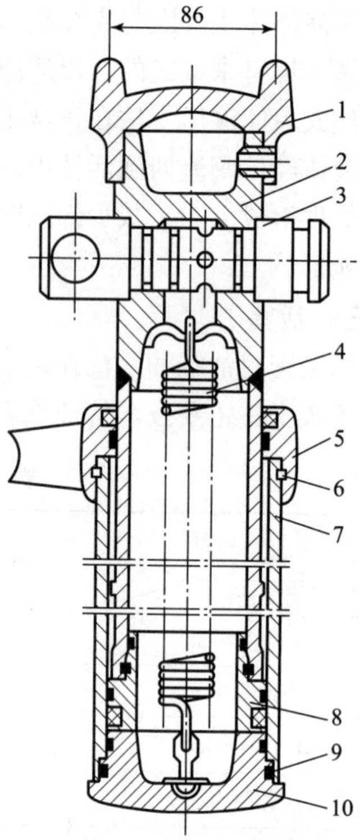

图2-65 DW型外注式单体液压支柱

1—顶盖；2—活柱体；3—三用阀；4—复位弹簧；5—缸口盖；6，9—连接钢丝；7—缸体；8—活塞；10—缸底

(三) 活柱体

活柱体是支柱上部的承载杆件，它由柱头、弹簧上挂钩和活柱筒等零件焊接而成。

(四) 复位弹簧

复位弹簧的作用是回柱时使活柱体迅速复位，缩短回柱时间。

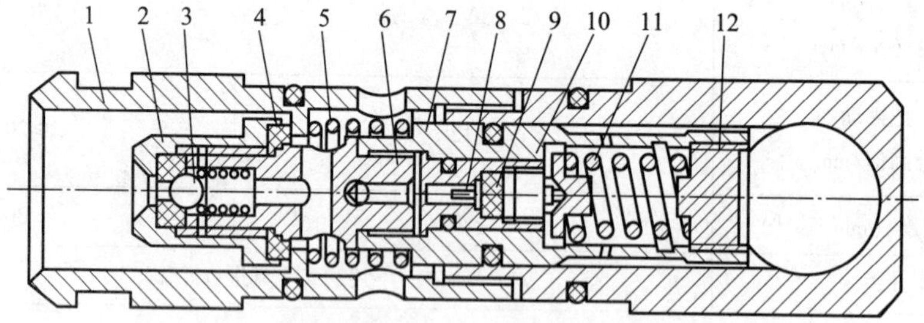

图2-66 三用阀

1—左阀筒；2—注液阀体；3—钢球；4—卸载阀垫；5—卸载阀弹簧；6—连接螺杆；7—阀套；8—安全阀针；9—安全阀垫；10—导向套；11—安全阀弹簧；12—调压螺钉

(五) 手把体

手把体通过连接钢丝和油缸相连接，能绕油缸自由转动，便于操作和搬运，手把体沟槽内装有防尘圈，以防脏物进入油缸。

(六) 活塞

活塞部件由活塞、Y形密封圈、皮碗防挤圈、活塞导向环、O形密封圈、活塞防挤圈等组成，它通过连接钢丝和活柱体相连接，活塞起活柱体导向及与油缸的密封作用。

（七）底座体

底座体由底座、弹簧挂环、O形密封圈和防挤圈等组成，它通过连接钢丝和油缸相连，是支柱底部密封和承载的零件。

工作原理：

1. 升柱

支柱在使用时将液枪插入三用底注液中，挂好锁紧套，握紧注液枪手把，高压液体将单向阀打开（图2－67（a）），流入支柱下腔使活柱体上升。

2. 初撑

当支柱使金属顶梁紧贴工作面顶板后，松开注液枪手把，此时支柱内腔工作液压力为泵站压力，即支柱达到了额定的初撑力。

3. 承载

随着采煤工作面的推进，工作面顶板作用在支柱上的载荷逐渐增大，当载荷超过支柱额定工作阻力时，高压液体将三用阀中的安全阀打开（图2－67（b）），液体外溢，支柱下缩；当支柱所受载荷低于额定工作阻力时，在安全阀弹簧的作用下，安全阀关闭，液体停止外溢。上述现象反复出现。因此，支柱工作载荷始终保持在额定的工作阻力，故称为恒阻式支柱。

4. 回柱

工作面回柱时，将卸载手把插入三用阀卸载孔中，转动卸载手把，迫使三用阀套做轴向移动，从而打开三用阀中的卸载阀，支柱内腔工作液经卸载阀排入老塘，活柱体在自重和复位弹簧的作用下回缩，达到回柱的目的，如图2－67（c）所示。

外注式系列单体液压支柱规格及主要技术特征见表2－8。

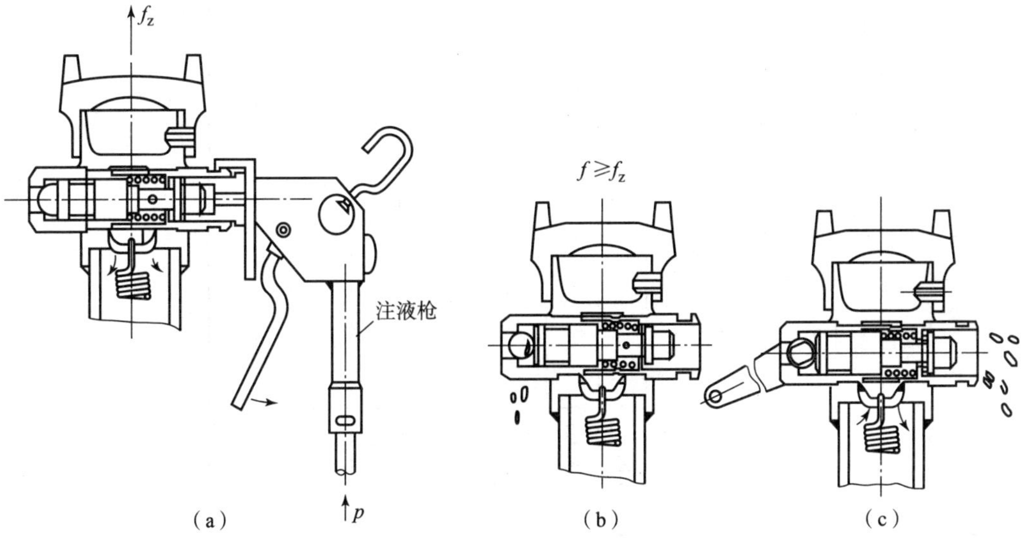

图2－67　单体液压支柱工作原理

表 2－8　外注式系列单体液压支柱规格及主要技术特征

项目		DW06－300/100	DW08－300/100	DW10－300/100	DW12－300/100	DW14－300/100	DW16－300/100	DW18－300/100	DW20－300/100	DW22－300/100	DW25－300/100	DW28－300/100	DW31.5－300/100	DW35－300/100
最大高度/mm		600	800	1 000	1 200	1 400	1 600	1 800	2 000	2 240	2 500	2 800	3 150	3 500
最小高度/mm		485	578	685	792	900	1 005	1 110	1 240	1 440	1 700	2 000	2 350	2 700
工作行程/mm		145	222	315	408	500	595	690	760	800	800	800	800	800
重量/kg		25.1	26.2	32	36.3	40	43.5	47	48	55	58	70	76.4	82.8
装液量/kg		0.9	1.1	0.9	1.2	1.5	1.8	2.1	4	5	5	5	5	5
额定工作阻力/kN		300									250		200	
额定工作液压/MPa		38.2									31.8		25.5	
初撑力/kN	泵压（20 MPa）	118												
	泵压（15 MPa）	157												
油缸内径/mm		100												
使用手把回柱的最大力/kN		＜200												
降柱速度/($mm \cdot s^{-1}$)		＞40												
工作液		含煤 10（M10）乳化油（或含 MDT 乳化油）1%～2%乳化液												
顶盖形式		四爪顶盖或铰接顶盖												
底梁面积/cm^2		113 或 176.7 大底座												

第七节 支架的运输、安装、操作、维护和故障排除

一、支架在地面和井下的运输

（一）地面运输

本支架按既定运输方式运输。其运输状态是：支架降至最低高度；侧护板收回，并锁紧；推移杆收回，用铁丝固紧于底座上；所有拆下的胶管应加塑料堵（或帽），并固定在适当位置。

（二）井下运输

支架下井前，应由矿井主管工程师按当地煤矿的安全要求及井下运输条件制定下井方案（包括调试好整个支架的外形尺寸）和计划进程，并提出安全措施，同时注意以下事项：

（1）根据使用本支架矿井的采煤方向，注意支架活动侧护板方向，使之与工作面相适应。

（2）支架如需部分解体，请将液压中拆下的胶管口堵好，并捆扎固定好软管头以防磕碰。

（3）井下运输时，需使用平车。平车尺寸要适合井下运输条件，平车承载能力应与支架或部件质量相适应；要求前后装匀、左右装正，使重心位置尽可能在平车的中心部位。

（4）巷道的断面尺寸及转弯尺寸应能保证装有支架或部件的平车顺利通过。

二、支架在工作面的安装

支架进入工作面后，需注意以下事宜：

（1）安装时应使支架中心距为1.5 m，并排列在一条直线上且相互平行，以保证支架与运输机连接准确。

（2）拆除活动侧护板的锁紧件，升起支架，撑住顶板。

（3）调定泵站压力，调好后接通液压管路，接通时，建议将乳化液放掉少许冲一下液压系统，以免将脏物带入液压系统中。

工作面全部设备安装完毕后，进行调试和空运转，试生产经检验合格后方可正式投入生产。

三、对支架操作及维护的要求

（1）组建好综采队伍：组建综采队伍，要先配好综采管理干部、技术人员，调集有一定文化水平、业务技术和思想作风好的操作维护工人，组成综采队。

（2）培训好综采队伍：对综采管理干部、技术人员和操作维护人员必须进行技术培训，要求了解综采设备结构、性能，熟悉并掌握操作维护技能，经考核合格，才能操作、维护设备。

（3）建立健全规章制度：包括综采管理制度、作业规程、操作和维修制度、交接班制度、安全生产制度、技术学习和经验交流制度、事故分析检查制度、班级原始记录和成本核算制度、备配件领用制度等，确保管好、用好综采设备。

（4）矿井建立地面维修车间：井下更换并上井的液压元件（立柱、千斤顶、阀、胶管接头等）要及时进行清洗、维修，并做防锈蚀处理；对阀类（尤其安全阀）要进行调试，保证其良好的性能。

（5）建立零部件专库：零部件（包括备配件）要分类存放，登记造册，账、卡、物相符，严格领用手续；备配件要有足够储备；液压元件要做好防污染和防锈蚀处理。

四、支架操作注意事项

为了操作方便和便于记忆，换向阀组中每片阀都带有动作标记，要严格按标记操作，不得误操作。操作工必须了解支架各元件的性能和作用，并熟练、准确地按操作规程进行各种操作。归纳起来，支架操作要做到：快、够、正、匀、平、紧、严、净。

"快"——移架速度快；"够"——推移步距够；"正"——操作正确无误；"匀"——平稳操作；"平"——推溜移架要确保三直两平；"紧"——及时支护，紧跟采煤机；"严"——接顶挡矸严实；"净"——架前架内浮煤、碎矸，及时清除。

基本操作程序一般为：割煤——拉架——移前部输送机——放顶煤——移后部输送机，要求跟机及时支护顶板，移架距离滞后采煤机滚筒 3 ~ 5 m，当推溜要滞后 10 ~ 15 m 放顶煤时，放煤工要多次反复操作，当放煤口见矸后，应及时伸出插板，关闭放煤口。

及时清除支架和输送机之间的浮煤碎矸，以免影响移架；定期清除架内推杆下和柱窝内的煤粉、碎矸；定期冲洗支架内堆积的粉尘。

爱护设备，不准用金属件、工具等物碰撞液压元件，尤其要注意防止碰、砸伤立柱和千斤顶活塞杆的镀层以及挤坏胶管接头。

操作过程中若出现故障，要及时排除，操作工也应带一定数量的密封件和易损件，一般故障操作工应能排除；个人不能排除的故障要报告，会同维修工及时查找原因，采取措施迅速排除，不能及时排除的要更换。

五、支架的维护和管理

（一）基本要求

掌握液压支架有关知识，了解各零部件结构、规格、材质、性能和作用，熟练地进行维护和检修，遵守维护规程，及时排除故障，保持设备完好，保证正常安全生产。

（二）维护内容

维护内容包括日常维护保养和拆检维修，维护的重点是液压系统。

（1）日常维护保养做到：一经常，二齐全，三无漏堵。

"一经常"——维护保养工作要经常。

"二齐全"——连接件齐全，液压元部件齐全。

"三无漏堵"——阀类无漏堵，立柱千斤顶无漏堵，管路无漏堵。

（2）液压件维修的原则是：井下更换，井上拆检。

维修前做到：一清楚，二准备。

"一清楚"——维护项目和重点要清楚。

"二准备"——准备好工具，尤其是专用工具；准备好备用配件。

维护时做到：了解核实无误，分析准确，处理果断，不留后患。

“了解核实无误”——了解出故障的前因后果并核实无误。

“分析准确”——分析故障部位及原因要准确。

“处理果断”——判明故障后要果断处理，该更换的即更换，需拆检的即上井检修。

“不留后患”——树立高度责任感和事业心，排除故障不马虎、不留后患，设备不“带病运转”。

（三）坚持维修检修制度

做到五检：班随检，日小检，周（旬）中检，月大检，季（年）总检。

“班随检”——生产班维修工跟班随检，着重维护保养和一般故障处理。

“日小检”——检修班维护检修可能发生故障的部位和零部件，基本保证三个生产班不出大的故障。

“周（旬）中检”——在班检、日检的基础上进行周（旬）末的全面维修和检修，对磨损、变形较大和漏堵零部件进行“强迫”更换，一般在6 h内完成，必要时可增加1～2 h。

“月大检”——在周（旬）检基础上每月进行一次全面检修，统计出设备完好率，给出故障规律，采取预防措施，一般在12 h内完成，必要时可延长至一天，列入矿检修计划。

“季（年）总检”——在每月的基础上每季（年）进行总检，一般在一天内完成，也可与当日大检结合进行，统计出季（年）设备完好率，验证故障规律，总结出经验教训（亦可搞半年总结和年终总结）。

（四）维护工要求

维护工要求做到：一不准，二安全，三配合，四坚持。

“一不准”——井下不准随意调整安全阀压力。

“二安全”——维护中要保证人和设备安全。

“三配合”——生产班配合操作工维护保养好支架，检修班配合生产班保证生产班无大故障，检修时与其他工种互相配合，共同完成检修班任务。

“四坚持”——坚持正规循环和检修制度，坚持事故分析制度，坚持写检修日志和填写有关表格，坚持技术学习以提高业务水平。

六、支架常见故障及其排除

支架经过了样机各种受力状态下的性能试验、强度试验和耐久性试验，整套工作面支架出厂经过了严格的验收。因此，支架经受了各种考验，主要结构件和液压元件的强度足够，性能可靠，在正常情况下一般不会发生大的故障。但是，支架在井下使用的过程中，由于煤层地质条件复杂，影响因素也较多，如果在维护方面存在隐患，则支架出故障也是难免的。因此，必须加强对综采设备的维护管理，使支架不出现或少出现故障。然而，一旦出现故障，不管故障大小，都要及时查明原因并迅速排除，使支架保持完好，以保证综采工作面的设备正常运转。

（一）结构件和连接销轴

1. 结构件

支架的结构件通常不会出现大的问题，主要结构件的设计强度足够，但在使用过程中也可能出现局部焊缝裂纹，可能出现裂纹的部位有：顶梁柱帽和底座柱窝附近；各种千斤顶支承耳座四周；底座前部中间低凹部分等。其原因可能是：使用中出现特殊集中受力状态；焊缝的质量差；焊缝应力集中或操作不当等。处理办法：采取措施防止焊缝裂纹扩大；不能拆换上井的结构件，待支架转移工作面时上井补焊。

2. 连接销轴

结构件间以及与液压元件连接所用的销轴可能出现磨损、弯曲和断裂等情况。结构件的连接销轴有可能磨损，一般不会弯断；千斤顶和立柱两头的连接销轴出现弯断的可能性大。销轴磨损和弯断的原因：材质和热处理不符合设计要求；操作不当等。如发现连接销轴磨损、弯断，要及时更换。

（二）液压系统及液压元件

支架的常见故障，多数与液压系统的液压元件有关，诸如胶管和管接头漏液、液压控制元件失灵、立柱或千斤顶不动作，等等。因此，支架的维护重点应放在液压系统和液压元件方面。

1. 注意事项

（1）拆卸液压元件、胶管前，检查内部是否有压力，若有，应先释放内部压力，以免高压液体喷出伤人。

（2）支架用的各种阀类，以及各种液压缸，均不允许在井下进行拆检和调整，若有故障，需由专人负责，用质量合格及相同型号、规格的阀件或液压缸进行整体更换，而且应确保所更换的液压元件具有有效期内的安全标志证书。

2. 胶管及管接头

造成支架胶管和管接头漏液的原因是：O 形密封圈或挡圈大小不当或被切、挤坏，管接头密封面磨损或尺寸超差；胶管接头扣压不牢；在使用过程中胶管被挤坏、接头被碰坏；胶管质量不好或过期老化、起包渗漏等。采取的措施是：对密封件大小不当或损坏的要及时更换密封圈；其他原因造成漏液的胶管、接头均应更换并上井检修；胶管接头在保存和运输时，必须保护密封面、挡圈和密封圈不被损坏；换接胶管时不要猛砸硬插，安好后不要拆装过频，平时注意整理好胶管，防止挤碰胶管、接头。

3. 液压控制元件

支架的液压元件，诸如换向阀、液控单向阀、安全阀、截止阀、回油断路阀、过滤器等，若出现故障，则常常是密封件（如密封圈、挡圈、阀垫或阀座）等关键件损坏不能密封，也可能是阀座和阀垫等塑料件扎入金属屑而密封不住；液压系统污染，脏物、杂质进入液压系统又未及时清除，致使液压元件不能正常工作；弹簧不符合要求或损坏，使钢球不能复位密封或影响阀的性能（如安全阀的开启、关闭压力出现偏差）；个别接头和焊堵的焊缝可能渗漏，等等。采取的措施是：液压控制元件出现故障，应及时更换并上井检修；保持液压系统清洁，定期清洗过滤装置（包括乳化液箱）；液压控制元件的关键件（如密封件）要保护好不受损坏，弹簧要定期抽检性能，阀类要做性能试验，焊缝渗漏要在拆除内部密封件后进行补焊，按要求做压力试验。

4. 立柱及千斤顶

支架的各种动作，要由立柱和各类千斤顶根据要求来完成，如果立柱或千斤顶出现故障（如动作慢或不动作），则会直接影响支架对顶板的支护和推移等功能。立柱或千斤顶动作慢，可能是由乳化液泵压力低、流量不足造成，也可能是进回液通道有阻塞现象，或者是几个动作同时操作造成短时流量不足；液压系统及液压控制元件有漏液现象，也是一个原因。

但立柱或放顶煤不动作，则主要原因可能是管路阻塞，不能进回液；控制阀（单向阀、安全阀）失灵，进回液受阻；立柱、千斤顶活塞密封渗漏窜液；立柱、千斤顶缸体或活柱（活塞杆）受侧向力变形；截止阀未打开，等等。采取的措施有：管路系统有污染时，及时清洗乳化液箱和清洗过滤装置；随时注意观察，不使支架蹩卡；立柱、千斤顶在排除蹩卡等原因后仍不动作，则立即更换并上井拆检；焊缝渗漏要在拆除密封件后到地面补焊并保护密封面。

（三）支架的操作和支护

在支架的操作和支护过程中可能出现的故障有：初撑力偏低，工作阻力超限，推溜不直，移架不及时；顶板管理不善，出现顶空、倒架等现象。

1. *初撑力和工作阻力*

支架初撑力的大小对控制顶板下沉和管理顶板有直接关系，因此必须保证放顶煤有足够的初撑力。

出现初撑力偏低，主要原因是作为支架动力的乳化液压力不足或液压系统漏液；操作时充液时间短也是一个原因。

保证足够初撑力的措施是：乳化液泵站的压力必须保持在额定工作压力范围内，并随时观察乳化液泵站的压力变化，及时调整压力；液压系统不能漏液，尽量减少管路压力损失。但过大的初撑力对某些顶板管理不利。

支架的工作阻力超限，对支架部件和液压元件不利，甚至造成损坏。

支架工作阻力超限的主要原因是：安全阀调定压力超过要求的额定工作压力；安全阀失去作用，达到额定的工作阻力时，安全阀不开启泄液而继续承受增阻压力，造成工作阻力超限。

防止工作阻力超限的办法是：对安全阀要定期检查调试，安全阀调定压力应严格控制在额定工作压力（即工作阻力）；在井下不得随意调整安全阀的工作压力。如果没安装测压阀，只看安全阀又不能判定工作阻力是否超限，则在顶板初次来压和周期来压时观察，若大部分安全阀，甚至全部安全阀没开启，则必须检测安全阀是否可靠。通常情况下，工作面顶板来压或局部压力增大而使安全阀开启泄液，这是正常现象；相反，安全阀不开启泄液，则说明支架工作阻力选得大或调得过高。另外，工作阻力偏低也不行，因为不利于管理顶板。

2. *推溜和移架*

综采工作面要保持平直，其与采煤机割煤时的顶、底板是否平直有直接关系，也与推溜和移架是否平直有关，两者是相互影响的。如果顶、底板割得起伏不平，甚至割出台阶，就不能顺利推溜、移架，推溜、移架的距离不够，反过来又会影响采煤机的截深；若顶、底板起伏不平，输送机和支架歪斜，可能会出现采煤机滚筒割铲煤板或前梁。推溜、移架是否平直，是工作面保持三直两平的关键。

ZF6400 型放顶煤支架采用及时支护方式推移支架。在正常情况下，当采煤机割过煤后，以临架操作方式，按顺序逐架移架。若顶板破碎、悬顶面积大，则可在采煤机割完顶板时，将支架护帮板伸出，及时维护煤帮顶板，保证其完整性。移架后，距采煤机 10 ~ 15 m 开始推移输送机，推溜和移架要协调，其弯度不可过大，一般 2 ~ 3 次到位。拉架（或推前部溜）后，操作后部千斤顶，将后部溜移到位，要多次操作，避免发生错槽事故。

3. 防护装置

综采工作面的防护装置要视井下情况正确选择和使用，使用不当可能出现故障，例如，煤层倾角较大时，若不能防止输送机下滑，则支架也会跟着输送机向下滑移，若护帮板不及时收回或收回不够，则会影响采煤机割煤或打坏截齿；活动侧护板若发生误动作，可能造成窜矸并碰伤和损坏设备等。

4. 放顶煤

移过后部输送机后，达到了规定的放煤步距，就开始放顶煤。操作插板千斤顶，收回插板，顶煤流入后部输送机并被运走。适当摆动尾梁，可促使顶煤破碎下滑，如有大块煤可用插板插碎。放煤工要反复多次操作，只要见矸，则及时伸出插板，停止放顶煤。

液压系统常见故障、原因及排除方法见表2－9。

表2－9　液压系统常见故障、原因及排除方法

部位	故障现象	可能原因	排除方法
乳化液泵站	1. 泵不能运行	1. 电气系统故障； 2. 乳化液箱中乳化液流量不足	1. 检查维修电源、电动机、开关、保险等； 2. 及时补充乳化液，处理漏液
	2. 泵不输液，无流	1. 泵内有空气，没放掉； 2. 吸液阀损坏或堵塞； 3. 柱塞密封漏液； 4. 吸入空气； 5. 配液口漏液	1. 使泵通气、经通气孔注满乳化液； 2. 更换吸液阀或清洗吸液管； 3. 拧紧密封； 4. 更换密封套； 5. 拧紧螺丝或换密封
	3. 达不到所需工作压力	1. 活塞填料损坏； 2. 接头或管漏液； 3. 安全阀调值低	1. 更换活塞填料； 2. 拧紧接头，更换管子； 3. 重调安全阀
	4. 液压系统有噪声	1. 泵吸入空气； 2. 液箱中没有足够的乳化液； 3. 安全阀调值太低，发生反作用	1. 密封吸液管、配液器、接口； 2. 补充乳化液； 3. 重调安全阀
	5. 工作面无液流	1. 泵站或管路漏液； 2. 安全阀损坏； 3. 截止阀漏液； 4. 蓄能器充气压力不足	1. 拧紧接头、更换坏管； 2. 更换安全阀； 3. 更换截止阀； 4. 更换蓄能器或重新充气
	6. 乳化液中出现杂质	1. 乳化液箱口未盖严实； 2. 过滤器太脏、堵塞； 3. 水质和乳化油问题	1. 添液、查液后盖严； 2. 清洗过滤器或更换； 3. 分析水质、化验乳化油

续表

部位	故障现象	可能原因	排除方法
立柱	1. 乳化液外漏	1. 液压密封件不密封； 2. 接头焊缝裂纹	1. 更换液压密封元件； 2. 拆检补焊
	2. 立柱不升或慢升	1. 截止阀未打开或打开不够； 2. 泵的压力低、流量小； 3. 换向阀漏液或内窜液； 4. 换向阀、单向阀、截止阀等堵塞； 5. 过滤器堵塞； 6. 管路堵塞； 7. 系统有漏液； 8. 立柱变形或内外泄漏	1. 打开截止阀并开足； 2. 查泵压、液源、管路； 3. 更换并上井检修； 4. 查清，更换并上井检修； 5. 更换、清洗； 6. 查清排堵或更换； 7. 查清，更换密封件或元件； 8. 更换并上井拆检
	3. 立柱不降或慢降	1. 截止阀未打开或打开不够； 2. 管路有漏、堵； 3. 换向阀动作不灵； 4. 顶梁或其他部位有蹩卡； 5. 管路有漏、堵	1. 打开截止阀； 2. 检查压力是否过低、管路堵漏； 3. 清理转把处塞矸尘或更换； 4. 排除蹩卡物并调架； 5. 排除漏、堵或更换
	4. 立柱自降	1. 安全阀泄液； 2. 单向阀不能锁闭； 3. 立柱硬管、阀接板漏； 4. 立柱内渗液	1. 更换密封件或重新调定卸载压力； 2. 更换并上井检修； 3. 查清，更换并检修； 4. 其他因素排除后仍降，则换立柱并上井检查
	5. 达不到要求支承力	1. 泵压低，初撑力小； 2. 操作时间短，未达泵压而停供液，初撑力达不到； 3. 安全阀调压低，达不到工作阻力； 4. 安全阀失灵，造成超压	1. 调泵压，排除管路堵、漏； 2. 操作上充液足够； 3. 按要求调安全阀开启压力； 4. 更换安全阀
千斤顶	1. 不动作	1. 管路堵塞，或截止阀未开，或过滤器堵； 2. 千斤顶变形不能伸缩； 3. 与千斤顶连接件蹩卡	1. 排除堵塞部位，打开截止阀并清洗过滤器； 2. 来回供液均不动，则更换并上井检修； 3. 排除蹩卡
	2. 动作慢	1. 泵压低； 2. 管路堵塞； 3. 几个动作同时操作，导致流量不足（短时）	1. 检修泵、调压； 2. 排除堵塞部位； 3. 协调操作，尽量避免过多的同时操作

续表

部位	故障现象	可能原因	排除方法
千斤顶	3. 个别连动现象	1. 换向阀窜液； 2. 回液阻力影响	1. 拆换换向阀并检修； 2. 发生于空载情况，不影响支承
	4. 达不到要求支承力	1. 泵压低，初撑力低； 2. 操作时间短，未达到泵压，初撑力低； 3. 闭锁液路漏液，达不到额定工作阻力； 4. 安全阀开启压力低，工作阻力低； 5. 阀、管路漏液； 6. 单向阀、安全阀失灵，造成闭锁超阻	1. 调整泵压； 2. 操作充液足够，达到泵压； 3. 更换漏液元件； 4. 调安全阀压力； 5. 更换漏液阀、管路； 6. 更换控制阀
	5. 千斤顶漏液	1. 外漏，主要是密封件损坏； 2. 缸底、接头焊缝裂纹	1. 除接头O形密封圈井下更换外，其他均更换并上井检修、补焊； 2. 更换并上井检修、补焊
操纵阀	1. 不操作时有液流声，或活塞杆缓动	1. 钢球与阀座密封不好，内部窜液； 2. 阀座上O形密封圈损坏； 3. 钢球与阀座处被脏物卡住	1. 更换并上井检修； 2. 上井并更换O形圈； 3. 多动作几次无效，则更换、清洗
	2. 操作时液流声大且立柱千斤顶动作慢	1. 阀柱端面不平，与阀垫密封不严，进液三通回液； 2. 阀垫、中阀套处O形密封圈损坏	1. 更换并上井拆换阀柱； 2. 更换并上井拆换
换向阀	1. 阀体外渗液	1. 接头和片阀间O形密封圈损坏； 2. 连接片阀的螺栓、螺母松动； 3. 轴向密封不好，手把端套处渗液	1. 更换O形密封圈； 2. 拧紧螺母； 3. 更换并上井拆换密封件
	2. 操作手把折断	1. 重物碰击而断折； 2. 与阀片垂直方向重压手把； 3. 手把制造质量差	1. 更换，严禁重物撞击； 2. 更换，操作时不要猛推、重压； 3. 更换
	3. 手把不灵活，不能自锁	1. 手把处进碎矸或煤粉过多； 2. 压块磨损； 3. 手把摆角小于80°	1. 清洗； 2. 更换压块； 3. 手把摆角足够

续表

部位	故障现象	可能原因	排除方法
液控单向阀	1. 不能闭锁液路	1. 钢球与阀座损坏； 2. 乳化液中杂质卡住不密封； 3. 轴向密封损坏； 4. 与之配套的安全阀损坏	1. 更换检修； 2. 充液几次仍不密封，则更换检修； 3. 更换密封件； 4. 更换安全阀
	2. 闭锁腔不能回液，立柱千斤顶不向回缩	1. 顶杆断折、变形，顶不开钢球； 2. 控制液路阻塞不通液； 3. 顶杆处损坏，向回路窜液； 4. 顶杆与套或中间阀卡塞，使顶杆不能移动	1. 更换检修； 2. 拆检控制液管，保证畅通； 3. 更换检修，换密封件； 4. 拆检
安全阀	1. 不到额定工作压力即开启	1. 未按要求额定压力调定安全阀开启压力； 2. 弹簧疲劳，失去要求特性； 3. 井下误动了调压螺丝	1. 重新调压； 2. 更换弹簧； 3. 更换并上井调试
	2. 降到关闭压力而不能及时关闭	1. 阀座与阀体等有蹩卡现象； 2. 特性失效； 3. 密封面黏住； 4. 阀座、弹簧座错位	1. 更换并上井检修； 2. 更换弹簧； 3. 更换检修； 4. 更换并上井检查
	3. 渗漏现象	1. O 形密封圈损坏； 2. 阀座与 O 形密封圈不能复位	1. 更换 O 形密封圈； 2. 更换并检查阀座、弹簧等
	4. 外载超过额定工作压力而安全阀不能开启	1. 弹簧力过大，不符合要求； 2. 阀座、弹簧座、弹簧变形卡死； 3. 杂质、脏物堵塞，阀座不能移动，过滤网堵死； 4. 动了调压螺丝，实际超调	1. 更换弹簧； 2. 更换并上井检修； 3. 更换并清洗； 4. 更换并上井重调
其他阀类	1. 截止阀不严或不能开关	1. 阀座磨损； 2. 其他密封件损坏； 3. 手把紧，转动不灵活	1. 更换阀座； 2. 更换密封件 3. 拆检
	2. 回油断路阀失灵，造成回液倒流	1. 阀芯损坏，不能密封； 2. 弹簧力弱或断折，阀芯不能复位密封； 3. 杂质、脏物卡塞，不能密封； 4. 阀壳内与阀芯的密封面被破坏，密封失灵	1. 更换阀芯； 2. 更换弹簧； 3. 更换并清洗； 4. 更换阀壳
	3. 过滤器堵塞	1. 杂质、脏物堵塞，造成液流不通或液流量小； 2. 过滤网破损，失去过滤作用； 3. O 形密封圈损坏，造成外泄液	1. 定期清洗，发现堵塞要及时拆洗； 2. 更换过滤网； 3. 更换 O 形密封圈

续表

部位	故障现象	可能原因	排除方法
辅助元件	1. 高压胶管损坏漏液	1. 胶管被挤、砸坏； 2. 胶管过期，老化断裂； 3. 胶管与接头扣压不牢； 4. 推移、升降时胶管被拉、挤坏； 5. 高、低压管误用，造成裂爆	1. 清理好管路，坏管要更换； 2. 及时更换； 3. 更换； 4. 更换坏管，并整理好胶管，必要时用管夹整理成束； 5. 更换裂管，胶管标记明显
	2. 管接头损坏	1. 在升降、推移架过程中被挤坏； 2. 装卸困难，加工尺寸或密封圈不合格； 3. 密封面或 O 形密封圈损坏，不能密封； 4. 接头体渗液为锻件裂纹气孔缺陷造成	1. 损坏接头应及时更换； 2. 拆检，密封圈不当要更换； 3. 更换密封圈或接头； 4. 更换接头
	3. U 形卡折断	1. U 形卡质量不符合要求，受力折断； 2. U 形卡敲击折断； 3. U 形卡不合规格，松动	1. 更换 U 形卡； 2. 更换并防止重力敲击； 3. 按规格使用，松动时及时复位
	4. 其他辅助液压元件损坏	1. 被挤坏； 2. 密封件损坏，造成不密封	1. 及时更换； 2. 更换密封件

第八节　顶板的分类及架型选择

一、煤层的顶板

（一）伪顶

伪顶是紧贴煤层之上的极易随煤炭的采出而同时垮落的较薄岩层，厚度一般为 0.3 ~ 0.5 m，多由页岩、炭质页岩等组成。

（二）直接顶

直接顶是直接位于伪顶或煤层（如无伪顶）之上的岩层，常随着回撤支架而垮落，厚度一般在 1 ~ 2 m，多由泥岩、页岩、粉砂岩等较易垮落的岩石组成。直接顶的分类如表 2 - 10 所示。

表 2－10 直接顶的分类

项目	1 类（不稳定）		2 类（中等稳定）	3 类（稳定）	4 类（非常稳定）
	Ia（极不稳定）	Ib（较不稳定）			
基本指标/m	$L_z \leqslant 4$	$4 < L_z \leqslant 8$	$8 < L_z \leqslant 18$	$18 < L_z \leqslant 28$	$28 < L_z \leqslant 50$

注：L_z——初次跨落步距，有关这些参数的内容请查阅相关书籍。

（三）基本顶

基本顶又叫老顶，是位于直接顶之上或直接位于煤层之上（此时无直接顶和伪顶）的厚而坚硬的岩层，常在采空区上方悬露一段时间，直到达到相当面积之后才能垮落一次，通常由砂岩、砾岩、石灰岩等坚硬的岩石组成。基本顶的级别如表 2－11 所示。

表 2－11 基本顶的级别

项目		基本顶压力显现等级				
		Ⅰ级（来压不明显）	Ⅱ级（来压明显）	Ⅲ级（来压强烈）	Ⅳ级	
					来压很强烈Ⅳa	来压很强烈Ⅳb
分级界限/m		$D_L \leqslant 895$	$895 < D_L \leqslant 975$	$975 < D_L \leqslant 1\ 075$	$1\ 075 < D_L \leqslant 1\ 145$	$D_L \geqq 975$
典型条件	区间	$N=1\sim2$，$3\sim4$	$N=1\sim2$，$3\sim4$	$N=1\sim2$，$3\sim4$	$N=1\sim2$，$3\sim4$	$N=1\sim2$
	$M=1$ m	$L_0<37$ m，$37\sim41$ m	$L_0=41\sim47$ m，$47-54$ m	$L_0=54\sim72$ m，$72\sim82$ m	$L_0=82\sim105$ m，$105\sim120$ m	$L_0>120$ m
	$M=2$ m	$L_0<30$ m，$30\sim34$ m	$L_0=34\sim38$ m，$38\sim43$ m	$L_0=43\sim58$ m，$58\sim66$ m	$L_0=66\sim85$ m，$85\sim96$ m	$L_0>96$ m
	$M=3$ m	$L_0<24$ m，$24\sim27$ m	$L_0=27\sim31$ m，$31\sim35$ m	$L_0=35\sim46$ m，$46\sim53$ m	$L_0=53\sim68$ m，$68\sim78$ m	$L_0>78$ m
	$M=4$ m	$L_0<19$ m，$19\sim22$ m	$L_0=22\sim27$ m，$27\sim31$ m	$L_0=31\sim41$ m，$41\sim47$ m	$L_0=47\sim55$ m，$55\sim62$ m	$L_0>62$ m

注：L_0——基本顶初次来压步距，m；

N——直接顶充填系数，为直接顶厚度与采高的比值；

M——煤层开采厚度，m。

有关这些参数的内容请查阅相关书籍。

二、液压支架的架型选择

正确选择支架的架型，对于提高综采工作面的产量和效率，充分发挥综采设计的技能，实现高产高效是一个很重要的因素。在具体选择架型时，首先要考虑煤层的顶板条件，它是选择支架架型的主要依据。顶板类级、支架架型的关系如表 2－12 所示。

表 2-12　顶板类级、支架架型的关系

基本顶级别	Ⅰ			Ⅱ			Ⅲ				Ⅳ
直接顶类别	1	2	3	1	2	3	1	2	3	4	4
适用架型	掩护	掩护	掩护	掩护	掩护 支掩	支承	支掩	支掩	支掩 支承	支掩 支承	采高 <2.5 m时，支承 采高 >2.5 m时，支掩

选择架型对，还要考虑下列因素：

（一）煤层厚度

煤层厚度不但直接影响到支架的高度和工作阻力，而且还影响到支架的稳定性。当煤层厚度大于2.5～2.8 m（软煤取下限，硬煤取上限）时，应选用抗水平推力强且带护帮装置的掩护式或支承掩护式支架。当煤层厚度变化较大时，应选用调高范围大的支架。

（二）煤层倾角

煤层倾角主要影响支架的稳定性，倾角大时易发生倾倒和下滑等现象。当煤层倾角大于15°时，应设防滑和调架装置；当倾角超过18°时，应同时具有防滑和防倒装置。

（三）底板性质

底板承受支架的全部载荷，对支架的底座影响较大。底板的软硬和平整性基本上决定了支架底座的结构和支承面积。选型时，要验算底座对底板的接触比压，其值要小于底板的允许比压（对于砂岩底板，允许比压为1.96～2.16 MPa，软底板为0.98 MPa左右）。

（四）瓦斯涌出量

对于瓦斯涌出量大的工作面，支架的通风断面应满足通风的要求，选型时要进行验算。

（五）地质构造

地质结构变化大，煤层厚度变化也较大，顶板允许的暴露面积与时间分别在5～8 m^2和20 min以下时，暂不采用液压支架。

（六）设备成本

在满足要求的前提下，应选用价格便宜的支架。

此外，对于特定的开采要求，应选用特种支架。

三、液压支架参数的确定

（一）支护强度和工作阻力

支护强度取决于顶板性质和煤层厚度。此外，支护强度也可根据下列公式估算：

$$q = KH\gamma \times 10^{-6} \ (\mathrm{MPa})$$

式中　q——支护强度，kN/m^2；

K——作用于支架上的顶板岩石系数，一般取5～8，顶板条件好、周期来压不明显时取下限，否则取上限；

H——采高，m；

γ——顶板岩石密度，一般取 2.3×10^4 N/m。

放顶煤支架的支护强度一般为 0.5～0.7 MPa。

确定支护强度后，按下面公式计算支架的工作阻力：

$$P = qA$$

式中　P——支架的工作阻力，kN；

q——支护强度，kN/m^2；

A——支架的支护面积，m^2。

支架工作阻力 P 应满足顶板支护强度的要求，即支架工作阻力由支护强度和支护面积所决定。

对支承式支架，支架立柱的总工作阻力等于支架工作阻力。对于掩护式和支承掩护式支架，由于受到立柱倾角的影响，故支架工作阻力小于支架立柱的总工作阻力。工作阻力与支架立柱的总工作阻力的比值，称为支架的支承效率，一般为 80%。

（二）初撑力

初撑力的大小是相对于支架的工作阻力而言的，且与顶板的性质有关。较大的初撑力可以使支架较快地达到工作阻力，防止顶板过早离层，增加顶板的稳定性。对于不稳定和中等稳定顶板，为了维护机道上方的顶板，应取较高的初撑力，约为工作阻力的 80%；对于稳定顶板，初撑力不易过大，一般不低于工作阻力的 60%；对于周期来压强烈的顶板，为了避免大面积垮落对工作面的动载威胁，初撑力应约为工作阻力的 75%。

（三）移架力和推溜力

移架力与支架结构、吨位、支承高度及顶板状况是否带压移架等因素有关。一般薄煤层支架的移架力为 100～150 kN，中厚煤层支架力为 150～300 kN，厚煤层支架力为 300～400 kN。推溜力一般为 100～150 kN。

（四）支架调高范围

1. 支架最大高度

支架最大高度是指立柱完全伸出（有加长杆的，加长杆也完全伸出）后支架的垂直高度。

$$H_{\max} = m_{\max} + S_1$$

式中　$H_{\max}$——液压支架最大结构高度，m；

$m_{\max}$——煤层最大开采厚度，m；

S_1——考虑到顶板有伪顶冒落或局部冒落，使支架仍能及时支承到顶板所增加的高度，m。对于大采高支架取 0.2～0.4 m，对于中厚煤层取 0.2～0.3 m，对于薄煤层取 0.1～0.2 m。

2. 支架最小高度

支架的最小结构高度是指立柱（如有加长杆，加长杆也需完全缩回）后支架的垂直高度。

$$H_{\min} = m_{\min} - S_2$$

式中　$H_{\min}$——液压支架的最小高度，m；

$m_{\min}$——煤层的最小开采厚度，m；

S_2——液压支架后排立柱处顶板的下沉量、移架时支架下沉量和顶梁上底板下的浮矸之和，m。对于大采高支架取 0.5～0.9 mm，中厚度煤层支架取 0.3～0.4 m，对于薄煤层支架取 0.15～0.25 m。

3. 支架的伸缩比（调高比）

支架的最大高度与支架的最小高度之比称为伸缩比 K（或调高比），其值的大小反映了支架对煤层厚度变化的适应能力，其值越大，说明支架适应煤层厚度变化的能力越强。采用单伸缩立柱，K 值一般为1.6左右。若进一步提高伸缩比，需采用带机械加长杆的立柱或双伸缩立柱，其 K 值一般为2.5左右。薄煤层支架可达3。

（五）顶梁尺寸及覆盖率

顶梁的长度和宽度取决于支架的类型，它会影响支架与顶板的接触性能、控顶距、移架速度和稳定性，一般在保证一定的工作空间和合理布置设备的前提下，应尽量减小顶梁长度，以缩小控顶距和支架的质量。对于支承式和支承掩护式支架，由于立柱为双排布置，支承力较大，故这类支架的顶梁较长。当采用滞后支护时，顶梁长为2.5 m左右；当采用及时支护时，顶梁全长为3.0～4.0 m。对于掩护式支架，由于一般用于破碎顶板，应尽量减少支架对顶板的重复支承次数，加之立柱多为单排布置，故顶梁长度较小，通常为1.5～2.5 m。

我国支架标准中心距为1.5 m。

支架顶梁与顶板的接触面积和支护面积之比，称为支架的顶板覆盖率。

支架的顶板覆盖率应适合顶板性质，以可靠地控制顶板。一般情况下：不稳定顶板 >85%～95%；中等稳定顶板 >75%～85%；稳定顶板 >60%～70%；坚硬顶板 >60%。

（六）底座的宽度和平均接触比压

煤层顶板的压力，通过支架的立柱和底座传递给底板，在底座与底板接触面积内形成接触正压强，此时压强的平均值即称为平均接触比压。它也是衡量液压支架工作性能的一个参数。

如果平均接触比压大于底板的强度，就会导致底座陷入底板内，不仅移架困难，还会增加顶板的下沉量，降低液压支架的支承能力，甚至使顶板状况变差，出现冒顶事故。

支架底座宽度为1.1～1.2 m。为提高横向稳定性和减小对底板的比压，厚煤层支架可加大到1.3 m左右，放顶煤支架为1.3～1.4 m。

第九节　乳化液泵站

BRW400/31.5型乳化液泵组与相应的乳化液箱配套共同组成乳化液泵站，它是由防爆电动机通过轮胎式联轴器带动泵运转的，具有结构紧凑、体积小、质量小、压力流量稳定、运行平稳、安全性能强和使用维护保养方便等特点。

一、产品用途

BRW400/31.5型乳化液泵组主要用于为煤矿井下综合机械化采煤液压支架提供动力源，也适用于作为地面高压水射流清洗设备以及其他液压设备的动力源。该乳化泵流量为400 L/min，压力为31.5 MPa。BRW系列乳化液泵站型号的意义如图2-68所示。

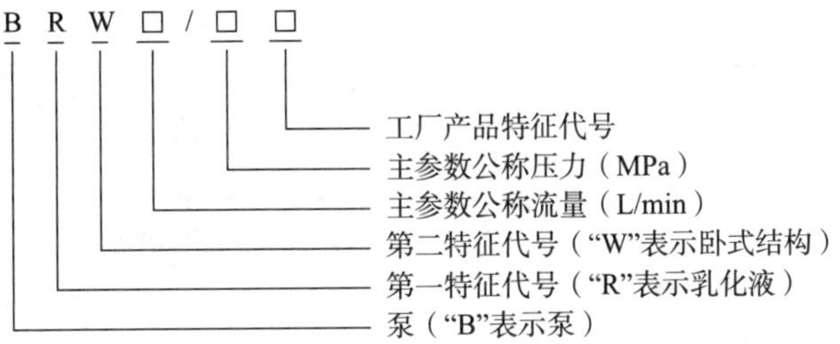

图 2－68 型号组成

二、产品技术特征

BRW400/31.5 型乳化液泵技术特征见表 2－13。

表 2－13 BRW400/31.5 型乳化液泵技术特征

项目	参数
进水压力	常压
公称压力	31.5 MPa
公称流量	400 L/min
曲轴转速	650 r/min
柱塞直径	45 mm
柱塞行程	84 mm
柱塞数目	5
电动机功率	250 kW
外型尺寸（长×宽×高）	3 380 mm×1 235 mm×1 360 mm
总质量	4 500 kg
安全阀出厂调定压力	34.7～36.2 MPa
卸载阀出厂调定压力	31.5 MPa
卸载阀恢复工作压力	卸载阀调定压力的 80%～90%
润滑油泵工作压力	≤0.1 MPa
工作液	含 3%～5% 乳化油的中性水混合液
配套液箱	RX400/25

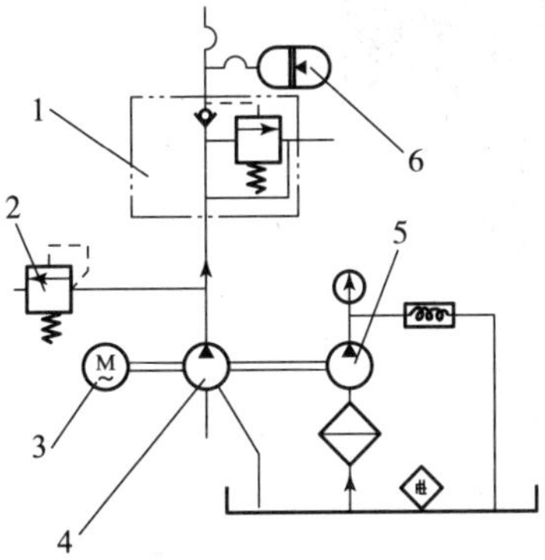

图 2－69 液压系统原理

1—卸载阀；2—安全阀；3—电动机；4—乳化液泵；5—齿轮泵；6—蓄能器

三、工作原理与结构简介

卧式五柱塞往复泵选用四级防爆电动机驱动，经一级齿轮减速，带动五曲拐曲轴旋转，再经连杆、滑块带动柱塞做往复运动，使工作液在泵头中经吸、排液阀吸入和排出，从而使电能转换成液压能，输出高压液体供液压支架工作时使用。其液压原理如图 2－69 所示。

乳化液泵、电动机、蓄能器、卸载阀等固定于滑橇式底拖上组成乳化液泵总成，如图 2－70 所示。

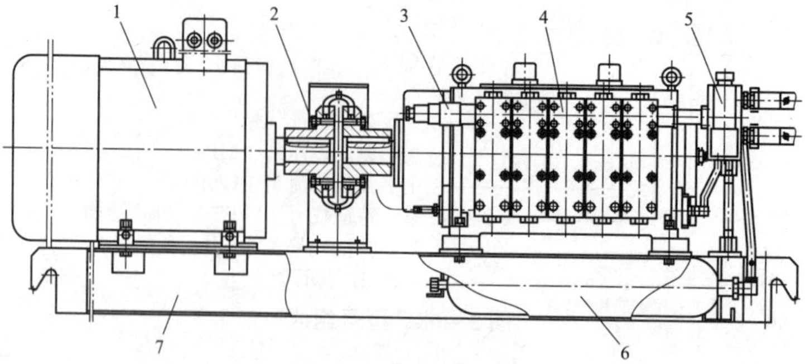

图 2-70　乳泵液泵总成

1—电动机；2—联轴器；3—安全阀；4—乳化液泵；5—卸载阀；6—蓄能器；7—底拖

（一）乳化液泵（图 2-71）

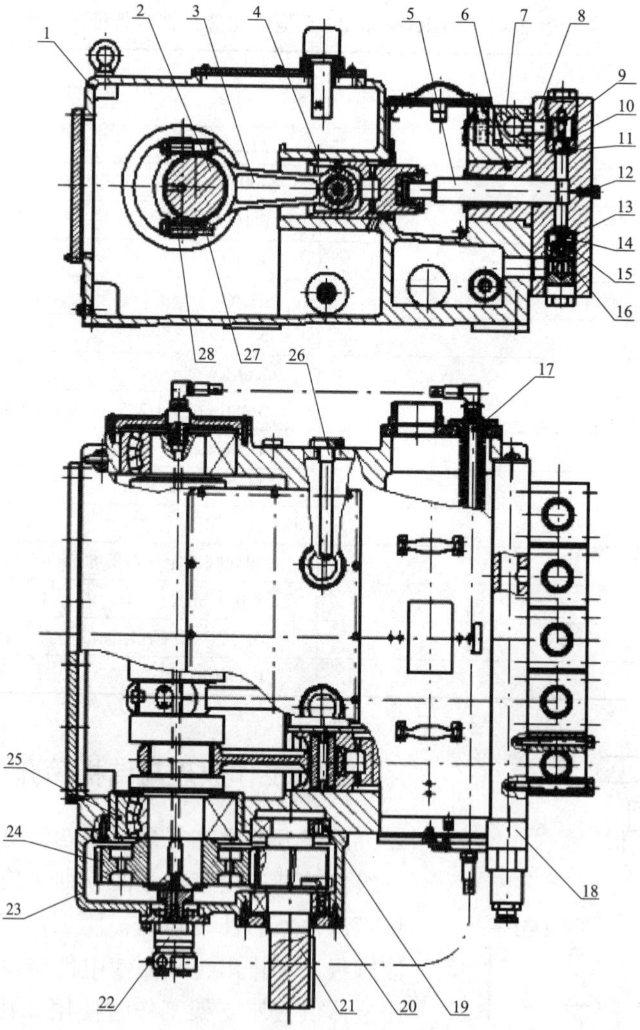

图 2-71　乳化液泵

1—箱体；2—曲柄；3—连杆；4—滑块；5—柱塞；6—高压钢套；7—调压集成块；8—泵头；9—排液阀弹簧；10—排液阀芯；11—排液阀座；12—放气螺钉；13—吸液阀套；14—吸液阀弹簧；15—吸液阀座；16—吸液阀芯；17—油冷却器；18—安全阀；19，20，25—轴承；21—小齿轮轴；22—齿轮泵；23—齿轮箱；24—大齿轮；26—磁性过滤器；27—前轴瓦；28—后轴瓦

乳化液泵主要由曲轴箱、高压钢套和泵头等组件组成。泵的液力端由五个分立的泵头组成，泵头下部安装吸液阀，上部安装排液阀，排液腔由一个高压集液块与五个分立的泵头高压出口相连，高压集液块一侧装有安全阀，另一侧装有卸载阀。曲轴箱设有冷却润滑系统，安装在齿轮箱上的齿轮油泵经箱体下方的网式滤油器吸油，排出的压力油经过设在泵吸液腔的油冷却器冷却后到中空曲轴润滑杆大头。

在箱体曲轴下方设有磁性过滤器，以吸附润滑油中的铁磁性杂质。在进液腔盖上方设有放气孔，以放尽该腔内的空气。在进液腔盖下方设有防冻放液孔，可放尽进液腔内的液体。

齿轮油泵显示的油压是变化的，当冷油时（刚开泵时）油压较高，有时可大于 1 MPa，随着油温升高，油黏度下降，油压也下降，但只要小于 0.1 MPa 即为正常。

（二）安全阀（图 2－72）

安全阀是泵的过载保护元件，为二级卸压直动式锥阀，调定工作压力为泵公称压力的 110%～115%。

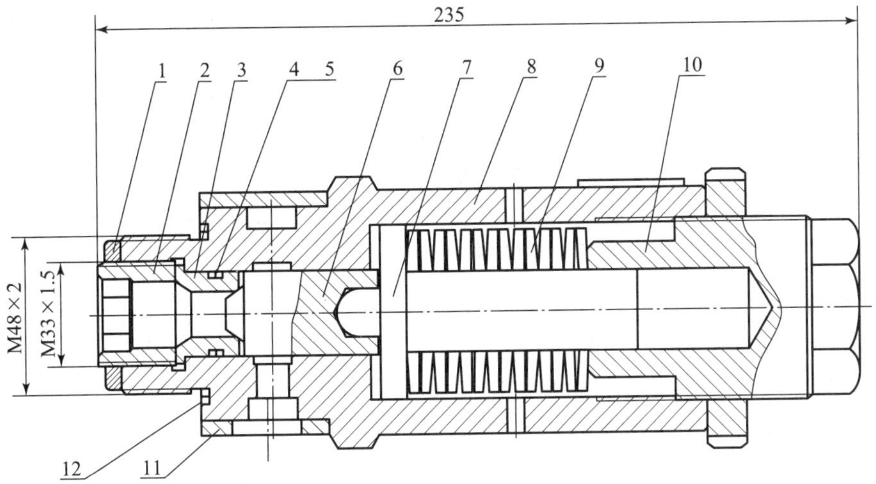

图 2－72　WAF500/31.5 安全阀

1—锁紧螺母；2—压紧螺套；3—阀座；4，5—挡圈、密封圈；6—阀芯；7—顶杆；8—阀壳；9—碟形弹簧；10—调整螺套；11—套；12—O 形密封圈

（三）卸载阀（图 2－73）

卸载阀主要由两套并联的单向阀、主阀及一个先导阀组成。

卸载阀的工作原理：泵输出的高压乳化液进入卸载阀后，分成四条液路。

第一条：冲开单向阀向支架系统供液。第二条：冲开单向阀的高压乳化液经控制液路到达先导阀滑套下腔，给先导阀杆一个向上的推力。第三条：来自泵的高压乳化液经中间的控制液路和先导阀下腔作用在主阀的推力活塞下腔，使主阀关闭。第四条：经主阀阀口，是高压乳化液的卸载回液液路。当支架停止用液或系统压力升高到超过先导阀的调定压力时，作用于先导阀的高压乳化液开启先导阀，使作用于主阀推力活塞下腔的高压液体卸载回零，主阀因失去依托而打开，此时液体经主阀回液箱，同时单向阀在乳化液的压力作用下关闭。单向阀后腔为高压密封腔，从而维持阀的持续开启，实现阀的稳定卸载状态，泵处于低压运行状态。当支架重新用液或系统漏损，单向阀高压腔压力下降至卸载阀的恢复压力时，先导阀在弹簧力和液压力的作用下关闭，主阀下推力活塞 K 腔重新建立起压力，主阀关闭，恢复泵站供液状态。当调节卸载阀的工作压力时，需调节先导阀调整螺套，即调节先导阀碟形弹簧作用力，其调定压力出厂时为泵的公称压力。

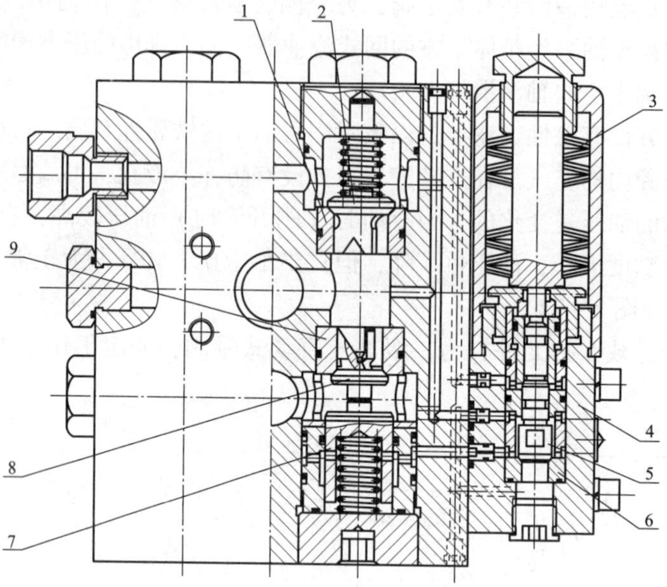

图 2－73　卸载阀

1—单向阀阀座；2—单向阀阀芯；3—碟形弹簧；4—先导阀阀体；5—先导阀阀杆；6—先导阀阀座；7—推力活塞；8—主阀阀芯；9—主阀阀座

（四）蓄能器（图 2－74）

泵采用公称容量为 25 L 的 NXQ－L25/320－A 型皮囊式蓄能器，其主要作用是补充高压系统中的漏损，从而减少卸载阀的动作次数，延长液压系统中液压元件的使用寿命，同时还能吸收高压系统的压力脉动。蓄能器在安装前必须在胶囊内充足氮气。注意蓄能器内禁止充氧气和压缩空气，以免引起爆炸和使胶囊老化。

蓄能器充气方法有三种：即氮气瓶直接过气法、蓄能器增压法以及利用专用充氮机等。在充气时不管采用何种方法，都必须遵守下列程序：

（1）取下充气阀的保护帽。

（2）卸下蓄能器上的保护帽，装上带压力表的充气工具，并与充气管连通。

（3）操作人员在启闭氮气瓶气阀时，应站在充气阀的侧面，缓慢开启氮气瓶气阀。

（4）通过充气工具的手柄，缓慢打开并压下气门芯，慢慢地充入氮气，待气囊膨胀至菌形阀关闭，充气速度方可加快，并达到所需的充气压力。

（5）充气完毕将氮气瓶开关关闭，放尽充气工

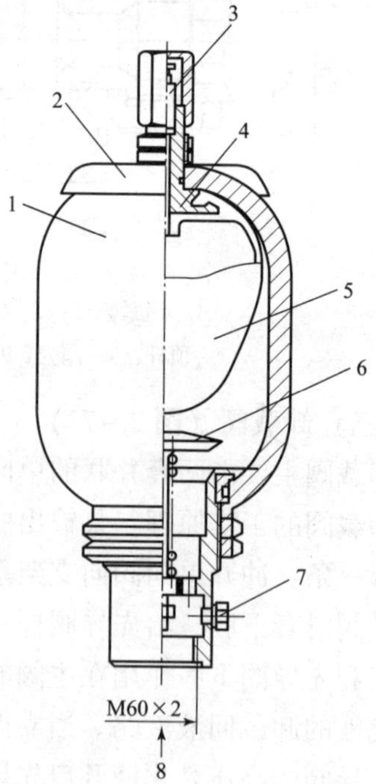

图 2－74　蓄能器

1—壳体；2—铭牌；3—充气阀；4—充气阀座与皮囊模压成一体；5—皮囊；6—菌形阀；7—螺堵（系统放气用）；8—进液口

具及管道内残余气体，方能拆卸充气工具，然后将保护帽牢固旋紧。

泵站工作压力（卸载压力）与蓄能器气体压力对照表如表 2-14 所示。

表 2-14　泵站工作压力（卸载压力）与蓄能器气体压力对照表　　MPa

泵站工作压力	气体最高压力	气体最低压力
31.5	20	7.88
30	19	7.5
28	17.8	7
26	16.5	6.5
24	15.2	6
22	14	5.5
20	12.7	5

泵站在使用中蓄能器的气体压力应定期检查，如发现蓄能器内剩余气体压力低于对照表中气体最低压力值，应及时给蓄能器补充充气。为延长蓄能器的使用时间，充气一般尽量充至接近对照表中蓄能器气体的最高压力值。

四、泵的使用

（1）使用单位必须指定经专门培训的泵站操作员操作管理，操作管理人员必须认真负责。

（2）安装时泵应水平放置，以保持良好的润滑条件。

（3）在使用泵站前，首先应仔细检查润滑油的油位是否符合规定，油位在泵运转时，不应低于油标玻璃的下限或超过上限，以中位偏下为宜；检查各部位机件有无损坏，且各紧固件，特别是滑块锁紧螺套不应松动；各连接管道是否有渗漏现象，吸、排液软管是否有折叠。

（4）在确认无故障后，接通电源，将吸液腔的放气堵拧松，把吸液腔空气彻底放尽，待出液后拧紧。点动电源开关，观察电动机转向与所示箭头方向是否相同，如方向不符，应纠正电动机接线后方可启动。

（5）泵启动后，拧松泵头高压腔放气螺钉，放尽高压腔内空气（出液后即拧紧），应密切注意它的运转情况，先空载运行 5~10 min，泵应没有异常噪声、抖动、管路泄漏等现象，待泵头吸、排液阀压紧螺堵，泵与箱体连接螺钉等应无松动现象后方可投入使用。

（6）投入工作初期，要注意箱体温度不宜过高，油温应低于 8 ℃，注意油位的变化，油位不得低于下限。液箱的液位不得过低，以免吸空，液温不得超过40 ℃。

（7）在工作中要注意柱塞密封是否正常（柱塞上有水珠是正常现象）。如发现柱塞密封处油液过多，要及时更换和处理。

五、泵的维护和保养

泵是整个液压系统的关键设备，其维护和保养工作是直接影响泵使用寿命和正常工作的重要环节，因此，必须十分重视这项工作。

（一）润滑油

用N68机械油，不应使用更低黏度的机械油，以免影响润滑。

建议润滑油应在运转50 h后换第一次油（第二次500 h，第三次1 500 h），同时清洗油池。加油必须在滤网口加入，做适当补充，且严防杂质颗粒进入箱体内。

（二）日常维护和保养

（1）检查各连接运动部件、紧固件是否松动；各连接接头是否渗漏；拧紧柱塞滑块部连接处锁紧螺套，消除柱塞滑块间的轴向间隙。

（2）要求用扳手经常检查吸液阀压紧螺堵是否松动，并用力拧紧至拧不动为止。此项检查每周不得少于两次。

（3）检查吸、排液阀的性能。平时应观察阀组动作的节奏声和压力表的跳动情况，如发现不正常应及时处理。

（4）泵启动后，应经常检查齿轮油泵的工作油压，若低于0.1 MPa应及时停机处理。

（5）检查各部位的密封是否可靠，主要是滑块油封和柱塞密封。

（6）检查曲轴箱的油位和润滑池的油量，必要时加以补充。

（7）每天检查一次蓄能器内的氮气压力，充分发挥蓄能器的作用。

（8）当使用泵的环境温度低于0 ℃时，停泵后必须将吸液胶管取下，放掉泵吸液腔内液体，以免冻坏箱体。

（9）每班检查吸液螺堵是否松动，必要时拧紧。

（三）密封圈更换方法

拆下泵头，用两只M12的螺栓拧入高压钢套上，抽出高压钢套组件并更换密封圈，柱塞密封为四道矩形密封结构，装配时四道矩形密封圈的接口位置应相互错开。

（四）升井维修

泵在长期运行过程中，由于磨损和锈蚀等失去了原有的精度和性能，应进行升井检修，并根据实际情况更换必要的易损零件，以基本恢复原来的性能。

（1）连杆大头前、后轴瓦不能装错。本泵的连杆螺栓拧紧力矩为180 N·m，泵头螺钉应交叉拧紧，并加垫圈锁定防松。

（2）新曲轴装配前必须对每个曲柄销轴颈表面进行研磨抛光，如图2－75所示。方法如下：将新曲轴安装于两个V形块上，用宽度约2/3曲轴颈长度的“0号”铁砂皮纸整圈包住轴颈，再用一根长约2.5 m的绳子包在砂皮纸上绕两圈，两手分别捏住绳的一头，拉紧绳子前后摆动双臂，牵拉出金属本色。换用金相砂纸重复上述操作，至表面光滑、指刮无凹凸感方可使用。

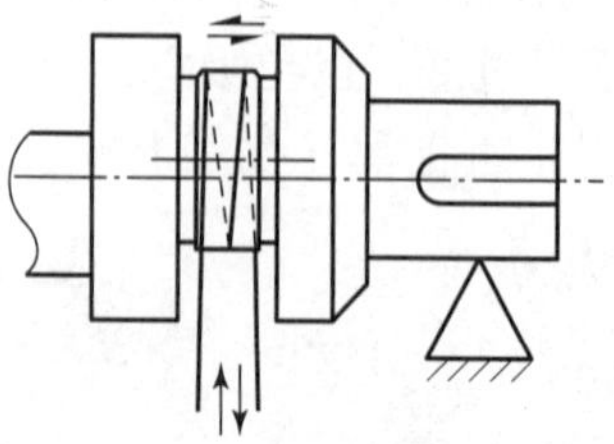

图2－75　新曲轴研磨抛光方法

六、泵的故障与排除方法（表 2－15）

表 2－15　泵的故障与排除方法

故障	产生原因	排除方法
启动后无压力	1. 卸载阀主阀卡住，关不上； 2. 卸载阀中、下节流孔堵塞； 3. 卸载阀主阀推力活塞密封面或 O 形密封圈损坏	1. 检查、清洗主阀； 2. 检查并排除杂物； 3. 更换损坏零件
压力脉动大，流量不足甚至管道振动，噪声严重	1. 泵吸液腔气体未排尽； 2. 柱塞密封损坏，排液时漏液、吸液时进气； 3. 吸液软管过细过长； 4. 吸、排液阀动作不灵、密封不好； 5. 吸、排液阀弹簧断裂； 6. 蓄能器中氮气无压力或压力过高	1. 拧松泵放气螺钉，放尽空气； 2. 检查活塞副，修复或更换密封； 3. 调换吸液软管； 4. 检查阀组，清除杂物，使动作灵活、密封可靠； 5. 更换弹簧； 6. 充气或放气
柱塞密封处泄漏严重	1. 柱塞密封圈磨损或损坏； 2. 柱塞表面有严重划伤、拉毛	1. 更换密封圈； 2. 更换或修磨柱塞
泵运转噪声大，有撞击声	1. 轴瓦间隙加大； 2. 泵内有杂物； 3. 联轴器有噪声，电动机与泵轴线不同轴； 4. 柱塞与承压块间有间隙	1. 更换轴瓦； 2. 清除杂物； 3. 检查联轴器，调整电动机与泵同轴； 4. 拧紧锁紧螺套
箱体温度过高	1. 润滑油太脏或不足； 2. 轴瓦损坏或曲颈拉毛； 3. 润滑、冷却系统故障	1. 加油或清洗油池，换油； 2. 修理曲轴和修刮、调换轴瓦； 3. 检查并排除
泵压力突然升高，超过卸载阀调定压力或安全阀调定压力	1. 安全阀失灵； 2. 卸载阀主阀芯卡住不动或先导阀有蹩卡	1. 检查、调整或调换安全阀； 2. 检查、清洗卸载阀
支架停止供液时卸载阀动作频繁	1. 卸载阀单向阀漏液； 2. 去支架的输液管漏液； 3. 先导阀泄漏； 4. 蓄能器内无压力或压力过高	1. 检查、清洗单向阀； 2. 检查、更换输液管； 3. 检查先导阀阀面及密封； 4. 充气或放气到规定压力
卸载阀不卸载	1. 上节流堵孔堵塞； 2. 先导阀有蹩卡	1. 清除节流堵孔杂物； 2. 拆装、检查先导阀
乳化液温度高	单向阀密封不严或卸载阀主阀推力活塞部位 O 形密封圈损坏，正常供液时此处有溢流	检查、更换相关零件

复习思考题

1. 按供液方式的不同，单体液压支柱分为哪几种？
2. 单体液压支柱必须与什么配合使用？
3. 回采工作面的顶板分为哪三种？
4. 《煤矿安全规程》规定，工作面倾角在15°以上，液压支架应采用什么装置？
5. 内、外注式单体液压支柱的供液方式是什么？
6. 乳化液泵站的作用是什么？
7. 乳化液泵站是液压支护设备的动力源，一般由哪些部分组成？
8. 乳化液箱的主要功能有哪些？
9. 三软液压支架的三软是指什么？
10. 特种液压支架一般有哪些？
11. 无链牵引的形式有哪些？
12. 掩护式支架的特点是什么？
13. 液压支架按所在的位置分为哪几种？
14. 液压支架按与围岩接触形式分为哪几种？
15. 液压支架导向装置的作用是什么？
16. 液压支架的基本架型有哪些？
17. 液压支架的四个基本动作是什么？
18. 液压支架立柱有哪几种类型？
19. 液压支架推移千斤顶有哪几种类型？
20. 液压支架推移装置的作用是什么？
21. 液压支架一般由什么组成？
22. 液压支架中的控制阀是关键元件之一，它是由什么组成的？
23. 支承式支架的特点是什么？
24. 单体液压支柱的三用阀包括哪些？
25. 有一台液压支架的型号为ZY8600－24/50D，其型号含义是什么？

第三章　掘进机械

第一节　掘进机械概述

掘进机械是用于掘进工作面，具有钻孔、破落煤岩及装载等全部或部分功能的机械，是一种广泛应用于隧道和矿山巷道的现代化机械。目前巷道掘进方法主要有两种：钻爆法和掘进机法。

钻爆法破落下的煤岩，需要通过装载机械装入运输设备上运走；而掘进机法是用刀具破碎煤岩，通过装载机构将煤装入运输机，并装入其他运输设备运走，是一种先进的掘进工艺。

一、掘进机的优点

掘进和回采是煤矿生产的重要环节，国家的方针是：采掘并重，掘进先行。煤矿巷道的快速掘进是煤矿保证矿井高产、稳产的关键技术措施。采掘技术及其装备水平直接关系到煤矿生产的能力和安全。高效机械化掘进与支护技术是保证矿井实现高产高效的必要条件，也是巷道掘进技术的发展方向。随着综采技术的发展，国内已出现年产几百万吨级，甚至千万吨级的超级工作面，使年消耗回采巷道数量大幅度增加，从而使巷道掘进成为煤矿高效集约化生产的共性及关键性技术。

只靠钻爆法掘进巷道已满足不了要求，采用掘进机法，使破落煤岩、装载运输、喷雾灭尘等工序同时进行，是提高掘进速度的一项有效措施。与钻爆法相比，掘进机法具有许多优点：

(1) 速度快，成本低。用掘进机掘进巷道，可以使掘进速度提高 1 ~1.5 倍，工效平均提高 1 ~2 倍，进尺成本降低 30% ~50% 。

(2) 安全性好。由于无须打眼放炮，故围岩不易破坏，既有利于巷道支护，又可减少冒顶和瓦斯突出的危险，大大提高了工作面的安全性。

(3) 有利于回采工作面的准备。由于掘进速度的加快，故可以提前查明采区的地质条件，为回采工作面设备的选型及准备工作创造了良好的条件。

(4) 工程量小。利用钻爆法，巷道的超挖量可达 20% ，利用掘进机法，巷道超挖量可减小到 5% ，从而大大减少了支护作业的充填量，减少了工程量，降低了成本，提高了速度。

(5) 劳动条件好。改善了劳动条件，减少了笨重的体力劳动。

二、掘进机的现状和发展趋势

我国煤巷高效掘进方式中最主要的方式是悬臂式掘进机与单体锚杆钻机配套作业线，也称为煤巷综合机械化掘进，在我国国有重点煤矿得到了广泛应用，其主要掘进机械为悬臂式掘进机。

悬臂式掘进机是集截割、装运、行走、操作等功能于一体，主要用于截割任意形状断面的井下岩石、煤或半煤岩巷道。现在国内的掘进机设计虽然说离国际先进的技术还有一段距离，但是国内的技术水平已能基本满足需求，大、中型号的掘进机不断被创新。

然而，国内目前岩巷施工仍以钻爆法为主，重型悬臂式掘进机用于大断面岩巷的掘进在我国尚处于试验阶段。目前国内煤炭生产逐步朝向高产、高效、安全方向发展，煤矿技术设备正在向重型化、大型化、强力化、大功率和机电一体化发展，先后引进了德国 WAV300、奥地利 AHM105、英国 MK3 型重型悬臂式掘进机。全岩巷重型悬臂式掘进机代表了岩巷掘进技术今后的发展方向。

国产重型掘进机与国外先进设备的差距除总体性能参数偏低外，在基础研究方面也比较薄弱，适合我国煤矿地质条件的截割、装运及行走部载荷谱还没有建立，没有完整的设计理论依据，计算机动态仿真等方面还处于空白；在元部件可靠性、控制技术、截割方式、除尘系统等核心技术方面有较大差距。

三、掘进机的分类

（一）按掘进机截割煤岩的性质分类

（1）用于 $f \leqslant 4$ 的煤巷，称为煤巷掘进机。

（2）用于 $f \leqslant 6$ 的煤或软岩巷，称为半煤岩巷掘进机。

（3）用于 $f > 6$ 或研磨性较高的岩石巷道，称为岩巷掘进机。

（二）按照工作机构切削工作面分类

1. 部分断面巷道掘进机

其工作机构由一条悬臂和安装在悬臂上的截割头所组成，悬臂可以上下、左右摆动，主要用于煤巷和半煤岩巷的掘进。

臂式掘进机（Boom - type Roadheader）是一种集切削岩石、自动行走、装载石碴等多种功能为一体的高效联合作业机械。

2. 全断面巷道掘进机

全断面巷道掘进机主要用于巷道全断面的一次钻削式成形，用于掘进岩石巷道，多用于涵洞和隧道的开凿。

全断面隧道掘进机（Tunnel Boring Machine，TBM）是利用回转刀具切削破岩及掘进，形成整个隧道断面的一种新型、先进的隧道施工机械。

全断面掘进机由于截割阻力大，需要电动功率大，因此质量及外形很大，不适宜在井下狭小地方使用，所以煤矿井下不采用。

四、装载机械

虽然掘进机法比钻爆法有许多优越性，但目前我国煤矿井下巷道的掘进主要还是采用钻爆法，需将爆破下来的煤或岩石装入矿车或输送机中运走。装载工作是掘进过程中最繁重、最费工时的工序，其劳动量占掘进循环总劳动量的 40% ~70%，装载作业的时间占掘进循环总时间的 30% ~40%。所以，采用机械装载，对于减轻体力劳动、提高掘进速度、降低成本费用具有十分重要的意义。

（一）装载机的分类

装载机械的类型较多，一般按下列方法分类：

（1）按所装物料的性质可分为装煤机和装岩机。大多数装载机既可装煤也可装岩，只是工作机构形状和强度要求不同。

（2）按工作机构的结构可分为铲斗装载机、耙斗装载机、蟹爪装载机和立爪装载机，常见的是前三种。

（3）按所用动力分为电动装载机、气动装载机和液动装载机。目前我国多用电动装载机。

（4）按行走方式可分为轨轮式装载机、履带式装载机和轮胎式装载机。

（二）装载机的用途及使用条件

为了进一步解决钻爆法掘进机械化问题，近年来又发展了把爆破用钻眼机械和装载机结合成一体的钻装机，既可以钻眼，又可以装载。

本章主要介绍耙斗式、铲斗式和蟹爪式三种装载机。

（1）耙斗式装载机简称耙装机，普遍应用于我国各矿区，占装载机使用量的80%左右，主要用于30°以内的斜井上下山和平巷，也可用于巷道的交叉处或拐弯处。除用于装岩外，还可用于装煤或煤岩。

（2）铲斗式装载机又称铲装机，主要用于井下岩巷掘进工作面装载岩石，故又称装岩机。其结构紧凑，尺寸小，机动灵活，适应性强，能在弯曲巷道中工作。铲斗式装载机是利用铲斗铲取岩石，然后提升铲斗将岩石卸入矿车或其他运输设备，卸载后再将铲斗放下进行第二次铲取。由于其装载过程为间断式装载，故适宜装载较大块度且坚硬的岩石。

铲斗式装载机主要有两种类型，即后卸式和侧卸式。后卸式在轨道上行走，而侧卸式行走方式采用履带式，机动灵活，可实现无轨作业，逐渐取代了后卸式铲斗装载机，故本章仅介绍侧卸铲斗式装载机的工作原理。

（3）蟹爪式装载机的主要优点是连续装载，生产率高，工作高度很低，适合在较矮的巷道中使用。早期生产的蟹爪式装载机，因结构和材质的原因只能用于装煤或软岩，近年来由于采用了合理的结构和优质材料，蟹爪式装载机亦可装中硬以上的岩石。

第二节 部分断面巷道掘进机

一、掘进机的安全规定

（1）掘进机必须装有只准以专用工具开、闭的电器控制开关，专用工具必须由专职操作员保管。操作员离开操作台时，必须断开掘进机上的电源开关。

（2）在掘进机非操作侧，必须装有能紧急停止运转的按钮。

（3）掘进机必须装有前照明灯和尾灯。

（4）开动掘进机前，必须发出警报。只有在铲板前方和截割臂附近无人时，方可开动掘进机。

（5）掘进机作业时，应使用内、外喷雾装置，内喷雾装置水压必须符合规定，若无内喷雾装置，则必须使用外喷雾装置和除尘器。

（6）掘进机停止工作和交班时，必须将掘进机切割头居中落地，并断开掘进机上的电源开关和磁力启动器的隔离开关。

（7）检修掘进机时，严禁其他人员在截割臂和转载桥下方停留或作业。

二、纵轴式巷道掘进机

由于部分断面巷道掘进机具有掘进速度快、生产效率高、适应性强、操作方便等优点，故目前在煤矿上得到广泛的应用，其外形如图 3－1 所示。

图 3－1　纵轴式巷道掘进机外形

以 EBZ318H 掘进机为例说明：

型号含义：以切割头布置方式、切割电动机功率容量表示，其编制方法规定如下（可参考标准 MT138）：

E——掘进机；

B——悬臂式；

Z——纵轴式；

318——切割电动机功率，kW；

H——修改顺序号（适合硬煤）。

（一）适用范围

适用于含有瓦斯、煤尘或其他爆炸性混合物气体的隧道或矿井中，但是不适用于具有腐蚀金属和破坏绝缘的气体环境中或者长期连续滴水的地方。EBZ318H 掘进机能实现连续切割、装载和运输作业。

该机适用于煤巷、半煤岩巷以及全岩的巷道掘进，也可在铁路、公路、水力工程等隧道施工中使用。其最大定位截割断面可达 38 m^2，截割硬度不大于 130 MPa，爬坡能力为 ±18°。

（二）技术特征（见表 3－1）

表 3－1　EBZ318H 掘进机技术特征

整机参数	总体长度/m	12.8
	总体宽度/m	3.8
	总体高度/m	2.25
	总重/t	120（含二运、除尘）
	总功率/kW	589（含二运、除尘）
	坡度/(°)	±18
	卧底深度/mm	238

续表

整机参数	地隙/mm	290
	龙门高/mm	400
	牵引力/kN	≥412（单侧）
	可/经济截割岩石硬度/MPa	≤130/80
	理论生产能力/($m^3 \cdot h^{-1}$)	240
	空载综合噪声/dB（A）	95
	跑偏量/%	≤5
截割部	截割头型式	纵轴式（电动机驱动）
	截割头转速/($r \cdot min^{-1}$)	30.6
	截割功率/kW	318
	截齿型式	镐形截齿
	截齿数量/个	56
	喷雾	内、外喷雾方式
铲板部	装载型式	五齿星轮（液压电动机驱动）
	装载能力/($m^3 \cdot min^{-1}$)	4
	装载宽度/m	0.63
	星轮转速/($r \cdot min^{-1}$)	33
	铲板卧底量/mm	345
	铲板抬起高度/mm	508
	液压电动机/台	2
	电动机型式	径向柱塞电动机
	功率/kW	25×2
	压力/MPa	25
第一运输机	型式	边双链刮板式（液压电动机驱动）
	溜槽尺寸/mm	630（宽）×340（高）
	链速/($m \cdot min^{-1}$)	66
	链条规格	ϕ22×86－C
	刮板间距/mm	516
	运输能力/($m^3 \cdot min^{-1}$)	4
	张紧型式	油缸卡板
	液压电动机/台	2
	电动机型式	径向柱塞电动机
	功率/kW	23×2
	压力/MPa	25
	转速/($r \cdot min^{-1}$)	75

续表

第一运输机	流量/$(L \cdot min^{-1})$	60×2
	型式	履带式（液压电动机驱动）
	履带宽度/mm	720
	制动方式	弹簧闭锁，停车用片式制动
行走部	对地压强/MPa	0.179
	接地长度/mm	4 315±50
	行走速度(最大)/$(m \cdot min^{-1})$	6.6
	张紧型式	油缸卡板
	液压电动机/台	2
	电动机型式	轴向柱塞电动机
	功率/kW	43.8×2
	压力/MPa	25
	转速/$(r \cdot min^{-1})$	862
	流量/$(L \cdot min^{-1})$	110×2
履带板及销轴	节距/mm	300±2
	宽度/mm	720±3
	销轴直径/mm	$\phi 39_{-0.5}^{0}$
	销孔直径/mm	$\phi 40_{0}^{+0.1}$

（三）产品特点

1. 可靠性高

（1）以可靠为第一目标：液压泵、专用控制器、所有轴承、主要液压元件及附件、密封件、电气元器件均采用国际品牌产品，并与供方共同开发设计。

（2）行走部采用国际品牌的液压电动机和减速机，平均无故障工作时间可提高 2 倍以上。

（3）液压系统具备低压自动部分卸载功能，既减少了能耗，又杜绝了系统发热失效的可能性。

（4）行走部采用油缸张紧，既保证了张紧效果，又方便快捷，减少了故障点。

（5）第一运输机部和铲板部均采用进口低速大扭矩液压电动机直接驱动，无须减速箱，减少了故障环节。

（6）截割振动小，有提高设备稳定性的支承装置，工作稳定性好，使得整机可靠性提高。

（7）升降回转油缸为 40 MPa 密封结构，其他油缸为 34 MPa 密封结构。

（8）采用全封闭油箱，确保了油液清洁度，增加了液压系统的可靠性。

（9）采用进、回油两级油滤，可有效降低液压元器件的磨损。

（10）喷雾系统能最大限度地降尘及避免火花。

（11）泵流量增大，以提高液压系统动力及各执行元件动力。

（12）采用大排量电动机，以提高星轮驱动装置输出扭矩，降低故障率高。

（13）截割头延长，将盘根座包住，截齿排布后延，并有导料板保护，同时在截割头尾部圆周及端面加焊多块耐磨板，以提高截割头耐磨性。

（14）配备快开门电控箱，维修方便。

2. 作业效率高

（1）可实现各油缸动作速度及行走速度的手工无级调速。在重载情况下（如遇到硬岩），可通过慢速进给降低切割载荷，以切断硬岩，减少停机。

（2）可选配独立的锚杆动力接口单元，为两台锚杆钻机提供动力，提高了锚固作业效率。

（3）截割头采用国际一流技术，设计单刀力大，截齿布置合理，破岩过断层能力强。

3. 智能化程度高

电气系统具有过流、过载、断压、欠压和失压保护功能，提高了安全保护能力；具备齐全的保护、故障诊断和排除故障的方法显示。

4. 可维修性好

如履带架侧面小窗口可从履带架侧面取出张紧缸等。

5. 可极大提高降尘效果的除尘系统。

图 3－2 所示为 EBZ－318H 掘进机总体结构。

（四）组成

其主要由截割部、铲板部、本体部、行走部和运输部组成。

（五）工作原理

行走部实现掘进机的移动，截割部实现对被采掘对象的截割，铲板部实现对被采掘下来的物料的铲装，装运部实现对截割物料的装载与运输，本体部为连接各个部件的主要承载构件。

（六）主要部件的结构

1. 截割部

截割部由截割头、截割臂、截割减速机和截割电动机等组成。图 3－3 所示截割电动机为双速水冷电动机，使截割头获得一种转速，它与截割电动机叉形架用 10 个 M30 的高强度螺栓相连。

1）截割头

截割头为圆锥台形，截割头最大外径为 1 254 mm，长 1 269 mm，在其圆周分布 60 把镐形截齿，截割头通过内花键和 24 个 M20 的高强度螺栓与截割臂相连，如图 3－4 所示。

2）截齿

截齿的结构如图 3－5 所示。

3）截割臂

截割臂位于截割头和截割减速机中间，它与截割减速机用 28 个 M24 的高强度螺栓相连，如图 3－6 所示。

4）截割减速机

截割减速机是两级行星齿轮传动，它与电动机箱体用 24 个 M30 的高强度螺栓相连，如图 3－7所示。

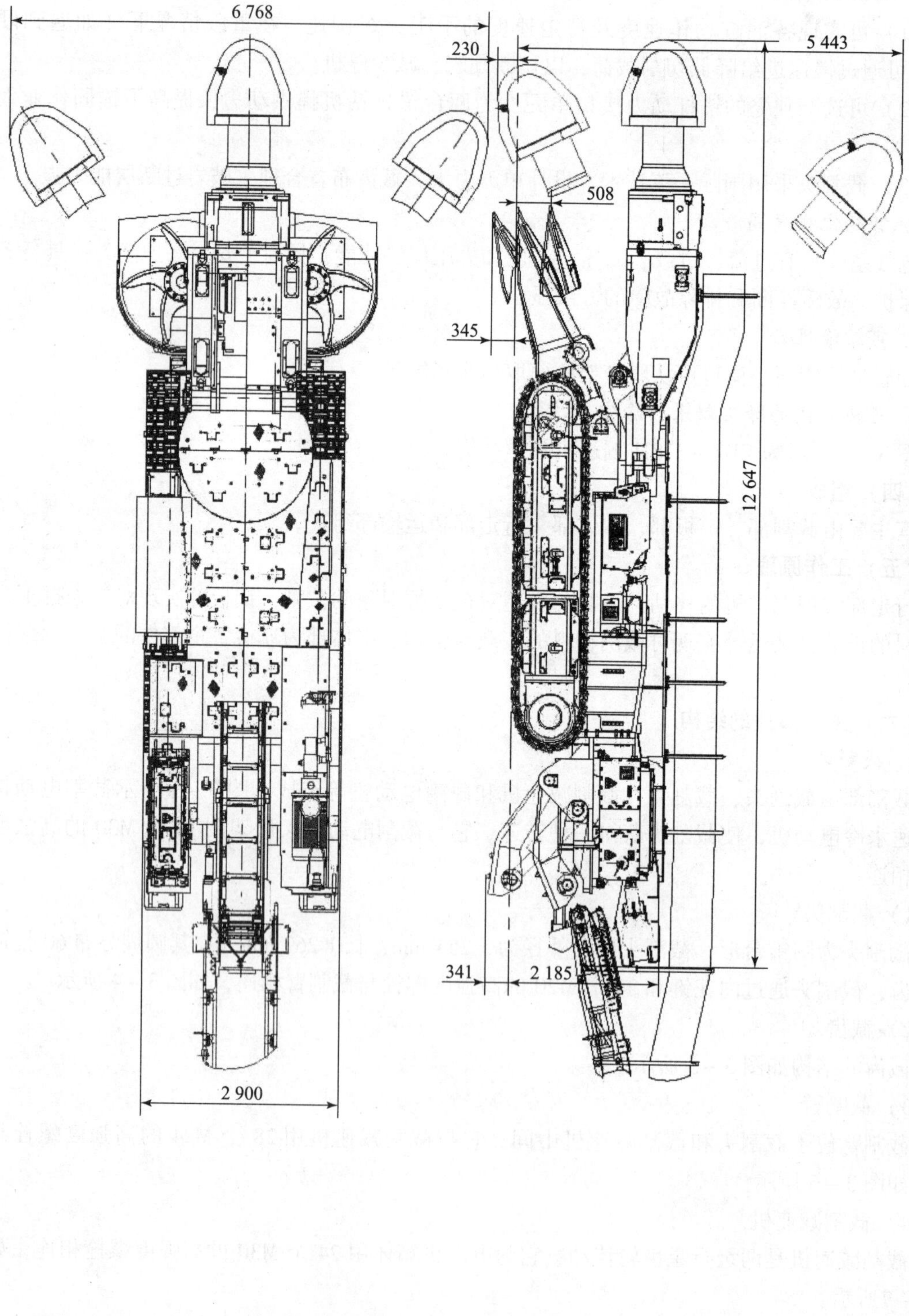

图 3－2　EBZ－318H 掘进机总体结构

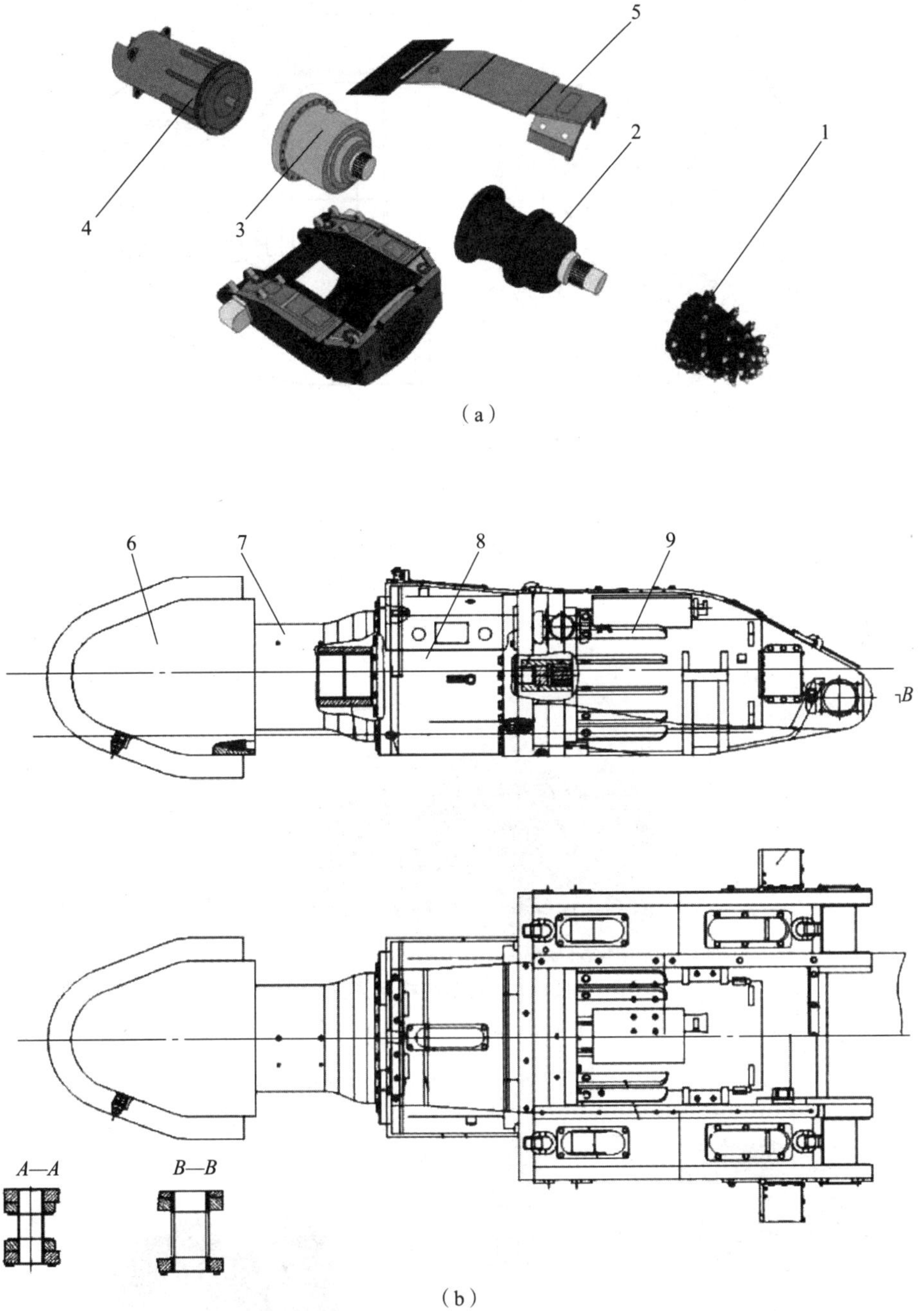

图 3－3　截割部组成

1，6—截割头；2—伸缩部；3，8—截割减速机；4，9—截割电动机；
5—截割部盖板；7—截割臂

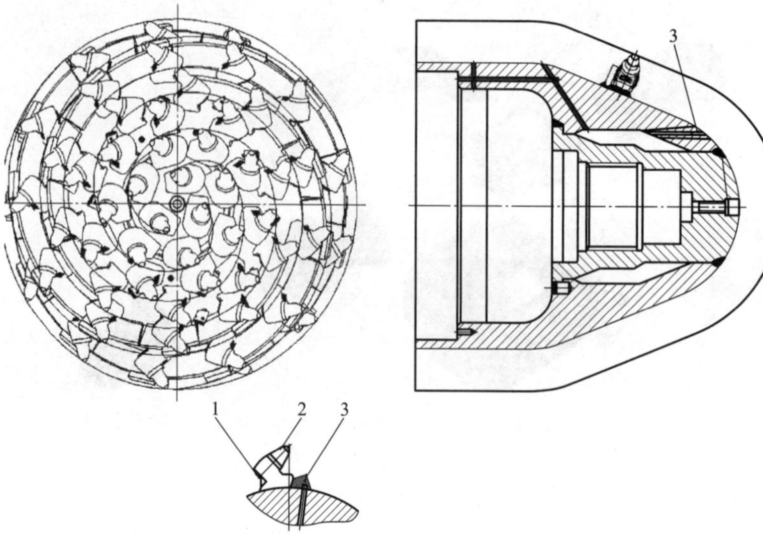

图 3－4　截割头结构

1—截齿；2—截割头；3—挡圈

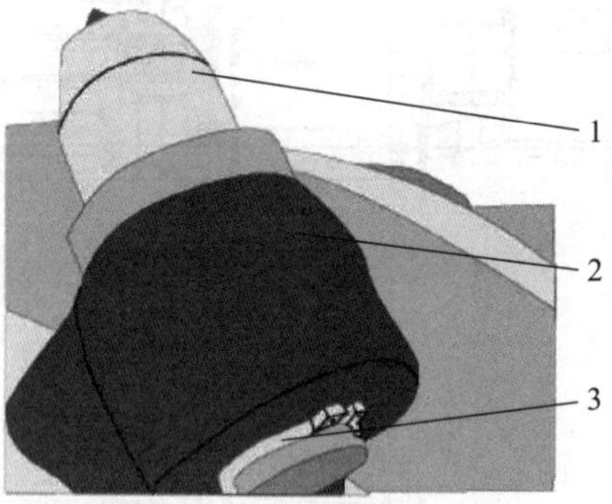

图 3－5　截齿结构示意图

1—截齿；2—截齿座；3—挡圈

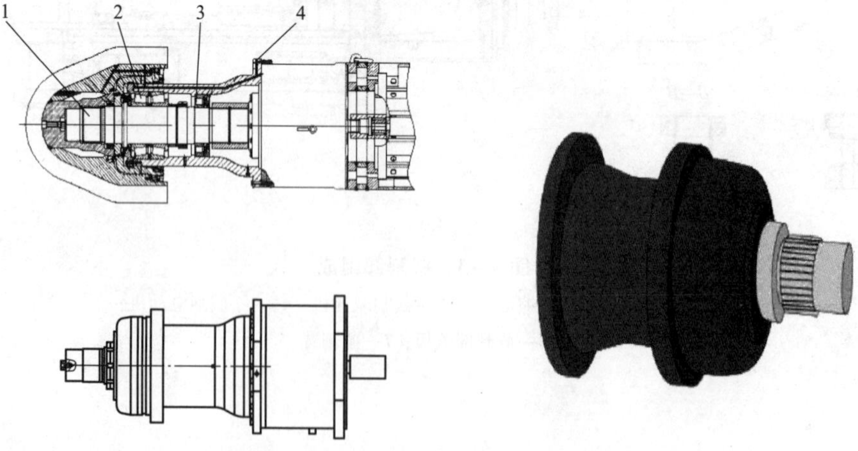

（a）　　（b）

图 3－6　截割臂结构及示意图

1—截割主轴；2—轴套；3—轴承；4—连接滚筒

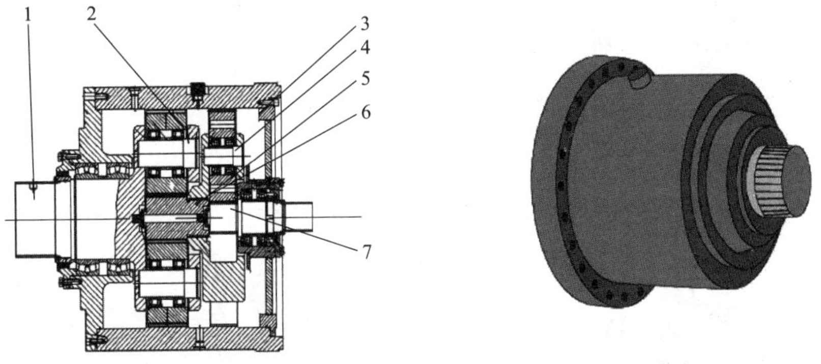

（a）　　　　（b）

图 3-7　减速机

1—输出行星架；2—行星轮；3—输入行星架；4—行星轮轴Ⅰ；5—太阳轮Ⅱ；6—行星轮Ⅰ；7—太阳轮Ⅰ

截割减速机技术参数如表 3-2 所示。

表 3-2　截割减速机技术参数

电动机功率/kW	318
电动机转速/（$r \cdot min^{-1}$）	1 482
输出扭矩/（kN·m）	100
冲击系数	1.75
减速比	49.4

2. 铲板部

铲板部是由主铲板、侧铲板、铲板驱动装置、从动轮装置等组成的。通过两个液压电动机驱动星轮，把截割下来的物料收集到第一运输机内。铲板由侧铲板、铲板本体组成，用 M30 的高强度螺栓连接，铲板在油缸作用下可向上抬起 508 mm，向下卧底 345 mm，如图 3-8 所示。

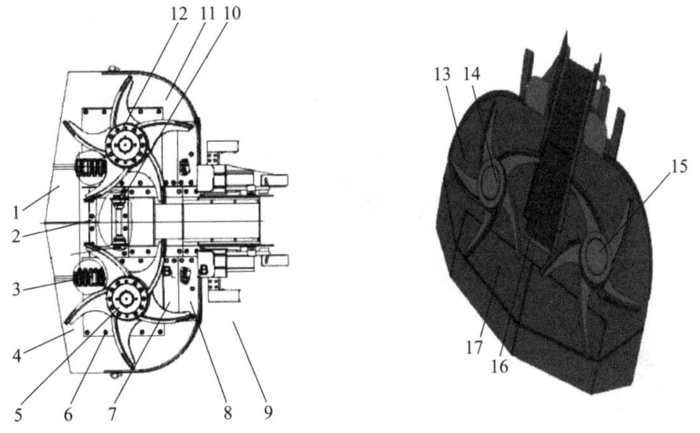

（a）　　　　（b）

图 3-8　铲板部

1，17—主铲板；2—前连接板；3—轴；4—左侧铲板；5—左星轮电动机；6—中间盖板；7—右后盖板；8—左软管支架；9—前槽；10，16—从动轮装置；11—右侧铲板；12—右星轮电动机，13—侧铲板；14—右星轮驱动装置；15—左星轮驱动装置

3. 星轮驱动装置

星轮驱动装置如图 3－9 所示。

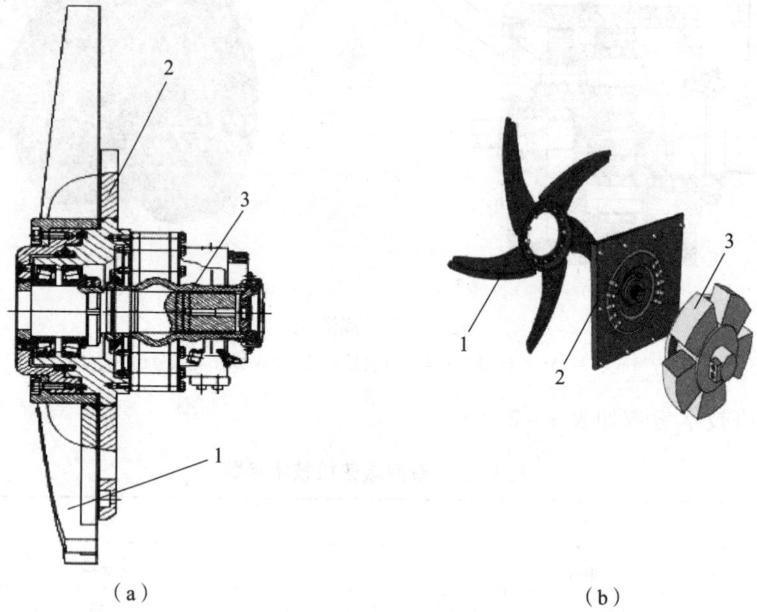

图 3－9　星轮驱动装置

1—星轮；2—电动机座；3—电动机

4. 第一运输机

第一运输机位于机体中部，是边双链刮板式运输机。运输机由前溜槽、后溜槽、刮板链组件、张紧装置和驱动装置等组成；前、后溜槽用 M20 的高强度螺栓连接。两个液压（柱塞）电动机同时驱动链轮，通过 $\phi 18$ mm × 64 mm 矿用圆环链实现运输作业。第一运输机的结构如图 3－10 和图 3－11 所示。

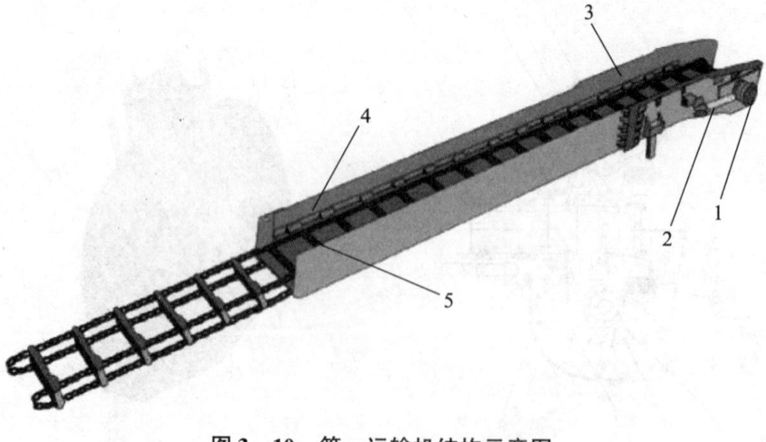

图 3－10　第一运输机结构示意图

1—驱动装置；2—张紧装置；3—后溜槽；4—前溜槽；5—刮板链组件

5. 星轮驱动装置

星轮驱动装置如图 3－12 所示。

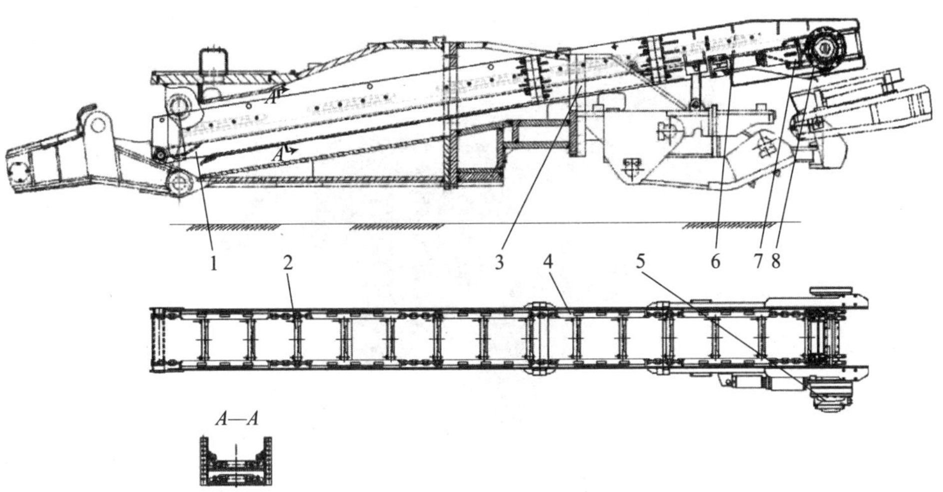

图 3－11 第一运输机的结构原理

1—前溜槽；2—刮板链组件；3—中间槽；4—压链块；5—液压电动机组件；6—后溜槽；7—张紧装置；8—驱动装置

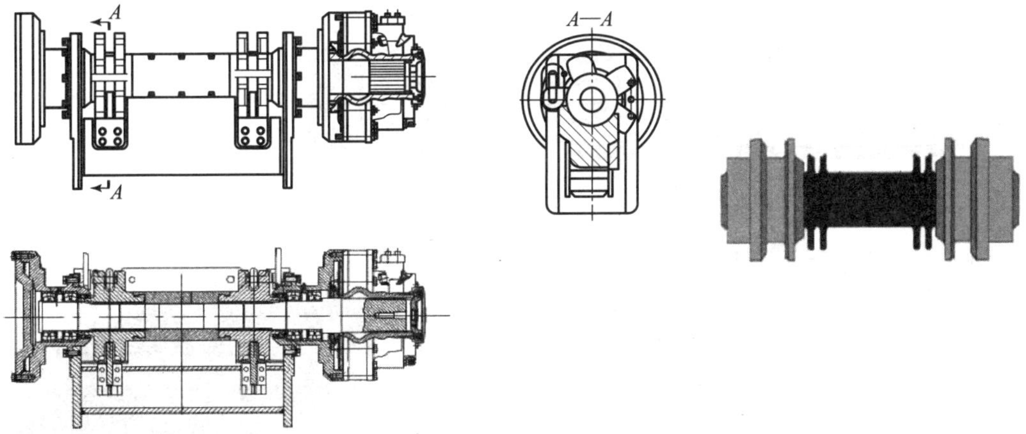

图 3－12 星轮驱动装置

6. 本体部

本体部位于机体的中部，主要由回转台、回转支承、本体架、销轴、套、连接螺栓等组成。各件主要采用焊接结构，与各部分相连接起到骨架作用，如图 3－13 所示。

本体架前部耳孔与铲板本体及铲板油缸相连接，由油缸控制铲板的抬起及卧底。本体的右侧装有液压系统的泵站，左侧装有操作台，内部装有第一运输机，在其左、右侧下部分别装有行走部，后部装有后支承部。

回转台上部耳孔与截割电动机相连，下部耳孔与截割升降油缸相连，通过回转支承及升降油缸来控制截割范围。

7. 行走部

行走部是用两台液压马达驱动，通过减速机、驱动链轮及履带实现行走的。履带采用油缸张紧，用高压油向张紧油缸注油张紧履带，调整完毕后，装入垫板及锁板，拧松注油嘴，泄除缸内压力后拧紧油嘴，使张紧油缸活塞杆不受张紧力。履带架通过键及 M30 的高强度

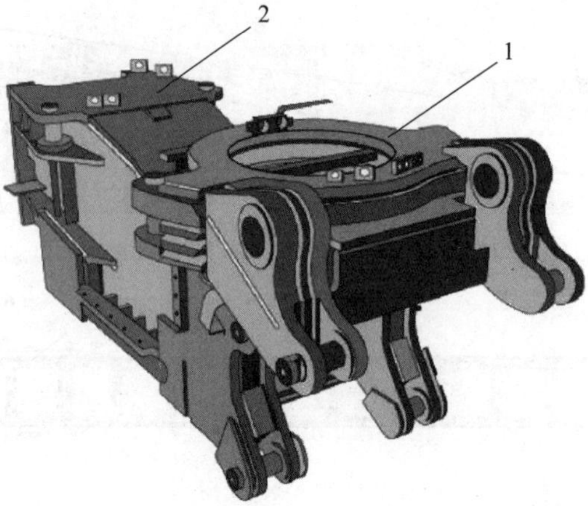

图 3-13　本体部的组成

1—回转台；2—本体架

螺栓固定在本体两侧，在其侧面开有方槽，以便于拆卸张紧油缸。行走减速机用高强度螺栓与履带架连接，如图 3-14 所示。

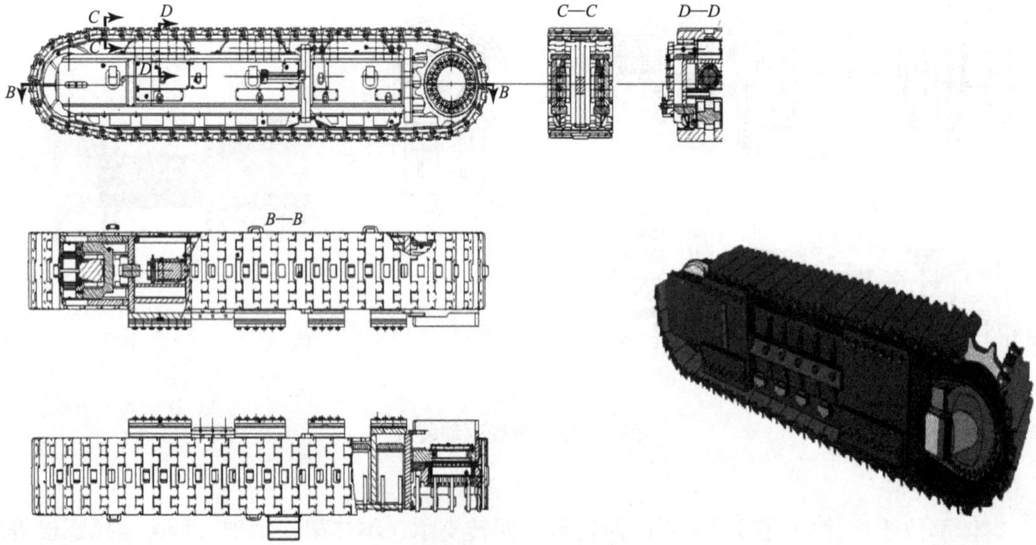

图 3-14　行走部

行走电动机为轴向柱塞电动机，通过行走减速器驱动整机行走，当高压油进入行走电动机时，高压油同时也进入减速机压缩制动器弹簧，解除制动，掘进机实现行走；当停止行走时，制动器弹簧因无高压油压缩而回位实现制动。

电动机和行走减速机构的关系如图 3-15 所示。

8. *后支承*

后支承的作用是减少截割时机体的振动，防止机体横向滑动。在后支承的两边装有升降支承器的油缸，后支承的支架用 M24 的高强度螺栓、键与本体相连。电控箱、泵站电动机都固定在后支承上。后支承结构如图 3-16 所示。

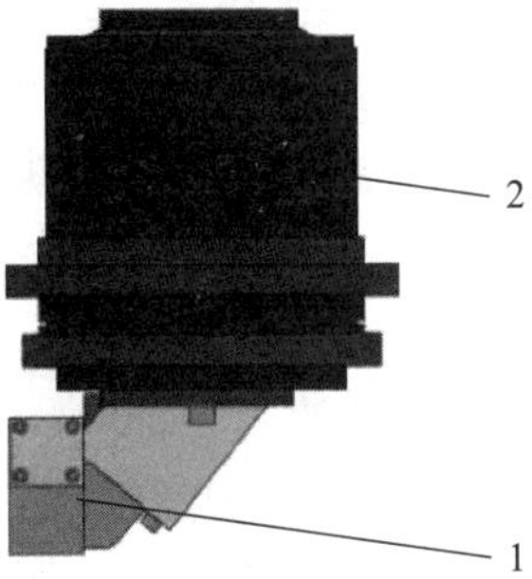

图 3－15　电动机和行走减速机构的关系

1—行走减速机构；2—电动机

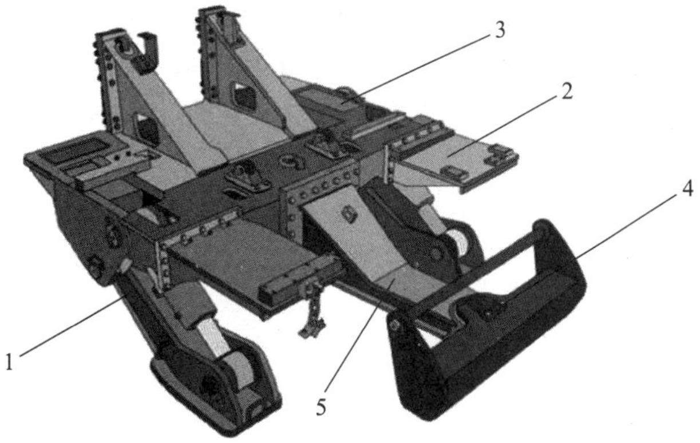

图 3－16　后支承结构示意图

1—支承腿；2—托座；3—支架；4—二运回转台；5—连接架

（七）液压系统

液压系统包括液压油箱、主泵、多路阀、液压先导操作台、液压电动机、油缸、冷却器以及各胶管总成、接头、密封件、压力表等，如图 3－17 所示。

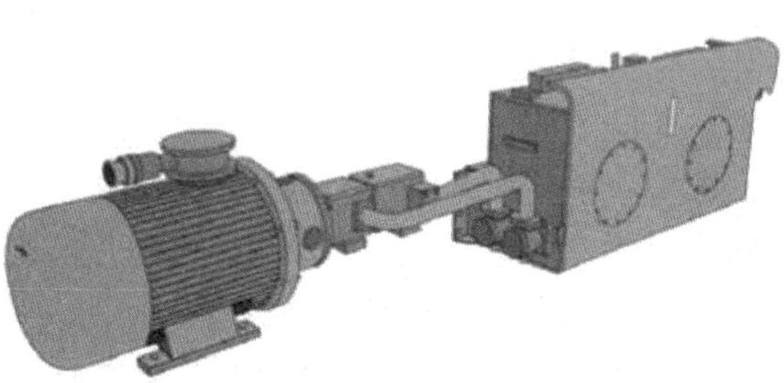

图 3－17　主泵和液压油箱

液压油箱设计容积为 1 200 L，装有呼吸器、主回油过滤器、吸油过滤器和液位液温计等液压辅件。

行走电动机为轴向柱塞电动机，通过行走减速器驱动整机行走。

驱动油缸实现截割头上、下、左、右的移动和伸缩，以及铲板的升降和后支承的升降。

星轮电动机在压力油的驱动下，带动星轮转动，装载物料。

一运电动机在压力油的驱动下，带动一运转动，运输物料。

主泵采用变量斜盘式柱塞泵，为主油路及控制油路提供液压油源。

主阀位于操作台内，在先导阀的操作控制下使各个执行机构产生相应动作。

液压张紧装置位于操作台面上，可实现行走履带和一运刮板链的张紧。

1. 主要结构

泵站是由 200 kW 电动机驱动，通过油箱、油泵，将压力油分别送到截割部、铲板部、第一运输机、行走部、后支承的各液压马达和油缸。本机共有 8 个油缸，均设有安全型平衡阀。液压系统空载运行时，液压泵轴端轴承处由于摩擦会达到 55 ~ 80 ℃，属于正常现象。

液压油由油泵泵出经换向阀流向各执行元件，能量交换后，转换成低压油，通过换向阀及过滤器流回液压油箱，完成循环。液压先导手柄的控制油由换向阀提供，保证其使用的安全可靠。操作台上装有三组换向阀，通过液控手柄完成各油缸及液压电动机的动作，并可实现无级调速，在其上还装有压力表，三块压力表分别显示三个变量泵的出口油压。

操作台上装有三组换向阀，通过液控手柄完成各油缸及液压电动机的动作，并可实现无级调速，在其上还装有压力表，三块压力表分别显示三个变量泵的出口油压。

2. 液压系统原理

液压系统原理如图 3 – 18 所示。

3. 液压回路

1）行走回路

泵打出液压油到多路阀，操作者推动手柄，带动多路阀阀芯运动，使泵输出的高压油经多路阀进入行走电动机，使行走电动机转动，并经减速机带动履带运动。

2）一运回路

泵打出液压油到多路阀，操作者推动手柄，带动多路阀阀芯运动，使泵输出的高压油经多路阀进入一运驱动电动机，使一运驱动电动机转动并带动一运刮板运输机运动。

3）星轮回路

泵打出液压油到多路阀，操作者推动手柄，带动多路阀阀芯运动，使泵输出的高压油经多路阀进入星轮驱动电动机，使星轮驱动电动机转动并带动星轮运动。

4）油缸回路

泵打出液压油到多路阀，操作者推动手柄，带动多路阀阀芯运动，使泵输出的高压油经多路阀进入油缸，推动活塞运动，并带动活塞杆运动。

液压油对健康有害，应避免液压油接触到眼睛和皮肤，切勿吞食液压油或吸入液压油的挥发蒸气。

高压液压油对人体有害，在管道和组件拆卸之前，必须释放液压回路的所有压力，具体包括：截割部的升降油缸和左右摆动油缸，铲板部的升降油缸和星轮驱动电动机，行走部的驱动电动机，后支承部的升降油缸，第一运输机的驱动电动机。截割电动机通过截割减速机的减速后驱动截割头转动。

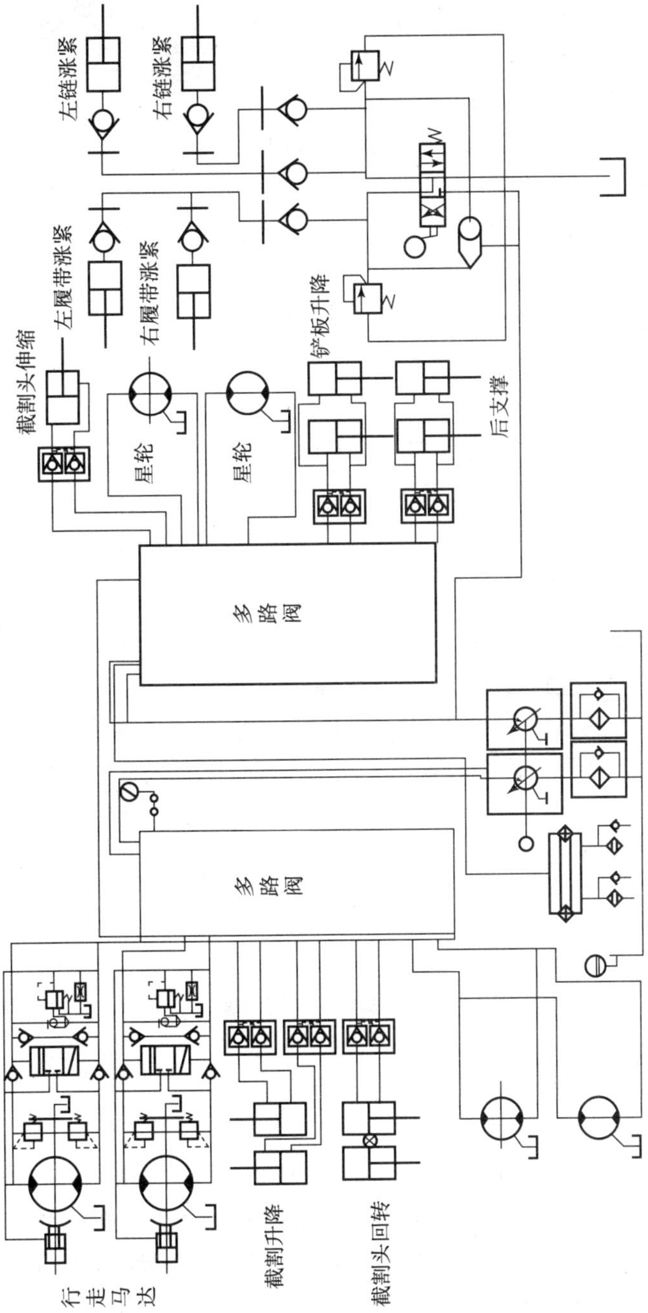
左链涨紧
右链涨紧
左履带涨紧
右履带涨紧
截割头伸缩
星轮
星轮
铲板升降
后支撑
多路阀
多路阀
行走马达
截割升降
截割头回转

图 3-18　液压系统原理

操作台上装有两组换向阀，通过液控手柄完成各油缸及液压电动机的动作，并可实现无级调速，在其上还装有压力表，两块压力表分别显示两个变量泵的出口油压。

（八）喷雾降尘系统

水系统由外喷雾和内喷雾两部分组成，外喷雾装置安装在截割部。水系统的外来水经过滤器和球阀后分为两条分路：第一条分路经过减压阀，到油冷却器和截割电动机后进入外喷雾；第二条分路直接进入内喷雾系统喷出。喷雾降尘系统如图 3－19 所示。

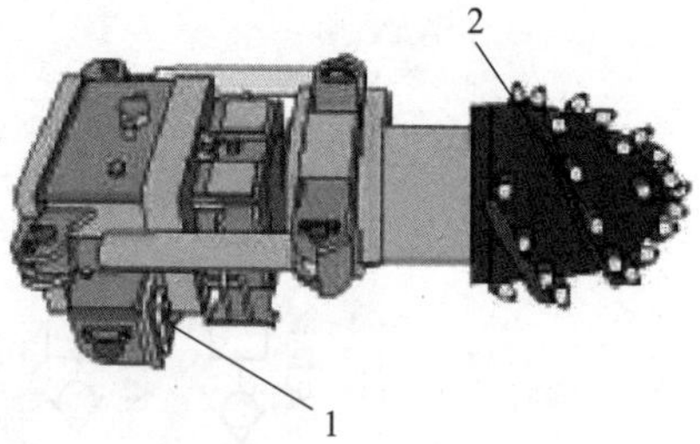

图 3－19　喷雾降尘系统

1—外喷雾；2—内喷雾

喷雾起到灭尘和冷却截齿的作用。

水系统总过滤器安装在第二运输机上，过滤器托架现场配焊在第二运输机靠近第一运输机侧。冷却水必须为中性，其 pH 值必须是 7，且冷却水中不能含有大于 100 μm 的杂质。

喷雾降尘系统原理如图 3－20 所示。

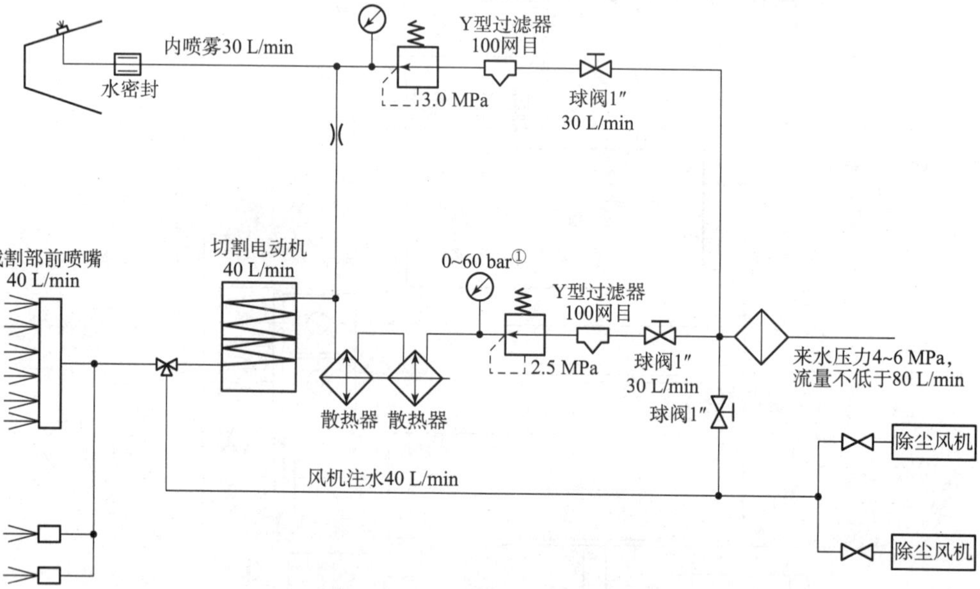

图 3－20　喷雾降尘系统原理

三、EBH315 型横轴式掘进机

（一）适用范围

EBH315 型掘进机是煤炭科学研究总院山西煤机装备有限公司研制的一种特重型掘进机，主要用于岩巷掘进，如图 3－21 所示。该机多项技术属国内外领先的新技术和创新技术，代表了国内掘进机的发展趋势。该机能经济地截割硬度 $\leqslant f=10$、局部硬度 $\leqslant f=12$ 的岩石，适用于坡度为 ±16°的煤矿采区准备巷道掘进，也可用于铁路、公路、水利工程等隧道施工。

（二）EBH315 型掘进机的特点

横轴式截割部采用新型伸缩机构，具有结构简单、刚性好、可靠性高的优点，配有横轴

① 1 bar = 0.1 MPa。

式截割头，截割过程中可充分利用自身重力，截割稳定性好，截割能力强。横轴式与纵轴式掘进机截割部分的差别如图 3-22 所示。

图 3-21 EBH315 型掘进机外观示意图

（a） （b）

图 3-22 横轴式与纵轴式掘进机截割部分的差别

（a）横轴式；（b）纵轴式

采用双齿条回转机构为国内外首创，不仅继承了传统齿轮齿条式回转机构的优点，而且使齿轮齿条可靠性大幅度提高。

采用集中润滑系统，可对各铰接销轴、油缸、整个回转台及关键部位轴承进行集中、自动润滑。

采用鱼脊梁分体式，改向链轮前置的高效装运机构，可扩大刮板机的主动受煤能力，提高装载机构的装煤、运煤速度。同时，在转盘外侧加焊耐磨板，并在铲板面板增加可拆卸耐磨板，采用全程压链，可提高耐磨性，减小运料阻力。

主电控箱采用更加智能化的西门子 S7-300 型 PLC 控制器，该控制器支持分布式控制、多任务并行，具有更多的 I/O 和通信接口方式，使得该电控系统更加智能化和人性化。

具有完善的整机工况监测系统。应用多样化的传感器如电压、电流、功率、压力、温度、瓦斯等对整机进行多点、多参量监测，把整机电气系统、机械传动系统、液压系统均纳入工况监测系统。

具有完善的数据存储、回调和故障诊断系统。电控系统可以把掘进机实时工况数据及时存储，并根据实际情况实现数据回调，进行工况再现，为故障诊断系统提供支持和依据，故障诊断系统能够及时、快速地帮助维修人员定位故障源和排除故障。

断面监视系统采用工业计算机作为监视主机，操作系统为 Windows XP；应用可视化操作软件编程，具有良好的人机界面；系统对切割头相对掘进机位置在显示屏幕上动态显示，操作人员在低可视度的情况下，依据位置显示图像指示，操作掘进机，完成对切割断面的切割；有效防止超挖、欠挖现象。

前后影像监视系统能够将掘进机前后作业现场实际影像传到监视计算机界面，操作员可在计算机屏幕上看到实时的现场作业景象，并可依据实际影像操作掘进机。

通过输入的多个轮廓控制点，仿真断面轮廓，控制掘进机按照设定断面轮廓自动切割，完成一次进刀断面切割工作。

多样化的遥控装置，该装置采用进口遥控器，应用仿生学原理设计，使操作员在远离掘进机工作现场 30 m 以上的距离，使用遥控器对掘进机全部功能进行控制操作。

对掘进机行走和切割头运动实现比例电磁控制。驾驶员可以根据现场工作情况，对掘进机行走和切割头运动进行运动速度可调控制，有效保护切割电动机。

采用新型销轴防转机构，彻底解决以往掘进机因铰接销轴转动引起的各种事故。

横轴式与纵轴式掘进机除截割部有差别外，其他部分类同，这里就不再叙述。

第三节　全断面巷道掘进机

全断面隧道掘进机也称为隧道掘进机（Tunnel Boring Machine，TBM），是利用回转刀具切削破岩及掘进，形成整个隧道断面的一种新型、先进的隧道施工机械。

它主要适用于直径为 2.5 ~ 10 m 的全岩隧（巷）道，岩石的单轴抗压强度可达 50 ~ 350 MPa；可一次截割出所需断面，且形状多为圆形，主要用于工程涵洞和隧道的岩石掘进。

过去 TBM 的技术名称在我国很不统一，各行业均冠以习惯称呼，铁道和交通部门称为隧道掘进机，矿山部门称为巷道掘进机，水电部门又称为隧洞掘进机。

1983 年国家标准（GB 4052—1983）统一称之为全断面岩石掘进机（Full Face Rock Tunneling Boring Machine），简称掘进机或 TBM。

TBM 定义：一种靠旋转并推进刀盘，通过盘形滚刀破碎岩石而使隧洞全断面一次成形的机器。

图 3 – 23 所示为开敞式掘进机。

图 3 – 23　开敞式掘进机

一、全断面掘进机的分类

掘进机种类繁多，根据不同的参照标准有不同的分类方法（见图3－24），如：

（1）按一次开挖断面占全部断面的份额，分为全断面和部分断面。

（2）按开挖断面的形状，分为圆形断面和非圆形断面。

（3）按开挖断面的大小，分为大、中和小断面。

（4）按成洞开挖次数，分为一次成洞和先导后扩。

（5）按开挖的洞线，分为平洞、斜洞和竖井。

（6）按开挖隧洞掌子面是否需要压力稳定，分为常压和增压。

（7）按掘进机的头部形状，分为刀盘式和臂架式。

（8）按掘进机是否带有盾壳，分为敞开式和护盾式。

（9）按掘进机盾壳的数量，分为单护盾和双护盾。

根据上述掘进机的分类，构成如图3－24所示的掘进机分类网络。

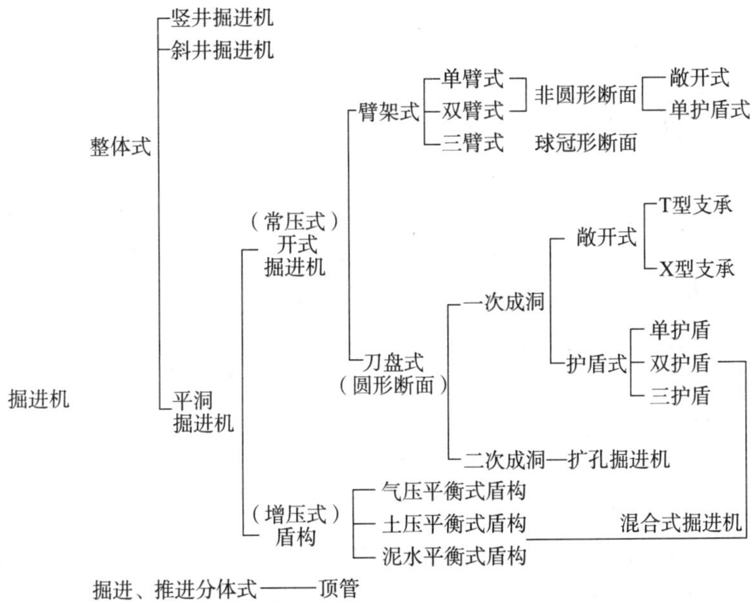

图3－24　掘进机分类网络

目前在国内通常有两种提法：

（1）岩石掘进机（TBM）。岩石掘进机（TBM）就是适合硬岩开挖的隧道掘进机，一般用在山岭隧道或大型引水工程。

（2）盾构机。盾构机是指适于在软岩、土中开挖的隧道掘进机，主要用于城市地铁及小型管道。

二、全断面岩石掘进机的施工优点

全断面岩石掘进机作为一种长隧洞快速施工的先进设备，其在隧洞施工中的主要优点是快速、优质、安全、经济。

(一) 快速

掘进机施工的优点是掘进速度快，其开挖速度一般是钻爆法的3~5倍。

掘进机的掘进速度首先取决于设计。目前全断面岩石掘进机设计的最高掘进速度已达6 m/h，理论最高月进尺可达4 320 m。实际月进尺还取决于两个因素：一是由岩石破碎的难易程度决定的实际发生的每小时进尺，二是反映管理水平的掘进机作业率。目前，掘进机的管理水平一般可使作业率达到50%。在花岗片麻岩中，月进尺可达500~600 m/月；在石灰岩、砂岩中，月进尺可达1 000 m/月；在粉砂岩中，月进尺可达1 500~1 800 m/月。这样的月掘进速度已经在掘进机施工的秦岭隧洞、磨沟岭隧洞、桃花铺隧洞、引大入秦隧洞、引黄入晋隧洞中实现，其是钻爆法所望尘莫及的。但是，这样的速度还不是最高的，只要进一步提高管理水平，还有可能创造更高的月掘进进尺。

(二) 优质

掘进机开挖的隧洞由于是由刀具挤压和切割洞壁岩石，所以洞壁光滑美观。

掘进机开挖隧洞的洞壁糙率一般为0.019，比钻爆法光面爆破的糙率还小17%。

开挖的洞径尺寸精确、误差小，精度可以控制在2 cm左右。

开挖隧洞的洞线与预期洞线误差也小，可以控制在5 cm范围内。

(三) 安全

掘进机开挖隧洞对洞壁外的围岩扰动少，影响范围一般小于50 cm，容易保持原围岩的稳定性，可得到安全的边界环境。

掘进机自身带有局部或整体护盾，使人员可以在护盾下工作，有利于保护人员安全。

掘进机配置有一系列的支护设备，在不良地质处可及时支护以保安全。

由于掘进机是机械能破岩，故没有钻爆法的炸药等化学物质的爆炸和污染。

采用电视监控和通信系统，操作自动化程度高，作业人员少，便于安全管理。

(四) 经济

目前我国使用掘进机，若只核算纯开挖成本，其是高于钻爆法的。但掘进机成洞的综合成本可与钻爆法比较，其经济性主要表现在成洞的综合成本上。由于采用掘进机施工，故使单头掘进20 km隧洞成为可能；可以改变钻爆法长洞短打、直洞折打费时费钱的施工方法，代之以聚短为长、裁弯取直，从而省时省钱；掘进机施工洞径尺寸精确，对洞壁影响小，可以不衬砌或减少衬砌，从而降低衬砌成本；掘进机的作业面少、作业人员少，人员的费用少；掘进机的掘进速度快，提早成洞，可提早得益。这些因素，促使掘进机施工的综合成本降低到可与钻爆法竞争。

掘进机开挖隧洞的经济性只有在开挖长隧洞，尤其是长度超过3 km时才能体现。

掘进机的四大优点是快速、优质、安全、经济，其中核心优点是快速。

三、全断面岩石掘进机的缺点

作为隧洞快速施工的设备，全断面掘进机也有它的适用范围和局限性，在选用时应加以考虑：

(1) 全断面岩石掘进机的一次性投资成本较高。现在国际市场上敞开式全断面掘进机的价格是每米直径100万美元，双护盾掘进机每米直径120万美元。若国外掘进机在国内制造，结构件是国内生产，则敞开式掘进机的价格是每米直径70万美元，双护盾掘进机每米直径 85 万美元，约为国际市场价格的 70%。一台 10 m 的全断面掘进机主机加配套设备价格要上亿元人民币。因此，作为全断面岩石掘进机的施工承包商，一定要具有足够的经济实力。

（2）全断面岩石掘进机的设计制造需要一定的周期，一般需要 9 个月，这还不包括运输和洞口安装调试时间。因此，从确定选用掘进机到实际能使用上掘进机需预留 11 ~ 12 个月的时间。

（3）全断面岩石掘进机一次施工只适用于同一个直径的隧洞。虽然掘进机的动力、推力等的配置可以使其适用于某一段直径范围，但结构件的尺寸改动是需要一定的时间并满足一定的规范的。一般只有在完成一个隧洞工程，更换工程时才实施。

（4）全断面岩石掘进机对地质比较敏感，对不同的地质应选用不同种类的掘进机并配置相应的设施。

综上所述，全断面岩石掘进机适合于长隧洞的施工。

四、发展历史

我国全断面岩石掘进机的研制和试用始于 20 世纪 60 年代，至今已走过 50 多年的历程。回顾总结这段发展史，可分为四个阶段：

20 世纪 60 年代，科研阶段，起步研制国产掘进机。

20 世纪 70 年代，国产掘进机进行工业性试验。

20 世纪 80 年代，引进国外二手掘进机用于国内施工。

20 世纪 90 年代，引进欧美先进掘进机和管理方法用于国内施工。

1997 年，铁道部在 18.4 km 长的秦岭隧道引进了 2 台德国 WIRTHTB880E 型敞开式掘进机，现已转场到西合线完成了磨沟岭隧道、桃花铺隧道的施工，创造了我国用硬岩掘进机施工连续两个月，月进尺超过 500 m（552 m/月、527 m/月），最高月进尺 589 m 的记录，平均掘进速度为 313.7 m/月。1990 年，甘肃引大入秦引进一台美国 ROBBINS 公司双护盾掘进机掘进 16.4 km 隧洞。在山西引黄入晋万家寨引水工程，从 1993 年引进 1 台美国 ROBBINS 公司双护盾掘进机起，1998 年至今又先后引进了 5 台同类型双护盾掘进机，这 6 台掘进机现已完成 8 条长隧洞总计 121.8 km 的施工，开创了我国在同一大工程范围内用掘进机施工超过 100 km 的记录，并创造了月进尺 1 821.5 m 的国内最高纪录，为我国南水北调等大型跨流域调水工程提供了宝贵的经验。总之，在 20 世纪末我国初步实现了根据不同地域的不同地质，引进欧美不同类型先进全断面岩石掘进机，以完成我国重点工程的目的，并已积累了一定的实际施工经验。

目前我国用全断面岩石掘进机开挖的隧洞已累计达到 176 km，约占全世界掘进机开挖隧洞总量的 4%。据不完全统计，我国有各类可用掘进机开挖的工程隧洞约 5 800 km，约需掘进机 150 台，掘进机及其配套设备、易损件、备品备件价值总计达上百亿元。掘进机的使用和发展具有广阔的市场，故对掘进机及其系统的研究也越来越引起隧道施工部门、制造厂、科研院所的广泛关注。

五、全断面岩石掘进机的基本功能

全断面岩石掘进机在掘进工况时，必须具有掘进、出渣、导向和支护四个基本功能，并配置完成这些功能的机构。

（一）掘进功能

掘进功能分为破碎掌子面岩石的功能和不断推进掘进机前进的功能。为此掘进机必须配置合适的破岩刀具并给予足够的破岩力，即推力和转动刀盘变换刀具破岩位置的回转力矩，还必须配置合适的支承机构，将破岩用的推力和刀盘回转力矩传递给洞壁，同时推进和支承机构还应具有步进作用，以实现掘进机前进的功能。

刀具、刀盘、刀盘驱动机构、推进机构、支承机构是实现掘进功能的基本机构。

掘进推力大于岩石破碎所需的力、刀盘回转力矩大于在推力下全部刀具的回转阻力矩、支承力产生的比压小于被支承物的许用比压、整机接地比压小于洞底许用比压是实现掘进功能的基本力学条件。

（二）出渣功能

出渣功能细分为导渣、铲渣、溜渣和运渣。

工作面上被破碎的岩石受重力的作用会顺工作面下落到洞底，在刀盘上设置耐磨的导渣条，既可增加刀盘的耐磨性，又可将岩渣导向铲斗，这就是导渣。刀盘四周设置有足够数量的铲斗，铲斗口缘配置铲齿或耐磨铲板，将每转落入洞底的岩渣铲入铲斗，这就是铲渣。随着刀盘的回转铲斗，将岩渣运至掘进机的上方，超过岩渣堆积的安息角时，岩渣靠自重下落，通过溜渣槽溜入运渣胶带机，这就是溜渣。最后胶带输送机将岩渣向机后运出。掘进机具有破、导、铲、溜、运一气呵成连续进行的特点。

导渣条、铲斗、溜渣槽和胶带输送机是出渣的基本装置。

足够容积和数量的铲斗，合适的铲斗进、出口，合理的溜渣槽和刀盘转速，足够输送能力的胶带输送机，这是实现顺利出渣的基本几何和运动学条件。

（三）导向功能

导向功能又可细分为方向的确定、方向的调整和偏转的调整。

通常采用先进的激光导向装置来确定掘进机的位置。当掘进机偏离预期的洞线时，采用液压调向油缸来调整水平方向和垂直方向的偏差。当掘进机受刀盘回转的反力矩作用，整体发生偏转时，常采用液压纠偏油缸来纠正。

激光导向、调向油缸和纠偏油缸是导向、调向的基本装置。

（四）支护功能

支护功能又可分为掘进前未开挖地质的预处理、开挖后洞壁的局部支护和全部洞壁的衬砌。

对已预报的掘进机前方未开挖段不良地质的预处理，主要采用混凝土灌浆、化学灌浆和冰冻固结。对开挖后局部不良地质的处理，主要采用喷混凝土、锚杆、挂网和设置钢拱架。对开挖后洞壁接触空气不久全线水解及风化的隧洞，采用将全洞用混凝土预制块衬砌、密封、灌浆的方法。

若采用不同的支护方法，则应配置相应的设备，如锚杆机、钢拱架安装机、混凝土管片安装机、喷混凝土机、混凝土灌浆机、化学注浆泵和冰冻机等。

上述掘进、出渣、导向和支护四个基本功能中掘进、出渣和导向这三个功能贯穿在掘进机掘进的全过程中，支护功能只是在必要时才使用。

六、敞开式掘进机

(一) 分类

敞开式掘进机基本有两种，即单水平支承掘进机（图3－25）和双水平支承掘进机（图3－26）。

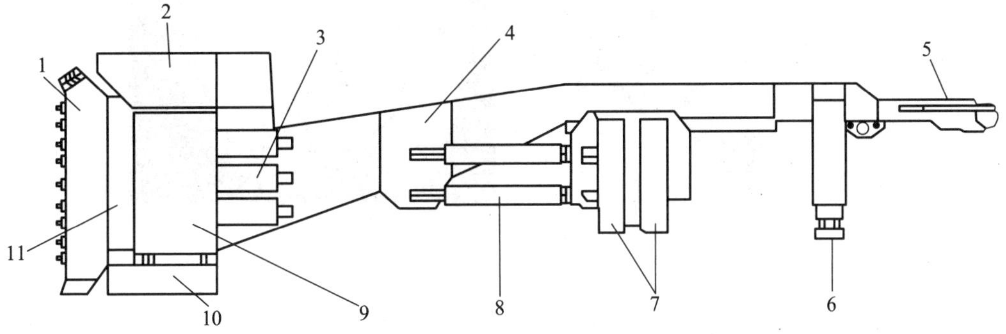

图3－25　单水平支承掘进机示意图

1—掘进刀盘；2—拱顶护盾；3—驱动组件；4—主梁；5—出渣输送机；6—后支承；7—撑靴；8—推进千斤顶；9—侧护盾；10—前支承；11—刀盘支承

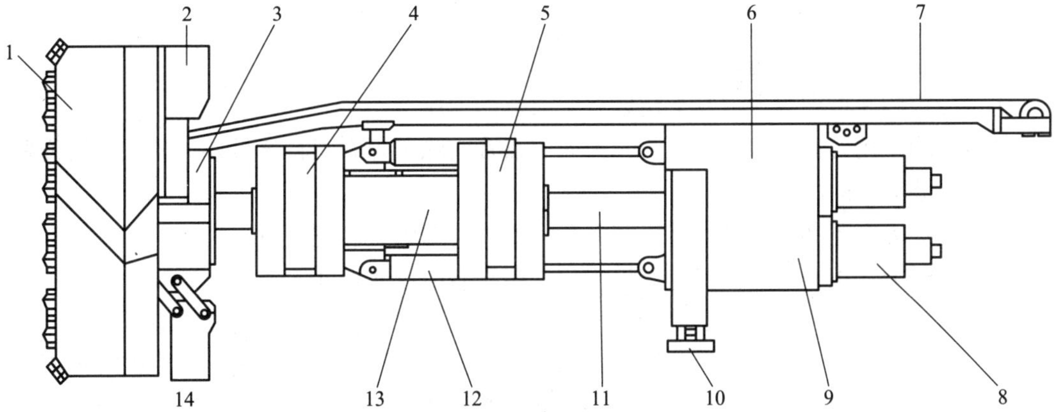

图3－26　双水平支承掘进机示意图

1—掘进刀盘；2—顶护盾；3—轴承外壳；4—前水平撑靴；5—后水平撑靴；6—齿轮箱；7—出渣输送机；8—驱动电动机；9—星形变速箱；10—后下支承；11—扭矩筒；12—推进千斤顶；13—主机架；14—前下支承

(二) 敞开式掘进机构造

敞开式掘进机的主要构造：刀盘、控制系统、支承和推进系统、后部配套设备。

1. 刀盘

刀盘是用于安装刀具的、由钢板焊接而的结构件，是掘进机中几何尺寸最大、单件质量最重的部件。因此它是装拆掘进机时起重设备和运输设备选择的主要依据。刀盘与大轴承转动组件通过专用大直径高强度螺栓相连接，如图3－27所示。

图 3－27　刀盘结构

（1）刀盘的功能。

①按一定的规则设计、安装刀具。

②岩石被刀具破碎后，由刀盘的铲斗铲起，落入胶带输送机的溜渣槽后向机后排出。

③阻止破岩后的粉尘无序溢向洞后。

④必要时施工人员可以通过刀盘，进入掘进机刀盘前观察掌子面。

（2）刀盘上主要构件。

根据刀盘的功能，掘进机刀盘上必然有以下构件：

①按一定顺序排列焊在刀盘上用以安装刀具的刀座。

②目前均采用刀盘背面换刀工艺，因此刀盘背面除了焊有刀具序号外，还在相关位置上焊有便于吊装刀具的吊耳。

③大直径刀盘还必须焊有人可以爬上爬下检查的踩脚点和把手点。

④必要时刀盘正面适当位置焊有导渣板，引导岩渣导入铲斗。

⑤刀盘四周布置有相应数量的铲斗，铲斗唇口上装有可更换的铲齿或铲渣板。

⑥刀盘正面布置有喷水孔，必要时喷水孔上装配有防护罩，其作用是既保护喷嘴不被粉尘堵塞或不被岩渣砸坏，又能便于清洗以保证喷水雾的连续实现。

⑦刀盘上配置有人孔通道。在掘进时，人孔通道用盖板封盖；停机时，封盖可向刀盘后面开启，便于人员和物件通过。

⑧刀盘正面焊有耐磨材料，以免刀盘长时间在岩石中运转磨损。

⑨刀盘背面必须有与大轴承回转件相连接的精加工部分及其螺孔位。

⑩刀盘背面有安装水管的位置，且该位置应不易使岩渣撞击水管。

（3）刀盘的结构形式。

按外形刀盘的形式可以分成以下三种：

①中锥形：这种形式借鉴早期的石油钻机。

②球面形：这种形式适用于小直径掘进机，直接借用大型锅炉容器的端盖制成。

③平面圆角形：这种形式刀盘中部为平面，边缘为圆角过渡。其制作工艺较简单，安装刀具较方便，也便于掘进时刀盘对中和稳定，是目前掘进机刀盘最佳且最普遍的结构形式。

2. 刀具

刀具是全断面岩石掘进机破碎岩石的工具，是掘进机研究的关键部件和易损件。经过几十年的工程实践，目前公认为盘形单刃滚刀是最佳刀具。

（1）刀具的发展历史。

掘进机的刀具是由石油钻机的牙轮钻演变而来的，从结构形式上经历了牙轮钻、球齿钻、双刃滚刀，并发展到现在的单刃滚刀。

刀圈的形状经历了由不同刀尖角的宽形劈刀发展到现在的窄形滚刀。

刀具的直径变化为 ϕ280 mm→ϕ300 mm→ϕ350 mm→ϕ400 mm→ϕ432 mm→ϕ482 mm→ϕ432 mm，是兼顾了刀具轴承承载能力、延长刀具使用寿命、利于更换刀具等因素的综合结果。

目前采用的 ϕ432 mm 的窄形单刃滚刀已被施工实践普遍接受。

（2）刀具的分类。

由于刀具在刀盘上的安装位置不同，可以分为中心刀、正刀和边刀三类。

①中心刀：中心刀安装在刀盘中央范围内。因为刀盘中央位置较小，所以中心刀的刀体做得较薄，数把中心刀一起用楔块安装在刀盘中央部位。

②正刀：这是最常用的刀具，正刀是统一规格，可以互换。

③边刀：边刀是布置在刀盘四周圆弧过渡处的刀具。由于刀具安装与刀盘有一个倾角，而边刀的刀间距也逐渐减小。从布置要求出发，边刀的特点是刀圈偏置在刀体的向外一侧，而中心刀、正刀都是正中安置在刀体上的。

为了减少备件和安装方便，中心刀、正刀、边刀使用的刀圈、轴承、金属密封和固定螺栓都设计成可互换的。

（3）刀具的结构。

刀具由轴 1、端盖 2、金属浮动密封 3、轴承 4、刀圈 5、挡圈 6、刀体 7、压板 8、加油螺栓 9 等部分组成，如图 3－28 所示。有的结构中两轴承间采用隔圈形式。其中刀圈 5、轴承 4、金属浮动密封 3 是刀具的关键部件。刀圈在均匀加热到 150～2 000 ℃后热套在刀体上。

轴承均采用优质高承载能力的圆锥推力轴承，采用金属密封以确保刀体内油液保持一定的压力。采取以上措施的目的是延长刀具的使用寿命，减少刀具损耗和换刀时间，降低成本。

（4）刀具的寿命。

刀具是掘进机使用过程中用量最大的易耗品，一般开挖 10 km 硬岩隧道，刀具的使用消耗将占整机价格的 30% 左右。刀具的寿命又直接决定了换刀次数和换刀停机时间，一般情况下换刀时间占全部时间的 10%～20%。因此刀具的使用寿命直接影响了开挖成本和掘进机的作业率。

①刀具的寿命。

目前使用的 ϕ432 mm 的窄形单刃滚刀综合使用寿命见表 3－3。

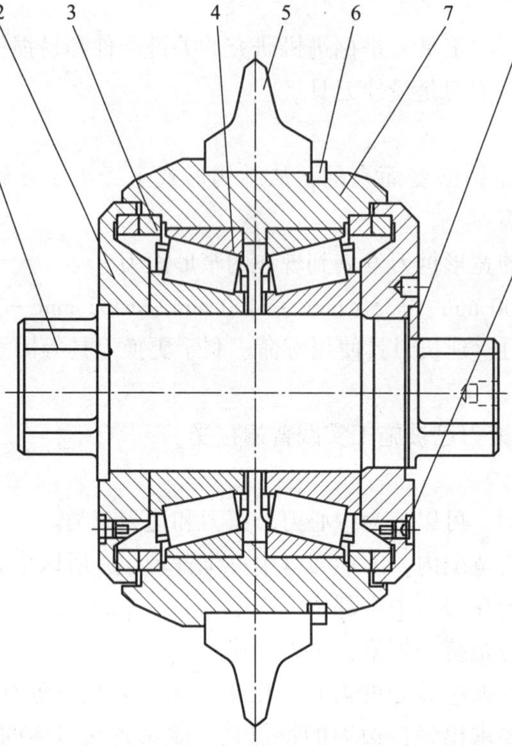

图 3－27　盘形刀的结构

1—轴；2—端盖；3—金属浮动密封；4—轴承；5—刀圈；6—挡圈；7—刀体；8—压板；9—加油螺栓

表 3－3　ϕ432 mm 的窄形单刃滚刀综合使用寿命

岩石种类	完整石英片麻岩	花岗岩	砂岩、石灰岩
平均每刀破岩量/m^3	约 100	约 500	1 500 ~ 2 500

②刀具的损坏形式

刀具的损坏形式分正常磨损损坏和非正常磨损损坏。

a. 刀具的正常磨损。

用标准刀圈模板测定边刀刀刃磨损 12.7 ~ 15 mm（1/2″ ~ 5/8″），正刀磨损 38 mm $\left(1\frac{1}{2}''\right)$，其余部分正常，则刀具属正常磨损。正常磨损占全部损坏刀具的 90% 以上。

b. 非正常损坏。

非正常损坏有以下形式：

（a）刀圈崩裂：刀圈热处理不当，刀圈、刀体紧配合过量。

（b）刀圈相对刀体滑动：刀圈与刀体紧配合量不足，刀具在刀盘上安装不当。

（c）刀圈磨成多角形：轴承损坏，刀具无法自转，金属浮动密封损坏、漏油。

（d）漏油：金属浮动密封损坏或加油螺塞失效。

（e）刀圈卷刃：刀圈热处理不当，硬度不足。

（f）刀圈熔化：刀盘水冷却系统损坏。

（g）挡圈断裂：挡圈结合处焊接强度不够。

(h) 刀具固定螺栓失落：长期更换刀具，螺纹损坏。

(i) 刀具固定螺栓断裂：固定螺栓的预紧力未调均匀。

(j) 刀体磨损：刀圈已超过极限磨损而未更换，刀体直接与洞壁接触。

(5) 延长刀具寿命的措施。

为了延长刀具使用寿命，我们在刀具设计中已经采用了大直径 ϕ432 mm 刀具，除此之外，在使用中还应采取常规措施和非常规措施。

①常规措施。

a. 选用 ϕ432 mm 刀具，其中刀圈、轴承、金属浮动密封必须是品牌产品。

b. 严格按照规定组装刀具，包括装配精度、温度、油质、油量和油压，严格测定油压、保压时间和刀盘回转力矩。

c. 将刀具正确安装在刀盘上，按规定调整螺栓预紧力。

d. 及时检查、测量刀具磨损及其他损坏情况，及时更换已损坏的刀具。

e. 保证刀盘水系统的正常工作，做到先喷水雾再掘进。

f. 做好刀具的档案记录工作，根据记录数据及时制定相关措施。

②非常规措施。

a. 对完整性好、抗压强度高的岩石，掘进速度 <1.5 m/h 时，应考虑全盘更新刀具，并增设喷泡沫剂的工艺。

b. 对掘进前方遇有金属物，如钢丝网、钢管、木船钢钉、锚等，必须先清除后掘进。

c. 避免在掘进前方先开掘导洞再行扩挖。因为导洞与扩挖洞交界处刀具受力工况十分恶劣，最易损坏。

3. 大轴承

(1) 大轴承的作用。

①承受刀盘推进时的巨大推力和倾覆力矩，并传递给刀盘支承。

②承受刀盘回转时的巨大回转力矩，将其传递给刀盘驱动系统。

③连接回转的刀盘和固定的刀盘支承，实现转与不转的交接。

(2) 大轴承的结构形式。

目前掘进机采用的大轴承有三种结构形式：三排三列滚柱大轴承、三排四列滚柱大轴承和双列圆锥滚柱大轴承。

①三排三列滚柱大轴承。三排三列滚柱大轴承由一排一列径向滚柱、一排一列主推力滚柱和一排一列非主推力滚柱组成。由于径向滚柱和主推力滚柱分别设置，所以受力明确，承载能力较大。因主推力滚柱只有一排，故一般适用于较小直径的掘进机。

②三排四列滚柱大轴承。三排四列滚柱大轴承由一排一列径向滚柱、一排二列主推力滚柱和一排一列非主推力滚柱组成。这种结构除有径向滚柱和主推力滚柱分别设置受力明确的优点外，因有二排主推力滚柱，因此能承受很大的推力，适合于大直径硬岩掘进机使用。

③双列圆锥滚柱大轴承。双列圆锥滚柱大轴承由相对安置的两列相同的圆锥滚柱组成，在推力方向的一列圆锥滚柱同时承受轴向推力、径向力和倾覆力矩，非推力方向的一列滚柱只受径向力和倾覆力矩。双列圆锥滚柱大轴承一般适用于 150 MPa 以下岩石的掘进机使用。其优点是：双列圆锥的同一性。在掘进机大修时，可将大轴承翻转 180°使用，将原非主推力一侧滚柱变成主推力一侧滚柱，这样可以使轴承使用寿命延长近一倍。

（3）大轴承的使用寿命。

目前大轴承的使用寿命一般为15 000～20 000 h，这一使用寿命是确保掘进机掘进20 km不更换轴承的依据。平常通称掘进机一次使用寿命为20 km，就是由此而来的。其他大型结构件使用40～60 km也是完全可能的。

对大轴承寿命的影响还需考虑以下因素：

①大轴承的润滑和密封。良好的强制性稀油润滑和多道有效密封是确保大轴承寿命的必要条件之一。

②大轴承安装工艺，特别是刀盘电焊时必须控制电流不能通过大轴承，否则大轴承滚道表面因电焊电流的通过形成火花，易产生凹坑而损坏。

③大轴承都是单件生产，价格昂贵（一般占整机造价的10%左右），按国外大轴承生产规定，允许有10%的不合格率。因此购买掘进机时买方要承担10%的风险。

（4）大轴承的定圈和动圈。

①大直径掘进机一般采用内圈固定、外圈回转方式相配合的驱动系统，大轴承配内齿圈，这样有利于降低刀盘的转速。

②小直径掘进机一般采用外圈固定、内圈回转方式相配合的驱动系统，大轴承配外齿圈，这样有利于刀盘驱动系统的布置。

（5）大轴承的密封。

大轴承的密封分内密封（大轴承内圈处）和外密封（大轴承外圈处），每处的密封通常由三道优质密封圈和两道隔圈组成。三道密封圈的唇口有一定的压力，压在套于刀盘支承上的耐磨钢套上。由于密封圈的直径较大，在粘制密封圈时长度余量必须严格控制。长度过短，粘制后直径偏小，安装后容易胀裂或减小唇口压力；过长则粘制后直径偏大，安装后容易松动（外圈）或起皱折（内圈），从而降低密封效果，甚至失效。

由于密封圈的直径较大，在安装时应多人、多点同步装入，避免扭曲和不同步使密封圈拉伸变形。

除了密封圈密封外，根据需要还可增设机械的迷宫密封。安装时迷宫槽内充满油脂，使用时还不断注入油脂以防粉尘和水分通过密封圈浸入大轴承。

4. *刀盘驱动系统*

全断面岩石掘进机刀盘驱动系统的功能是驱动刀盘用于掘进、安装调试和换刀。

（1）刀盘驱动系统的特点。

①大功率、大速比：传递功率大，一般在1 000 kW以上；从电动机到刀盘的减速比也大，一般$i>200$。

②刀盘驱动系统为系列化、多套式，每套功率都在200 kW以上。

③具有二级变速功能，以满足不同硬度岩石的需要。

④具有慢速点动功能，以满足换刀需要。

⑤挖掘硬岩时只能顺铲斗铲渣方向回转。

⑥驱动系统的元件要求径向尺寸小，而轴向尺寸可适当放宽。

⑦刀盘驱动系统要有能承受一定轴向载荷的能力。

（2）驱动系统的布置形式。

驱动系统的布置形式有前置式和后置式两种。

①前置式。前置式的驱动系统其减速箱、电动机直接连在刀盘支承上，结构紧凑。但掘进机头部比较拥挤，增加了头部质量。

②后置式。后置式驱动系统其减速箱、电动机布置在掘进机中部或后部，通过长轴与安装在刀盘支承内的小齿轮相连。这样布置有利于掘进机头部设施的操作和维修，也对掘进机整机质量的均衡布置有益，但增加了整机质量。

以上两种布置方式技术上都可行，各有优缺点。

（3）驱动系统的组成。

驱动系统由电动机、离合器、制动器、二级行星减速机、点动马达、长轴（后置式）、小齿轮和大齿圈组成。

①电动机采用小直径、大功率的水冷式专用电动机，一般单台电动机的转速为1 000～1 500 r/min，驱动功率为200～450 kW。

②离合器。目前采用的离合器有空气离合器和液压离合器两种。液压离合器具有传动扭矩大的优点，但离合的反应比较迟缓，容易造成多片离合片的不均匀磨损，一般用于功率要求大的掘进机上。压缩空气离合器具有离合反应快、过载保护能力强的优点，但传递扭矩较小，适用于开挖<150 MPa岩石的掘进机。

③制动器。均采用多片式，常用液压制动器，刀盘停止回转即自动制动，只有打开制动器才能驱动刀盘。

④二级行星齿轮减速器。掘进机均采用二级行星减速器以满足大功率、大速比的减速要求，齿轮箱采用强制液油润滑和水冷以减少其体积和尺寸。

⑤长轴及鼓形联轴节。在后置式驱动系统中，采用长轴并通过鼓形联轴节将齿轮减速箱和小齿轮轴相连接。因长轴是回转部件，故其外面还需安装保护套管，以保证安全。

⑥小齿轮。为实现大速比目的，小齿轮的齿数一般设在$Z_{小}=14\sim17$，要进行修正加工。小齿轮必须避免单支点的悬臂结构形式而采用安装在刀盘支承上的双支点形式，以确保大、小齿间的正常啮合。

⑦大齿圈。小齿轮和大齿圈的配合是掘进机刀盘驱动系统的第二级大速比减速。对于大直径掘进机，大齿圈采用内齿圈形式，这样既有利于驱动系统的布置，也有利于内齿圈齿数增多而增大减速比，从而降低刀盘转速。对于小直径掘进机，大齿圈采用外齿圈形式，这样有利于驱动系统布置和适当加大刀盘转速。

⑧慢速驱动和点动马达。为更换刀具的需要，有时要将刀具转到特定的更换位置，一般在齿轮减速箱输入端旁边置一低速液压马达，以实现刀盘的慢速驱动和点动，转速控制在1 r/min以下。在换刀时，刀盘已离开掌子面而不与洞壁接触，此时允许刀盘正、反双向转动，以利于换刀。

5. 掘进机头部机构及稳定头部装置。

掘进机在掘进作业时，因岩石的不均质性，常引起头部的激烈振动。掘进机头部刀盘支承的四周连接了一圈护盾装置，这些装置起着保护机头和稳定机头的作用，必要时还辅以调向的作用。

除了上述结构，一般掘进机还有液压系统、供电系统、运输系统、通风系统、降温、防尘、供水及安全系统、隧道支护设备系统以及其他辅助设施。

（三）破岩机理

在掘进时切削刀盘上的滚刀沿岩石开挖面滚动，切削刀盘均匀地对每个滚刀施加压力，形成对岩面的滚动挤压。切削刀盘每转动一圈，就会贯入岩面一定深度，在滚刀刀刃与岩石接触处，岩石被挤压成粉末，从这个区域开始，裂缝向相邻的切割槽扩展，进而形成片状石渣，从而实现破岩，如图 3－28 所示。

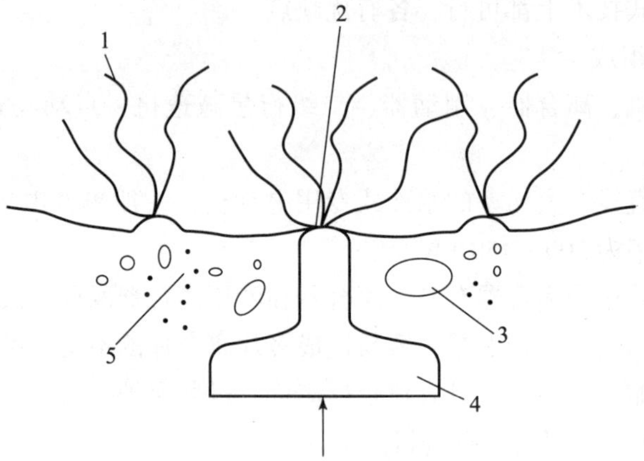

图 3－28　掘进机切削岩石机理

1—岩石龟裂纹；2—粉碎岩石粒；3—切削石渣；4—滚刀；5—相邻刀具产生的粉碎岩石粒

（四）推进原理

掘进机的推进原理如图 3－29 所示。

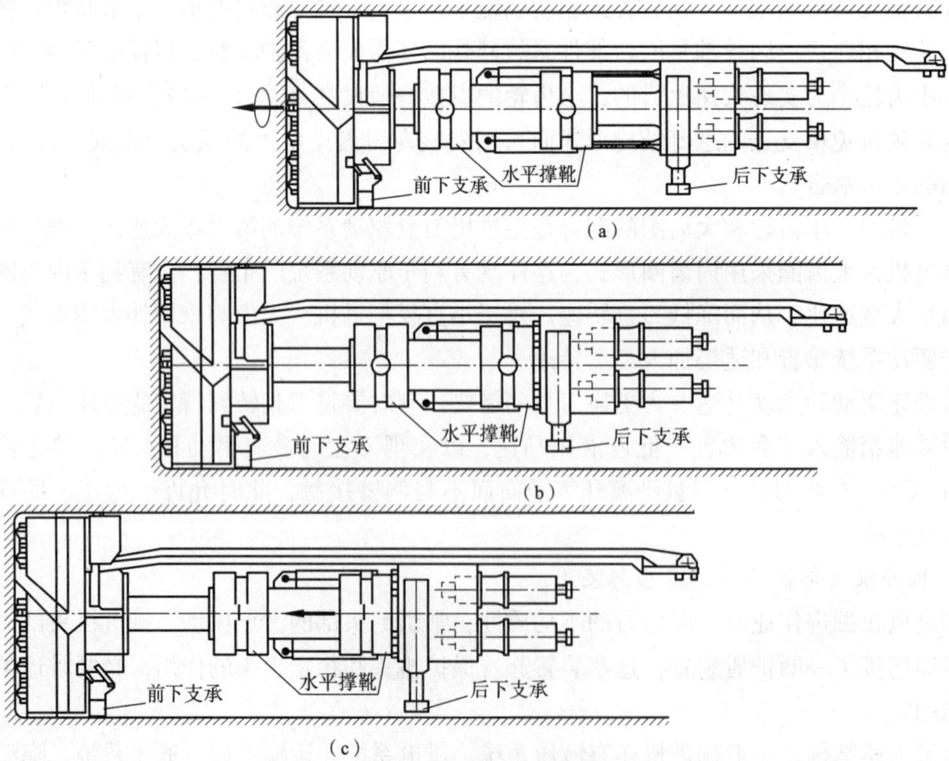

图 3－29　掘进机的推进原理

水平支承液压缸装在大梁的后部，通过四个推进油缸的机头架相连。工作时，先用水平支承板在巷道的两边支承住机器后半部的质量，然后将后支承液压缸提起，再开动推进液压缸将刀盘、机头连同大梁一起推向工作面；达到推进行程后，再将后支承缸放下并支承在底板上，支承住机器后半部的质量，然后缩回水平支承缸的活塞杆，使水平支承板脱离岩帮，再收缩推进液压油缸，拉动水平支承缸沿大梁向前移动一个步距，即完成了一个推进行程。此后不断地重复上述过程，机器即以迈步行走的方向向前推进。

七、盾构机简介

盾构机，全名叫盾构隧道掘进机，如图 3－30 所示。它是一种隧道掘进的专用工程机械，现代盾构掘进机集光、机、电、液、传感、信息技术于一体，具有开挖切削土体、输送土渣、拼装隧道衬砌、测量导向纠偏等功能，涉及地质、土木、机械、力学、液压、电气、控制、测量等多门学科技术，而且要按照不同的地质进行“量体裁衣”式地设计制造，可靠性要求极高。盾构掘进机已广泛用于地铁、铁路、公路、市政和水电等隧道工程。

用盾构机进行隧洞施工具有自动化程度高、节省人力、施工速度快、一次成洞、不受气候影响、开挖时可控制地面沉降、减少对地面建筑物的影响和在水下开挖时不影响水面交通等特点，在隧洞洞线较长、埋深较大的情况下，用盾构机施工更为经济合理。

图 3－30　盾构隧道掘进机

盾构机的基本工作原理就是一个圆柱体的钢组件沿隧洞轴线边向前推进边对土壤进行挖掘。该圆柱体组件的壳体即护盾，它对挖掘出的还未衬砌的隧洞段起着临时支承的作用，承受周围土层的压力，有时还承受地下水压以及将地下水挡在外面。挖掘、排土、衬砌等作业在护盾的掩护下进行。

据了解，采用盾构法施工的掘进量占北京地铁施工总量的 45%，目前共有 17 台盾构机为地铁建设效力。虽然盾构机成本高昂，但可将地铁暗挖功效提高 8～10 倍，而且在施工过程中地面不用大面积拆迁，不阻断交通，施工无噪声，地面不沉降，不影响居民的正常生活。不过，大型盾构机技术附加值高、制造工艺复杂，国际上只有欧美和日本的几家企业能够研制生产。

盾构机问世至今已有近 180 年的历史，其始于英国，发展于日本、德国。近 30 年来，通过对土压平衡式、泥水式盾构机中的关键技术，如盾构机的有效密封，确保开挖面的稳定、控制地表隆起及塌陷在规定范围之内，刀具的使用寿命以及在密封条件下的刀具更换，对一些恶劣地质如高水压条件的处理技术等方面的探索和研究，使盾构机有了很快的发展。盾构机，尤其是土压平衡式和泥水式盾构机在日本由于经济的快速发展及实际工程的需要发展很快。德国的盾构机技术也有其独到之处，尤其是在地下施工过程中，可在保证密封以及高达 0.3 MPa 气压的情况下更换刀盘上的刀具，从而提高盾构机的一次掘进长度。德国还开发了在密封条件下从大直径刀盘内侧常压空间内更换被磨损的刀具的方式。

盾构机的选型原则是因地制宜，尽量提高机械化程度，减少对环境的影响。

参与沈阳地铁工作的盾构机名为开拓者号，总长为 64.7 m，盾构部分为 9.08 m，质量为 420 t，其工作误差不超过几毫米。

价格：德国进口的盾构机大概需要人民币 5 000 万元，日本进口的盾构机大概需要人民币 3 000 万元以上，国产的盾构机价格一般在 2 500 万元人民币左右。

目前国内具有自主知识产权的国产盾构机是上海隧道工程股份有限公司研制的国产“863”系列盾构机。

2007 年 7 月，北方重工集团董事长耿洪臣与法国 NFM 公司原股东正式签署了股权转让协议，以绝对控股方式成功结束了历时两年的并购谈判，使北方重工拥有了世界上最先进的全系列隧道盾构机的核心技术和知名品牌。

我国盾构机的市场有以下几个特点：

（1）地铁建设高潮将至。在国内，目前地铁已经开工的有 23 个城市，国务院批准的有 33 个城市，国内地铁盾构机由中心城市向四周辐射，2015 年进入地铁发展的高潮。

（2）范围不断扩大。盾构机使用范围从城市轨道交通向市政地下管道发展，包括污水管道、电力管道、上下水、煤气燃气管道、城市共同沟。

（3）盾构机品种多样化。从单一的地铁盾构发展到多品种，包括土压平衡盾构、泥水盾构、开敞式盾构，以及其他异形（双圆、三圆、矩形、马蹄形等）盾构。

（4）我国盾构机市场已经从国内市场向国际市场发展。

第四节　装载机械

一、P－30B 型耙斗式装载机

耙斗式装载机是利用绞车牵引耙斗耙取岩石装入矿车的机械。P－30B 型耙斗式装载机适用于高度大于 2 m，断面积大于 5 m^2，倾角小于 35°的岩巷、煤巷、煤－岩巷道的掘进工作面。其不仅可以在平巷中使用，也可以在斜井、上下山及拐弯巷道中使用，上山倾角在 30°内，下山可超过 30°。

（一）装载机的结构及装载原理

如图 3－31 所示，P－30B 型耙斗式装载机主要由耙斗、绞车、机槽和台车等组成。工作时，耙斗 4 借自重插入岩堆。耙斗前端的工作钢丝绳和后端的返回钢丝绳分别缠绕在绞车 9 的工作滚筒和回程滚筒上。操作员按动电动机按钮使绞车主轴旋转，再扳动操纵机构 8 中的工作滚筒手把，使工作滚筒回转，工作钢丝绳不断缠到滚筒上，牵引耙斗沿底板移动将岩石耙入簸箕口 14，经连接槽 16、中间槽 17 和卸载槽 18，由卸载槽底板上的卸料口卸入矿车。然后，操纵回程滚筒手把，使绞车回程滚筒回转，返回钢丝绳牵引耙斗返回到岩堆处，一个循环完成，重新开始耙装。所以，耙斗装岩机是间断装载岩石的。机器工作时，用卡轨器 10 将台车固定在轨道上，以防台车工作时移动。为防止工作过程中卸料槽末端抖动，用撑脚 12将卸料槽支承到底板上。在倾角较大的斜巷中工作时，除用卡轨器将台车固定到轨道上外，另设一套阻车装置（图中未画出）防止机器下滑。固定楔 1 固定在工作面上，用以悬挂尾绳轮 2。移动固定楔位置，可改变耙斗的装载装置，耙取任意位置的岩石。

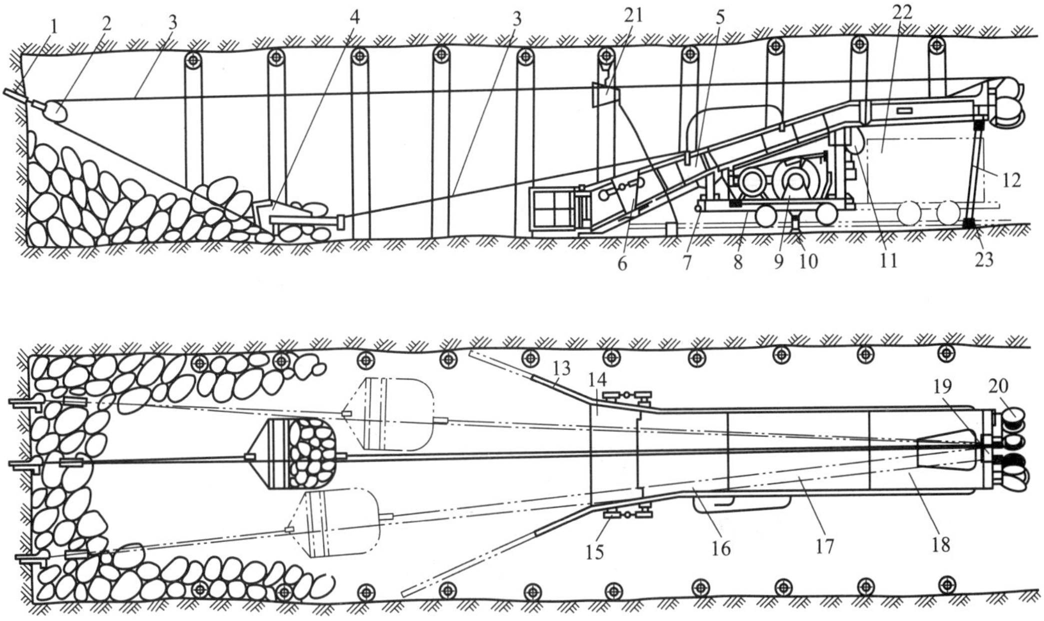

图 3－31　P－30B 型耙斗式装载机工作原理示意图

1—固定楔；2—尾绳轮；3—钢丝绳；4—耙斗；5—机架；6—护板；7—台车；8—操纵机构；9—绞车；10—卡轨器；11—托轮；12—撑脚；13—挡板；14—簸箕口；15—升降装置；16—连接槽；17—中间槽；18—卸载槽；19—缓冲器；20—头轮；21—照明灯；22—矿车；23—轨道

P－30B 型耙斗式装载机在拐弯巷道中的使用如图 3－32 所示。第一次迎头耙岩时，钢丝绳通过在拐弯处的开口双滑轮 2 到迎头尾绳轮 1，将迎头的矿渣耙到拐弯处，然后将钢丝从双滑轮中取出，把尾绳轮 1 移至尾绳轮 4 的位置，即可按正常情况耙岩。

此外，耙斗式装载机的绞车、电气设备和操纵机构等都装在溜槽下面。为了使用方便，耙装机两侧均设有操纵手把，以便根据情况在机器的任意一侧操纵。移动耙装机时，可用人力推动或用绞车牵引。

（二）装载机主要组成部件的结构及传动系统

1. 耙斗

耙斗是装载机的工作机构，其结构如图 3－33 所示。该耙斗容积为 0.3 m^3。尾帮 2、侧板 3、拉板 4 和肋板 5 焊接成整体，组成马蹄形半箱形结构，两块耙齿 7 各用 6 个铆钉固定在尾帮下端，磨损后可更换。尾帮后侧经牵引链 8 与钢丝绳接头 1 连接，拉板前侧与钢丝绳接头 6 连接。绞车上工作钢丝绳和返回钢丝绳分别固定在接头 6 和 1 上。

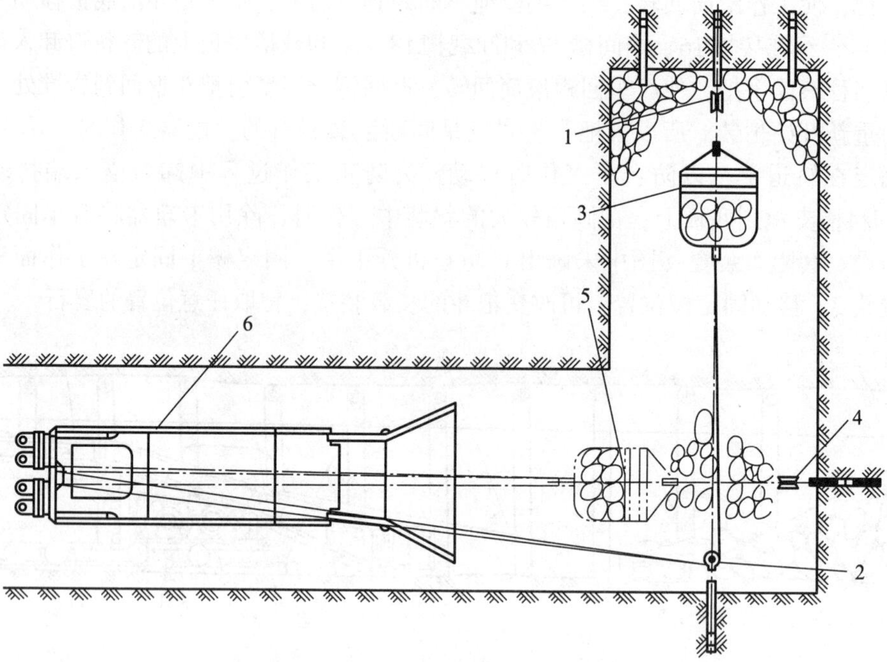

图 3-32　耙斗机在拐弯巷道中的使用

1，4—尾绳轮；2—双滑轮；3，5—耙斗；6—耙斗式装载机

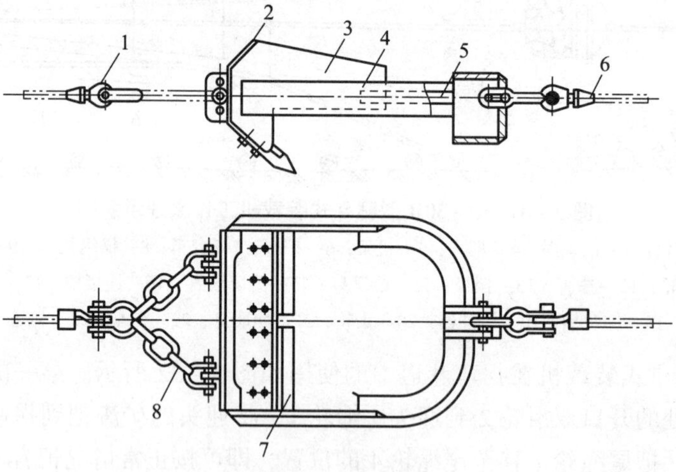

图 3-33　耙斗结构

1，6—钢丝绳接头；2—尾帮；3—侧板；4—拉板；5—肋板；7—耙齿；8—牵引链

2. 绞车

耙斗式装载机的绞车有三种类型，即行星轮式、圆锥摩擦轮式和内涨摩擦轮式，使用普遍的是前一种形式。P-30B 型耙斗式装载机即采用行星轮式双滚筒绞车，它主要由电动机、减速器、卷筒和带式制动闸等组成。绞车的两个卷筒可以分别进行操纵。

绞车的主轴件如图 3-34 所示，主轴 13 穿过工作卷筒 1 和回程卷筒 8，两卷筒与内齿圈 3、6 分别支承在相应的轴承上，内齿圈的外缘即带式制动闸的制动轮，整个绞车经绞车架 7 和 9 固定在台车上。必须指出，主轴的安装方式很特殊，没有任何支承，呈浮动状态。主轴左端与减速器内大齿轮的花键连接，中间段和右端与相应中心轮 12 的花键连接。这种浮动结构可自动调节三个行星轮 11，使其负荷趋于均匀，改善主轴和行星轮的受力状况，提高其使用寿命。

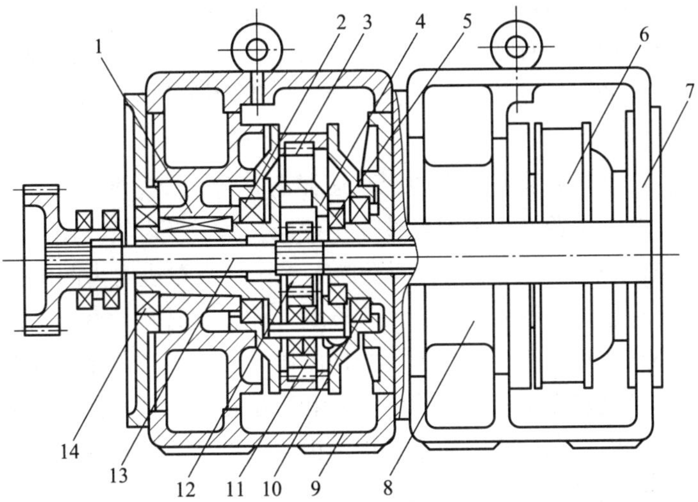

图 3－34　绞车的主轴件

1—工作卷筒；2，5，10，14—轴承；3，6—内齿圈；4—行星轮架；7，9—绞车架；8—回程卷筒；11—行星轮；12—中心轮；13—主轴

3. 传动系统

P－30B 型耙斗式装载机绞车传动系统如图 3－35 所示。矿用隔爆电动机的功率为 17 kW，转速为 1 460 r/min，超载能力较大，最大转矩可达额定转矩的 2.8 倍，以适应短时的较大负载。

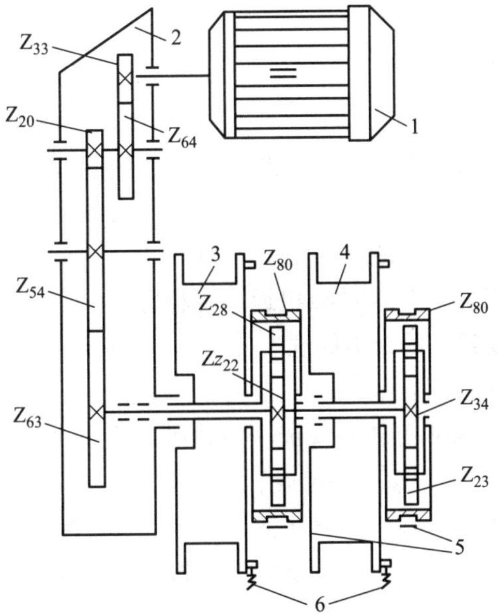

图 3－35　P－30B 型耙斗式装载机绞车传动系统

1—电动机；2—减速器；3—工作卷筒；4—回程卷筒；5—带式制动闸；6—辅助制动闸

减速器 2 的传动比为 5.14，采用惰轮使进、出轴中心距加大，以便安装电动机和卷筒。卷筒主轴转速为 284 r/min。两个带式制动闸 5 分别控制工作卷筒和回程卷筒与主轴的离合。耙斗式装载机工作时，电动机和主轴始终回转，而工作卷筒和回程卷筒是否回转要看两个带式制动闸是否闸住相应的内齿圈。采用这种绞车，可防止电动机频繁启动，耙斗运动换向亦很容易实现。由于耙斗返回行程比工作行程的阻力小，为了减少回程时间，回程卷筒比工作卷筒的转速快，故相应的行星轮传动比不同，使得工作卷筒的转速为 61.2 r/min、回程卷筒的转速为84.8 r/min。

传动过程如下：电动机启动后，动力经减速器齿轮 Z_{33}、Z_{64} 和齿轮 Z_{20}、Z_{54}、Z_{63} 传动至卷筒中心轮 Z_{22} 和 Z_{34}。工作卷筒 3 和回程卷筒 4 各经一套行星齿轮驱动，若两内齿圈均未制动，则行星轮 Z_{28}、Z_{23} 自转，系杆不动，两卷筒不工作。当左边内齿圈闸住时，工作卷筒转动；当右边制动闸将右边内齿圈闸住时，回程卷筒工作。交替制动两个齿圈，就可使耙斗往返运动进行装载。必须注意，两个内齿圈不能同时闸紧，以免拉断钢丝绳和损坏机件。

绞车的两套行星轮机构完全相同，但中心轮和行星轮的齿数不同，使耙斗的装载行程和返回行程速度不同。所以，在检修中切不可把两齿轮装反。不论在装载行程还是在返回行程中，总有一个卷筒被钢丝绳拖着转动，处于从动状态。在卷筒松闸停转时，从动卷筒有可能因惯性不能立即停转，使钢丝绳松圈造成乱绳和压绳现象，为此在两个卷筒的轮缘上设有辅助制动闸，并利用弹簧使辅助制动闸始终闸紧辅助制动轮。当需要调整耙斗行程长度或更换钢丝绳时，需用人工拖放钢丝绳。为了减少体力劳动，可转动辅助制动闸手把，使其弹簧放开，闸不起作用，待调整更换结束后再恢复原位。

二、ZC－60B 型侧卸式铲斗装载机

ZC－60B 型侧卸式铲斗装载机适用于断面大于 12 m^2，上山小于 10°、下山小于 14°的双轨巷道的掘进装载。

（一）装载机的结构及装载原理

如图 3－36 所示，ZC－60B 型侧卸式铲斗装载机主要由铲斗装载机构、履带行走机构、液压系统和电气系统组成。装载机工作时，先将铲斗放到最低位置，开动履带，借行走机构的力量，使铲斗插入岩堆，然后一面前进、一面操纵两个升降液压缸，将铲斗装满，并把铲斗举到一定高度，再把机器后退到卸料处，操纵侧卸液压缸，将料卸到矿车或胶带上运走。将料卸净后，使铲斗恢复原位，同时装载机返回到料堆上，完成一个装载工作循环。

（二）装载机主要组成部件的结构原理

1. 铲斗装载机构

如图 3－37 所示，ZC－60B 型侧卸式铲斗装载机构主要由铲斗 1、侧卸液压缸 2、拉杆 3、摇臂 4、升降液压缸 5 和铲斗座 6 等组成。

铲斗 1 支承在铲斗座 6 上，彼此靠铲斗下部左侧（或右侧）的销轴 8 连接。铲斗座由拉杆 3 和摇臂 4 连接到行走机架上，组成双摇臂四杆机构，在升降液压缸 5 的作用下，摇臂可上下摆动，使铲斗座（连同铲斗）完成装载升降动作。拉杆 3 在铲斗升降过程中亦做上下摆动，使铲斗座（连同铲斗）在上升时绕着摇臂与铲斗座的铰点做顺时针转动，使铲斗装满并端平；下降时做逆时针转动，铲斗回复到装载位置。铲斗上有 3 个供拉杆连接的孔，用

以改变与拉杆的连接位置，获得合理的铲斗升降运动。侧卸液压缸 2 能使铲斗相对铲斗座绕销轴 8 转动，完成铲斗的侧卸动作。

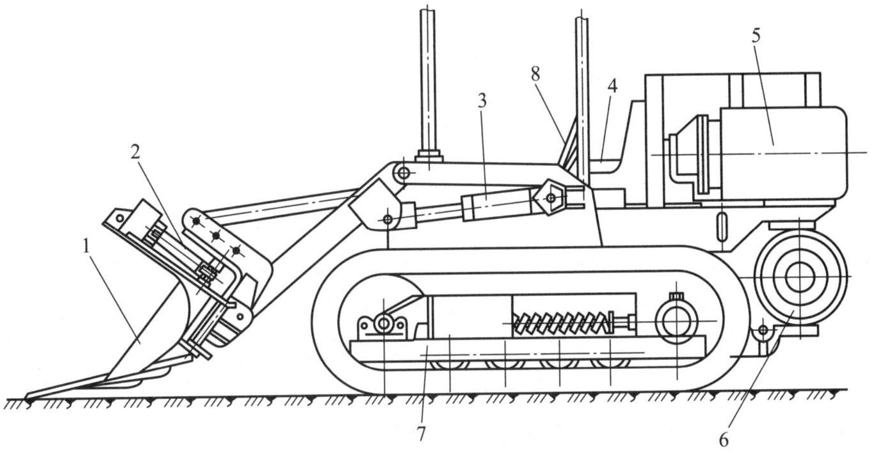

图 3－36　ZC－60B 型侧卸式铲斗装载机

1—铲斗；2—侧卸液压缸；3—升降液压缸；4—司机座；5—泵站；6—行走电动机；7—履带行走机构；8—操纵手把

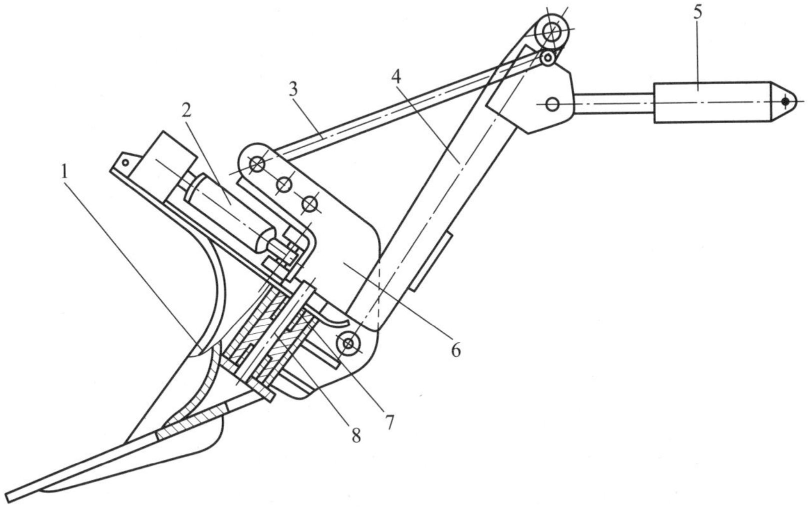

图 3－37　铲斗装载机构的组成

1—铲斗；2—侧卸液压缸；3—拉杆；4—摇臂；5—升降液压缸；6—铲斗座；7—轴套；8—销轴

装载机的铲斗容积为 0.6 m^3。铲斗由钢板焊成，斗唇呈椭圆形，侧壁很矮，以减少铲斗铲入阻力，便于铲斗装满。铲斗后部左右两侧的上下位置均有一个销轴孔。上销轴孔用来连接侧卸液压缸活塞杆，下销轴孔用来与铲斗座连接。根据要求，向左侧卸载用左侧上下两个销轴孔，向右侧卸载用右侧上下两个销轴孔。侧卸液压缸是铲斗的侧卸动力，其活塞杆端与铲斗左或右侧的上销轴孔铰接，缸体端则与铲斗座的中间臂杆铰接。所以，在改变侧卸方向时，侧卸液压缸只要改变活塞杆的铰接位置即可。

铲斗座是支承铲斗的底座，由钢板焊接而成。铲入岩堆时，铲入阻力全靠铲斗座承受。摇臂外形呈“H”形，也由钢板焊接而成。下端两个销轴孔与铲斗座连接，上端两个销轴孔与行走机架连接，两侧两个销轴孔则与左右升降液压缸的活塞杆连接。

2. 履带行走机构

履带行走机构由左、右对称布置的两个履带组成。履带链封包在主链轮和导向轮上，主链轮装在履带行走减速器的出轴端。履带架上装有4个支重轮，机器的全部重力和载荷都经支重轮作用到与底板接触的履带链上。履带的张紧靠弹簧完成。

ZC－60B型侧卸式铲斗装载机履带行走机构的传动系统如图3－38所示。每个履带车由13 kW、680 r/min的电动机驱动，经三级圆柱齿轮减速后，以43.8 r/min的转速带动主链轮旋转，使机器得到2.62 m/s的行走速度。电动机与制动轮用联轴器连接，制动轮位于两履带之间。同时令两台电动机正转或反转，机器直线前进和后退。如果机器要向右转弯，如图3－38所示，则行走机构传动系统关闭右履带电动机并将右制动轮制动，只开动左履带电动机，机器即向右转弯；反之，机器向左转弯。如果机器要急转弯，可按相反方向（一台电动机正转、一台电动机反转）同时开动两台电动机，即可左或右急转弯。电动机的开停、制动闸的松开与合上靠脚踏机构联动操纵，以免误操作。

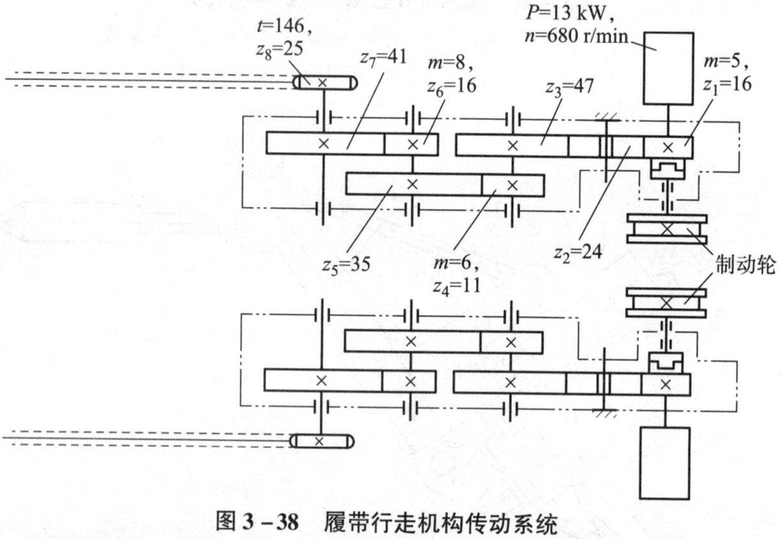

图3－38　履带行走机构传动系统

脚踏机构的联动操纵系统如图3－39所示，行程开关1和滚轮2连到一起。操纵时，司机踩下脚踏板3，压下滚轮2，在切断电动机的同时，使摇杆4向上摆动，通过拉杆5，使摆杆9绕支座10上的销轴中心向左摆动，制动闸带8就将制动轮7闸住，电动机轴被制动。在司机松开脚踏板的同时，制动闸松开，电动机转动。脚踏板为左、右两只，左边操纵左侧履带，右边操纵右侧履带。

3. 液压系统

ZC－60B型侧卸式铲斗装载机的液压系统如图3－40所示。该系统的油箱形状较为复杂，除了具有储存液压油的作用外，还兼作电气防爆箱的固定基础，同时还有支承机架的作用。系统采用L－HM32或L－HM46液压油作为传动介质。油箱上部有一空气滤清器，用来排除箱内空气及产生的其他气体，其也是液压油的加油口。

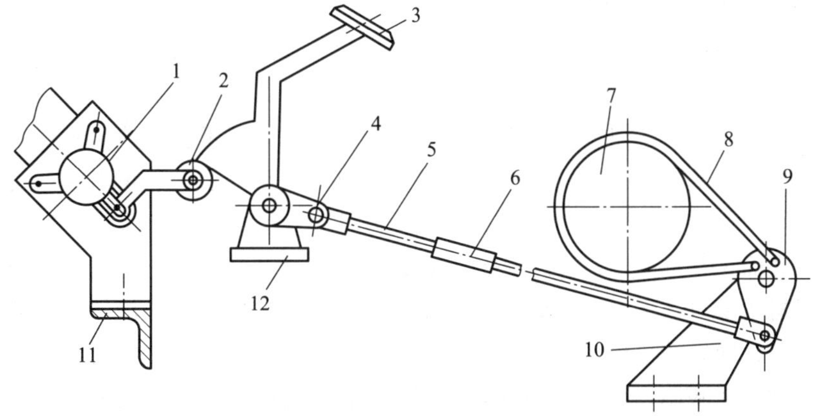

图 3-39 履带行走机构脚踏操纵系统

1—行程开关；2—滚轮；3—脚踏板；4—摇杆；5—拉杆；6—调节螺母；7—制动轮；8—制动闸带；9—摆杆；10，12—支座；11—支架

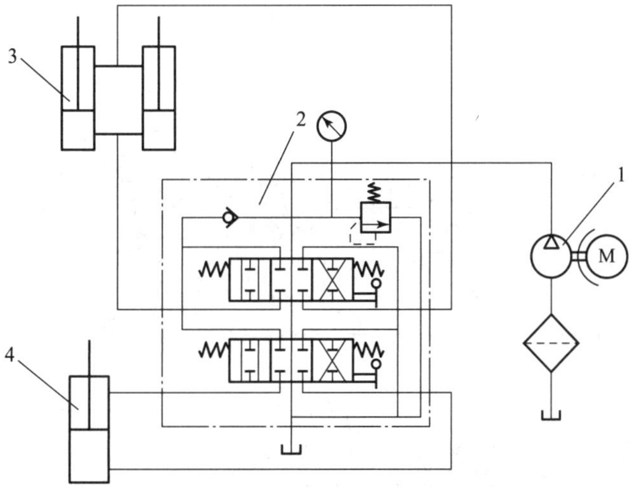

图 3-40 ZC-60B 型侧卸式铲斗装载机的液压系统

1—液压泵；2—阀组；3—升降液压缸；4—侧卸液压缸

此系统采用 YB-58C-FF 型定量叶片泵，额定工作压力为 10.5 MPa，排量为 58 mL/r。换向阀、溢流阀、单向阀组成阀组，安装在司机座前面，两个操纵手把分别控制铲斗工作机构中的升降液压缸和侧卸液压缸。当两个换向阀处于中位时，叶片泵实现卸载。单向阀起锁紧作用，以保证铲斗处于卸载位置时更加稳定。

三、ZMZ_{2A}-17 型蟹爪装载机

（一）适用范围

ZMZ_{2A}-17 型蟹爪装载机用于煤巷或含少量岩石的煤—岩巷掘进装载。巷道断面积小于 5 m^2，巷道高度小于 1.4 m，巷道倾角不大于 10°；能装的最大块度可达 300 mm，块度小于 100 mm 时效率较高。该装载机也可用于条件适宜的采煤工作面装煤或由地面向运输车辆装煤。其电气设备隔爆，可用于有瓦斯、煤尘爆炸危险的矿井。

（二）装载机的结构及结构特点

图 3－41 所示为 ZMZ_{2A}－17 型蟹爪装载机的结构，主要由蟹爪工作机构、转载机构、履带行走机构、电动机及控制各部运动的液压系统组成。

工作时，开动履带行走机构将蟹爪工作机构的铲板插入煤堆，煤块落到铲板上，对称布置的左、右蟹爪交替地把铲板上的煤块收集和推运进刮板转载机上，再由转载机把煤装入矿车或巷道输送机内。前升降液压缸能调节铲板的倾角，以适应不同煤堆高度的需要，铲板前缘可高出履带底面 370 mm，或低于履带底面 150 mm。后升降液压缸可改变转载机构的卸载高度，使转载机尾部可在离底面 890～2 000 mm 的范围内升降。回转液压缸可调节转载机构的水平卸载位置，使转载机机尾向左或向右摆动 45°。由于采用履带行走机构，故机器调动灵活，装载宽度不受限制。机器各部分动作都靠一台电动机驱动，其功率为 17 kW，转速为 1 470 r/min。主减速箱还兼作油箱用，布置在转载机构下面的两条履带中间，尺寸很紧凑。与耙斗式装载机、铲斗式装载机相比，蟹爪装载机的主要特点是实现了连续装载，生产率较高，适合在较矮的巷道中使用。

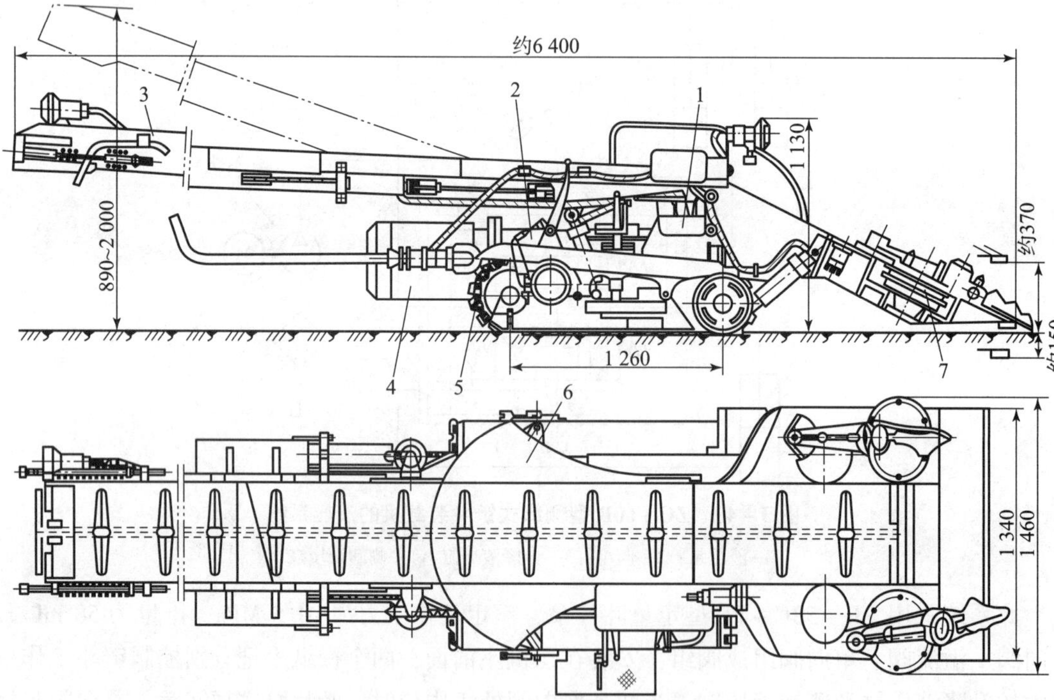

图 3－41　ZMZ_{2A}－17 型蟹爪装载机

1—液压传动系统；2—传动箱；3—转载机；4—电动机；
5—履带行走机构；6—回转机构；7—装载机构

（三）装载机主要组成部件的结构原理

1. 蟹爪工作机构

蟹爪工作机构由装煤铲板和左右蟹爪等组成，其动作原理如图 3－42 所示。曲柄圆盘 1、连杆 3、蟹爪 2 和摇杆 5 是通过销轴活装在一起的，形成一个曲柄摇杆机构。当圆盘上的锥齿轮被传动时，曲柄做匀速圆周运动，摇杆做摆动运动，蟹爪则形成一个肾形曲线的运动轨迹，这种运动轨迹的特点是每一运动循环可分为插入、搂取、耙装、返回四个阶段，每个阶段蟹爪运动速度不同。插入、搂取速度低，返回速度高，对应蟹爪插入、搂取时负荷大，返回时负荷小的工作特点，既可提高装载能力，又可充分发挥电动机的效率。两个蟹爪的平面运动相位差180°，实现了一个蟹爪耙装，另一个蟹爪返回的交替装载过程，使装煤工作连续进行。蟹爪前端的耙爪磨损后可更换，耙爪上凸出的拨煤齿用以拨煤并起破碎大块煤的作用。

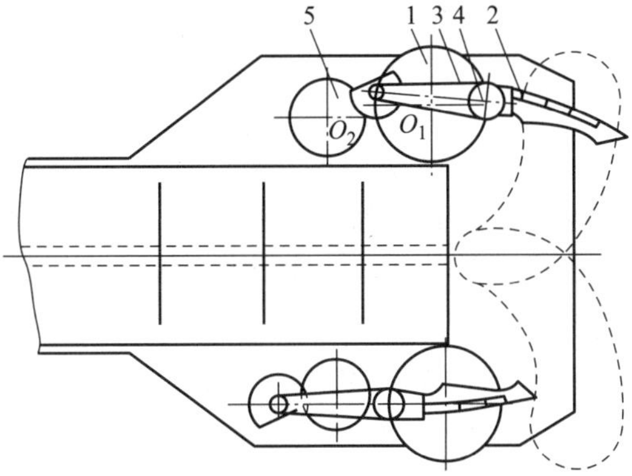

图3－42　蟹爪工作机构原理

1—曲柄圆盘；2—蟹爪；3—连杆；4—曲柄销；5—摇杆

2. 转载机构

可上下摆动和左右摆动，以适应卸载位置变化的需要，其动作由后升降液压缸和水平摆动液压缸来完成，工作原理如图3－43所示。

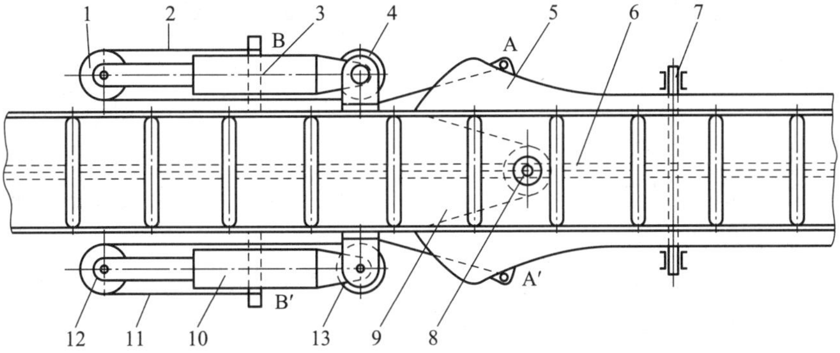

图3－43　装载机构摆动工作原理

1，12—动滑轮；2，11—钢丝绳；3—左回转液压缸；4，13—定滑轮；5—回转座；6—刮板链；7—水平轴；8—立轴；9—回转台；10—右回转液压缸

两个回转液压缸3和10分别固定在转载机中部槽帮两侧，长度相等的两根钢丝绳绕过液压缸柱塞杆端的滑轮，一端与缸体外面的支铁B固定，另一端与回转台的固定孔A固定。此外，刮板转载机两侧又固定在回转台9上，能相对回转座5绕立轴8水平回转。当左回转液压缸进油时，左回转液压缸柱塞杆伸出，使钢丝绳2的外侧段伸出，内侧段缩短，从而拉动转载机尾部绕立轴向左回转。与此同时，右回转液压缸的柱塞被迫压缩，液压缸内的油液排出，相应的钢丝绳11内侧段伸长，外侧段缩短。反之，当右回转液压缸进油时，转载机尾就右移。转载机尾可绕立轴左右各回转45°。转载机尾摆动时，中部槽帮可弯曲伸缩。两回转液压缸都是单作用液压缸。

回转座 5 还能在两个后升降液压缸的作用下绕水平轴 7 升降，从而带动回转台连同刮板转载机尾端升降，以调节卸载高度。后升降液压缸是单作用柱塞式液压缸，柱塞杆端与回转座底面连接，缸体端与履带行走机架连接。

3. 行走机构

两个履带链轮分别驱动左右履带链工作。该行走机构的特点如下：一是没有支重轮，整个机重通过履带架支承到接地履带上，工作时接地履带与下履带架间发生相对滑动而使行走阻力增加，但结构较简单，适用于质量较小的机器；二是两条履带由一台主电动机驱动，故结构与传动系统较复杂。

4. 机械传动系统

机械传动系统如图 3－44 所示，电动机经主减速箱、中间减速箱和左右蟹爪减速箱等，分别驱动左右蟹爪、刮板转载机、左右履带及液压系统液压泵。

1）蟹爪传动系统

电动机动力经齿轮 1～4→摩擦片离合器驱动链轮 22→套筒滚子链传动链轮 23→齿轮 24～29 传动至左曲柄圆盘 34 和左蟹爪，同时又经锥齿轮 30、31 和 32 传动至右曲柄圆盘 33 和右蟹爪。

2）刮板传动系统

刮板转载机的主动链轮 35 与齿轮 30 和 31 装在同一根轴上，刮板链的张紧轮为滚子，故刮板转载机和两个蟹爪是同时开动的。扳动操纵手把，把摩擦片离合器打开，则刮板转载机和两个蟹爪均停止运动。

3）履带传动系统

电动机动力经齿轮 1、2、6 和 7 传动至摩擦片离合器 M1，同时又经齿轮 3（与齿轮 2、6 同轴），齿轮 4、5，齿轮 8 和 9 传动至摩擦片离合器 M2。由于齿轮 3 和 5、齿轮 6 和 8 及齿轮 7 和 9 是模数和齿数对应相同的三对齿轮，所以齿轮 7 和 9 转速相同而转向相反。扳动操纵手把，合上摩擦片离合器 M1 或 M2，则装煤机前进或后退，且前进和后退的速度相同。离合器 M1、M2 是用同一个手把操纵的，不可能同时合上，所以不会因误操作同时合上两个离合器而损坏机器。

当摩擦片离合器 M1 或 M2 被合上时，动力就经空心轴传动齿轮 10，再经齿轮 11～15 传动至差动轮系。差动轮系由齿轮 16、17 及系杆组成。两个齿轮的轴上分别装有针轮 18 和 20。针轮拨动履带链轮 19 和 21，经履带链轮传动至左、右履带。针轮又兼作制动轮。扳动方向手把，制动哪一侧的针轮，装载机就向哪一侧转弯。

4）液压泵传动系统

电动机动力经齿轮 1～5 直接驱动液压泵。开动电动机后，液压泵即供油，操作相应的手动换向阀，前、后升降液压缸和回转液压缸等即可动作，实现铲煤板的升降及转载机尾的升降和回转。

5. 液压系统

液压系统包括 YBC－45/80 型齿轮泵、换向阀组和液压缸，如图 3－45 所示。换向阀组包括单向阀、安全阀和三个手动换向阀。

液压缸都是单作用柱塞式液压缸，每两个构成一组，分别控制装煤铲板的升降及转载机尾部的升降和回转。

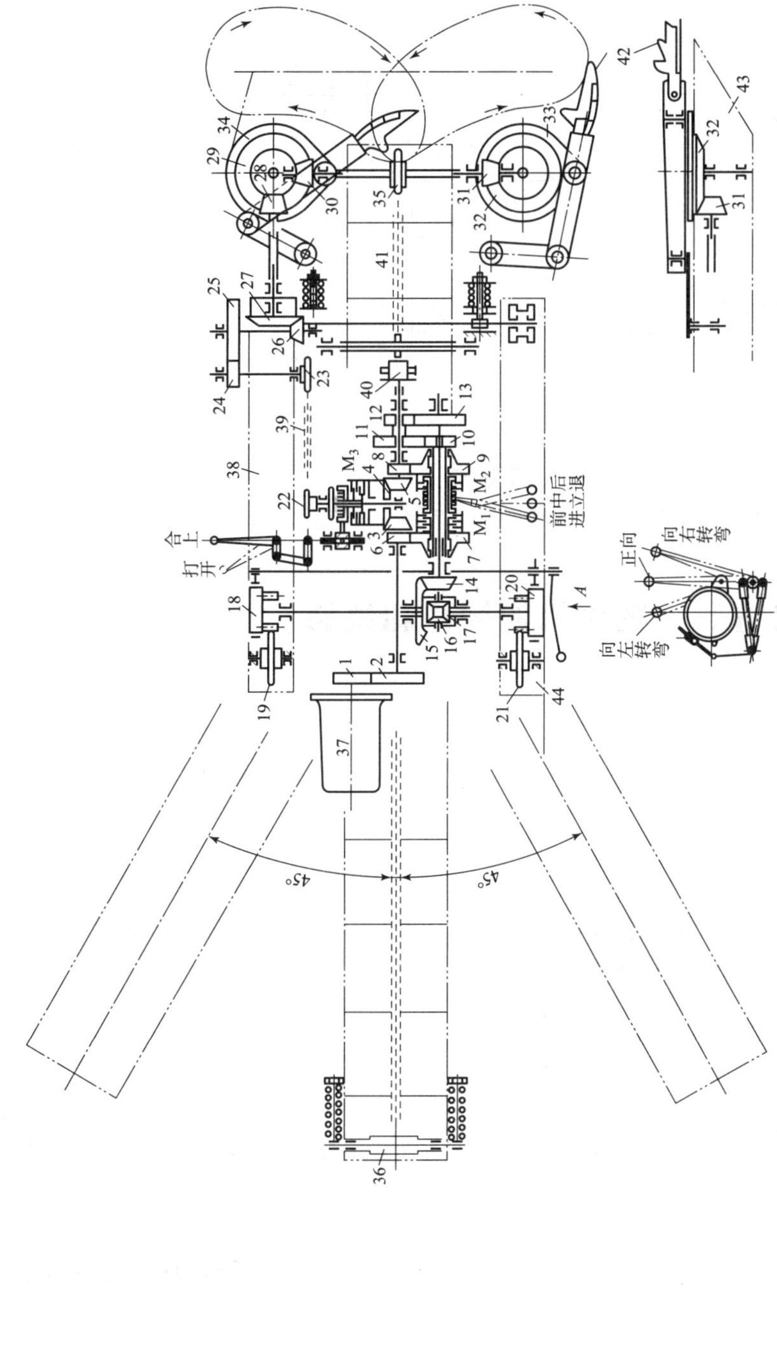

图 3－44 机械传动系统

1～17，24～32—齿轮；18，20—针轮；19，21—履带链轮；22，23—链轮；
33，34—曲柄圆盘；35—主动链轮；36—摩擦片离合器 M1、M2、M3；37—电动机；
38—左履带；39—套筒滚子链；40—液压泵；41—刮板链；42—蟹爪；43—铲板；44—右履带

系统工作时，三个换向阀分别操纵三组液压缸。当三组液压缸均不工作时，液压泵经三阀中间位置直接卸载。安全阀对系统起保护作用，单向阀在液压泵卸载期间起锁紧保压作用。

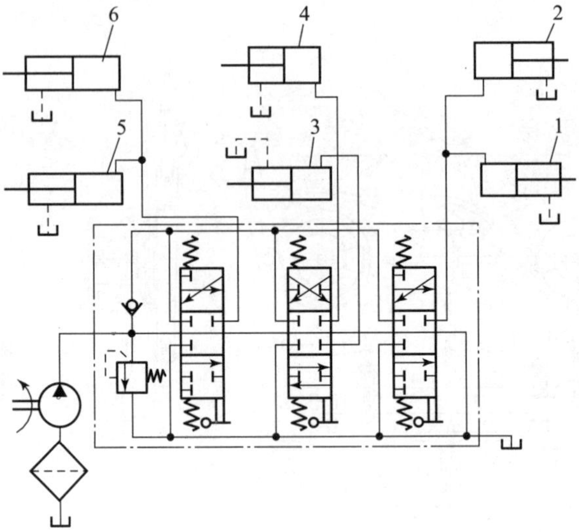

图 3-45　液压系统

1，2—铲板升降油缸；3，4—机尾回转液压缸；5，6—机尾升降液压缸

第五节　掘进机的操作和维修

以 EBZ-318H 型掘进机为例说明。

一、操作台及操作

EBZ-318H 型掘进机操作台情况如图 3-46 所示。

（一）操作

操作手柄时，要缓慢平稳，不要用力过猛，要经过中间位置，例如，机器由前进改为后退时，要先经过中间的停止位置，然后再改为后退。

1. 掘进机的行走

前进：将手柄向前推动，即向前行走。

后退：将手柄向后拉，即后退。

转向：使其中的一个手柄位于中立位置，操作另一个手柄即可转弯。但要注意前部的截割头不要碰撞左右的支柱。

2. 星轮的转向

将手柄向前推，则星轮正向转动；将手柄拉回到零位，则停止；将手柄向后拉，则星轮反向转动。

3. 铲板的升降

若将手柄向前推动，铲板向上抬起，铲尖距地面高度可达 508 mm；将手柄向后拉，铲

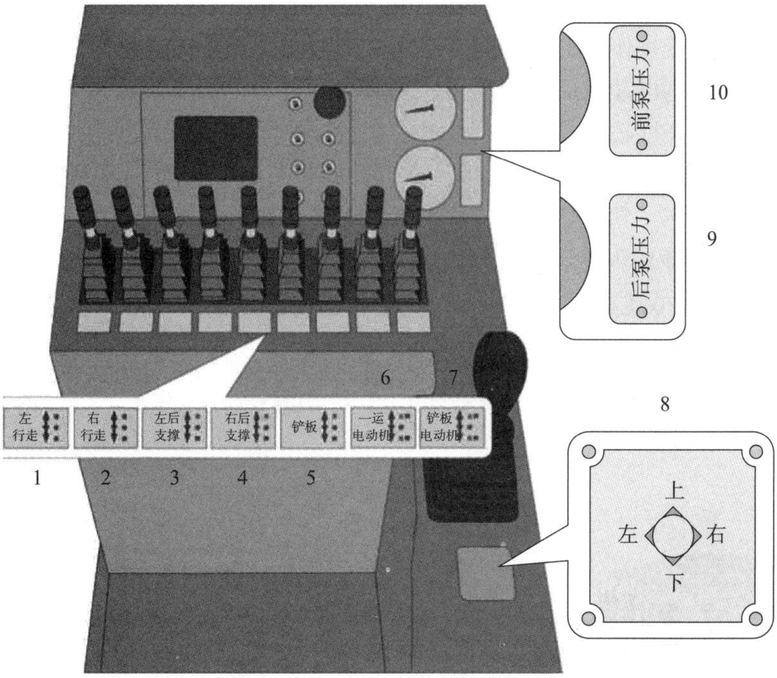

图 3－46　EBZ－318H 型掘进机操作台

1—左行走控制手柄；2—右行走控制手柄；3—左后支承升降控制手柄；4—右后支承升降控制手柄；5—铲板升降控制手柄；6——运电动机；7—星轮回转控制手柄；8—截割头的移动控制按钮；9—后泵压力读数；10—前泵压力读数

板落下与底板相接，铲板可下落 345 mm；若将手柄拉回到零位，则停止。

注意：

（1）当截割时，应将铲尖与底板压靠，以防止截割头处于最低位置时星轮与截割部的下面相碰。

（2）当行走时必须抬起铲板。

4. 第一运输机

将手柄向前推动，第一运输机正转；反之运输机逆转。若将手柄拉回到零位，则停止。将手柄向后拉，第一运输机反向转动。

注意：

（1）第一运输机的最大通过高度为 400 mm，因此，当有大块煤或岩石时，应先打碎后再运送。

（2）当运输机反转时，不要将运输机上面的块状物卷入铲板下面。

5. 截割头的移动

手柄由中位向右推动，截割头向右进给；手柄向左推动，截割头向左进给；手柄向前推动，即向上进给；手柄向后拉，即向下进给。

6. 后支承

若将后支承手柄向前推，则左、右后支承器抬起，反之后支承器下降。

注意：在后支承伸出工作时，禁止推动行走，否则将损坏侧支承。

7. 喷雾

外喷雾控制阀位于操作员的右后侧，启动截割电动机开始掘进前，必须打开此阀，此时水冷却液压系统和截割电动机后部截割头处喷雾。

在掘进时必须打开外喷雾控制阀。

（1）确定其流量不小于 30 L/min 后，方可开始进行截割，否则容易造成液压系统油温升高和截割电动机损坏。其外喷雾喷嘴位于截割头后部和设备两侧。

（2）不能单一地使用内喷雾，必须内、外喷雾同时使用。

（3）当油温超过 70 ℃时，掘进机应停止工作，对液压系统及冷却水系统进行检查，待油温降低以后再开机工作。

8. 压力表和张紧旋阀

操作台外形及张紧旋阀如图 3－47 所示。

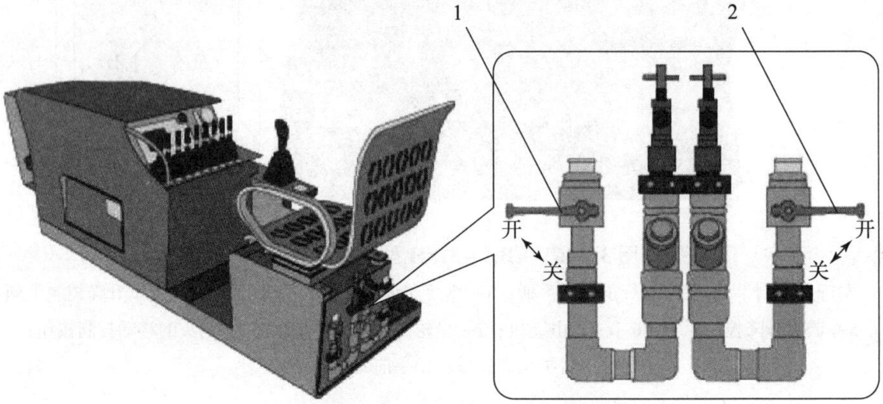

图 3－47　操作台外形及张紧旋阀

1—履带张紧旋阀；2—运输机张紧旋阀

在操作台上装有压力表和张紧旋阀，通过压力表可直接读出泵的压力。

通过张紧旋阀的不同位置，可以分别张紧一运张紧油缸和行走张紧油缸。

注意：当油温超过 70 ℃时，设备应停止工作，对液压系统及冷却水系统进行检查，待油温降低以后再开机工作。

（二）按钮

1. 复位、警报

将“复位/警报”开关向上轻扳至“警报”位置，警报继电器线圈得电，其常开触点闭合，电铃回路接通电源，电铃鸣响，系统发出警报。

截割电动机启动前必须先发出报警信号。若复位，则电铃不响。

2. 油泵电动机启动、停止

启动：将“油泵启/停”开关向左轻扳至“启动”位置，警报运行继电器先得电，电铃鸣响 5 s 后停止，此时油泵运行继电器得电，其常开触点闭合，从而使真空接触器线圈得电，接触器主触点闭合，油泵电动机主回路接通电源，电动机运行。停止则相反。

3. 截割高速电动机启动、停止

启动：油泵运行后，将“高速启/停”开关向左轻扳至“启动”位置，警报运行继电器先得电，电铃鸣响 5 s 后停止，此时高速运行继电器得电，其常开触点闭合，使高速真空接触器线圈得电，接触器主触点闭合，高速电动机主回路接通电源，高速电动机启动运行。停止则相反。

4. 截割低速电动机的启动、停止

启动：油泵运行后，将“低速启/停”开关向左轻扳至“启动”位置，警报运行继电器先得电，电铃鸣响 5 s 后停止，此时低速运行继电器得电，其常开触点闭合，使低速真空接触器线圈得电，接触器主触点闭合，低速电动机主回路接通电源，低速电动机启动运行。停止则相反。

5. 二运电机的启动、停止

启动：将“二运启/停”开关向左轻扳至“启动”位置，二运运行继电器得电，其常开触点闭合，使二运真空接触器线圈得电，接触器主触点闭合，二运电动机主回路接通电源，二运电动机启动运行。停止则相反。

6. 总急停

当设备出现误动或紧急情况时，按下三个紧急停止按钮中的任意一个，就能使运行中的所有电动机立刻停止工作，如图 3－48 所示。

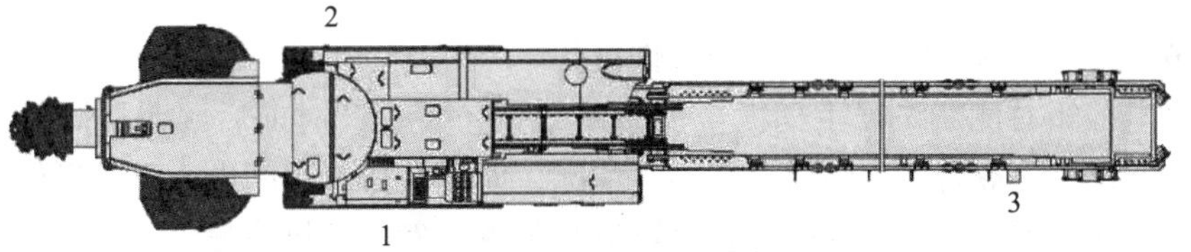

图 3－48 三个紧急停止按钮的位置

1—操作台急停开关；2—油箱前侧急停开关；3—第二运输机急停开关

如果想再次启动设备，则顺时针旋转急停旋钮，待急停旋钮复位后，再启动所有的电动机。

所有急停开关均无法限制误开机。

7. 截割急停

按下截割紧急停止按钮，使运行中的截割电动机立刻停止工作，顺时针旋转截割急停旋钮，待复位后，再启动截割电动机。

当进行检查、更换截齿作业时，为防止截割头误转动，应将操锚杆阀上的转换开关严格地转向“锚杆”的位置；同时也应将设在操作员席前方的截割电动机不能转动的紧急停止按钮按下，并逆时针锁紧（在此状态下，油泵电动机还能启动，各切换阀也是能操作的，因此操作时必须充分注意安全）。

遥控操作：上述操作均可遥控操作，方法大致相同。

（三）启动前的检查

开机前，操作员必须对机器进行以下检查：

（1）各操作手把和按钮应齐全、灵活、可靠，且各操作手把均打到零位。

（2）机械、电气、液压系统、安全保护装置应正常可靠，零部件应完整无缺，各部件连接螺钉应齐全、紧固。

（3）电气系统各连接装置的电缆卡子应齐全牢固，电缆吊挂整齐，无破损、挤压。

（4）液压管路、雾化系统管路的接头应无破损、泄漏，防护装置应齐全可靠。将所用延长的电缆、水管沿工作面准备好，悬吊整齐，拖拉在掘进机后方的电缆和水管长度不得超过10 m。

（5）减速器、液压油箱的油位、油量应适当，无渗漏现象，并按技术要求给机器注油、润滑。

（6）转载胶带机应确保完好，托辊齐全。

（7）切割头截齿、齿座应完好，发现有掉齿或严重磨损不能使用的，应切断掘进机电源，及时更换。

（8）装载耙爪、链轮要完好。刮板链垂度应合适，无断链、丢销现象，刮板齐全无损，应拧紧防松螺帽，防止刮板松动。

（9）履带、履带板、销轴、链轮保持完好，按规定调整履带的松紧度。

（10）喷雾系统、冷却装置和照明应完好。

经检查确认机器正常并在作业人员撤至安全地点后，方准送电，并且按操作程序空载试运转，禁止带负荷。

（四）启动

开机前发出报警信号，按机器技术操作规定顺序启动。

只允许正式指定的操作人员启动和操作设备。

（1）将电控箱右侧断路器手柄扳至“合闸”的位置，此时前后照明灯同时点亮。检查显示屏、电压表和设备周围，如果没有异常情况，即可按如下顺序进行开机操作。

（2）将“复位/警报”开关轻扳至“警报”位置，发出开机信号。

（3）将“油泵启/停”开关向左轻扳至“启动”位置，警报先鸣响5 s后，油泵再启动运转。

（4）打开外喷雾控制阀给系统供水。

（5）开启一运电动机，将手柄向前推动，第一运输机正转。

（6）开启铲板星轮电动机，将手柄向前推动，星轮转动。

（7）若需截割低速作业，则将“低速启/停”开关向左轻扳至“启动”位置，警报先鸣响5 s后，截割低速电动机运行。

若需截割高速作业，则将“高速启/停”开关向左扳至“启动”位置，警报先鸣响5 s后，截割高速电动机运行。

注意：截割头不旋转时不要将设备靠在工作面上，否则会损坏截齿和设备零部件。

（8）若需第二运输机电动机作业，则将“二运启/停”开关向左轻扳至“启动”位置，第二运输机电动机运行。

（9）若需除尘系统作业，则将“锚杆启/停”开关向左轻扳至“启动”位置，警报先鸣响5 s后，除尘电动机运行。

注意：不允许在不需要紧急停止的情况下，利用急停按钮停整机，也不允许利用停油泵电动机的方法，停高、低速及二运电动机。

（五）收尾工作

（1）按规定操作顺序停机后，应将掘进机退到安全地点，并将铲板放到底部上。截割头缩回，将切割臂放到底板上，关闭水门，吊好电缆和水管。

（2）在淋水较大的工作面，应对电动机、控制箱、操作箱等电气设备进行遮盖。

（六）安全操作

（1）操作员应具有初中以上文化程度，热爱本职工作，责任心强，经过专门的培训和考试且合格后持证上岗。

（2）操作员必须熟悉机器的结构、性能、动作原理，能准确、熟练地操作机器，懂得设备的一般维护保养和故障处理知识。

（3）操作员必须坚持使用掘进机上所有的安全闭锁和保护装置，不得擅自改动或甩掉不用，不能随意调整液压系统、雾化系统各部分的压力。

（4）各种电气设备控制开关的操作手柄、按钮、指示仪表等要妥善保护，以防损坏或丢失。

（5）除会熟练操作机器外，还应对机器进行日常检查和维护工作。在发现掘进机有故障时，应积极配合维护人员进行处理，不能处理时，要立即向区队或调度室汇报。

（6）必须配备正、副两名操作员，正操作员负责操作，副操作员负责监护。必须精神集中，不得擅自离开工作岗位，不得委托无证人员操作。

（7）在掘进机停止工作、检修及交接班时，必须断开机器上的隔离开关，并挂停电标示牌。

（8）对于机器运转情况和存在的问题，交班操作员必须向接班司机交代清楚。

（9）掘进机前后20 m以内风流中瓦斯浓度达到1.5%时，必须停止运转，切断电源，进行处理。瓦斯浓度降到1%以下时方可送电开机。

（10）接班后，操作员应认真检查工作面及掘进机周围情况，保证工作区域安全、整洁且无障碍物。

（11）根据不同性质的煤岩，确定最佳的切割方式。具体方法如下：

①掘进半煤岩时，应先截割煤，后截割岩石，即先软后硬的程序。

②一般情况下，应从工作面下部开始截割，先切割底、后掏槽。

③切割必须考虑煤岩的层理，截割头应沿煤的层理方向移动，不应横断层理。

④切割全煤，应先四面刷帮，再破碎中间部分。

⑤对于硬煤，应采取自上而下的截割程序。

⑥对较破碎的顶板，应采取留顶煤或截割断面周围的方法。

（12）截割煤岩时应注意以下事项：

①岩石硬度大于掘进机切割能力时，应停止使用掘进机，并采取其他破岩措施。

②根据煤岩的软硬程度掌握好机器的推进速度，避免发生截割电动机过载或压坏刮板输送机等现象，切割时应放下铲板。如果落煤量过大而造成过载，操作员必须立即停机，将掘进机退出，进行处理。严禁点动开机处理，以免烧毁电动机。

③截割头必须工作在旋转状况下才能截割煤岩。截割头不允许带负荷启动，推进速度不宜太大，禁止超负荷运转。

④截割头在最低工作位置时，禁止将铲板抬起。截割部与铲板的间距不得小于300 mm，严禁截割头与铲板相碰。截割上部煤岩时应防止截齿触网、触梁。

⑤应经常清底及清理机体两侧的浮煤（岩），扫底时应一刀压一刀，以免底部出现硬坎，以防履带前进时越垫越高。

⑥煤岩块度超过机器龙门的高度和宽度时，必须先人工破碎后方可装运。

⑦当油缸行至终止位置时，应立即放开操作手柄，避免溢流阀长期溢流，造成系统发热。

⑧掘进机向前掏槽时，不准使切割臂处于左、右极限位置。

⑨装载机、转载机及后配套运输设备不准超负荷运转。

⑩随时注意机械各部分、减速器和电动机声响以及压力变化情况，发现问题应立即停机检查。

⑪风量不足、除尘设施不齐不准作业。

⑫电动机长期工作后，不要立即停冷却水，应等电动机冷却数分钟后再关闭水路。

⑬发现危急情况，必须用紧急停止开关切断电源，待查明原因并排除故障后方可开机。

（13）掘进机前进时应将铲板落下，后退时应将铲板抬起。

（14）掘进机工作时应将支承油缸升起，前进、后退时应将支承油缸收回。

（15）操作员工作时精神要集中，开机要平稳，看好方向，并听从迎头人员的指挥。发现有冒顶预兆或危及人员安全时，应立即停机，切断电源。

二、截割路线和程序

（一）截割路线

对于较均匀的中等硬度煤层，采取由下向上分段摆动的方法；对于较破碎的顶板，采取超过前支护或预留顶煤，再由下至上分段摆动的方法，但要注意底面应清理干净，否则将导致铲板靠不上前，或机器履带被垫起。

基本方法为：利用设备截割部上下、左右移动，以及行走功能，使截割头扫过整个巷道断面，截割下的岩石由铲板部收集并装运。图 3－49 所示为巷道成形的截割路线。

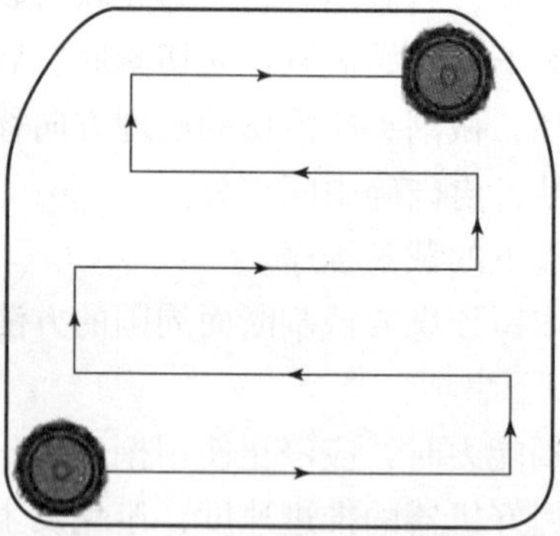

图 3－49　巷道成形的截割路线

准备工作时，首先启动油泵电动机，打开喷雾装置，并开动第一运输机与铲板部，将截割部处于水平和设备中心位置，启动截割电动机，开动掘进机，靠掘进机行走部使截割头逐渐插入岩石掏槽，插入深度根据实际情况确定。

（二）截割程序

巷道成形的截割程序如图 3－50 所示。

推动截割部回转油缸操作手柄，使截割部向左、右横扫，再推动升降油缸，使截割部向上、下截割。利用截割头上下、左右移动截割，可截割出初步断面形状，如此截割的断面与实际所需要的形状和尺寸有一定的差别，可进行二次修整，以达到断面的尺寸要求。

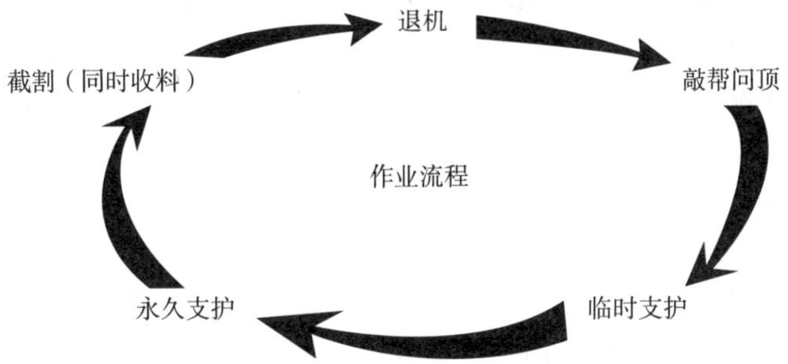

图 3－50　巷道成形的截割程序

当进尺达到一定空顶距时，停止截割，将掘进机退至永久支护下并放下截割部。

人工进行敲帮问顶，处理掉活矸，确认安全后，打设临时支护。临时支护有多种方式，用户可根据自己的实际情况，选择合适的方法。之后，人员站在临时支护下打设锚杆、锚索以及挂网等，完成永久支护。

这就是一个作业循环，下个循环开始后，需要喷浆的场合，可以利用喷浆机在设备后面的空档位置进行喷浆。如此循环，完成巷道成形。

三、维护检修

（一）截齿的更换

当截齿磨损长度为 10～15 mm 时，必须更换，禁止在磨损长度超过 15 mm 后仍继续使用，如图 3－51 所示。

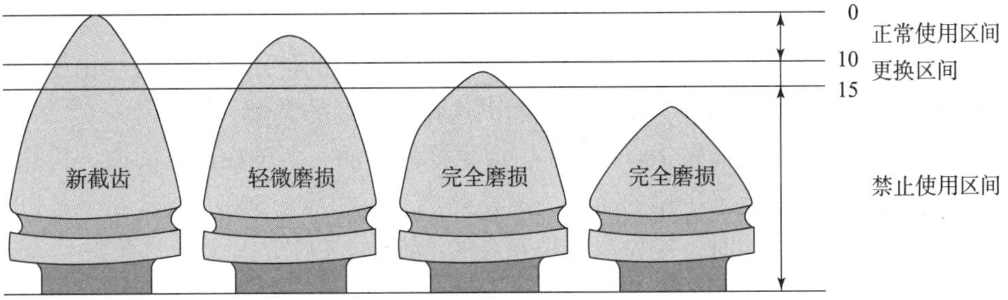

图 3－51　截齿磨损状态

（二）截齿损坏的原因

（1）研磨磨损。禁止将整个截割头钻进岩壁进行截割作业。在切割硬岩时，要根据工作实际情况决定时间的长短（如半小时或一小时），停机观察截齿的使用情况，如发现截齿断裂或磨损大必须及时更换，否则截割时会损坏齿座。

（2）合金腐蚀与塑性变形破坏。

（3）过载损坏。

（4）切削过程中没有冷却水，截齿不转动。

（5）岩石非常坚硬。

（三）大坡下山时掘进机截割部的润滑

由于在大坡度工况条件下，掘进机整体处于倾斜平面，截割部总是向下倾斜，因此在工作过程中必须每 2 h 做一次如下动作：抬起截割头停顿 1 min，缓慢放平截割部并低速旋转约 1 min，使润滑油充分回流，保证截割部的整体润滑效果。

（四）设备停放

（1）完全放下后支承千斤顶。

（2）将铲板放到地平面上。

（3）收回截割臂并将其降到地面的位置。

（4）关掉所有的液压操作，务必保证所有的控制器在中间位置。

（5）关闭油泵电动机、截割电动机、第一运输机的电动机，关掉设备的供水。

（6）切断电源，取下断路器手柄。

（五）维修前注意事项

（1）按维护要求佩戴安全帽等安全用具，高处作业要使用安全带等。

（2）清洗设备时不得向电气元件和接头喷水。

（3）回转半径内严禁站人，否则可能造成碰撞、挤伤危险。

（4）禁止带电检修，禁止设备运转检修。

（5）胶管、软管、液压阀等液压部件受损，设备会停止，但是系统的一部分依然承受压力，要把压力释放掉后方可检修。

（6）电气设备检修由持证电工进行。

（7）掘进机必须将设备停在平整、坚硬的地方，避免设备滑动、下陷。

（8）设备维护、维修工作绝不允许在危险或是在无顶板支承的环境中进行。

（六）润滑

润滑的目的：减少设备磨损，有利于散热，延长掘进机的使用寿命，减少由于润滑不良造成的各种故障。润滑油的标准：按使用说明书选择润滑油的类型。

更换时间：在最初开始运转 100 h 左右，应更换润滑油。由于在此时间内，齿轮和轴承完成了跑合过程，随之产生了少量的磨耗，而在此之后每相隔 1 500 h 或者 6 个月以内必须更换一次。当更换新润滑油时，应先清洗掉箱底的沉淀物。

四、检查

减少设备停机时间的最重要因素就是对设备进行正确的维护和保养，即润滑充分、调试得当，只有正确对设备进行维护才能使其服务寿命更长、作业效率更高。

（一）每日检查

日常的检查和维修，是为了及时消除事故的隐患，使设备能充分发挥作用，能尽早发现设备各部位的异常现象，并采取相应的处理措施。

日常维修应按日检项目内容严格执行，如表 3－4 所示。

表 3-4　日检内容及处理

检查部位	检查内容及处理
截割头	• 截割后检查截齿是否磨损、损坏。若损坏应立即更换新的截齿。 • 截割后检查截齿是否活动旋转。敲击使截齿活动旋转。 • 检查截齿座有无裂纹、磨损。 • 截割后检查紧固螺钉是否松动。若松动立即拧紧
截割臂	• 检查有无异常振动和声响。 • 检查有无异常温升现象。 • 如润滑油量不足，应及时补充
减速器部	• 检查有无异常振动和声响。 • 通过油位计检查油量。 • 检查有无异常温升现象。 • 检查螺栓等有无松动现象
行走部	• 检查履带的张紧程度是否正常。 • 检查履带板有无损坏。 • 检查各转动轮是否转动。 • 检查螺栓等有无松动现象
铲板部	• 检查星轮的转动是否正常。 • 检查星轮的磨损状况。 • 检查连接销有无松动。 • 检查螺栓等有无松动现象
第一运输机	• 检查链条的张紧程度是否合适。 • 检查刮板、链条的磨损、松动、破损情况。 • 检查从动轮的回转是否正常
分配器（润滑系统）	• 检查分配器上面的报警器是否有油脂溢出，如有则说明该点发生堵塞，应立即查找原因，排除该堵塞点
油箱的油温	• 油冷却器进口侧的水量应充足，以保证油箱的油温为 10～70 ℃
油泵	• 检查油泵有无异常声响。 • 检查油泵有无异常温升现象
液压电动机	• 检查液压电动机有无异常声响。 • 检查液压电动机有无异常温升现象
换向阀	• 检查操纵手柄的操作位置是否正确。 • 检查有无漏油现象
液压油	• 检查液压油位。 • 检查所有的液压油状态（污染情况、气泡、泡沫等）
电气系统	• 检查所有可见电缆，执行机器的启动程序，确保所有控制功能正常
配管类	• 如有漏油处，应充分紧固接头或更换 O 形圈；如胶管护套磨损，应及时更换
油箱油量	• 如油量不够，则加注油
水系统	• 清洗过滤器内部的脏物，清洗堵塞的喷嘴

（二）每月检查

检查设备各部位有无异常现象，并参照其各部位的构造说明及调整方法。对于有泥土和煤泥沉积的部位要定期清理。

以每 250 h 或每个月先到为准，在每日检查的基础上检查下列内容，如表 3－5 所示。

表 3－5　月检内容

检查部位	检查内容
截割头	• 修补截割头的耐磨焊道
	• 更换磨损的齿座
	• 检查凸起部分的磨损
	• 检查截割头后部密封盖板螺栓有无松动现象。定期更换防尘毛毡并注润滑脂
截割臂	• 检查盘有无过度磨损
截割减速器和电动机	• 检查螺栓等有无松动
铲板部	• 检查驱动装置的密封
	• 检查轴承的油量
本体部	• 检查回转轴承紧固螺栓有无松动现象
	• 检查机架的紧固螺栓有无松动现象
	• 向回转轴承加注黄干油
行走部	• 检查履带板
	• 检查张紧装置的动作情况
	• 调整履带的张紧程度
第一运输机	• 检查链轮的磨损
	• 检查刮板的磨损
喷雾部	• 调整减压阀的压力
	• 检查密封处的漏水量是否正常
	• 清洗过滤器及喷嘴
润滑系统油脂泵	• 检查泵内的油脂量，及时加满
液压系统	• 检查液压电动机联轴器
油缸	• 检查缸盖有无松动
电气部分	• 检查电源电缆有无损伤
	• 紧固各部螺栓

（三）每半年检查

参照各部的构造说明及调整方法，检查其有无异常现象。对于有泥土和煤泥沉积的部位要定期清理。

以每 1 500 h 或每 6 个月先到为准，在每日及每月检查的基础上检查下列内容，如表 3－6 所示。

表 3－6 每半年检查内容

检查部位	检查内容
截割减速器和电动机	• 分解检查内部
	• 换油
铲板部	• 修补星轮的磨损部位
	• 检查铲板上盖板及镜板的磨损
行走部	• 拆卸检查张紧装置
	• 检查张紧轮及加油
行走减速器	• 分解检查内部
	• 换油（使用初期一个月后）
第一运输机	• 检查溜槽底板的磨损及修补
	• 检查从动轮及加油
液压系统	• 更换液压油
	• 更换滤芯（使用初期一个月后）
	• 调整换向阀的溢流阀
油缸	• 检查密封
	• 检查衬套有无松动，缸内有无划伤、生锈
电气部分	• 检查电动机的绝缘阻抗
	• 检查控制箱内电气元件的绝缘电阻

（四）每年检查

以每 3 000 h 或每一年先到为准，在每日、每月及每半年检查的基础上检查下列内容，如表 3－7 所示。

表 3－7 年检内容

检查部位	检查内容
截割减速器和电动机	• 加注电动机黄干油
行走部	• 拆卸并检查驱动轮
	• 检查支重轮及加油
电气部分	• 向电动机轴承加注黄干油

五、故障现象、原因及排除方法（见表 3－8）

表 3－8 故障现象、原因及排除方法

故障现象	原因分析	排除方法
截割头不转动	1. 截割电动机过负荷； 2. 过热继电器动作； 3. 截割头轴承损坏； 4. 减速器内部损坏	1. 减轻负荷； 2. 约等 3 min 复位； 3. 更换截割头轴承； 4. 检查减速器内部

续表

故障现象	原因分析	排除方法
星轮转动慢或不转动	1. 油压不够； 2. 电动机内部损坏	1. 调整溢流阀； 2. 更换新品
第一运输机链条速度低或者动作不良	1. 油压不够； 2. 电动机内部损坏； 3. 运输机过负荷； 4. 链条过紧； 5. 链轮处卡有岩石	1. 调整溢流阀； 2. 更换新品； 3. 减轻负荷； 4. 重新调整张紧程度； 5. 清除异物
履带不行走或者行走不良	1. 油压不够； 2. 电动机内部损坏； 3. 履带板内充满砂、土并硬化； 4. 履带过紧； 5. 驱动轴损坏； 6. 行走减速器内部损坏	1. 调整溢流阀； 2. 更换新品； 3. 清除砂、土； 4. 调整张紧程度； 5. 更换驱动轴； 6. 检查减速器内部
履带跳链	1. 履带过松； 2. 张紧油缸损坏	1. 调整张紧度； 2. 检查张紧油缸内部
减速器有异常声响或温升高	1. 减速器内部损坏（齿轮或轴承）； 2. 缺油	1. 拆开检查； 2. 加油
漏油	1. 配管接头松动； 2. O形圈损坏； 3. 软管破损	1. 紧固或更换； 2. 更换O形圈； 3. 更换新品
液压泵不出油、输油量不足、压力上不去	1. LS阀卡滞； 2. 吸油管或过滤器堵塞； 3. 进油管连接处泄漏，混入空气，伴随噪声大； 4. 油液黏度太大或油液温升太低	1. 重新反复调节、清洗或更换LS阀； 2. 疏通管道，清洗过滤器，换新油； 3. 紧固各连接处螺栓，避免泄漏，严防空气混入； 4. 正确选用油液，控制温度
液压泵噪声严重，压力波动剧烈	1. 吸油管及过滤器堵塞或过滤器容量小； 2. 吸油管密封处漏气或油液中有气泡； 3. 泵与联轴器不同心； 4. 油位低； 5. 油温低或黏度高； 6. 泵轴承损坏； 7. 泵上的调节阀损坏	1. 清洗过滤器，使吸油管通畅，正确选用过滤器； 2. 在连接部位或密封处加点油，如噪声减小，拧紧接头或更换密封圈；回油管口应在油面以下，与吸油管要有一定距离； 3. 调整同心； 4. 加油液； 5. 把油液加热到适当的温度； 6. 换件处理； 7. 更换调节阀

续表

故障现象	原因分析	排除方法
轴颈油封漏油	漏油管道液阻太大，使泵体内压力升高到超过油封许用的耐压值，轴封磨损	检查柱塞泵泵体上的泄油口是否用单独油管直接接通油箱。若发现把几台柱塞泵的泄漏油管并联在一根同直径的总管后再接通油箱，或者把柱塞泵的泄油管接到总回油管上，则应予改正。最好在泵泄漏油口接一个压力表，以检查泵体内的压力，开式泵压力值应小于0.08 MPa，闭式泵小于0.2 MPa
液压油缸受到冲击或无法锁定或开启	阀失去平衡或锁定作用	先导平衡阀插件，故障方向相反则调节平衡阀的压力，无法排除时则更换相应插件，或清洗阀座的控制油道
液压油缸爬行	1. 空气侵入； 2. 液压缸端盖密封圈压得太紧或过松； 3. 活塞杆与活塞不同心； 4. 活塞杆全长或局部弯曲； 5. 液压缸的安装位置偏移； 6. 液压缸内孔直线性不良（鼓形锥度等）； 7. 缸内腐蚀、拉毛； 8. 双活塞杆两端螺帽拧得太紧，使其同心度不良； 9. 油缸筒变形	1. 增设排气装置；如无排气装置，可开动液压系统，以最大行程使工作部件快速运动，强迫排除空气； 2. 调整密封圈，使它不紧不松，保证活塞杆能来回用手平稳地拉动而无泄漏（大多允许微量渗油）； 3. 校正二者同心度； 4. 校直活塞杆； 5. 检查液压缸与导轨的平行性并校正； 6. 镗磨修复，重配活塞； 7. 轻微者修去锈蚀和毛刺，严重者需镗磨； 8. 螺帽不宜拧得太紧，一般用手旋紧即可，以保持活塞杆处于自然状态； 9. 更换油缸筒

复习思考题

1. 何谓部分断面掘进机和全断面掘进机？
2. 试述煤矿常用装载机械及其用途。
3. 试述掘进机的主要组成部分及其作用。
4. 试述掘进机各组成部分的结构原理。
5. 试述掘进机机械传动系统和液压传动系统的工作原理。
6. 试述掘进机的分类。
7. 试述 P－30B 型耙斗式装载机的结构和装载原理。
8. 试述 P－30B 型耙斗式装载机绞车的结构及传动系统。

9. 试述 ZC-60B 型铲斗式装载机的结构及装载原理。
10. 试述 ZC-60B 型铲斗式装载机主要组成部件的结构原理及液压系统的工作原理。
11. 试述 ZMZ_{2A}-17 型蟹爪装载机的主要组成部分及工作过程。
12. 试述 ZMZ_{2A}-17 型蟹爪装载机转载机尾的摆动原理及机器的机械传动系统。
13. 掘进机按工作机构截割工作面的方式分为哪几种?
14. 掘进机的截割头按其中心与悬臂轴线的关系分为哪几种?
15. 掘进机工作机构按照截割工作面的方式分为哪几种?
16. 掘进机按所能截割工作面积的大小、方式分为哪几种?
17. 掘进机按所能截割岩石的硬度分为哪几种?
18. 掘进巷道的方法有哪几种?
19. 煤矿生产中常见的装载机械有哪几种形式?
20. 全断面巷道掘进机主要用于什么样断面的岩石巷道?
21. 蟹爪装载机的转载机构是可以上下和左右摆动的,其动作是由什么来完成的?
22. 在掘进巷道中使用的装载机械按照工作机构的结构形式划分,可分为哪几种?
23. 装载机按行走方式可分为哪几种?

第四章　提升机械

第一节　概述

一、矿用提升设备的用途

矿用提升设备是联系矿井井下和井上的“咽喉”设备，在矿山生产建设中起着重要的作用。矿井提升机主要用于煤矿、金属矿和非金属矿中提升煤炭、矿石和矸石，升降人员，下放材料、工具和设备。

矿井提升机与压气、通风和排水设备组成矿井四大固定设备，是一套复杂的机械—电气排组，所以合理地选用矿井提升机具有很大的意义。矿井提升机的工作特点是在一定的距离内，以较高的速度往复运行。为保证提升工作的高效率和安全可靠，矿井提升机应具有良好的控制设备和完善的保护装置。矿井提升机在工作中一旦发生机械和电气故障，就会严重地影响到矿井的生产，甚至造成人员伤亡。

熟悉矿井提升机的性能、结构和动作原理，提高安装质量，合理使用设备，加强设备维护，对于确保提升工作的高效率和安全可靠，防止和杜绝故障及事故的发生具有重大意义。

二、矿井提升设备的主要组成部分

矿井提升设备的主要组成部分包括提升机、提升钢丝绳、提升容器、天轮、井架以及装、卸载辅助设备。

三、矿井提升系统

根据矿井井筒倾角及提升容器的不同，矿井提升系统可大致分为以下几种：

（一）竖井普通罐笼提升系统

图 4－1 所示为竖井普通罐笼提升系统示意图。其中一个罐笼位于井底进行装车，另一个罐笼则位于井口出车平台，进行卸车；两条钢丝绳的两端，一端与罐笼相连，另一端绕过井架上的天轮，缠绕并固定在提升机的滚筒上。滚筒旋转即可带动井下的罐笼上升、地面的罐笼下降，使罐笼在井筒中做上下往返运动，进行提升工作。

（二）竖井箕斗提升系统

图 4－2 所示为竖井箕斗提升系统示意图。井下的煤车通过井底车场巷道中的罐笼（翻车机）将煤卸入井下煤仓 9 中，再通过装载设备 11 将煤装入停在井底的箕斗 4 中。此时，另一条钢丝绳上所悬挂的箕斗则位于井架 3 上的卸载曲轨 5 内，将煤卸入井口煤仓 6 中。两个箕斗通过绕在天轮上的两条钢丝绳，由提升机滚筒带动在井筒中做上下往复运动，进行提升工作。

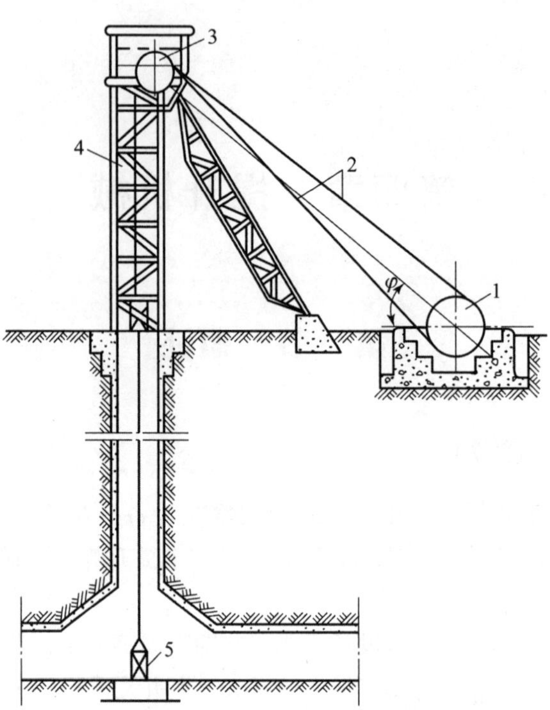

图 4－1　竖井普通罐笼提升系统示意图

1—提升机；2—钢丝绳；3—天轮；4—井架；5—罐笼

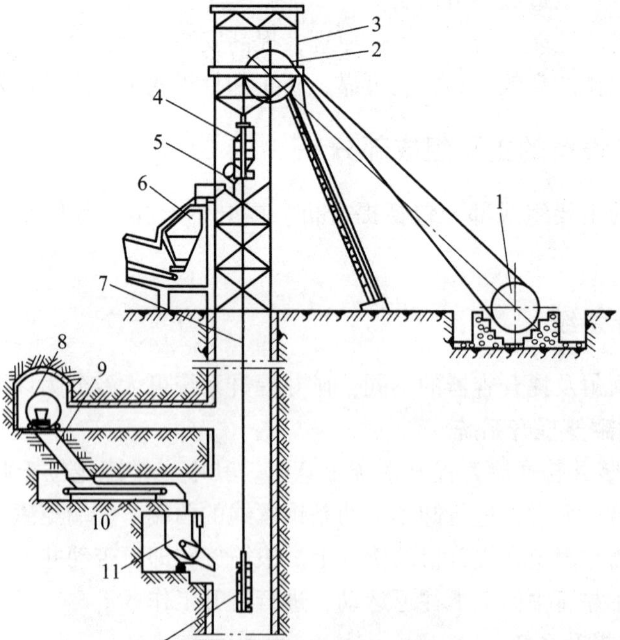

图 4－2　竖井箕斗提升系统示意图

1—提升机；2—天轮；3—井架；4—箕斗；5—卸载曲轨；6—井口煤仓；

7—钢丝绳；8—翻车机；9—井下煤仓；10—给煤机；11—装载设备

(三) 斜井箕斗提升系统

在倾斜角度大于25°的斜井，使用矿车提升煤炭易撒煤，其主井宜采用箕斗提升，斜井箕斗多用后卸式的。

图4-3所示为斜井箕斗提升系统示意图。井下煤车将通过罐笼硐室1中的翻车机将煤卸入井下煤仓2，操纵装载闸门3将煤装入斜井箕斗4中；而另一箕斗则在地面栈桥6上，通过卸载曲轨7将箕斗打开，把煤卸入地面煤仓8中。两箕斗上的钢丝绳通过天轮10后缠绕并固定在提升机的滚筒上，靠提升机滚筒旋转带动箕斗在井筒5中往复运动，进行提升工作。

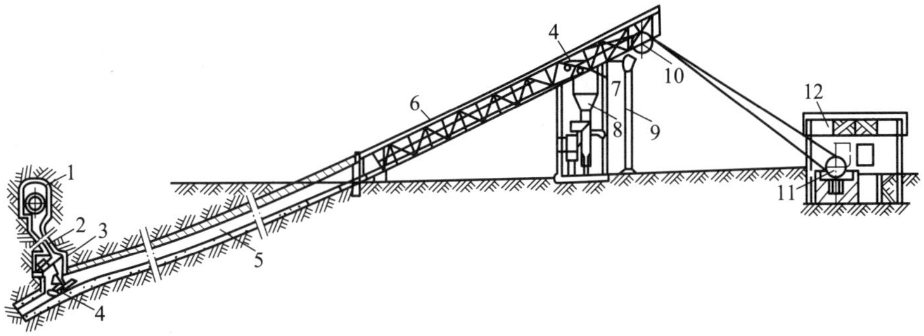

图4-3 斜井箕斗提升系统示意图

1—罐笼硐室；2—井下煤仓；3—装载闸门；4—斜井箕斗；5—井筒；6—地面栈桥；7—卸载曲轨；8—地面煤仓；9—立柱；10—天轮；11—提升机滚筒；12—提升机房

(四) 斜井串车提升系统

两条钢丝绳的两端，一端与若干个矿车组成的串车组相连，另一端绕过井架上的天轮缠绕并固定在提升机的滚筒上，通过井底车场、井口车场的一些装、卸载辅助设备，滚筒旋转即可带动串车组在井筒中往复运动，进行提升工作，这就叫斜井串车提升。与斜井箕斗提升相比，它不需要复杂的装、卸载设备，具有投资小和基建快的优点，故为产量小的斜井常采用的一种提升系统，如图4-4所示。

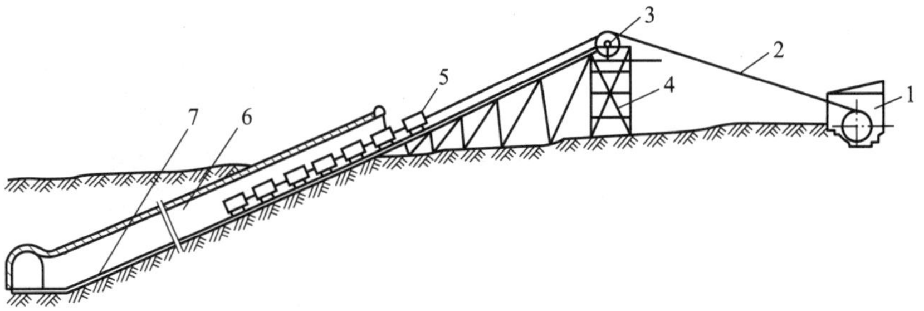

图4-4 斜井串车提升系统

1—提升机；2—钢丝绳；3—天轮；4—井架；5—矿车；6—巷道；7—轨道

四、矿井提升设备的分类

(一) 按用途分

(1) 主井提升设备：专供提升矿物。

(2) 副井提升设备：用于提升矸石、升降人员及下放材料和设备。

（二）按井筒倾角分

（1）竖井提升设备。

（2）斜井提升设备。

（三）按提升机类型分

（1）缠绕式提升机，分单绳和双绳缠绕式提升机。

（2）摩擦式提升机，分单绳和多绳摩擦式提升机。

（3）内装式提升机。

（四）按提升容器分

（1）罐笼提升设备：有普通罐笼和翻转罐笼之分。

（2）箕斗提升设备：有竖井提升箕斗和斜井提升箕斗之分。

（3）矿车提升设备：用于斜井提升，有单、双钩提升之分。

（4）吊桶提升设备：专用于竖井井筒开凿时的提升。

五、井架与天轮

（一）井架

井架是矿井地面的重要建筑之一，它用来支持天轮和承受全部的提升重物、固定罐道和卸载曲轨及架设普通罐笼的停罐装置等。井架有木井架、金属井架、混凝土井架和装配式井架几种类型。

（1）木井架：用于服务年限较短（6～8 年）、产量较低的小型矿井。

（2）金属井架：目前使用较为广泛，构件可在工厂制造，在工地进行安装；服务年限长，耐火性好，弹性大，能适应提升过程中发生的振动。但成本较高，钢材消耗量大，容易腐蚀，故必须注意保护，每年都应涂防腐剂一次。图 4－5 所示为目前我国广泛使用的四柱式金属井架。

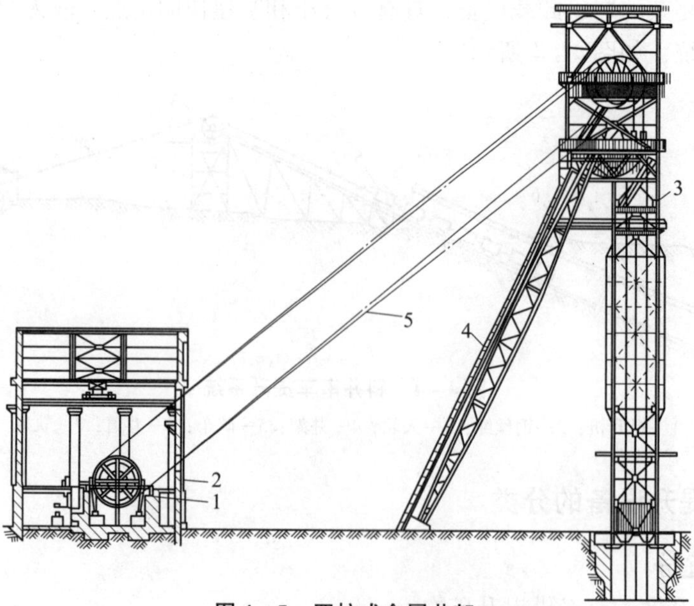

图 4－5　四柱式金属井架

1—提升机；2—提升机房；3—立架；4—斜撑；5—钢丝绳

（3）混凝土井架：其优点是节省钢材，服务年限长，耐火性好，抗震性好；缺点是自重大，必须加强基础，因而成本高、施工期长。井塔式多绳摩擦式提升机即采用混凝土井架，如图 4－6 所示。

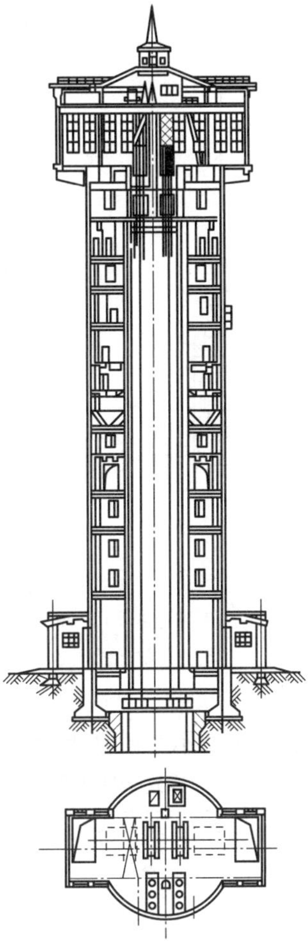

图 4－6　混凝土井架

（4）装配式井架：用钢管和槽钢装配而成，用于竖井开凿施工的井架，其优点是便于运输和拆装。

（二）天轮

天轮是矿井提升系统中的关键部件之一，安装在井架上，作支承、引导钢丝绳转向之用。根据相关标准，天轮可分为下列三种：

（1）井上固定天轮。

（2）凿井及井下固定天轮。

（3）游动天轮。

固定天轮轮体只做旋转运动，主要用于竖井提升及斜井箕斗提升。游动天轮轮体则除了做旋转运动外，还可沿轴向移动，主要用于斜井串车提升。天轮的结构形式因直径的不同而分为三种类型：直径 D_t =3 500 mm 时，采用模压焊接结构；直径 $D_t \leqslant$3 000 mm 时，采用整体铸钢结构；直径 $D_t \geqslant$4 000 mm 时，采用模压铆接结构。

图 4－7 与图 4－8 所示分别为整体铸钢固定天轮与游动天轮。

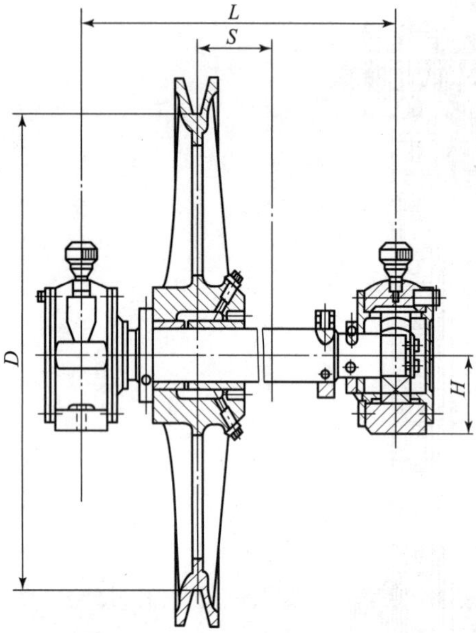

图 4－7　整体铸钢固定天轮

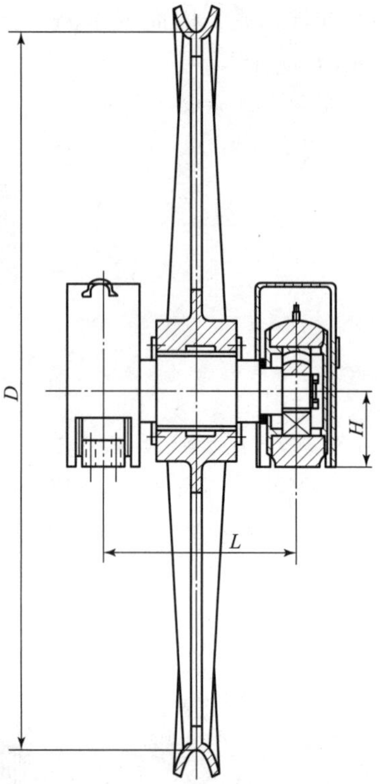

图 4－8　游动天轮

井上固定天轮的基本参数如表 4－1 所示，游动天轮的基本参数如表 4－2 所示。

表 4－1　井上固定天轮的基本参数

型号	名义直径/mm	绳槽半径/mm	适用于钢丝绳直径范围/mm	允许的钢丝绳全部钢丝破断拉力总和/N	两轴承中心距/mm	轴承中心高/mm	变位质量/kg	自身总质量/kg
TSG $\frac{1\ 200}{7}$	1 200	7	11.0～13.0	168 000	550	105	104	259
TSG $\frac{1\ 200}{8.5}$		8.5	13.0～15.0					
TSG $\frac{1\ 600}{9.5}$	1 600	9.5	15.0～17.0	304 500	660	140	222	593
TSG $\frac{1\ 600}{10}$		10	17.0～18.5					
TSG $\frac{1\ 600}{11}$		11	18.5～20					
TSG $\frac{2\ 000}{12}$	2 000	12	20.0～21.5	458 500	700	180	307	910
TSG $\frac{2\ 000}{12.5}$		12.5	21.5～23.0					
TSG $\frac{2\ 000}{13.5}$		13.5	23.1～24.5					

型号	名义直径 /mm	绳槽半径 /mm	适用于钢丝绳直径范围/mm	允许的钢丝绳全部钢丝破断拉力总和/N	两轴承中心距 /mm	轴承中心高 /mm	变位质量 /kg	自身总质量/kg
TSG $\frac{2\,500}{18}$	2 500	18	24.5 ~ 27.0	661 500	800	200	550	1 512
TSG $\frac{2\,500}{19}$		19	27.0 ~ 29.0					
TSG $\frac{2\,500}{20}$		20	29.0 ~ 31.0					
TSG $\frac{3\,000}{18}$	3 000	18	31.0 ~ 33.0	1 010 000	950	240	781	2 466
TSG $\frac{3\,000}{19}$		19	33.0 ~ 35.0					
TSG $\frac{3\,000}{20}$		20	35.0 ~ 37.0					
TSH $\frac{3\,500}{23.5}$	3 500	23.5	37.0 ~ 43.0	1 420 000	1 000	255	1 133	3 640
TSH $\frac{4\,000}{25}$	4 000	25	43.0 ~ 46.5	1 450 000	1 030	250	1 300	5 531

注：型号标记说明：

T	S	H	$\frac{3\,000}{20}$	—— 名义直径，mm
				—— 绳槽半径，mm
				—— 滑动轴承
				—— 井上
				—— 天轮

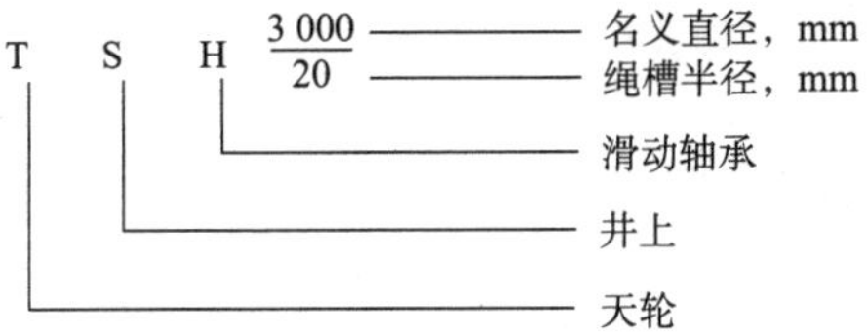

表 4 - 2 游动天轮的基本参数

型号	天轮直径/mm	游动距离 /mm	钢丝绳直径/mm	全部钢丝绳破断拉力总和/kN	轴径直径 /mm	辐条数量 /条	地脚螺栓	变位质量 /kg	自身总质量 /kg
TD8 - 12.5	800	250	12.5	103	80	4	M16	90	210
TD12 - 20	1 200	600	20	272	120	6	M18	202	560
TD16 - 25	1 600	800	25	412	140	8	M20	358	944

型号标记说明：

T D 12-20 —— 钢丝绳直径，mm
—— 天轮直径，dm
—— 游动
—— 天轮

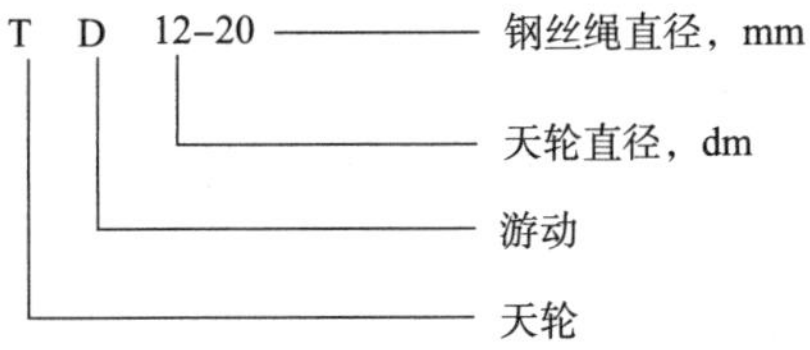

第二节　提升容器的类型及结构

提升容器按构造不同可分为罐笼、箕斗、矿车、斜井人车及吊桶等。

罐笼可用来升降人员和设备，提升煤炭和矸石，以及下放材料等。当提升煤炭、矸石或下放材料时，将煤车、矸石车或材料车装入罐笼内即可；当升降设备时，可将设备直接放入罐笼内或将设备装在平板车上，再把平板车装入罐笼。

箕斗只用于提升煤炭或矸石。当用箕斗时，井底需设井底煤仓（或矸石仓）和装载设备。煤炭或矸石通过翻车机从矿车中翻卸至煤仓或矸石仓，再经装载设备装入箕斗。

根据井筒倾角的不同，箕斗可分为立井箕斗和斜井箕斗两种。

煤矿立井多采用底卸式箕斗和普通罐笼，斜井多采用矿车和斜井箕斗，吊桶是立井凿井时使用的提升容器。

一、罐笼

（一）罐笼的分类

罐笼分为普通罐笼和翻转罐笼两种。标准普通罐笼载荷按固定车箱式矿车的名义货载质量确定为1 t、1.5 t和3 t三种，分单层和双层。

普通罐笼是一种多功能的提升容器，它既可以提升煤炭，也可以提升矸石、升降人员、运送材料及设备等。所以，罐笼既可用于主井提升，也可用于副井提升。罐笼的类型有单绳罐笼和多绳罐笼两种，其层数有单层、双层和多层之分。我国煤矿企业广泛采用单层和双层罐笼。

立井单绳普通罐笼的标准参数规格及其井筒布置主要尺寸分别见表4－3和表4－4，立井多绳罐笼参数规格见表4－5。

表4－3　立井单绳普通罐笼的标准参数规格

单绳罐笼型号			罐笼断面尺寸/(mm×mm)	罐笼总高(近似值)/mm	装车矿车			允许乘人数/人	罐笼总载货量/kg	罐笼自身质量/kg
					型号	名义载货量/t	车辆数/辆			
GLS－1×1/1	钢丝绳罐道	同侧进出车	2 550×1 020	4 290	MG 1.1－6A	1	1	12	2 395	2 218
GLSY－1×1/1		异侧进出车								2 088
GLG－1×1/1	刚性罐道	同侧进出车								2 878
GLGY－1×1/1		异侧进出车								2 748
GLS－1×2/2	钢丝绳罐道	同侧进出车		6 680			2	24	3 235	3 247
GLGY－1×2/2		异侧进出车								3 000
GLG－1×2/2	刚性罐道	同侧进出车								3 907
GLGY－1×2/2		异侧进出车								3 657

续表

单绳罐笼型号			罐笼断面尺寸/(mm×mm)	罐笼总高(近似值)/mm	装车矿车			允许乘人数/人	罐笼总载货量/kg	罐笼自身质量/kg
					型号	名义载货量/t	车辆数/辆			
GLS−1.5×1/1 GLSY−1.5×1/1	钢丝绳罐道	同侧进出车 异侧进出车	3 000 × 1 200	4 850	MG 1.7−6A	4.5	1	17	3 420	2 790 2 650
GLG−1.5×1/1 GLGY−1.5×1/1	刚性罐道	同侧进出车 异侧进出车								3 450 3 310
GLS−1×2/2 GLGY−1×2/2	钢丝绳罐道	同侧进出车 异侧进出车		7 250			2	34	4 610	4 070 3 790
GLG−1×2/2 GLGY−1.5×2/2	刚性罐道	同侧进出车 异侧进出车								4 670 4 390
GLS−3×1/1 GLSY−3×1/1	钢丝绳罐道	同侧进出车 异侧进出车	4 000 × 1 470	4 820	MG 3.3−9B	3	1	29	6 720	4 670 4 500
GLG−3×1/1 GLGY−3×1/1	刚性罐道	同侧进出车 异侧进出车								4 050 4 880
GLS−3×1/2 GLGY−3×1/2	钢丝绳罐道	同侧进出车 异侧进出车		7 170				58		6 480 6 310
GLG−3×1/2 GLGY−3×1/2	刚性罐道	同侧进出车 异侧进出车								6 950 6 780

表 4−4　立井单绳普通罐笼井筒布置主要尺寸

1 t 普通罐笼				1.5 t 普通罐笼				3 t 普通罐笼			
井筒直径/mm	罐笼规格	两罐笼中心距/mm	容器与井壁梯子梁间隙/mm	井筒直径/mm	罐笼规格	两罐笼中心距/mm	容器与井壁梯子梁间隙/mm	井筒直径/mm	罐笼规格	两罐笼中心距/mm	容器与井壁梯子梁间隙/mm
4 800	单层单车	1 490	150	5 400	单层单车	1 600	150	6 400	单层单车	1 878	150
4 900	单层单车	1 620	270	5 600	单层单车	1 800	320	6 800	单层单车	2 157	390
4 900	双层双车	1 670	310	5 800	双层双车	1 920	410	6 900	双层罐笼	2 208	420
4 900	单层单车	1 490	150	5 250	单层单车	1 600	150	6 050	单层单车	1 878	150
5 200	单层单车	1 620	270	5 650	单层单车	1 800	320	6 700	单层单车	2 157	390
5 200	双层双车	1 670	310	6 000	双层双车	920	410	6 800	双层罐笼	2 208	420
3 760	单层单车	1 490	150	450	单层单车	180	150	5 450	单层单车	1 878	150
4 100	单层单车	1 620	270	4 800	单层单车	1 800	320	6 000	单层单车	2 157	390
4 250	双层双车	1 670	300	5 050	双层双车	1 920	410	6 100	双层罐笼	2 208	420

表 4－5 立井多绳罐笼参数规格

多绳罐笼型号				型号	名义容量/t	车辆数/辆	允许乘人数/人	自身质量（估计）/kg
钢丝绳罐道		刚性罐道						
同侧进出车	异侧进出车	同侧进出车	异侧进出车					
GDS－1×1/55×4 GDS－1×2/75×4	GDSY－1×1/55×4 GDSY－1×2/75×4	GDG－1×1/55×4 GDG－1×2/75×4	GDGY－1×1/55×4 GDGY－1×2/75×4	MG1.6－6	1	1 2	24	5 000 7 000
GDS－1.5×1/75×4 GDS－1.5×2/110×4 GDS－1.5×4/90×6 GDS－1.5×4/195×4	GDSY－1.5×1/75×4 GDSY－1.5×2/110×4 GDSY－1.5×4/90×6 GDSY－1.5×4/195×4	GDG－1.5×1/75×4 GDG－1.5×2/110×4 GDG－1.5×4/90×6 GDG－1.5×4/195×4	GDGY－1.5×1/75×4 GDGY－1.5×2/110×4 GDGY－1.5×4/90×6 GDGY－1.5×4/195×4	Mg1.7－6A	1.5	1 2 4 4	32 34 62 70	6 000 7 500 17 000 17 000
GDS－1.5K×4/90×6 GDS－1.5K×4/195×4	GDSY－1.5K×4/90×6 GDSY－1.5K×4/195×4	GDG－1.5K×4/90×6 GDG－1.5K×4/195×4	GDGY－1.5K×4/90×6 GDGY－1.5K×4/195×4	MG1.7－9B		4 4	62 70	17 000 17 000
GDS－3×1/110×4 GDS－3×2/150×4	GDSY－3×1/110×4 GDSY－3×2/150×4	GDG－3×1/110×4 GDG－3×2/150×4	GDGY－3×1/110×4 GDGY－3×2/150×4	MG3.3－9B	3	1 2	60	8 000 11 000
GDS－5×1 (1.5K×4)/195×4	GDSY－5×1 (1.5K×4)/195×4	GDG－5×1 (1.5K×4)/195×4	GDGY－5×1 (1.5K×4)/195×4	—	1	1	—	1 700

(二) 罐笼的结构

单绳 1 t 单层普通罐笼结构如图 4 –9 所示。

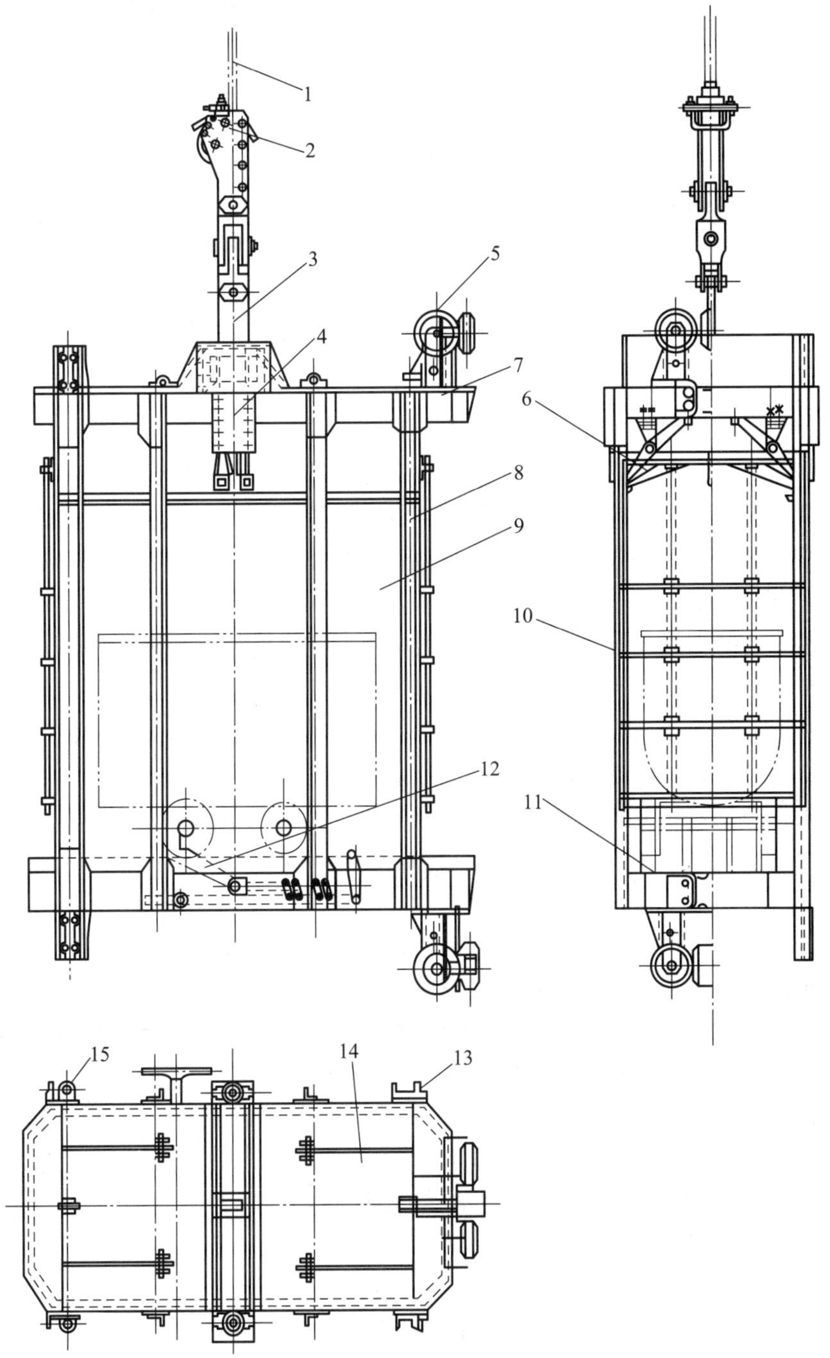

图 4 –9　单绳 1 t 单层普通罐笼结构

1—提升钢丝绳；2—双面夹紧楔形绳环；3—主拉杆；4—防坠器；5—橡胶滚轮罐耳（用于组合刚性罐道）；6—淋水棚；7—横梁；8—立柱；9—钢板；10—罐门；11—轨道；12—阻车器；13—稳罐罐耳；14—罐盖；15—套管罐耳（用于绳罐道）

（1）主体部分：普通罐笼罐体采用混合式结构，由两个垂直的侧盘体用横梁 7 连接而成，两侧盘体各由四根立柱 8 包钢板 9 组成，罐体的节点采用铆焊结合形式，罐体的四角为切角形式，这样既有利于井筒布置又便于制造。罐笼顶部设有半圆弧形的淋水棚 6 和可以打开的罐盖 14，以供运送长材料之用。罐笼两端设有帘式罐门 10。

罐笼通过主拉杆 3（不设保险链）和双面夹紧楔形绳环 2 与提升钢丝绳 1 相连。为了将矿车推进罐笼，罐笼底部设有轨道 11。为了防止提升过程中矿车在罐笼内移动，罐笼底部还装有阻车器 12 及其自动开闭装置。为了防止罐笼在井筒运动过程中任意摆动，罐笼通过罐耳 5 或 15 沿着安装在井筒内的罐道运行。

（2）罐耳：用以使提升容器沿着井筒中的罐道稳定运行，防止提升容器在运行中摆动和扭转。

（3）连接装置：包括主拉杆、夹板、楔形绳环等，用以连接提升钢丝绳与罐笼。连接装置必须具有足够的强度，其安全系数不得小于 13，如图 4－10 所示。

（4）阻车器：防止罐笼里的矿车在罐笼提升过程中跑出罐笼。

（5）防坠器：为保证生产及人员的安全，《煤矿安全规程》规定：升降人员或升降人员和物料的单绳提升罐笼，必须装置可靠的防坠器。当提升钢丝绳或连接装置被拉断时，防坠器可使罐笼平稳地支承在井筒中的罐道（或制动绳）上，而不致坠落井底，造成严重事故。

（三）罐笼防坠器

一般来说，防坠器是由开动机构、传动机构、抓捕机构、缓冲机构几部分组成的。开动机构和传动机构一般互相连接在一起，由断绳时自动开启的弹簧和杠杆系统组成；抓捕机构和缓冲机构在防坠器上是联合的工作机构，有的防坠器还装有单独的缓冲装置。

1. 防坠器的类型及基本技术要求

防坠器根据抓捕机构的工作原理不同可分为：

（1）切割式：用于木罐道，靠抓捕机构对罐道的切割插入阻力即属于此类。

（2）摩擦式：用于钢轨罐道和木罐道，靠抓捕机构与罐道之间的楔形滑楔来实现防坠的防坠器都属于此类。

（3）定点抓捕式：用于钢丝绳罐道和钢轨罐道，在抓捕器与支承物（制动绳）之间无相对运动，施行定点抓捕。制动绳防坠器即属于此类。

2. 防坠器应满足的基本技术要求

（1）必须保证在任何条件下都能制动住断绳下坠的罐笼，动作应迅速、平稳。

（2）制动罐笼时必须保证人身安全。在最小终端载荷下，罐笼的最大允许减速度不应大于 0.75 m/s^2；减速延续时间不应大于 0.2～0.5 s；在最大终端载荷下，减速度不应小于 10 m/s^2。实践证明，当减速度超过 30 m/s^2 时，人就难以承受，因此，设计防坠器时，最大减速度应不超过 30 m/s^2。当最大终端载荷与罐笼自重之比大于 3.1 时，最小减速度小于 0.5 m/s^2。

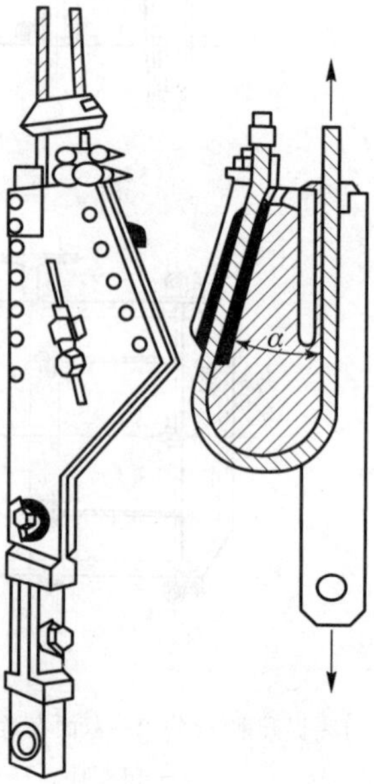

图 4－10　楔形绳环

（3）结构应简单可靠。

（4）防坠器动作的空行程时间，即从提升钢丝绳断裂使罐笼自由坠落动作开始后至产生制动阻力的时间，一般不超过0.25 s。

（5）在防坠器的两组抓捕器发生制动作用的时间差中，应使罐笼通过的距离（自抓捕器开始工作瞬间算起）不大于0.5 m。

3. 防坠器的构造与工作原理

（1）木罐道防坠器的构造与工作原理。

木罐道防坠器如图4－11所示，图中1为主拉杆，其上端通过桃形环连接于钢丝绳上，下端连接于杠杆4上，杠杆在弹簧2的下面，罐笼的重力通过弹簧2、杠杆4和主拉杆1加在钢丝绳上，故弹簧2在钢丝绳未断裂时处于被压缩状态。钢丝绳断裂后，弹簧2伸长，杠杆4向下通过杆5、6、7，使杆8端部向上抬起，挑起抓捕机构。卡爪10围绕轴9旋转与罐道接触，同时，卡爪上的齿切割插入罐道中，使罐笼停止在罐道上而不致坠入井底造成事故。

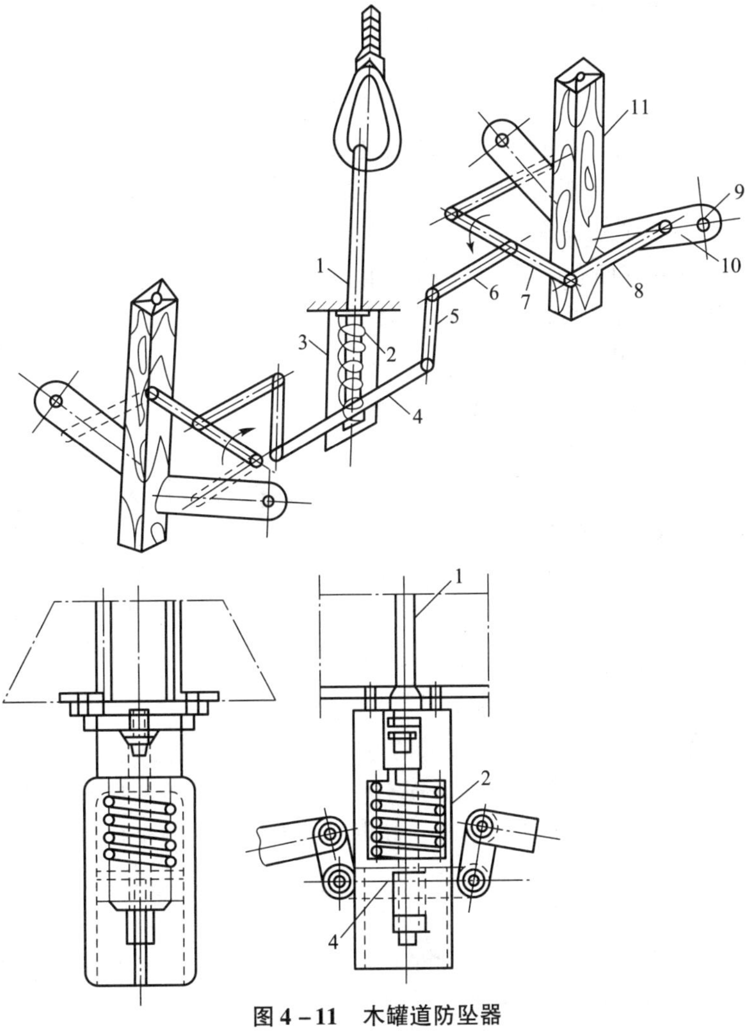

图4－11　木罐道防坠器

1—主拉杆；2—弹簧；3—圆筒；4，8—杠杆；5，6—传动连杆；7—杆；9—小轴；10—卡爪；11—木罐道

（2）制动绳防坠器的构造与工作原理。

现以 FLS 型制动绳防坠器为例进行分析，这种类型的防坠器的布置系统如图 4－12 所示。

罐笼利用其本身两侧板上的导向套，沿两根制动钢丝绳滑动。制动钢丝绳 7 上端通过连接器与缓冲钢丝绳 4 相连，缓冲钢丝绳穿过安装在井架天轮平台 2 的缓冲器 5，再绕过井架上的圆木 3 而在井架的另一边悬垂着；制动钢丝绳的下端穿过罐笼上的抓捕器直到井筒的下部，在井底水窝用拉紧装置 10 固定。

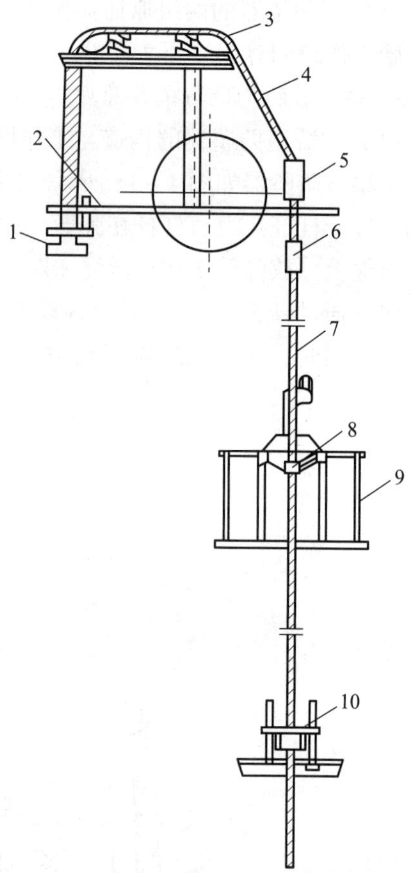

图 4－12　FLS 型制动绳防坠器的布置系统

1—合金绳头；2—井架天轮平台；3—圆木；4—缓冲钢丝绳；5—缓冲器；6—连接器；7—制动钢丝绳；8—抓捕器；9—罐笼；10—拉紧装置

①抓捕器及其传动系统。

FLS 型防坠器的抓捕器及其传动系统如图 4－13 所示，提升机正常运行时，钢丝绳通过罐笼顶面的连接装置将其拉杆 5 向上拉紧，这时抓捕器传动装置的弹簧 7 处于压缩状态，拉杆 5 的下端通过小轴 4 与平衡板 3 相连，平衡板又通过连接板 8 和杠杆 1 相连，杠杆 1 可以绕支座 2 上的轴旋转。当弹簧 7 受压缩时，杠杆 1 的前端处于最下边的位置，抓捕器的偏心杠杆 9 与水平轴线成 30°，它的前端有偏心凸轮 11（偏心距为 14 mm）。闸瓦 10 套在偏心凸轮上，偏心凸轮与闸瓦装在开有导向槽的侧板 12 和 13 上。闸瓦工作面有半圆形的槽，闸瓦与制动绳一边的间隙约为 8 mm。

当钢丝绳断裂后，弹簧伸长，拉杆带动平衡板 3 下移，连接板 8 便使杠杆 1 的前端向上抬起，装有闸瓦的侧板被抬起，偏心杠杆转动，使两个闸瓦互相接近直至卡住制动钢丝绳。

固定在罐笼侧壁上的连接板 14 作安装导向套 15 之用，同时也作为抓捕器的限位装置。

定位销 6 的直径为 8 mm，在正常提升时起定位作用，以防止平衡板绕小轴 4 旋转。由于抓捕器制造上的误差以及两条制动绳磨损不一致等，罐笼两侧的抓捕器很难同时抓捕，如有一个先卡住制动绳，此时平衡板便转动，切断定位销，使另一个抓捕器也能很快卡住制动钢丝绳。

②缓冲器、缓冲绳及连接器。

发生断绳事故时，为了保证罐笼安全平稳地制动住，制动时减速度不能过大，应采用缓冲器，其结构如图 4－14 所示，图中有三个小圆轴 5 与两个带圆头的滑块 6，缓冲器 3 即在此处受到弯曲，滑块 6 的后面连接有调节螺杆 1 和固定螺母 2。调节螺杆便可以带动滑块 6 左右移动，改变缓冲绳 3 的弯曲程度，调节缓冲力的大小。

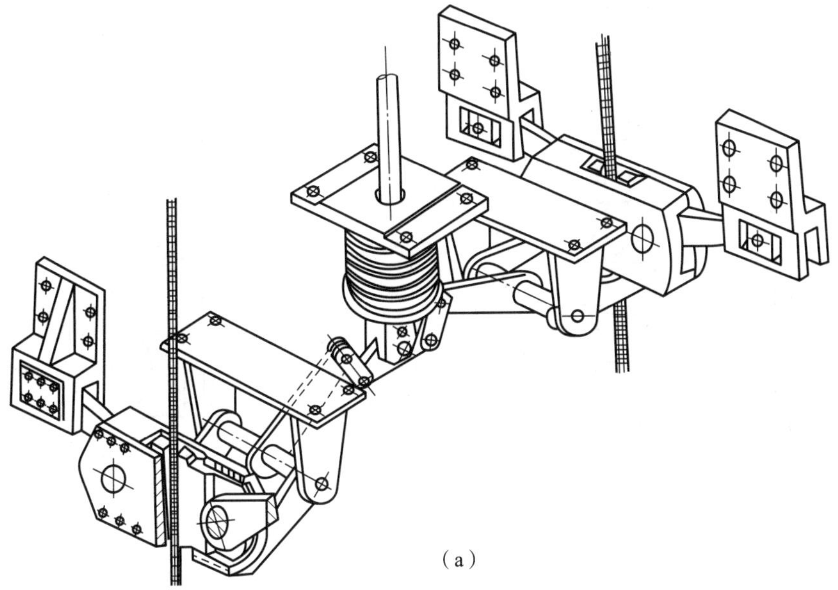

(a)

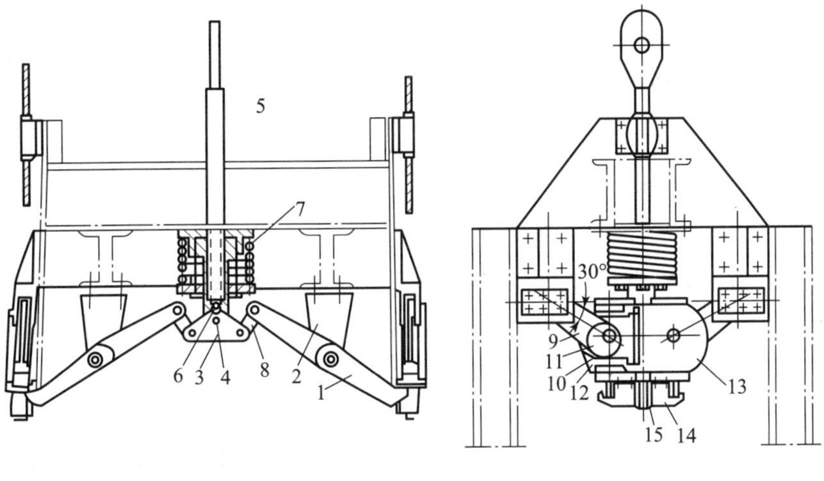

(b)

图 4-13　FLS 型防坠器的抓捕器及其传动系统

1—杠杆；2—支座；3—平衡板；4—小轴；5—拉杆；6—定位销；7—弹簧；8—连接板；9—偏心杠杆；10—闸瓦；11—偏心凸轮；12，13—侧板；14—连接板；15—导向套

连接器作为制动绳与缓冲钢丝绳连接用，其结构如图 4-15 所示。

③制动钢丝绳及拉紧装置。

制动钢丝绳根据吨位不同，其直径分为 22.5 mm、28 mm、32 mm 和 36.5 mm 四种，拉紧装置如图 4-16 所示。

制动钢丝绳 8 靠绳卡与角板 5 通过可断螺栓 6 固定在井底水窝处的固定梁 7 上，可断螺栓可以保证当制动绳受到大于 15 kN 的拉力后，可断螺栓即被拉断，这样钢丝绳的下端就呈自由状态。

断绳后罐笼被制动住时，由于制动钢丝绳的变形产生纵向弹性振动，罐笼将会有反复起跳现象。在第一个振动波传递到可断螺栓后，可断螺栓即被拉断，这时罐笼与制动钢丝绳同时升降，防止产生二次抓捕现象，保证了制动安全。

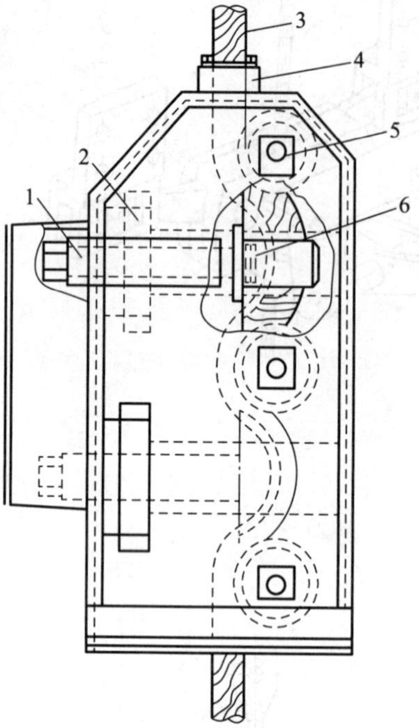

图 4-14　缓冲器

1—调节螺杆；2—固定螺母；3—缓冲钢丝绳；4—密封盖；5—小圆轴；6—滑块

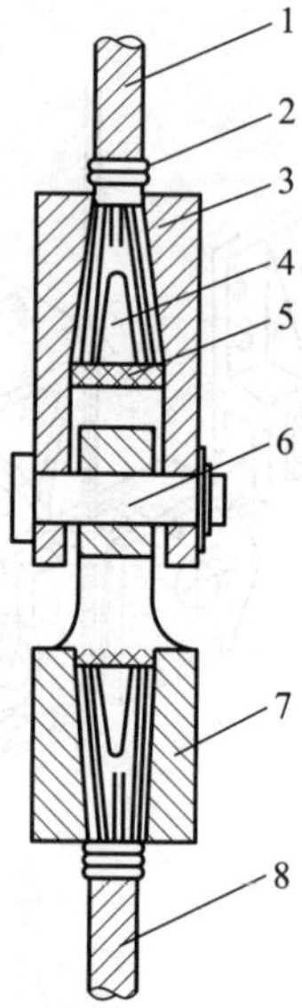

图 4-15　连接器

1—缓冲钢丝绳；2—钢丝扎圈；3—上锥形体；4—楔子；5—巴氏合金；6—销轴；7—下锥形体；8—制动钢丝绳

考虑罐笼运行有横向位移，要求钢丝绳罐道应有足够的刚性系数，且必须保证钢丝绳罐道的张紧力。钢丝绳罐道的张紧力由拉紧重锤来实现。《煤矿安全规程》规定，采用钢丝绳罐道时，每个罐道的最小刚性系数不得小于 500 N/m，为避免绳与罐道共振，各钢丝绳罐道的张紧力差不应小于平均张紧力的 5%。

拉紧装置的安装：先把绳卡 1 与角板 5 固定在制动钢丝绳的某一个位置上，然后装上张紧螺栓 3 与压板 4 及张紧螺母 2，即可把制动绳拉紧。使制动绳的拉力在 10 kN 左右后，将可断螺栓 6 固定好，最后将张紧螺栓、压板及张紧螺母卸下。

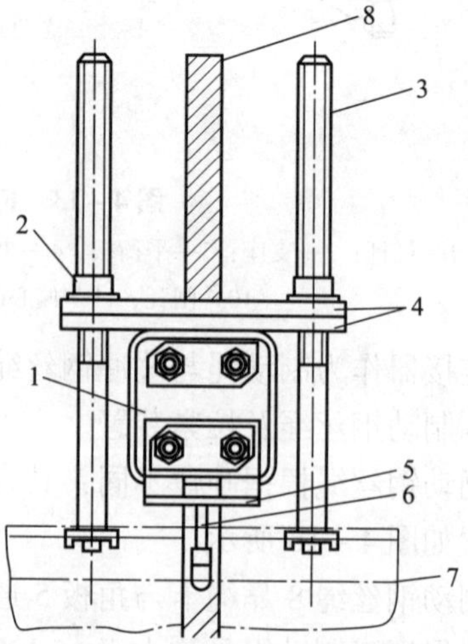

图 4-16　拉紧装置

1—绳卡；2—张紧螺母；3—张紧螺栓；4—压板；5—角板；6—可断螺栓；7—固定梁；8—钢丝绳

二、箕斗

箕斗是提升矿石的单一容器，仅用于提升煤炭、矿石或部分矸石。

根据井筒倾角不同可分为立井用箕斗和斜井用箕斗。

根据卸载方式不同可分为翻转式箕斗、侧卸式箕斗及底卸式箕斗。

根据提升钢丝绳的数目不同可分为单绳箕斗和多绳箕斗。

立井提煤通常采用底卸式箕斗。

扇形闸门底卸式箕斗的结构如图 4－17 所示，它的卸载过程如下：扇形闸门 4 上的卸载滚轮 6 沿着卸载曲轨 7 滚动，打开出煤口，同时活动溜槽 5 在滚轮 9 上向前滑动，并向下倾斜处于工作位置，斗箱中的煤由煤口经过活动溜槽 5 卸入煤仓中。下放箕斗时，其过程与上述相反。

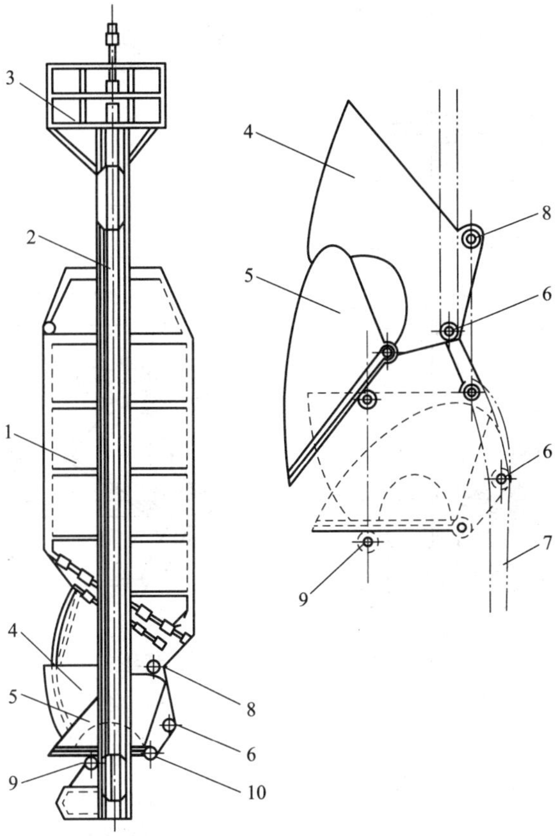

图 4－17　扇形闸门底卸式箕斗的结构

1—斗箱；2—框架；3—平台；4—扇形闸门；5—活动溜槽；6—卸载滚轮；
7—卸载曲轨；8—轴；9—滚轮；10—销轴

近年来我国新建煤矿中多采用 JL 型平板闸门底卸式箕斗，如图 4－18 所示。当箕斗提至地面煤仓时，井架上的卸载曲轨使连杆 8 转动轴上的滚轮 12 沿箕斗框架上的曲轨 10 运动，滚轮 12 通过连杆的锁角等于零的位置后，闸门 7 就借助煤的压力打开，开始卸载。在箕斗下落时以相反的顺序关闭闸门。

平板闸门的特点：闸门结构简单、严密，关闭闸门时冲击小；卸载时撒煤少；由于闸门向上关闭，对箕斗存煤有向上捞回的趋势，故当煤未卸完（煤仓已满）时，产生卡箕斗而造成断绳坠落事故的可能性小。

箕斗卸载时，闸门开启主要借助煤的压力，因而传递到卸载曲轨上的力较小，改善了井架的受力状态。当发生过卷时，在闸门打开后，即使脱离了卸载曲轨也不会自动关闭，因此可以缩短卸载曲轨的长度。

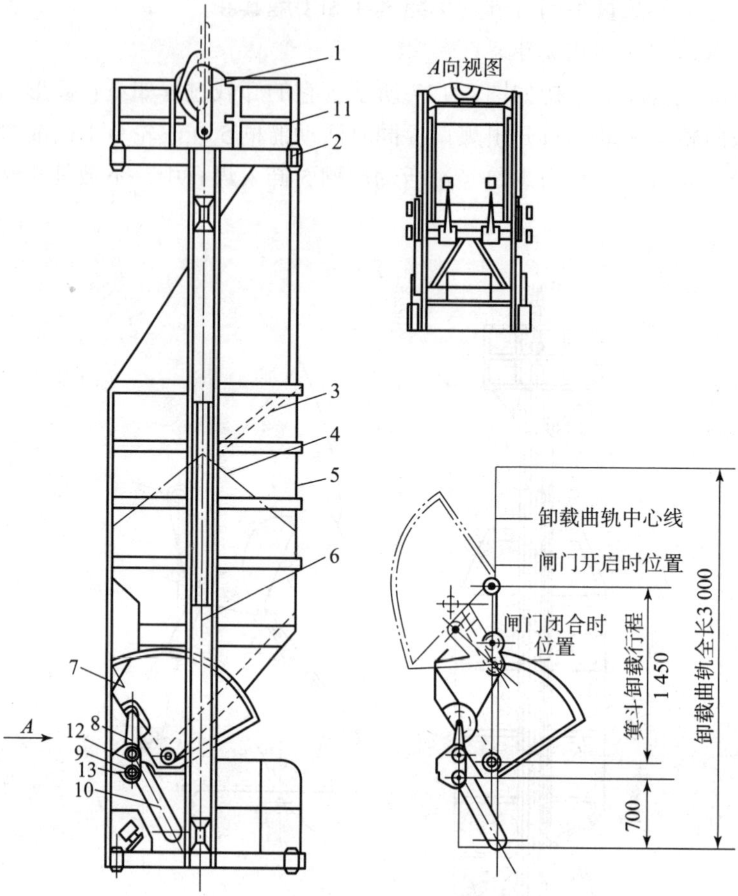

图 4－18　平板闸门底卸式箕斗

1—连接装置；2—罐耳；3—活动溜槽板；4—煤堆线；5—斗箱；6—框架；7—闸门；8—连杆；9，12—滚轮；10—曲轨；11—平台；13—机械闭锁装置

缺点：在箕斗运行过程中，由于煤和重力作用使闸门被迫打开，因此，箕斗必须装设可靠的闭锁装置（两个防止闸门自动打开的扭转弹簧）。闭锁装置一旦失灵，闸门就会在井筒中自行打开，故将撞坏罐道、罐道梁及其他设备，并污染风流，增加井筒清理工作量，且有砸坏管道、电线等设备的危险。

我国单绳箕斗系列有 4 t、6 t、8 t 三种规格。

第三节　深度指示器

用于矿井提升机的深度指示器是矿井提升机的一个重要附属装置，它能够向提升操作员指示提升容器在井筒的相对位置。由于近代提升机控制系统的设计特别强调安全可靠性，所以提升过程监视和安全回路一样，是现代提升机控制系统的重要环节。

提升过程监视主要是对提升过程中的各种工况参数如速度、电流等进行监视以及对各主要设备的运行状态进行监视。其目的在于使设备运行过程中的各种故障在出现之前就得以处理，以防止事故发生。

安全回路旨在提升机出现机械、电气故障时控制提升机进入安全保护状态。为确保人员和设备的安全，一定要确保提升机在出现故障时能准确地实施安全制动。

为满足以上技术要求，深度指示器上装有可发出减速信号的装置和过卷开关，当提升容器接近井口停车位置时，信号发生装置能发出减速提示声，提醒操作员注意操作；当操作员操作失误，提升容器撞到井架上设置的过卷开关或深度指示器上的螺母碰到其上面的过卷开关时，立即切断安全保护回路，电动机断电，保险闸制动；同时深度指示器上具有限速装置，当提升容器到达终点停车位置前的减速阶段时，通过限速装置可将提升机速度限制在 2 m/s。

一、深度指示器分类

深度指示器按其测量方法的不同，可分为直接式和间接式。

直接式测量在原理上可采用以下几种方法：

（1）在钢丝绳上充磁性条纹。

（2）利用有规律的钢丝绳花作行程信号。

（3）采用高频雷达、激光或红外测距装置等。

这类深度指示器的优点是测量直接、精确、可靠，不受钢丝绳打滑或蠕动等影响。

间接式测量是通过与提升容器连接的传动机构间接测量提升容器在井筒中的位置，一般是通过测量提升机卷筒转角，再折算成行程。

这类深度指示器的优点是技术设备简单，易于实现；缺点是体积比较大，指示精度不高，容易受钢丝绳打滑、蠕动或拉伸变形等因素的影响。我国目前使用的矿井提升机深度指示器仍采用间接测量式。

二、牌坊式深度指示器

牌坊式深度指示器是目前我国矿用提升机中主要使用的深度指示器系统，它是由牌坊式深度指示器和深度指示器传动装置两大部分组成的，如图 4－19 所示。其中深度指示器传动装置又分为传送轴和传动箱两部分。

三、牌坊式深度指示器的工作原理

图 4－20 所示为牌坊式深度指示器的传动原理，可以看出，牌坊式深度指示器主要由传动轴、直齿轮、锥齿轮、直立的丝杠、梯形螺母、支柱和标尺等组成。

在提升机工作时，其主轴带动深度指示器上的传动轴，直齿轮、锥齿轮带动两个直立的丝杠以相反方向旋转，通过支柱分别限制装在丝杠上的左旋梯形螺母旋转，即两个丝杠都是右旋，故迫使两个螺母只能沿支柱做上下相反方向的运动，并带动螺母指针上下移动，从而指示出井筒中两容器一个向上而另一个向下的位置。在两支柱固定着的标尺上，用缩小的比例根据矿井的具体情况，刻着与井筒深度或坑道长度相适应的刻度，深度指示器丝杠的转数与提升机主轴的转数成正比，而主轴转数与提升容器在井中的位置相对应，当装有指针的梯形螺母移动时，即可指明提升容器在井筒的位置。

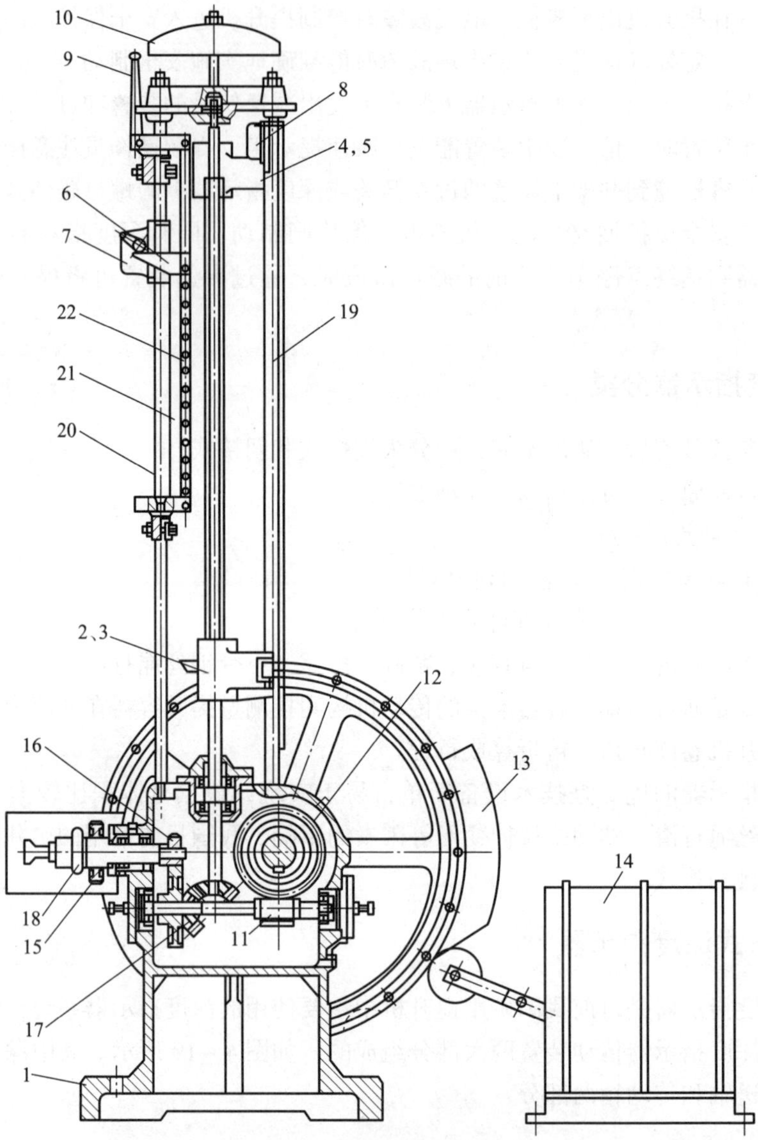

图 4－19　牌坊式深度指示器

1—座；2，3，4，5—螺母和丝杠；6—撞块；7—减速开关；8—过卷开关；9—铃锤；10—铃；11—蜗杆；12—蜗轮；13—限速凸轮盘；14—限速电阻；15，16—齿轮副；17—伞齿轮副；18—离合器；19—标尺；20—导向轴；21—压板；22—销子孔

当提升容器接近减速位置时，梯形螺母上的掣子就会碰上信号拉杆柱销，柱销将信号拉杆逐渐抬起，连在信号拉杆上的撞针跟着偏移上升。当螺母运行至减速点时，柱销从螺母上脱落，撞针即撞击信号铃，发出减速开始信号，同时信号拉杆上的碰块拨动限位盘下的减速极限开关，向电气控制系统发出减速信号，使提升机进入减速过程。如提升容器到达停车位置仍未停车，螺母将继续运动，当过卷距离超过设定的距离时，梯形螺母上的碰块将拨动过卷极限开关装置，使提升机立即安全制动。信号拉杆的柱销位置及减速和过卷开关的位置可根据提升机的使用情况进行调整。若在运行过程中，因为提升绳产生滑动与蠕动，导致指示器显示与提升容器位置存在偏差，就有可能发生失误操作，引起事故。

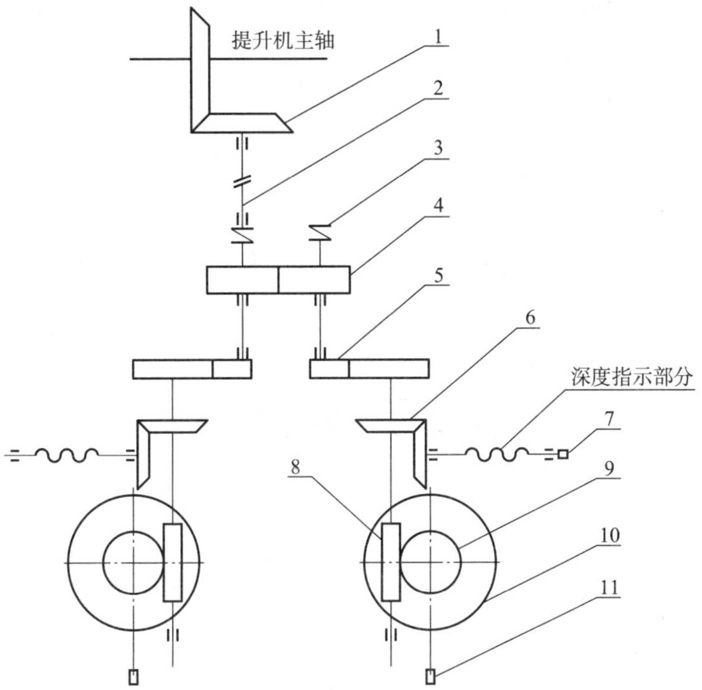

图 4-20 牌坊式深度指示器传动原理

1—传动伞齿轮；2—传动轴；3—离合器；4，5—齿轮副；6—伞齿轮副；
7—减速开关；8—蜗杆；9—蜗轮；10—限速凸轮；11—限速装置

四、牌坊式深度指示器的安装要求

深度指示器在出厂前，已按相关的标准进行了严格的调试，一般情况下在安装时不再拆卸装配，但需严格检查各项，在安装现场应根据实际的停车位置调整行程开关的位置。

在深度指示器未与主轴装置连接之前，用手转动深度指示器输入轴，传动系统应灵活可靠，输入轴拨动的转动力矩应小于 3 N·m；逐个检查行程开关的紧固螺栓是否可靠、拨动开关是否灵活可靠；按电气说明书和电气接线图逐个检查电路情况。

指示标尺应在提升机安装时进行刻度，即在标尺上用白漆画出与井筒深度或坑道长度相适应的分格（用缩小的比例）。指针航程为标尺全长的 2/3 以上，传动装置应灵活可靠，指针移动时不得与标尺相碰。传动轴的安装与调试应保证齿轮啮合良好，主轴轴头的一对锥齿轮间隙应调好，以免憋劲，造成断信号事故。

五、牌坊式深度指示器的使用维护和保养

深度指示器应定期保养，通常是给传动齿轮和轴承内加缝纫机油润滑，并经常清洗传动部分的粉尘。油箱内应保证有足够的润滑油，使蜗杆、圆柱齿轮、圆锥齿轮浸于油内。每年要更换油箱内的油；经常查看铰链连接情况并润滑；经常检查主轴端部锥齿轮的啮合间隙，以免因间隙小而别坏锥齿轮，导致断信号事故的发生。

使用中指针如出现振动、爬动或自整角机发出不正常的嗡嗡响声，应当及时处理，以免引起事故。处理方法如下：

（1）如果出现指针振动或爬行现象，通常是机械阻力过大，或自整角机有问题，可以对深度指示器的传动部分进行清洗，然后加入缝纫机油润滑，同时检查深度指示器是否密封，若密封不严或有泄漏处，可设法盖严，防止粉尘进入。

（2）如果自整角机有较大的嗡嗡声，可检查自整角机的轴是否弯曲，并设法校正或更换新的自整角机；检查各转动处有无卡阻、各齿轮有无打毛，若有则消除。如果这样处理还是不行，可试着把对应的自整角机换掉。

另外，在深度指示器使用过程中，特别是提升机全速行驶时，如遇到突然停电产生紧急制动，重新给电后一定要校正指示器指针和容器实际位置的差异，只有当校正无误后才允许重新投入正常运行。

第四节　制动系统

一、制动系统

制动系统是矿山提升机重要的部件之一，按结构分为盘式制动系统和块式制动系统，它由制动器（也称闸）和传动结构组成。制动器是直接作用于制动轮盘上产生制动力矩的部分；传动机构是调节制动力矩的部分。新型 JK 型 2 ~5 m 系列、JK – A 型、JKB 型及多绳摩擦式提升机采用油压盘闸制动系统；KJ 型 2 ~3 m 系列、KJ 型 4 ~6 m 系列提升机采用油压和气压块闸制动系统。

（一）制动系统的作用

（1）正常停车。提升机在停止工作时，能可靠地闸住。

（2）工作制动。在正常工作时，参与提升机速度控制。如减速阶段在滚筒上产生制动力矩使提升机减速，在下放重物时限制下放速度加闸。

（3）安全制动。当提升机工作不正常或发生紧急事故时，进行紧急制动，迅速平稳地夹住提升机。其在提升速度过高、过卷或电流欠压等故障出现时起作用。

（4）双滚筒提升机在需要调绳或更换水平时，能可靠地闸住活滚筒，并松开固定滚筒。

（二）对制动系统的要求

（1）提升机在工作制动和安全制动时所产生的最大制动力矩都不得小于提升或下放最大静负荷力矩的 3 倍。

（2）双滚筒提升机在调整滚筒旋转的相对位置时，制动装置在各滚筒上的制动力矩不得小于由该滚筒所悬提升容器与钢丝绳重力造成的静力矩的 1.2 倍。

（3）在立井和倾斜井巷中使用的提升机进行安全制动时，全部机械的减速度都必须符合表 4 –6 的规定。

表 4 –6　立井和倾斜井巷安全制动减速度取值

运行状态倾角 β	$<15°$	$15°<\beta<30°$	$>30°$及立井
上提重载/($m \cdot s^{-2}$)	$\leqslant \alpha_{3z}$	$\leqslant \alpha_{3z}$	$\leqslant 5$
下放重载/($m \cdot s^{-2}$)	$\geqslant 0.75$	$\geqslant 0.3\alpha_{3z}$	$\geqslant 1.5$

注：自然减速度 $\alpha_{3z}=g(\sin\beta+f\cos\beta)$（$g$—重力加速度，m/s²；$\beta$—井巷倾角，(°)；$f$—绳端载荷的运行阻力系数，一般取 $f=0.010\sim0.015$）。

对于质量模数（提升系统的变位质量与实际最大静张力差之比）较小的提升机，上提重载时的安全制动减速度如超过上述规定的限值，可将安全制动时产生的最大制动力矩适当降低，但不得小于提升或下放最大静负荷力矩的 2 倍。

（4）对于摩擦式提升机，工作制动或安全制动产生的减速度不得超过钢丝绳的滑动极限，即不引起钢丝绳打滑。

（5）安全制动必须能自动、迅速和可靠地实现，其制动时间指的是空动时间（由安全保护回路断电时起至闸瓦刚接触到闸轮上的一段时间），对于油压块闸制动器，不得超过 0.6 s；对于盘式制动器，不得超过 0.3 s；对于压气块闸制动器，不得超过 0.5 s。

对于斜井提升，为了保证上提安全制动时不发生松绳而必须将上提时的空动时间加大时，上提的空动时间可不受上述限制。

二、盘式闸制动系统

（一）优点

盘式闸制动系统已成功地应用于 XKT 系列和 JK 系列、JK－A 系列、JKB 系列矿井提升机及多绳摩擦轮提升机上。盘式闸制动系统与块闸制动系统比较，其主要优点是：

（1）多副制动器（最少 2 副，多则 4、6、8 副等）同时工作，即使有一副失灵，也只影响部分制动力矩，故安全可靠性高。

（2）制动力矩的调节是用液压站的电液调压装置实现的，操纵方便，制动力矩的可调性好。

（3）惯性小，动作快，灵敏度高。

（4）体积小，质量小，结构紧凑，外形尺寸小。

（5）安装和维护使用较方便。

（6）通用性好，且便于实现矿井提升自动化。

（二）缺点

（1）对制动盘和盘式制动器的制造精度要求较高。

（2）对闸瓦的性能要求较高。

组成盘式制动系统的盘式制动器和液压站，前者是制动系统的执行机构，后者是系统的控制装置。

（三）盘式制动器的结构及工作原理

盘式制动器（简称盘式闸）与块闸不同，它的制动力矩是靠闸瓦从轴向两侧压向制动盘（提升机滚筒两外侧挡绳板的外侧各焊接一个使盘式闸作用的制动盘）产生的。为了使制动盘不产生附加变形，主轴不承受附加轴向力，盘式闸都是成对使用，每一对叫作一副盘式制动器。根据制动力矩的不同，每一台提升机上可以同时布置两副、四副或多副盘式制动器。各副盘式制动器都是用螺栓安装在支座上的。盘式制动器在制动盘上的配置如图 4－21 所示。

盘式制动器的结构如图 4－22 所示。盘式制动器的工作原理是靠油压松闸、靠盘形弹簧力制动，当油缸内油压降低时，盘形弹簧恢复其松闸状态时的压缩变形，靠弹簧力推动筒体、闸瓦，带动活塞移动，使闸瓦压向制动盘产生制动力，达到对提升机施加制动的目的。

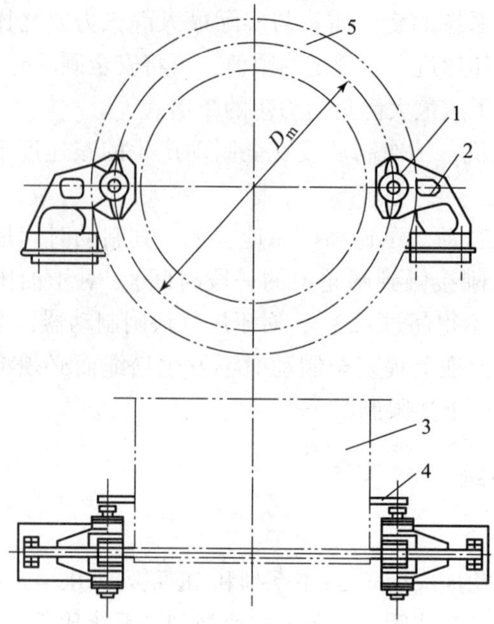

图 4-21　盘式制动器在制动盘上配置示意图

1—盘式制动器；2—支座；3—滚筒；4—挡绳板；5—制动盘

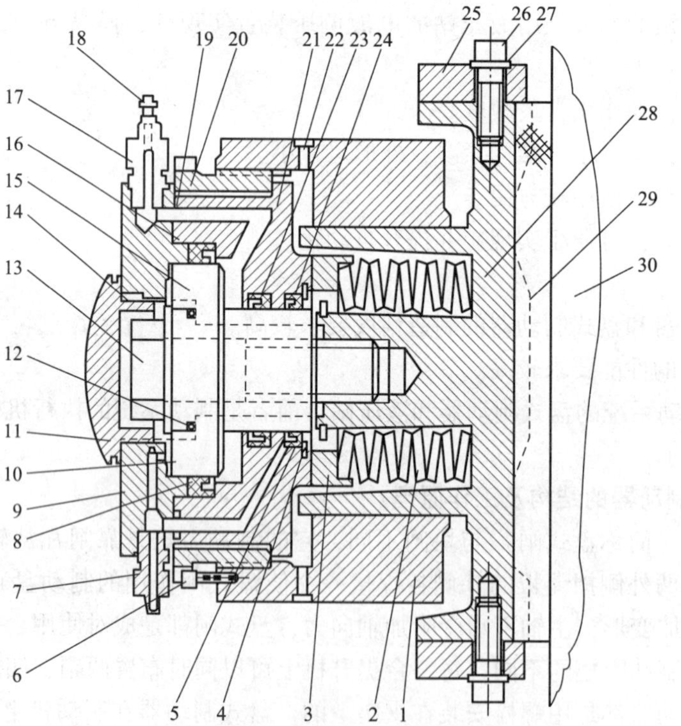

图 4-22　盘式制动器的结构

1—制动器体；2—盘形弹簧；3—弹簧垫；4—卡圈；5，27—挡圈；6—锁紧螺栓；7—泄油管；
8，12，13，23，24—密封圈；9—油缸盖；10—活塞；11—后盖；14—连接螺栓；15—活塞内套；
16，17，19—进油接头；18—放气螺栓；20—调节螺母；21—油缸；
22—螺孔；25—挡板；26—压板螺栓；28—带衬板的筒体；29—闸瓦；30—制动盘

三、液压站

液压站与盘形制动器相配合构成了磐石闸制动系统。TY－D 型适用于多绳摩擦式提升机和单绳缠绕式单滚筒提升机；TY－S 型适用于单绳缠绕式双滚筒提升机，如图 4－23 所示。TY－D/S 型液压站是由在系统上互相独立的工作制动部分与安全制动部分组成的。

液压站的作用：

（1）在工作制动时，产生不同的工作油压，以控制盘式制动器获得不同的制动力矩。

（2）在安全制动时，能迅速回油，实现二级安全制动。

（3）产生压力油控制双滚筒提升机活滚筒的调绳装置，以便在更换水平或钢丝绳伸长时调节钢丝绳长度。

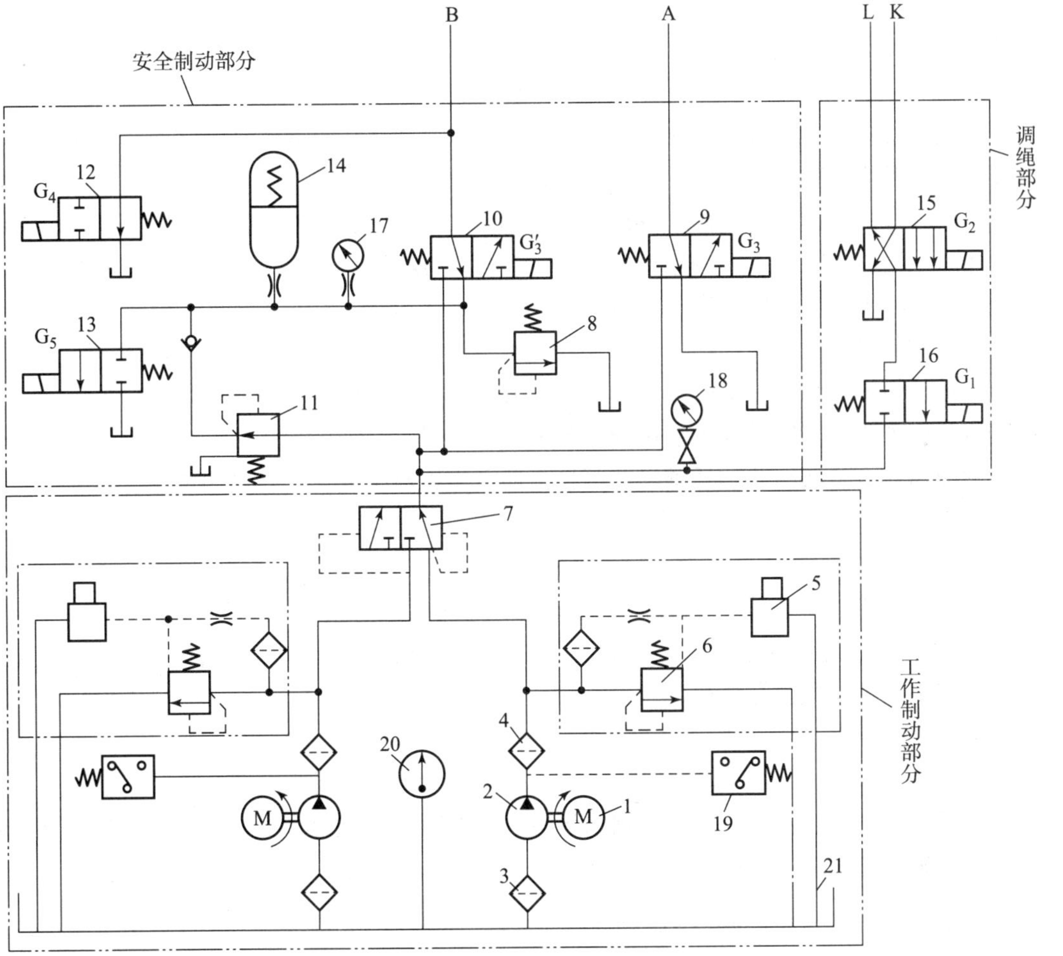

图 4－23　TY－S 型液压站原理

1—电动机；2—叶片泵；3—网式滤油器；4—纸质滤油器；5—电液调压装置；6，8—溢流阀；7—滑动换向阀；9，10—安全制动阀；11—减压阀；12—电磁阀（断电阀）；13—电磁阀（有通电）；14—弹簧蓄能器；15—二位四通阀；16—二位二通阀；17，18—压力表；19—压力继电器；20—电接触压力温度计；21—油箱

（一）工作制动力矩的调节原理

液压站的压力调节，是依靠电液调压装置与溢流阀组件配合实现的。

溢流阀有定压和调压的作用。

（二）调绳离合器的控制

在双滚筒提升机液压站中，有二位四通阀 15、二位二通阀 16 两个元件，其作用为控制离合器“打开”或者“合上”。

第五节　钢丝绳

提升钢丝绳是矿井提升设备的一个重要组成部分，它直接关系到矿井正常生产、人员生命安全及经济运转，因此应给予特别重视。

一、矿用钢丝绳的结构

提升钢丝绳是由一定数量的钢丝（直径为 0.4 ~ 4 mm）捻成股，再由若干个股围绕绳芯捻成绳。

矿用钢丝绳的钢丝为优质碳素结构钢，直径小于 0.4 mm 的钢丝易于磨损和腐蚀，直径超过 4 mm 的钢丝在生产中难以保证理想的抗拉强度和疲劳性能。

钢丝的公称抗拉强度有五级：1 400 MPa、1 550 MPa、1 700 MPa、1 850 MPa 及2 000 MPa。在承受相同终端载荷的情况下，抗拉强度大的钢丝绳，其绳径可以选小一些，但是抗拉强度过高的钢丝绳弯曲疲劳性能差。通常矿井提升用钢丝绳选用 1 550 MPa 及 1 700 MPa 为宜。

为了增加钢丝绳的抗腐蚀能力，钢丝表面可以镀锌加以保护。

钢丝韧性可分为特号、Ⅰ号及Ⅱ号。专为升降人员用的以及为升降人员和物料用的，不得低于特号；专为升降物料和平衡用的，不得低于Ⅰ号。

钢丝绳绳芯有金属绳芯和纤维绳芯两种，前者由钢丝组成，后者可用剑麻、黄麻或有机纤维制成。

绳芯的作用如下：

（1）支持绳股，减少股间钢丝的接触应力，从而减少钢丝的挤压和变形。

（2）钢丝绳弯曲时，允许股间或钢丝间的相对移动，借以缓和其弯曲应力，并且起弹性垫层作用，使钢丝绳富有弹性。

（3）储存润滑油，防止绳内钢丝锈蚀。

钢丝绳的参数主要包括钢丝绳股的数目、捻向、捻距以及绳股内钢丝数目、直径大小及排列方式等参数。这些参数会直接影响钢丝绳的性能和使用寿命，了解各参数对钢丝绳性能的影响对正确、合理地选择钢丝绳是有益的。

二、钢丝绳的分类、特性及应用

（一）点接触、线接触及面接触钢丝绳

各层钢丝之间有点、线、面三种接触方式，故分为点、线、面接触钢丝绳。

（1）点接触钢丝绳的股内各层钢丝捻成等捻角（不等捻距），所以各层钢丝间呈点接触，这样当钢丝绳受到拉伸载荷时，绳内各层钢丝的受力在理论上相等。钢丝绳结构与钢丝绳捻法如图 4－24 所示。

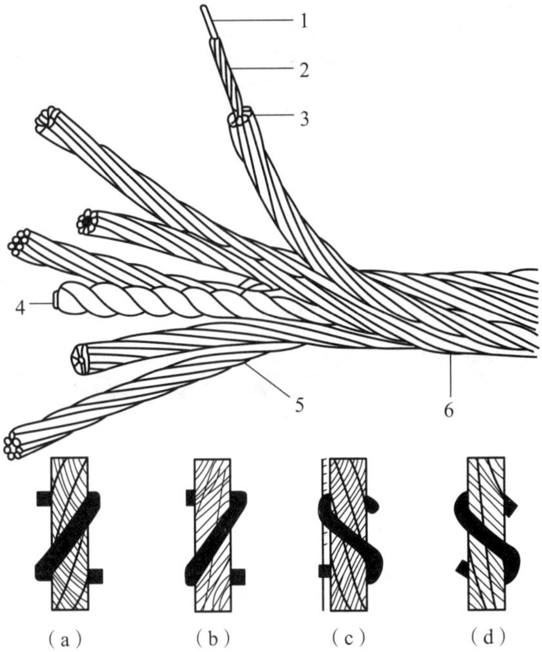

图 4-24　钢丝绳结构与钢丝绳捻法

(a) 交互右捻；(b) 同向右捻；(c) 交互左捻；(d) 同向左捻
1—股芯；2—内层钢丝；3—外层钢丝；4—绳芯；
5—绳股；6—钢丝绳

矿井常用的 6×19、6×37 钢丝绳就属于点接触钢丝绳。这种钢丝绳的缺点是当受拉伸，尤其是受弯曲时，由于钢丝间的点接触处应力集中而产生严重压痕，往往由此而导致钢丝疲劳断裂而早期损坏。

(2) 线接触钢丝绳的股内各层钢丝是等捻距编捻，从而使股内各层钢丝互相平行而呈线接触。

线接触钢丝绳在承受拉伸载荷时，内层钢丝虽会承受较外层钢丝稍大的应力，但它避免了点接触的应力集中和钢丝挤压凹陷变形，消除了钢丝在接触点处的二次弯曲现象，减少了钢丝绳摩擦阻力，使钢丝绳在弯曲上有较大的自由度，抗疲劳性能显著增加。因此，线接触钢丝绳的寿命高于点接触钢丝绳。

绳 6×7、西鲁型绳 6X（19）、瓦林吞型绳 6W（19）、填充型绳 6T（25）都属于线接触钢丝绳，如图 4-25 所示。

线接触钢丝绳往往采用经过选配的不同直径的钢丝捻成，以使股内各层钢丝相互贴紧而呈线接触。

西鲁型绳是股内最外两层钢丝数目相等而直径不等的钢丝绳，其外粗内细，每根外层钢丝紧贴在下层钢丝的沟槽内。

瓦林吞型绳股外层钢丝是由粗细不同的两种直径钢丝交替捻制而成的。

填充型钢丝绳是股的外层钢丝嵌在一根细的填充钢丝和一根粗钢丝之间的沟槽中，因而外层钢丝数目为填充钢丝的两倍。

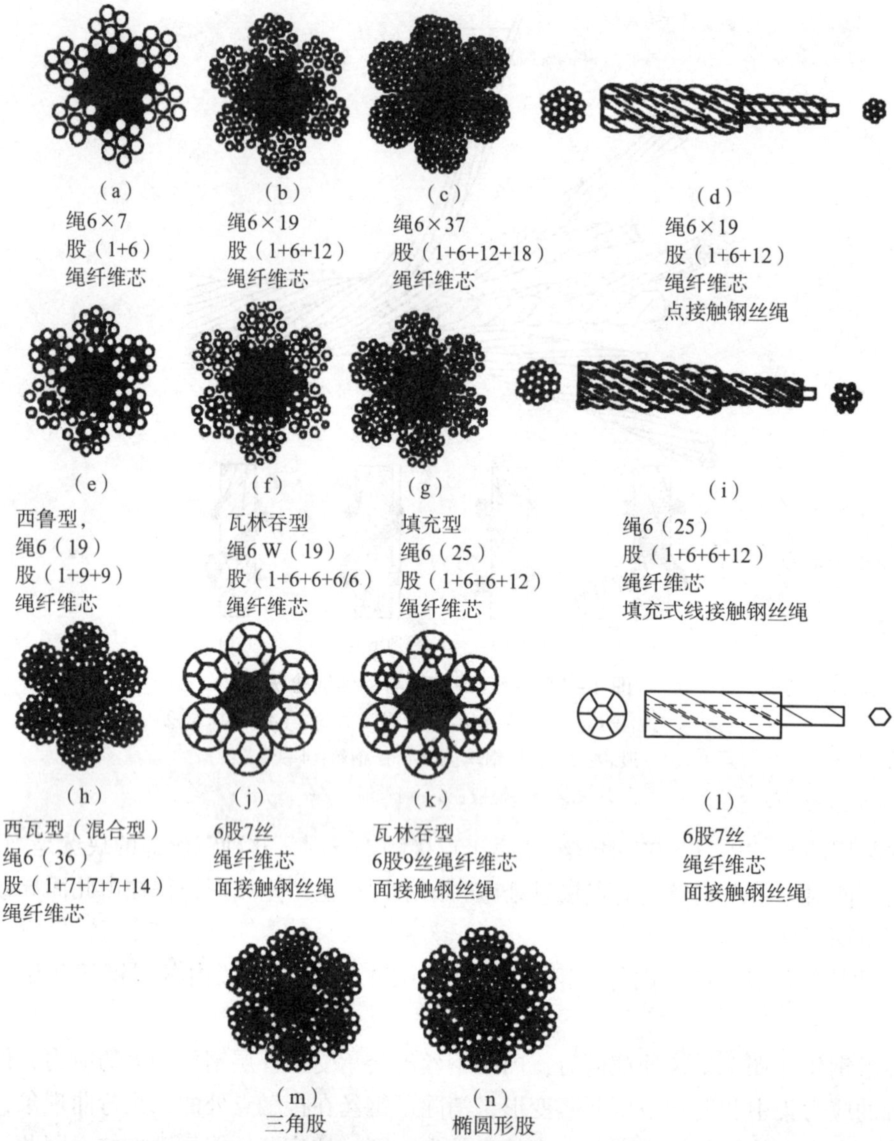

图 4－25　常用的钢丝绳断面

(3) 面接触钢丝绳是由线接触钢丝绳发展而来的。它是将线接触钢丝绳股进行特殊碾压加工，使钢丝产生塑性变形而最后捻制成绳，股内各层钢丝呈面接触，如图 4－25 所示。

所有线接触钢丝绳均可加工成面接触钢丝绳。

面接触钢丝绳的特点：结构紧密，表面光滑，与绳槽的接触面积大，耐磨，抗挤压性能好；股内钢丝接触应力极小，从疲劳观点看，钢丝绳寿命较长；钢丝绳有效断面积大，抗拉强度高；钢丝间相互紧贴，耐腐蚀能力强；钢丝绳伸长变形较小，挠性较差，所以应采用放大的卷筒直径。

（二）左捻、右捻、同向捻及交互捻钢丝绳

钢丝绳绳股的捻向有左捻和右捻两种，分别称为左捻钢丝绳和右捻钢丝绳。

由于绳股呈螺旋线，钢丝绳受到拉伸载荷时，便会沿松捻方向转动，因此，在选择钢丝绳结构时应注意其对捻向的要求。一般选用捻向的原则：与钢丝绳在卷筒上缠绕时的螺旋线方向一致，这样绳在缠绕时就不会松动。

目前国产提升机在单层缠绕时，钢丝绳在卷筒上均做右螺旋缠绕，故钢丝绳也应选右捻钢丝绳，但双卷筒提升机做多层缠绕时，为避免两根钢丝绳在某一瞬间集中在主轴中部而影响主轴强度，死卷筒上的钢丝绳可以从左侧法兰盘出绳，此时应选左捻钢丝绳。

对于立井多绳摩擦提升，为消除钢丝绳对提升容器的扭力（扭力大的会增加罐耳与罐道的磨损），可采用规格相同、左右捻各半数的钢丝绳。

绳股中钢丝的捻向与绳中股的捻向相同者称同向捻（顺捻）钢丝绳，反之称交互捻（逆捻）钢丝绳。

同向捻钢丝绳柔软，表面光滑，接触面积大，弯曲应力小，使用寿命长，绳有断丝时，断丝头部会翘起，便于发现，故矿井常用同向捻钢丝绳。但同向捻钢丝绳有较大的恢复力，稳定性较差，易打结，因此不允许在无导向装置的情况下使用这种绳。

（三）圆形股和异形股钢丝绳

前面讲过的几种钢丝绳的绳股均为圆形，称为圆形股钢丝绳。圆形股钢丝绳易于制造、价格低，是最常用的一种钢丝绳。

异形股钢丝绳有三角股和椭圆股两种。

三角股钢丝绳的绳股断面近似呈三角形。

三角股钢丝绳的特点：

（1）强度大。三角股钢丝绳较相同直径的圆形股钢丝绳有较大的金属断面，其强度比普通圆股绳提高7%～15%，承压面积大，可减小钢丝绳与绳槽间的比压，从面显著地提高了绳槽衬垫的寿命；接触表面大，使钢丝绳外层钢丝磨损均匀。

（2）绳外层钢丝较粗，抗磨损性能好。

（3）表面钢丝的排列方式也增加了三角股钢丝绳的抗挤压能力，尤其是当钢丝绳在卷筒上多层缠绕相互跨越时稳定性较好。

三角股钢丝绳韧性好，使用寿命为圆股钢丝绳的2～3倍。

椭圆股钢丝绳股断面呈椭圆形，因而也具有较大的支承面积和抗磨损性能，但是稳定性较圆股或三角股要稍差些，不适于承受过大的挤压应力。

椭圆股钢丝绳大多是与圆形或三角形绳股一起制成多层股不旋转钢丝绳。

（四）不旋转钢丝绳

这种钢丝绳具有两层或三层绳股，且各层股捻向相反，当绳端承受负荷时，旋转性很小，故通常称为不旋转钢丝绳。

其主要用作摩擦提升设备的尾绳和凿井提升钢丝绳。

（五）密封钢丝绳

密封钢丝绳属于单股结构，绳的外层是用特殊形状的钢丝捻制而成的。它具有金属断面系数最大、表面平滑、耐磨性高、几乎不旋转、残余伸长小、表面致密、耐腐蚀等优点，但存在挠性差、接头困难、制造复杂和价格高等缺点。

这种钢丝绳主要用作罐道绳。

（六）扁钢丝绳

它通常是用偶数根等捻距的四股钢丝绳作纬线于工编织而成的。为消除其扭转应力，将左、右捻四股钢丝绳成对间隔排列。其优点是柔性好、不旋转、运行平稳，故多作尾绳用。

因其制造复杂、生产率低、价格高，近年来已被圆形不旋转钢丝绳所代替。

（七）不松散钢丝绳

不松散钢丝绳在加工过程中采用了将钢丝或绳股预变形或捻后定型的工艺，结构致密，绳股密合地贴紧在绳芯上。

显著地改善了钢丝绳的性能和使用寿命。

新的钢丝绳标准规定：所有钢丝绳均需制成不松散的。

三、钢丝绳的选择

（1）在矿井淋水大、酸碱度高和作为出风井的井筒中，由于锈蚀严重而影响了钢丝绳的使用寿命，故选用镀锌钢丝绳比较适宜。

（2）在磨损严重的矿井中，选用线接触圆形股或异形股外粗式（即股的外层钢丝直径比内层粗）或面接触钢丝绳为宜。

（3）以疲劳断丝为钢丝绳损坏的主要原因时，可选用内、外层钢丝直径差值小的线接触或异形股钢丝绳，以利于机械性能的发挥和力的均匀分布。

（4）缠绕式提升装置宜采用同向捻的提升钢丝绳；斜井提升宜采用交互捻钢丝绳；多绳摩擦提升主绳应采用对称左、右交互捻的钢丝绳，且数目应相等；斜井串车提升时，宜采用交互捻钢丝绳。

（5）平衡尾绳宜采用扁尾绳，如采用圆尾绳，应选用交互捻且应力较低的钢丝绳，并要求与提升容器连接处采用旋转器。

（6）绳罐道和凿井提升钢丝绳应选用不旋转钢丝绳。

（7）用于温度很高或有明火的矸石山等处的提升用绳，可选用带金属绳芯的钢丝绳。

四、钢丝绳的使用、维护及试验

应正确地使用与维护钢丝绳，以便延长其使用寿命，这既有一定的经济意义，又对提升设备安全可靠的运转有很重要的作用。选用钢丝绳，为控制其弯曲疲劳强度，一定要满足《煤矿安全规程》中规定的滚筒直径与钢丝绳直径的比值要求。绳槽直径必须合理，过小会引起钢丝绳过度挤压而使提断断丝过大，会使绳槽支持面积减小，导致绳与槽加重磨损。

第六节　提升机

一、矿用提升机的分类

提升机是矿井提升设备的主要组成部分，目前我国生产及使用的矿用提升机按其滚筒的构造特点可分为三大类：单绳缠绕式、多绳摩擦式及内装式提升机。

单绳缠绕式提升机在我国矿井提升机中占有很大的比例，目前在竖井、斜井、浅井中小型矿井及凿井中均大量使用。其工作原理是把钢丝绳的一端固定并缠绕在提升机滚筒上，另一端绕过井架上的天轮悬挂提升容器，利用滚筒转动方向的不同，将钢丝绳缠上或放下，完成提升或下放重物的任务。

内装式提升机是近年来研制成功的一种新型提升机。从提升机的工作原理来看，它亦属于摩擦提升范畴，但它实现了“内装”。所谓内装，就是将拖动电动机直接装在摩擦轮内部，使电动机转子与摩擦轮成为一体。内装式提升机摩擦轮的外观与一般的摩擦式提升机毫无区别，但它却把由电动机、减速器和摩擦轮组成的常规结构发展成为省去减速器，而使摩擦轮代替电动机的转子、主轴代替电动机定子的高度机电合一的结构。同时，为了使内部电动机冷却，主轴可以做成空心轴作为冷却风道，这样既减少了设备结构质量，又减少了提升系统的转动惯量。世界上第一台内装式提升机于1988年在德国豪斯阿登矿投入运行，我国的开滦矿业集团东欢坨煤矿也于1992年引进了1台内装式提升机，迄今设备使用良好。

内装式提升机是提升机的机械与电气完美结合，由于其体积小、质量轻、基础设施简单、设备造价低、运行费用低，且与传统的提升机相比，其各项技术、经济指标都显示出了很高的优越性，故引起了国内外极大的关注。内装式提升机是提升机领域里的一个新的里程碑，它不但对提升机制造业产生了巨大影响，还对矿井提升机的使用、维修引起变革，迫使人们用全新的概念去评价提升机的性能。内装式提升机的研制，在我国尚属空白，应给予足够重视，以促进国内提升机的发展。

二、单绳缠绕式提升机的类型结构

过去，我国生产的单绳缠绕式提升机一直是仿苏联20世纪30年代的老产品（如KJ型等）。20世纪70年代初，我国自行设计和制造了新产品XKT型矿用提升机；近年来，又制造出了具有先进水平的JK2－5型提升机及GKT1.2－2改进型提升机和新系列JK－A、JK－B型提升机。

国产单绳缠绕式提升机均是等直径的，按滚筒数目又可分为单滚筒和双滚筒两种。

（一）矿井提升机的结构

矿井提升机适用于矿山竖井和斜井提升。KJ型矿井提升机虽已停止生产，但我国许多老矿井仍在使用。图4－26所示为KJ型双滚筒提升机。

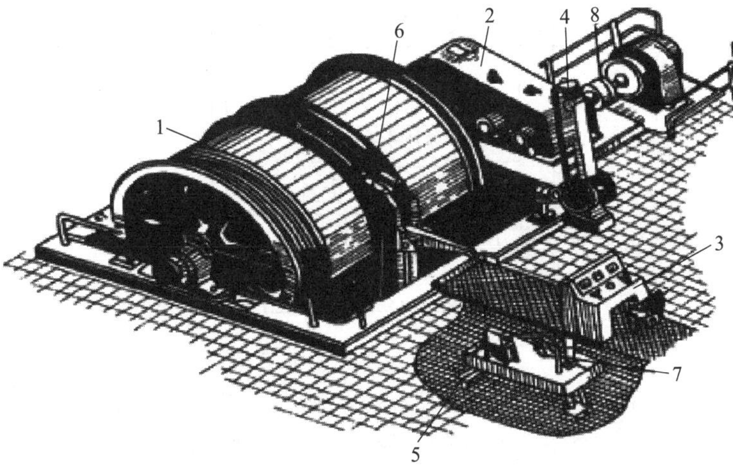

图4－26 KJ型双滚筒提升机

1—主轴装置；2—减速器；3—操纵台；4—深度指示器；5 液压传动系统，
6—制动闸；7—制动缸；8—联轴器

KJ 型提升机的结构特点：

（1）滚筒直径为 2～3 m 的 KJ 型提升机（仿苏联 BM－2A 型），其制动系统为油压操纵。滚筒直径为 4～6 m 的 KJ 型提升机（仿苏联 HKM3 型），其制动系统为气压操纵。

（2）在双滚筒提升机上，前者采用手动蜗轮蜗杆式调绳离合装置，后者采用遥控式气压操纵的齿轮调绳离合装置。

（3）制动器形式，前者为角移式，后者为平移式。

（4）减速器改为渐开线人字齿轮，传动比前者为 30、20、11.5，后者为 20、11.5、10.5。

下面介绍 KJ 型双滚筒提升机的主要组成部件。

1. 主轴装置

提升机上用来固定滚筒的轴叫作主轴，主轴承受所有外部载荷。滚筒轮毂、离合器、联轴器等都用两个切向键固定在主轴上。

KJ 型矿井提升机上支承主轴用的轴承大多采用滑动轴承，它承载机械旋转部分的径向和轴向载荷。

如图 4－27 所示，KJ 型提升机的主轴承由轴承座 1、轴承盖 2 及上下轴瓦三部分组成。轴瓦的轴衬 3 是铸钢件，轴衬内浇铸巴氏合金衬层。在轴衬的接合处有瓦口垫 5，以便调整轴颈与巴氏合金衬层间的间隙，两半轴衬用精密的销钉连接。在轴承上面装有一个供油指示器 6，润滑系统将润滑油经过供油指示器压送到轴承中。轴承上部有两个回油孔 7、8，润滑轴承后的油经此孔沿回油管流入减速器油箱中。

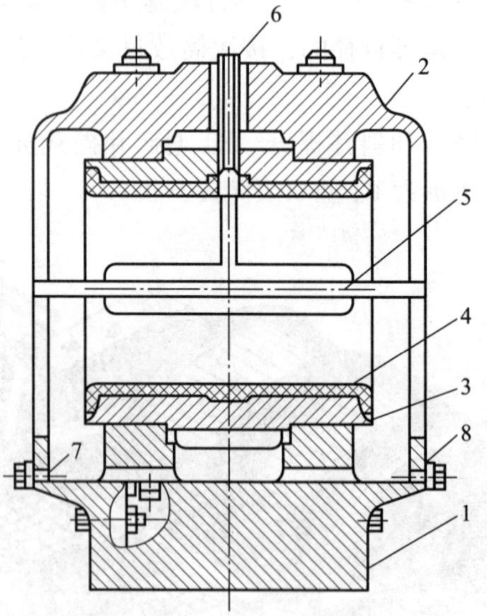

图 4－27　主轴承剖视图

1—轴承座；2—轴承盖；3—轴衬；4—衬层；
5—瓦口垫；6—供油指示器；7，8—回油孔

KJ 型 2～3 m 系列双滚筒提升机的主轴装置如图 4－28 所示，其上有两个滚筒，左侧为固定滚筒（死滚筒），右侧为游动滚筒（活滚筒），滚筒由内、外两侧的圆形铸铁支轮（法兰盘）与筒壳组成。固定滚筒的支轮轮毂 1 用切向键固定在主轴上，内侧的支轮上带有制动

轮4，筒壳7由两块厚度为10～20 mm的钢板组成，用螺栓固定在支轮上。游动滚筒的支轮通过一个铜套套装在主轴上，并用油杯5润滑其摩擦表面。整个滚筒通过蜗轮蜗杆离合器由主轴来带动，蜗轮则用切向键固定在主轴上。钢丝绳的固定端伸入筒壳内，用专门的绳卡固定在轮辐2上。

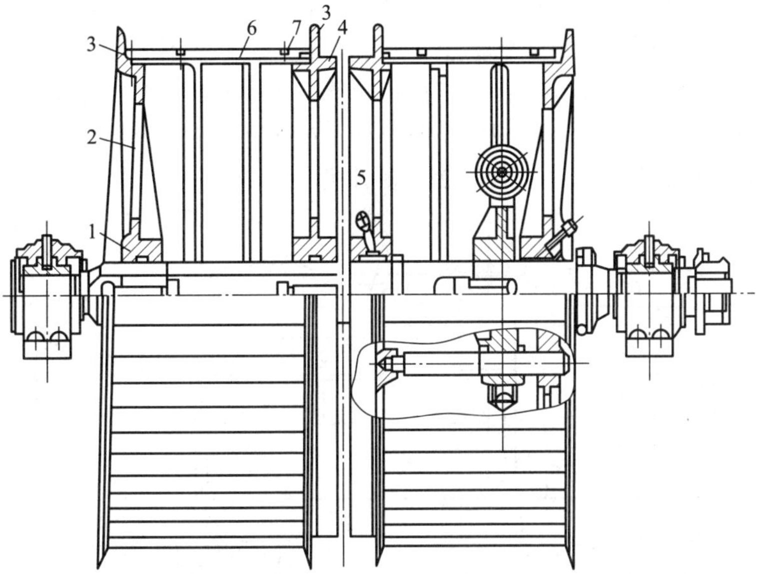

图4－28　KJ型2～3 m系列双滚筒提升机主轴装置

1—轮毂；2—轮辐；3—轮缘；4—制动轮；5—油杯；6—木衬；7—筒壳

2. 手动蜗轮蜗杆离合器

为了使双滚筒提升机的游动滚筒在调绳时能够离开或合上，KJ型2～3 m系列双滚筒提升机设有手动蜗轮蜗杆离合器，如图4－29所示。切向固定在主轴上的蜗轮1，通过与其啮合的两个蜗杆2带动滚筒。蜗杆2套装在导轴3上，导轴3的一端用固定轴4固定在游动滚筒的轮辐上，另一端与螺杆螺母机构5、6相连。当转动手轮7时，借助螺杆螺母机构的伸长而将导轴3撑开（导轴绕固定轴4转动），使蜗轮与两个蜗杆脱开，则游动滚筒与主轴脱离。这样，当主轴旋转时，游动滚筒则停留在原处不动；反向转动手轮时，蜗轮与两个蜗杆相啮合，游动滚筒与主轴相连接，当主轴旋转时，游动滚筒即随之一同转动。

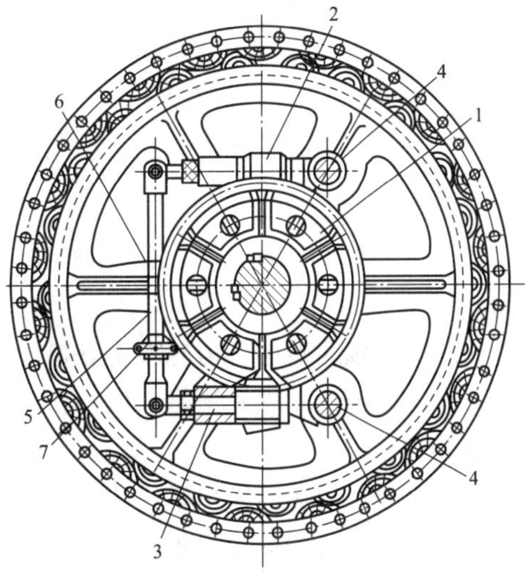

图4－29　手动蜗轮蜗杆离合器

1—蜗轮；2—蜗杆；3—导轴；4—固定轴；5，6—螺杆螺母机构；7—手轮

在蜗杆上钻有转动蜗杆用的孔，当蜗杆与蜗轮啮合时，如果蜗杆的齿顶住了蜗轮的齿，则必须松开蜗杆心轴上的压紧螺母，可用小铁棒插入蜗杆上的孔，以转动蜗杆，使蜗杆的齿对准蜗轮的齿槽，这样离合器便可以保证滚筒在任何位置都能使蜗杆和蜗轮相啮合，实现游

动滚筒与主轴的连接，达到准确调节绳长的目的。

为了使游动滚筒在脱离主轴后不致因钢丝绳拉力作用而转动，在游动滚筒的轮缘上钻有一些孔（俗称地锁孔），以便在调绳时用定车装置锁住滚筒或在修理制动装置时使用。

3. 减速器

KJ 型 2 ~ 3 m 系列提升机采用双级或单级减速器，其型号有三种：ZL－150、ZL－115、ZD－120。ZL－150 型和 ZL－115 型减速器（见图 4－30），其传动比有 20、30 两种，采用巴氏合金层滑动轴承。减速器由两级人字齿轮和整个铸铁机体、机盖组成，其中心距分别为 1 500 mm、1 150 mm。ZL－150 型减速器用于单、双滚筒 2.5 m 及双滚筒 3 m 矿井提升机，而 ZL－115 型减速器仅用于单、双滚筒 2 m 提升机。

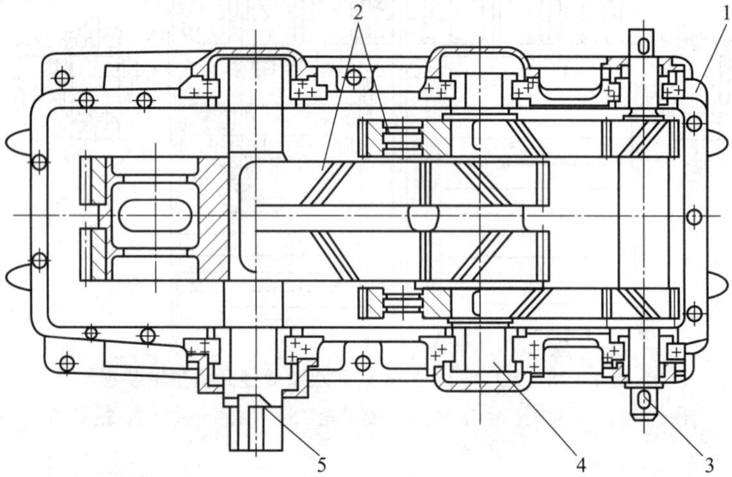

图 4－30　ZL－115 和 ZL－150 型减速器简图

1—铸铁外壳；2—齿轮；3—主动轴；4—中间轴；5—被动轴

ZD－120 型减速器为单级圆柱齿轮减速器，由两个小人字齿轮对、一个大人字齿轮对、铸铁机体和焊接结构机盖组成。两个小人字齿轮对同时传动一个大人字齿轮，传动比为 11.5，中心距为 1 200 mm，采用滚动轴承，该型减速器用于双滚筒 2.5 m 及双滚筒 3 m 矿井提升机。

这三种型号减速器的各齿轮对都在减速箱内，用稀油强制润滑，各齿轮对的小齿轮与轴体的大齿轮是由铸铁轮毂和锻钢齿圈热配合而成的，用键固定在轴上。

4. 联轴器

提升机主轴与减速器输出轴采用齿轮联轴器连接，如图 4－31 所示。

电动机轴与减速器的输入轴采用蛇形弹簧联轴器连接，如图 4－32 所示。

齿轮联轴器可以减轻由于两轴之间不同心造成的影响。其外齿轴套的齿制成球面形，齿厚由中部向两端逐渐削减，啮合中的齿侧间隙较大，可以自动调位。联轴器内灌有润滑油，用皮碗 7、8 密封，以防止油漏出；联轴器上有一个注油孔，平时用油堵 9 塞住。这种联轴器能补偿两轴间的安装误差和轴向跳动，但不能缓和扭矩突变时的冲击。蛇形弹簧联轴器的轮齿侧面为圆弧形，在齿间嵌有几段曲折的、能承受弯曲的带状蛇形弹簧，利用此种弹簧可将扭矩由电动机传递到减速器轴上。由蛇形弹簧的作用，减轻了在启动、减速和制动过程中齿轮的冲击和振动。联轴器用钙基润滑脂润滑，每 6 个月换一次油，每月应检查两次。

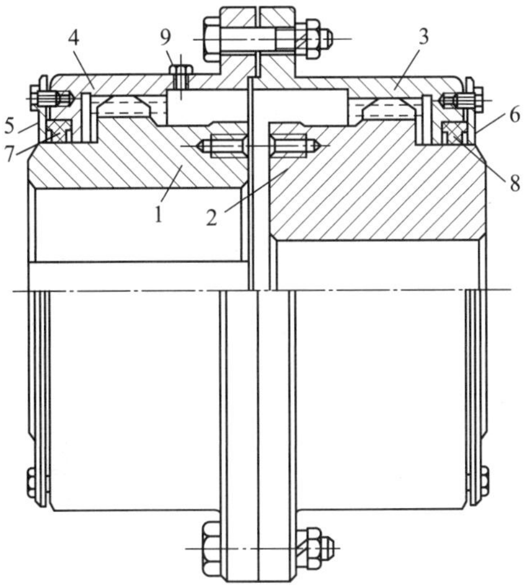

图 4-31　齿轮联轴器

1，2—外齿轮轴套；3，4—内齿圈；5，6—端盖；7，8—皮碗；9—油堵

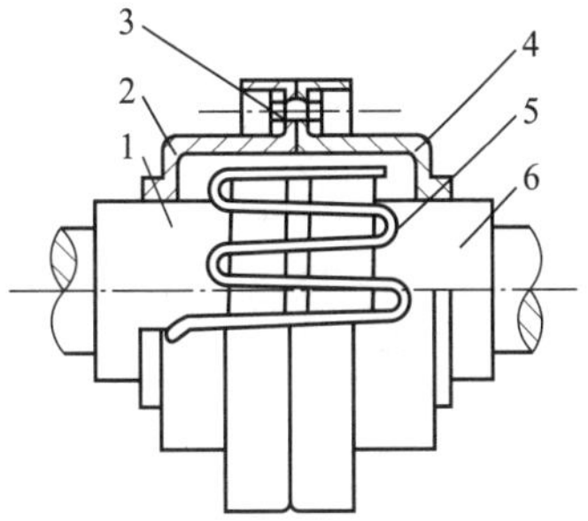

图 4-32　蛇形弹簧联轴器

1，6—两半联轴器；2，4—罩；3—螺栓；5—弹簧

（二）JK 型矿井提升机的结构

JK 型矿井提升机为我国 20 世纪 70—80 年代初生产和使用的新型提升机的系列产品，其基本参数规格见表 4-7。JK 型 2～5 m 系列矿井提升机的总体结构如图 4-33 所示，它有以下特点：

（1）采用了新结构，如盘式闸及液压站，这样不仅缩小了提升机的体积和质量，同时使制动工作更加安全可靠；

（2）采用了油压齿轮离合器，结构简单，使用可靠，调绳速度快，尤其适用于多水平提升的情况；

（3）通过合理的设计和改进，与 KJ 型提升机相比，提升能力提高了 25%，质量平均减轻了 25%。

1. 主轴装置

主轴装置包括滚筒、主轴、主轴承，在双滚筒提升机中还有调绳离合器。

如图 4-33 所示，主轴的右端为死滚筒，死滚筒的右轮毂用切向键固定在主轴上，左轮毂滑装在主轴上，其上装有润滑油杯，应定期向油杯内注入润滑油，以避免轮毂与主轴表面的过度磨损。

活滚筒的右轮毂经铜套或尼龙套滑装在主轴上，另装有专用润滑油杯，以保证润滑。轴套的作用是保护主轴和轮毂，防止调绳时轮毂与主轴产生磨损。左轮毂用切向键固定在主轴上并经调绳离合器与滚筒连接。

滚筒除其轮毂是铸钢件外，其他均为由 16Mn 钢板焊成的焊接结构；轮辐由圆盘钢板制成，且开有若干个孔，并用螺栓固定在轮毂上。

表 4－7　JK 型 2－2～5 m 系列矿井提升机的技术参数

<table>
<tr><th rowspan="2">型号</th><th colspan="3">滚筒</th><th rowspan="2">钢丝绳最大静张力</th><th rowspan="2">钢丝绳最大静张力差</th><th rowspan="2">钢丝绳最大直径</th><th rowspan="2">钢丝绳内钢丝破断力总和</th><th colspan="4">最大提升高度或拖运长度</th><th rowspan="2">钢丝绳最大速度</th></tr>
<tr><th>数量</th><th>直径</th><th>宽度</th><th>一层</th><th>二层</th><th>三层</th><th>四层</th></tr>
<tr><th></th><th>个</th><th colspan="2">mm</th><th colspan="2">N</th><th>mm</th><th>kN</th><th colspan="4">m</th><th>m/s</th></tr>
<tr><td>JK2－2/11.5</td><td rowspan="3">2</td><td rowspan="3">2 000</td><td rowspan="3">1 000</td><td rowspan="3">60 000</td><td rowspan="3">40 000</td><td rowspan="3">26</td><td rowspan="3">439.5</td><td rowspan="3">159</td><td rowspan="3">346</td><td rowspan="3">565</td><td rowspan="3">790</td><td>6.55</td></tr>
<tr><td>JK2－2/20</td><td>5/3.7</td></tr>
<tr><td>JK2－2/30</td><td>3.3/2.5</td></tr>
<tr><td>JK2/11.5</td><td rowspan="3">1</td><td rowspan="3">2 000</td><td rowspan="3">1 500</td><td rowspan="3">60 000</td><td rowspan="3">60 000
40 000</td><td rowspan="3">26</td><td rowspan="3">439.5</td><td rowspan="3">278</td><td rowspan="3">597</td><td rowspan="3">898</td><td rowspan="6"></td><td>6.55</td></tr>
<tr><td>JK2－2/20</td><td>5 /3.7</td></tr>
<tr><td>JK2－2/30</td><td>3.3/2.5</td></tr>
<tr><td>JK2－2.5/11.5</td><td rowspan="3">2</td><td rowspan="3">2 500</td><td rowspan="3">1 200</td><td rowspan="3">90 000</td><td rowspan="3">90 000
55 000</td><td rowspan="6">31</td><td rowspan="3">608.5</td><td rowspan="3">213</td><td rowspan="3">456</td><td rowspan="3">939</td><td>8.2/6.6</td></tr>
<tr><td>JK2－2.5/20</td><td>4.7/3.8</td></tr>
<tr><td>JK2－2.5/30</td><td>3.14/2.5</td></tr>
<tr><td>JK2－2.5/11.5</td><td rowspan="3">1</td><td rowspan="3">2 500</td><td rowspan="3">2 000</td><td rowspan="3">90 000</td><td rowspan="3">90 000
55 000</td><td rowspan="3">608.5</td><td rowspan="3">411</td><td rowspan="3">890</td><td rowspan="3">1 335</td><td rowspan="3"></td><td>8.2/6.6</td></tr>
<tr><td>JK2－2.5/20</td><td>4.7/3.8</td></tr>
<tr><td>JK2－2.5/30</td><td>3.14/2.5</td></tr>
</table>

续表

型号	滚筒			钢丝绳最大静张力	钢丝绳最大静张力差	钢丝绳最大直径	钢丝绳内钢丝破断力总和	最大提升高度或拖运长度				钢丝绳最大速度
	数量	直径	宽度					一层	二层	三层	四层	
	个	mm		N		mm	kN	m				m/s
JK2 - 3/11.5	2	3 000	1 500	130 000	80 000	37	876	283	598	910		10/6/6.6
2JK - 3/20												5.6/4.5
2JK - 3/30												3.7/3
2JK - 3.5/11.5	2	3 500	1 700	170 000	115 000	43	1 185	330	670			11.4/9.25
2JK - 3.5/15.5												8.5/6.85
2JK - 3.5/20												6.6/5.3
2JK - 4/10.5	2	4 000	1 800	180 000	125 000	47.5	1 430	351	753			11.95/9.6
2JK - 4/11.5												10.5/3.7
2JK - 4/20												6.1/5.1
2JK - 5/10.5	2	5 000	2 300	230 000	160 000	52	1 705	565				11.95
2JK - 5/11.5												10.95

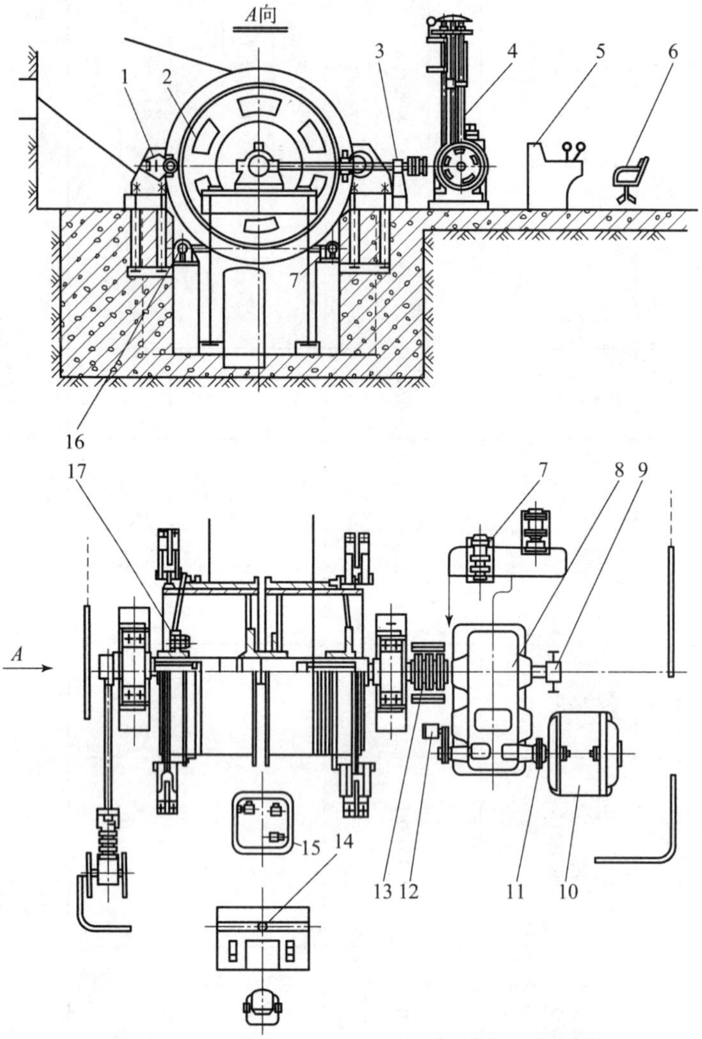

图 4-33　JK 型 2~5 m 矿井提升机示意图（双筒）

1—制动器；2—主轴装置；3—牌坊式深度指示器传动装置；4—牌坊式深度指示器；5—斜面操作台；6—操作员座椅；7—润滑油站；8—减速器；9—圆盘式深度指示器传动装置；10—电动机；11—蛇形弹簧联轴器；12—测速发电机装置；13—齿轮联轴器；14—圆盘式深度指示器；15—液压站；16—锁紧器；17—齿轮离合器

筒壳是用两块 10~20 mm 厚的钢板焊成的，为了减少钢丝绳在筒壳上缠绕时的磨损及相互挤压，并增加筒壳的刚性，在筒壳表面敷以木衬。木衬采用强度高而韧性大的柞木、水曲柳或榆木等制成宽 150~200 mm、厚度不小于钢丝绳直径 2 倍的木条，两端用螺钉与筒壳固定，螺钉应埋入木衬 1/3 厚度处。木衬上按钢丝绳的缠绕方向刻有螺旋槽，以引导钢丝绳依次均匀地按顺序缠绕在筒壳表面。钢丝绳的固定端伸入筒壳下面，用绳卡固定在轮辐上。

提升机主轴承受所有外部载荷，并将此载荷经主轴传给地基的主要承力部件。主轴用极限强度为 500~600 MPa 的优质钢锻造，然后将其表面加工光滑，并对摩擦表面进行研磨。主轴承是用滑动轴承支承主轴，并承受机器旋转部分的轴向及径向负荷。

2. 调绳离合器

1）齿轮离合器的结构

JK 型双滚筒提升机采用齿轮离合器，其用途是使活塞滚筒与主轴分离或连接，以便调节钢丝绳的长度；更换水平或调节钢丝绳长度时，使两个滚筒之间产生相对转动。

如图 4－34 所示，活滚筒筒壳的左轮辐固定有内齿轮，主轴通过切向键与轮毂连接，沿左轮毂圆周均布三个调绳油缸，调绳油缸相当于三个销子将轮毂与外齿轮连接在一起。外齿轮滑装在左轮毂上，调绳油缸的左端盖连同缸体一起用螺钉固定在外齿轮上。活塞通过活塞杆和右端盖一起固定在轮毂上。内、外齿轮啮合时，即为离合器的合上状态。当压力油进入油缸左腔而右腔接回油池时，活塞不动，缸体在压力油的作用下沿缸套带动外齿轮一同向左移动，使内、外齿轮脱离啮合，即使活滚筒与主轴脱开，以实现调绳或更换提升水平时，使活滚筒制动，死滚筒与活滚筒有相对运动，完成调绳或换水平任务。与此相反，当向油缸右腔供压力油而左腔接回油池时，外齿轮右移，离合器接合，活滚筒与主轴连接。

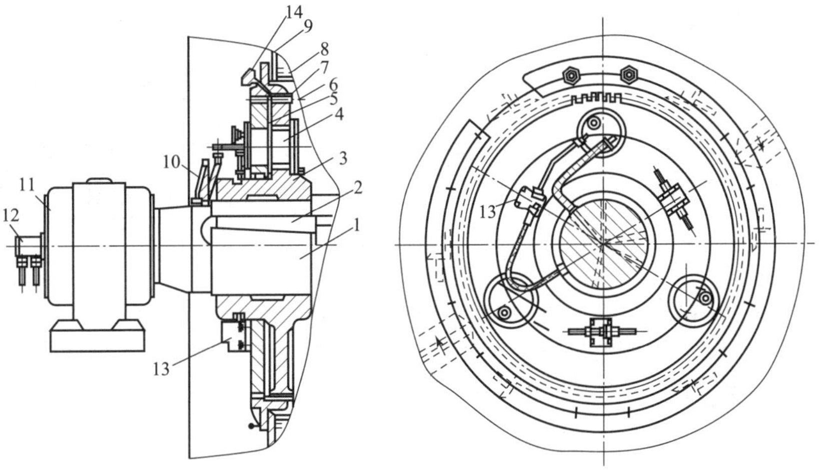

图 4－34 调绳离合器结构简图

1—主轴；2—键；3—轮毂；4—油缸；5—橡胶缓冲垫；6—外齿轮；7—尼龙瓦；8—内齿轮；9—滚筒轮辐；10—油管；11—轴承盖；12—密封头；13—联锁阀；14—油杯

调绳离合器在提升机正常运转时，左、右腔均无压力油，离合器处于合上状态。

安装在内齿轮上的尼龙瓦，当外齿轮左移、离合器打开时，在调绳或换水平的过程中，活滚筒的轮毂与尼龙瓦做相对运动，此时，尼龙瓦相当于一个滑动轴承，故专设油杯，以润滑尼龙瓦。

2）齿轮离合器的控制系统

齿轮离合器的控制系统如图 4－35 所示，图中 L 管与 K 管和液压站四通阀相连，可以参考下一章液压站的传动示意图。控制液压站的四通阀和五通阀可以使 K 管与 L 管分别接高压油与油池，当 K 管接高压油、L 管接油池时离合器打开；反之，离合器合上。

3）联锁阀的作用

联锁阀的阀体 4 在外齿轮 11 的侧面，阀中的活塞销 2 靠弹簧 5 使其牢牢地插在轮毂的凹槽中，这样可以防止提升机在运转中离合器的齿轮 11 自动跑出而造成事故。

3. 减速器及联轴器

JK 型提升机采用双级圆弧齿轮减速器，减速比为 10.5、11.5、15.5、20 和 30.2。

近年来开始采用行星齿轮减速器，这种减速器的优点是体积小、质量轻、速比范围大、传动效率高。

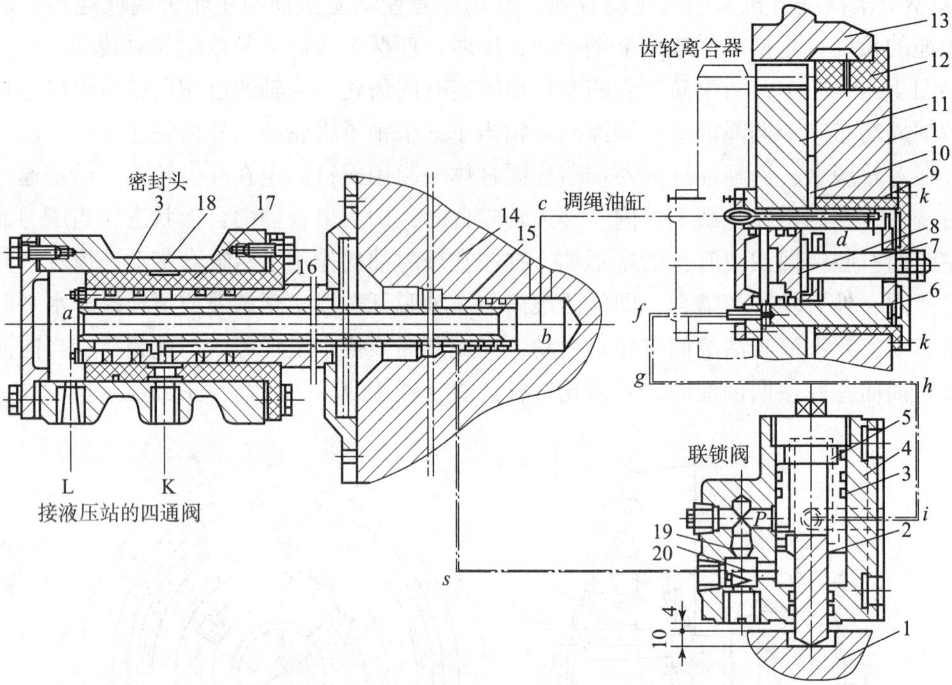

图 4-35　调绳离合器液压控制系统图

1—轮毂；2—活塞销；3—O 形密封圈；4—阀体；5—弹簧；6—缸体；7—活塞杆；8—活塞；9—缸套；10—橡胶缓冲垫；11—外齿轮；12—尼龙瓦；13—内齿轮；14—主轴；15—空心管；16—空心轴；17—轴套；18—密封体；19—钢球；20—弹簧

（三）JK 型矿井提升机的结构

1. 型号标记

如 JK 含义如下：

J—提升机；

K—矿用。

2. 主要结构特点

（1）主轴承采用双列向心球面滚子轴承。

（2）采用径向齿块式调绳离合器结构，如图 4-36 所示。

（3）滚筒有两半木衬式、整体木衬式和两半绳槽式滚筒三种，并增设了钢丝绳过渡块。

（4）滚筒与制动盘的连接有高强度摩擦连接和焊接两种方式。

（5）主减速器采用 X 型与 PBF 型行星减速器和 PTH 型平行轴齿轮减速器。

（6）采用了盘形制动器装置。

（7）采用了牌坊式深度指示器和多水平深度指示器。

（8）采用二级制动液压站。

（9）润滑站采用两套油泵，一套工作、一套备用。

3. 主要的结构特点

（1）采用两半木衬式滚筒。

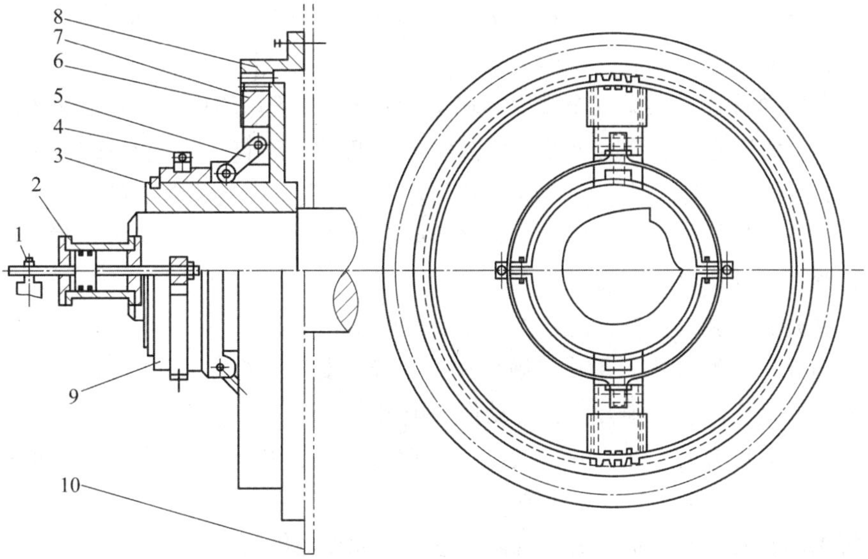

图 4-36 径向齿块式调绳离合器

1—联锁阀；2—油缸体；3—卡箍；4—拨动环；5—连板；6—盖板；7—齿块体；8—内齿圈；9—移动毂；10—制动盘

（2）主轴承采用双列向心球面滚子轴承。

（3）JKB-2/30 滚筒与主轴采用双摩擦面高强度螺栓摩擦连接，2JKB-2/20 采用精制配合螺栓及精制配合螺栓与普通螺栓各半的连接。

（4）主减速器采用三级圆锥—圆柱齿轮减速器。

（5）2JKB-2/20 提升机的调绳离合器采用轴向齿轮式离合器。

（6）采用盘形制动器装置。

（7）采用二级制动防爆液压站。

（8）采用防爆离心限速器。

（9）采用牌坊式深度指示器系统。

第七节 提升机的操作

提升机房是矿井的重要动力部位，内有提升机及其供电系统和操作系统。建立健全提升机房的各项安全管理制度，规范人员的操作行为，严格按章操作，杜绝“三违”，是消除人为因素导致提升系统事故的根本措施。

一、提升机房的安全管理制度

（一）提升机房的标准化内容

1. 设备性能

（1）零部件完整齐全、有铭牌（主机、电动机、磁力站），设备完好并有完好牌及责任牌。

（2）合理使用，运行经济。

（3）性能良好。

（4）钢丝绳有出厂合格证，试验交叉符合《煤矿安全规程》的要求。

2. 安全保护监测装置完善，动作灵敏可靠

（1）供电电源符合《煤矿安全规程》（第四百四十二条）的规定：主要通风机、提升人员的立井绞车、抽放瓦斯泵等主要设备房，应各有两条回路直接由变（配）电所馈出供电线路，且当受条件限制时，其中一回路可引自上述同种设备房的配电装置。

（2）高压开关柜的过流继电器、欠压释放继电器整定正确，动作灵敏可靠。

（3）脚踏开关动作灵敏可靠。

（4）过卷开关安装位置符合规定，动作灵敏可靠。

（5）松绳保护（缠绕式）动作灵敏可靠，并接入安全回路。

（6）换向器栅栏门有闭锁开关，且动作灵敏可靠。

（7）使用罐笼提升的立井，井口安全门与信号闭锁；井口阻车器与罐笼停止位置相连锁；摇台与信号闭锁；罐笼与罐笼闭锁。

（8）每副闸瓦必须有磨损开关，且调整适当、动作灵敏可靠。

（9）过速和限速保护装置符合《煤矿安全规程》的要求，并有接近井口不超过 2 m/s 的保护，且动作灵敏可靠。

（10）方向继电器动作灵敏可靠。

（11）制动系统要符合机电设备完好标准和《煤矿安全规程》的要求。斜井提升制动减速度若达不到要求，则采用二级制动。双滚筒绞车离合器闭锁可靠。

（12）三相电流继电器整定正确，动作灵敏可靠。

（13）灭弧系统继电器动作灵敏可靠。

（14）深度指示器指示准确，减速行程开关、警铃和过卷保护装置灵敏可靠，并具有深度指示器失效保护。

（15）限速凸轮板制动正确可靠，提升机按设计和规定的速度图运行。

（16）制动油有过、欠压保护，润滑油有超温保护。

（17）各种仪表指示正确灵敏，并定期校验。

（18）打点指示器指示正确，信号要有闭锁。

（19）信号声光俱全，动作正确，检修信号与事故信号应有区别。

（20）通信可靠，井口与车房应有直通电话。

（21）负力提升及升降人员的提升机应有电气制动，并能自动投入使用。盘形闸制动器提升机必须使用动力制动。

（22）安全回路应装设故障监测显示装置。

（23）地面高压电动机应有防雷保护装置。

3. 规章制度

（1）要害场所管理制度。

（2）岗位责任制。

（3）交接班制度。

（4）领导干部上岗制度。

（5）操作规程。

4. 图纸、记录和技术资料

（1）制动系统。

（2）电气原理图。

（3）巡回检查表。

（4）提升机总装备图和技术卡片。

5. 记录

（1）要害场所登记簿。

（2）运行日志及巡回检查记录。

（3）事故登记簿。

（4）定期检修记录。

（5）钢丝绳检查记录。

（6）干部上岗记录。

（7）保护装置检查试验记录。

6. 技术资料

（1）仪表试验、安全保护装置整定试验资料齐全。

（2）定期检修记录齐全。

（3）技术测定及主要部件探伤资料齐全。

（4）有完整的设计、安装资料和易损件图纸。

7. 机房设施

（1）房内整洁卫生、窗明几净，无杂物、油垢、积水和灰尘，禁止机房兼作他用。

（2）机房门口挂有“机房重地，闲人免进”字牌。

（3）机房内管线整齐。

（4）有工具且排放整齐。

（5）防护用具齐全（绝缘靴、手套、试电笔、接地线、停电牌），并做到定期试验合格。

（6）灭火器材齐全，放置整齐，数量充足（2 ~4 个灭火器，0.2 m^3 以上的灭火纱）。

（7）照明适度，光线充足。

（8）有适当的采暖降温设施（暖气、电扇或空调等）。

（9）带电及转动部分有保护栅栏和警示牌。接地系统完善，接地电阻符合规定。

（二）提升机房的安全保卫制度

（1）非工作人员不得入内。

（2）各种防范设施应齐全、完好。灭火器、砂箱和消火栓等按要求配置。

（3）提升机房门外应悬挂有“机房重地，闲人免进”字样的警告牌。

（4）提升机房内禁止存放易燃、易爆品。

（5）当班提升机操作员应掌握设备运行的基本情况，并按要求对其进行巡检，发现异常及时汇报值班领导。

（6）各种电气保护应灵敏可靠。

（7）提高警惕，加强“防火、防破坏、防盗”工作，保证提升设备的安全运行。

（8）提升机房内的变压器、电感等裸漏电气设备要设围栏，并且悬挂相应警示牌。

（9）如发生事故，应及时采取补救措施，并妥善保护事故现场，及时上报。

（10）提升机房内所有部位都要有充足的照明。

（三）提升机操作员的交接班制度

（1）接班人员要提前 10 min 到岗，在工作现场进行交接班。

（2）交接班时，必须按照巡回检查制度规定的项目认真进行检查。

（3）交接内容：

①交清当班运行情况，交代不清不接。

②交清设备故障和隐患，交代不清不接。

③交清应处理而未处理问题的原因，交代不清不接。

④交清工具和材料配件的情况，数量不符不接。

⑤交清设备和室内卫生打扫情况，不清洁不接。

⑥交清各种记录填写情况，填写不完整或未填写不接。

⑦交班不交给无合格证者或喝酒和精神不正常的人，非当班提升机操作员交代情况时不接。

（4）接班提升机操作员认为当班操作员未按规定交接时，有权拒绝交接班，并及时向上级汇报。

（5）在规定的时间内接班提升机操作员缺勤时，未经领导同意，交班提升机操作员不得擅自离岗。

（6）当班提升机操作员正在操作、提升机正在运行时，不得交与接班提升机操作员操作。

（7）在交接班工程中，如遇特殊情况可向单位值班领导汇报，请求解决，不得擅自离岗。

（8）交接工作经双方同意时，应在交接班记录簿上签字，方为有效。

（四）提升机操作员的巡回检查制度

（1）提升机操作员必须定时、定点、定内容、定要求地对提升机进行安全检查，掌握设备运行情况，记录运行的原始数据，及时发现设备运行中的隐患。

（2）每小时按提升机巡回检查图表巡检一次，辨别各仪表指示是否正确，观察液压制动系统、冷却系统的温度、压力、流量、液位、渗漏等情况，注意设备的声音、气味、振动，以及周围环境的温度、气味等有无异常。巡检后，及时填写运行日志。

（3）巡回检查要严格按照提升机巡回检查图表制定的线路图进行，不得出现遗漏。

巡查内容包括：

①电流、电压、油压、风压等各指示仪表的读数应符合规定。

②深度指示器指针位置和移动速度应正确。

③各运转部位的声响应正常。

④注意听信号并观察信号盘的信号变化。

⑤各种保护装置的声光显示应正常。

⑥注意单钩提升下放时钢丝绳跳动有无异常、上提时电流表有无异常摆动。

（4）巡回检查主要采用手摸、目视、耳听的方法。

（5）在巡回检查中发现的问题要及时处理。具体内容包括以下几个方面：

①提升机操作员能处理的，应立即处理；提升机操作员不能处理的，应及时上报，并通过维修工处理。

②对不能立即产生危害的问题，在汇报单位值班领导后，要进行连续跟踪观察，监视其发展情况。

（五）防灭火制度

（1）提升机房必须按照规定配齐不同类型的消防器材，定期检查试验。

（2）保持电气设备的完好，发现故障及时处理。

（3）避免设备超负荷运转，要设置温度保护装置。

（4）保持设备清洁，及时处理油污。

（5）检修人员应及时清理用于擦拭设备的带有油污的棉纱，在使用易燃清洗剂时，应远离火源。

（6）提升机房内严禁吸烟，严禁使用电炉烧水、煮饭。

（7）室内电缆悬挂整齐。

（8）加强对变压器等发热设备的巡检，掌握设备运行的温升状况，发现温升异常时应及时停机、停电。

（9）制定火灾防范措施及避灾路线。

（10）提升机房发生电火灾和油火灾时要及时灭火。

灭火方法：

①及时切断电源，以防灭火者触电，控制火灾蔓延。

②立即向矿调度室汇报。

③灭火时，不可将身体或用手持的用具触及导线和电气设备，以防触电。

④灭火时应使用不导电的灭火器材。

⑤在扑灭火灾时，不能使用水，只能使用黄沙、二氧化碳和干粉灭火器等。

二、提升机的操作与安全运行

正确掌握提升机的操作方法，是保证提升机能够安全运行的前提。提升机操作员在进行实际操作之前，首先要了解和熟悉所操作提升机的提升系统；掌握提升机的类型、结构、原理以及性能；熟悉提升机的提升速度图及所采用的电气控制方式、减速度方式和操作方式。

（一）矿井提升机的操作

我国矿井提升机的操作方式有手动操作、半自动操作和自动操作三种。

（1）手动操作的提升机多用在斜井，操作员直接用控制器操纵电动机的换向和速度调节。

（2）自动操作的提升机多用于提升循环简单、停机位置要求不必特别准确的主井箕斗提升系统，其操作过程都是提升机自动进行，操作员只需观察操作保护装置的正确性。

（3）半自动操作，操作员通过操作手把进行操作，启动阶段的加速过程是由继电器按规定要求自动切除启动电阻进行的，等速阶段由于电动机工作在自然阶段特性曲线的稳定运行区域，故不需要自动操纵装置，只需观察各种保护装置的正确性即可。

（二）矿井提升机的减速方式

矿井提升机减速阶段的减速方式有惯性滑行减速、电动机减速和制动减速。

惯性滑行减速方式是提升机在提升重物和提升惯性速度的共同作用下使提升机减速。

电动机减速是通过给电动机的转子附加电阻，再逐级接入转子回路的方法进行减速。

(三) 缠绕式提升机 (TKD 控制系统) 的操作

1. 运行前的检查与准备

检查重点：

(1) 检查各结合部位螺栓是否松动、销轴有无松动。

(2) 检查各润滑部位润滑油油质是否合格、油量是否充足、有无漏油现象。

(3) 检查制动系统常用闸和保险闸是否灵活可靠，间隙、行程及磨损是否符合要求。

(4) 检查各种安全保护装置动作是否准确可靠。

(5) 检查各种仪表和灯光声响信号是否清晰可靠。

(6) 检查主电动机的温度是否符合规定。

检查完毕且无误以后，按以下程序进行启动前的准备工作：

(1) 合上高压隔离开关、液压开关，向换向器送电。

(2) 合上辅助控制盘上的开关，向低压用电系统供电。

(3) 启动直流发电机组或向硅整流器送电。

(4) 采用动力制动时，启动直流发电机组或向可控硅整流送电。

(5) 启动润滑液压泵。

(6) 启动制动液压泵。

2. 正常操作程序与方法

1) 启动阶段的操作

(1) 听清提升信号和认准开车方向，将保险闸操纵手把移至松闸位置。

(2) 将常用闸操纵手把移至一级制动位置。

(3) 按照信号要求的提升方向，将主令控制器推（板）至第一位置。

(4) 缓缓松开工作闸，依次推（板）主令控制器（半自动操纵的提升机一下移到极限位置），使提升机加速到最大速度。

2) 提升机减速、停机阶段的操作

(1) 当听到减速警铃后，操作员应根据不同的减速方式进行如下操作：

采用惯性滑行减速的操作方法，操作员把主令控制器手把由相应的终端位置推（或拉）至中间“0”位，提升机在惯性和提升物重力的作用下自由滑行减速。如果提升载荷较大，提升机的运行速度低于0.5 m/s，提升速度无法到达正常停车位置，则需二次给电；当提升容器将要到达停车位置，提升机的运行速度仍较大时，需用常用闸点动减速。

若采用电动机减速的方法，操作员应将主令控制器手把由相应的终端位置逐渐推（或拉）至中间“0”位，并密切注意提升机的速度变化，根据提升机的运行速度来确定主令控制器手把的推（或拉）动速度。

若采用低频发电制动速度，操作员开车前应选择低频发电制动减速方式。当提升容器到达减速点时，低频发电制动减速系统将自动投入运行，提升电动机的 50 Hz 工频电源由 2.5 ~5.0 Hz的三相低频电源所替换，实现提升电动机的低频发电制动。

若采用动力制动减速，可人工操作，也可自动投入运行。自动投入是操作员在开车前将动力制动减速开关置于动力制动减速“2 HK 左转 45”位置，当提升容器到达减速点后，将自动实现拖动电动机交流电源和直流电源的切换；人工操作则是操作员利用脚踏动力制动踏板实现减速，操作员应根据提升机的运行速度来控制脚踏轻重，从而调整电动机回路的外接启动电阻值，调整制动电流的大小，以获得合理的减速度。

若采用机械制动减速，当提升机到达减速点时，操作员应及时将主令控制器手把由相应的终端位置推（或拉）至中间“0”位，然后操作员操作常用闸手把进行机械制动减速，使提升速度降至爬行速度。

(2) 根据终点停车信号，及时、正确地用工作闸闸住提升机。停机后电动机操作手把应在中间位置，制动手把在全制动位置。

三、提升机操作员的作业标准

(一) 班前注备

(1) 按规定佩戴好劳动保护用品。

(2) 井上工人上岗时长发应挽入帽中，不得穿拖鞋或高跟鞋上岗。

(3) 携带好随身作业工具，保证行动安全方便。

(4) 井下工人领取矿灯和自救器时，要检查是否齐全完好，且性能可靠。

(5) 搬运刀斧等锐利工具时应配上护套，以免带来危险。

(6) 携带好安全资格证，无证不准上岗。

(二) 入井

(1) 接受有关人员检查。

(2) 遵守候车和乘罐制度，服从管理人员指挥。

(3) 不准在罐下方穿越，必须走规定的行人通道。

(4) 乘罐人员必须取站立姿势，握紧扶手。

(5) 乘罐人员的身体和携带的长物不准伸出罐外，严禁向井筒抛扔任何东西。

(6) 如果乘坐主运输胶带，必须严格执行《主运输胶带乘人管理规定》。

(7) 乘坐悬空吊椅的人员，必须严格执行《悬空吊椅运乘管理规定》。

(三) 接班

(1) 按时进入规定的接班地点进行接班。

(2) 详细询问上班的工作情况、设备运转情况、事故隐患处理情况及遗留问题。

(3) 查看有关记录。在交班操作员的陪同下，对有关部位进行检查。

(4) 现场检查及试运转。

(5) 严格执行作业规程。

(四) 交班

(1) 交班前的准备。

(2) 向接班人汇报本班工作情况。

(3) 协助接班人进行现场检查。

(4) 发现问题立即协同处理。

(5) 对遗留问题，落实责任向上汇报。

(6) 履行交接手续。

(7) 执行通用标准，填写记录。

第八节 提升机的检查、检测和检修

一、检修的主要任务

（1）消除设备缺陷和隐患。设备的某些运转部件经过一段时间的运行后产生了点蚀磨损、振动、松动、异响和窜动等现象，虽未发展到因故障停机的程度，但对继续安全经济运行有所威胁，必须及时进行处理，消除隐患。

（2）对设备的隐蔽部件进行定期检查。矿井主要设备的隐蔽部件较多，日常检查不但时间不够，且实际上不解体也无法进行。因此要有计划地利用矿井停产检修时间，对隐蔽部件解体进行彻底检查。例如轴瓦、齿轮、绳卡等，应预先发现问题，争取当场处理，或做好准备后在下次停产检修时处理。

（3）对关键部件进行无损探伤。如对主要的传动、制动、承重、紧固件等进行表面裂纹或内部伤、杂质的探测，避免缺陷发展，造成重大事故。

（4）对安全装置、安全设施进行试验。按有关规程规定的周期，对反风装置、防坠装置等进行预防性试验，检查其动作的可靠性和准确性。

（5）对设备的性能、驱动能力进行全面测定和鉴定。对于工作重大、时间长的测定与鉴定内容必须在停产检修时进行。

（6）对设备的技术改造工程可有计划地安排在矿井停产检修时一并完成。

（7）进行全面彻底的清扫、换油、除锈和防腐等。如设备在使用过程中突然出现故障，在缺少备件、材料和未做好检修准备工作之前，可根据设备的状态，在确保安全的前提下适当降低驱动能力，继续使用，待材料、备件做好后，立即安排停产检修，处理故障，恢复设备的正常性能。

二、检修的内容

《煤炭工业企业设备管理规定》中明确规定：设备检修分为日常检修、一般检修和大修三种。

（1）日常检修。按定期维修的内容或针对日常检查发现的问题，对部分拆卸的零部件进行检查、修整、更换或修复少数磨损件；基本上不拆卸设备的主体部分，通过检查、调整、紧固机件等技术手段，恢复设备的使用性能。如调整机构的窜动和间隙，局部恢复其精度；更换油脂、填料；清洗或清扫油垢、灰尘；检修或更换电池等易损件，并做好全面检查记录，为大、中修提供依据。

（2）一般检修（中修、小修、年修）。根据设备的技术状态，对黏度、功能达不到工艺要求的部件按需要进行针对性的检修。这种检修一般会对设备部分解体，以修复或更换磨损的机件；更换油脂；进行涂漆、烘干；可充分利用镀、喷、镶、粘等技术手段进行修复。

三、现场检查标准

（1）滚筒无开焊、裂纹和变形。驱动轮摩擦衬垫固定良好，绳槽磨损程度不应超过 70 mm，衬垫底部的磨损剩余厚度不应小于钢丝绳的直径。

（2）仪表要指示精准，且动作准确可靠。

（3）信号和通信。

①信号系统应声光俱备、清晰可靠。

②操作台附近应设有与信号工相联系的专用直通电话。

（4）制动系统。

①制动装置的操作机构动作灵活，各销轴润滑良好，不松旷。

②闸轮或闸盘无开焊或裂纹，无严重磨损，磨损沟纹的深度不大于1.5 mm，沟纹宽度总和不超过有效闸面宽度的10%。

③闸瓦及闸衬无缺损、断裂，表面无油迹，磨损不超限。

④松闸后的闸瓦间隙：不大于2 mm，且上下相等。

⑤液压站的压力应稳定，液压系统不漏油。

（5）安全保护装置。必须具备《煤矿安全规程》规定的保护装置。

四、提升机完好标准

（一）滚筒及驱动轮

（1）缠绕式提升机滚筒和摩擦式提升机驱动轮，无开焊、裂纹和变形。滚筒衬木磨损后表面距固定螺栓头部不应小于5 mm。驱动轮摩擦衬垫固定良好，绳槽磨损程度不应超过70 mm，衬垫底部的磨损剩余厚度不应小于钢丝绳的直径。

（2）双滚筒提升机的离合器和定位机构灵活可靠，齿轮及衬套润滑良好。

（3）滚筒上钢丝绳的固定和缠绕层数应符合《煤矿安全规程》第384、385、386条的规定。

（4）钢丝绳的检查、试验和安全系数应符合《煤矿安全规程》第八章第三节有关条文的规定，且有规定期内的检查和试验记录。

（5）对多绳摩擦轮提升机的钢丝绳张力应定期进行测定和调整，任一根钢丝绳的张力同平均张力之差不得超过±10%。

（二）深度指示器

（1）深度指示器的螺杆、传动和变速装置润滑良好，动作灵活，指示准确，并有失效保护。

（2）牌坊式深度指示器的指针行程不应小于全行程的3/4；圆盘式深度指示器的指针旋转角度范围应不小于250°、不大于350°。

（三）仪表

各种仪表要定期进行校验和整定，保证指示和动作准确可靠。校验和整定要留有记录，有效期为一年。

（四）信号和通信

（1）信号系统应声光俱备，清晰可靠，并符合《煤矿安全规程》的规定。

（2）操作台附近应设有与信号工相联系的专用直通电话。

（五）制动系统

（1）制动装置的操作机构和传动杆件动作灵活，各销轴润滑良好，不松旷。

（2）闸轮或闸盘无开焊或裂纹，无严重磨损，磨损沟纹的深度不大于1.5 mm，沟纹宽度总和不超过有效闸面宽度的10%。闸轮的圆跳动不超过1.5 mm，闸盘的端面圆跳动不超过1 mm。

（3）闸瓦及闸衬无缺损、无断裂，表面无油迹。磨损不超限；闸瓦磨损后表面距固定螺栓头端部不小于5 mm，闸衬磨损余厚不小于3 mm。施闸时每一闸瓦与闸轮或闸盘的接触良好，制动中不过热，无异常振动和噪声。

（4）施闸手柄、活塞和活塞杆，以及重锤等的施闸工作行程都不得超过各自容许全行程的3/4。

（5）松闸后的闸瓦间隙：平移式不大于2 mm，且上下相等；角移式在闸瓦中心不大于2.5 mm，两侧闸瓦间隙差不大于0.5 mm，盘形闸不大于20 mm。

（6）闸的制动力矩、保险闸的空时间和制动减速度应符合《煤矿安全规程》规定，并必须按照要求进行试验。试验记录有效期为一年。

（7）油压系统不漏油，蓄油器在停机后15 min内活塞下降量不超过100 mm；风压系统不漏风，停机后15 min内压力下降不超过规定压力的10%。

（8）液压站的压力应稳定，其振摆值和残压不得超过表4－8的规定。

表4－8　液压稳定压力

MPa

设计最大压力 P_{max}	≤8		>8～16	
指示区间	≤0.8P_{max}	>0.8P_{max}	≤0.8P_{max}	>0.8P_{max}
压力振摆值	±0.2	±0.4	±0.3	±0.6
残压	≤0.5		≤1.0	

（六）安全保护装置

提升机除必须具备《煤矿安全规程》第392条、第393条规定的保护装置外，还应具备下列保护：

（1）制动系统的油压（风压）不足不能开车的闭锁。

（2）换向器闭锁。

（3）压力润滑系统断油时不能开车的保护。

（4）高压换向器的栅栏门闭锁。

（5）容器接近停车位置，速度低于2 m/s的后备保护（报警，并使保险闸动作）。

（6）箕斗提升系统应设顺利通过卸载位置的保护（声光显示或制动）。

这些保护装置应保证灵敏有效、动作可靠，并定期对其进行试验整定，留有记录，有效期为半年。

（七）天轮及导向轮

（1）天轮与导向轮的轮缘和辐条不得有裂纹、开焊、松脱或严重变形。

（2）有衬垫的天轮和导向轮，衬垫固定应牢靠，槽底磨损量不得超过钢丝绳的直径。

（3）天轮和导向轮的径向圆跳动和端面圆跳动不得超过表4－9的规定。

表 4-9　天轮及导向轮的圆跳动　mm

直径	允许最大径向圆跳动	允许最大端面圆跳动	
		一般天轮及导向轮	多绳提升天轮及导向轮
>5 000	6	10	5
>3 000 ~ 5 000	4	8	4
≤3 000	4	6	3

（八）微拖装置

（1）气囊离合器摩擦片和摩擦轮之间的间隙不得超过 1 mm，气囊未老化变质，无裂纹。

（2）压气系统不漏气，各种气阀动作灵活可靠。

第九节　斜井提升

斜井提升在我国中小型矿井中应用极其广泛。采用斜井开拓具有初期投资少、建井快、出煤快、地面布置简单等优点。但一般斜井提升能力较小，钢丝绳磨损较快，井筒维护费用较高。斜井提升方式大致可分为以下三种。

（1）斜井串车提升：可分为单钩与双钩串车两种，其中单钩串车提升井筒断面小，投资少，可用于多水平提升，但产量较小，耗电量大；而双钩串车提升则恰恰相反。故前者多用于年产量在 210 kt 以下、倾角小于 25°的斜井中，后者多用于年产量在 300 kt 左右、倾角不大于 25°的斜井中。

（2）斜井箕斗提升：斜井箕斗提升与串车提升相比，提升能力大，又易实现自动化，但需要设有装载、卸载设备，投资较多，开拓工程量也较大，因此适用于年产量在 300 ~ 600 kt、倾角在 25° ~ 35°的斜井中。

（3）胶带输送机提升：其生产过程连续，运输量大，并且易实现自动化，但初期投资较大，一般用于年产量在 600 kt 以上、倾角不大于 18°的斜井中。《煤炭工业设计规范》规定：大型矿井的主、斜井宜采用胶带输送机提升。

以上三种斜井提升方式，以斜井串车提升应用最多，特别是在我国南方的中小型矿井中应用更为普遍。为此，本节主要介绍斜井串车提升。

串车提升按车场型式不同又可分为平车场提升和甩车场提升两种方式。甩车场提升方式的优点是：地面车场及井口设备简单，布置紧凑，井架低，摘、挂钩安全方便；缺点是提升循环时间长，提升能力小，每次提升电动机换向次数多，操纵复杂。甩车场提升方式在我国东北地区采用较多。平车场没有上述缺点，车场通过能力大，提升机操作简单、方便。但是，平车场需设置阻车器和推车器等辅助设备。故一般情况下甩车场多用于单钩提升，平车场多用于双钩提升，我国华东、中南地区中小型矿井采用斜井平车场双钩提升较多。图 4-37 所示为斜井甩车场单钩串车提升系统，图 4-38 所示为斜井平车场双钩串车提升系统。

在串车提升中，为在车场内调车和组车方便，应注意一次升降的矿车数尽可能与电机车一次牵引的矿车数成倍数关系。

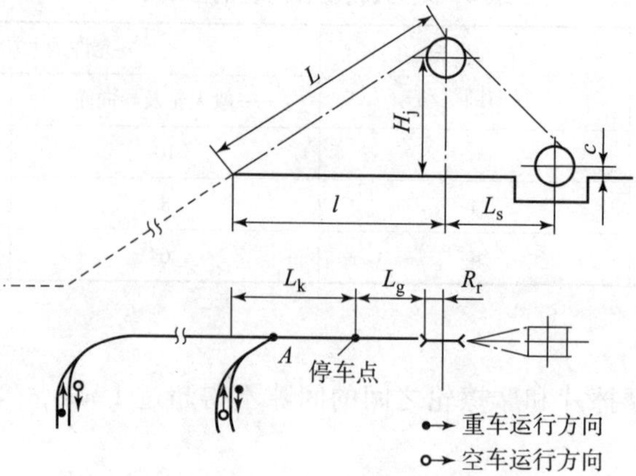

图 4－37　斜井甩车场单钩串车提升系统

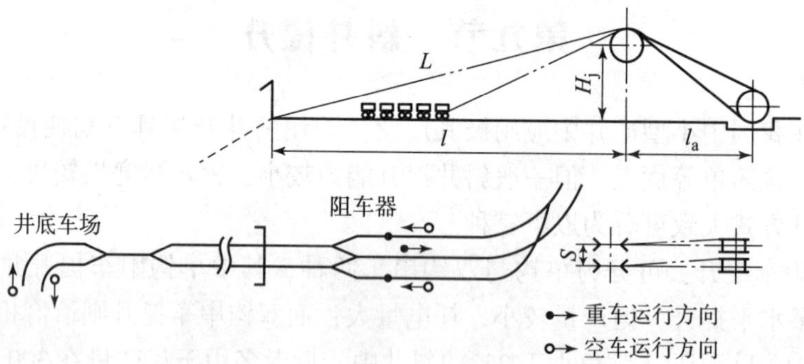

图 4－38　斜井平车场双钩串车提升系统

箕斗提升按箕斗的构造不同可分为后卸式和翻转式两种。

（1）后卸式斜井箕斗。图 4－39 所示为后卸式斜井箕斗，它由框架 2 和斗箱 1 两部分组成。斗箱上有两对车轮，前轮轮沿较宽，后轮轮沿较窄。斗箱后部轴装有扇形闸门，用一轴固定，闸门两旁装有小引轮 3。在正常轨的外侧另装宽轨 5，当箕斗提到井口时，前轮沿宽轨 5 往上运行，而后轮沿正常轨进入曲轨 4，使箕斗后部低下去，这时闸门上的小引轮被宽轨 5 托住，而使闸门 6 打开，自动卸载。

（2）翻转式斜井箕斗。图 4－40 所示为翻转式斜井箕斗。它的构造比较简单，在卸载处设宽轨 2，将正常轨道做成变轨。箕斗提至卸载处时，前轮窄，沿曲轨 1 运行；后轮较宽，沿宽轨 2 运行，使箕斗翻转，自动卸载。翻转式斜井箕斗在煤矿中应用很少。

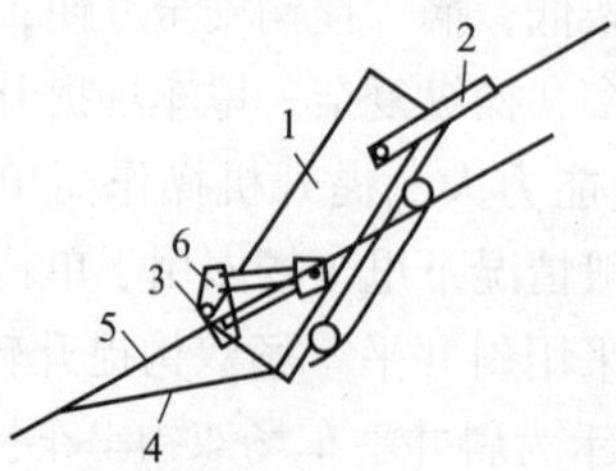

图 4－39　后卸式斜井箕斗

1—斗箱；2—框架；3—小引轮；
4—曲轨；5—宽轨；6—闸门

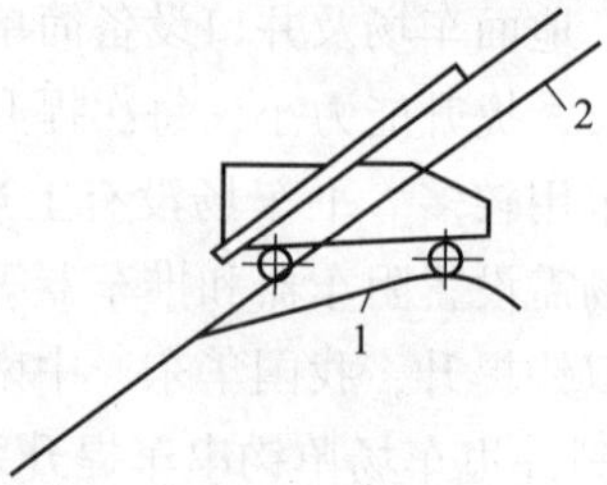

图 4－40　翻转式斜井箕斗

1—曲轨；2—宽轨

斜井箕斗规格见表4－10。

表4－10　斜井箕斗规格

斗箱几何容积/m^3	使用倾角/(°)	外形尺寸(长×宽×高)/(mm×mm×mm)	最大块度/mm	最大牵引力/kN	轨距/mm	卸载曲轨轨距/mm	卸载方式	质量/kg
0.59	45～70	3 110×1 152×947	—	—	900	1 040	前翻	750
1.5	20	4 525×1 714×1 280	300	—	900	1 600	前翻	1 840
1.5	20	1 835×1 432×945	—	—	900	1 640	前翻	1 028
2.5	30～35	3 986×1 406×1 280	—	67	1 100	1 296	后卸	2 900
3.5	20～40	3 870×1 040×1 460	—	75	1 200	1 400	后卸	4 050
3.74	—	6 130×1 550×1 740	—	—	1 200	1 430	前翻	3 200
3.87	—	5 940×1 720×1 740	—	—	1 200	—	前翻	3 823
4.85	30	6 880×1 700×1 600	350	62	1 400	1 600	后卸	3 480
6.0	80	4 660×2 160×1 700	550	70	1 680	2 000	后卸	4 359
8.8	14	6 220×2 300×2 300	450		1 700	2 100	后卸	10 240
12	25～40	10 380×3 200×2 440			2 000	3 000	前翻	20 000
18.83	15	8 630×3 820×2 755	1 200	260	3 000	3 600	后卸	26 500
30	33.5	9 045×4 290×3 595	1 000	160	3 320	4 020	后卸	45 000

斜井提升人员必须采用专用的人车，每辆人车必须具有可靠的断绳保险装置，提升系统应有两套制动闸。斜井人车规格见表4－11。

表4－11　斜井人车规格

型号	轨距/mm	最大速度/($m\cdot s^{-1}$)	使用倾角/(°)	最大牵引力/kN	外形尺寸(长×宽×高)/(mm×mm×mm)	乘人数/人	最小弯道半径/m	质量/kg
CRX－4－10	600	3.5	6～30	50	4 500×1 035×1 450	10	9	1 850
CRX－4－15	900	3.5	6～30	50	4 450×1 335×1 450	15	9	1 950
红旗一号*	600	3.77	25	50	15 700×1 200×1 565	40		5 860

注：此型人车由一辆头车及四辆座车组成，适用于24 kg/m的钢轨，因断绳保险装置制动在钢轨上，故要求钢轨接头全部采用焊接方式。

思考题与习题

1. 矿山提升设备由哪几部分组成？竖井普通罐笼提升系统和竖井箕斗提升系统的特点是什么？提升钢丝绳有哪些类型？各有何优缺点？

2. 矿井提升容器有哪些类型？竖井和斜井提升各用哪些提升容器？各有何特点？

3. 矿井提升机有哪些类型？其各自的结构特点、工作原理如何？

4. 为什么单绳罐笼上要安设防坠器口？试说明木罐道用防坠器与钢丝绳罐道用 FLS 型防坠器的传动系统和工作原理。

5. 双滚筒提升机中调绳离合器的作用是什么？我国常用哪些种类？试说明各种提升机离合器的动作原理。

6. 深度指示器的作用是什么？说明牌坊式与圆盘式深度指示器各自的传动原理和特点。

7. 提升机操纵台上有哪些手把、开关和仪表？其用途各是什么？

8. 何谓抓捕器的“二次抓捕”现象？可断螺栓拉紧装置是如何避免“二次抓捕”的？

9. 矿山提升方式的确定主要应考虑哪些因素？提升容器应该怎样选择？

10. 提升机钢丝绳的选择原则是什么？《煤矿安全规程》对选用新钢丝绳的安全系数有何规定？

11. 何为滚筒上的“咬绳”现象？“咬绳”的危害是什么？怎么避免“咬绳”现象？

12. 初步选择电动机的依据是什么？怎么进行初选计算？

13. 确定提升机最大提升速度需要考虑哪些因素？

14. 已知某矿年产量 $A_n=90$ 万 t，矿井深度 $H_s=400$ m，装载高度 $H_z=20$ m，卸载高度 $H_x=20$ m，煤松散密度 $\rho'=1.15$ t/m^3，年工作日 $b_r=320$ d，日工作小时 $t=12$ h，矿井电压等级为 6 kV，采用主井双箕斗提升方式，试对该矿井提升设备进行选型设计。

15. 提升机运行中有哪些力矩作用在滚筒主轴上？它们之间有何关系？

16. 何为提升系统的变位质量？哪些部件需要变位质量？变位的原则是什么？

17. 如何合理确定提升机的减速方式？

18. 对预选的提升电动机按什么条件验算？

第五章　刮板输送机

第一节　刮板输送机的工作原理及结构

用刮板链牵引，在槽内运送散料的输送机叫刮板输送机。刮板输送机的相邻中部槽在水平、垂直面内可有限度折曲的叫可弯曲刮板输送机，其中机身在工作面和运输巷道交汇处呈90°弯曲设置的工作面输送机叫“拐角刮板输送机”。在当前采煤工作面内，刮板输送机的作用不仅是运送煤和物料，而且还是采煤机的运行轨道，因此它已成为现代化采煤工艺中不可缺少的设备。刮板输送机能保持连续运转，生产就能正常进行。否则，整个采煤工作面就会呈现停产状态，使整个生产中断。

一、刮板输送机的工作原理

刮板输送机的原理：由绕过机头链轮和机尾链轮（或滚筒）的无极循环的刮板链子作为牵引机构，以溜槽作为承载机构，电动机经液力偶合器、减速器带动链轮旋转，从而带动刮板链子连续运转，将装在溜槽中的货载从机尾运到机头处卸载转运。上部溜槽是输送机的重载工作槽，下部溜槽是刮板链的回空槽。SGW－150B 型刮板输送机的传动系统如图 5－1 所示。

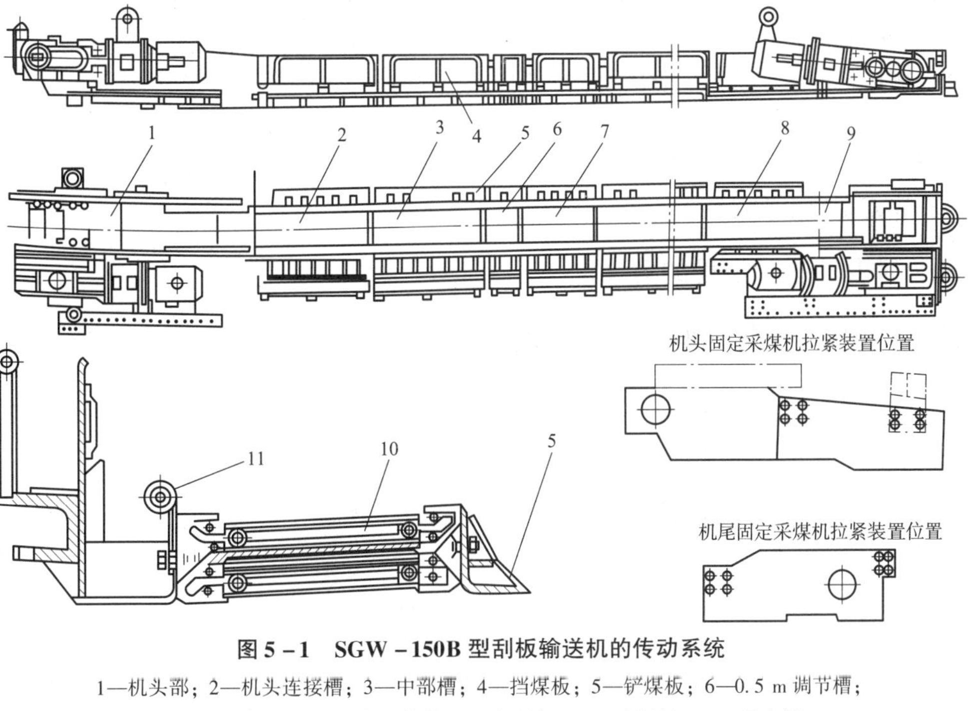

图 5－1　SGW－150B 型刮板输送机的传动系统

1—机头部；2—机头连接槽；3—中部槽；4—挡煤板；5—铲煤板；6—0.5 m 调节槽；7—1 m 调节槽；8—机尾连接槽；9—机尾部；10—刮板链；11—导向管

二、刮板输送机的类型、使用范围及特点

（一）刮板输送机的主要类型

国内外现行生产的刮板输送机类型很多，常用的分类方式有以下几种：

（1）按机头卸载方式和结构分为端卸式、侧卸式和90°转弯式刮板输送机。

（2）按溜槽布置方式和结构分为重叠式与并列式、敞底式与封底式刮板输送机。

（3）按刮板链的数目和布置方式分为中单链型、边双链型和中双链型刮板输送机。

（4）按单电动机额定功率大小分为轻型（$P \leqslant 40$ kW）、中型（40 kW $< P <$ 90 kW）、重型（$P > 90$ kW）刮板输送机。

（二）刮板输送机的适用范围

1. 煤层倾角

刮板输送机向上运输的最大倾角一般不超过25°，向下运输不超过20°。兼作采煤机行走轨道的刮板输送机，当工作面倾角超过10°时，为防止采煤机机身及煤的重力分力以及振动冲击引起的刮板输送机机身下滑，应采取防滑措施。

2. 采煤工艺和采煤方法

刮板输送机适用于长壁工作面的回采工艺。轻型适用于炮采工作面，中型主要用于普采工作面，重型主要用于综采工作面。此外，在运输平巷和采区上下山可用刮板输送机运送煤炭。

（三）刮板输送机的特点

1. 优点

结构强度高，运输能力大，可爆破装煤；机身低矮，沿输送机全长可在任意位置装煤；机身可弯曲，便于推移；可作为采煤机的轨道和推移液压支架的支点；推移输送机时铲煤板可清扫机道的浮煤；挡煤板后面的电缆槽可装设供电、信号、照明、通信、冷却、喷雾等系统的管线，并起保护作用。

刮板输送机的这些优点，使它成为长壁采煤工作面唯一可靠的运输设备。

2. 缺点

运行阻力大，耗电量高，溜槽磨损严重；使用维护不当时易出现掉链、漂链、卡链，甚至断链事故，影响正常运行。

三、刮板输送机型号的意义

刮板输送机型号的意义如图5－2所示。

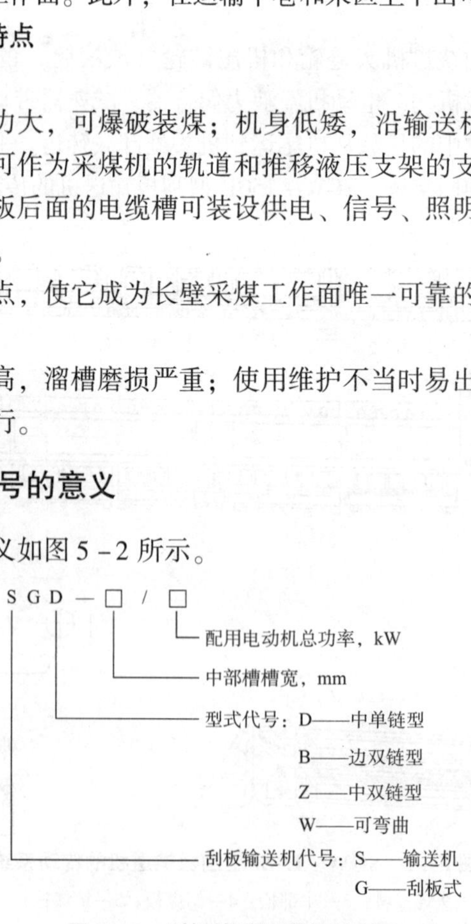

图5－2　刮板输送机型号的意义

四、刮板输送机的结构组成

刮板输送机的主要组成部分有：机头部（包括机头架、电动机、液力偶合器、减速器、链路组件等）、机尾部（包机尾架、电动机、液力偶合器、减速器、链轮组件等）、中间部（包括中间溜槽、调节溜槽、刮板链子）、附属装置（紧链器、铲煤板、防滑锚固装置）以及供移动输送机用的移溜装置。

（一）机头部及传动装置

机头部是将电动机的动力传递给刮板链的装置，它主要包括机头架、传动装置、链轮组件、盲轴及电动机等部件。利用机头传动装置驱动的紧链器和链牵引采煤机牵引链的固定装置也安装在机头部。其中，机头架是支承和安装链轮组件、减速器、过渡槽等部件的框架式焊接构件。为适应左右采煤工作面的需要，机头架两侧对称，可在两侧安装减速器。

传动装置由电动机、联轴器和减速器等部分组成。当采用单速电动机驱动时，电动机与减速器一般用液力偶合器连接；当采用双速电动机驱动时，电动机与减速器一般用弹性联轴器连接。减速器输出轴与链轮有的采用花键连接，有的采用齿轮联轴器连接。链轮组件由链轮和两个半滚筒组成，它带动刮板链移动。盲轴安装在无传动装置一侧的机头、机尾架侧板上，用以支承链轮组件。

1. 减速器

我国现行生产的边双链刮板输送机的传动装置均为并列式布置（电动机轴与传动链轮轴垂直），故都采用三级圆锥齿轮减速器，减速器的箱体为剖分式对称结构。

2. 联轴器

联轴器是输送机传动装置的一部分，主要作用是将电动机轴和减速器轴连接起来以传递转矩，而且有的联轴器还可以作为保护装置。刮板输送机常用的联轴器有木销联轴器、螺栓联轴器、弹性联轴器、胶带联轴器和液力偶合器。

液力偶合器的主要作用：

（1）改善电动机启动性能，使电动机轻载启动，启动电流小，启动时间缩短；改善了鼠笼式电动机的启动性能，可充分利用电动机过载能力在重载下平稳启动。

（2）具有过载保护作用，输送机过载时，部分工作液体进入辅助室，使电动机不过载。当输送机被卡住或持续过载时，涡轮被堵转或转速很低，泵轮与涡轮间的滑差达到或接近最大值，工作液体受摩擦力作用温度升高，当达到易熔合金保护塞的熔点（120～140℃）时，合金熔化，工作液体喷出，偶合器不再传递力矩，输送机停止运转，电动机空转，从而保护电动机和其他工作部件。

（3）均衡电动机负载，在多电动机传动系统中，液力偶合器可使各台电动机的负荷均匀分配。

（4）能减缓传动系统的冲击振动，并能吸收振动、减小冲击，使工作机构平稳运行，提高设备的使用寿命。

（二）机尾部

综采工作面刮板输送机一般功率较大，多采用机头和机尾双机传动方式。部分端卸式输送机的机头、机尾完全相同，并可以互换安装使用，如德国 EKF3－E74V 型刮板输送机。因为机尾不卸载，不需要卸载高度，所以一般机尾部都比较低。为了减少刮板链对槽帮的磨损，在机尾架上槽两侧装有压链块。由于不在机尾紧链，故机尾不设紧链装置。为了使下链带出的煤粉能自动接入上槽，在机尾安设回煤罩。机尾的传动装置均与机头相同。

（三）中间部

1. 溜槽

溜槽既是刮板输送机的主体，又是采煤机的运行轨道，如图 5－3 所示。煤和刮板链子在溜槽中滑行，不仅工作压力大，而且对溜槽的磨损严重；同时，溜槽承受采煤机的全部重力，采煤机在槽帮上滑行，会对槽帮产生磨损。因此，要求溜槽有足够的刚度和强度以及较高的耐磨性。

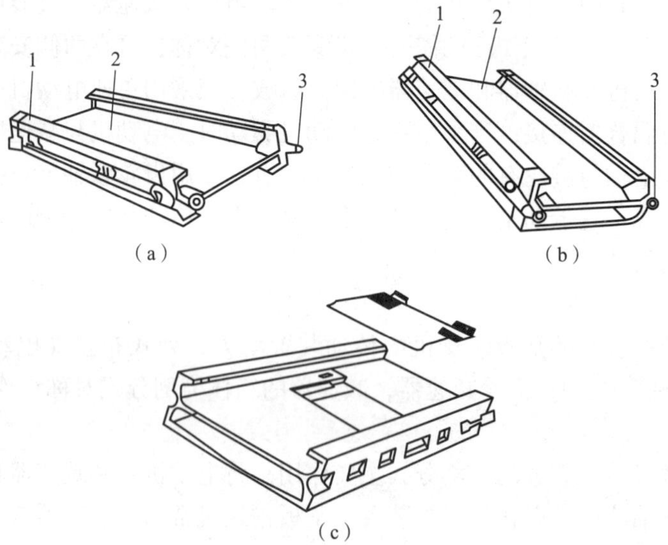

图 5－3　溜槽

（a）开底溜槽；（b）封底溜槽；（c）带检修窗的封底溜槽

1—槽帮；2—中板；3—连接头

溜槽分为中部槽、调节溜槽和连接溜槽三种类型。中部溜槽是刮板输送机机身的主要部分；调节溜槽一般分为 0.5 m 和 1 m 两种，其作用是当采煤工作面长度有变化或输送机下滑时，可适当地调节输送机的长度和机头、机尾传动部的位置；连接溜槽，又称为过渡溜槽，主要作用是将机头传动部或机尾传动部与中部溜槽较好地连接起来。

溜槽作为整个刮板输送机的机身，除承载货物外，在综采工作面，机身还将是采煤机的导轨，因而要求它有一定的强度和刚度，并具有较好的耐磨性能。

溜槽的附件主要是挡煤板和铲煤板。在溜槽上一般装有挡煤板，其主要用途是增加溜槽的装煤量，加大刮板输送机的运载能力，防止煤炭溢出溜槽；其次考虑利用它敷设电缆、油管和水管等设施，并对这些设施起保护作用。有些挡煤板还附有采煤机导向管，对采煤机的运行起导向定位作用，以防止采煤机掉道。

为了达到采煤机工作的全截深和避免刮板输送机倾斜，必须在输送机推移时先清除机道上的浮煤，因此在溜槽靠煤壁侧帮上安装有铲煤板。需要特别指出的是，铲煤板只能清除浮煤，不能代替装煤，否则会引起铲煤板飘起、输送机倾斜，导致采煤机割不平底板，甚至出现割顶、割前探梁等事故。

2. 刮板链

刮板链是刮板输送机的重要部件，它在工作中拖动刮板沿着溜槽输送货物，要承受较大的静载荷和动载荷，而且在工作过程中还与溜槽发生摩擦，所以要求刮板链具有较高的耐磨性、韧性和强度。

可弯曲刮板输送机的刮板链子都是圆环链，现用的 SGW－44A 型、SGW－40T 型、SGW－150 型刮板输送机的刮板链结构、尺寸完全相同，是煤矿目前普遍使用的一种刮板链，每条链条为 15 环，长 0. 96 m，属于锻炼条。

（四）附属装置

刮板输送机的附属装置包括铲煤板、挡煤板、拉紧装置和推移装置等。

1. 铲煤板和挡煤板

输送机靠近煤壁一侧的溜槽侧帮上用螺栓固定有铲煤板，其作用是当输送机向前推移时，将底板上的浮煤清理和铲装在溜槽中。

刮板输送机溜槽靠采空区一侧槽帮上装有挡煤板，其作用是用以加大溜槽的装载量，提高输送机的生产能力，防止煤炭溢出溜槽。此外，在挡煤板上还设有导向管和电缆叠伸槽。导向管在挡煤板紧靠溜槽一侧，供采煤机导向用；电缆叠伸槽在挡煤板的另一侧，供采煤机工作时自动叠伸电缆用。

2. 拉紧装置

为了使刮板链具有一定的初张力，保证输送机正常工作，设有拉紧装置，且一般设在机尾，也有的利用机头传动装置紧链。

紧链常用的方法是链轮反转式，其原理如图 5－4 所示，紧链时先把刮板链一端固定在机头架上，另一端绕经机头链轮反向点电动机，待链条拉紧时立即用紧链器闸住链轮，拆除多余的链条，再接好刮板链。刮板链的张紧程度以运转时机头下方下垂两个链环为宜。按链轮反转的动力源不同，紧链方式分为电动机反转紧链、专设液压电动机紧链和专设液压缸紧链。

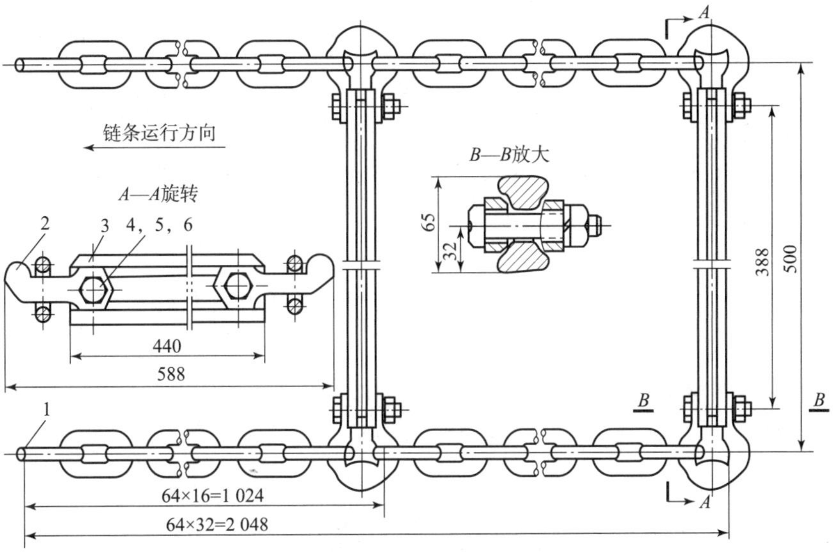

图 5－4 SGW－44A \ 40T \ 80T 型刮板输送机的刮板链

1—圆环链；2—连接环；3—刮板；4—螺栓；5—螺母；6—垫圈

3. 防滑及锚固装置

倾斜工作面铺设的刮板输送机设有可靠的、防止输送机下滑的装置。刮板输送机防滑装置主要有以下几种：千斤顶防滑装置、双柱锚固防滑装置和滑移梁锚固防滑装置。

4. 推移装置

随着工作面的向前推进，刮板输送机也要相应地向前移动。小型刮板输送机（如SGD－5.5型等）在工作中需要向前移动时，是人工拆卸移置式，费时、费力。对于在一般机械化采煤工作面和炮采工作面使用的SGW－44A型、SGW－T型等可弯曲刮板输送机，为适应采煤工艺的需要，均配有单独的液压推移装置。液压推移装置主要由设在顺槽中的泵站和沿工作面布置的油管及液压千斤顶组成。千斤顶用于推移输送机，装在输送机靠采空区一侧，在输送机机头、机尾处分别安装2～3个；中间溜槽每隔6 m布置一个，每个千斤顶均由单独的操纵阀控制。控制操纵阀的位置，可使由泵站通过油管送来的高压油进入千斤顶液压缸的前部或后部，使千斤顶的活塞杆伸出或缩回，从而推动输送机向前或向后移动。对于综合机械化采煤工作面，推移刮板输送机和移动液压支架是紧密联系在一起的，操纵控制阀也在一起，一般把输送机的液压千斤顶推移装置包括在液压支架中。

第二节　桥式转载机

一、桥式转载机的作用及组成

1. 桥式转载机的作用

桥式转载机是综合机械化采煤运输系统中的一个中间转载设备，它安装在采煤工作面的下顺槽内，作用是：把工作面刮板输送机运出的煤转运到顺槽可伸缩胶带输送机上，同时减少顺槽中胶带机的伸缩移动次数。

桥式转载机是采掘工作面常用的一种中间转载运输设备，其实际是一种可以纵向整体移动的短式重型刮板输送机。它的长度较小（一般在60 m以内），机身带有拱形过桥，并将货载抬高，便于随着采煤工作面的推进，与可伸缩带式输送机配套使用，以便同工作面刮板输送机衔接配合。

刮板机、转载机与可伸缩胶带输送机之间的衔接配套：

（1）工作面及刮板机移动6～7 m时，可同步或移动转载机一次（同步移动）。

（2）转载机移动9～12 m时，可缩短胶带机一次。

（3）胶带机缩短25～50 m时，可卷带一次。

（4）当运输巷剩余60 m左右时，可拆除胶带机，放平并接长转载机，必要时另加装一套传动装置，完成运煤。

2. 桥式转载机的组成

SZZ1100/200型桥式转载机结构如图5－5所示。

1）机头部

（1）导料槽。它是由左、右挡板和横梁组成的框架式构件。它承载转载机卸下的物料，并将其导装至带式输送机的输送带中心线附近，减轻物料对输送带的冲击，并防止输送带偏载而跑偏，从而保护输送带，有利于带式输送机的正常运行。

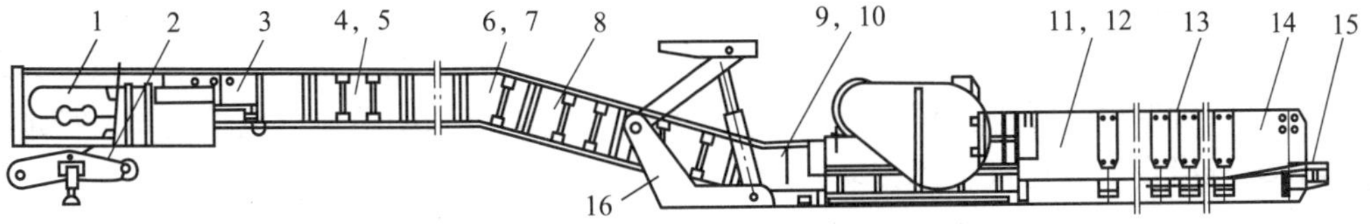

图 5-5　SZZ1100/200 型桥式转载机结构

1—机头传动部；2—行走小车；3—可伸缩机头架；4—拱桥段挡板；5—标准溜槽；6—凸溜槽挡板；7—凸溜槽；8—爬坡段溜槽；9—凹溜槽挡板；10—凹溜槽；11—落地段挡板；12—封底溜槽；13—0.5 m 挡板；14—过渡溜槽；15—机尾部；16—自移机构

（2）机头传动装置。它由电动机、液力偶合器（电动机软启动装置）、减速器、紧链器、机头架、组装链轮、拨链器、舌板和盲轴等组成。

（3）机头小车。它由横梁和车架组成。转载机的机头和悬拱部分可绕小车横梁与车架在水平和垂直方向做适当转动，以适应顺槽巷道底板起伏及可伸缩带式输送机机尾的偏摆，并适应转载机机尾不正及工作面刮板输送机下滑引起转载机机尾偏移的情况。小车车架上通过销轴安装 4 个有轮缘的车轮，为了防止小车偏移掉道，在车轮外侧的车架挡板上用螺栓固定着定位板，在小车运行时起导向和定位作用。

2）机身部

（1）刮板链。转载机刮板链的结构与相配套刮板输送机的刮板链完全相同。为了提高转载机的输送能力，转载机刮板链刮板的间距比同类刮板输送机小。

（2）溜槽。水平段与刮板输送机溜槽结构大致相同，溜槽中板的一端焊有搭接板，以便与相邻溜槽安装时搭接吻合，并增加结构刚度。转载机从水平段引向爬坡段的弯溜槽为凹形溜槽，从爬坡段引向水平段的弯溜槽为凸形溜槽，它们的作用是将转载机机身从底板过渡升高到一定高度，形成一个坚固的悬桥结构，以便搭伸到带式输送机机尾上方，将煤运送到带式输送机上去。

通过一节凹形弯曲溜槽，转载机以 100°向上倾斜弯折，接上中部标准溜槽，将刮板链从底板上引导到所需的高度，然后再用一节凸形弯曲溜槽，把机身弯折 100°到水平方向将刮板链引导到水平机身部分的溜槽中去。装载段溜槽和凹形弯曲溜槽的封底板位于顺槽巷道底板上，作为滑橇，转载机移动时沿巷道底板滑动，以减小移动阻力。

（3）挡板：挡板是沿着转载机全长进行安装的。它除有增大装载断面、提高运输能力、防止煤流外溢的作用外，还能和溜槽、底板一起，将机身连接成一个刚性整体，使爬坡段的水平段拱架具有足够的刚性和强度。由于安装位置不同，一台转载机装有几十种长短不同的挡板，其纵向形状均相似。

3）机尾部

转载机的机尾均为无驱动装置的低、短结构，以便尽量降低刮板输送机的高度，并有利于与侧卸式机头架匹配和减少工作面运输巷采空区长度。转载机的机尾部主要由机尾架、机尾轴、链轮组件、压链板和回煤罩等部件组成。机尾链轮组件由链轮轴、链轮、轴承和轴承盖等零件组成；机尾轴的两端架设在架体上，并用销轴卡在机尾架体的缺口内。回煤罩安装在机尾架的端部，以便将底刮板链带来的回煤利用刮板再翻到机尾架中板上，用上刮板链将煤运走。转载机的机尾无驱动装置，机尾轮为从动轮。为了简化机尾轮结构，有些转载机机尾采用滚筒为刮板链导向。

4）拉移装置

转载机的拉移装置主要有千斤顶拉移装置、锚固站拉移装置、端头支架千斤顶拉移装置和绞车拉移装置四种。各种拉移装置的结构不同，工作原理和使用地点也不相同。行走拉移装置是转载机沿带式输送机整体移动的动力来源。

二、桥式转载机的工作过程

桥式转载机的工作过程分为运输和移动。桥式转载机机头与可伸缩胶带机搭接（有12 m的搭接距离）、机尾与刮板输送机搭接（有7 m以上的搭接距离）。

桥式转载机的机头部通过横梁和小车搭接在可伸缩带式输送机机尾部两侧的轨道上，并沿此轨道整体移动；转载机的机尾部和水平装载段则沿巷道底板滑行。转载机与可伸缩带式输送机配套使用时的最大移动距离等于转载机机头部和中间悬拱部分长度减去与带式输送机机尾部的搭接长度。当转载机移动到极限位置（悬拱部分全部与带式输送机重叠）时，必须将带式输送机进行伸长或缩短，使搭接状况达到另一极限位置后，转载机才能继续移动，与带式输送机配合运输。

1. 运输过程

桥式转载机实际上是一个结构特殊的短刮板输送机，其运输工作过程和刮板输送机相同。电动机通过传动装置带动链轮旋转，链轮带动刮板链在溜槽内做循环移动，将装在溜槽中的煤运到机头处卸下，转载到顺槽胶带输送机上。所以，桥式转载机实际上是一个可以纵向整体移动的短的重型刮板输送机。

2. 移动过程

随着采煤工作面的推进，桥式转载机也要前移。转载机移动的方法有：利用小绞车牵引移动；利用工作面端头支架的水平千斤顶拉移；用转载机本身配置的推移千斤顶推移。

第三节　刮板输送机的操作

一、刮板输送机操作员安全操作规程

（一）一般规定

（1）刮板输送机操作员必须熟悉刮板输送机的性能及构造原理，通晓本操作规程，按完好标准维护和保养刮板输送机，懂得回采的基本知识和本采煤工作面的作业规程。经过培训考试取得合格证方能持证上岗。

（2）作业范围内的顶帮支护有危及人身和设备安全时，必须及时报告班长，处理妥善后方准作业。

（3）电动机及其开关地点附近20 m以内风流中瓦斯浓度达到1.5%时，必须停止运转，撤出人员，切断电源，进行处理。

（4）不允许用刮板输送机运送作业规程规定以外的设施和物料，禁止人员蹬踩制板输送机。

（5）开动刮板输送机前必须发出开车信号，确认人员已离开机器转动部位，点动两次后才允许正式开动。

（6）多台运输设备连续运行，应按逆煤流方向逐台开动，按顺煤流方向逐台停止。

(二) 准备、检查与处理

1. 准备

(1) 工具：钳子、小铁锤、铁锹、扳手等。

(2) 备品配件材料：保险销圆环链等；刮板、铁丝、螺栓和螺母等。

(3) 油脂：机械润滑油、液力偶合器油（液）等。

2. 检查与处理

(1) 机头、机尾处的支护完整牢固。

(2) 机头、机尾附近 5 m 以内无杂物、浮煤、浮渣，洒水设施齐全无损。

(3) 机头、机尾的电气设备处如有淋水，必须妥善遮盖，防止受潮接地。

(4) 本台刮板输送机与相接的刮板输送机、转载机、带式输送机的搭接必须符合规定。

(5) 机头、机尾的锚固装置牢固可靠。

(6) 各部轴承及减速器和液力偶合器的油量符合规定要求，无漏油。

(7) 防爆电气设备完好无损，电缆悬挂整齐。

(8) 各部分螺栓紧固，联轴器间隙合格，防护装置齐全无损。

(9) 牵引链无磨损或断裂，调整牵引及传动链，使其松紧适宜。

(10) 信号装置灵敏可靠。

(三) 操作及其注意事项

(1) 试运转。发出开机信号并喊话，先点动两次，再正式启动。使刮板链运转半周后停车，检查已翻转到溜槽上的刮板链，同时检查牵引链紧松程度，是否跳动、刮底、跑偏、飘链等，空载运转中对试运转中发现的问题应与班长、电钳工共同处理，处理完问题后再负载试运转。事先发出停机信号，将控制开关的手把扳到断电位置并锁好，然后挂上停电牌。

(2) 正式运转。发出开机信号，等前台刮板输送机开动运转后，点动两次，再正式开动，然后打开洒水龙头。运转中要注意：

①电动机、减速器等各部运转声音是否正常，是否有剧烈振动，电动机、轴承是否发热（电动机温度不应超过 80 ℃，轴承温度不应超过 70 ℃），刮板链运行是否平稳、无裂损。

②经常清扫机头、机尾附近及封底溜槽漏出的浮煤。

(3) 运转中发现以下情况之一时要立即停机，妥善处理后方可继续作业：

①超负荷运转发生闷车时。

②刮板链出槽、飘链、掉链、跳齿时。

③电气、机械部件温度超限或运转声音不正常时。

④液力偶合器的易熔塞熔化或其油质喷出时。

⑤发现大木料、金属支柱、假顶网、大块煤矸石等异物快到机头时。

⑥信号不明，或发现有人在刮板输送机上时。

(4) 刮板输送机运行时，不准人员从机头上部跨越，不准清理转动部位的煤粉或用手调整刮板链。

(5) 拆卸液力偶合器的注油塞、易熔塞防爆片时，脸部应躲开喷油方向，戴手套拧松几扣，停一段时间和放气后，再慢慢拧下。禁止使用不合格的易熔塞、防爆片。

(6) 检修、处理刮板输送机故障时，必须闭锁控制开关，挂上停电牌。

(7) 进行掐、接链及点动时，人员必须躲离链条受力方向；正常运行时，操作员不准面向刮板输送机运行方向，以免断链伤人。

（四）收尾工作

（1）班长发出收工命令后，将刮板输送机内的煤全部运出，清理机尾附近的浮煤后方可停机；然后关闭洒水龙头，并向下台刮板输送机发出停机信号。

（2）将控制开关手把扳到断电位置，并拧紧闭锁螺栓。

（3）清扫机头、机尾各机械、电气设备上的粉尘。

（4）在场向接班操作员详细交代本班设备运转情况、出现的故障、存在的问题。升井后按规定填写好本班刮板输送机工作日志。

二、巷道掘进刮板输送机操作员安全操作规程

（1）刮板输送机操作员应经专门培训考试合格后方可上岗。

（2）刮板输送机操作员必须熟悉刮板输送机的性能及构造原理，能按完好标准保养和维护好刮板输送机。

（3）掘进工作面刮板输送机操作员还要与本工作面的掘进机操作员、转载机操作员、皮带机操作员密切合作，按规定顺序开机、停机。

（4）刮板输送机操作员上岗时，应检查所配备的必需工具。

（5）认真做好接班工作。

（6）试运转：首先检查刮板机面链是否存在问题，如无问题后再发出开机信号并喊话，确认其他人员离开机器转动部位后先点动两次，再正式启动，使刮板链运转半周后停车，检查已翻转到刮板机面上的刮板链是否存在问题，如无问题后再正式运转。

（7）正式运转：发出开机信号并喊话，确认其他人员离开转动部位后先点动两次，再正式启动，然后打开洒水喷雾灭尘装置。

（8）刮板输送机在运行中，操作员应注意电动机、减速器运转的声音是否正常，是否有剧烈振动，刮板链运行是否平稳，电动机、轴承是否发热。电动机的工作温度不应超过 80 ℃，轴承温度不应超过 70 ℃。

（9）停运刮板输送机时，要将刮板输送机上的煤全部运出，关闭洒水喷雾灭尘装置，向下台输送机发出停机信号。

（10）刮板输送机不允许运送作业规程规定以外的设施和物料，并禁止人员蹬乘。运行时，不准人员从机头上方跨越或清理刮板输送机转动部位的浮煤或用手调整机链。

（11）检修或处理刮板输送机故障时，必须闭锁控制开关，挂上停电牌。

（12）在进行刮板输送机紧链作业时，人员必须躲离链条受力方向，正常运行时，操作员不得面向刮板输送机运转方向，以免断链伤人。

（13）溜子司机严格按照职业卫生相关规定，佩戴劳动保护用品。

第四节 刮板输送机的安装、检测和检修

一、安装与试运转

1. 安装

对于刮板输送机安装总的要求是：三平、三直、一稳、二齐全、一不漏、两不准。

（1）三平：溜槽接口要平，电动机与减速器底座要平，对轮中心线接触要平。

（2）三直：机头、溜槽、机尾要直，电动机与减速器中心要直，链轮要直。

（3）一稳：整台刮板输送机安设要稳，开动时不摆动。

（4）齐全：刮板要齐全，链环螺栓要齐全。

（5）一不漏：溜槽接口要严密不漏煤。

（6）两不准：运转时刮板链不跑偏、不飘链。

2. 试运转

1）地面试运转

在地面组装完后，应认真细致地进行全面的检查，无问题后进行空载运行试验，观察运行状况并及时处理出现的问题。其中必须确保机尾部电动机比机头部电动机先启动 0.5 ~ 2 s，使底链先运动并张紧，让底链松弛段移到上链槽中，以避免底链的刮卡、脱槽等现象。空载运行 1 h，检查电动机、液力偶合器、减速器有无异常声响，温升是否正常。在试转过程中应向溜槽洒水，以减小摩擦。

2）井下试运转

（1）空载试运转。按在地面组装步骤，在井下安装完毕后，仍按地面安装的检查项目进行检查，然后进行 0.5 ~ 1 h 的空运转，发现问题及时处理。其中试运转后，由于输送机消除了间隙，刮板产生了松弛，需进行紧链处理。

（2）负载试运转在综采工作面配套设备全部安装好后，应进行 4 h 负载试验。先轻载运转 1 h 后，停机全面检查刮板链结构情况，调整链条张紧程度。再次启动并逐渐加载，检查电动机的电流和负载分配情况，以及电动机、减速器温升如何，目测链条与机尾部传动链轮上面的分离处，堆积松弛链环达两个以上时，应重新张紧链条。经负载试运转正常后，将转入正常生产。

二、使用与维护

1. 使用

（1）所有操作员和维修人员应熟悉本机的结构性能，严格执行操作规程、作业规程、煤矿安全规程和岗位责任制及交接班验收制度。操作员必须正确使用信号，听清信号才准开车，启动时要一开一停 2 ~ 3 次无问题后才能正常启动。

（2）在运完中部槽上的煤以后，应再空运转几个循环，以便于将煤粉从中部槽槽帮滑道内清除干净，防止煤粉结块而增大启动负载和运行阻力。

（3）输送机正常运行时，不要将其推移成许多弯曲段，使附加张力增加；除机头、机尾可以停机推移外，工作面内的中部槽要在输送机运行中推移，不准停机推移。运行中应于滞后采煤机后滚筒 15 m 左右处开始推移溜槽，不得推成急弯，弯曲段长度以不小于 12 节中部槽为宜，以防折断哑铃栓及损坏其他部件。

（4）尽量避免频繁启动，严禁强制启动和超载运行。无载时不得长时间空运转。

（5）不得用脚踩刮板链的方法处理飘链；不得在运行中砸大块或者搬大块煤，应停机进行处理。处理事故时必须切断电源。

（6）减速器的冷却器要保持良好的工作状态，严禁在井下打开减速器。勤清扫机头、机尾两处的浮煤及驱动装置上的煤粉和集尘，以利于散热。

2. 维护

为保证输送机设备各部件的正常工作及运转，必须严格对输送机进行维护工作。

（1）检查。检查工作分为班检、日检、周检、月检和季检五类，应按照各类检查规定的检查内容进行，发现问题应及时处理。

（2）润滑。润滑应根据规定，按时在润滑点注符合规定的润滑油，要做到无尘注油。减速器首次使用200 h后，应放旧油换新油，以后工作5个月或2 000 h后再重新换油，换油时应遵循泄油、冲洗、再注油原则。

三、刮板输送机安装标准

（一）刮板输送机机头、机尾安装

（1）刮板输送机机头架安装必须采用稳固的压柱（综采工作面刮板机除外）进行固定。

（2）驱动装置连接牢靠，转动灵活，无卡阻和杂声；各传动部位按要求加注润滑油脂，减速器齿轮箱用润滑油标号及容量符合设计标准，保持润滑良好。

（3）液力偶合器必须添加适当的传动液，液位正常；使用合格的易熔塞和防爆片；轮胶圈或弹性盘完好齐全。

（4）刮板输送机机尾架安装可采用地锚或压柱固定。

（二）中间部分安装

（1）整机安装达到平、直、稳、牢标准。

①平：刮板输送机整机铺设要平，坡度变化平缓。机头架下底板平整硬实，必要时必须用道木垫平、垫实。中部槽搭接端头靠紧，过渡平缓无台阶。相邻两节中部槽接口处在垂直方向的弯曲度不大于3°。机道底板应平整，无积煤等杂物，中部槽槽帮整体暴露在巷道地板上。

②直：输送机整机铺设呈直线，无严重扭曲，直线变化平缓。相邻中部槽水平弯曲度不大于3°（综采工作面刮板输送机水平弯曲度不大于1.5°）。

③稳：刮板机铺设稳固，落地坚实，运行平稳、无晃动。

④牢：机头架、机尾架安装稳固的压柱。

（2）SGW系列刮板输送机的刮板和链条的连接螺栓头朝着刮板链运行方向的一侧。

（3）工作面刮板输送机采用标准E型螺栓和防松螺母连接，螺栓头长度统一，不高出刮板平面。

（4）刮板链松紧适度，链条在机头链轮下部有2～3个松弛环为宜。

（5）刮板运行平稳，无刮卡、飘链现象，刮板无明显歪斜，链条、刮板在机头、机尾链轮上无卡阻、跳链现象。链轮无损伤，链轮承托水平圆环链的平面最大磨损：节距≤64 mm时不大于6 mm；节距≥86 mm时不大于8 mm。

（6）分链器、压链器、护板完整紧固，无变形，运转时无卡滞现象。抱轴板磨损不大于原厚度的20%，压链器厚度磨损不大于10 mm。紧链机构部件齐全完整，操作灵活，安全可靠。

（7）溜槽及连接件无开焊断裂，对角变形不大于6 mm；中板和底板无漏洞。

（8）链条组装合格，运转中刮板不跑斜（跑斜不超过一个链环长度为合格），松紧合适，链条正反方向运行无卡阻现象。圆环链伸长变形不得超过设计长度的3%。

（9）零部件外观完好，几何形状正常，无严重变形、开裂、锈蚀和磨损现象，各部位连接螺栓符合技术要求，连接紧固可靠。

（三）电气部分安装

（1）刮板输送机机头必须设置配电点，电气设备要集中放置。

（2）电气开关和小型电器分别按要求上架、上板，摆放位置无淋水，有足够行人和检修空间，电缆悬挂整齐、规范。

（3）电气开关、电缆选型符合设计要求，各种保护装置齐全，动作灵敏可靠，各种保护整定值符合设计要求。

（4）控制信号装置齐全、灵敏可靠，并在机头硐室段巷道安装防爆照明灯具。

（5）通信信号系统完善、布置合理、声光兼备、清晰可靠。

（四）其他要求

（1）驱动装置电动机、减速机等周围环境保持清洁，无积煤、积水和淋水；有足够的行人或检修空间；运输机巷安装的刮板输送机，行人侧有不小于700 mm的空间。

（2）根据生产需要，机头部位要加装挡煤板和缓冲装置，槽帮安装的挡煤板高度不小于250 mm，且固定牢靠，不洒煤、不漏矸。刮板输送机靠巷道一侧布置时，靠巷帮侧可以不安装挡煤板。

（3）刮板输送机与另外一台刮板输送机或皮带机前后搭接时，搭接重合长度不小于500 mm，搭接高度（卸载链轮下沿至下部设备机架表面）不小于300 mm、不大于500 mm。

（4）按要求安装各种护罩、护栏和行人过桥。

（5）喷雾洒水装置安装位置、数量符合相关要求。

（6）设备岗位责任制、操作规程、交接班制度等规章制度完善齐全。

（7）设备及巷道内环境卫生清洁，无漏油、漏水和污垢，机头、机尾前后20 m内无淤泥、杂物，备品、备件及材料码放整齐。

（五）过桥安装标准

（1）刮板输送机搭接在胶带机上时，在刮板输送机机头向后15 m左右处设一个过桥，当刮板输送机长度超过60 m时，在刮板输送机中间另设一过桥（采煤工作面输送机除外）。

（2）胶带机搭接到刮板机上时，在刮板输送机机尾前方约10 m处设置一个过桥。

四、使用管理制度

（一）设备检查检修制度

（1）使用单位要制定刮板输送机的月度检修计划并按照计划严格执行。

（2）使用单位配备足够的检修人员并在规定的时间内进行检修，检修后检修人员要按照要求认真填写检修记录。

（3）每周对刮板输送机进行一次全面的检查；刮板输送机检修人员每天应对设备进行一次全面的检查维护，刮板输送机操作班中应对所操作维护的设备进行不少于两次的巡回检查。

（4）设备操作维护人员应对机电设备的完好情况、压柱、护罩等安全设施使用情况等进行全面检查，发现问题及时处理，处理不了的及时汇报。

（5）刮板输送机开关整定值应严格按照整定设计执行，检修维护人员每天应检查一次保护使用情况，严禁私自改动保护整定值。

（6）刮板输送机开关的保护齐全完善，设置规范，严禁甩保护或保护装置失灵未处理好而强行开机运行。

（7）驱动装置外露部分、机尾转动部位必须有完好的防护罩或防护栏，每班检查一次其完好情况。

（二）设备操作、运行管理制度

（1）操作员必须人员固定，持证上岗，严禁无证或持无效证件上岗。

（2）刮板输送机机头处必须至少规范悬挂有以下相关规章制度：《刮板机司机岗位责任制》《刮板机司机操作规程》。

（3）每部设备应设置有交接班记录、检查检修记录，并由相关人员认真填写。

（4）刮板输送机操作员必须坚持现场交接班，交接班时双方必须将设备运转情况、现场遗留问题及注意事项等交接清楚并及时、完整、准确地填写交接班记录。

（5）刮板输送机运转期间出现重大机械、电气故障或其他异常问题时，应立即停机，及时将情况向队跟（值）班人员和矿调度室汇报，并针对所发现问题采取必要措施进行处理。

（6）驱动装置的电动机、减速机运转正常，无异常响声，减速机中油脂清洁，油量适当。

（7）液力偶合器严格按照传动功率的大小加注合格、适量的传动介质，双电动机驱动时液力偶合器的充液量要保持均衡，避免电动机出力不均而损坏。严禁用其他液体代替传动介质。严禁使用其他物品代替易熔塞和防爆片。

（8）刮板输送机启动前操作员必须发出信号，向工作人员示警，然后点动或预警两次，如果转动方向正确，又无其他情况，方可正式启动。

（9）刮板输送机应尽可能在空载状态下停机，在生产过程中，要控制好煤量，避免因堆煤压死刮板输送机，当刮板输送机发生死车时，正、倒车均不得超过 2 次。

（10）严禁在溜槽内行走或乘坐刮板输送机。禁止用溜子运送设备和各种物料，特殊情况必须运输时，应制定安全技术措施。

（11）推溜时要平稳推进，若发现推移困难，应停止作业，检查原因并处理，不得强行推移。推溜时应避免溜子推移后出现急弯，防止溜槽错口而发生断链事故。

（12）工作面过断层期间，打眼数量、间距、装药量、爆破次数应严格执行过断层措施的有关规定。在进行爆破时，必须对设备、管路、电缆等采取保护措施。

（13）工作面分矸期间，严禁大块矸石从采煤机底部强行通过。

（14）当班操作员应负责设备及环境卫生的清理，并做到动态达标。

思考题与习题

1. 刮板输送机的主要组成部分及各部分的功能是什么？试阐述刮板输送机的工作原理及使用范围。

2. 什么是设计生产率？什么是设备生产率？在选择运输设备时两者之间的关系如何？

3. 何为逐点计算法？逐点计算法的原则是什么？怎样根据传动布置方式的不同来确定最小张力点的位置？

第六章　带式输送机

第一节　带式输送机的工作原理及结构

带式输送机的应用已经有100多年的历史。据资料介绍，最早的带式输送机出现在德国。1880年德国LMG公司在链斗式挖掘机的尾部使用了一条蒸汽机驱动的带式输送机。1896年美国认定鲁宾斯为带式输送机的发明人。到20世纪30年代，德国褐煤露天矿连续开采工艺趋于成熟，带式输送机也得到迅速发展。第二次世界大战前就已经使用了1.6 m带宽的带式输送机。20世纪50年代开发研制的钢丝绳芯输送带为实现带式输送机单机远距离输送提供了前提条件。为了提高生产率，在不断增加单机长度的同时，带式输送机的运行速度也不断提高。20世纪70年代，德国鲁尔区Haniel－Prosper II号煤矿使用了当时规格最大的带式输送机，其带宽为1.4 m，带速为5.5 m/s，整机传动功率为2×3 100 kW，电动机转子直接固定在滚筒轴上，从而省去了减速器；采用交直—交交变频装置调速，启、制动过程非常平稳，启动时间可达140 s，制动时间可达40 s；输送带寿命可达20年；该机上、下分支输送带都运送物料，向上运煤、向下运矸石，提升高度为700 m。目前带式输送机最大单机长度可达15 000 m，最高带速已达15 m/s，最大带宽为6 400 mm，最大输送能力为37 500 t/h，最大单机驱动功率为6×2 000 kW。尽管带式输送机已具有相当长的历史，其应用十分广泛，但就其技术和结构形式而言，仍然处在发展中，许多新的机型和新的部件还在不断开发研制中。

一、带式输送机的工作原理、使用条件及优缺点

带式输送机是以输送带兼作牵引机构和承载机构的一种连续动作式运输设备，它在矿井地面和井下运输中得到了极其广泛的应用，其主要组成部分及工作原理如图6－1所示。

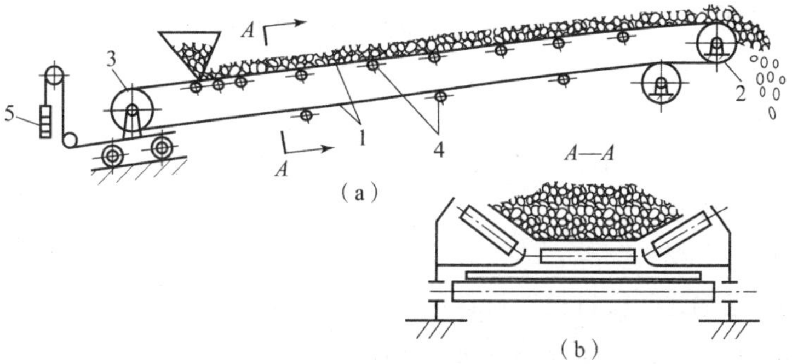

图6－1　带式输送机的主要组成部分及工作原理

1—输送带；2—主动滚筒；3—机尾换向滚筒；4—托辊；5—拉紧装置

输送带1绕主动滚筒2和机尾换向滚筒3形成一个无极的环形带，上、下两股输送带分别支承在上、下托辊4上，拉紧装置5给输送带以正常运转所需的张紧力。当主动滚筒在电动机驱动下旋转时，借助于主动滚筒与输送带之间的摩擦力带动输送带及输送带上的物料一同连续运转；当输送带上的物料运到端部后，由于输送带的转向而卸载，这就是带式输送机的工作原理。

带式输送机的机身横断面如图6－1（b）所示。上部输送带运送物料，称为承载段；下部不装运物料，称为回空段。输送带的承载段一般采用槽形托辊组支承，使其成为槽形承载断面。因为同样宽度的输送带，槽形承载面比平形的要大很多，而且物料不易撒落。回空段不装运物料，故用平形托辊支承。托辊内两端装有轴承，转动灵活，运行阻力较小。

带式输送机可用于水平及倾斜运输，但倾角受物料特性限制。通常情况下，普通带式输送机沿倾斜向上运送原煤时，输送倾角不大于18°；向下运输时，倾角不大于15°，运送附着性和黏结性大的物料时，倾角还可大一些。带式输送机不宜运送有棱角的货物，因为有棱角的物料易损坏输送带，降低带式输送机的使用寿命。

带式输送机的优点是运输能力大，而工作阻力小，耗电量低，为刮板输送机耗电量的1/5～1/3。因在运输过程中物料与输送带一起移动，故磨损小，物料的破碎性小。由于结构简单，既节省设备，又节省人力，故广泛应用于我国国民经济的许多工业部门。国内外的生产实践证明，带式输送机无论是在运输能力方面，还是在经济指标方面，都是一种较先进的运输设备。

带式输送机的缺点是：输送带成本高且易损坏，故与其他运输设备相比，初期投资高，且不适于运送有棱角的物料。随着煤炭科学技术的发展，国内外对带式输送机可弯曲运行、大倾角运输、线摩擦驱动等方面的研究有了较大进展，提高了带式输送机的适应性能。

二、带式输送机主要部件结构及功能

带式输送机主要由输送带、托辊、传动装置、拉紧装置和制动装置等部分组成，现将主要部件分述如下。

（一）输送带

输送带在一般输送机中既是承载机构又是牵引机构，所以要求它不仅要有足够的强度，还应有相当的挠性。输送带贯穿于输送机的全长，其长度为机长的2倍以上，是输送机的主要组成部分，其用量大、成本高，约占输送机成本的50%。因此，在运转中对输送带加强维护使之少出故障，是提高输送机寿命、降低运转费用的一个重要措施。

1. 输送带的分类

目前，输送带基本上有四种结构，即分层式织物层芯输送带、整体芯输送带、钢丝绳芯输送带和钢丝绳牵引输送带。

1）分层式织物层芯输送带

分层式织物层芯输送带按抗拉层材料不同分为棉帆布芯（CC）输送带、尼龙芯（NN）输送带、聚酯芯（EP）输送带。棉帆布芯（CC）输送带是一种传统的输送带，适用于中短距离输送物料。随着煤炭工业的高速发展，输送机的长度及运量越来越大，棉帆布芯输送带已不能满足生产上的要求。尼龙芯（NN）输送带带体弹性好，强力高，抗冲击，耐曲挠性好，成槽性好，使用时伸长量小，适用于中长距离、较高载量及高速条件下输送物料。聚酯芯（EP）输送带带体模量高，使用时伸长率小，耐热性好，耐冲击，适用于中长距离、较高载量及高速条件下输送物料。分层式织物层芯输送带结构如图 6-2 所示。分层式织物层芯输送带根据覆盖胶的不同，有普通型、耐热型、耐高温型、耐烧灼型、耐磨型、一般难燃型、导静电型、耐酸碱型、耐油型和食品型等多种。

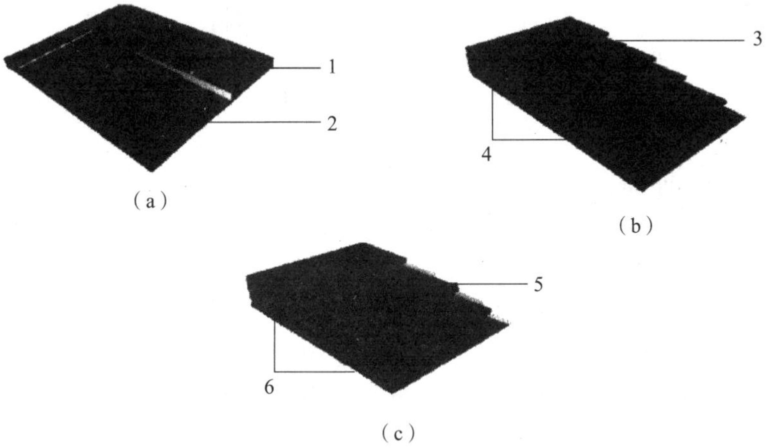

图 6-2　分层式织物层芯输送带结构

(a) 棉帆布芯（CC）输送带；(b) 尼龙芯（NN）输送带；(c) 聚酯芯（EP）输送带
1，4，6—覆盖胶层；2—挂胶棉帆布层；3—挂胶尼龙布层；
5—挂胶聚酯帆布层

分层式织物层芯输送带的规格如表 6-1 所示。

表 6-1　分层式织物层芯输送带的规格

<table>
<tr><th rowspan="2">输送带类型</th><th rowspan="2">织物型号</th><th rowspan="2">单层织物强度/(N·mm^{-1})</th><th rowspan="2">单层织物骨架厚度/mm</th><th colspan="2">覆盖胶厚/mm</th><th rowspan="2">布层数</th><th rowspan="2">生产宽度范围/mm</th><th rowspan="2">生产长度/m</th></tr>
<tr><th>上胶</th><th>下胶</th></tr>
<tr><td>棉帆布芯（CC）输送带</td><td>CC-56</td><td>56</td><td>1.10</td><td rowspan="7">3.0
4.5
6.0</td><td rowspan="7">1.5
3.0
6.0</td><td>3～12</td><td>300～2 800</td><td>20～1 000</td></tr>
<tr><td rowspan="6">尼龙芯（NN）输送带</td><td>NN100</td><td>100</td><td>0.70</td><td rowspan="6">3～12</td><td rowspan="6">300～2 800</td><td rowspan="6">20～1 000</td></tr>
<tr><td>NN150</td><td>150</td><td>0.75</td></tr>
<tr><td>NN200</td><td>200</td><td>0.90</td></tr>
<tr><td>NN250</td><td>250</td><td>1.15</td></tr>
<tr><td>NN300</td><td>300</td><td>1.25</td></tr>
<tr><td>NN400</td><td>400</td><td>1.50</td></tr>
</table>

续表

输送带类型	织物型号	单层织物强度/(N·mm⁻¹)	单层织物骨架厚度/mm	覆盖胶厚/mm		布层数	生产宽度范围/mm	生产长度/m
				上胶	下胶			
聚酯芯(EP)输送带	EP100	100	0.75	3.0 4.5 6.0	1.5 3.0 6.0	3~12	300~2 800	20~1 000
	EP150	150	0.85					
	EP200	200	1.00					
	EP250	250	1.20					
	EP300	300	1.35					
	EP350	350	1.50					
	EP400	400	1.65					

2）整体芯输送带

整体芯输送带带体不脱层，伸长小，抗冲击，耐撕裂，主要用于煤矿井下。按结构不同分为 PVC 型、PVG 型整体芯输送带。PVC 型为全塑型整体芯输送带，用于倾角 16°以下干燥条件物料的输送。PVG 型为橡胶面整体芯输送带，用于倾角 20°以下、潮湿有水物料的输送。整体芯输送带的结构如图 6－3 所示。

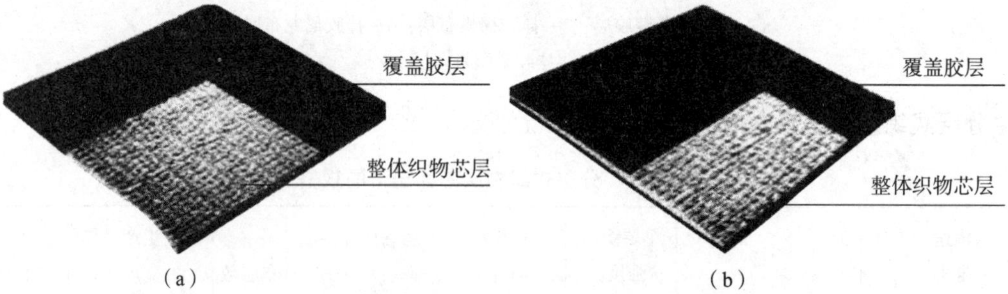

图 6－3　整体芯输送带结构

(a) PVC 型输送带；(b) PVG 型输送带

整体芯输送带规格系列见表 6－2。

3）钢丝绳芯输送带

钢丝绳芯输送带结构如图 6－4 所示。此输送带拉伸强度大，抗冲击性好，寿命长，使用时伸长率小，成槽性好，耐曲挠性好，适用于长距离、大运量、高速度物料输送，可广泛用于煤炭、矿山、港口、冶金、电力、化工等领域的物料输送。按覆盖胶性能可分为普通型、阻燃型、耐寒型、耐磨型、耐热型、耐酸碱型等品种；按内部结构可分为普通结构型、横向增强型、预埋线圈防撕裂型。

4）钢丝绳牵引输送带

钢丝绳牵引输送带沿输送带横向铺设方钢条，其间以橡胶填充，以贴胶的帆布为带芯并在上、下表面覆盖橡胶，两边为耳槽，靠钢丝绳牵引运行，带体只承载物料，不承受拉伸力；带体刚度大，不伸长，抗冲击，耐磨损，适用于长距离、高载量条件下物料的输送。

表 6-2　整体芯输送带规格系列

型号	整体拉伸强度/(N·mm⁻¹)		整体拉断伸长率/%		带宽/mm	每卷带长/m
	纵向	横向	纵向	横向		
680S/四级	680	365	≥15	≥18	400~2 000	50~200
800S/五级	800	280				
1 000S/六级	1 000	300				
1 250S/七级	1 250	350				
1 400S/八级	1 400	350				
1 600S/九级	1 600	400				
1 800S/十级	1 800	400				
2 000S/十一级	2 000	400				
2 240S/十二级	2 240	450				
2 500S/十三级	2 500	450				
2 800S/十四级	2 800	450				
3 100S/十五级	3 100	450				
3 400S/十六级	3 400	450				

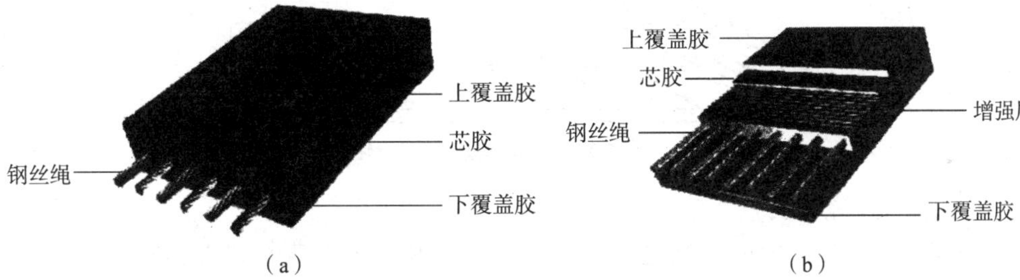

图 6-4　钢丝绳芯输送带结构

2. 输送带的连接

为了便于制造和搬运，输送带长度一般制成每段 100~200 m，使用时必须根据需要把若干段连接起来。橡胶输送带的连接方法有机械接法与硫化胶接法两种。硫化胶接法又可分为热硫化胶接和冷硫化胶接。机械接法有以下三种。

1）机械接头接法

机械接头是一种可拆卸的接头，它对带芯有损伤，接头强度低，只有 25%~60%，使用寿命短，并且接头通过滚筒对滚筒表面有损害，故常用于短运距或移动式带式输送机上。织物层芯输送带常采用的机械接头形式有铰接活页式、铆钉固定的夹板式和钩状卡子式，如图 6-5 所示。

2）硫化（塑化）接头接法

硫化（塑化）接头是一种不可拆卸的接头形式。它具有承受拉力大、使用寿命长、对滚筒表面不产生损害、接头强度可高达 60%~95% 的优点，其缺点是接头工艺过程复杂。

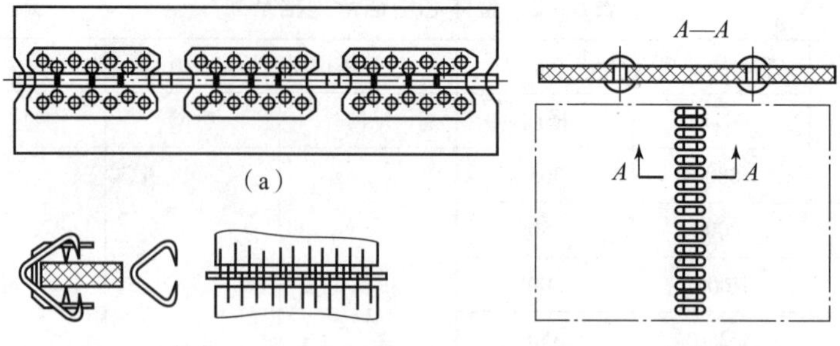

图 6-5　织物层芯输送带常用的机械接头方式

(a) 铰接活页接头；(b) 铆钉固定夹板接头；(c) 钩状卡子接头

对于分层织物层芯输送带，硫化前将其端部按帆布层数切成阶梯状，如图 6-6 所示，然后将两个端头互相黏合，用专用硫化设备加压加热并保持一定时间即可完成。值得注意的是，接头静载强度为原来强度的 $(i-1)/i\times100\%$，其中 i 为帆布层数。对于钢印绳芯输送带，在硫化前将接头处的钢丝绳剥出，然后将钢丝绳按某种排列形式搭接好，附上硫化胶料，即可在专用硫化设备上进行硫化胶接。

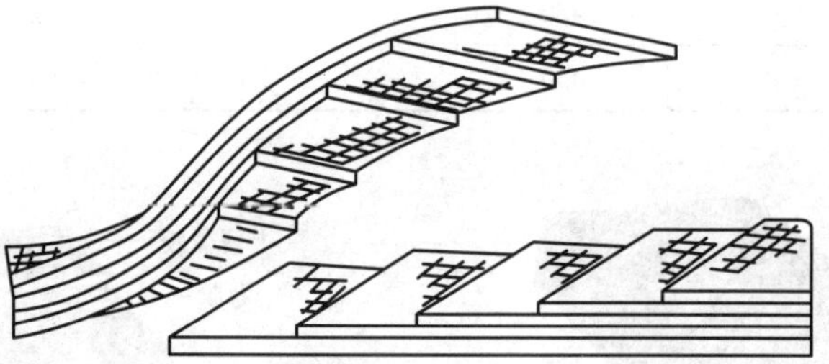

图 6-6　分层织物层芯输送带的硫化接头

3）冷粘法（冷硫化法）

冷粘法与硫化连接主要的不同之处是冷粘连接使用的胶可直接涂在接口上，不需要加热，只需要加适当的压力保持一定的时间即可。冷粘连接只适用于分层织物层芯的输送带。

（二）托辊与机架

托辊的作用是支承输送带，使输送带的悬垂度不超过技术上的要求，以保证输送带平稳地运行。托辊安装在机架上，而输送带铺设在托辊上，为减小输送带运行阻力，在托辊内装有滚动轴承。

机架的结构分为落地式和吊挂式两种，落地式又分为固定式和可拆卸式两种，一般在主要运输巷道内用固定式，而在采区顺槽中则多采用拆卸式或吊挂式机架。吊挂式机架和托辊如图 6-7 所示。

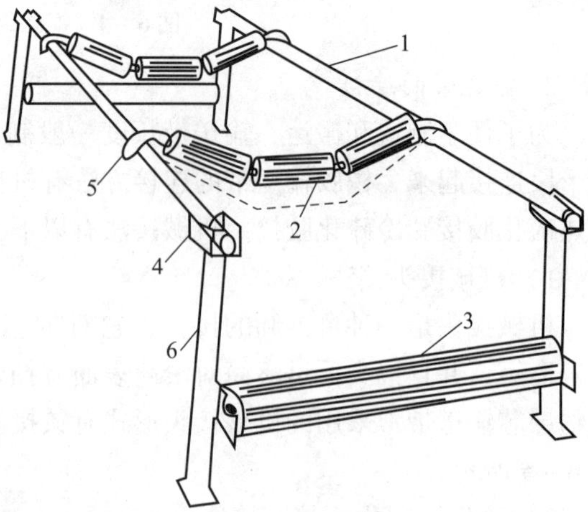

图 6-7　吊挂式机架和托辊

1—纵梁；2—槽形托辊；3—平形托辊；4—弹簧销；5—弧形弹性挂钩；6—支承架

托辊由中心轴、轴承、密封圈和管体等部分组成，其结构如图 6－8 所示。托辊按用途可分为以下几种。

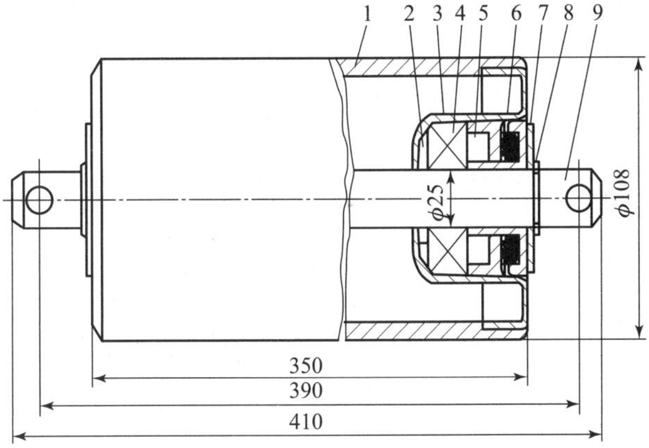

图 6－8　托辊的结构

1—管体；2，7—垫圈；3—轴承座；4—轴承；5，6—密封圈；8—挡圈；9—心轴

1. 承载托辊

承载托辊是一种安装在承载分支上，用以支承该分支上输送带与物料的托辊。在实际应用中，要求它能根据所输送的物料性质差异，使输送带的承载断面形状有相应的变化。如果运送散状物料，为了提高生产率并防止物料的撒落，通常采用槽形托辊；而对于成件物品的运输，则采用平形承载托辊。

2. 回程托辊

回程托辊是一种安装在空载分支上，用以支承该分支上的输送带的托辊。回程托辊的常见布置形式如图 6－9 所示。

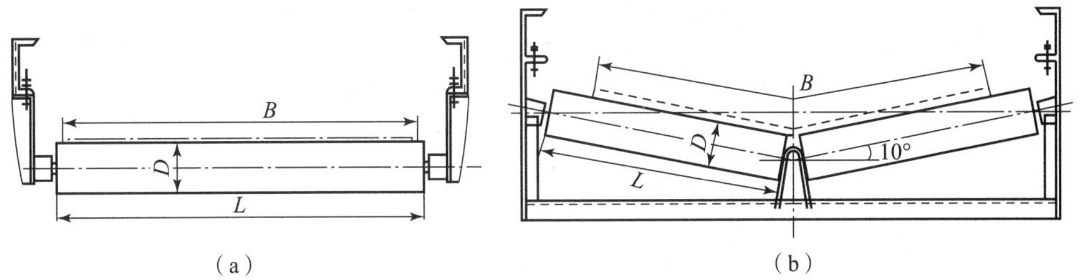

图 6－9　回程托辊的常见布置形式

(a) 平形；(b) V 形

3. 缓冲托辊

缓冲托辊安装在输送机的装载处，以减轻物料对输送带的冲击。在运输相对密度较大的物料时，有时需要沿输送机全线设置缓冲托辊。缓冲托辊的一般结构如图 6－10 所示，它与一般托辊的结构相似，不同之处是在管体外部加装了橡胶圈。

4. 调心托辊

输送带运行时，由于张力不平衡、物料偏心堆积、机架变形、托辊损坏等会产生跑偏现象，为了纠正输送带的跑偏，通常采用调心托辊。

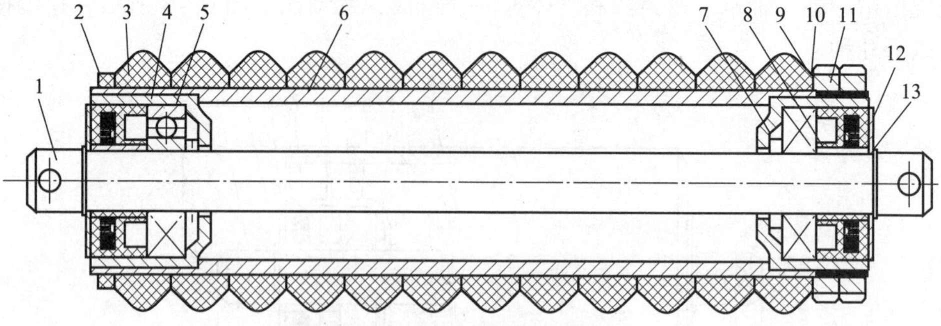

图 6-10 缓冲托辊的一般结构

1—轴；2，13—挡圈；3—橡胶圈；4—轴承座；5—轴承；6—管体；7，8，9—密封圈；10，12—垫圈；11—螺母

调心托辊被间隔地安装在承载分支与空载分支上，承载分支通常采用回转式筒形调心托辊，其结构如图 6-11 所示。空载分支常采用回转式平形调心托辊。调心托辊与一般托辊相比较，在结构上增加了两个安装在托辊架上的立辊和传动轴，其除了完成支承作用外，还可根据输送带跑偏情况绕垂直轴自动回转以实现调偏的功能。

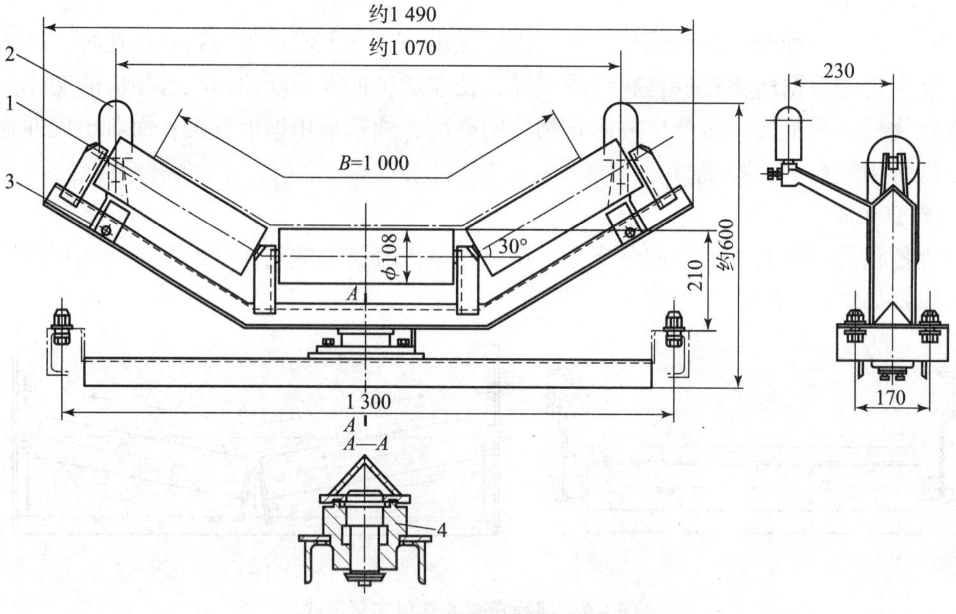

图 6-11 回转式筒形调心托辊结构

1—槽形托辊；2—空辊；3—回转架；4—轴承座

(三) 滚筒

1. 常用滚筒类型及特点

滚筒是带式输送机的重要部件之一，按其作用不同可分为传动（驱动）滚筒与改向滚筒两种。传动滚筒用来传递动力，它既可以传递牵引力，也可以传递制动力；而改向滚筒则不起传递作用，主要用作改变输送带的运行方向，可实现各种功能（如拉紧、返回等）。

1）传动滚筒

传动滚筒按其内部传动特点不同分为常规传动滚筒、电动滚筒和齿轮滚筒。

传动滚筒内部装入减速机构和电动机的叫作电动滚筒，在小功率输送机上使用电动滚筒是十分有利的，可以简化安装，减少占地，使整个驱动装置质量小、成本低，有显著的经济效益。但由于电动机散热条件差，工作时滚筒内部易发热，往往造成密封破坏、润滑油进入电动机而使电动机烧坏等事故。

为改善电动滚筒的不足，人们又设计制造了齿轮滚筒。传动滚筒内部只装入减速机构的即为齿轮滚筒。它与电动滚筒相比，不仅改善了电动机的工作条件和维修条件，而且可使其传递的功率有较大幅度的增加。

传动滚筒表面形式有钢制光面和带衬垫两种。衬垫的主要作用是增大滚筒表面与输送带之间的摩擦因数，减少滚筒面的磨损，并使表面有自清洁作用。常用滚筒衬垫材料有橡胶、陶瓷和合成材料等，其中最常见的是橡胶。橡胶衬垫与滚筒表面的接合方式有铸胶与包胶之分。铸胶滚筒表面厚而耐磨，质量好，有条件应尽量采用；包胶滚筒的胶皮容易脱落，而且固定胶皮的螺钉易露出胶面而刮伤输送带。

钢制光面滚筒加工工艺比较简单，主要缺点是表面摩擦因数小，而且有时不稳定。因此，仅适用于中小功率的场合。橡胶衬面滚筒按衬面形状不同主要有光面铸胶滚筒、直形沟槽胶面滚筒、人字沟槽胶面滚筒和菱形（网文）胶面滚筒等。光面铸胶滚筒制造工艺相对简单，易满足技术要求，正常工作条件下摩擦因数大，能减少物料黏结，但在潮湿场合，因常用表面无沟槽，致使无法截断水膜，因而摩擦因数显著下降。花纹状铸胶滚筒由于沟槽能使水膜中断，并将水和污物顺沟槽排出，从而使摩擦因数在潮湿环境下降低得很少；人字沟槽滚筒在使用中具有方向性，其排污性能与其自动纠偏性能正好矛盾，此种矛盾在采用菱形沟槽滚筒时即可得到圆满解决。

2）改向滚筒

改向滚筒有钢制光面滚筒和光面包（铸）胶滚筒。包（铸）胶的目的是减少物料在其表面黏结，以防输送带跑偏与磨损。

2. 滚筒直径的选择与计算

在带式输送机的设计中，正确合理地选择滚筒直径具有很重要的意义。如直径增大可改善输送带的使用条件，但将使其质量、驱动装置、减速器的传动比相应提高。因此，滚筒直径应尽量不要大于确保输送带正常使用条件所需的数值。

在选择传动滚筒直径时需考虑以下几方面的因素：

（1）输送带绕过滚筒时产生的弯曲应力。

（2）输送带的表面比压。

（3）覆盖胶或花纹的变形量。

（4）输送带承受弯曲载荷的频次。

传动滚筒直径的计算：

为限制输送带绕过传统滚筒时产生过大的附加弯曲应力，推荐传动滚筒直径 D 按下式计算：

1）织物层芯输送带

硫化接头：$D \geqslant 125z$（mm）。

机械接头：$D \geqslant 100z$（mm）。

移动式输送机：$D \geqslant 80z$（mm）。

式中　z——织物层芯中帆布层数。

2）钢丝绳芯输送带

$$D \geqslant 150d \ (\text{mm})$$

式中　d——钢丝绳直径，mm。

（四）驱动装置

驱动装置的作用是在带式输送机正常运行时提供牵引力，它主要由传动滚筒、减速器和电动机等组成。

1. 驱动装置的组成部分及主要部件的特点

驱动装置的组成如图 6－12 所示。

1）传动滚筒

关于传动滚筒的内容在上面已做过讨论，在此不再重述。

2）电动机

带式输送机驱动装置最常用的电动机是三相鼠笼型电动机，其次是三相绕线型电动机，只有个别情况下才采用直流电动机。

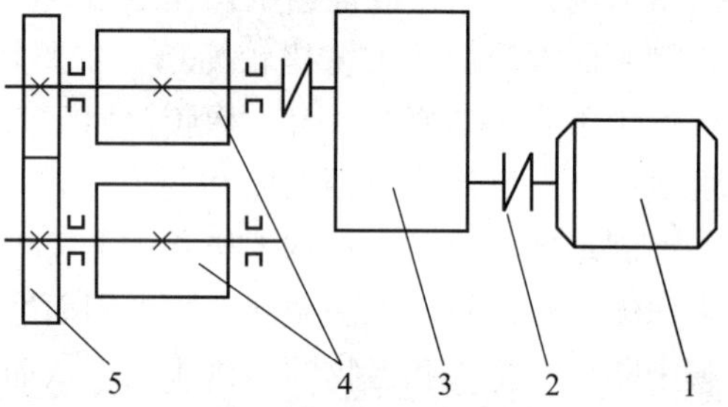

图 6－12　驱动装置

1—电动机；2—联轴器；3—减速器；4—传动滚筒；5—传动齿轮

三相鼠笼型电动机与其他两种电动机相比，具有结构简单、制造方便、易防爆、运行可靠、价格低廉等一系列优点。因此，在煤矿井下得到广泛的应用。其最大的缺点是不能经济地实现范围较宽的平滑调速，启动力矩不能控制，启动电流大。

三相绕线型电动机具有较好的调速特性，在其转子回路中串接电阻可较方便地解决输送机各传动滚筒间的功率平衡问题，不致使个别电动机长时间过载而烧坏；可以通过串接电阻启动，以减小对电网的负荷冲击，且可实现软启动控制。但三相绕线型电动机在结构和控制上均比较复杂，如带电阻长时间运转会使电阻发热、效率降低，尤其是在防爆方面很难做到，因此在煤矿井下很少采用。

直流电动机最突出的优点是调速特性好，启动力矩大，但结构复杂，维护量大。与同容量的异步电动机相比，其质量是异步电动机的 2 倍，价格是异步电动机的 3 倍，且需要直流电源，因此只在特殊情况下才采用。

3）联轴器

驱动装置中的联轴器分为高速轴联轴器与低速轴联轴器，它们分别安装在电动机与减速器之间及减速器与传动滚筒之间。常见的高速轴联轴器有尼龙柱销联轴器、液力偶合器等；常见的低速轴联轴器有十字滑块联轴器、齿轮联轴器和棒销联轴器等。

4）减速器

驱动装置用的减速器从结构形式上分，主要有直交轴减速器和平行轴减速器，煤矿井下主要使用的是前者。

2. 驱动装置的类型及布置形式

驱动装置按传动滚筒的数目分为单滚筒驱动、双滚筒驱动及多滚筒驱动；按电动机的数目分为单电动机驱动和多电动机驱动。每个传动滚筒既可配一个驱动单元（见图6－13（a）），又可配两个驱动单元（见图6－13（b）），且一个驱动单元也可以同时驱动两个传动滚筒（见图6－12）。图6－13所示为带式输送机驱动装置的几种典型布置方案示意图。

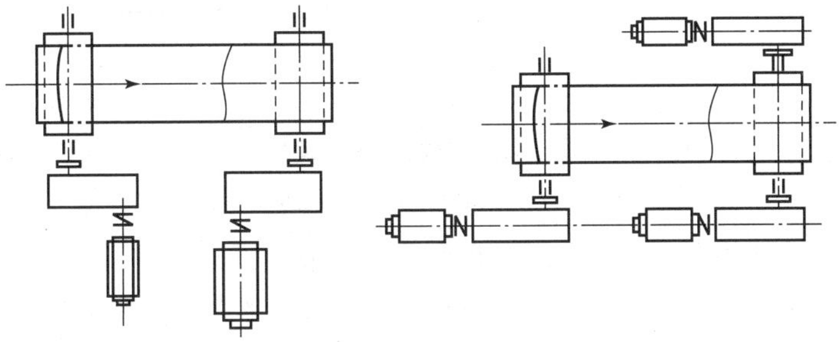

（a）　　（b）

图6－13　驱动装置布置形式

（a）垂直式；（b）并列式

（五）拉紧与制动装置

1. 拉紧装置

拉紧装置又称张紧装置，它是带式输送机必不可少的部件。其主要作用有：

（1）使输送带有足够的张力，以保证输送带与传动滚筒间能产生足够的驱动力，以防止打滑。

（2）保证输送带各点的张力不低于某一给定值，以防止输送带在托辊之间过分松弛而引起撒料和增加运行阻力。

（3）补偿输送带的弹性及塑性变形。

（4）为输送带重新接头提供必要的行程。

1）固定式

固定式拉紧装置的特点是在工作中拉紧力恒定不可调。常用的有以下几种：

（1）螺旋式拉紧装置。这种拉紧装置由于行程小，故只适用于长度小于80 m、功率较小的输送机，如图6－14所示。

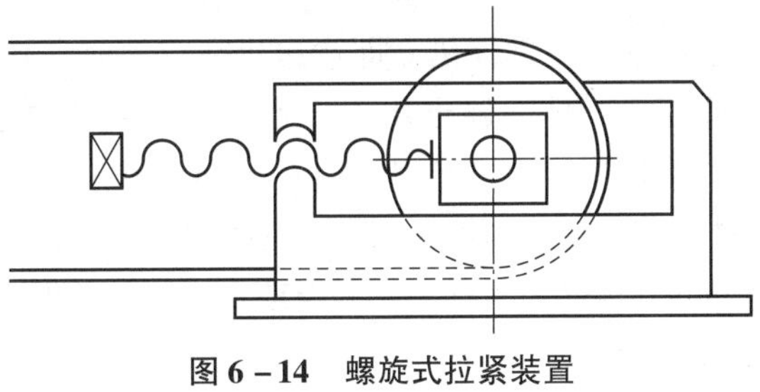

图6－14　螺旋式拉紧装置

（2）重力式拉紧装置。重力式拉紧装置适用于固定安装的带式输送机，其结构形式较多，如图6－15所示。重力式拉紧装置的主要特点是胶带伸长，变形不影响拉紧力，但体积大、笨重。

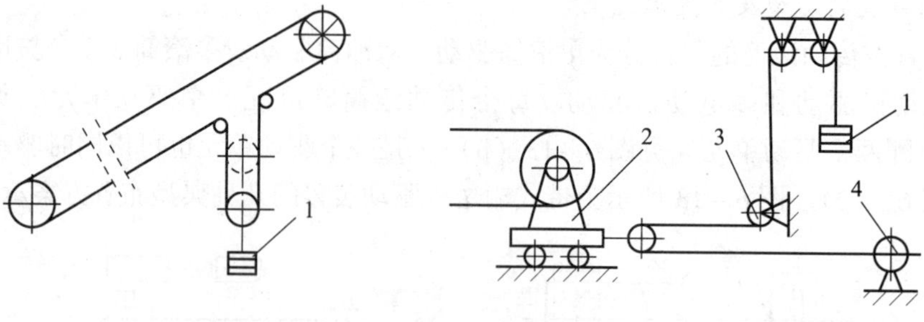

图6-15 重力式拉紧装置

1—重锤；2—拉紧滚筒小车；3—滑轮；4—绞车

(3) 钢丝绳式拉紧装置有两种形式，即绞车式和卷筒式。

①钢丝绳绞车式拉紧装置。它是用绞车代替重力式拉紧装置中的重锤，以牵引钢丝绳改变滚筒位置，实现张紧胶带的目的。这种张紧方式，当胶带伸长变形时，需及时开动绞车张紧胶带，以免张力下降。满载启动时，可开动绞车适当增加张紧力；正常运转时，反转绞车适当减小拉紧力：滚筒打滑时，开动绞车加大拉紧力，以增加驱动滚筒的摩擦牵引力。

②钢丝绳卷筒式拉紧装置。如图6-15所示，转动手把，经蜗轮蜗杆减速器带动卷筒缠绕钢丝绳，移动拉紧滚筒便可拉紧胶带。该装置广泛应用于采区运输巷道中的绳架吊挂式和可伸缩式胶带输送机上。

以上几种固定式拉紧装置的拉紧力大小是按整机重载启动时，满足胶带与驱动滚筒不打滑所需的张紧力确定的，而输送机在稳定运行时所需张紧力较启动时小。由于拉紧力恒定不可调，所以胶带在稳定运行工况下仍处于过度张紧状态，从而影响其使用寿命，增加能耗。

2) 自动式

自动式拉紧装置的特点是在工作过程中拉紧力大小可调，即输送机在不同的工况下(启动、稳定运行、制动) 工作时，拉紧装置能够提供合理的拉紧力。它适应于大型胶带输送机，常用的有自动电动绞车拉紧装置。

它的组成布置与自动液压绞车拉紧装置基本相似，但使用的是电动绞车。工作时，通过测力机构的电阻应变式张力传感器模拟反应并转换为电信号，与电控系统给定值比较，控制绞车的正转、反转和停止，实现自动调整拉紧力的目的。其缺点是动态响应差。

2. 制动装置

制动装置的作用有两个：一是正常停机，即输送机在空载或满载情况下停车时，能可靠地制动住输送机；二是紧急停机，即当输送机工作不正常或发生紧急事故时（如胶带被撕裂或跑偏等故障出现时）对输送机进行紧急制动，迅速而又合乎要求地制动输送机。

按工作性质可分为制动器和逆止器两类，制动器用于输送机在各种情况下的制动，逆止器用于倾角大于4°、向上运输满载输送机，在突然断电或发生事故时停车制动，防止其倒转。

1) 逆止器

对于上运输送机应通过具体计算来判断是否逆转，若发生逆转则安装逆止器。当一部输送机使用两个以上的逆止器时，为防止各逆止器工作的不均匀性，每个逆止器都必须按能唯独承担输送机逆止力矩的1.5倍配置。同时，在安装时必须正确确定其旋转方向，以防造成人身伤害和机器损坏。

图 6－16 所示为塞带式逆止器。胶带向上正向运行时，制动带不起作用；胶带倒行时，制动带靠摩擦力被带入胶带与滚筒之间，因制动带另一端固定在机架上，故依靠制动带与胶带之间的摩擦力制止胶带倒行。制动摩擦力的大小取决于制动带塞入胶带与滚筒之间的包角及胶带的张力大小。这种逆止器结构简单、制造容易，但必须倒转一段距离方可制动，容易造成机尾处撒煤，故多用于小功率胶带输送机。

图 6－17 所示为滚柱式逆止器。输送机正常运行时，滚柱位于切口宽侧，不妨碍星轮在固定套圈内转动；停车后胶带倒转使星轮反转，滚柱挤入切口窄侧，滚柱被楔紧，星轮不能继续反转，输送机被制动。这种逆止器安装于机头卸载滚筒两侧，并与卸载滚筒同轴。

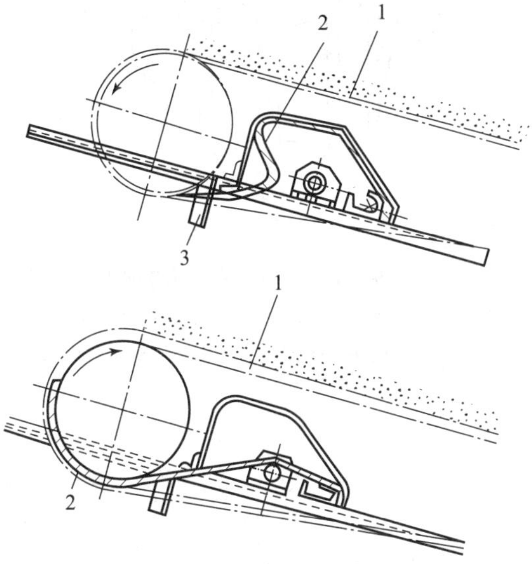

图 6－16 塞带式逆止器

1—胶带；2—制动带；3—固定挡块

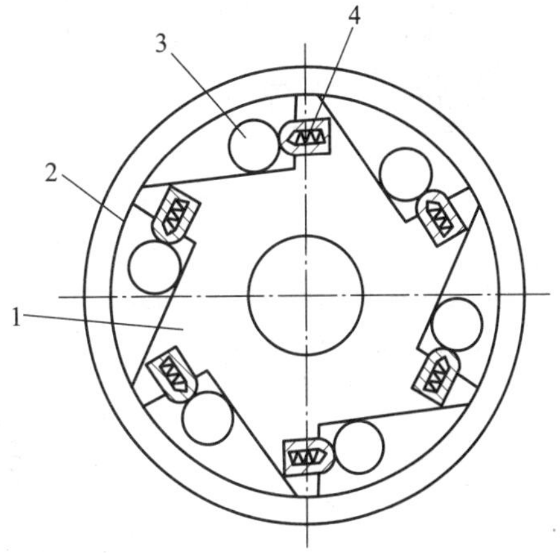

图 6－17 滚柱式逆止器

1—星轮；2—固定套圈；3—滚柱；4—弹簧柱销

2）制动器

常用的制动器有闸瓦制动器和盘式制动器。

图 6－18 所示为电动液压推杆制动器，这种采用电动液压推杆的闸瓦制动器可用于水平、向上、向下运输的输送机，但制动力矩小，通常安装在减速器一轴或二轴上。制动器通电后，由电力液压推动器推动制动杠杆松闸，断电时靠弹簧抱闸。制动力是由弹簧和杠杆加在闸瓦上的。

电力液压推动器的结构原理如图 6－19 所示，通电时，伸进电动机轴盲孔中的传动轴 7 及固定在传动轴上的叶轮 6 随电动机 8 一同高速旋转，将液压缸 3 内活塞 5 上部的油液吸到活塞与叶轮下部，形成压差，迫使活塞及固定在活塞上的推杆 4 随传动轴和叶轮一同上升，举起制动杠杆；断电后，推杆在制动弹簧的作用下复位，叶轮与活塞下部的油液则通过叶轮径向叶片间的流道被重新压到活塞上部。

盘式制动器多用于大型胶带输送机，在水平及向上、向下运输时均可采用，但向下运输时必须加强制动盘及闸瓦的散热能力，其安装在减速器输出轴或滚筒轴上。图 6－20 所示为自冷盘式制动器。

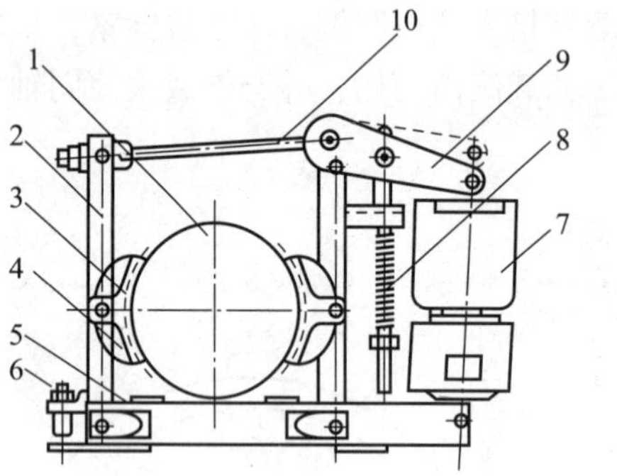

图 6－18　电动液压推杆制动器

1—制动轮；2—制动臂；3—制动瓦衬垫；4—制动瓦块；5—底座；6—调整螺钉；7—电力液压推动器；8—制动弹簧；9—制动杠杆；10—推杆

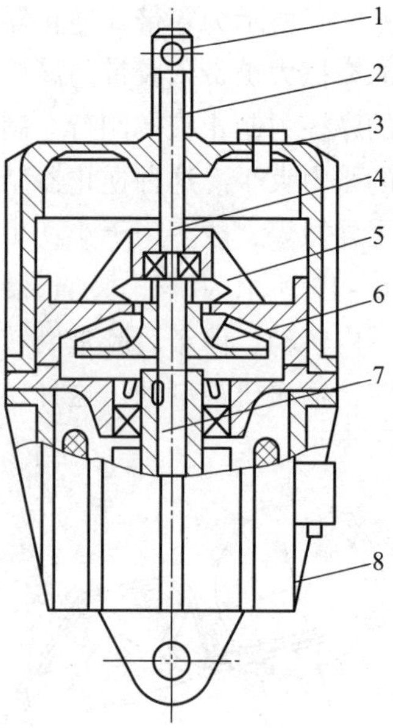

图 6－19　YD 型单推杆电力液压推动器

1—连接块；2—护管；3—液压缸；4—推杆；5—活塞；6—叶轮；7—传动轴；8—电动机

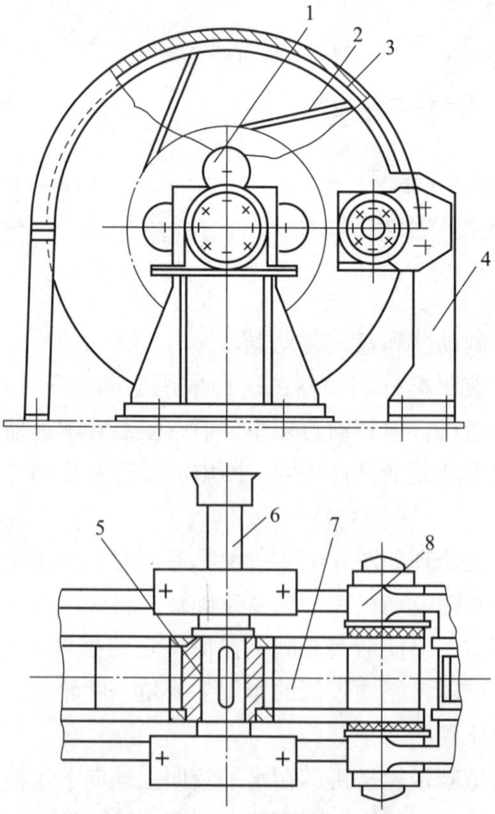

图 6－20　自冷盘式制动装置结构示意图

1—进风口；2—出风口；3—反风罩；4—支架；5—轴套；6—轴；7—制动盘；8—制动器

第二节　特种带式输送机

带式输送机的发展十分迅速，现已发展成一个庞大的家族，不再是常规的开式槽形和直线布置的带式输送机，而是根据使用条件和生产环境设计出了多种多样的机型。在此将煤矿使用的几种特种输送机类型介绍如下。

一、绳架吊挂式带式输送机

绳架吊挂式带式输送机与通用型带式输送机基本相同，其特点仅在于机身部分为吊挂的钢丝绳机架支承托辊和输送带，主要用于煤矿井下采区顺槽和集中运输巷中作为运输煤炭的设备，在条件适宜的情况下，亦可用于上、下山运输。

这种输送机有以下几方面的特点：

(1) 机身结构为绳架式，用两根纵向平行布置的钢丝绳代替一般带式输送机的刚性机架，因此结构简单，节省钢材，安装、拆卸及调整都很方便，并且可以利用矿井运输、提升中换下来的旧钢丝绳。绳架吊挂式带式输送机的钢丝绳架如图 6－21 所示。

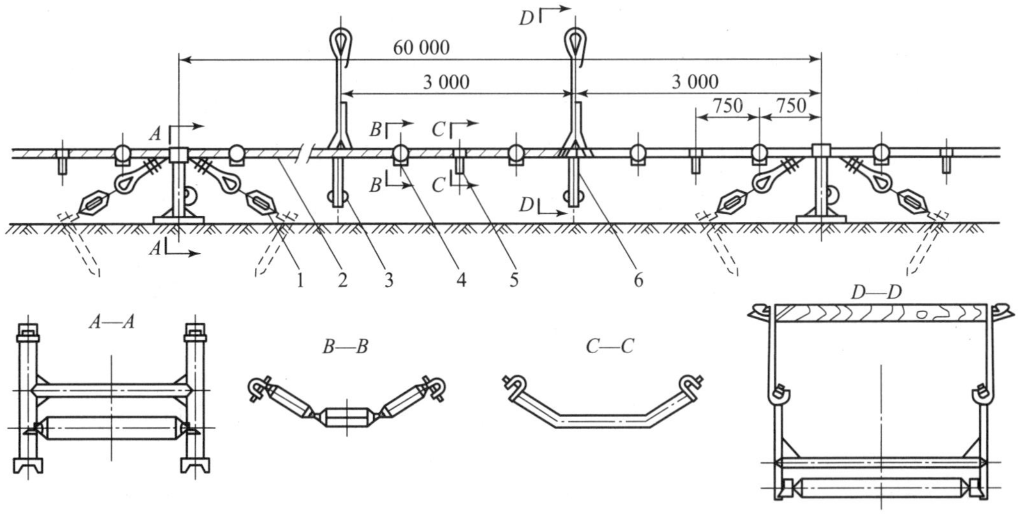

图 6－21　绳架吊挂式带式输送机的钢丝绳架

1—紧绳装置；2—钢丝绳；3—下托辊；4—铰接托辊；5—分绳架；6—中间吊架

(2) 上托辊组由三个托辊铰接组成。由于钢丝绳具有弹性，铰接托辊槽形角可随负载大小而变化，因而可以提高运输能力和减少撒煤现象，还可减轻大块煤通过托辊时产生的冲击，延长输送带和托辊的使用寿命。

(3) 机身吊挂在巷道支架上，亦可架设在底板上，机身高度可以调节。采用吊挂机身便于清扫巷道底板，并能适应底板不稳定的巷道。

(4) 输送机可用双电动机驱动，亦可用单电动机驱动，以适应各种输送任务和输送长度对功率的要求。传动布置中装有液力联轴器，以改善输送机启动性能，并保证在双电动机驱动时负荷分配趋于均衡。

(5) 输送带的张紧装置在机头部，利用蜗轮蜗杆传动钢丝绳将张紧滚筒拉紧，操作简便省力，可及时调整输送带的张紧力。

二、可伸缩带式输送机

随着综合机械化采煤的迅速发展，工作面向前推进的速度越来越快，这就要求顺槽的长度及运输距离也相应发生变化，从而使拆移顺槽中运输设备的次数和所花费的时间在总生产时间中所占比例增加，影响了采煤生产力的进一步提高。为解决此矛盾，在国内 20 世纪 70 年代出现了可伸缩带式输送机。

可伸缩带式输送机最大的优点是能够比较灵活而又迅速地伸长和缩短。它的传动原理和普通带式输送机一样，都是借助于输送带与滚筒之间的摩擦力来驱动输送带运行。在结构上的主要特点是比普通带式输送机多一个储带仓和一套储带装置，当移动机尾进行伸缩时，储带装置可相应地放出或收缩一定长度的输送带，利用输送带在储带仓内多次折返和收放的原理调节输送机长度。

这种带式输送机主要用于前进或后退式长壁采煤工作面的顺槽运输和巷道掘进时的运输工作。图 6－22 所示为 SJ－80 型可伸缩带式输送机工作原理图。

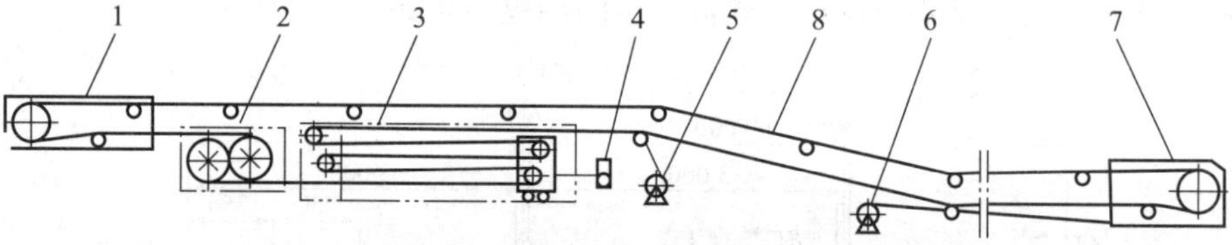

图 6－22　SJ－80 型可伸缩带式输送机工作原理

1—卸载端；2—传动装置；3—储带装置；4—拉紧绞车；5—收放输送带装置；
6—机尾牵引装置；7—机尾；8—输送带

国产可伸缩带式输送机有三种类型。第一种类型是钢丝绳吊挂式可伸缩带式输送机，有 SD－80 型号，它们的机身与 SPJ－800 型绳架吊挂式带式输送机的机身相似；第二种类型是落地式可伸缩带式输送机，有 SJ－80 型和 SSP－1000 型；第三种类型是落地吊挂混合式可伸缩带式输送机，属于这种类型的有 SDJ－150 型。三种类型的可伸缩带式输送机的主要特征见表 6－3。

表 6－3　国产矿用可伸缩带式输送机的主要特征

技术数据机型		SDJ－150	SD－150	SJ－80	SD－80	SSP－1000
输送量/（$t \cdot h^{-1}$）		630	630	400	400	630
输送长度/m		700	700	600	600	1 000
带速/（$m \cdot s^{-1}$）		1.9	2.0	2.0	2.0	1.88
储带长度/m		50	100	50	100	50
输送带宽度/mm		1 000	1 000	800	100	1 000
电动机	型号	DSB－75	JDSB－75	JDSB－40	JDSB－40	SBD－125
	功率/kW	2×75	2×75	2×40	2×40	125
	转速/（$r \cdot min^{-1}$）	1 480	1 470	1 470	1 470	1 480
	电压/V	380/660	380/660	380/660	380/660	1 140/660
质量/kg		66 521	50 638	46 268	47 933	90 000

储带仓在带式输送机机头部的后面，是用型钢焊接而成的机架结构。运行的输送带在机头部卸载换向后经过传动滚筒进入储带仓，输送带分别绕过拉紧车上的两个滚筒和前端固定架上的两个滚筒，折返四次后向机尾方向运行。当需要缩短带式输送机时，输送带张紧车在张紧绞车的牵引下向后移动，机尾前移，输送带就重叠四层储存在储带仓内；需要伸长带式输送机时，张紧绞车松绳，机尾后移，输送带仓中的输送带放出，输送带张紧车前移。根据伸长或缩短的距离，相应地增加或拆除中间托架。输送机伸、缩作业完成以后，张紧绞车仍以适当的拉力将输送带张紧，使带式输送机正常传动和运行。

三、钢丝绳芯带式输送机

钢丝绳芯带式输送机又称强力带式输送机。随着我国煤炭工业的迅速发展，矿井运输量日益增大，在大型矿井中水平及倾斜巷道采用大运量、长距离的带式输送机极为有利。由于普通型带式输送机输送带强度有限，为满足长距离运输的要求，常采用 10 多台普通型带式输送机串联使用，组成一条长距离输送带输送线。由于使用设备台数多，转载次数多，设备成本高，运输不合理，因此需要创造运输能力大、运距长，实现长距离无转载运输的新型输送机。钢绳芯带式输送机就是为适应这种需要而设计的一种强力带式输送机。它与普通型带式输送机的不同之处是用钢丝绳芯输送带代替了普通输送带，输送带强度较普通型提高了几十倍，甚至高达近百倍。钢丝绳芯带式输送机已成为大运量、长距离情况下运送物料的重要设备之一，现常用的钢丝绳芯输送带为 SJ 系列。

四、钢丝绳牵引带式输送机

钢丝绳牵引带式输送机是一种以钢丝绳作为牵引机构，两输送带只起承载作用的输送机。它不受牵引力，使牵引机构和承载机构分开，从而解决了运输距离长、运输量大、输送带强度不够的矛盾。

如图 6 – 23 所示，钢丝绳牵引带式输送机的两条平行无极钢丝绳 3，经过主动绳轮 1 和尾部钢丝绳张紧车 6 上的绳轮。主动绳轮 1 转动时借助于其衬垫与钢丝绳之间的摩擦力，带动钢丝绳 3 运行。输送带 2 以其特制的绳槽搭在两条钢丝绳上，靠输送带与钢丝绳之间的摩擦力而被拖动运行，完成物料的输送任务。钢丝绳的回空段、承载段布置托绳轮支承。

输送带在机头及机尾换向滚筒处应脱离钢丝绳，而从两条钢丝绳之间弯曲，因此在输送带换向弯曲处必须使输送带抬高，使两条钢丝绳间距加大，因而在输送带张紧车 5 上设有分绳轮，在输送带卸载架上也设有分绳轮。

为了保证钢丝绳有一定的张力及使钢丝绳在托绳轮 8 间的悬垂度不超过一定限度，在机尾设有钢丝绳拉紧装置。输送带拉紧装置的作用是使输送带不至于松弛。钢丝绳牵引带式输送机设有尾部和中间装载设备，为保证装载均匀，一般采用给煤机装煤。其卸载一般在机头换向滚筒处借助卸载漏斗实现。

钢丝绳牵引带式输送机自 1967 年在我国山西某矿投入使用以来，至今已超过 40 年，积累了一定的经验，但也暴露出这种输送机的严重缺点：如设备基建投资大、输送带制造成本高、钢丝绳及托绳轮衬垫寿命低、维护量大、运转维护费大等（如兖州煤业股份有限公司南屯煤矿一条钢丝绳牵引带式输送机的年维修费高达 50 万元）。因此这种输送机虽然制定了产品系列，但一直未按系列大批生产，而现今制造厂家除特殊订货外已停止制造。在国外，如日本、德国等国家这种输送机已被淘汰。

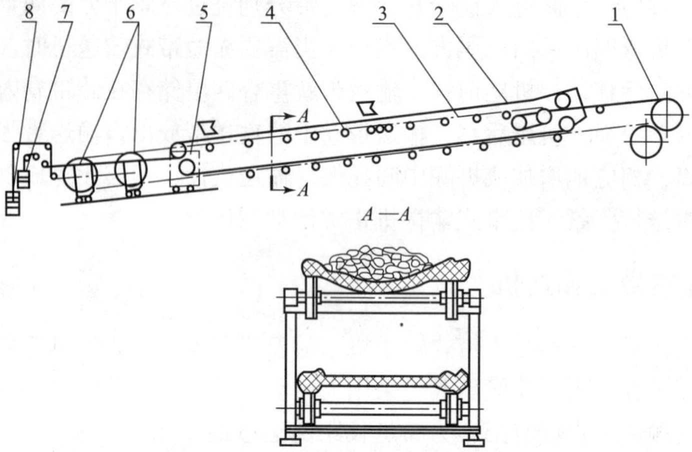

图 6－23　钢丝绳牵引带式输送机

1—主动绳轮；2—输送带；3—无极钢丝绳；4—托绳轮；5—输送带张紧车；
6—钢丝绳张紧车；7—输送带张紧重锤；8—钢丝绳拉紧重锤

五、线摩擦驱动带式输送机

对于长距离、大运量和高速度的带式输送机，主要采用钢丝绳芯和钢丝绳牵引带式输送机。近年来又研制和使用了一种线摩擦多点驱动带式输送机。如上海某煤炭装卸码头使用的就是这种输送机，其主要技术特征为：运距 400 m，运量 1 000 t/h，带宽 1 000 mn，带速 3. 15 m/s，功率 7 ×30 kW。该输送机共有 7 套 30 kW 的驱动装置，头、尾各布置两套，中间每隔 100 m 布置一套长约 15 m 的小型带式输送机作为中间驱动装置。线摩擦驱动带式输送机传动系统如图 6－24 所示。

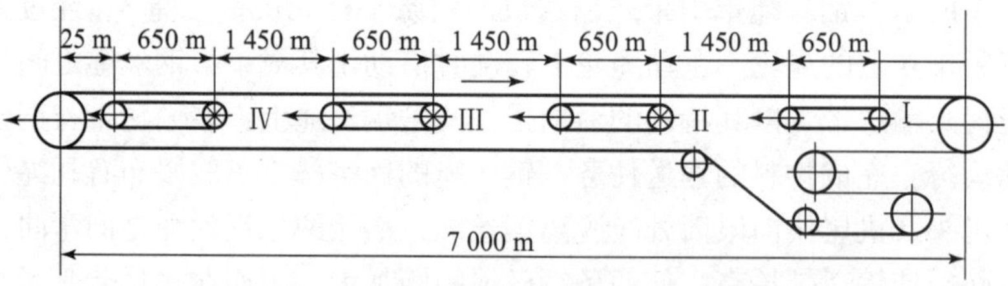

图 6－24　线摩擦驱动带式输送机传动系统

所谓线摩擦带式输送机，即在一台长距离带式输送机（称为主机）某位置输送带（称为主带）下面加装一台或几台短的带式输送机（称为辅机），主带借助重力或弹性压力压在辅机的输送带（辅带）上，辅带通过摩擦力驱动主带，即借助于各台短的带式输送机上输送带与长距离带式输送机输送带间相互紧贴所产生的摩擦力，而驱动长距离带式输送机。这些短的带式输送机即中间直线摩擦驱动装置，长的带式输送机的输送带则为承载和牵引机构。

使用线摩擦驱动带式输送机，可以将驱动装置沿长距离带式输送机的整个长度多点布置，可大大降低输送带的张力，故可使用一般强度的普通输送带完成长距离、大运量的输送任务；同时，驱动装置中的滚筒、减速器、联轴器、电动机等各部件的尺寸可相应地减小，亦可采用大批量生产的小型标准通用驱动设备等，故可降低设备的成本，从而使初期投资大大降低。因此，线摩擦驱动带式输送机已成为目前国内外长运距、大运量带式输送机的发展方向之一。

六、平面弯曲带式输送机

平面弯曲带式输送机是一种在输送线路上可变向的带式输送机，它可以代替沿折线布置的、由多台单独直线输送机串联而成的运输系统，沿复杂的空间折曲线路实现物料的连续运输。输送带在平面上转弯运行，可以大大简化物料运输系统，减少转载站的数目，降低基建工程量和投资。此种输送机在我国的煤矿井下已经应用数十台，在设计和安装方面已有了成功的经验。

七、大倾角带式输送机

大倾角是指上运倾角在 18°～28°和下运倾角在 16°～26°范围的输送倾角。

普通带式输送机的输送倾角超过临界值角度时，物料会沿输送带下滑。输送的物料不同，其临界角度是不同的。采用大倾角带式输送机，可以减少输送距离，降低巷道开拓量，减少设备投资。常用的大倾角带式输送机主要有压带式带式输送机、管状带式输送机、波状挡边横隔板带式输送机、深槽带式输送机和花纹带式输送机等几种形式。

八、气垫带式输送机

气垫带式输送机的研究工作始于荷兰。20 世纪 70 年代初期，荷兰 Sluis 公司的制造厂已经批量生产气垫带式输送机，其年产量达 20 km。与此同时，德国、美国、英国、日本和苏联也相继开始研制气垫带式输送机，使其结构进一步完善。我国在气垫带式输送机研制方面起步较晚，但鉴于气垫带式输送机的技术经济效果显著，近年来也发展很快。气垫带式输送机的工作原理及其结构不同于前述的几种带式输送机，其工作原理如图 6－25 所示。气垫带式输送机是利用离心式鼓风机 1，通过风管将有一定压力的空气流送入气室 2，气流通过盘槽 3 上按一定规律布置的小孔进入输送带 4 与盘槽之间。由于空气流具有一定的压力和黏性，在输送带与盘槽之间形成一层薄的气膜弓（也称气垫），气膜将输送带托起，并起润滑剂的作用，浮在气膜上的输送带在原动机驱动下运行。由于输送带浮在气膜上，变固体摩擦为流体摩擦，所以在运行中的摩擦阻力大大减小，运行阻力系数为 0.02～0.002。

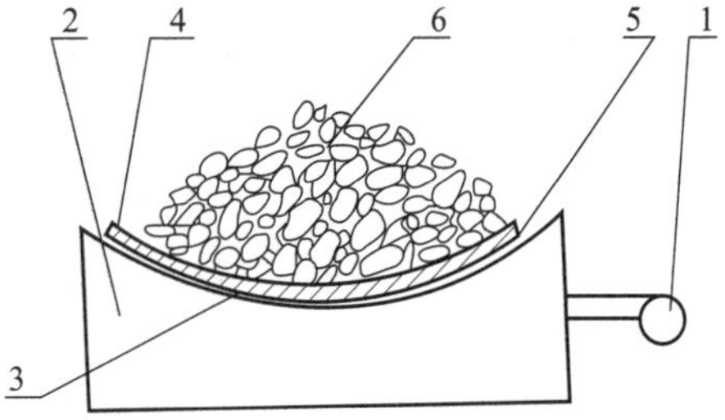

图 6－25　气垫带式输送机工作原理简图

1—鼓风机；2—气室；3—盘槽；
4—输送带；5—气垫；6—物料

气垫式带式输送机的优点：

（1）结构简单，维修费用低。由于气室取代了托辊，输送机的运动部件大为减少，维修时间和维修费用明显下降。

（2）运行平稳，工作可靠。由于气室取代了托辊，输送带浮在气膜上运行十分平稳，原煤在运输中不振动、不分层、不撒落，改善了工作环境，减少了清扫工件。

（3）能耗少。经过对样机在不同运量工况下实测，可节电 8%～16%，若采用水平运输，则可节电 20%～25%。

（4）生产率高。带宽相同时，气垫带式输送机的装料断面与带速可增大和提高。若运量相同，则带宽可以下降1~2级。

第三节　带式输送机的操作

带式输送机的操作规程须知如下：

（1）操作员必须人员固定，持证上岗，严禁无证或持无效证件上岗。

（2）带式输送机机头处必须至少规范悬挂有以下相关规章制度：《带式输送机司机岗位责任制》《带式输送机司机操作规程》。

（3）每部设备设置有交接班记录、检查检修记录和安全保护试验记录，并由相关人员认真填写。

（4）胶带机操作员必须坚持现场交接班，交接班时双方必须将设备运转情况、现场遗留问题及注意事项等交接清楚，并及时、完整、准确地填写交接班记录。

（5）输送机运转期间出现重大机械、电气故障或其他异常问题时，应立即停机，及时将情况向队跟（值）班人员和矿调度室汇报，并针对所发现问题采取必要措施进行处理。

（6）驱动装置的电动机、减速机运转正常，无异常响声，减速机中油脂清洁，油量适当。

（7）胶带机运行时胶带不跑偏：上层胶带不出托辊，下层胶带不摩擦H架支腿，上下层胶带不接触、无摩擦。

（8）发生皮带跑偏时，应根据胶带跑偏位置和跑偏情况，采取措施调偏，严禁用木棍、锚杆等其他物品强行调偏。

（9）胶带机要托辊齐全、转动灵活，无破损和异常响声。

（10）液力偶合器严格按照传动功率的大小，加注合格、适量的传动介质，双电动机驱动时液力偶合器的充液量要保持均衡，避免电动机出力不均而损坏。严禁用其他液体代替传动介质。易熔塞和防爆片严禁使用其他物品代替。

（11）带式输送机必须将输送带上的煤拉空才能停机，避免重载启动设备。

（12）及时清理落入煤流中的钢钎、锚杆、刮板、链条、木材等物料，严禁进入主运输皮带。

（13）输送机操作员负责机头文明卫生，保证责任范围内无浮煤、杂物，设备干净整洁。

第四节　带式输送机的安装、检测和检修

一、普通、钢丝绳芯带式输送机

（一）滚筒、托辊

（1）各滚筒表面无开焊、无裂纹、无明显凹陷。滚筒端盖螺栓齐全，弹簧垫圈压平紧固，使用张套紧固滚筒轴的螺栓，必须使用力矩扳手，紧固力矩必须达到设计要求。

（2）胶面滚筒的胶层应与滚筒表面紧密贴合，不得有脱层和裂口。井下使用时，胶面

必须为阻燃胶面。

①驱动滚筒的直径应一致，其直径差不得大于 1 mm。

②托辊齐全，运转灵活，无卡阻，无异响，逆止托辊能可靠工作。

③井下使用缓冲托辊时，缓冲托辊表面胶层应为阻燃材料和抗静电材料。胶层磨损量不得超过原凸起高度的 1/2。使用缓冲床时，缓冲床的材料必须为阻燃材料和抗静电材料，缓冲床上的耐磨材料磨损剩余量不得低于原厚度的 1/4。

（二）架体

（1）机头架、机尾架和拉紧装置架不得有开焊现象，如有变形，应调平、校直。其安装轴承座的两个对应平面应在同一平面内，其平面度、两边轴承座上对应孔间距允差和对角线允差不得大于以下规定。

输送带宽：≤800 mm，＞800 mm。

安装轴承座的平面度：1. 25 mm，1. 5 mm。

轴承座对应孔间距允差：±1. 5 mm，±2. 0 mm。

轴承座安装孔对角线允差：3. 0 mm，4. 0 mm。

（2）转载机运行轨道应平直，每节长度上的弯曲不得超过全长的 5‰。

（3）机尾架滑靴应平整，连接紧固可靠。

（4）中间架应调平、校直，无开焊现象，中间架连接梁的弯曲变形不得超过全长的 5‰。

（三）输送带拉紧和伸缩装置

（1）牵引绞车架无损伤、无变形，车轮在轨道上运行自如、无异响。

（2）小绞车轨道无变形，连接可靠，行程符合规定。

（3）牵引绞车减速机密封良好，传动平稳，无异响。

（4）牵引绞车制动装置应操作灵活，动作可靠。闸瓦制动力均匀，达到制动力矩要求。钢丝绳无断股，无严重锈蚀。在滚筒上排列整齐，绳头固定可靠。

（5）储带仓和机尾的左右钢轨轨顶面应在同一水平面内，每段钢轨的轨顶面高低偏差不得超过 2. 0 mm。轨道应成直线，且平行于输送机机架的中心线，其直线度公差值在 1 m 内不大于 2 mm，在 25 m 内不大于 5 mm，在全长内不大于 15 mm。轨距偏差不得超过 ±2 mm，轨缝不大于 3 mm。

（6）自动液压张紧装置动作灵活，泵站不漏油，压力表指示正确。

（7）滚筒、滑轮、链轮无缺边和裂纹，运转灵活可靠。

（四）输送带

（1）井下必须使用阻燃输送带。输送带无破裂，横向裂口不得超过带宽的 5%，保护层脱皮不得超过 0. 3 m^2，中间纤维层损坏宽度不得超过 5%。

（2）钢丝绳芯输送带不得有边部波浪，不得有钢丝外漏，面胶脱层总面积每 100 m^2 内不超过 1 600 cm^2。

（3）输送带接头的接缝应平直，接头前后 10 m 长度上的直线允差值不大于 20 mm，输送带接头牢固平整，接头总破损量之和不得超过带宽的 5%。

（4）钢丝绳芯输送带硫化接头平整，接头无裂口、无鼓泡、无碎边，且不得有钢丝外露。输送带硫化接头的强度不低于原输送带强度的 85%。

（五）制动装置、清扫器和挡煤板

（1）机头、机尾都必须装设清扫器，清扫器调节装置完整无损。清扫器橡胶刮板必须用阻燃、抗静电材料，其高度不得小于 20 mm，并有足够的压力。与输送带接触部位应平直，接触长度不得小于 85%。

（2）制动装置各传动杆件灵活可靠，各销轴不松旷、不缺油，闸轮表面无油迹，液压系统不漏油。各类制动器检修后在正常制动和停电制动时，不得有爬行、卡阻等现象。

（3）盘式制动器装配后，油缸轴心线应平行；在松闸状态下，闸块与制动盘的间隙为 0.5～1.5 mm，两侧间隙差不大于 0.1 mm。制动时，闸瓦与制动盘的接触面积不低于 80%。闸瓦瓦衬需用阻燃、抗静电材料。

（4）闸瓦式制动器装配后，在松闸状态下，闸瓦与制动器轮表面的间隙为 0.5～1.5 mm，两侧间隙之差不大于 0.1 mm；制动时，闸瓦与制动轮的接触面积不低于 90%。

（5）挡煤板固定螺栓齐全、紧固，不晃动，可靠接煤，挡煤板无漏煤现象。

（6）保护。

①驱动滚筒防滑保护、堆煤保护、跑偏装置齐全可靠。

②温度保护 、烟雾保护和自动洒水装置齐全，灵敏可靠。

③钢丝绳芯带式输送机沿线停车装置每 100 m 安装一个，且灵敏可靠。

④主要运输巷输送带张力下降保护和防撕裂保护装置灵敏可靠。

⑤机头、机尾传动部件防护栏（罩）应可靠，防止人员与其相接触。

（六）信号

信号装置声光齐备，清晰可靠。

二、钢丝绳牵引带式输送机

（一）驱动轮、导向轮和托绳轮

（1）驱动轮衬垫磨损剩余厚度不得小于钢丝绳直径，绳槽磨损深度不超过 70 mm；导向轮绳槽磨损不超过原厚度的 1/3；托绳轮衬垫圈磨损余厚不小于 5 mm，贴合紧密，无脱离现象。

（2）轮缘、辐条无开焊、裂纹或变形，键不松动。

（二）滚筒、托辊和支架

（1）滚筒、托辊完整齐全，无开焊、裂纹或变形，转动灵活，运转无异响。

（2）各种过渡架、中间架及其他组件焊接牢固，螺栓紧固，无严重锈蚀。

（三）牵引钢丝绳

（1）钢丝绳的使用符合《煤矿安全规程》有关规定。

（2）插接头光滑平整，插接长度不小于钢丝绳直径的 1 000 倍。

（四）输送带

（1）输送带无破裂，横向裂口不得超过带宽的 5%；无严重脱胶，橡胶保护层脱落不得超过 0.3 m^2，输送带连续断条不得超过 1 m。

（2）槽耳无严重磨损，输送带托带耳槽至输送带边缘不小于 60 mm。

（3）输送带接头牢固，平整光滑，无缺卡、缺扣。

（五）制动装置

（1）制动装置各传动杆件灵活可靠，各销轴不松旷、不缺油，闸轮表面无油迹，液压系统不漏油。各类制动器检修后在正常制动和停电制动时，不得有爬行、卡阻等现象。

（2）盘式制动器装配后，油缸轴心线应平行；在松闸状态下，闸块与制动盘的间隙为0.5～1.5 mm，两侧间隙差不大于0.1 mm。制动时，闸瓦与制动盘的接触面积不低于80%。闸瓦瓦衬需用阻燃、抗静电材料。

（3）闸瓦式制动器装配后，在松闸状态下，闸瓦与制动器轮表面的间隙为0.5～1.5 mm，两侧间隙之差不大于0.1 mm；制动时，闸瓦与制动轮的接触面积不低于90%。制动力矩符合《煤矿安全规程》。

（4）闸带无断裂，磨损剩余厚度不小于1.5 mm，闸轮磨损沟槽时不得超过闸轮总宽度的10%。

（六）拉紧装置

（1）部件齐全完整，焊接牢固，动作灵活。

（2）钢丝绳拉紧车及输送带拉紧车的调节余程不小于各自全行程的1/5。配重锤符合设计规定，两支架间钢丝绳的挠度不超过50～100 mm。

（七）装卸料和清扫装置

（1）料口不得与输送带面直接接触，给料应设缓冲挡板和缓冲托辊。

（2）挡煤板装设齐全，不漏煤，调节闸门动作灵活可靠。

（3）清扫装置各部件灵活有效。

（八）安全保护

（1）各项安全保护装置齐全，动作灵敏可靠。

（2）沿线保护、乘人越位保护动作灵敏可靠，沿线保护的设置间距不大于40 m，底皮带可适当加长。

（3）紧急停车开关灵敏可靠。

（九）信号与仪表

（1）声光信号装置应清晰可靠。

（2）电流表、电压表、压力表、温度计齐全，指示准确，每年校验一次。

三、带式输送机安装标准

（一）机头安装

（1）固定胶带机应采用混凝土基础，掘进工作面胶带机采用打地锚拉紧的方式固定。机头驱动装置固定必须牢固、可靠。胶带机的混凝土基础应有专门的设计，并严格按照设计要求施工，经验收合格后方可安装。

（2）驱动装置原则上布置在巷道行人侧，便于安装检修，行人侧驱动装置与巷道之间间距大于700 mm、非行人侧驱动装置与巷道之间间距大于500 mm，卸载滚筒与顶板的间距不小于600 mm。

（3）张紧小车的轨道安装时其轨距偏差不应大于3 mm，轨道直线度不超过3/1 000，两轨高低差不大于1.5/1 000，轨道接头间隙不大于5 mm，轨道接头错动上下不大于0.5 mm、左右不大于1 mm；拉紧装置工作可靠，调整行程不小于全行程的1/2；拉紧装置调整灵活，拉紧小车的车轮转动灵活，无卡阻现象。

（二）机尾安装

（1）固定胶带机应采用混凝土基础固定，其基础应有专门的设计，并严格按照设计要求施工，经验收合格后方可安装。

（2）掘进工作面胶带机机尾必须有稳固的压柱或地锚，掘进工作面胶带机应打地锚，综采工作面胶带机同时安装有转载机时应打戗柱。

（三）中间部分安装

（1）胶带机严格按巷道中心线和腰线为基准进行安装，距离偏差不得超过 10 mm，做到平、直、稳，传动滚筒、转向滚筒安装时其宽度中心线与胶带输送机纵向中心线重合度不超过滚筒宽度的 2 mm，其轴心线与胶带输送机纵向中心线的垂直度不超过滚筒宽度的 2/1 000，轴的水平度不超过 0. 3/1 000。

（2）中间架安装时中心线与胶带输送机中心线重合度不大于 3 mm，支腿的铅垂度不大于 3/1 000，在铅垂面内的直线度不大于中间架长度的 1/1 000。

（3）上、下托辊齐全，转动灵活，上、下托辊的水平度不应超过 2/1 000。皮带机装载处必须使用缓冲托辊，不准用普通托辊代替。

（4）纵梁安装必须采用标准销与 H 架连接，连接牢固可靠，两纵梁接头处上下错位、左右偏移不大于 1 mm。

（5）皮带机延伸时，H 架、纵梁、托辊及时安装齐全。

（6）胶带必须使用阻燃带，胶带卡子接头应卡接牢固，卡子接头与胶带中心线成直角。皮带接头不断裂，皮带无撕裂，磨损不超限，胶带跑偏不超过皮带宽度的 5/1 000。

（四）电气部分安装

（1）带式输送机机头必须设置配电点，电气设备要集中放置。

（2）电气开关和小型电器分别按要求上架、上板，摆放位置无淋水，有足够行人和检修空间，电缆悬挂整齐、规范。

（3）电气开关、电缆选型符合设计要求，各种保护装置齐全、动作灵敏可靠，各种保护整定值符合设计要求。

（4）控制信号装置齐全、动作灵敏可靠，机头硐室段巷道安装防爆照明灯具。

（5）通信信号系统完善、布置合理、声光兼备、清晰可靠。

（五）附属设施

（1）清扫器安装长度合适，符合生产需要。清扫器与输送带面接触良好、松紧适宜、接触面均匀，清扫器与输送带接触长度不小于带宽的 80%，以确保清扫效果良好。

（2）按要求安装各种保护罩、防护栏和行人过桥。

四、带式输送机保护安装及试验标准

带式输送机的防滑保护、堆煤保护、跑偏保护、沿线急停装置、烟雾保护、防撕裂保护、欠电压保护、过电流保护应接入胶带输送机控制回路或主回路，所有保护应动作灵敏、保护可靠。

超温自动洒水保护应接入带式输送机电控回路，当出现温度超限时能够实现自动打开水源洒水降温，并报警停车。

（一）保护安装要求

1. 防滑保护

1）安装要求

带式输送机防滑保护应安装在带式输送机回程带上面。固定式带式输送机安装时，应装在机头卸载滚筒与驱动滚筒之间，当两驱动滚筒距离较远时，也可安装在两驱动滚筒之间；其他地点使用的带式输送机应安装在回程带距机头较近处；简易皮带（注：采掘工作面用800 mm及以下可伸缩皮带，下同）防滑保护应设在改向滚筒侧面，与滚筒侧面的距离不超过50 mm，防滑保护安装时，传感器应采用标准托架固定在胶带机头大架上，严禁用铁丝或其他物品捆扎固定。

2）保护特性

当输送带速度10 s内均在（50%～70%）v_e（v_e为额定带速）范围内、输送带速度小于或等于50% v_e、输送带速度大于或等于110% v_e时防滑保护应报警，同时中止带式输送机的运行，对带式输送机正常启动和停止的速度变化，防滑保护装置不应有保护动作。

2. 堆煤保护

1）安装要求

（1）两部带式输送机转载搭接时，堆煤保护传感器在卸载滚筒前方吊挂；传感器触头水平位置应在落煤点的正上方，距下部胶带上带面最高点距离不大于500 mm，且吊挂高度不高于卸载滚筒下沿，安装时要考虑到洒水装置状况，防止堆煤保护误动作。

（2）使用溜煤槽的胶带，堆煤保护传感器触头可安装在卸载滚筒一侧，吊挂高度不得高于卸载滚筒下沿，水平位置距卸载滚筒外沿不大于200 mm。

（3）胶带与煤仓直接搭接时，分别在煤仓满仓位置及溜煤槽落煤点上方500 mm处各安装一个堆煤保护传感器，两处堆煤保护传感器都必须灵敏可靠。

（4）采用矿车或其他方式转载的地点，以矿车装满或接煤设施局部满载为基准点，堆煤保护传感器触头距基准点应为200～300 mm。

（5）堆煤保护控制线应自巷道顶板垂直引下，传感器触头垂直吊挂，并可靠固定，严禁随风流摆动，以免引起保护误动作。

（6）带式输送机机头安装有除铁器或其他设施，当影响堆煤保护传感器安装时，应加工专用托架安装，确保传感器固定牢固。

2）保护特性

堆煤保护装置在2 s内连续监测到煤位超过预定值时应预警，同时，中止带式输送机运行。由改变传感器偏角或动作行程实现保护的堆煤保护装置，其保护动作所需的作用力不大于9.8 N。

3. 跑偏保护

1）安装要求

固定带式输送机的跑偏保护应成对使用，且机头、机尾处各安装一组，距离机头、机尾10～15 m，当带式输送机有坡度变化时，应在变坡位置处安装一组；简易皮带跑偏保护只需在机头安装一组即可。跑偏保护应用专用托架固定在带式输送机大架或纵梁上，对带式输送机上带面的偏离情况进行保护。

2）保护特性

（1）当运行的输送带跑偏超过托辊的边缘20 mm（如使用三联辊的胶带输送机超过

70 mm）时，跑偏保护装置应报警。

（2）当运行的输送带超出托辊 20 mm（如使用三联辊的胶带输送机超过 70 mm），经延时 5～15 s 后，跑偏保护装置应可靠动作，并能够中止带式输送机的运行。

（3）对于使用接触式跑偏传感器之类的跑偏保护装置，其保护动作需作用于跑偏传感器中点的正向力为 20～100 N。

4. 烟雾保护

1）安装要求

带式输送机烟雾保护应安装在带式输送机机头驱动滚筒下风侧 10～15 m 处的输送机正上方，烟雾传感器应垂直吊挂，距顶板不大于 300 mm，当输送机为多滚筒驱动时应以靠近机头处滚筒为准。

2）保护特性

连续 2 s 内，烟雾浓度达到 1.5% 时，烟雾保护应报警，中止带式输送机运行，同时启动自动洒水装置，洒水降温。

5. 防撕裂保护

1）安装要求

主运带式输送机应在胶带落煤点下方，向机头方向（胶带机为头部驱动时）10～15 m 位置安装防撕裂保护。防撕裂保护安装在输送机上下两层胶带之间，保护方式为压电式或牵引钢丝绳式的防撕裂保护，安装时应加工标准托架，将防撕裂保护固定在输送机纵梁上，靠近上层胶带方向。

2）保护特性

运行的胶带纵向撕裂时，防撕裂保护应报警，同时中止带式输送机的运行。

6. 超温自动洒水保护

1）安装要求

热电偶感应式超温洒水保护传感器应固定在主传动滚筒瓦座（轴承座）上，简易带式输送机超温洒水保护传感器安装在主驱动架后台减速器侧最上边端盖的螺栓孔上；采用红外线传感器时，传感器发射孔应正对主传动滚筒轴承端盖（瓦座）处进行检测，传感器与主传动滚筒距离为 300～500 mm。当有两套驱动装置时，温度传感器应安装在距离卸载滚筒较远处的主滚筒轴承端盖瓦座上。

2）保护特性

在测温点处，当温度超过规定时超温自动洒水装置应报警，同时能启动自动洒水装置（带式输送机超温自动洒水装置采用 U 形卡固定在主驱动架后台主滚筒处的斜撑上，喷嘴正对着后台主滚筒）喷水降温。有两套驱动装置的皮带，洒水装置必须与超温保护装置安装在同一驱动滚筒上。

7. 欠电压保护

控制带式输送机的磁力启动器或馈电开关，当电网电压低于额定电压的 65% 时，应可靠动作，切断输送机电源，中止输送机运行。

8. 过电流保护

控制带式输送机的磁力启动器或馈电开关，当输送机电动机运行电流超过控制开关的整定值时，应可靠动作，切断输送机电源，中止输送机运行。

9. 逆止制动装置

1）安装要求

在倾斜巷道中的上运带式输送机（平均倾角超过 8°）必须安装逆止制动装置。棘轮式逆止制动装置可安装在输送机的减速器上；或采用塞带式逆止制动装置，并装设在驱动滚筒与胶带之间。

2）保护特性

当切断停止输送机电源时，逆止制动装置应可靠动作，并能够及时中止输送机运行，防止输送机反向下滑运行。

（二）保护配备标准

采用滚筒驱动带式输送机运输时：

（1）必须装设驱动滚筒防滑保护、堆煤保护和防跑偏装置。

（2）应装设温度保护、烟雾保护和自动洒水装置。

（3）在主要巷道内安设的带式输送机还必须装设输送带张紧力下降保护装置和防撕裂保护装置。

（4）倾斜井巷中使用的带式输送机上运时（平均倾角超过 8°）必须同时装设防逆转装置与制动装置，下运时（平均倾角超过 8°）必须装设制动装置。

（三）保护装置试验标准

（1）每班由带式输送机操作员对带式输送机的各类安全保护装置进行检查试验，对于现场没有试验功能的保护装置，必须每班检查设备及关联线路的完好情况，保证各保护装置完好齐全、动作灵敏可靠。现场保护试验与完好检查必须有详细记录。

（2）温度保护、烟雾保护、防滑保护、自动洒水传感器等在井下现场不具备试验条件的保护装置，应进行升井检验（地面必须有备件，升井校验前使用完好备件替换现场使用的传感器）。

（3）温度保护、烟雾保护、防滑保护及自动洒水传感器在井下现场不具备试验条件的保护装置，升井地面校验必须有记录。

（4）温度保护、烟雾保护、防滑保护及自动洒水传感器等的地面校验必须在地面设置配套校验设施，且地面设置配套校验设施必须满足试验要求。

（5）温度保护传感器与自动洒水传感器构建在一起进行地面校验。热电偶感应式超温洒水保护传感器采用外加热（红外线传感器照射外加热源），传感器采集温度达到要求温度时，洒水传感器动作，配套洒水装置自动洒水，超温自动洒水传感器校验为合格。

（6）烟雾保护传感器地面校验由人工施加烟雾，配套系统设备报警，传感器校验为合格。

（7）防滑保护传感器地面校验在配套校验设施上进行，传感器采集配套设施正常速度，配套系统能正常工作，传感器采集配套设施低速（相当于胶带打滑），配套系统保护报警，传感器校验为合格。

（四）沿线急停装置安装及使用管理标准

（1）沿线急停装置设置距离不大于 100 m/个，自机头起安装至机尾。较大的起伏段处应设急停开关。

（2）采用拉线急停装置实现急停功能时，急停装置应安装在皮带机行人侧。急停传感器使用专门加工的固定板并用螺栓固定在皮带机 H 架上，连接电缆使用扎带固定在皮带机纵梁上。

（五）设备检查检修和试验制度

（1）使用单位要制订带式输送机的月度检修计划并按照计划严格执行。

（2）使用单位应配备足够的检修人员并在规定的时间内进行检修，检修后检修人员要按照要求认真填写检修记录。

（3）每周对胶带机进行一次全面的检查；胶带机检修人员每天应对设备进行一次全面的检查维护，胶带机操作班中应对所操作维护的设备进行不少于两次的巡回检查。

（4）设备操作维护人员应对机电设备的完好情况、保护使用情况、安全设施使用情况等进行全面检查，发现问题及时处理，处理不了的及时汇报。

（5）胶带输送机开关整定值应严格按照整定设计执行，检修维护人员每天应检查一次保护使用情况，严禁私自改动保护整定值。

（6）胶带输送机开关的保护齐全完善、设置规范，严禁甩保护或保护装置失灵未处理好而强行开机运行。

（7）带式输送机必须配备具有堆煤、防跑偏、防打滑、温度、烟雾报警等功能的综合保护装置。每班交接班时进行检查试验，保证各保护装置完好齐全、动作灵敏可靠。保护装置的检查试验和校验要有详细记录。

（8）驱动装置外露部分、滚筒等转动部位必须有完好的防护罩或防护栏，储带仓架全长段安装有整齐美观的防护网，每班检查一次其完好情况。

（9）经常检查清扫器的磨损状况，确保清扫器有足够的宽度、长度和接触面。

（10）胶带接头要保持完整、牢靠。每班都要认真检查，发现刮坏、拉叉、皮带扣脱落的接头应及时修补，严重影响安全运行时必须割除并重新做接头。

（11）根据巷道变化情况，检修人员要及时调整胶带机的安装情况，保证机身及中间架结构完整、无严重变形、连接可靠、螺栓紧固、平直稳固，且坡度变化处中间架过渡平缓；当巷道底板不平整而不能保证中间架水平时，H 架支腿只能采用可调节支腿，或采用木墩等较方正的物体支垫牢稳，不得用多层木板、煤块和碴块支垫。

思考题与习题

1. 带式输送机有哪几种类型？各由哪几部分组成？各部分作用如何？其传动原理与刮板输送机有何不同？带式输送机适应的倾角为多大？带式输送机与刮板输送机比较有何优缺点？

2. 带式输送机的传动装置由哪些部分组成？主滚筒为何有单、双滚筒之分？为什么又有光面、包胶和铸胶之分？

3. 简述调心托辊的纠偏原理。

4. 某上山带式输送机向下运输煤炭，输送机传动装置布置在输送机上方，处于发电运行状态。已知：主动滚筒相遇点的张力 $F_y = 5\ 500$ N，分离点的张力 $s_1 = 21\ 000$ N，主动滚筒的阻力系数为 0.04，输送带的运行速度 $v = 1$ m/s，传动装置的传动效率 $\eta = 0.85$。试计算电动机功率。

5. 简述带式输送机可弯曲运行的工作原理及采取的主要措施。

6. 输送带在运行中为什么会跑偏？跑偏时应如何调整？如何防止跑偏？

第七章　辅助运输机械

第一节　矿用电机车

一、矿用电机车运输设备的组成

目前，我国煤矿使用的电机车都是直流电机车，其牵引电动机和牵引电网均为直流。直流电机车按供电方式分为架线式电机车和蓄电池式电机车两种。

架线式电机车运转设备包括列车和供电设备两部分。列车由电机车和矿车组组成；供电设备由牵引电网和牵引变电所组成。架线式电机车的供电系统如图 7－1 所示。

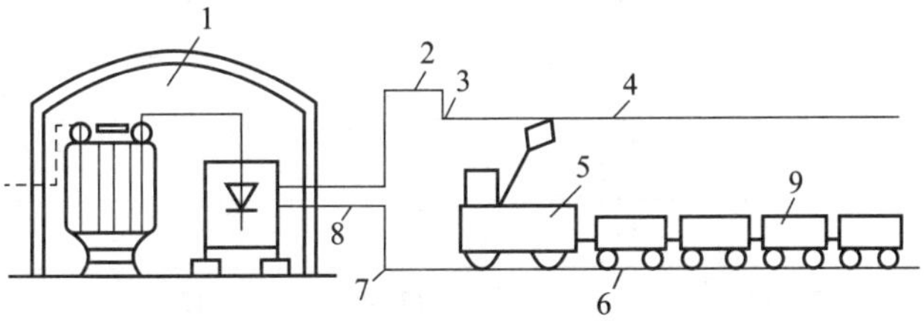

图 7－1　架线式电机车的供电系统

1—牵引变电所；2—馈电线；3—馈电点；4—架空裸导线；5—电机车；6—运输轨道；
7—回电点；8—回电线；9—矿车

牵引电网是由架空线和轨道向架线式电机车供应电能的网络，由馈电电缆、回电电缆、架空接触线和轨道四部分组成。

牵引变电所中的主要设备有变压器、整流器和直流配电设备等，牵引变电所一般与井底车场变电所在一起或在附近硐室中。

蓄电池式电机车运输设备由列车、供电设备和轨道组成，但轨道不在供电系统中。

蓄电池式电机车的供电设备由变流所和充电室的设备组成。

二、矿用电机车的形式及分类

按电能来源分类，电机车分为矿用直流架线式电机车（ZK 型）和矿用蓄电池式电机车（XK 型）。

按电机车的黏着质量（能够产生牵引力的质量即作用于主动轮对上的质量）分类，架线式电机车有 1.5 t、3 t、7 t、10 t、14 t、20 t 几种；蓄电池式电机车有 2 t、2.5 t、8 t、12 t几种。小于 7 t 的电机车一般用作短距离调车，或用于输送量不大的采区平巷。

电机车的轨距通常有 600 mm、762 mm、900 mm 三种，其中 762 mm 轨距主要用于较大的金属矿井中，中小型煤矿多采用 600 mm 轨距，大型煤矿多采用 900 mm 轨距。

架线式电机车的电压等级有 100（97）V、250 V、550 V 三种，其中 100（97）V 用于 3 t 及以下吨位的电机车；蓄电池式电机车有 40/48 V 电压等级，主要用于 2.5 t 及以下吨位的机车。矿用架线式电机车和煤矿防爆特殊型蓄电池式电机车的技术特征分别见表 7－1 和表 7－2。

表 7－1　矿用架线式电机车技术特征

技术特征＼电机车型号			6/100 ZK1.5－ 7/100 9/100	6/250 ZK3－ 7/250 9/250	6/250 ZK7、10－ 7/250 9/250	6/550 ZK7、10－ 7/550 9/550	ZK14－ 7/550 9/550	ZK20－ 7/550 9/550
电机学和黏着质量/t			1.5	3	7，10	7，10	14	20
轨距/mm			600，762，900	600，762，900	600，762，900	600，762，900	762，900	762，900
固定轴距/mm			650	816	1 100	1 100	1 700	2 500
车轮滚动圆直径/mm			460	650	680	680	760	840
机械传动装置传动比			18.8	6.43	6.92	6.92	14.4	14.4
连接器距轨面高度/mm			270，320	270，320	270，320，430	270，320，430	320，430	500
受电器工作高度/mm（最大/最小）			1 600/2 000	1 700/2 100	1 800/2 200	1 800/2 200	1 800/2 200	2 100/2 600
制动方式			机械	机械	机械，电气	机械，电气	机械，电气，压气	机械，电气，压气
弯道最小曲率半径/m			5	5；7	7	7	10	20
轮缘牵引力/kN	小时制		2.84/2.11	4.7	13.05	15.11	26.68	41.20
	长时制		0.736/0.392	1.51	3.24	4.33	9.61	12.75
速度/（km·h⁻¹）	小时制		4.54/6.47	9.1	11	11	12.9	13.2
	长时制		6.6/12.5	12.0	16.9	16	17.7	19.7
	最大		—	—	25	25	25	26
牵引电动机	型号		ZQ－4－2	ZQ－12	ZQ－21	ZQ－24	ZQ－52	ZQ－82
	额定电压/V		100	250	250	550	550	550
	电流/A	小时制	45	58	95	50.5	105	162
		长时制	18	25	34	19.6	50	75
	功率/kW	小时制	3.5	12.5	21	24	52	82
		长时制	1.35	—	7.4	9.6	25.2	38
	台数			1	1	2	2	2
外形尺寸/mm			2 100	2 700	4 500	4 500	4 900	7 400
			750，1 050	950，1 250	1 060，1 360	1 060，1 360	1 355	1 600
			1 450，1 550	1 550	1 550	1 550	1 550	1 900
生产厂			2，5	3，6	1，2，3，4，7	1，2，3	3，5，7	2

注：生产厂：1—湘潭电机厂；2—常州内燃机厂；3—大连电车工厂；4—六盘水煤矿机械厂；5—重庆动力机械厂；6—吉林市通用机械厂；7—平遥工矿电机车。

表 7－2 煤矿防爆特殊型蓄电池电机车技术特征

电机车型号 / 技术特征			CDXT－2.5	6/48KBT XR2.5－7/48KBT 9/48KBT	CDXT－5	6/90KBT XR2.5－7/90KBT 9/90KBT	6/40KBT XR8－7/140KBT 9/140KBT	6/192－1KBT XR2.5－7/192－1KTB 9/192－1KTB	CDXT－12
黏着质量/t			2.5	2.5	5	5	8	12	12
轨距/mm			600，762，900	600，762，900	600，900	600，762，900	600，762，900	600，762，900	900
固定轴距/mm			650	600	800	850	1 150	1 220	2 080
车轮直径/mm			460	460	520	520	680	680	680
牵引高度/mm			250，320	320	250，320	250，320	320，430	320，430	320，430
最小曲率半径/m			5	5	6.5	6	7	10	14
制动方式			机械	机械	机械	机械	机械	机械，电气，液压	机械，电气
牵引力/kN		小时制	2.75	2.55	7.24	7.06	12.83	16.8	—
		长时制	—	—	—	—	—	—	16.8
速度/（km·h⁻¹）		小时制	4.5	4.54	7	7	7.8	8.7	8.5
		长时制	6	—	—	—	—	—	—
牵引电动机	型号		DJZB—4.5	—	DZQB－7.5	—	—	—	DZQ－21dI
	额定电压/V		48	—	90	—	—	—	—
	电流/A	小时制	105	—	100	—	—	—	—
		长时制	50	—		—	—	—	—
	功率/kW	小时制	3.5	3.5	3.5	—	—	—	—
		长时制	—	—		7.5	15	22	21
	台数/台			1	1	2	2	2	2

续表

技术特征 \ 电机车型号		CDXT－2.5	6/48KBT XR2.5－7/48KBT 9/48KBT	CDXT－5	6/90KBT XR2.5－7/90KBT 9/90KBT	6/40KBT XR8－7/140KBT 9/140KBT	6/192－1KBT XR2.5－7/192－1KTB 9/192－1KTB	CDXT－12
齿轮外形	长	2 150	2 330	3 200	2 850	4 490	4 885	5 200
	宽	914，1 076，1 214	950，1 250	1 000，1 300	1 000，1 050，1 243	144，1 192，1 220	1 121，121，1 350	1 360
	高	1 380	1 550	1 550	1 550	1 600	1 600	1 750
蓄电池组	型号	DG－330－KT	—	DG－330－KT	—	—	—	DG－560－KT
	额定电压/V	48	48	96	90	140	192	192
	容量（5 小时制）/（A·h）	330	330	330	330，385	444	560	—
	电池个数/个	24	—	48	—	—	—	—
制造厂家		②，③	①	②	①	①	①	②

注：制造厂家：①—湘潭电机厂；②—六盘水煤矿机械厂；③—徐州机械厂。

三、电机车的应用范围及发展方向

（一）电机车的应用范围

矿用电机车特别是架线式电机车，由于具有设备简单、牵引力大、操作调速方便、运输成本低等优点而广泛应用于水平或近水平巷道，巷道坡度一般为3‰，局部坡度不能超过30‰。

《煤矿安全规程》的有关条目对电机车的应用范围有明确的规定，主要是：

（1）低瓦斯矿井进风的主要运输巷道内，可以使用架线式电机车，但巷道必须采用不燃性材料支护。

（2）高瓦斯矿井的主要运输巷道内，应使用矿用防爆特殊型蓄电池式电机车，如果使用架线式电机车，必须采取特殊措施，以满足该《煤矿安全规程》的一系列规定。

（3）在瓦斯突出的矿井和瓦斯喷出区域中，进风主要巷道或回风主要巷道内，都应使用矿用防爆特殊型蓄电池式电机车，且必须在机车内装设瓦斯自动检测报警仪。

（二）电机车运输的发展方向

（1）电机车运输高度自动化。

（2）采用大型电机车和大容积的矿车。

（3）使用新型电机车。我国电机车已采用晶闸管脉冲调速系统，实现无级调速。

第二节　轨道与矿车

一、矿井轨道

矿井轨道是将钢轨按一定要求固定在线路上构成的，是电机车运行的基础件。

（一）轨道的结构

标准轨道的结构如图7－2所示，轨道线路由下部建筑和上部建筑两部分组成。下部建筑主要是巷道底板和水沟，上部建筑是钢轨、连接零件、轨枕和道床。

钢轨是轨道上部建筑的重要组成部分之一，它不仅能引导车辆运行，且直接承受载荷，并经轨枕将载荷传递给道床及巷道底板。

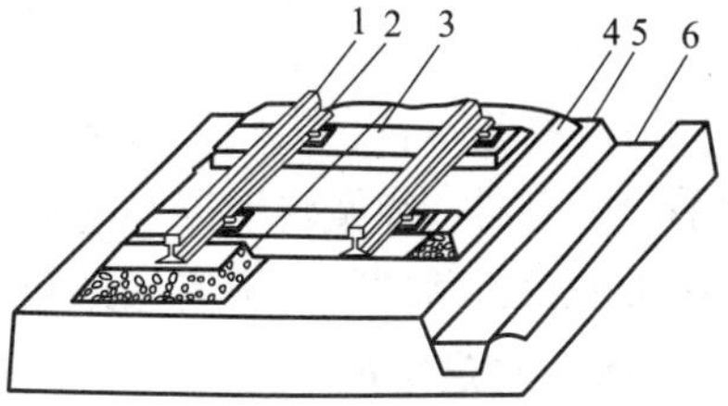

图7－2　标准窄轨的结构

1—钢轨；2—道钉；3—轨枕；4—道床；5—底板；6—水沟

轨枕用于固定两条轨条，并使其保持规定轨距；防止钢轨纵向和横向移动，保证轨道的稳定性。轨枕承受钢轨压力，并将压力较均匀地传递给道床。轨枕有木质和钢筋混凝土两种。

道床一般由道碴层组成，承受轨枕的压力，并均匀地分布到巷道底板上。道床将轨道的上部建筑和下部建筑连接成一个整体。道碴一般选用坚硬的岩石，一般块度不超过40 mm，道碴铺设具有一定厚度。

轨道线路的主要参数有轨距、轨型、坡度、曲率半径。轨距是两条钢轨的轨头内缘的间距，用 s_g 表示，如图 7－3 所示，国内标准轨距有 600 mm、762 mm、900 mm 三种。

因为机车能牵引的坡度很小，所以轨道的坡度用两点间的高度差和水平距离之比（i）表示，其数值取千分数。

（二）弯曲轨道

弯曲轨道是轨道线路的重要组成部分。车辆经过弯道时，一方面离心力使车轮轮缘向外轨挤压，既增加了行车阻力，又使得钢轨与轮缘磨损严重，严重时可能造成翻车事故；另一方面，车辆在弯道上呈弦状分布，车轮轮缘与轨道不平行，如图 7－4 所示，前轴的外轮被挤到外轨上 B 点，后轴的内轮被挤到内轨上 C 点。这样，轮对将被钢轨卡住，严重时车辆会被挤出轨面而掉道。

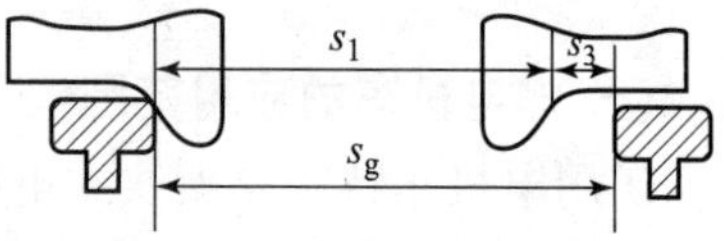

图 7－3　轨距与轮缘距

s_1—轮缘距；s_2—轨距；s_3—游隙

为了保证车辆在弯道上正常运行，弯道处外轨要抬高、轨距要加宽，且弯道半径不能太小。

（三）道岔

道岔是轨道线路的分支装置，如图 7－5 所示。

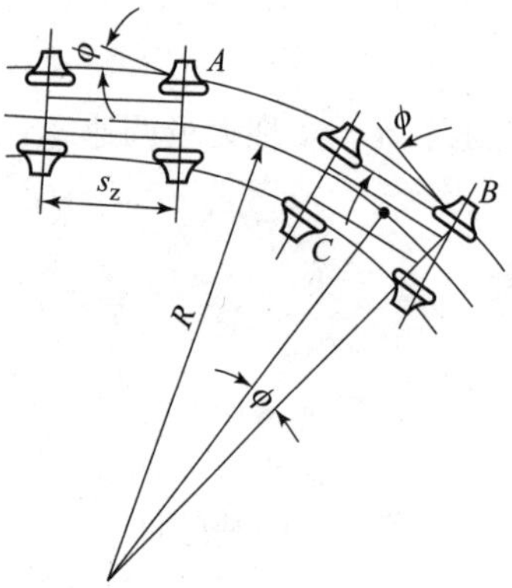

图 7－4　弯道

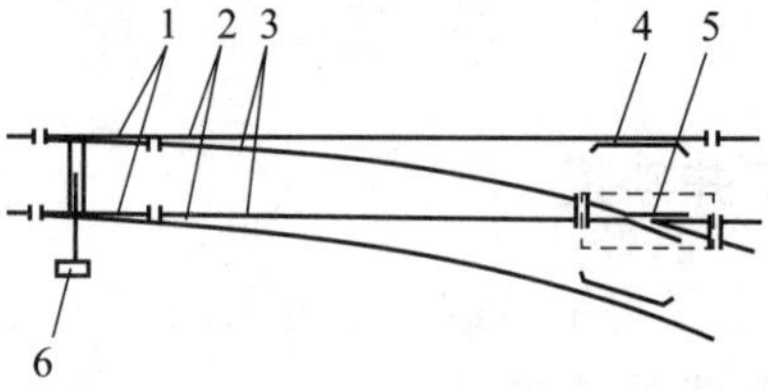

图 7－5　道岔

1—尖轨（岔尖）；2—基本轨；3—转辙轨；4—护轮轨；5—辙叉；6—转辙机构

道岔由基本轨、尖轨、辙叉、护轮轨、转辙机构及一些零件组成。搬动道岔的转辙机构有手动搬道器、弹簧转辙器和电动转辙机。在特定的运行条件下可使用弹簧转辙器，用电动转辙机可对道岔进行远距离操作和监视。

（四）轨道维护

轨道的铺设和维护质量会影响行车速度、运行安全和轨道寿命，故应遵照《煤矿窄轨铁路标准》铺设和维护。有条件时，主要运输大巷的轨道应采用无缝线路和整体道床，使用期间应加强维护，定期检查。

二、矿用车辆

矿用车辆有标准窄轨车辆、卡轨车辆、单轨吊车和无轨机车车辆。标准窄轨车辆就是通常所说的矿车，这种矿车是目前我国煤矿使用的主要车辆。

（一）矿车的类型及标准规格

煤矿使用的矿车类型很多，按结构和用途分为以下几种：

（1）固定车厢式矿车，如图7－6（a）所示，这种矿车需要翻车机卸车。

（2）翻转车厢式矿车，如图7－6（b）所示，车厢能侧向翻倾卸车。

（3）底卸式矿车，如图7－6（c）所示，这种矿车通过开启车底卸车。在专设的卸载站，整列车在运行中逐个开启自卸，如图7－7所示。底卸式矿车按车底开启的方向，有正底卸式和侧底卸式之分。侧底卸式矿车的优点是进卸载站的行车方向不受限制，卸载时的车速易控制，底卸曲轨不受撞击。底卸式矿车装卸能力很高，能满足大型矿井的需要。

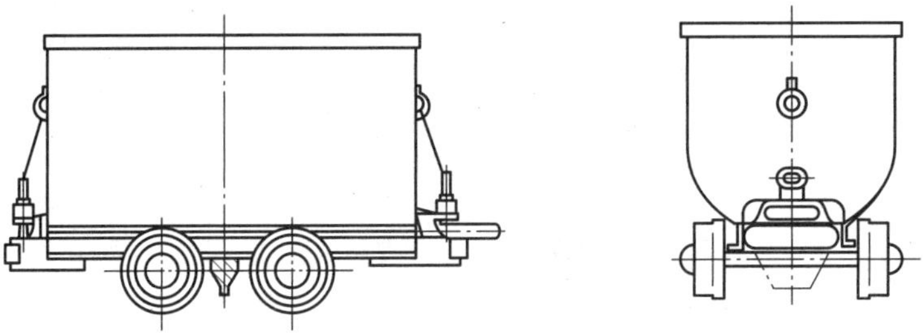

（a）

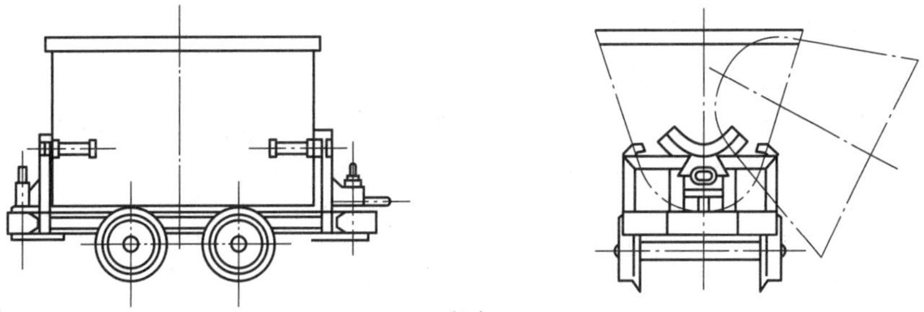

（b）

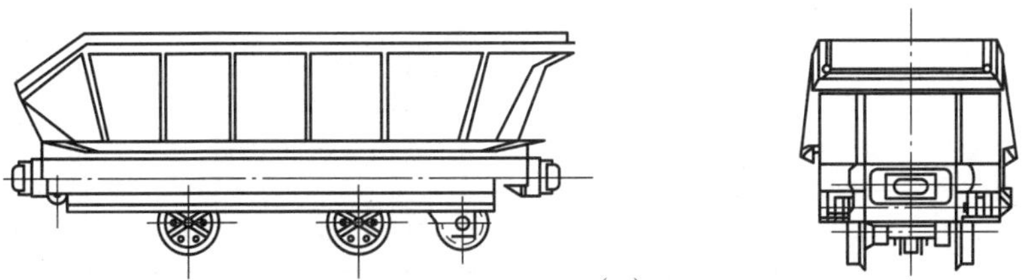

（c）

图7－6　矿用车辆

（a）固定车厢式矿车；（b）翻转车厢式矿车；（c）底卸式矿车

（4）材料车，专用于装运长材料。

（5）平板车，用于装运大件装备。

（6）人车，它是有座位的专用乘人车，分斜井人车和平巷人车。每辆斜井人车上都装有防坠器，在运行中断绳时，能自动平稳地停在轨道上，也能人工操作。停车装置有插爪式和抱轨式两种。

（7）梭车，车底装有刮板链，是在短距离内运送散料的特殊车辆，可用于掘进工作面运煤矸。

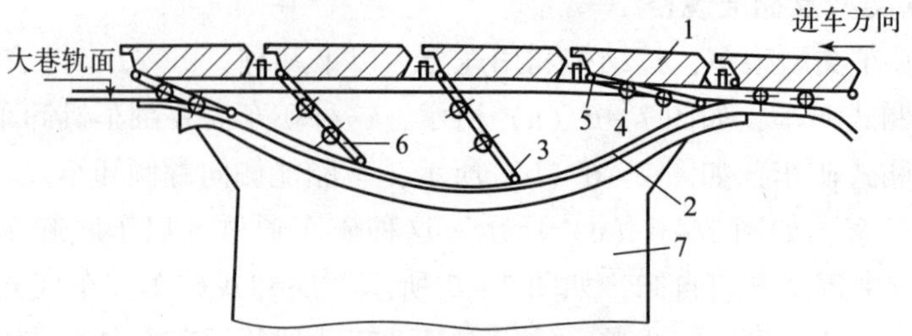

图7-7 正底卸式矿车的卸载

1—车厢；2—卸载曲轨；3—卸载轮；4—轮对；5—底门转轴；6—底门；7—煤仓

(8) 仓式列车，它与梭车的相同之处是车底装有刮板链，不同之处是由多节短车厢铰接构成。

此外还有各种专用车辆，如炸药车、水车和消防车等。

(二) 矿车的基本参数

矿车的基本参数包括矿车的容量、装载量、自身质量、外形尺寸、轨距、轴距以及连接器的允许牵引力等。矿车的基本参数及尺寸见表7-3。

表7-3 矿车的基本参数及尺寸

形式	型号	容积/m	装载量/t	最大装载量/t	…	轨距 G/mm	外形尺寸/mm 长 L	宽 B	高 H	轴距 C/mm	轮径 D/mm	牵引高度 h/mm	允许牵引力/N	质量/kg
固定车厢式	MGC1.1-6	1.1	1	1.8		600	2 000	800	1150	550	300	320	60 000	610
	MGC1.7-6	1.7	1.5	2.7		600	2 400	1 050	1 200	750	300	320	60 000	720
	MGC1.7-9	1.7	1.5	2.7		900	2 400	1 150	1 150	750	350	320	60 000	970
	MGC3.3-9	3.3	3	5.3		900	3 450	1 320	1 300	1 100	350	320	60 000	1 320
底卸式	MDC3.3-6	3.3	3	5.3		600	3 450	1 200	1 400	1 100	350	320	60 000	1 700
	MDC5.5-9	5.5	5	8		900	4 200	1 520	1 550	1 350	400	430	60 000	3 000

注：底卸式矿车的卸载角度应不小于50°。

矿车的两个重要经济技术指标是：

(1) 容积利用系数，即矿车有效容积与外形尺寸所得容积之比。

(2) 车皮系数，即矿车质量与货载质量之比。车皮系数越小越好。

第三节 矿用电机车的结构

机械构造包括车架、轮对、轴承、轴箱、弹簧托架、制动装置、加砂装置、齿轮传动装置及连接缓冲装置等。矿用电机车由机械和电气两大部分组成。

架线式电机车的基本构成如图7-8所示。

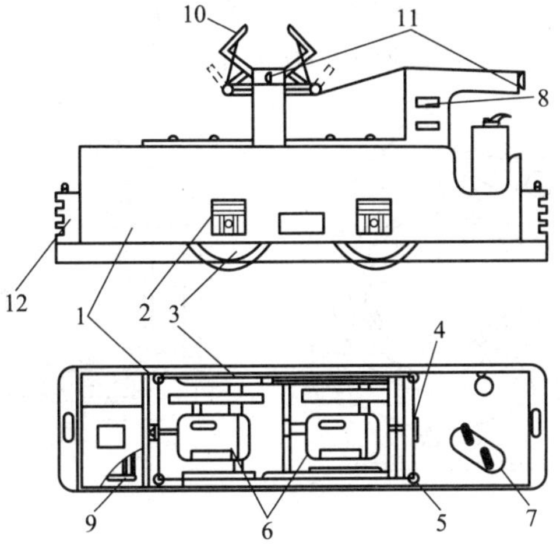

图 7-8 架线式电机车的基本构成

1—车架；2—轴箱；3—轮对；4—制动手轮；5—砂箱；6—牵引电动机；7—控制器；
8—自动开关；9—启动电阻器；10—受电弓；11—车灯；12—缓冲器及连接器

一、车架

车架是机车的主体，是由厚钢板焊接而成的框架结构，除了轮对和轴箱，机车上的机械和电气装置均安装在车架上。车架用弹簧托架支承在轴箱上，运行中经常会受到冲击、碰撞而产生变形，所以应加大钢板厚度或采取增加刚度的措施。

二、轮对

轮对是由两个车轮压装在一根轴上而成的，如图 7-9 所示。

车轮有两种，一种是轮箍和轴心热压在一起的结构；另一种是整体的车轮。前一种的优点是轮箍磨损到极限时，只更换轮箍而不至于整个车轮报废。机车的两个轮对上都装有传动齿轮，电动机经齿轮减速后带动轮对相对转动。

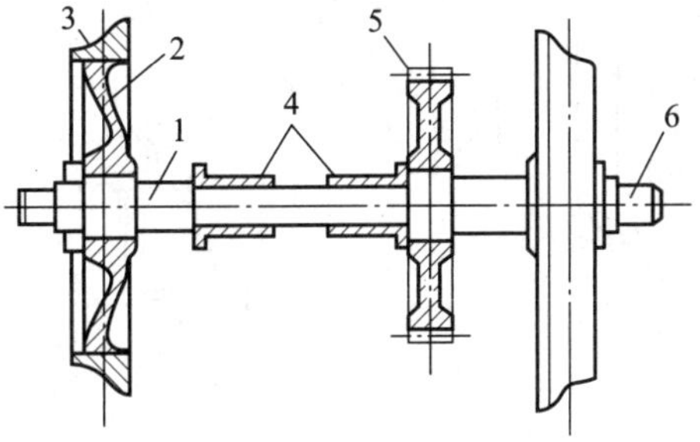

图 7-9 矿用电机车的轮对

1—车轴；2—轮心；3—轮箍；4—轴瓦；5—齿轮；6—轴颈

三、轴箱

轴箱是轴承箱的简称，内有两列滚动轴承，与轮对两端的轴颈配合安装，如图 7-10 所示。轴箱两侧的滑槽与车架上的导轨相配，上面有安放弹簧托架的座孔。车架靠弹簧托架支承在轴箱上，轴箱是车架和轮对的连接点。轨道不平时，轮对与车架的相对运动发生在轴箱的滑槽与车架的导轨之间，依靠弹簧托架起到缓冲作用。

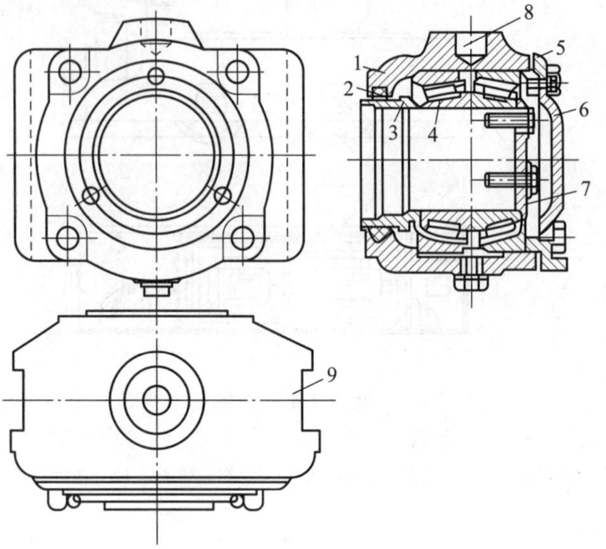

图 7－10　轴箱

1—轴箱体；2—毡圈；3—止推环；4—滚柱轴承；5—止推盖；6—轴箱端盖；7—轴承压盖；8—座孔；9—滑槽

四、弹簧托架

弹簧托架是一个组件，由弹簧、连杆和均衡梁组成，它的作用是缓和运行中对机车的冲击和振动。图 7－11 所示为一种使用板簧的弹簧托架。每个轴箱上的孔座装一副弹簧，板簧用弹簧支架与车架相连。均衡梁在轨道不平或局部有凹陷时，起到均衡各车轮上负荷的作用。目前也有在矿用电机车上使用橡胶弹簧及加装液压减振缸来提高减振效果的。

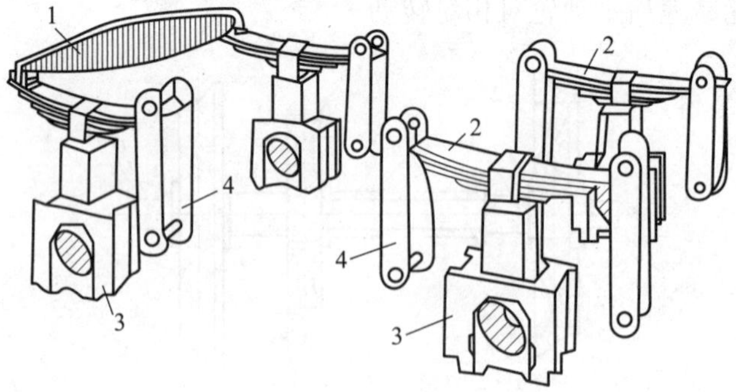

图 7－11　弹簧托架

1—均衡梁；2—板弹簧；3—轴箱；4—弹簧支架

五、齿轮传动装置

矿用电机车的齿轮传动装置有两种形式：一种是单级开式齿轮传动，其结构如图 7－12（a）所示；另一种是两级闭式齿轮减速箱，其结构如图 7－12（b）所示。开式传动方式传动效率低，传动比较小；闭式齿轮传动箱效率高，齿轮使用寿命长。

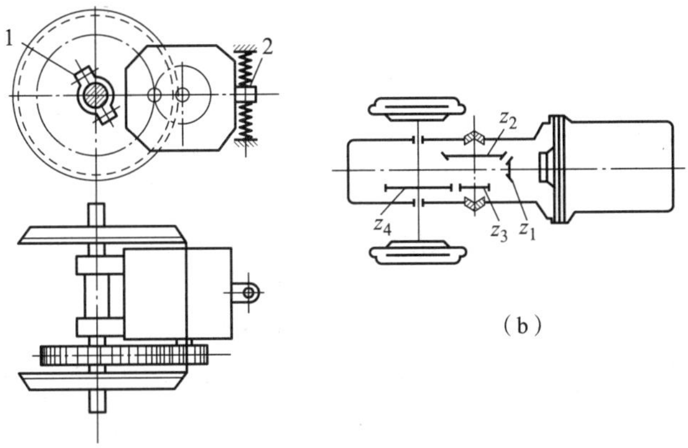

图 7-12　矿用电机车的齿轮传动装置

(a) 单级开式齿轮传动；(b) 闭式齿轮减速箱

1—抱轴承；2—挂耳

六、制动装置

机械制动装置又称制动闸，其作用是保证电动车在运行过程中能随时减速或停车。按操作动力，机械制动装置可分为气动闸、液压闸和手动闸三种。

图 7-13 所示为矿用电机车的手动机械制动装置，顺时针操作手轮 1，通过连杆系统闸瓦 9、10 向车轮施加压力，产生摩擦阻力，实现电动车制动；反向操作手轮 1，则解除制动。制动装置要经常检查，以保证其工作的可靠性。

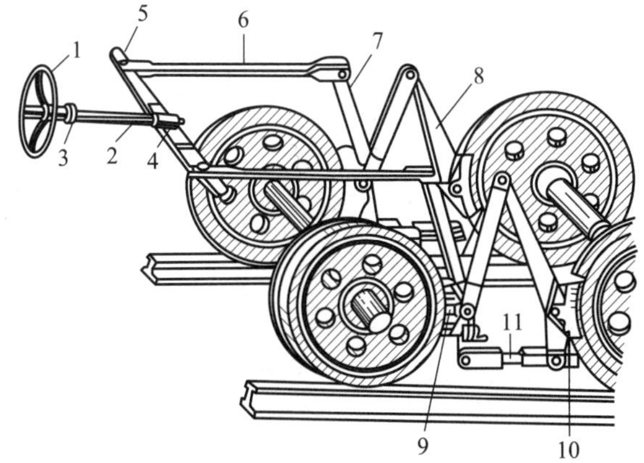

图 7-13　矿用电机车的手动制动装置

1—手轮；2—螺杆；3—衬套；4—螺母；5—均衡杆；6—拉杆；7，8—制动杆；9，10—闸瓦；11—正反扣调节螺钉

七、撒砂装置

撒砂装置用来向车轮前沿轨面撒砂，以增大车轮与轨道间的摩擦系数，从而获得较大的牵引力或制动力，以保证运输的需要和行车安全。

砂箱的位置如图 3 –9 所示。撒砂的方法有手动和气动两种。砂箱内装的砂子应是粒度不大于 1 mm 的干砂。

八、连接缓冲装置

矿用电机车的两端有连接缓冲装置。为能牵引具有不同高度的矿车，电机车的连接装置一般做成多层接口的。架线式电机车上采用铸铁的刚性缓冲器；蓄电池式电机车上则采用带弹簧的缓冲器，以减轻蓄电池所受的冲击。

思考题与习题

1. 矿用电机车的类型和应用范围如何？
2. 什么是轨距和轮缘距？弯道处有哪些铺设特点？为什么？
3. 电机车的机械构造有哪些？各部分的作用是什么？
4. 电机车的牵引力是怎么产生的？什么是电机车的黏着系数？它对牵引力有何影响？

第八章　矿山排水设备

第一节　概述

在矿井建设和生产过程中，从各种渠道来的水源源不断地涌入矿井，如果不及时排除，必将影响煤矿的安全和生产。因此，煤矿井下都设有主、副水仓，用于汇集矿井水，并用水泵等排水设施把涌入矿井的水及时从井下排至地面。另外，由于煤矿地质条件复杂，也有可能遭遇到突然的、大量的涌水情况，淹没井巷，这时也需要增加排水设备、设施进行抢险排水，以尽快恢复矿井生产。总之，矿井排水始终伴随着煤矿建设和生产，直至矿井达到服务年限，才完成它的历史使命。因此，矿井排水是煤矿建设和生产中不可缺少的一部分，它对保证矿井正常生产起着非常重要的作用。

一、矿山排水系统

1. *矿水*

在煤矿地下开采过程中，由于地层含水的涌出、雨雪和江河中水的渗透、水砂充填和水力采煤的井下供水，大量水昼夜不停地汇集于井下。涌入矿井的水统称为矿水，矿水分为自然涌水和开采工程涌水。自然涌水指自然存在的地面水和地下水，地面水包括江河、湖泊以及季节性雨水、融雪等形成的洼地积水，地下水包括含水层水、断层水和老空水；开采过程涌水是与采掘方法或工艺有关的涌水，如水砂充填时矿井的充填废水、水力采矿的动力废水等。

单位时间涌入矿井水仓的矿水总量称为矿井涌水量。由于涌水量受地质构造、地理特征、气候条件、地面积水和开采方法等多种因素的影响，因此，各矿涌水量可能极不相同。一个矿在不同季节涌水量也是在变化的，通常在雨季和融雪期出现涌水高峰，此期间的涌水量称为最大涌水量；其他时期的涌水量变化不大，一年内持续时间较长，此期间的涌水量称为正常涌水量。

为了比较各矿涌水量的大小，常用在同一时期内，相对于单位煤炭产量的涌水量作为比较的参数，称为含水系数，用 K_s 表示，则

$$K_s = 24q/A_r \tag{8-1}$$

式中　q——矿井涌水量，m^3/h；

A_r——同期内煤炭日产量，t。

矿水在穿过岩层和沿坑道流动过程中，溶入了各种物质，因此矿水的密度比一般清水大，为 1 015 ~ 1 025 kg/m^3。由于矿水中悬浮状固体颗粒容易磨损水泵零件，因此必须经过沉淀池和水仓沉淀后再由水泵排出。

由于溶解在水中的物质不同，矿水有酸性、中性和碱性之分。当矿水的 pH 等于 7 时为中性水，pH <7 时为酸性水，pH >7 时为碱性水。酸性矿水对金属有腐蚀作用，因此当矿水的 pH <5 时，应根据情况加石灰中和或采用耐酸的排水设备。

根据统计，每开采 1 t 煤要排出 2 ~ 7 t 矿水，甚至多达 30 ~ 40 t。矿山排水设备的电动机功率，小的几千瓦或几十千瓦，大的几百千瓦或上千千瓦。因此，保证矿山排水设备运转的可靠性（安全性）与经济性（高效率低能耗）具有十分重要的意义。

2. 排水系统

对于巷道低于地面的矿井，涌入矿井中的水需要通过排水设备排到地面。目前我国大多数矿井采用这种方法。

根据开采水平以及各水平涌水量大小的不同，矿井排水可采用不同的排水系统。

竖井单水平开采时，可采用直接排水系统将井下全部涌水集中于井底车场的水仓内，并用排水设备将其排至地面，如图 8 - 1 所示。涌入矿井的水顺着巷道一侧的水沟自流集中到水仓 1，然后经分水沟流入泵房 5 内一侧的吸水井 3 中，水泵运转后水经管路 6 排至地面。

两个或多个水平同时开采时，可有多种方案供选用。就两个水平而言，有三种方案可供选用。

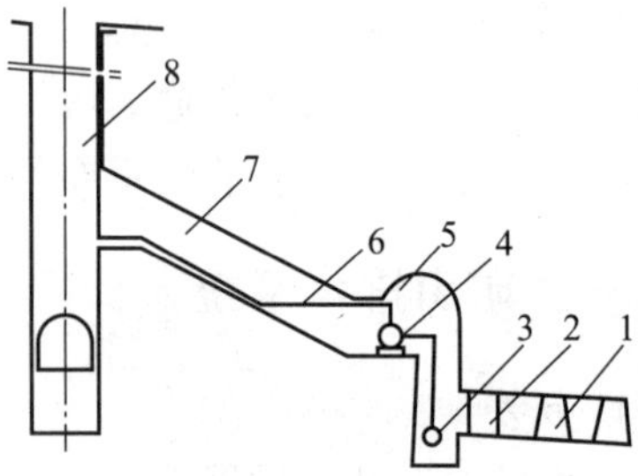

图 8 - 1　矿井排水过程示意图

1—水仓；2—分水沟；3—吸水井；4—水泵；5—泵房；6—管路；7—管子道；8—井筒

（1）直接排水系统。如各水平涌水量都很大，各水平可分别设置水仓、泵房和排水装置，将各水平的水直接排至地面。此方案的优点是上、下水平互不干扰，缺点是井筒内管路多。

（2）集中排水系统。当上水平面的涌水量较小时，可将上水平的水下放到下水平，然后由下水平的排水装置直接排至地面。此方案的优点是只需一套排水设备；缺点是上水平的水下放后再上提，损失了位能，增加了电耗。

（3）分段排水系统。若下水平的水量较小或井过深，则可将下水平的水排至上水平的水仓内，然后集中一起排至地面。

采用哪一种方案，要经过技术和经济的综合比较后才能确定。

3. 水仓

用来专门储存矿水的巷道叫水仓，水仓有两个主要作用：一是储存集中矿水，排水设备可以将水从水池排至地面，为了防止断电或排水设备发生故障而被迫停止运行时淹没巷道，主泵房的水仓应有足够大的容积，必须能容纳 8 h 正常的涌水量；二是沉淀矿水，因在从采掘工作面到水仓的流动过程中，矿水夹带有大量悬浮物和固体颗粒，为防止排水系统堵塞和减轻排水设备磨损，在水仓中要进行沉淀。根据颗粒沉降理论，为了达到能把大部分细微颗粒沉淀于仓底的目的，水在水仓中流动的速度必须小于 0.005 m/s，而且流动时间要大于 6 h，因此水仓巷道长不得小于 100 m。

为了在清理水仓沉淀物的同时又能保证排水设备正常工作，水仓至少有一个主水仓和一个副水仓，以便清理时轮换使用。水仓可以布置在水泵房的一侧，也可以布置于水泵房的两侧。在水泵房一侧的布置方式适用于单翼开采，矿水从一侧流入水仓；在水泵房两侧的布置方式适用于双翼开采，矿水从两侧流入水仓。

由于矿水中固体颗粒的沉淀，水仓容量逐渐减少，为了保证水仓的容水能力，容纳涌水高峰期的全部矿水，每次雨季到来前必须彻底清理一次主泵房的水仓。为了便于清扫水仓的淤泥，水仓和分水井靠管路连接，管路上装有闸阀，关闭时可以清扫水仓。为了便于运输，水仓底板一般敷设轨道。

4. 水泵房

水泵房是专为安装水泵、电动机等设备而设置的硐室，大多数主水泵房布置在井底车场附近。这样布置的优点是：

（1）运输巷道的坡度都向井底车场倾斜，便于矿水沿排水沟流向水仓。

（2）排水设备运输方便。

（3）由于靠近井筒，缩短了管路长度，不仅节约管材，而且减少了管路水头损失，同时增加了排水工作的可靠性。

（4）在井底车场附近通风条件好，改善了泵与电动机的工作环境。

（5）水泵房以中央变电所为邻，供电线路短，减少了供电损耗，这对耗电量很多、运转时间又长的排水设备而言，具有不容忽视的经济意义。

根据矿井条件的不同，水泵房有多种形式，图 8－2 所示为其中的一种。根据水泵房在井底车场的位置可以清楚地看出，它有三条通道与相邻巷道相通：人行运输巷与井底车场相通，人员和设备由此出入；倾斜的管子道与井筒相通，如图 8－3 所示，排水管可由此敷入井筒，同时也是人员和设备的安全出口，它的出口平台应高出泵房底板标高 7 m 以上，倾斜坡度一般为 25°～30°，当井底车场被淹没时，人员可由此安全撤出；经井下变电所与巷道相通的通道是一个辅助通道。水泵房的地面标高应比井底车场轨面高 0.5 m，且在吸水侧留有 1% 的坡度。

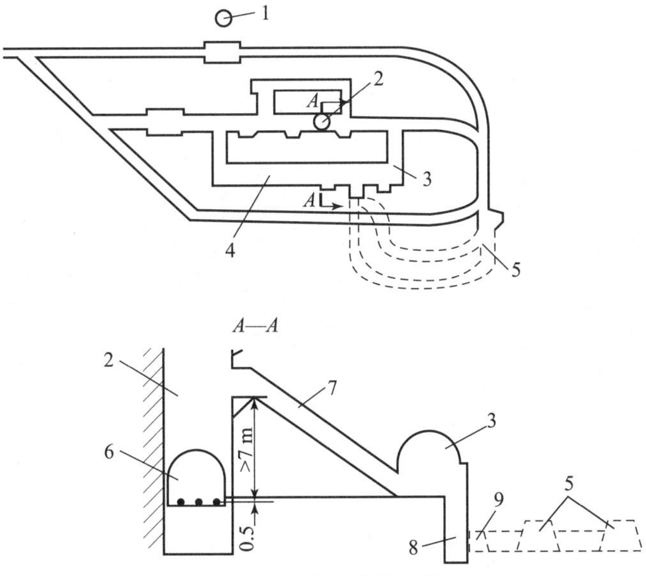

图 8－2　水泵房位置图

1—主井；2—副井；3—水泵房；4—中央变电所；5—水仓；6—井底车场；7—管子道；8—吸水井；9—分水沟

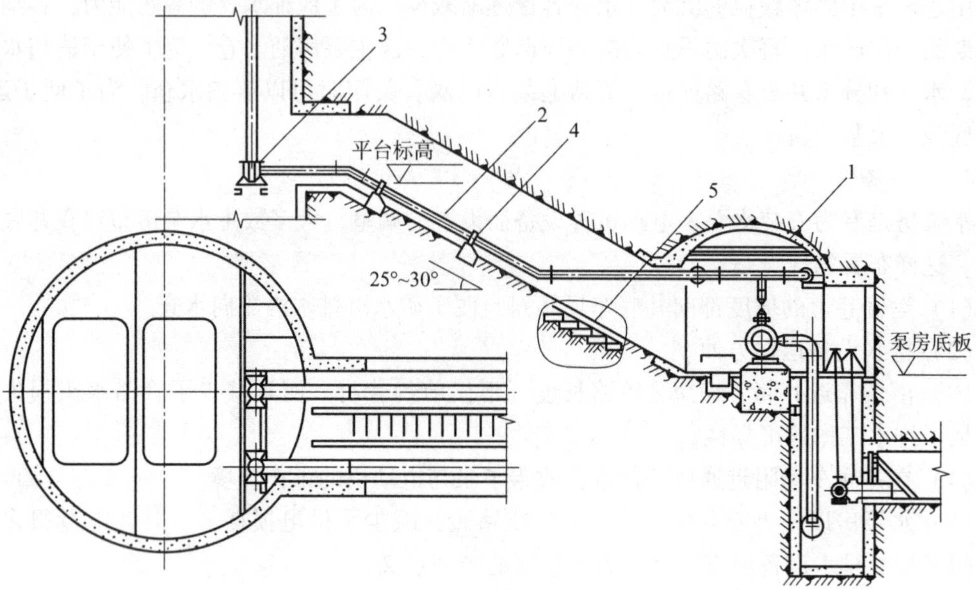

图 8 –3　管子道布置图

1—泵房；2—管道；3—弯管；4—管墩和管卡；5—人行台阶和运输轨道

图 8 –4 所示为三台水泵两趟管路泵房布置图，吸水井在泵房的一侧，由水仓来的水首先通过篦子 16 拦截进入水仓的大块物质，然后经过水仓闸阀 13 进入分水井 14。水仓闸门共有两个，分别和主、副水仓相通，轮换使用，可在配水井上部操作。进入分水井的水经过分水闸阀 12 分配到中间吸水井和两侧的分水沟 11 中，水从分水沟再进入两侧的吸水井中。关闭分水闸阀 12 可以清理水沟和吸水井，并控制水仓流入的水量。

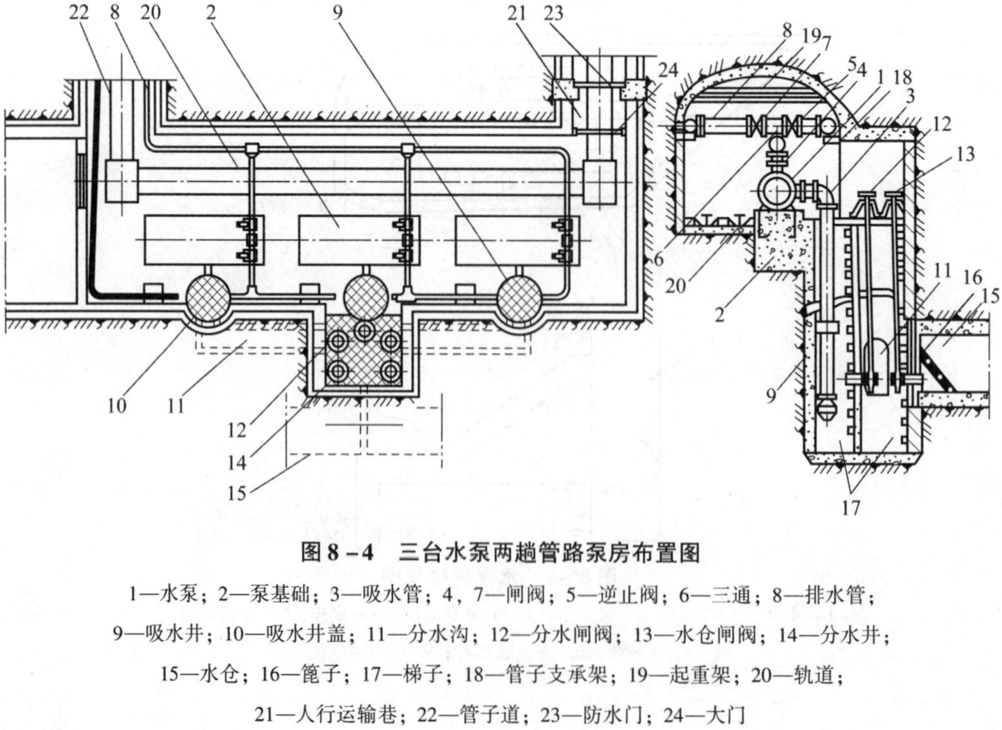

图 8 –4　三台水泵两趟管路泵房布置图

1—水泵；2—泵基础；3—吸水管；4，7—闸阀；5—逆止阀；6—三通；8—排水管；9—吸水井；10—吸水井盖；11—分水沟；12—分水闸阀；13—水仓闸阀；14—分水井；15—水仓；16—篦子；17—梯子；18—管子支承架；19—起重架；20—轨道；21—人行运输巷；22—管子道；23—防水门；24—大门

水泵房排水设备的布置方式主要取决于泵和管路的多少，通常情况下，应尽量减少泵房断面。水泵在水泵房内顺着水泵房长度方向轴向排列，泵房轮廓尺寸应根据安装设备的最大外形、通道宽度和安装检修条件等确定。一般泵房的长、宽、高由下述公式确定。

1）水泵房长度

$$L = nL_0 + l_1(n+1) \tag{8-2}$$

式中　n——水泵台数；

L_0——水泵机组（泵和电动机）的基础长度，m，可查样本；

l_1——水泵机组的净空距离，一般为1.5～2.0 m。

当矿井的涌水量有增加的可能时，应考虑泵房的长度有增加的余地，井筒内也应考虑有相应的管道安装位置。

2）水泵房的宽度

$$B = b_0 + b_1 + b_2 \tag{8-3}$$

式中　b_0——水泵基础宽度，m；

b_1——水泵基础边到轨道一侧墙壁的距离，以通过泵房内最大设备为原则，一般为1.5～2 m；

b_2——水泵基础的另一边到吸水井一侧墙壁的距离，一般为0.8～1.0 m。

3）水泵房的高度

水泵房的高度应满足检修时起重的要求，根据具体情况确定，一般为3.0～4.5 m，或根据水泵叶轮直径确定：当$D \geqslant 350$ mm时，取4.5 m，并应设有能承受起重质量为3～5 t的工字梁；当$D < 350$ mm时，取3 m，可不设起重梁。

水泵基础的长和宽应比水泵底座最大外形尺寸每边大200～300 mm。大型水泵基础应高出泵房地板200 mm。

二、矿山排水设备的组成

矿山排水设备一般由水泵、电动机、启动设备、管路、管路附件和仪表等组成，图8－5所示为水泵排水示意图。

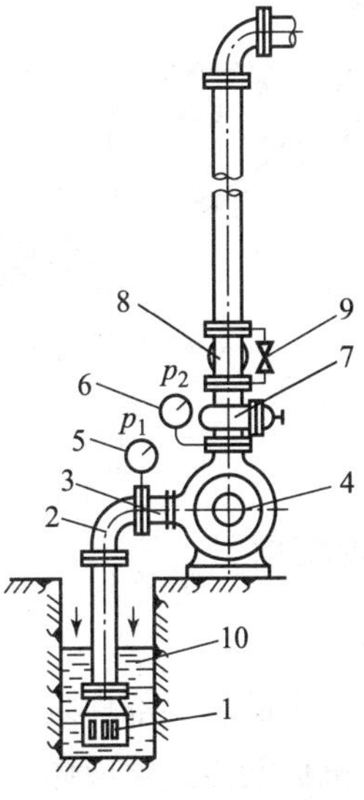

图8－5　水泵排水示意图

1—滤水器；2—90°弯头；3—异径管；4—水泵；5—真空表；6—压力表；7—闸阀；8—逆止阀；9—阀门；10—吸水井

排水设备上应设置各种附件，各自起着不同的作用。

带底阀的滤水器1装在吸水管的末端，一般应插入吸水井水面0.5 m以下。过滤网用来滤去水中的固体颗粒和杂物，以防其阻塞泵内流道或损坏泵，底阀用来防止水泵启动前引水灌入泵和吸水管内或停泵后水漏入井中。因底阀会增大吸水阻力，故一般只用在中小型水泵中。大型水泵通常不设底阀，采用射流泵或水环式真空泵进行抽气灌水。

调节闸阀7安装在靠近水泵排水接管下方的排水管路上，其作用是调节水泵的流量和在关闭闸阀的情况下启动水泵，以减小电动机的启动负荷。一般情况下吸水管道路上不装闸阀。但是，当泵的吸水管道与其他管道相连，或者处于正压进水的情况下，吸水管道上应装设闸阀。

逆止阀 8 安装在调节闸阀 7 的上方，其作用是当水泵突然停止运转（如突然停电），或者在未关闭调节闸阀 7 的情况下停泵时，能自动关闭，切断水流，使水泵不致受到水力冲击而遭到损坏。

水泵泵体上设有灌水孔和排气孔。灌水孔对应有灌水漏斗，其作用是在水泵初次启动前向泵内灌注引水；排气孔对应有放气栓，其作用是向泵内灌引水时排除空气。

水泵再次启动时，可通过旁通管向水泵内灌引水。

真空表 5 和压力表 6 的作用是检测水泵吸入口的真空度和水泵排水口的压力。

第二节　离心式水泵的主要结构

图 8-6 所示为分段式多级离心式水泵，这种结构的泵分若干级，每一级都由一个叶轮及一个径向导叶组成。其主要包括转动部分、固定部分、密封部分等几大部分。

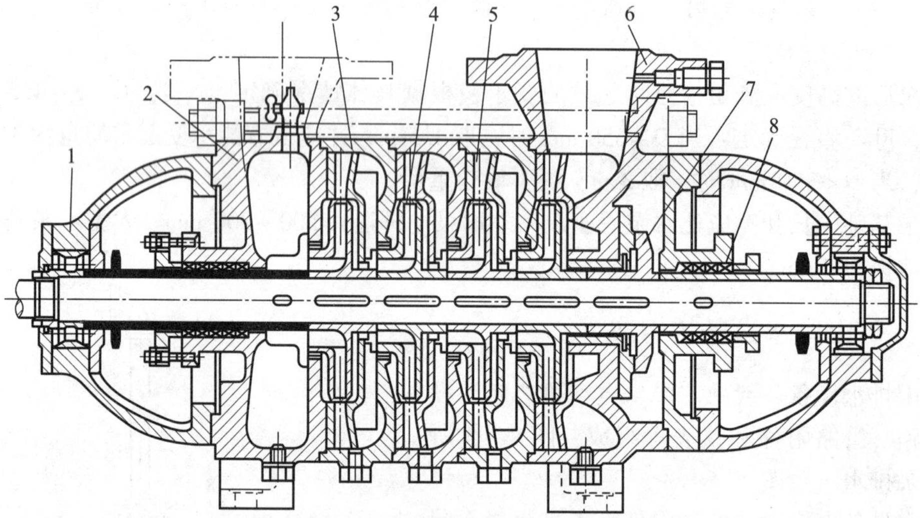

图 8-6　分段式多级离心式水泵

1—轴承部件；2—进水段；3—中段；4—叶轮轴；5—导叶；6—出水段；7—平衡盘；8—密封部件

一、转动部分

1. 叶轮

叶轮是水泵的主要部件之一。泵内液体能量的获得是在叶轮内进行的，所以叶轮的作用是将原动机机械能传递给液体，使液体的压力能和速度能均得到提高。叶轮的尺寸、形状和制造精度对水泵的性能影响很大，因而叶轮在传递能量的过程中流动损失应该最小。

叶轮一般由前盖板、叶片、后盖板和轮毂所组成。如图 8-7（a）所示的叶轮为封闭式叶轮。封闭式叶轮效率较高，但要求输送的介质较清洁。如果叶轮无前盖板，其他都与封闭式叶轮相同，则称为半开式叶轮，如图 8-7（b）所示。半开式叶轮适宜输送含有杂质的液体。若只有叶片及轮毂而无前、后盖板，则称为开式叶轮，如图 8-7（c）所示。开式叶轮适宜输送液体中所含杂质的颗粒大些、多些的情况，但开式叶轮的效率较低，一般情况下不采用。

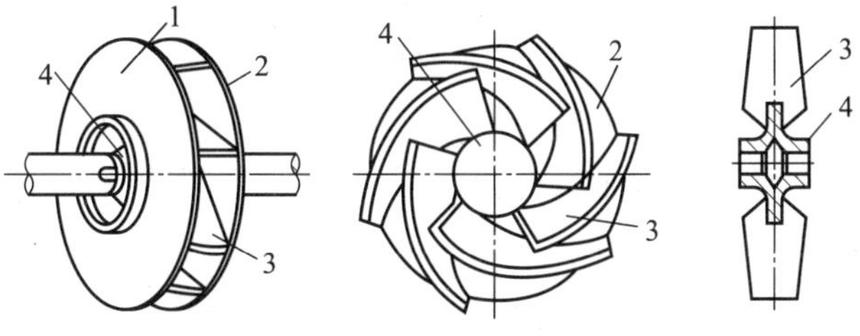

图 8-7　叶轮的结构形式

（a）封闭式叶轮；（b）半开式叶轮；（c）开式叶轮

1—前盖板；2—后盖板；3—叶片；4—轮毂

叶轮还有单吸与双吸之分。图 8-7（a）所示为单吸式叶轮，图 8-8 所示为双吸式叶轮。在相同条件下，双吸式叶轮的流量是单吸式叶轮流量的两倍，而且基本上不产生轴向力。双吸式叶轮适用于大流量或需提高泵抗汽蚀性能的场合。

前、后盖板中的叶片有两种形式：圆柱形叶片和双曲率（扭曲）叶片。圆柱形叶片制造简单，但流动效率不高。目前，为提高泵的效率，一般采用扭曲叶片。

2. 泵轴

泵轴常用 45 钢锻造加工而成。泵轴的作用是把原动机的扭矩传递给叶轮，并支承装在它上面的转动部件。为了防止泵轴锈蚀，泵轴与水接触部分装有轴套，轴套锈蚀和磨损后可以更换，以延长泵轴的使用寿命。

3. 平衡盘

多级分段式离心式水泵往往在水泵的压出段外侧安装平衡盘。平衡盘的作用是消除水泵的轴向推力，常用灰铸铁制造，其剖视图如图 8-9 所示。

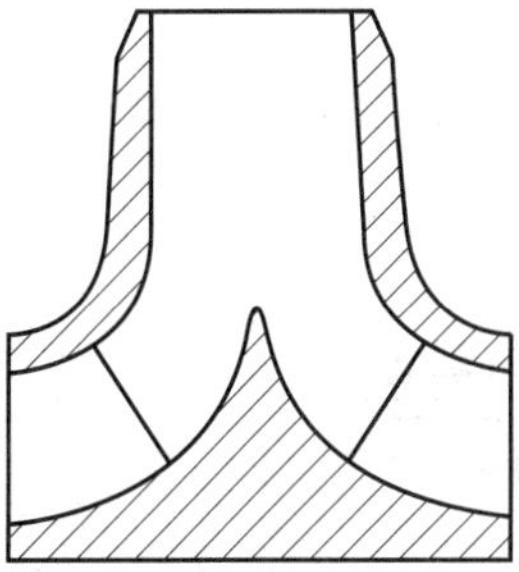

图 8-8　双吸式叶轮

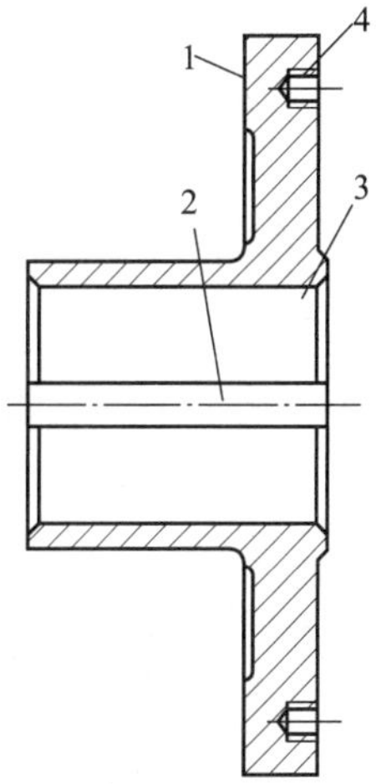

图 8-9　平衡盘的剖视图

1—盘面；2—键槽；3—轴孔；4—拆卸用螺丝孔

二、固定部分

1. 吸入段

吸入段的作用是以最小的阻力损失，将液体从吸入管路引入叶轮。

吸入段中的阻力损失要比压出段小得多，但是吸入段形状设计的优劣对进入叶轮的液体流动情况影响很大，且对泵的汽蚀性能有直接影响。

吸入段有锥形管吸入段、圆环形吸入段和半螺旋形吸入段三种结构。

1）锥形管吸入段

图 8－10（a）所示为锥形管吸入段结构示意图。这种吸入段流动阻力损失较小，液体能在锥形管吸入段中加速，速度分布较均匀。锥形管吸入段结构简单，制造方便，是一种很好的吸入段，适宜用在单级悬臂式泵中。

2）圆环形吸入段

图 8－10（b）所示为圆环形吸入段结构示意图。在吸入段的起始段中，轴向尺寸逐渐缩小，宽度逐渐增大，整个面积还是缩小，使液流得到加速。由于泵轴穿过环形吸入段，所以液流绕流泵轴时会在轴的背面产生旋涡，引起进口流速分布不均匀。同时叶轮左、右两侧的绝对速度的圆周分速度 n_{1u} 也不一致，所以流动阻力损失较大。

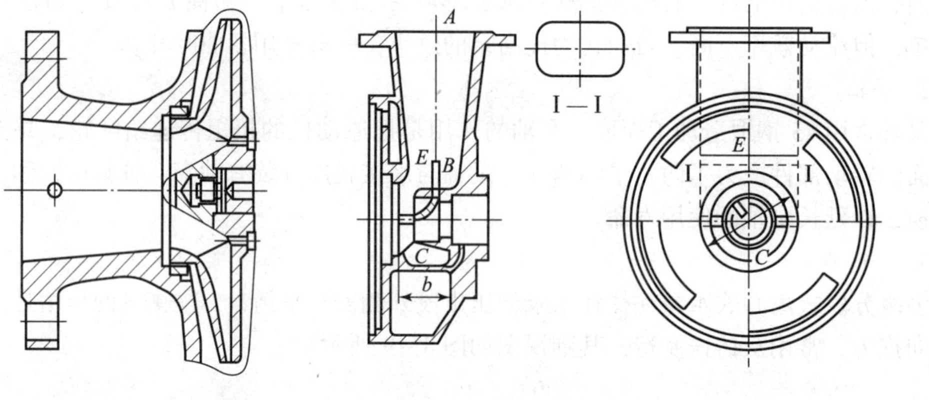

图 8－10　锥形管吸入段和圆环形吸入段

（a）锥形管吸入段；（b）圆环形吸入段

由于圆环形吸入段的轴向尺寸较短，因而被广泛用在多级泵上。

3）半螺旋形吸入段

如图 8－11 所示，半螺旋形吸入段能保证叶轮进口液流有均匀的速度场，泵轴后面没有旋涡。但液流进入叶轮前已有预旋，故扬程要略有下降。

半螺旋形吸入段大多被应用在双吸式泵和多级中开式泵上。

2. 压出段

从叶轮中获得了能量的液体，流出叶轮进入压出段。压出段将流来的高速液体汇集起

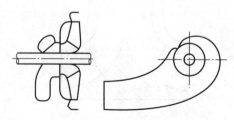

图 8－11　半螺旋形吸入段

来，引向压出口，同时还将液体中的部分动能转变成压力能。

压出段中液体的流速较大，液体在流动的过程中会产生较大的阻力损失。因此，有了性能良好的叶轮，还必须有良好的压出段与之相配合，这样整个泵的效率才能提高。

常见的压出段结构形式很多，有螺旋形压出段和环形压出段等。

1）螺旋形压出段

螺旋形压出段又称蜗壳体，一般用于单级泵、单级双吸泵及多级泵。

液体从叶轮流出进入如图 8－12 所示的蜗壳体内，沿着蜗壳体在流体流动方向上，其数量是逐渐增多的，因此壳体的截面积亦是不断增大的。这样液体在蜗壳体中运动时，其在各个截面上的平均流速均相等。蜗壳体只收集从叶轮中流出的液体，而扩散管使液体中的部分动能转变成压力能。为减少扩散管的损失，它的扩散角 θ 一般取 8°～12°。

泵舌与叶轮外径的间隙不能太小，否则在大流量工况下泵舌处容易产生汽蚀。同时间隙太小也容易引起液流阻塞而产生噪声与振动。间隙亦不能太大，太大的间隙会引起旋转的液体环流，消耗能量，降低泵的容积效率。

螺旋形压出段制造方便，泵的高效率区域较宽。

2）环形压出段

环形压出段的流道截面积处处相等，如图 8－13 所示，所以液流在流动中不断加速，从叶轮中流出的均匀液流与压出段内速度比它高的液流相遇，彼此发生碰撞，损失很大。所以环形压出段的效率低于螺旋形压出段，但它加工方便，故主要用于多级泵的排出段，或输送有杂质的液体。

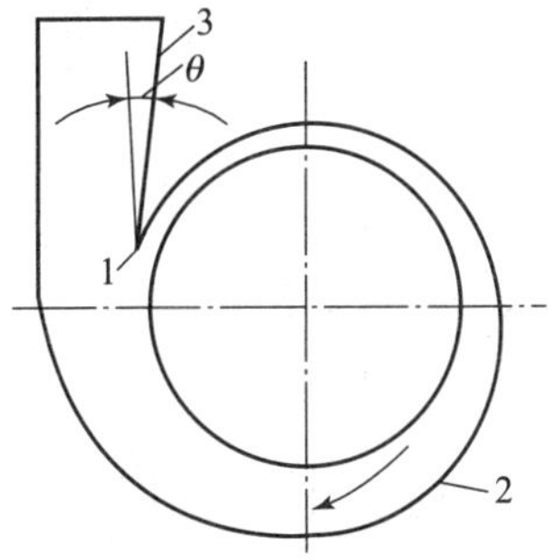

图 8－12　螺旋形压出段

1—泵舌；2—蜗壳体；3—扩散管

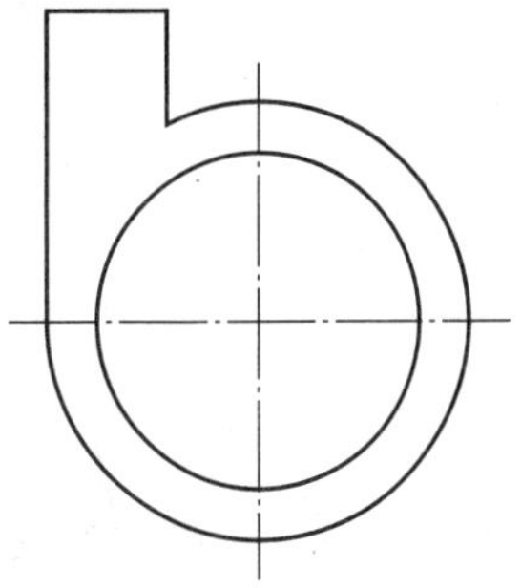

图 8－13　环形压出段

3. 中段

由于多级分段式水泵的液流是由前一级叶轮流入次一级叶轮内，故在流动的过程中必须装置中段。中段一般由导水圈和返水圈组成。

导水圈的结构：由若干叶片组成导叶，水在叶片间的流道中通过。前一段流道的作用是接收由叶轮高速流出的水，并匀速送入后面流道；后一段流道的断面逐渐扩大，使一部分动能转换为压力能。

导水圈的叶片数与叶轮的叶片数应互为质数，否则会出现叶轮叶片和导水圈叶片重叠的现象，造成流速脉动，产生冲击和振动。

导水圈与返水圈主要有径向式和流道式。

图 8－14 所示为径向式导叶，它由螺旋线、扩散管、过渡区和反导叶组成。图 8－14 中 *AB* 部分为螺旋线，它起着收集液体的作用。扩散管 *BC* 部分起着将部分动能转换成压力能的作用。螺旋线与扩散管又称正导叶，它起着压出室的作用。*CD* 为过渡区，起着转变液体流向的作用。液体在过渡区里沿轴向转了 180°的弯，然后沿着反导叶 *DE* 进入次级叶轮的入口。

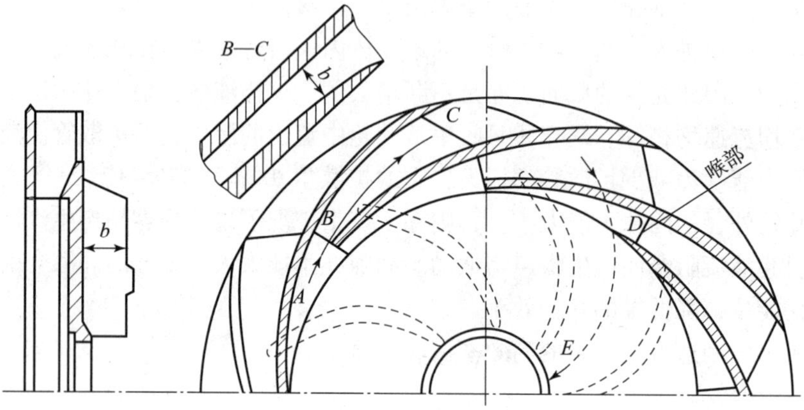

图 8－14　径向导叶

图 8－15 所示为流道式导叶。在流道式导叶中，正、反导叶是连续的整体，亦即反导叶是正导叶的继续，所以从正导叶进口到反导叶出口形成单独的小流道，各个小流道内的液流互不相混。它不像径向式导叶，先在环形空间内液体混在一起，再进入反导叶。流道式导叶的流动阻力比径向式小，但结构复杂，铸造加工较麻烦。目前分段式多级泵趋向于采用流道式导叶。

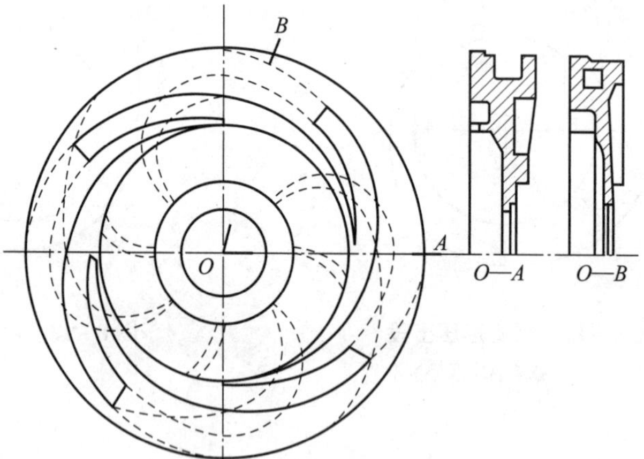

图 8－15　流道式导叶

三、密封部分

1. 固定段间的密封

离心式水泵各固定段之间的静止结合面采用纸垫密封。

2. 叶轮和固定部分间的密封

叶轮的吸水口、后盖板轮毂与固定段之间存在环形缝隙（图 8－16），高压区的水会经环形缝隙进入低压区而形成循环流动，从而使叶轮实际排入次级的流量减少，并增加能量的消耗。为了减少缝隙的泄漏量，在保证叶轮正常转动的前提下，应尽可能减小缝隙。为此，在每个叶轮前后的环形缝隙处安装有磨损后便于更换的密封环（又称大、小口环），如图8-16所示。装在叶轮入口处的密封环为大口环，装在叶轮后盖板侧轮毂处的密封环为小口环。

一般水泵的密封环为圆柱形，用螺栓固定在泵壳上，它承受着与转子的摩擦，故密封环是水泵的易损件之一。当密封环被磨损到一定程度后，水在泵腔内将发生大量的窜流，使水泵的排水量和效率显著下降，故应及时更换。

为提高水泵的效率，密封环也可以采用更复杂的结构，如图 8-17 所示。

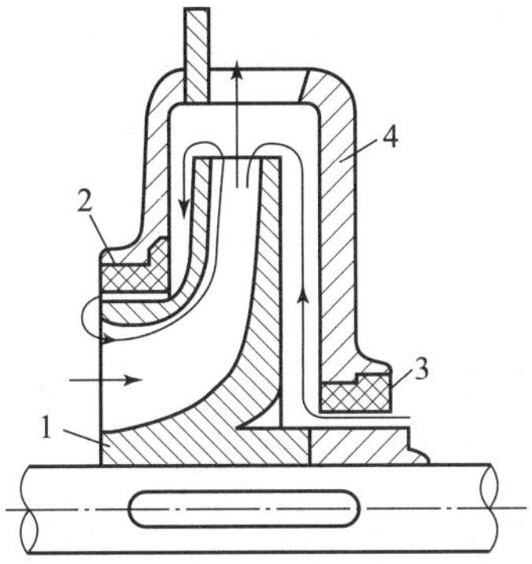

图 8-16　密封环

1—叶轮；2—大口环；3—小口环；4—泵壳

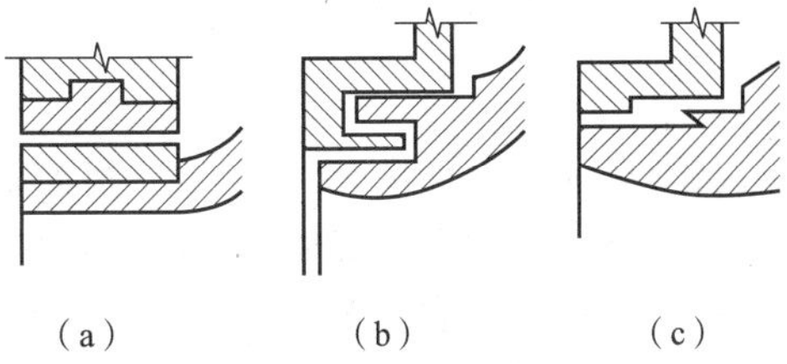

图 8-17　密封环形式

(a) 平环形；(b) 迷宫形；(3) 锯齿形

3. 轴端与固定部分间的密封

泵轴穿过泵壳，使转动部分和固定部分之间存在间隙，泵内液体会从间隙中泄漏至泵外。如果泄漏出的液体有毒或有腐蚀性，则会污染环境。如果泵吸入端是真空，则外界空气会漏入泵内，严重威胁泵的安全工作。为了减少泄漏，一般在此间隙处装有轴端密封装置，简称轴封。目前采用的轴封有填料密封、机械密封、浮动环密封及迷宫密封等形式。

1) 填料密封。

填料密封在泵中应用得很广泛。如图 8-18 所示，填料密封由填料压盖 4、填料 3、水封环 2、填料套 1、压盖螺栓 5 和螺母 6 组成。正常工作时，填料由填料压盖压紧，充满填料腔室，使泄漏减少。由于填料与轴套表面直接接触，因此填料压盖的压紧程度应该合理。如压得过紧，填料在腔室中被充分挤压，泄漏虽然可以减少，但填料与轴套表面的摩擦会迅速增加，严重时会发热、冒烟，甚至将填料、轴套烧坏；如压得过松，则泄漏增加，泵效率下降。填料压盖的压紧程度应该以液体从填料箱中流出少量的滴状液体为宜。

填料常用石墨油浸石棉绳，或石墨油浸含有铜丝的石棉绳，但它们在泵高温、高速的情况下密封效果较差。国外某些厂家使用由合成纤维、陶瓷及聚四氟乙烯等材料制成的压缩填料密封，具有低摩擦性，并有较好的耐磨、耐高温性能，使用寿命较长，且价格与石棉绳填料不相上下。

填料与轴套的摩擦会发热，所以填料密封还应通有冷却水进行冷却。

高速大容量锅炉给水，由于轴封处的线速度大于 60 m/s，故填料密封已经不能满足要求。

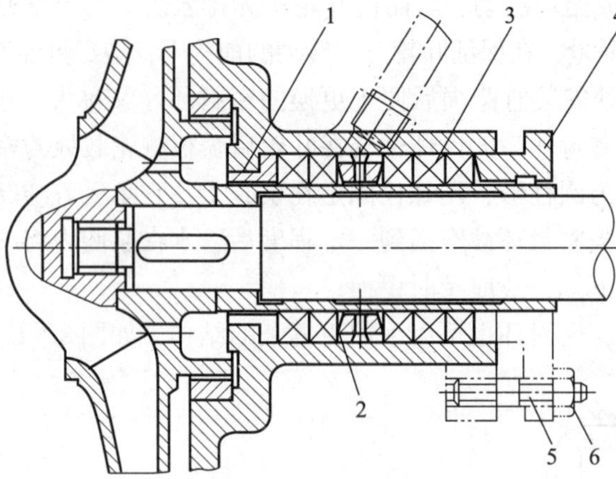

图 8－18　填料密封

1—填料套；2—水封环；3—填料；4—填料压盖；5—压盖螺栓；6—螺母

2）机械密封

机械密封最早出现在 19 世纪末，目前在国内广泛使用。图 8－19 所示的机械密封，是靠静环与动环端面的直接接触而形成密封。动环 5 装在转轴上，通过传动销 3 与泵轴同时转动；静环 6 装在泵体上，为静止部件，并通过防转销 8 使它不能转动。静环与动环端面形成的密封面上所需的压力，由弹簧 2 的弹力来提供。动环密封圈 4 的作用是防止液体的轴向泄漏。静环密封圈 7 的作用是封堵静环与泵壳间的泄漏。密封圈除了起密封作用之外，还能吸收振动，缓和冲击。动、静环间的密封实际上是靠两环间维持一层极薄的流体膜，起着平衡压力和润滑、冷却端面的作用。机械密封的端面需要通有密封液体，密封液体要经外部冷却器冷却，在泵启动前先通入，泵轴停转后才能切断。机械密封要得到良好的密封效果，应该使动、静环端面光洁、平整。

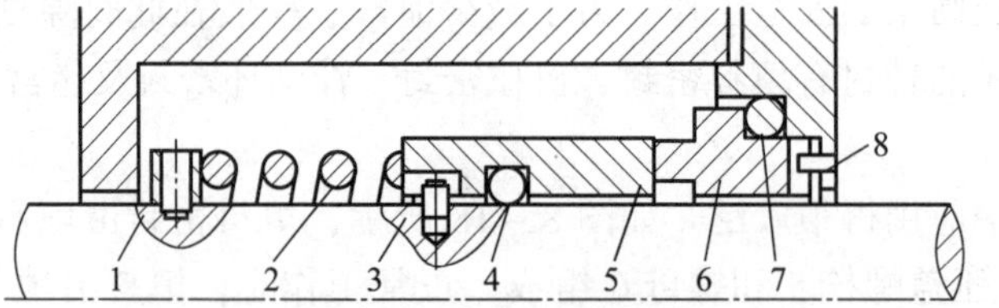

图 8－19　机械密封

1—弹簧座；2—弹簧；3—传动销；4—动环密封圈；5—动环；

6—静环；7—静环密封圈；8—防转销

机械密封的间隙一般是径向的，如泵内水温高于 100 ℃，密封面出口为大气压，则必将导致端面出现汽、液两相。

在工况变化时，液体膜会发生相变，沸腾区内压力瞬时增加，使密封端面开启。如果周向开启力不均，造成不平行开启，则开启后较难恢复，形成间歇振荡、干运转、鸣叫，并出现敲击声等。为此，在机械密封的端面通有密封水冷却，吸收热量。对于温度升高的密封水，利用热虹吸（冷却器装设在泵轴的上方）作用，使之压力升高，流入密封水冷却器冷却，再经过磁性过滤器，除去给水中容易损坏密封面的氧化铁粉，重新流入密封端面，如此不断循环。

机械密封比填料密封寿命长，密封性能好，泄漏量很小，轴或轴套不易受损伤。机械密封摩擦耗功小，为填料密封的 10% ~15%。但机械密封较填料密封复杂，价格较贵，需要一定的加工精度与安装技术。机械密封对水质的要求也较高，因为有杂质就会损坏动环与静环的密封端面。

机械密封的动环、静环材料可选用碳化硅、铬钢、金属陶瓷及碳石墨浸渍巴氏合金、铜合金、碳石墨浸渍树脂等。

3）浮动环密封

输送高温、高压的液体如用机械密封会有困难，可采用浮动环密封。浮动环密封由浮动环、支承环（浮动套）和弹簧等组成，如图 8 -20 所示。

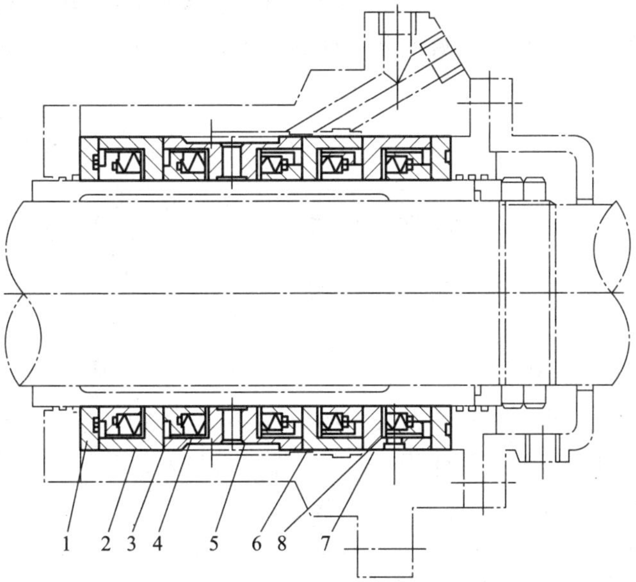

图 8 -20　浮动环密封

1—密封环；2—支承环（甲）；3—浮动环；4—弹簧；5—支承环（乙）；
6—支承环（丙）；7—支承环（丁）；8—密封圈

浮动环密封是通过浮动环与支承环的密封端面在液体压力与弹簧力（也有不用弹簧的）的作用下紧密接触，使液体得到径向密封的。浮动环密封的轴向密封是由轴套的外圆表面与浮动环的内圆表面形成的细小缝隙，对液流产生截流而达到密封的。浮动环套在轴套上，液体动力的支承力可使浮动环沿着支承环的密封端面上下自由浮动，使浮动环自动调整环心。

当浮动环与泵轴同心时，液体动力的支承力消失，浮动环不再浮动，浮动环可以自动对准中心，所以浮动环与轴套的径向间隙可以做得很小，以减少泄漏量。

为了提高密封效果，减少泄漏，在浮动环中间还通有密封液体。密封液体的压力比被密封的液体压力稍高。为了保证浮动环安全工作，密封液体必须经过滤网过滤。浮动环密封的弹簧力不能太大，否则浮动环不能自由浮动。另外，浮动环与支承环的接触端面要光滑，摩擦力要小。

浮动环密封相对于机械密封来说结构较简单，运行也较可靠。如果能正确地控制径向间隙与密封长度，可以得到满意的密封效果。泵在一定转速下，液体通过密封环间隙的泄漏量与液体的降压大小、径向间隙的大小、密封长度、轴颈大小以及介质温度的高低等因素有关，其中径向间隙的大小影响最大。

4）其他密封形式

除了上述三种主要的轴端密封外，还有迷宫密封、螺旋密封及副叶轮（副叶片）密封等。

迷宫密封是利用转子与静子间的间隙变化，对泄漏流体进行截流、降压，从而实现密封作用，如图 8－21 所示。迷宫密封最大的特点是固定衬套与轴之间的径向间隙较大，所以泄漏量也较大。为了减少液体的泄漏，通常向密封衬套中注入密封水。同时，可在转轴的轴套表面加工出与液体泄漏方向相反的螺旋形沟槽，如图 8－21（b）所示。在固定衬套内表面车出反向槽，可使水中杂质顺着沟槽排掉，从而不致咬伤轴及轴套。

螺旋密封是一种非接触型的流体动力密封，如图 8－22 所示。在密封部位的轴表面上切出反向螺旋槽，泵轴转动时对充满在螺旋槽内的泄漏液体产生一种向泵内的泵送作用，从而达到减少介质泄漏的目的。为了有好的密封性能，槽应该浅而窄，螺旋角也应小些。

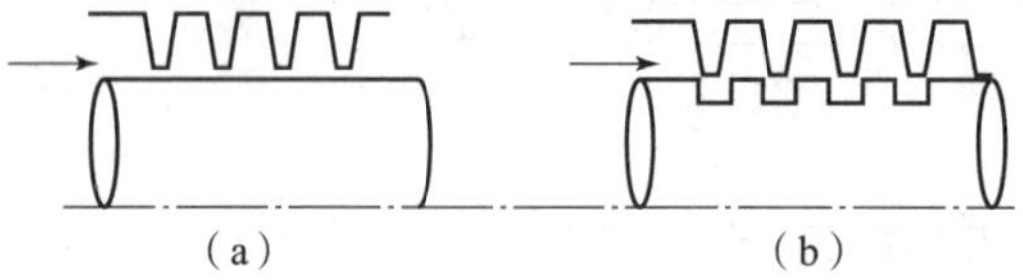

图 8－21　迷宫密封

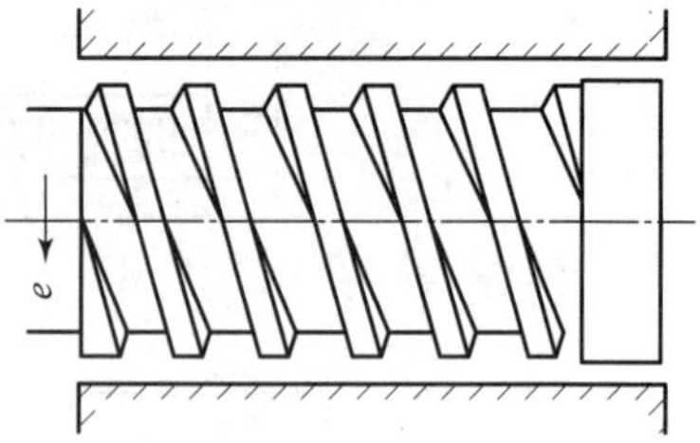

图 8－22　螺旋密封

螺旋密封工作时无磨损，使用寿命长，特别适用于含颗粒等条件苛刻的工作场合。但螺旋密封在低速或停止状态不起密封作用，需另外配置辅助密封装置。另外，螺旋密封轴向长度较长。

第三节　离心式水泵的性能测定

水泵的性能测定是测定其特性曲线，即扬程特性曲线、功率特性曲线和效率特性曲线，以便将全面的水泵性能资料提供给用户。产品样本给出的特性曲线是在产品鉴定时测得的，成批投产后一般只做抽样测定，因此每台水泵的实际特性不一定和产品样本给出的特性曲线完全相符。当新水泵安装好后，应测定该水泵的特性曲线（$Q-H$，$Q-N$，$Q-\eta$），作为以后对照检查的依据。当投入使用后，每年应测定一次，以检验水泵的运行状况，保证水泵经济、合理运行。

一、测定原理和方法

图 8－23 所示为水泵在排水系统工作时的测定方案。其测定原理是：逐渐改变闸阀开度，以改变管路阻力，使管路特性曲线逐步改变，则工况点也随着变化。工况点移动的轨迹即泵的扬程特性曲线，每改变一次闸阀位置，即测出该工况点的扬程、流量、功率和转速，改变 n 次工况点，则可测 n 组数（H_1、Q_1、N_1、n_1），（H_2、Q_2、N_2、n_2），…，（H_i、Q_i、N_i、n_i），…，（H_n、Q_n、N_n、n_n），如图 8－24 所示。

当各测点的转速不同时，应该根据比例定律，将各点测得的参数换算为水泵在同一转速（一般为额定转速 n_e）下的参数，即

$$\begin{cases} Q_{ei}=\left(\dfrac{n_e}{n_i}\right)Q_i \\ H_{ei}=\left(\dfrac{n_e}{n_i}\right)2H_i \\ N_{ei}=\left(\dfrac{n_e}{n_i}\right)3N_i \end{cases} \tag{8-4}$$

对应各工况点的效率可用下式求出：

$$\eta_{ei}=\frac{\gamma Q_{ei}H_{ei}}{N_{ei}} \tag{8-5}$$

这样根据换算后各工况点的参数及计算所得的效率，可绘出额定转速下的特性曲线。

这里应该指出，对于安装在特定管路中的水泵，要想通过测试获得全特性曲线是不可能的，因为当闸阀全部开启时，对应的工况点为 M，如图 8－24 所示，则其对应流量和扬程为 Q_M、H_M，在这种情况下，要想得到比 Q_M还大的流量是不可能的，所以水泵特性曲线只能测到 M 点。

要想获得水泵在全流量下的特性，只有降低测地高度 H_{sy}，这在实验室条件下是可以做到的。

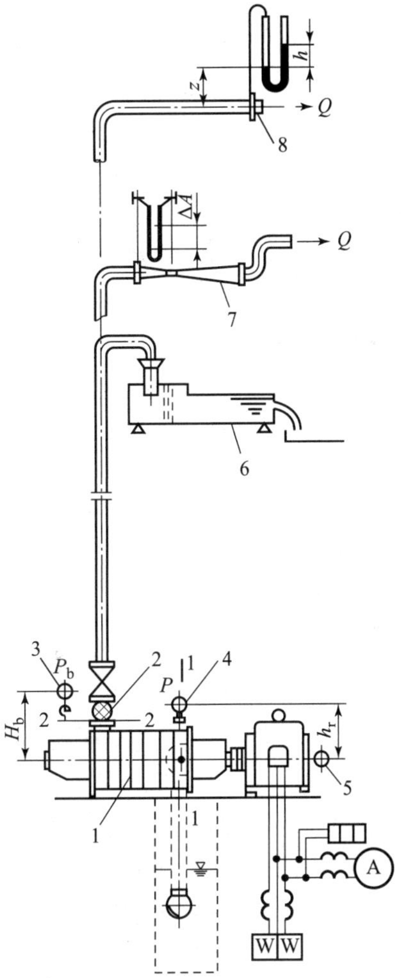

图 8－23　水泵性能测试装置

1—水泵；2—闸阀；3—压力表；4—真空表；5—转速表；6—水堰；7—流量计；8—喷嘴

二、性能参数的测量及计算方法

1. *扬程的测定*

水泵的扬程为单位质量的水经过水泵时所获得的能量。对图 8－23 所示的排水系统，列水泵进口处 1—1 断面和出口处 2—2 断面间的伯努利方程得

$$z_1+\frac{p_1}{\gamma}+\frac{v_1^2}{2g}+H=z_2+\frac{p_2}{\gamma}+\frac{v_2^2}{2g}$$

考虑到真空表和压力表的安装高差及表的读数，上式可写成

$$H=\Delta z+\frac{p_b+p_V}{\gamma}+\frac{8Q^2}{\pi^2 g}\left(\frac{1}{d_p^4}-\frac{1}{d_x^4}\right) \tag{8-6}$$

式中　H——水泵扬程，m；

p_b——排水口压力表读数，Pa；

p_V——吸水口真空度读数，Pa；

γ——水的重力密度，N/m^3；

d_p，d_x——吸、排水管内径，m；

Δz——压力表中心与真空表中心的高度差，m。

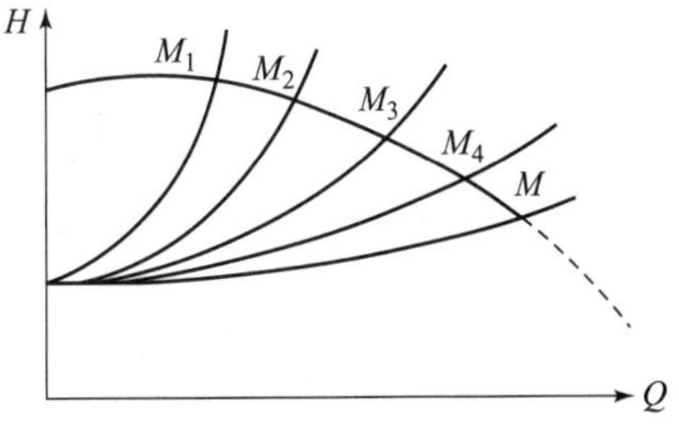

图 8－24　扬程特性曲线测定原理

由上式可以看出，对于确定的排水系统，γ、Δz、d_p 和 d_x 是已知的，只要测得 p_b、p_V 和流量 Q，通过

上式就可计算出扬程 H。p_b 和 p_V 可以从压力表和真空表上直接读出，因此关键是测流量。

2. 流量的测量

流量测定方法主要是：通过文德里流量计、孔板或喷嘴、水堰、超声波流量计和均压管等测定。

（1）文德里流量计、孔板或喷嘴测量装置。文德里流量计、孔板或喷嘴测量装置的工作原理：在管道内装入文德里流量计、孔板或喷嘴节流件，图 8－23 所示为测流量的装置，当水流过节流件时，在节流件前后产生压差，这一压差通过取压装置可用液柱式压差计测出。当其他条件一定时，节流件前后产生的差值随流量而变，两者之间有确定的关系。根据伯努利方程得出的计算公式为

$$Q=\mu K\sqrt{\Delta p} \tag{8-7}$$

式中 μ——流量修正系数，通常 $\mu=0.95\sim0.98$；

K——节流件尺寸常数，$K=\sqrt{\dfrac{2}{\rho}}\dfrac{\pi D^2}{4}\dfrac{1}{\sqrt{\left(\dfrac{D}{d}\right)^4-1}}$；

D——管径，m；

d——节流件孔径，m；

Δp——节流件前后压力差，$\Delta p=(\gamma_g-\gamma)\Delta h$。

采用孔板或喷嘴测量装置测定流量是一种比较简单、可靠的方法，仪表的价格也较低。一般流量较小时用孔板，流量较大时用喷嘴。孔板和喷嘴的尺寸、形状及加工已标准化，并且同时规定了它们的取压方式和前后直管段的要求，其流量和压差之间的关系及测量误差可按国家标准直接计算确定。

（2）水堰。在水槽中安装一板状障碍物（堰板），让水从障碍物上流过，则其上游的水位被抬高，这种装置叫水堰。按堰口形状可分为全宽堰、矩形堰和三角堰三种，通过水堰上游的水位高度，可求得流量。水堰的参数及流量计算公式见表 8－1。

表 8－1　水堰的参数及流量计算公式

堰口名称	三角堰	矩形蝘	全宽堰
图样	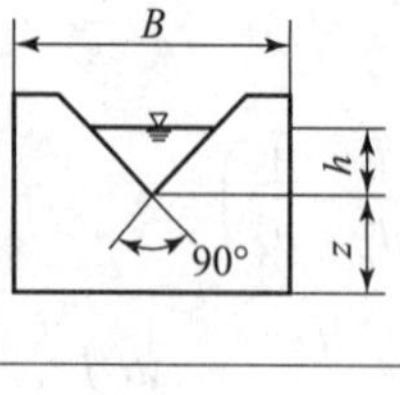	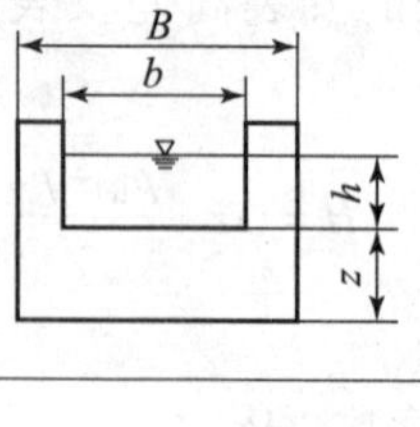	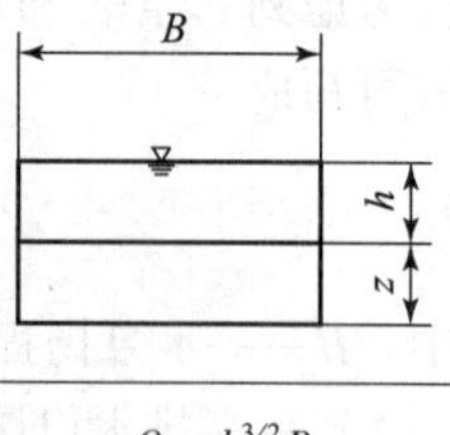
计算流量公式 /(L·s^{-1})	$Q=ch^{5/2}$ 式中 $c=1\,354+\dfrac{4}{h}+\left(140+\dfrac{200}{\sqrt{z}}\right)\times\left(\dfrac{h}{B}-0.09\right)^2$	$Q=ch^{3/2}b$ 式中 $c=1\,785+\dfrac{2.95}{h}+237\dfrac{h}{z}-428\sqrt{\dfrac{(B-b)h}{bz}}+34\sqrt{\dfrac{B}{z}}$	$Q=ch^{3/2}B$ 式中 $c=1\,785+\left(\dfrac{2.95}{h}+237\dfrac{h}{z}\right)\times(1+\varepsilon)$ 式中 ε——修正系数，当 $z<1$ m 时，$\varepsilon=0$；当 $z>1$ m 时，$\varepsilon=0.55(z-1)$

续表

堰口名称	三角堰	矩形蝘	全宽堰
流量系数 c 的适用范围	$B=0.5\sim1.2$ m $z=0.1\sim0.75$ m $h=0.07\sim0.26$ m，$(h<B/3)$	$B=0.5\sim6.3$ m $b=0.5\sim5.0$ m $z=0.15\sim3.5$ m $\frac{bz}{B^2}\geqslant0.06$ $h=0.03\sim0.45\sqrt{b}$ m	$B\geqslant0.5$ m $z=0.3\sim2.5$ m $h=0.03\sim0.8$ m 且 $h\leqslant z$ 及 $h\leqslant B/4$

3. 轴功率 N

轴功率一般可以用功率表测出电动机输入功率 N_d，然后按下式计算出轴功率 N，即

$$N=N_d\eta_d\eta_c \tag{8-8}$$

式中　η_d——电动机效率，可以从电动机效率曲线中查出；

η_c——传动效率，直接传动时 $\eta_c=1$。

电动机输入功率 N_d 可用电压表、电流表和功率因数表（$\cos\phi$ 也可根据说明书或有关资料估算）的读数来计算

$$N_d=\sqrt{3UI\cos\varphi} \tag{8-9}$$

式中　U——电源电压（电压表读数），V；

I——输入电动机的电流（电流表读数），A；

$\cos\varphi$——电动机的功率因数，由功率因数表测得或根据有关资料估算。

电动机输入功率 η_d 还可用三相或两个单相功率表测得。

4. 转速 n

可用机械式转速表或感应式光电转速仪直接测出泵轴的转速，也可采用闪光测速法（又叫日光灯测速法）。闪光测速法是利用日光灯闪光频率和泵轴转动频率（转速）间的关系进行测速的。测量时首先在轴头上画好黑白相间的扇形图形（图 8-25），白（或黑）扇形的块数要与电动机的极数相对应，可用下式求得

$$m=\frac{60f}{n_0}\times2 \tag{8-10}$$

式中　f——日光灯源（电动机电源）的频率，Hz；

n_0——电动机同步转速，r/min。

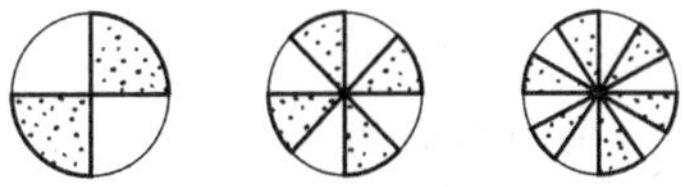

图 8-25　轴头测速圆盘示意图

用与电动机同电源的日光灯照射电动机轴头，当电动机旋转时，轴头扇形块的闪动频率与日光灯的闪光频率相近。由于电动机的实际转速总是低于其同步速度，扇形块向与电动机实际旋转方向相反的方向徐徐转动，以秒表记下 1 min 内扇形块转过的转数 n'，则电动机实际转速 n 为

$$n=n_0-n' \tag{8-11}$$

三、性能测定中的注意事项

测定前应根据水泵及管路系统的具体条件拟定测定方案，选择测定装置和仪表，并对仪

表进行必要的检查和校准。参加测定的人员要有明确的分工和统一的指挥。

测定时闸阀至少要改变 5 ~ 7 次，即至少应有 5 ~ 7 个测点，条件允许时设 8 ~ 10 个测点，特别是在水泵工作区域和最高效率点附近应多设几个测点。

在操作上，闸阀可以由大到小（闸阀可由全开而逐渐关闭），也可以由小到大，这两种方法可以交替进行，以便相互校对，修正其特性曲线。

在记录读数时，每改变一次工况，应停留 2 ~ 3 min，待各表上的读数稳定后同时读取、记录各参数值，并及时整理，发现问题应及时补测。

四、离心式水泵的轴向推力及其平衡

水泵在运转时，转子会受到轴向推力的作用，为保证泵的使用安全，必须研究它们产生的原因，以及轴向推力大小的计算及平衡方法。

1. 轴向推力产生的原因

图 8 – 26 所示为单级单吸式叶轮，由于泄漏，故叶轮两侧充有液体，但它们的液流压力不等。叶轮右侧的压力 p_2 与叶轮左侧吸入口以上的压力 p_2 可近似相等，互相抵消。但在吸入口部分，左、右两侧的液流压力就不等了，而是右侧的压力大于左侧，它们的压力差乘以面积的积分就是作用在单个叶轮上的轴向力。轴向力的方向指向吸入口。

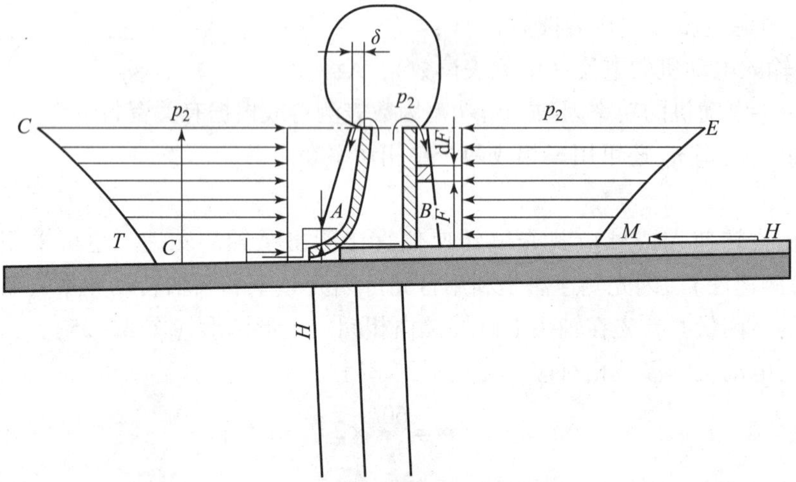

图 8 – 26　轴向力分析

2. 轴向推力的危害

多级水泵由于叶轮数目多，所以总的轴向力是一个不小的数值，如 150D30 × 9 型水泵运转中会产生高达 21 kN 以上的轴向推力，这么大的力将使整个转子向吸水侧窜动。如不加以平衡，将使高速旋转的叶轮与固定的泵壳产生破坏性的磨损。另外，过量的轴窜动会使轴承发热、电动机负载加大，同时使互相对正的叶轮出水口与导水圈的导叶进口发生偏移，引起冲击和涡流，使水泵效率大大降低，严重时水泵将无法工作。

3. 轴向力的平衡方法

1）平衡孔

如图 8 – 27 所示，在叶轮后盖板上一般钻有数个小孔，并在与前盖板密封直径相同处装有密封环。液体经过密封环间隙后压力下降，减少了作用在后盖板上的轴向力。另外在后盖板下部从泵壳处设连通管与吸入侧相通，将叶轮背面的压力液体引向吸入管。

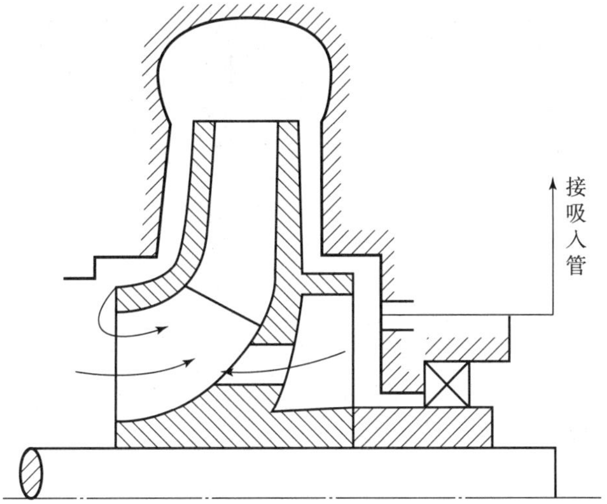

图 8－27　平衡孔

采用平衡孔方法，其结构简单并可减小轴封压力，但它增加了泄漏，干扰了叶轮入口液体流动的均匀性，所以泵的效率有所降低。平衡孔方法适用于单级泵或小型多级泵上。

2）平衡（背）叶片

如图 8－28 所示，在叶轮的后盖板外侧铸有 4～6 片背叶片。未铸有背叶片时，叶轮右侧压力分布如图 8－28 中曲线 *AGF* 所示。加铸背叶片后，背叶片强迫液体旋转，使叶轮背面的压力显著下降，它的压力分布曲线如图 8－28 中曲线 *AGK* 所示。

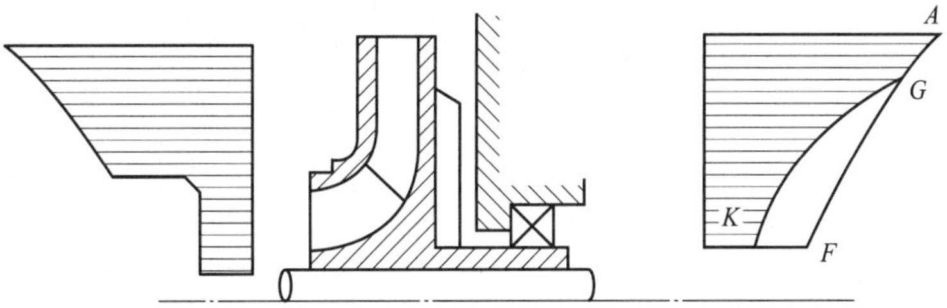

图 8－28　背叶片

背叶片除了能平衡轴向力外，还能减小轴端密封处的液体压力，并可防止杂质进入轴端密封，所以背叶片常被用在输送杂质的泵上。

3）双吸式叶轮

双吸式叶轮由于左、右结构对称，故不产生轴向力。一般由于制造上的误差或两侧密封环磨损不同使泄漏的程度不同，故会产生残余的轴向力。为平衡残余的轴向力，一般还装有推力轴承。

4）叶轮对称布置

如果泵是多级的，则可以将叶轮对称布置，如图 8－29 所示。对称布置的叶轮虽然仍有轴向力，但它所组成的转子有两个方向相反的轴向力彼此抵消。

叶轮数如为偶数，则叶轮正好对半布置；叶轮数如为奇数，则首级叶轮可以采用双吸式，其余叶轮仍对半反向布置。采用叶轮对称布置平衡轴向力的方法简单，但增加了外回流

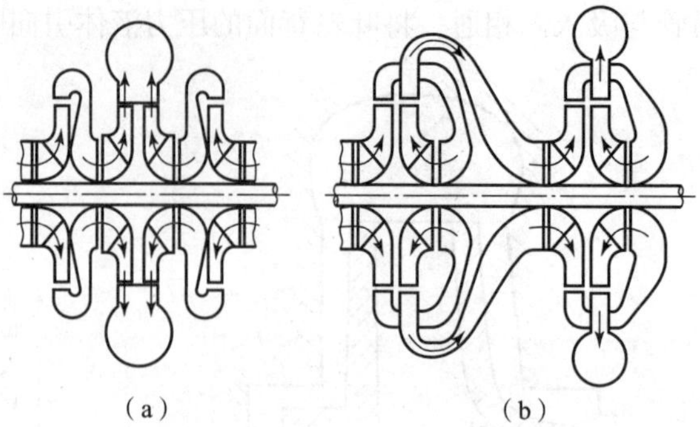

图 8-29　多级叶轮对称布置

管道，造成泵壳笨重，同时亦增加了级间泄漏。叶轮对称布置主要用于蜗壳式多级泵和分段式多级泵上。我国引进美国 Byron Jackson 公司生产的600 MW 超临界机组给水水泵，即采用叶轮对称布置平衡轴向力。

5）平衡装置

为平衡轴向力，在多级泵上通常装置平衡盘、平衡鼓或平衡盘与平衡鼓联合装置及双平衡鼓装置。

（1）平衡盘。

图 8-30 所示为平衡盘装置，它装置在末级叶轮之后，随轴一起旋转。平衡盘装置有两个密封间隙，即径向间隙 δ_0 与轴向间隙 δ_0'。设末级叶轮出口液体的压力为 p_2；平衡盘间隙 δ_0 前的液流压力为 p_3；平衡盘前的液流压力为 p_4，即轴向间隙 δ' 前的液流压力；p_5 为间隙 δ' 后的液流压力。根据流体流动阻力原理，$p_3 > p_4 > p_5$。由于 $p_4 > p_5$，所以平衡盘前、后产生压力差，该压力差乘以平衡盘的平衡面积，就得到平衡盘所产生的平衡力 F'。平衡力 F' 的方向恰与轴向力 F 的方向相反，大小与 F 相等，所以轴向力 F 得以平衡。

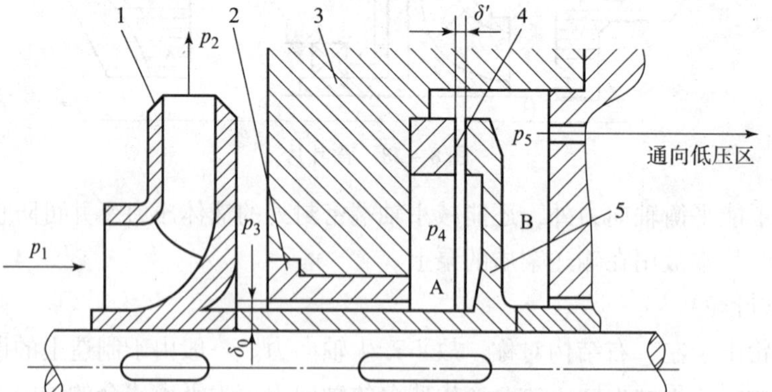

图 8-30　平衡盘平衡轴向力

1—叶轮；2—支承环；3—泵体；4—平衡环；5—平衡盘

当工况变动时，叶轮产生的轴向力亦发生变化，如果轴向力 F 增大，则轴向着吸入口方向移动，平衡盘的轴向间隙 δ'减小，通过 δ'间隙的泄漏量降低。径向间隙 δ_0 不随工况变动，因此当通过 δ'间隙的泄漏量降低时，δ_0 间隙两侧液体的压力降亦降低，平衡盘前的压力 p_4 升高。可是平衡盘后的压力 p_5 稍大于首级叶轮入口液流压力（因它与首级叶轮吸入口相通），那么平衡盘前、后压差增大，平衡力 F' 亦增大。增大了的平衡力与轴向力相等，泵轴处于新的平衡状态。反之，若轴向力减小，则轴向间隙 δ' 增大，压力 p_4 下降，平衡力下降，泵轴又处于另一新的平衡状态。

但是泵轴处于新的平衡状态，不是立刻就能达到的。实际上由于泵转子的惯性作用，移位的转子不会立即停在平衡位置上，而是会发生位移过量的情况，使得平衡力与轴向力又处于不平衡状态，于是泵转子往回移动。这就造成了泵转子在从一平衡状态过渡到另一新的平衡状态时，泵转子会出现来回“窜梭”现象。为了防止泵轴的过大轴向窜梭，避免转子的振动和平衡盘的研磨，必须在平衡盘的轴向间隙 δ' 变化不大的情况下，平衡力发生显著的变化，使平衡盘在短期内能迅速达到新的平衡状态。这就要求平衡盘有足够的灵敏度。

平衡盘可以全部平衡轴向力，并可避免泵的动、静部分的碰撞与磨损。但是泵在启、停时，由于平衡盘的平衡力不足，会引起泵轴向吸入口方向窜动，平衡盘与平衡座间会产生摩擦，造成磨损。

（2）平衡鼓。

平衡鼓是装在泵轴末级叶轮后的一个圆柱体，跟随泵轴一起旋转，如图 8－31 所示。平衡鼓外缘与泵体间形成径向间隙 δ，平衡鼓前的液体来自末级叶轮的出口。径向间隙前的液体压力为 p_3，间隙后的液体压力为 p_4。平衡鼓前后产生的压力差与作用面积乘积的积分值是泵轴上轴向力的平衡力。

平衡鼓装置的优点是当工况变动，泵启、停时平衡鼓与泵体不会发生磨损，所以平衡鼓的使用寿命长，工作安全。而且平衡鼓起着轴承的作用，可增加泵轴的刚度。但是由于设计计算不能完全符合实际，同时泵运转时工况变化，轴向力亦会发生变化，因此平衡鼓工作时不能平衡掉全部的轴向力。另外平衡鼓不能限制泵轴的轴向窜动，所以使用平衡鼓时必须同时装有双向的推力轴承。推力轴承一般承受整个轴向力的 5%～10%，平衡鼓承受整个轴向力的 90%～95%。

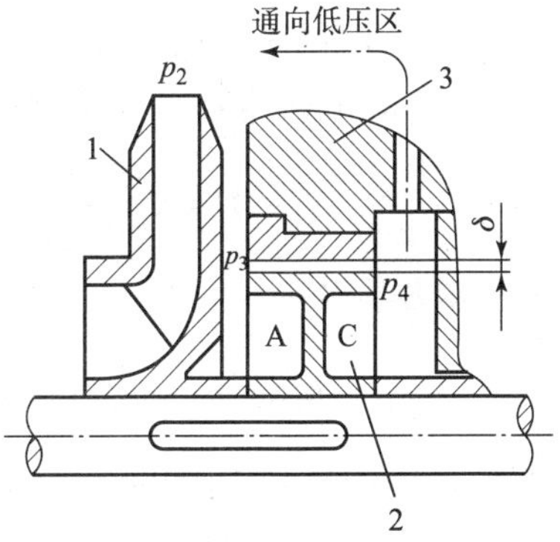

图 8－31　平衡鼓平衡轴向力

1—叶轮；2—支承鼓；3—出水段

使用平衡鼓时，由于湿度大，所以泄漏量大。为减少平衡鼓的泄漏量，可在平衡鼓外圆周车出反向螺旋槽。

平衡鼓如果与平衡盘联合使用，能使平衡盘上所受的轴向力减少一部分，即平衡盘的负载减小，故工作情况大有好转。大容量锅炉给水泵常采用此种装置。

第四节　离心式水泵在管路上的工作

水泵性能曲线上每一个点都对应一个工况。但是当水泵在管路系统中运行时，在哪一点上工作，不仅取决于水泵本身，而且还取决于与其连接的管路系统的阻力特性。因此，为确定水泵的实际工作点，必须研究管路特性。

一、排水管路特性

1. 管路特性方程

图 8－32 所示为一台水泵与一条管路相连接的排水管路系统。若以 H 表示水泵给水提供的压头，取吸水井面 1－1 为基准面，列 1－1 面和排水管出口截面 2－2 的伯努利方程，则

$$\frac{p'_a}{\gamma}+\frac{v_1^2}{2g}+H=(H_x+H_p)+\frac{p_a}{\gamma}+\frac{v_2^2}{2g}+h_w \qquad (8-12)$$

式中 p'_a，p_a——分别为 1－1 和 2－2 截面上的大气压，矿井条件下，两者相差很小，可认为相等；

H_x，H_p——分别为吸水高度和排水高度，两者之和为测地高度或实际扬程 H_{sy}，即 $H_{sy}=H_x+H_p$，m；

v_1——吸水井液面流速，由于吸水井与水仓相通且液面较大，水流速度很小，可认为 $v_1=0$，m/s；

v_2——排水管出口处的水流速度，即排水管的流速 v_p，$v_2=v_p$，m/s；

h_w——管路系统的水头损失，它等于吸水管水头损失 h_x 和排水管水头损失 h_p 之和，m。

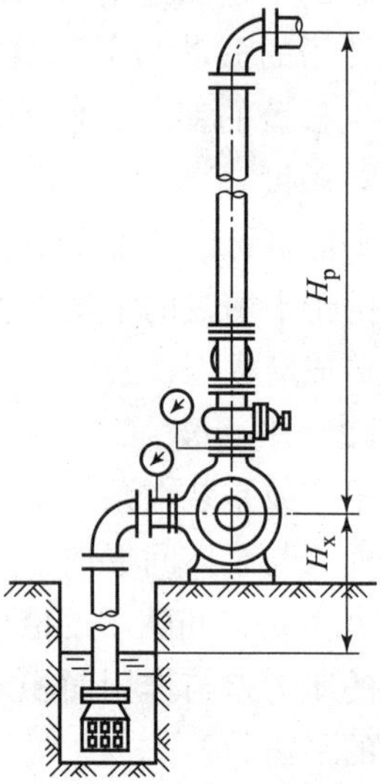

图 8－32 排水设备示意图

即

$$H=H_{sy}+\frac{v_p^2}{2g}+h_w \qquad (8-13)$$

由流体力学得

$$h_w=h_x+h_p=\left(\lambda_x\frac{l_x}{d_x}+\sum\xi_x\right)\frac{v_x^2}{2g}+\left(\lambda_p\frac{l_p}{d_p}+\sum\xi_p\right)\frac{v_p^2}{2g} \qquad (8-14)$$

式中 v_x——吸水管路的流速，m/s；

λ_x，λ_p——吸、排水管路的沿程阻力系数；

$\sum\xi_x$，$\sum\xi_p$——吸、排水管路的局部阻力系数之和；

l_x，l_p——吸、排水管路的实际管路长度，m；

d_x，d_p——吸、排水管路的内径，m。

将式（8－13）代入式（8－12），整理后得

$$H=H_{sy}+RQ^2 \qquad (8-15)$$

式（8－15）称为排水管路特性方程式。该式表达了通过管路的流量与管路所消耗的压头之间的关系。式中的 R 为管路阻力系数，其计算式为

$$R=\frac{8}{\pi^2 g}\left[\lambda_x\frac{l_x}{d_x^5}+\frac{\sum\xi_x}{d_x^4}+\lambda_p\frac{l_p}{d_p^5}+\left(1+\sum\xi_p\right)\frac{1}{d_p^4}\right] \qquad (8-16)$$

对于具体的管路系统而言，其实际扬程 H_{sy} 是确定的，因而当管路中流过的流量一定时，所需要的压头取决于管路阻力系数 R，即取决于管路长度、管径、管内壁粗糙度及管路附件的形式和数量。

2. 管路特性曲线

将式（8－14）中 Q 与 H 的对应关系绘制在 $Q-H$ 坐标图上，则得到一条顶点在（0，H_{sy}）处的二次抛物线，即排水管路特性曲线，如图 8－33 所示。

二、离心式水泵的汽蚀和吸水高度

在确定水泵安装高度时，水泵的汽蚀是影响水泵安装高度的重要因素。水泵的安装高度过大时，可能在泵内产生汽蚀。汽蚀出现后，轻者使流量和扬程下降，严重时将使泵无法工作。因此，了解产生汽蚀的机理以及如何防止汽蚀的发生对水泵的选型设计和使用是非常必要的。

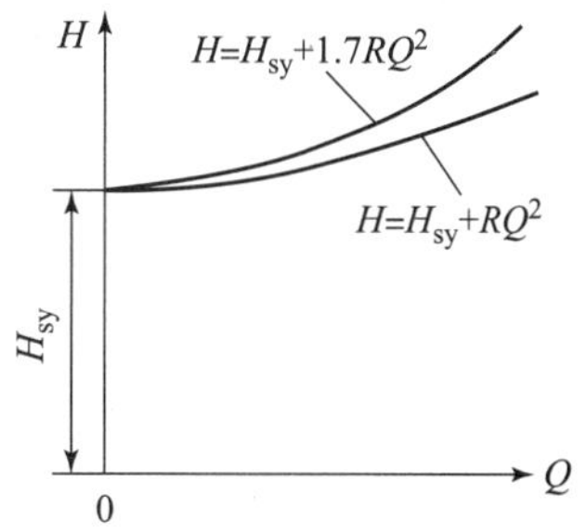

图 8－33　管路阻力特性曲线

1. 汽蚀现象

水泵在运转时，若由于某些原因而使泵内局部位置的压力降到低于水在相应温度的饱和蒸汽压，水就会发生汽化，从中析出大量气泡。随着水的流动，低压区的这些气泡被带到高压区时会突然凝结。汽泡重新凝结后，体积突然收缩，便在高压区出现空穴，于是四周的高压水以很大的速度去填补这个空穴，此处会产生巨大的水力冲击。此时水的动能变为弹性变形能，由于液体变形很小，根据实验资料，冲击变形形成的压力可高达几百兆帕。在压力升高后，紧接着弹性变形能又转变成动能，此时压力降低。这样不断循环，直到把冲击能转变成热能等能量耗尽为止。这种气泡破裂凝结发生在金属表面时，就会使金属表面破坏。这种在金属表面产生的破坏现象称为汽蚀。

汽蚀时产生的冲击频率很高，每分钟可达几万次，并集中作用在微小的金属表面上，而瞬时局部压力又可达几十兆帕到几百兆帕。由于叶轮或壳体的壁面受到多次如此大的压力后，引起塑性变形和局部硬化并产生金属疲劳现象，使其刚性变脆，很快便会产生裂纹与剥落，直至金属表面成蜂窝状的孔洞。汽蚀的进一步作用，可使裂纹相互贯穿，直到叶轮或泵壳蚀坏和断裂，这就是汽蚀的机械剥蚀作用。

图 8－34 所示为离心式水泵叶轮被汽蚀破坏的情况。

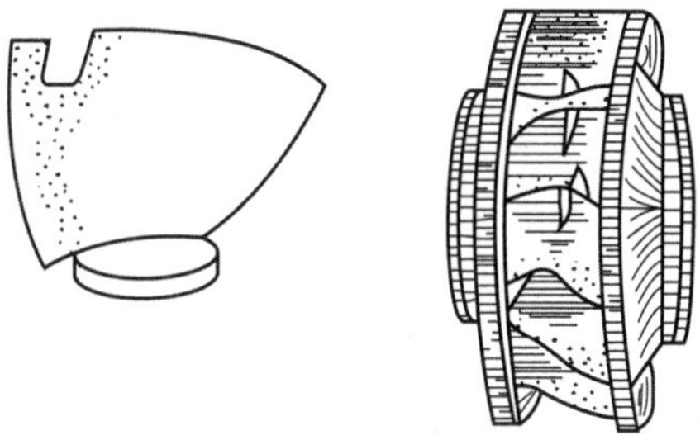

图 8－34　被蚀坏的叶片

液体产生的气泡中，还夹杂有一些活泼气体（如氧气），借助气泡凝结时所释放出的热量对金属起化学腐蚀作用。

汽蚀发生时，周期性的压力升高和水流质点彼此间的撞击以及对泵壳、叶轮的打击，将使水泵产生强烈的噪声和振动现象，其振动可引起机组基础或机座的振动。当汽蚀振动的频率与水泵固有频率接近时，能引起共振，从而使其振幅大大增加。

在产生汽蚀的过程中，由于水流中含有大量气泡，破坏了液体正常的流动规律，因而叶轮与液体之间能量交换的稳定性遭到破坏，能量损失增加，从而引起水泵的流量、扬程和效率迅速下降，甚至出现断流状态，如图 8－35 所示。

2. 吸水高度

吸水高度（或称水泵几何安装高度）是指泵轴线的水平面与吸水池水面标高之差，图 8-36所示为最常见的离心泵吸水管路简图。列出吸水池水面 0—0 与水泵入口截面 1—1 的伯努利方程为

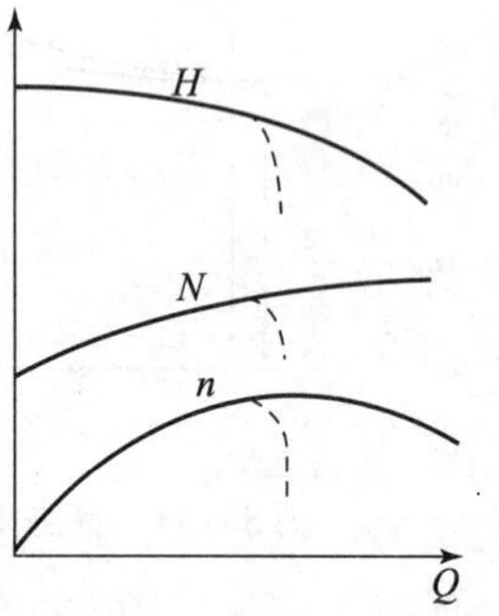

图 8-35　水泵汽蚀的特性曲线变化

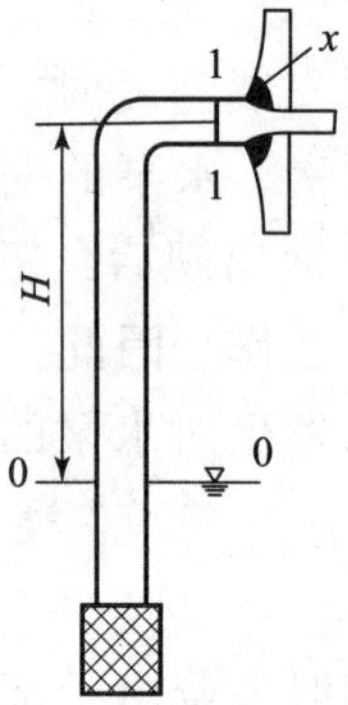

图 8-36　离心泵吸水管路简图

$$\frac{p_a}{\gamma}=H_x+\frac{p_1}{\gamma}+\frac{v_1^2}{2g}+h_x \tag{8-17}$$

式中　H_x——水泵吸水高度或几何安装高度，m；

p_1——水泵入口处的绝对压力，p_a；

v_1——水泵入口处的断面平均流速，m/s；

h_x——吸水管路的水头损失，m。

整理后可写成

$$H_x=\frac{p_a}{\gamma}-\frac{p_1}{\gamma}-\frac{v_1^2}{2g}-h_x \tag{8-18}$$

或

$$\frac{p_a}{\gamma}-\frac{p_1}{\gamma}=H_x+\frac{v_1^2}{2g}+h_x \tag{8-19}$$

令$\frac{p_a}{\gamma}-\frac{p_1}{\gamma}=H'_s$，$H'_s$ 为水泵吸入口处的吸上真空度，则

$$H'_s=H_x+\frac{v_1^2}{2g}+h_x \tag{8-20}$$

3. 水泵允许吸上真空度

由式（8-19）可知，水泵是靠吸入口产生的真空吸水的。真空度一部分用于维持水流动时所需的速度水头，一部分用于克服吸水管路中的流动损失，还有一部分要用于提高水位。三者之和越大，所需的真空度就越大。但此真空度不能过大，否则当真空度大到使吸入口绝对压力等于水的相应温度下的汽化压力 p_n时，水泵会产生汽蚀，此时的吸上真空度称为最大吸上真空度，用 H'_{smax} 表示，即

$$H'_{smax}=\frac{p_a-p_n}{\gamma} \tag{8-21}$$

为使水泵运转时不产生汽蚀，规定水泵允许的吸上真空度一般在最大吸上真空度的基础

上保留 0.3 m 的安全裕量，即

$$H_s = H_{smax} - 0.3 \tag{8-22}$$

式中 H_s——允许吸上真空度，m。

水泵实际运行时产生的吸上真空度，不能超过允许吸上真空度。

最大吸上真空度是由制造厂试验得到的，它是发生汽蚀断裂工况的吸上真空度。

水泵的允许吸水高度为

$$[H_x] = H_s - \frac{v_1^2}{2g} - h_x \tag{8-23}$$

为了提高水泵的吸水高度，吸入管路的液体的流速不能太高、吸入管路的阻力损失不能太大，所以要尽可能地选择必要的、阻力比较小的局部件。

为了保证离心式水泵运转的可靠性，水泵的几何安装高度应该以运行时可能出现的最大工况流量进行计算。

通常水泵样本中给出的允许吸上真空度，规定是在大气压力为 $p_a = 10\ mH_2O$（$1\ mH_2O = 9\ 810\ Pa$）、液体温度为 $t = 20$ ℃、水泵在额定转速运行条件下测得的。当水泵的使用条件与规定条件不符时，应对样本上提供的允许吸上真空度值进行修整。其换算公式为

$$[H_s] = H_s - \left(10 - \frac{p_a}{\gamma}\right) - \left(\frac{p_n}{\gamma} - 0.24\right) \tag{8-24}$$

4. 汽蚀余量

水泵在运行时，可能因更换了一个吸入装置而导致水泵产生汽蚀，也可能因更换了一台水泵而导致发生汽蚀。由此可见，水泵的汽蚀既与吸入装置系统有关，也与水泵本身吸入性能有关。

近年来，生产厂家引入了另一个表示水泵汽蚀性能的参数，称为汽蚀余量，以符号 NPSH 或 Δh 表示。汽蚀余量分为装置汽蚀余量（或有效汽蚀余量）和临界汽蚀余量（或必需汽蚀余量）。

1）装置汽蚀余量

装置汽蚀余量是指在水泵吸入口处，单位质量液体所具有的超过饱和蒸汽压力的富余能量，以符号 Δh_a 表示。根据装置汽蚀余量的定义，其表达式为

$$\Delta h_a = \frac{p_1}{\gamma} + \frac{v_1^2}{2g} - \frac{p_n}{\gamma} \tag{8-25}$$

或

$$\Delta h_a = \frac{p_a}{\gamma} - \frac{p_n}{\gamma} - H_x - h_x \tag{8-26}$$

由上式可知，装置汽蚀余量是由吸入液面上的大气压力、液体的温度、水泵的几何安装高度和吸入管路的阻力损失的大小所决定的，与水泵本身性能无关。在给定吸入装置系统与吸入条件下，装置汽蚀余量就可以确定。

在吸入液面上的大气压力、液体的温度和水泵的几何安装高度不变时，装置汽蚀余量随流量的增加而下降。不同海拔高度时的大气压值及不同水温时的蒸汽压力值分别见表 8-2 和表 8-3。

表 8－2　不同海拔高度时的大气压力值

海拔高度/m	-600	0	100	200	300	400	500	600	700	800	900	1 000	1 500	2 000
大气压力/mH_2O	11.3	10.3	10.2	10.1	10.0	9.8	9.7	9.6	9.5	9.4	9.3	9.2	8.6	8.1

表 8－3　不同水温时的饱和蒸汽压力值

水温/℃	0	5	10	15	20	30	40	50	60	70	80	90	100
饱和蒸汽压力值/mH_2O	0.06	0.09	0.12	0.17	0.24	0.43	0.75	1.25	2.02	3.17	4.82	7.14	10.33

装置汽蚀余量越大，出现汽蚀的可能性就会越小，但不能保证水泵一定不出现汽蚀。

有效汽蚀余量的大或小并不能说明水泵是否产生气泡或发生汽蚀，因为有效汽蚀余量仅指液体在水泵吸入口处所具有的超过饱和蒸汽压力的富裕能量，但水泵吸入口处的液体压力并不是水泵内压力最低处的液体压力。液体从水泵吸入口流至叶轮进口的过程中，能量没有增加，但它的压力却要继续降低。

2）临界汽蚀余量

单位质量液体从水泵吸入口到叶轮叶片进口最低处的压力为饱和蒸汽压时的压力降，称为临界汽蚀余量，亦称泵的汽蚀余量，以符号 Δh_r 表示。也就是说，临界汽蚀余量是水泵内发生汽蚀的临界条件，它是水泵本身的汽蚀性能参数，与吸入装置条件无关。

根据伯努利方程可推导得到临界汽蚀余量的公式，即汽蚀基本方程式

$$\Delta h_r = \mu \frac{c_1^2}{2g} + \lambda \frac{w_1^2}{2g} \tag{8-27}$$

式中　c_1——叶片进口前的液体质点的绝对速度，m/s；

μ——水力损失引起的压降系数，一般取 $\mu = 1.0 \sim 1.2$；

w_1——叶片进口前的液体质点的相对速度，m/s；

λ——液体绕流叶片端部引起的压降系数，在无液体冲击损失的额定工况点下，$\lambda = 0.3 \sim 0.4$。但在非额定工况点下，λ 是随工况点变化而变化的，目前很难求得，所以 Δh_r 只能用试验的方法确定。

3）允许汽蚀余量

分析装置汽蚀余量与临界汽蚀余量可知，Δh_a 与 Δh_r 虽然有着本质的区别，但是它们之间存在着不可分割的紧密联系。装置汽蚀余量是在泵吸入口处提供大于饱和蒸汽压力的富裕能量，而临界汽蚀余量是液体从水泵吸入口流至叶轮压力最低点所需的压力降，这压力降只能由装置汽蚀余量来提供。欲使水泵不产生汽蚀，就要使装置汽蚀余量大于临界汽蚀余量，即 $\Delta h_a > \Delta h_r$。

为了保证水泵不产生汽蚀而正常工作，按我国标准 JB 1040—1967 的规定，把比临界汽蚀余量高 0.3 m 的装置汽蚀余量定义为允许汽蚀余量，即

$$[\Delta h] = \Delta h_r + 0.3 \tag{8-28}$$

实际装置汽蚀余量应大于或等于允许汽蚀余量，即

$$\Delta h_a \geqslant [\Delta h] \tag{8-29}$$

4）允许汽蚀余量与允许吸上真空度及允许吸水高度的关系

允许吸上真空度为

$$H_s=\frac{p_a}{\gamma}+\frac{v_1^2}{2g}-\frac{p_n}{\gamma}-[\Delta h] \tag{8-30}$$

允许吸水高度为

$$H_x=\frac{p_a}{\gamma}-\frac{p_n}{\gamma}-[\Delta h]-h_{wx} \tag{8-31}$$

三、离心式水泵工况分析及调节

1. 水泵工况点

当一台水泵与某一管道系统连接并工作时，把水泵的扬程曲线和管道特性曲线按相同比例画在同一坐标纸上，如图 8-37 所示。水泵的扬程特性曲线与管路特性曲线有一交点 M，这就是水泵的工作状况点，简称工况点。假设水泵在 M' 点所示的情况下工作，则水泵产生的压头大于管路所需的压头 H_M，这样多余的能量就会使管道内的液体加速，从而使流量增加，直到流量增加到 Q_M 为止。另一方面，假设水泵在 M'' 点所示的情况下工作，则水泵产生的压头小于经管路把水提高到 $H_{M''}$ 所需的压头，这时由于能量不足，管内流速减小，流量随之减少，直到减至 Q_M 为止。所以水泵必定在 M 点工作。总而言之，只有在 M 点才能使压头与流量匹配，即 $H_{泵}=H_{管}$，$Q_{泵}=Q_{管}$。与 M 点对应的 Q_M、H_M、N_M、η_M、H_{sM} 称为该泵在确定管道中工作时的特性参数值，亦称为工况参数。

2. 水泵正常工作条件

1）稳定性工作条件

泵在管路上稳定工作时，不管外界情况如何变化，泵的扬程特性曲线与管路特性曲线有且只有一个交点，反之是不稳定的。下面讨论稳定工作条件。

水泵运转时，对于确定的排水系统管路，特性曲线基本上是不变的。

对于确定的泵，泵的参数是不变的，泵的特性曲线只随转速而变化。转速与供电电压有关，供电电压在一定范围内是经常变化的，因此有可能出现以下两种极端情况，如图 8-38 所示。

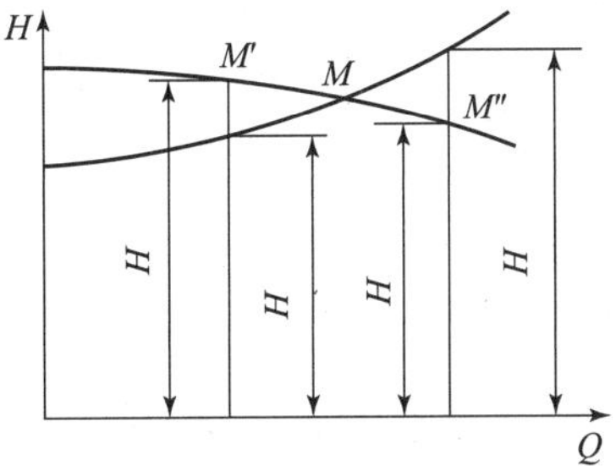

图 8-37　水泵工况点的确定

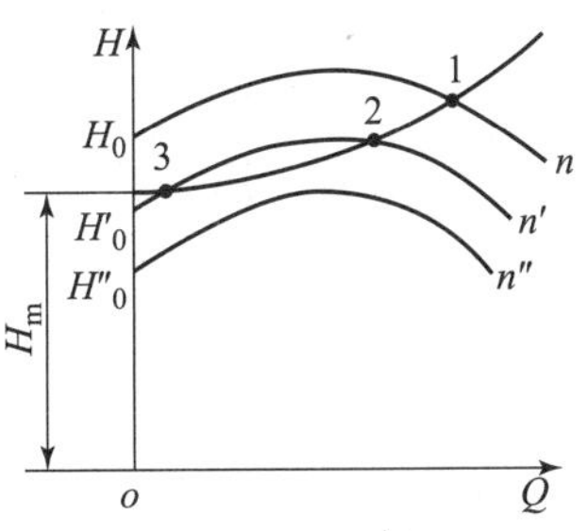

图 8-38　泵不稳定工作情况

（1）同时出现两个工况点。由于供电电压下降，当转速由 n 变化为 n' 时，工况点有 2、3 两个，这样水泵工作时，扬程上下波动，水量忽大忽小，呈现不稳定的状况。

（2）无工况点。当转速进一步下降到 n'' 时，扬程曲线与管路特性曲线无相交点，即无工况点，水泵无水排出。

上述两种情况均为不稳定工作状况，从图 8-38 可发现，发生上述两种情况的原因是泵在零流量时的扬程小于管路测地高度。因此为保证水泵的稳定工作，泵的零流量扬程应大于管路的测地高度。考虑到供电电压波动是不可避免的，其一般下降幅度在2% ~3%范围内，则反映到泵的扬程上为下降5% ~10%，因而稳定性工作条件为

$$H_{sy} \geqslant (0.90 \sim 0.95) H_0 \tag{8-32}$$

2）经济性工作条件

为了提高经济效益，必须使水泵在高效区工作，通常规定运行工况点的效率不得低于最高效率的85% ~90%，即

$$\eta_M \geqslant (0.85 \sim 0.90) \eta_{max} \tag{8-33}$$

根据式（8 –33）划定的区域称为工业利用区，如图8 –39所示的阴影区域。

3）不发生汽蚀的条件

由水泵的汽蚀条件分析可知，为保证水泵正常运行，实际装置的汽蚀余量应大于泵的允许汽蚀余量。

总之，要保证水泵正常和合理工作，必须满足：稳定工作条件；工况点位于工业利用区；实际装置的汽蚀余量大于泵的允许汽蚀余量。

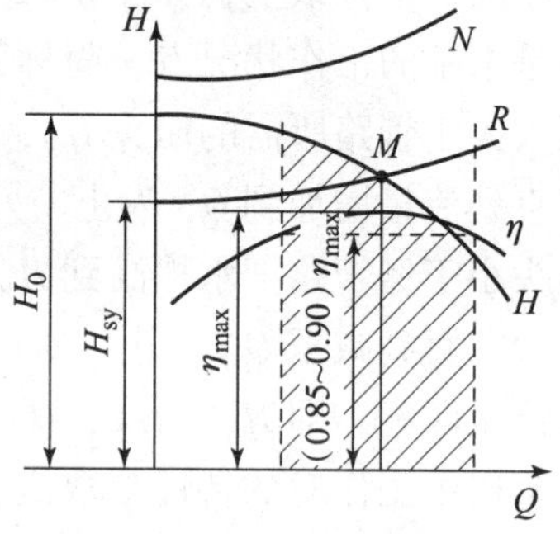

图8 –39　工业利用区确定图

3. 水泵工况点调节

水泵在确定的管路系统工作时，一般不需要调节，但若选择不当，或运行时条件发生变化，则需要对其工况点进行调节。由于工况点是由水泵的扬程特性曲线与管路特性曲线的交点决定的，所以要改变工况点，则可以通过改变管路特性或改变泵的扬程特性的方法来达到。

1）节流调节

当把排水闸阀关小时，由于在管路中附加了一个局部阻力，故管路特性曲线变陡（图8 –40），于是泵的工况点就沿着扬程曲线朝流量减小的方向移动。闸阀关得越小，附加阻力越大，流量就变得越小。这种通过关小闸阀来改变水泵工况点位置的方法，称为节流调节。把闸阀关小时，水泵需要额外增加一部分能量用于克服闸阀的附加阻力。所以，节流调节是不经济的，但是此方法简单易行，在生产实践中可用在临时性及小幅度的调节中，特别是全开闸阀使电动机过负荷时，可采用关小闸阀使电动机电流保持在额定电流之下。

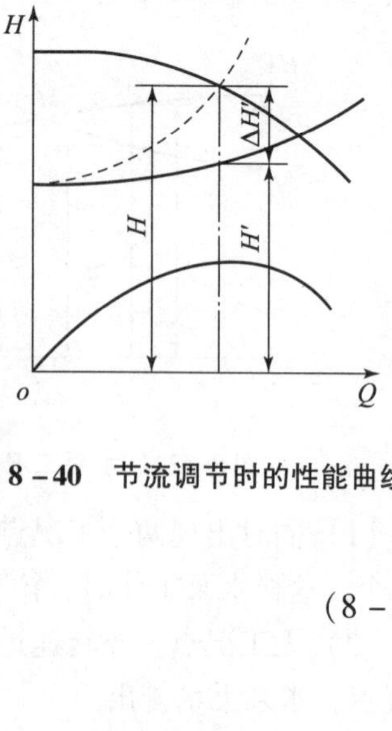

图8 –40　节流调节时的性能曲线

2）减少叶轮数目

多级泵由多个叶轮串联而成，其扬程可依据水泵串联工作的理论确定。因此，多级泵的扬程是单级叶轮的扬程乘以叶轮个数，即

$$H = iH_i \tag{8-34}$$

式中　H——多级泵的扬程，m；

H_i——单级叶轮的扬程，m；

i——叶轮个数。

当泵的扬程高出实际需要的扬程较多时，可通过减少叶轮数来调节泵的扬程，使其进入工业利用区进行有效的工作。此法在凿立井工作排水时采用较多。凿立井时，随井筒的延伸所需的扬程发生变化，而吊泵的扬程是一个有级系列，为适应使用需要，往往采用拆除叶轮的办法来解决。

拆除叶轮时只能拆除最后或中间一级，而不能拆除吸水侧的第一级叶轮。因为第一级叶轮拆除后，增加了吸水侧的阻力损失，将使水泵提前发生汽蚀。

拆除叶轮时，泵壳及轴均可保持原状不动，但需要在轴上加一个与拆除叶轮轴向尺寸相同的轴套，以保持整个转子的位置固定不动，另外也可采用换轴和拉紧螺栓的方法。两种方法各有优缺点，前者调整方便，操作简单，工作量小，但对效率有一定的影响；后者调整工作量较大，但对效率影响较小。

3）削短叶轮直径

削短直径后的叶轮与原叶轮在几何形状上并不相似，但当切割量不大时，可看成近似相似，仍遵循相似定律。

在保持转速不变的情况下，由相似定律可导出切割定律。

（1）低比转速叶轮。

由于叶轮流道形状窄而长，在切割量不大时，出口宽度基本不变，即 $b_2=b_2'$。故当转速不变，叶轮外径由 D_2 切割为 D_2' 时，其流量、扬程和功率的变化关系为

$$\frac{Q}{Q'}=\frac{\pi D_2 b_2 C_{2r}}{\pi D_2' b_2' C_{2r}'}=\frac{D_2 D_2 n}{D_2' D_2' n}=\left(\frac{D_2}{D_2'}\right)^2 \tag{8-35}$$

$$\frac{H}{H'}=\frac{\frac{1}{g}u_2 C_{2u}}{\frac{1}{g}u_2' C_{2u}'}=\left(\frac{D_{2n}}{D_{2n}'}\right)^2=\left(\frac{D_2}{D_2'}\right)^2 \tag{8-36}$$

（2）中、高比转数叶轮。

由于流道形状短而宽，当叶片外径变化时，出口宽度变化较大，一般认为叶片出口宽度与外径成反比，即$\frac{b_2}{b_2'}=\frac{D_2}{D_2'}$。故当转速不变，叶轮外径由 D_2 切割为 D_2' 时，其流量、扬程和功率的变化关系为

$$\frac{Q}{Q'}=\frac{\pi D_2 b_2 C_{2r}}{\pi D_2' b_2' C_{2r}'}=\frac{D_2 n}{D_2' n}=\frac{D_2}{D_2'} \tag{8-37}$$

$$\frac{H}{H'}=\frac{\frac{1}{g}u_2 C_{2u}}{\frac{1}{g}u_2' C_{2u}'}=\left(\frac{D_2 n}{D_2' n}\right)^2=\left(\frac{D_2}{D_2'}\right)^2 \tag{8-38}$$

由切割定律知，削短叶轮直径后，水泵的扬程、流量和功率将减小，从而使特性曲线改变，则工况点也发生相应的变化。在单级泵中使用这种方法可以扩大水泵的应用范围。

这里应当指出，按切割定律得到的切割后的性能曲线只适合叶轮车削量$\frac{D_2+D_2'}{D_2}\leqslant 5\%$，否则需要通过试验后来确定。同时叶轮车割量不能超出某一范围，不然会导致原来的构造被破坏，水力效率会严重降低。叶轮车削后，轴承与填料内的损失不变，有效功率则由于叶轮

直径变小而减小，因此机构效率也会降低。现综合国内资料把许可的切割范围和效率下降值列入表8－4中。

表8－4　离心式叶轮的叶片最大切割量与效率的关系

比转数	60	120	200	300	350
最大切割量$\frac{D_2+D_2'}{D_2}$/%	20	15	11	9	7
效率下降量	每切割10%下降1%		每切割4%下降1%		

不同的叶轮应当采用不同的车割方式，如图8－41所示。

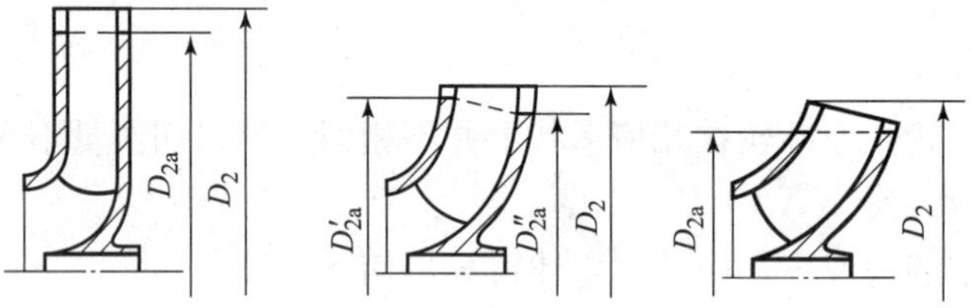

图8－41　叶轮的车割方式

①低比转数离心泵叶轮的车割量，在两个圆盘和叶片上都是相等的（如果有导水器或在叶轮出口有泄漏环，则只车割叶片，不车割圆盘）。

②高比转数离心泵，叶轮两边车割成两个不同的直径，前盘的直径D_2'大于后盘的直径D_2''，而$\frac{D_2' + {}'D_2''}{2} = D_2$。

低比转数离心泵叶轮车割以后，如果按图8－42所示中的虚线把叶片末端锉尖，可使水泵的流量和效率略为增大。

四、离心式水泵的联合工作

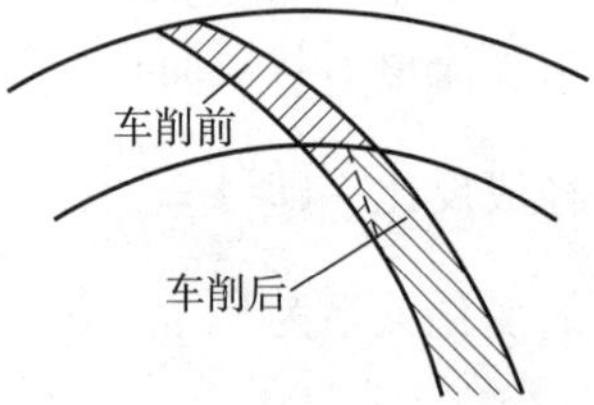

图8－42　车削前后的叶片末端

当单台水泵在管路上工作的流量或扬程不能满足排水需要时，可以采用两台或多台水泵联合工作的方法解决。联合工作的方法有串联和并联两种。

1. 串联工作

两台或两台以上水泵顺次连接，前一台水泵向后一台水泵进水管供水，称为水泵的串联工作。前一台水泵的出水口与后一台水泵的进水口直接连接，称为直接串联工作。若前一台水泵的出水口与后一台水泵的进水口中间有一段管子连接，则称为间接串联。

图8－43所示为两台水泵直接串联工作的系统简图。两台泵串联工作时，水泵Ⅰ由吸水管吸水，经水泵Ⅰ增压后，进入水泵Ⅱ再增压一次，然后将水排入管道。不难看出，在串联系统中，各水泵及管道中的扬程和流量存在对应关系。

1）流量

水泵Ⅰ和水泵Ⅱ通过的流量相等，并且等于管道中的流量，即

$$Q = Q_{\mathrm{I}} = Q_{\mathrm{II}} \tag{8-39}$$

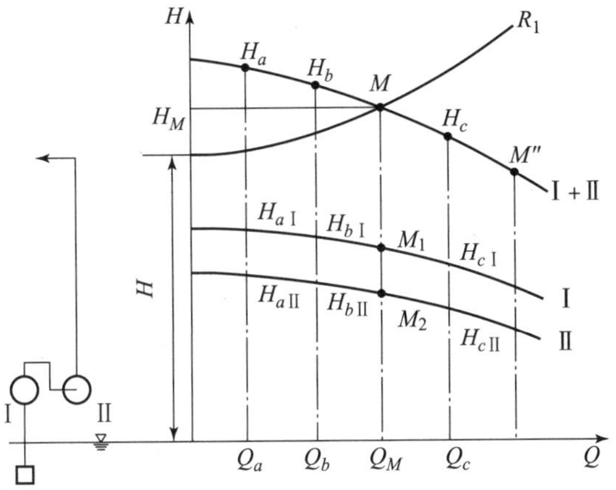

图 8－43　水泵串联工作

式中　Q，Q_{I}，Q_{II}——管道、水泵Ⅰ和水泵Ⅱ的流量。

2）扬程

串联的等效扬程为水泵Ⅰ和水泵Ⅱ的扬程之和，即

$$H = H_{\mathrm{I}} + H_{\mathrm{II}} \tag{8-40}$$

式中　H_{I}，H_{II}——水泵Ⅰ和水泵Ⅱ的扬程。

由于水泵串联工作后可以增加扬程，所以水泵串联常用于单台泵扬程不能满足需要的场合。

串联后的等效扬程曲线和工况点可用图解法求得。以两台水泵串联为例，先将串联的水泵Ⅰ和水泵Ⅱ的扬程特性曲线画在同一坐标图上，如图 8－43 所示，然后在图上作一系列的等流量线 Q_a、Q_b、Q_c…，与扬程曲线Ⅰ及扬程曲线Ⅱ分别相交于 $H_{a\mathrm{I}}$ 和 $H_{a\mathrm{II}}$，$H_{a\mathrm{I}}$、$H_{a\mathrm{II}}$ 分别代表水泵Ⅰ、Ⅱ在此流量下的扬程。根据串联的特点，将 $H_{a\mathrm{I}}$ 和 $H_{a\mathrm{II}}$ 相加，得在此流量下串联等效扬程 H_a。同理可求得（Q_b、H_b）、（Q_c、H_c）…，将求得的各点连成光滑曲线，即串联后的等效泵的扬程特性曲线，如图 6－43 中Ⅰ＋Ⅱ曲线。

将管道特性曲线 R 用同一比例画在图 8－43 上，它与Ⅰ＋Ⅱ曲线的交点 M 即为串联后的等效工作点。

由于串联后管路流量等于单台泵的流量，由等效工况点 M 引等流量线与扬程特性曲线Ⅰ和Ⅱ分别交于 M_1 和 M_2，M_1、M_2 即分别为水泵Ⅰ和Ⅱ的串联后工况点。

串联工作应注意以下问题：

（1）对于泵间隔串联的情况，其等效扬程特性曲线和工况点求法相同，但当前一台泵的扬程排至后一台时，应还有剩余扬程，否则不能进行正常工作。

（2）一般选用型号相同或特性曲线相近的水泵进行串联工作，否则因为串联时两泵流量相同，流量较大的水泵必然在低流量下工作，不能发挥其效能，因而很不经济。

（3）串联工作时，若有一台泵发生故障，整个系统就必须停止工作。

2. 并联工作

两台或两台以上的泵同时向一条管路供水时称为并联工作。

图 8－44 所示为两台水泵并联工作的系统简图。水泵Ⅰ、Ⅱ分别由水池吸水，然后分别

在泵内加压后一同输入连接点。由图 8－44 可见，水泵并联，其等效流量等于水泵Ⅰ、Ⅱ的流量之和，且扬程相等，即

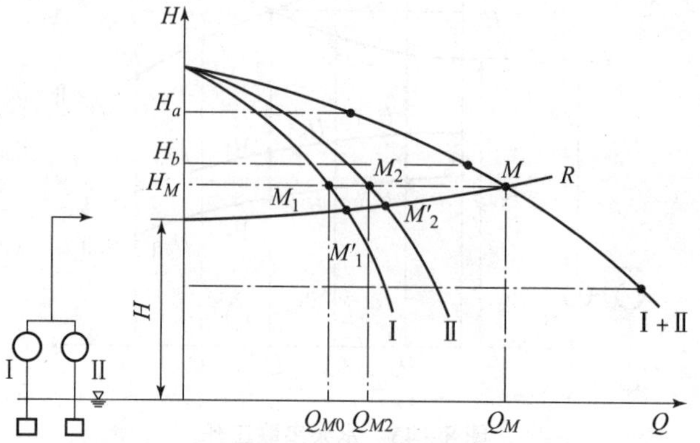

图 8－44　水泵并联工作

$$Q = Q_{\mathrm{I}} + Q_{\mathrm{II}} \tag{8-41}$$

$$H = H_{\mathrm{II}} + H_{\mathrm{I}} \tag{8-42}$$

由于水泵并联后可以增加流量，所以并联一般用于一台水泵的流量不能满足要求或流量变化较大的场合。

并联等效扬程曲线和工况点可用图解法求得。

以两台水泵并联为例。先将并联的水泵Ⅰ和Ⅱ的扬程特性曲线画在同一坐标图上，如图 8－44 所示。然后在图上作一系列等扬程线 H_a、H_b、H_c…。等扬程线 H_a 与扬程曲线Ⅰ和Ⅱ分别交于 $H_{a\mathrm{I}}$ 和 $H_{a\mathrm{II}}$，对应的流量为 $Q_{a\mathrm{I}}$ 和 $Q_{a\mathrm{II}}$。$Q_{a\mathrm{I}}$ 和 $Q_{a\mathrm{II}}$ 分别为水泵Ⅰ、Ⅱ在此扬程下的流量。根据并联的特点，总流量应等于 $Q_{a\mathrm{I}}$ 和 $Q_{a\mathrm{II}}$ 相加。同理可求得（Q_b、H_b）、（Q_c、H_c）…。将求得的各点连成光滑曲线，即得并联后的等效扬程特性曲线，如图 8－44 中Ⅰ＋Ⅱ曲线。

将管道特性曲线 R 用同一比例画在图 8－44 上，它与Ⅰ＋Ⅱ曲线的交点 M 即并联后的等效工况点。

由于并联后，等效扬程和每台泵的扬程相等，因此从 M 点引等扬程线与水泵Ⅰ、Ⅱ的扬程曲线分别交于 M_1、M_2，M_1、M_2 即水泵Ⅰ和Ⅱ的工况点，如图 8－44 所示，其流量分别为 Q_{M1}、Q_{M2}。

从图 8－44 中可以看出，当水泵Ⅰ（或Ⅱ）单独在同管道工作时，其工况点为 M'_1（或 M'_2），此时的流量为 Q'_{M1}（或 Q'_{M2}）。显然，Q'_{M1}（或 Q'_{M2}）$< Q'_M$，$Q'_{M1} > Q_{M1}$，$Q'_{M2} > Q_{M2}$，H'_{M1}（或 H'_{M2}）$< H_M$。这是由于两泵并联后，通过管路的总流量增加，管路阻力增大，因而每台泵的流量有所下降。

由图 8－44 可以看出，管道阻力越小，管道特性曲线越平缓，并联效益越高。所以管道特性曲线较陡时，不宜采用水泵并联工作。最后还应指出，两台或多台水泵并联时，各水泵应有相同或相近的特性，特别是泵的扬程范围应大致相同，否则扬程较高的水泵不能充分发挥其效能。因为并联时各泵扬程总是相等的，如果低扬程泵扬程合适，则高扬程泵必然因扬程太低而流量过大，使工况点落在工作利用区之外。

第五节　离心式水泵的操作

一、离心式水泵的启动

启动前，除对水泵进行全面检查外（如各部件连接是否牢固，泵轴转动是否灵活，吸水滤网有无堵塞，盘车时转轴是否灵活、有无卡阻现象等），首先要向泵腔和吸水管灌注引水，并排出泵腔内的空气；然后在关闭排水管上闸阀的情况下启动电动机。当水泵的转速达到额定转速时，逐渐打开闸阀，并固定在适当的开启位置，使水泵正常运转。

1. 水泵启动前向泵内灌注引水

因为若在泵腔内无水的情况下启动，由于泵腔内空气的密度远比水小，即使水泵转速达到额定值，如若水泵进水口处不能产生足够的吸上真空度，也无法将水从水池吸入泵内。当水仓水位高于水泵时，水泵经常处于注满水的状态，无须其他注水装置，否则必须进行注水。常用的注水方法有以下几种：

(1) 从泵上灌水漏斗处人工向泵内灌水。一般用于水泵初次启动。

(2) 用排水管上的旁通管把排水管中的存水引回到水泵腔。一般用于水泵再次启动。

采用上述两种方法时，吸水管底部必须设置防止引水漏掉的底阀，而设置的底阀增加了管路的阻力，使排水设备多增加了能量消耗，且底阀会出现堵塞而无法吸水的故障。

(3) 用射流泵注水。如图 8－45 所示，射流泵利用水泵排水管中的存水作为工作液体或用压缩空气作为射流泵的工作流体，其入口和泵腔最高处连接，出口接到吸水井。射流泵工作时可将水泵和吸水管中的空气抽出，使泵内形成一定真空度，吸水井中的水在大气压力的作用下可自动流入泵腔和吸水管中。因射流泵结构简单，体积很小，故在排水管中存有压力水或有压缩空气的场所得到了广泛的应用。

(4) 利用真空泵注水。图 8－46 所示为用真空泵注水的系统，它常用于大型水泵的注水。其抽气速率比射流泵快，可在短时间内使泵灌满水。水环式真空泵是最常用的一种，真空泵转动后，把泵腔内及吸水管中的空气抽出，形成一定真空，泵腔与吸水面形成压差，水就进入泵腔。由于真空泵不受压力水源限制，所以应用相当广泛。

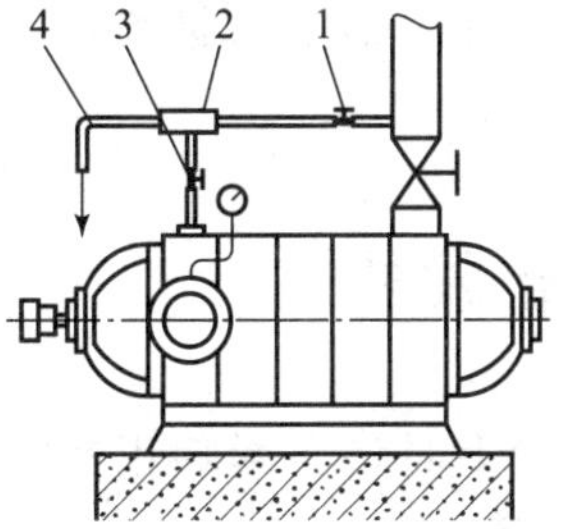

图 8－45　用射流泵注水示意图

1，3—阀门；2—射流泵；4—放水管

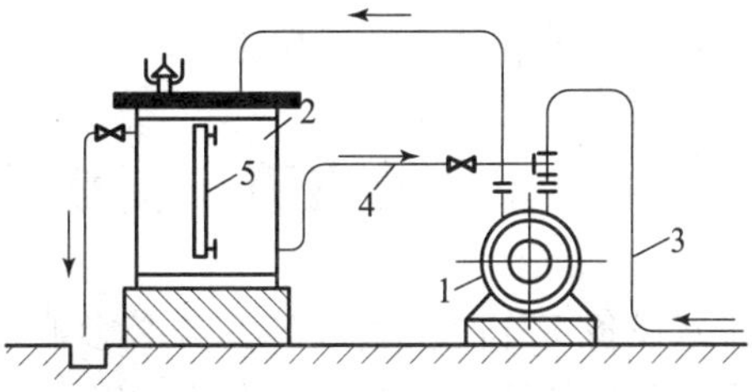

图 8－46　用真空泵注水的系统

1—真空泵；2—水气分离箱；3—来自泵的抽气管；4—循环水管；5—水位指示玻璃管

采用后两种方式，可实现无底阀排水，这样可以减小吸水管路的阻力损失，对于水泵节能和防止汽蚀都是有利的，如条件允许应尽量采用。

2. 关闭排水管路上闸阀启动

由于闸阀关闭时泵的流量为零，从泵的功率特性曲线可以看出，零流量时泵所需功率最小，电动机的启动电流也最小。所以关闭闸阀启动，可减小启动电流，减轻对电网的冲击。

在启动时，一旦电动机转速达到正常，应迅速、逐渐打开闸阀，而不应在闸阀关闭状态下长时间（一般不超过 3 min）空转，因为这样容易引起泵内的水过热。打开闸阀的过程应注意观察压力表、真空表和电流表的读数是否正常。在开启过程中压力表读数随着闸阀开度的增加而减小，相反真空表读数是增大的，电流表读数也逐渐上升，最后都将稳定在相应的位置上。

二、运行中的注意事项

（1）经常注意电压、电流的变化。当电流超过额定电流且电压超过额定电压的 ±5% 时，应停止水泵，检查原因，进行处理。

（2）检查各部轴承温度是否超限（滑动轴承不得超过 65 ℃，滚动轴承不得超过 75 ℃）。检查电动机温度是否超过铭牌规定值，检查轴承润滑情况是否良好（油量是否合适，油环转动是否灵活）。

（3）检查各部螺栓及防松装置是否完整齐全，有无松动。

（4）注意各部音响及振动情况，有无由于汽蚀而产生的噪声。

（5）检查填料密封情况，检查填料箱温度和平衡装置回水管的水量是否正常。

（6）经常注意观察压力表、真空表和吸水井水位的变化情况，检查底阀或滤水器插入水面深度是否符合要求（一般以插入水面 0.5 m 以下为宜）。

（7）按时填写运行记录。

三、离心式水泵的停泵

停泵时，首先关闭排水管上的闸阀，然后关闭真空表的旋塞，再按停止按钮，停止电动机。若不如此，则会因逆止阀的突然关闭而使水流速度发生突变，产生水击，严重时会击毁管路，甚至击毁水泵。

停机后，还应关闭压力表旋塞，并及时清除在工作中发现的缺陷，查明疑点，做好清洁工作。如水泵停车后在短期内不工作，为避免锈蚀和冻裂，应将水泵内的水放空；若水泵长期停用，则应对水泵施以油封。同时每隔一定时期，电动机空运转一次，以防受潮。空转前应将联轴器分开，让电动机单独运转。

第六节　离心式水泵的检测和检修

排水设备工作时发生故障，势必影响排水工作的进行，严重时将会影响正常生产。因此，必须掌握故障诊断的基本方法，以求准确、迅速地排除故障。

排水设备的故障可分为两类，一类是泵本身的机械故障，一类是排水系统的故障。因为水泵不能脱离排水系统而孤立工作，当排水系统发生故障时，虽不是水泵本身的故障，但能在水泵上反映出来。下面对各方面的故障加以综合分析。

1. 泵内存有空气

此时，真空表和压力表读数都比正常值小，常常不稳定，甚至降到零。因为泵内存在空气时，压头会显著降低，流量也会急剧下降。

泵内存有空气是由吸水系统不严密引起的。容易发生漏气的部位及原因包括：吸水管系统连接处不严、填料箱密封不严、真空表接头松动、吸水管插入水中的部分过浅等。

此外，当吸水管与水泵安装位置不合适时，如图 8－47 所示，由于吸水管最高处不能完全充满水，有空气憋在里面，故水泵也不能正常工作。

应特别注意，离心式水泵转速降低或反转，也有类似征兆，两表读数偏小，但比较稳定。

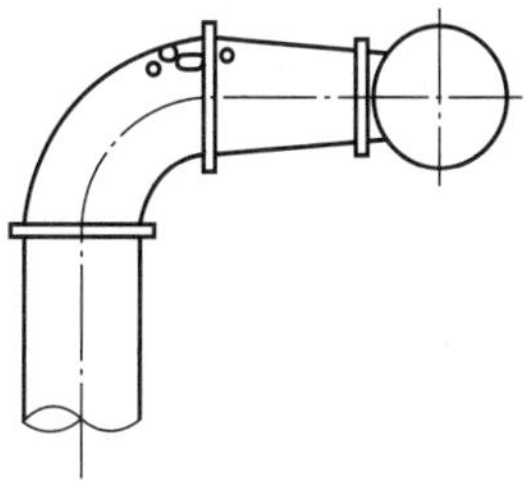

图 8－47　吸水管的错误安装

2. 吸水管堵塞

此时，真空表读数比正常值大，压力表读数比正常小。因为吸水管堵塞，吸水管阻力增加，也就加大了吸上真空度，所以真空表读数比正常值大。同时，由于流量减小，排出阻力便减小，因此压力表读数比正常值小。

吸水管堵塞容易发生的部位及原因有吸水管插入太深，由于吸水井淤泥太多，没有及时清理，底闸与泥接触；滤网太脏；底阀未能全打开等。

3. 排水管堵塞

此时，压力表读数比正常值大，真空表读数比正常值小。因为排水管堵塞，使排水管阻力增大，因而压力表读数上升；又因排水管阻力增大，使流量减小，故真空度下降。

排水管堵塞发生的部位及原因包括：排水阀门未打开或开错阀门。

4. 水泵叶轮堵塞

此时，压力表和真空表读数均比正常读数小。因为叶轮堵塞后会使扬程曲线明显收缩，则工况点向流量减小的方向移动，扬程减小，故压力表和真空表的读数均比正常读数小。

图 8－48 所示为叶轮堵塞对性能的影响。其中 g 为管路特性曲线，水泵正常工作时，原扬程曲线为Ⅰ，其工况交点为 1；当叶轮中三条叶道入口部分堵塞时，扬程曲线为Ⅱ，工况点变为 2；当叶轮中的三条叶道全部堵塞时，扬程曲线为Ⅲ，工况点变为 3。

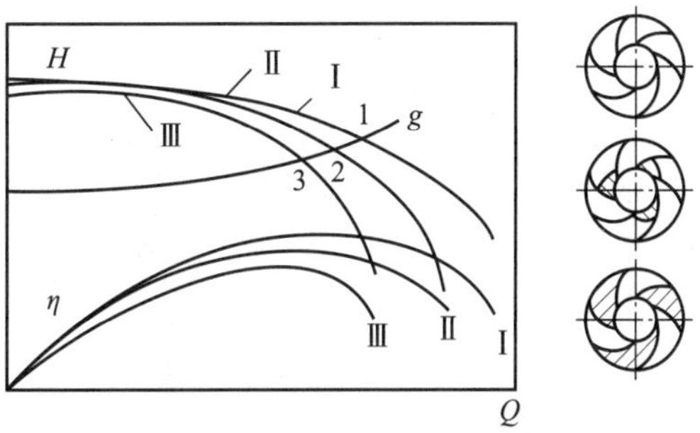

图 8－48　叶轮堵塞对性能的影响

5. 排水管破裂

此时，一般是压力表读数下降，真空表读数突然上升。这是因为排水管破裂后，排水管阻力减少，使流量增大，从而造成真空度上升。

从两表读数来看，同吸水管堵塞时真空度增大、压力表下降一样，但是排水管破裂往往是突然发生的，因此，两表读数变化比吸水管堵塞时要快一些。另外，流量增大会引起负荷增加，其与吸水管堵塞引起负荷降低的情况可从声响、电流表读数的变化加以区别。在这种情况下，应立即停泵，查明原因。

排水管路破裂的原因，主要是管路焊接质量不高、钢管锈蚀严重、操作中突然开闭闸阀而引起水击，等等。只要严格执行操作规程，认真检查管路的锈蚀情况并定期试压，就能避免事故的发生。

6. 泵产生汽蚀

一般来讲，泵产生汽蚀时，真空表和压力表读数常常不稳定，比正常值小，有时甚至降到零。但由于引起泵产生汽蚀的直接原因不同，所以两表的变化规律也不完全相同。

(1) 若吸水管严重堵塞，则会使真空表读数增大，但当真空度过大，超过泵的允许吸上真空度时，便会引起汽蚀，这时真空度降低，甚至降到零。

(2) 若泵的允许吸上真空度本来就低（或泵安装位置过高），刚打开排水闸阀就可能产生汽蚀，这时真空度不一定是先增加后降低，往往是一开始就低下来，甚至为零。

(3) 若排水管破裂发生在泵站的附近，使真空表读数增加太多，超过了泵的允许吸上真空度而产生汽蚀，这时真空表读数的变化情况是突然升高，然后又下降。

防止和消除汽蚀的方法有：

(1) 从泵的设计上看，应尽量减小允许汽蚀余量 $[\Delta h]$，从而使 H_s 值增大。

(2) 从吸水装置的设计上看，一是尽量减小吸水管路水头损失，即减少吸水管长度、减少吸水管附件（如底阀）、增大吸水管径；二是降低实际几何安装高度。

(3) 从操作使用上看，减少吸水管路损失具体方法是关小水泵排水闸阀，使系统的流量减小，吸水管的水头损失即随之减小。

思考题与习题

1. 矿山排水设备的主要任务是什么？
2. 简述排水设备的组成及各组成的作用。
3. 简述离心式水泵的工作原理。
4. 简述 D 型水泵和 IS 型水泵的结构及特点。
5. D 型水泵的密封有哪些？作用分别是什么？
6. 工况点调节的方法有哪些？试比较各种调节方法的特点及适用情况。
7. 水泵的经济性是如何评价的？怎样保证水泵的经济运转？
8. 在什么情况下水泵工作会出现不稳定状态？保证稳定性工作的条件是什么？
9. 水泵正常工作的条件是什么？水泵的工业利用区怎么确定？
10. 节流调节不经济的原因是什么？
11. 产生汽蚀现象的原因是什么？最大吸水高度如何确定？
12. 煤矿常用的主排水泵有哪些型号？它们使用的条件是什么？
13. 试述离心式水泵启动和停泵的操作过程。
14. 装在吸水面上的离心式水泵，为什么必须在启动前要先向泵和吸水管内充满水？
15. 向泵内注水有哪几种方法？其特点和适用条件是什么？
16. 离心式水泵在运转中常出现哪些故障？应怎样排除？

第九章　矿井通风设备

第一节　概述

一、通风设备的作用

煤矿井下空气中含有甲烷、一氧化碳、二氧化碳、氧化氮、二氧化硫、硫化氢、氨等多种有害气体，统称瓦斯与生产性矿尘（煤尘、岩尘）。瓦斯与煤尘在一定浓度范围内遇到明火都会发生爆炸，特别是瓦斯爆炸后可能会引起煤尘爆炸，严重威胁井下工作人员生命和矿井安全。一氧化碳、二氧化碳、氧化氮、二氧化硫、硫化氢、氨等有害气体与矿尘达到一定浓度将危害井下工作人员的身体健康。另外，随着矿井开采深度的增加，井下气温也会逐渐升高，高温环境不利于井下作业。因此，必须向井下输送足够的新鲜空气，来稀释并排出矿井有害气体与矿尘，同时调节井下作业环境的温度与湿度。《煤矿安全规程》对井下空气的含氧量和有害气体浓度及作业环境的温度都有严格的规定。

通风设备的作用就是向矿井各用风地点连续输送足够数量的新鲜空气，排出井下污风，保证井下空气的含氧量，稀释并排出各种有害性气体与矿尘，调节井下所需温度和湿度，创造良好的井下工作环境，保证井下工作人员的健康和矿井安全生产，并在发生灾变时能够及时、有效地控制风向及风量，防止灾害扩大。

矿井通风是矿井安全生产的基本保障，因此要求通风设备必须安全、可靠地运行。

二、矿井通风方式与通风系统

（一）矿井通风方式

矿井通风方法分为自然通风和机械通风。自然通风是利用出风井与进风井的高差所造成的压力差和矿井内、外温度不同，使空气自然流动。机械通风是采用通风设备强制风流按一定的方向流动，即让风流从进风井进入，从出风井排出。自然通风的风压比较小，受季节和气候的影响较大，不能保证矿井需要的风压和风量。机械通风具有安全、可靠，并便于控制与调节的特点。因此《煤矿安全规程》规定，矿井必须采用机械通风。

机械通风分为抽出式、压入式和压抽混合式三种通风方式。

1. 抽出式

抽出式通风机主要安装在回风井口。在抽出式通风机的作用下，整个矿井通风系统处在低于当地大气压力的负压状态。当主要通风机因故停止运转时，井下风流的压力提高，比较安全。

图9－1所示为煤矿抽出式通风系统。通风机6工作时，将地面的新鲜空气抽吸进入进风井1，经过工作面2后变成污浊空气再经回风井3和通风机6排出，由此达到向井下工作人员和设备提供新鲜空气的目的。

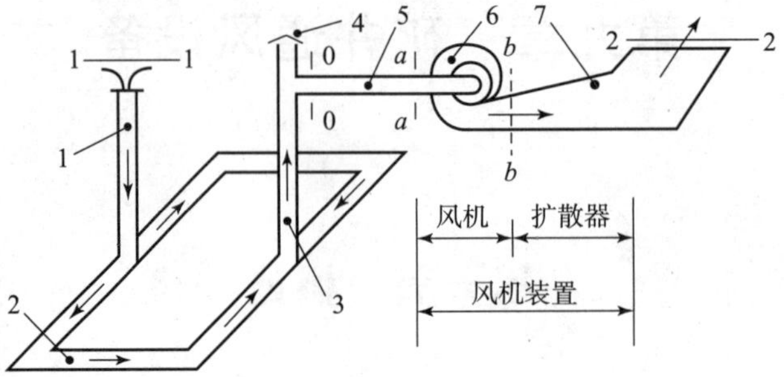

图9－1　煤矿抽出式通风系统

1—进风井；2—工作面；3—回风井；4—防爆门；5—地面风道；6—通风机；7—扩散器

2. 压入式

压入式通风机主要安设在进风井口。在压入式通风机的作用下，整个矿井通风系统处在高于当地大气压的正压状态。在冒落裂隙通达地面时，压入式通风矿井采区的有害气体通过塌陷区向外漏出。当通风机因故停止运转时，井下风流的压力降低。采用压入式通风机时，需在矿井总进风路线上设置若干通风构筑物，使通风管理困难，且漏风较大。

3. 压抽混合式

压轴混合式在进风井口安设通风机做压入式工作，回风井口安设通风机做抽出式工作。通风系统的进风部分处于正压，回风部分处于负压，工作面处于中间，其正压或负压均不大，采空区的漏风较小。其缺点是使用的通风机设备多，管理复杂。

（二）通风系统

矿井通风系统是通风设备向矿井各作业点供给新鲜空气并排出污浊空气的通风网路和通风控制设施的总称，一般由进风井、回风井、主要通风机、通风网路和风流控制设施等组成。

按进、回风井在井田内的位置不同，矿井通风系统可分为中央式、对角式、区域式和混合式四种。

1. 中央式

中央式指进风井、回风井均位于井田走向中央。根据进风井、回风井的相对位置，又分为中央并列式和中央边界式（中央分列式）。

2. 对角式

对角式分为两翼对角式和分区对角式。

进风井大致位于井田走向的中央，两个回风井位于井田边界的两翼（沿倾斜方向的浅部），称为两翼对角式。如果只有一个回风井，且进风井、回风井分别位于井田的两翼，则称为单翼对角式。

若进风井位于井田走向的中央，且在各采区开掘一个回风井，无总回风巷，则称为分区对角式。

3. 区域式

区域式指在井田的每一个生产区域开凿进风井、回风井，分别构成独立的通风系统。

4. 混合式

混合式由上述各种方式混合组成，例如中央分列与两翼对角混合式、中央并列与两翼对角混合式等。

第二节　矿井通风机的工作理论

一、通风机的类型

通风机的种类很多，分类方法也不同。矿山常用通风机按气体在通风机叶轮中的流动情况分为离心式通风机和轴流式通风机两大类。空气沿通风机轴向进入叶轮，并沿径向流出的通风机称为离心式通风机；空气沿通风机轴向进入叶轮，仍沿轴向流出的通风机称为轴流式通风机。

二、通风机的工作原理

1. 离心式通风机的工作原理

图 9－2 所示为离心式通风机的结构示意图，它主要由叶轮、轴、进风口、机壳、前导器及锥形扩散器等组成。叶轮固定在轴上，轴支承在轴承上，组成风机的转子。

当电动机带动转子转动时，叶轮流道中的空气在叶片作用下随叶轮一起转动，叶轮内的空气在离心力的作用下能量升高，由叶轮中心沿径向流向叶轮外缘，并经螺线形机壳和锥形扩散器排至大气。同时，在叶轮进口和中心形成负压，外部空气在大气压力的作用下经进风口进入叶轮，使空气形成连续流动。

2. 轴流式通风机的工作原理

图 9－3 所示为轴流式通风机的结构示意图。它主要由叶轮（轮毂和叶片）、轴、外壳、集流器、流线体、整流器和扩散器组成。

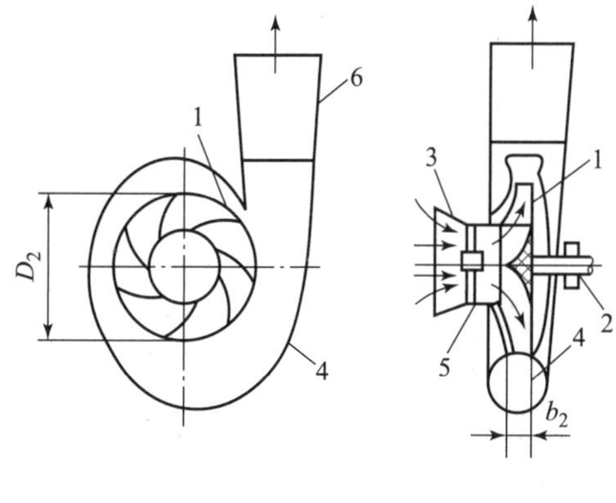

图 9－2　离心式通风机的结构示意图

1—叶轮；2—轴；3—进口风；4—机壳；5—前导器；6—锥形扩散器

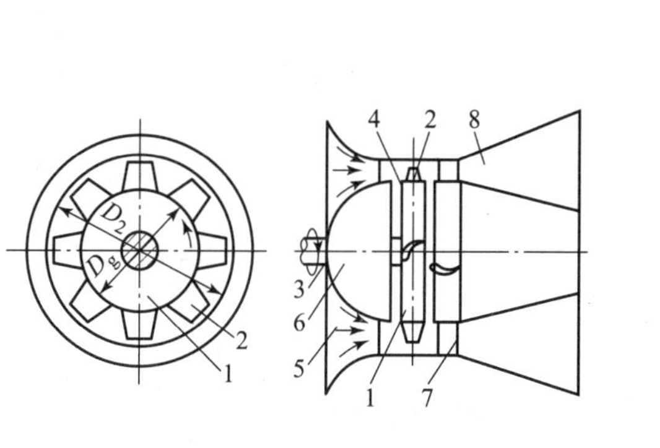

图 9－3　轴流式通风机的结构示意图

1—轮毂；2—叶片；3—轴；4—外壳；5—集流器；6—流线体；7—整流器；8—扩散器

轴流式通风机的叶片为机翼形扭曲叶片，并以一定的角度安装在轮毂上。当电动机带动轴和叶轮旋转时，叶片正面（排出侧）的空气在叶片的作用下能量升高，通过整流器整流，并经扩散器排至大气。同时，叶轮背面（入口侧）形成负压，外部空气在大气压力的作用下经进风口进入叶轮，使空气形成连续流动。

三、通风机的工作参数

（一）风量

风量是指单位时间内通风机排出的气体体积，用 q_V 表示，单位为 m^3/s、m^3/h。

（二）风压

风压是指单位体积气体通过通风机所获得的能量，通风机的全压用 p_t 表示，静压用 p_s 表示，单位为 Pa。

（三）功率

通风机的功率分为轴功率和有效功率。

（1）轴功率是指电动机传递给通风机轴的功率，即通风机的输入功率，用 P_a 表示，单位为 kW。

（2）有效功率是指单位时间内气体从通风机获得的能量，也称为通风机输出功率。通风机全压输出功率用 P_t 表示，单位为 kW；静压输出功率用 P_s 表示，单位为 kW。全压输出功率和静压输出功率的计算公式为

$$P_t = \frac{p_t q_V}{1\ 000} \tag{9-1}$$

$$P_s = \frac{p_s q_V}{1\ 000} \tag{9-2}$$

（四）效率

效率是指有效功率和轴功率的比值，通风机的全压效率用 η_t 表示，静压效率用 η_s 表示，其计算公式为

$$\eta_t = \frac{p_t q_V}{1\ 000\ P_a} \times 100\% \tag{9-3}$$

$$\eta_s = \frac{p_s q_V}{1\ 000\ P_a} \times 100\% \tag{9-4}$$

（五）转速

转速是指通风机轴与叶轮每分钟的转数，用 n 表示，单位为 r/min。

第三节　通风机的构造

一、离心式通风机

矿用离心式通风机大多采用单级单吸或单级双吸离心式通风机，且卧式布置。

（一）4－72－11 型离心式通风机

4－72－11 型离心式通风机主要由叶轮、机壳、进风口和传动部分等组成。叶轮用优质

锰钢制成，并经过动、静平衡校正，所以其坚固耐用、运转平稳、噪声低。叶轮由 10 个后弯机翼形叶片、双曲线形前盘和平板形后盘组成，其空气动力性能良好、效率高，最高全效率达 91%。

该类型通风机风量范围为 1 710 ~ 204 000 m^3/h，风压范围为 290 ~ 2 550 Pa，适合小型煤矿通风。

4－72－11 型离心式通风机根据使用条件不同，通风机出风口有“左”和“右”两种回转方向，各有 8 种不同的基本出风口位置，如图 9－4 所示，如基本角度位置不够，还可补充 15°、30°、60°、75°、105°、120°等。其机号有 No2. 8 ~ No20 共 11 种，机壳有两种形式。No2. 8 ~ 12 的机壳是整体，不能拆开；No16 ~ 20 的机壳是可拆式（图 9－5），沿水平轴心可分成上、下两部分，上半部分又可分成左、右两部分，各部分之间用螺栓连接，所以拆卸方便，易于检修。各型号的机壳断面均为矩形。

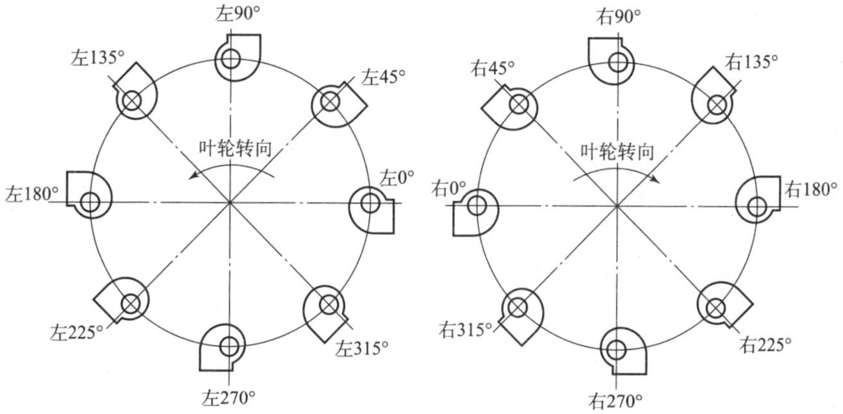

图 9－4　出风口位置

进风口制成整体，装于通风机的侧面，与轴平行的截面为锥弧形。它的前部分是圆锥形的收敛段，后部分是近似双曲线的扩散段，前、后两段之间的过渡段是收敛度较大的喉部。气流进入进风口后，首先是缓慢加速，在喉部形成高速气流，然后又均匀扩散，气流得以顺利进入叶轮，阻力损失小。

传动方式采用 A、B、C、D 四种，No16 ~ No20 为 B 式传动方式。4－72－11 型 No20 离心式通风机结构如图 9－5 所示。

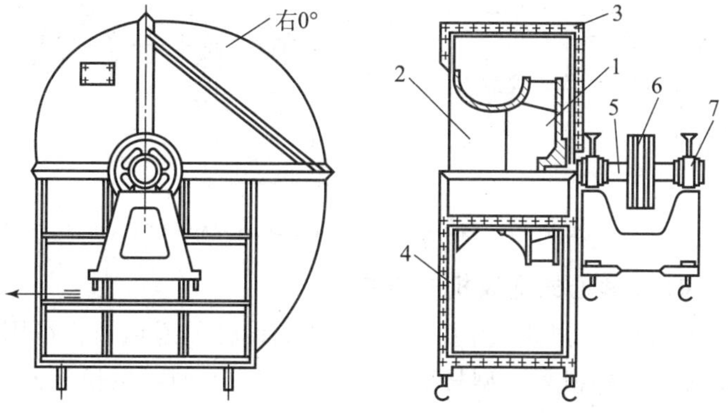

图 9－5　4－72－11 型 No20 离心式通风机结构

1—叶轮；2—集流器；3—上机壳；4—下机壳；5—传动轴；6—皮带轮；7—轴承

以 4 –72 –11 型 No16 左 90°通风机为例说明其型号的意义。

4——该类型通风机最高效率点的压力系数乘 10 后取整值；

72——该类型通风机的比转数（风压单位用 kg/m^{2}计算的值，用 Pa 计算时对应比转数为 13）；

1——通风机为单侧进气方式（双侧进气为 0）；

1——设计序号；

No16——机号，叶轮直径为 1.6 m；

左——从电动机一端看风机叶轮为逆时针旋转（顺时针方向用“右”表示）；

90°——风机出口位置为 90°。

4 –72 –11 型离心式通风机的类型特性曲线如图 9 –6 所示，其中标有 1 的各条曲线用于 No5、No6、No8 通风机，标有 2 的各条曲线用于 No10、No12、No16、No20 通风机。

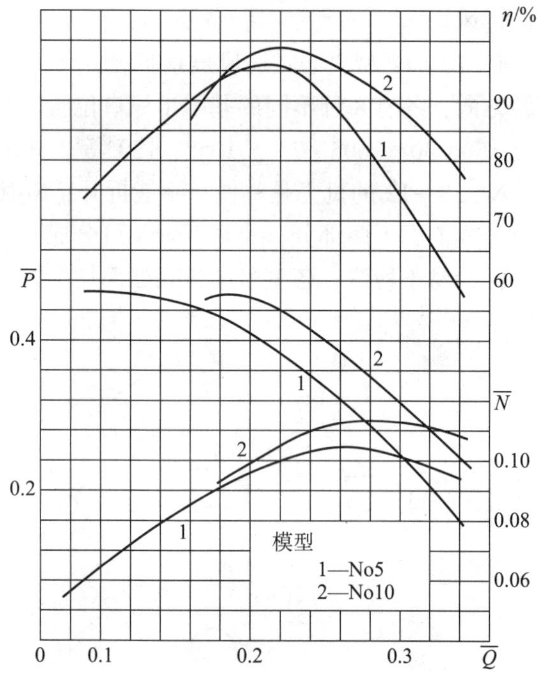

图 9 –6　4 –72 –11 型离心式通风机类型特性曲线

（二）G4 –73 –11 型离心式通风机的结构

G4 –73 –11 型离心式通风机为锅炉用通风机，也可用于矿井通风，有 No0.8 ~ No28 共 12 种机号，其型号意义与 4 –72 –11 型通风机相同，结构和类型特性曲线分别如图 9 –7 和图 9 –8 所示。与 4 –72 –11 型通风机相比，最大不同点是在通风机叶轮进口前装有径向导流器；导流叶片可在 0° ~60°范围内转动，控制进气大小和方向。G4 –73 –11 型通风机的风压和风量比 4 –72 –11 型通风机大，适用于中、小型矿井通风。

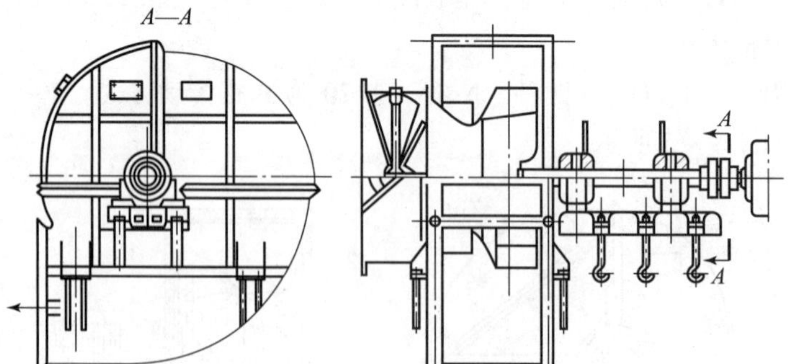

图 9 –7　G4 –73 –11 离心式通风机结构

（三）K4 –73 –01 型离心式通风机的结构

K4 –73 –01 型离心式通风机是专门为矿井通风而设计的通风机，可用于大、中型矿井通风，其有 No25 ~ No28 共 4 种机号，型号意义与 4 –72 –11 型通风机相同，结构如图 9 –9 所示，特性曲线如图 9 –10 所示。该通风机由叶轮、集流器、进气箱和机壳组成，双侧进风，机壳上半部用钢板焊接，下半部用混凝土浇筑而成。驱动电动机可以随意装在通风机的任意一侧。

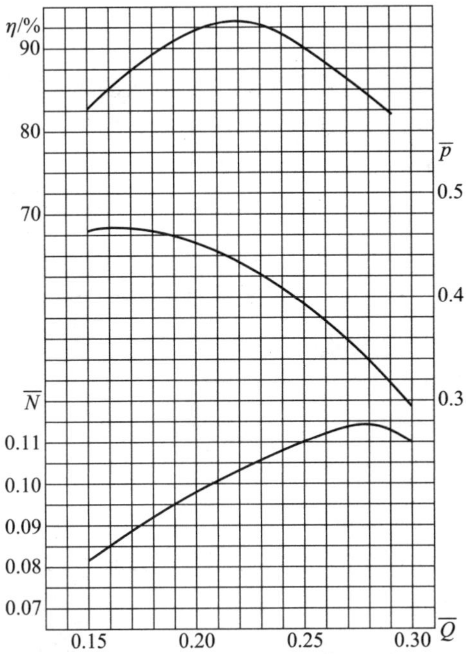

图 9－8　G4－73－11 型离心式通风机类型特性曲线

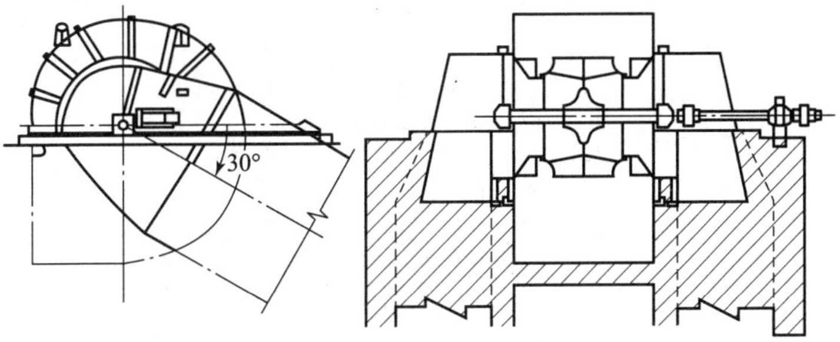

图 9－9　K4－73－01 型离心式通风机结构

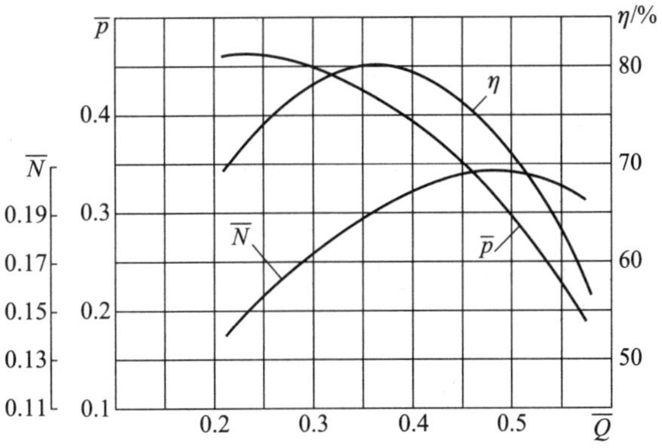

图 9－10　K4－73－01 型离心式通风机类型特性曲线

二、轴流式通风机

轴流式通风机可通过调整叶片安装角来调节通风机的风量和风压，同时可反转反风，因而可避免设置反风道与反风门等工程和费用，极大地方便了通风机的安装和运行，在煤矿中得到了广泛的应用，在矿用通风机中占有相当比例。

20 世纪 80 年代初，我国试制了扭曲叶片的 2K60 型轴流式通风机，随后引进西德 TLT 公司技术生产了 GAF 型通风机；引进丹麦诺文科公司的技术生产了 K66、K55、K50 型通风机，燕京矿山风机厂设计制造了（B）DK 节能型对旋式轴流式通风机；20 世纪 90 年代，沈阳鼓风机厂又研制了 2K56 型通风机。

（一）2K60 型轴流式通风机

图 9－11 所示为国产 2K60 型轴流式通风机结构简图，两级叶轮，轮毂比为 0.6，叶片为机翼形扭曲叶片，扭曲角 $\Delta\theta = 22°22'$。每个叶轮上安装 14 个叶片，叶片安装角可在15°～45°范围内调节。后导叶也为机翼型扭曲叶片，固结在外壳上。通风机主轴由两个滚动轴承支承，叶轮与轴用键连接，传动轴两端用齿轮联轴器分别与通风机主轴和电动机轴连接。

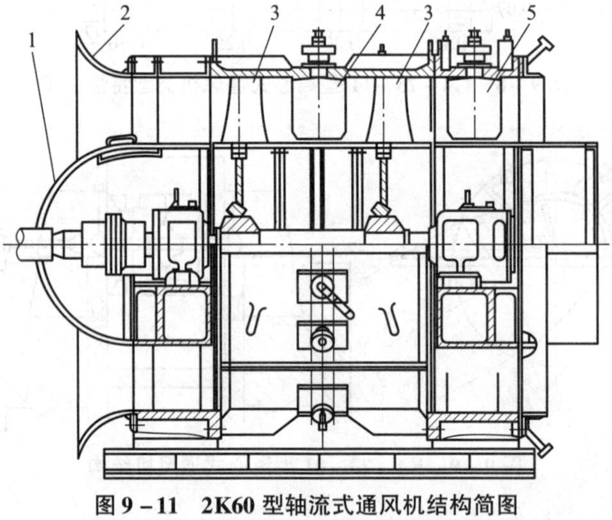

图 9－11　2K60 型轴流式通风机结构简图

1—疏流罩；2—集流器；3—叶轮；4—中导叶；5—后导叶

2K60 型轴流式通风机特性曲线如图 9－12 所示，可根据使用情况，采用调节叶片安装角或减少叶片数的方法调节风机特性。采用减少叶片数方法时，考虑到动反力，只装 7 个叶片。因此，两个叶轮可有三种组合，即两组叶轮均为 14 片；第一级为 14 片，第二级为 7 片；两级均为 7 片。

这类通风机的另一特点是可采用改变中、后导叶安装角的方法来实现反转反风，且反风量可超过正常风量的 60%。

2K60 型轴流式通风机有 No18、No24、No28 三种机号，最大静压可达 4 905 Pa，风量范围为 20～25 m^3/s，最大轴功率为 430～960 kW，通风机主轴转速有 1 000 r/min、750 r/min、650 r/min 三种。

（二）GAF 型轴流式通风机

GAF 型轴流式通风机是上海鼓风机厂引进原西德透平通风技术公司（TLT）的技术制造

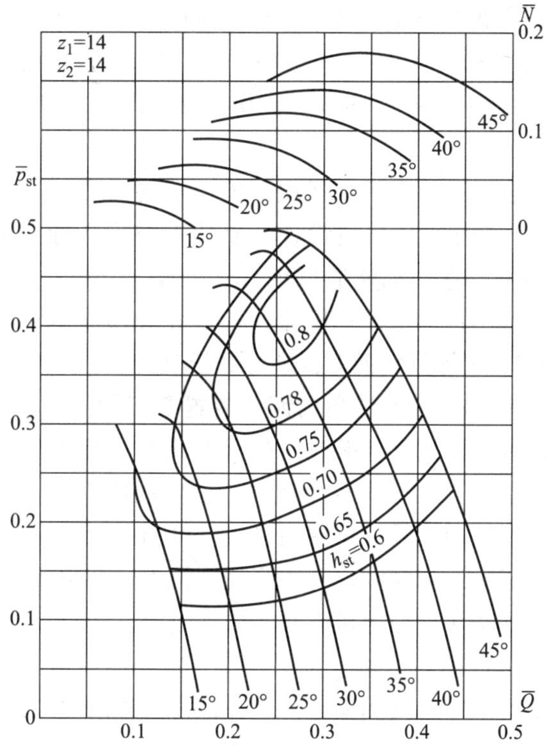

图 9－12　2K60 型轴流式通风机特性曲线

而成的，其叶轮直径为 1 000～6 300 mm，按优先系数分为 32 挡；每一叶轮直径对应有 7 种轮毂直径，叶轮有单级、双级两种，型式有卧式和立式；基本型号分 4 个系列、896 种规格；叶片数目为 6～24 片，叶片调节分不停车调节和停车调节两种。图 9－13 所示为 GAF 型轴流式通风机结构示意图。该通风机的特点如下：

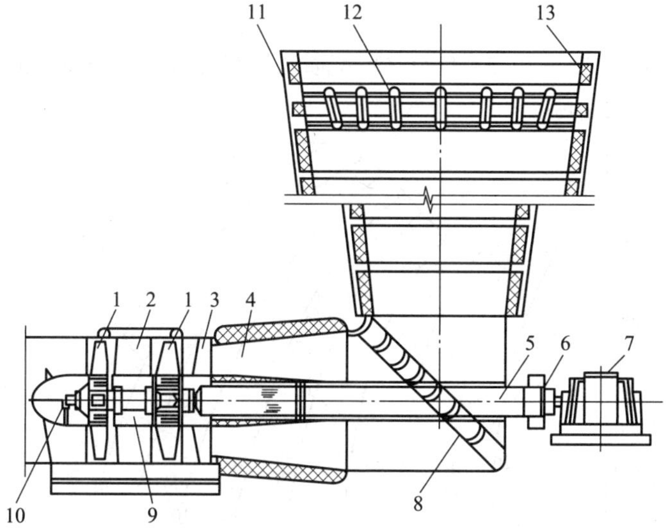

图 9－13　GAF 型轴流式通风机结构示意图

1—叶轮；2—中导叶；3—后导叶；4—扩散器；5—传动轴；6—制动机构；7—电动机；8—整流叶栅；9—轴承箱；10—动叶节装置控制头；11—立式扩散器；12—消声器；13—消声板

（1）传动轴是用钢板弯焊的空轴，传动轴由通风机的出风侧伸出壁外与电动机相连。

（2）可实现在不停机情况下调整叶片安装角，以适应不断变化的工况。

GAF 型轴流通风机的适用范围广，流量为 30 ~ 800 m^3/s，静压为 300 ~ 8 000 Pa，最高静效率可达到 85% 以上。

近年来为适应煤矿、金属矿等老式通风机节能改造的需要，上海鼓风机厂对 GAF 型矿井轴流式通风机标准装置结构进行改型设计，成功地取代了原 70B、2BY 和进口苏联的 ВЧЪМ 等通风机，简称节能改造用轴流通风机 GAF（GZ）。其特点是可利用原通风机的地脚导轨、进口 S 形弯道以及出口的水泥扩压器，将 GAF（GZ）标准型通风机的主体移置到老矿井的 70B、2BY 和 ВЧЪМ 等风装置上，进行更新改造。

GAF（GZ）型通风机的动叶片安装角的调节装置有三种：机械式停车集中同步可调装置、液压动叶可调装置以及主要用于老矿改造的机械式单个叶片调节装置。通风机反风时，只要将动叶片调节到反风位置，就可实现反风，不需要反风道，也无须改变转子的旋转方向，可节省反风道投资。对于单个叶片可调通风机，可利用原有的反风道进行反转反风。

该型通风机的叶片为机翼形扭曲叶片，用高强度铸铝合金制成，效率高、安全可靠、使用寿命长、风机噪声低、振动小。通风机设有防喘振报警、油位报警、油温报警等完善的监测装置。

可按用户提供的参数、技术和使用要求，选择最为合理的通风机型号。

GAF 型轴流式通风机型号表示方法，以 GAF25 - 12.5 - 1（GZ）为例：

G——矿井通风机；

A——轴流式；

F——动叶可调；

25——叶轮外径名义值（机壳内径）（d_m）；

12.5——叶轮内径（轮毂直径）（d_m）；

1——单级（2——双级）；

GZ——节能改造型。

图 9 - 14 所示为 GAF25 - 12.5 - 1（GZ）型通风机在转速 n = 1 000 r/min 时的性能曲线。

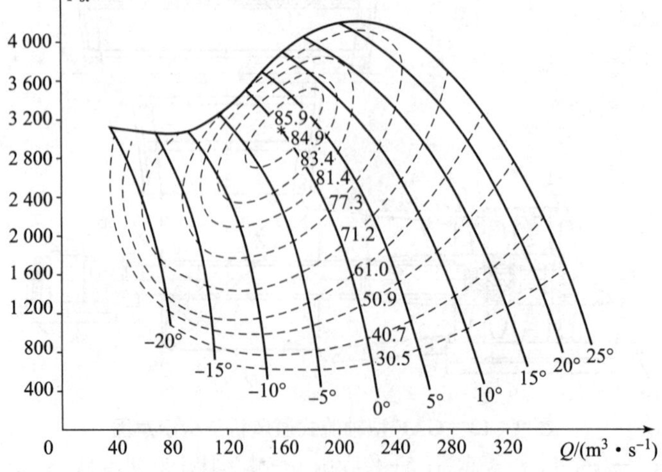

图 9 - 14　GAF25 - 12.5 - 1（GZ）型通风机的性能曲线

（三）K66、K55、K50 型轴流式通风机

沈阳鼓风机厂从丹麦诺文科公司引进了大型轴流式通风机专有技术，设计制造了适合我国矿井通风的新型轴流式通风机 K66、K55、K50。这三种通风机叶轮外径分别为 1.875 m、2.25 m、2.5 m，而轮毂直径均为 1.25 m，焊接结构，单级叶轮，叶片为机翼形，叶片安装角可在 10°～55°范围内调整。该通风机的特点为高效区域宽广，最大静压效率可达 85%。图 9－15 所示为 K66－1No18.75 型矿用轴流式通风机结构简图，其特性曲线如图 9－16 所示。该机能实现直接反转反风，反风量达 60% 以上。

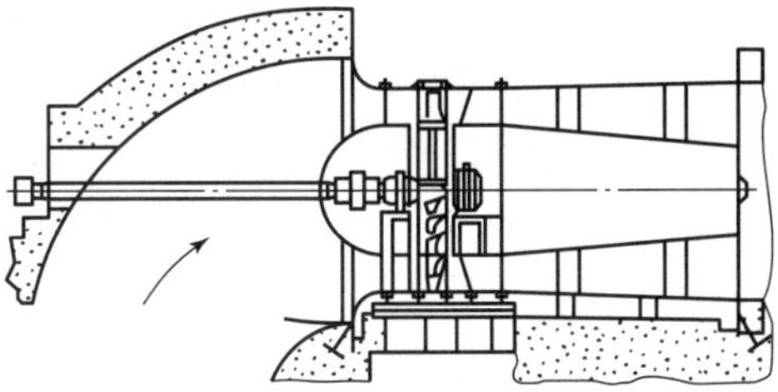

图 9－15 K66－1No18.75 型矿用轴流式通风机结构简图

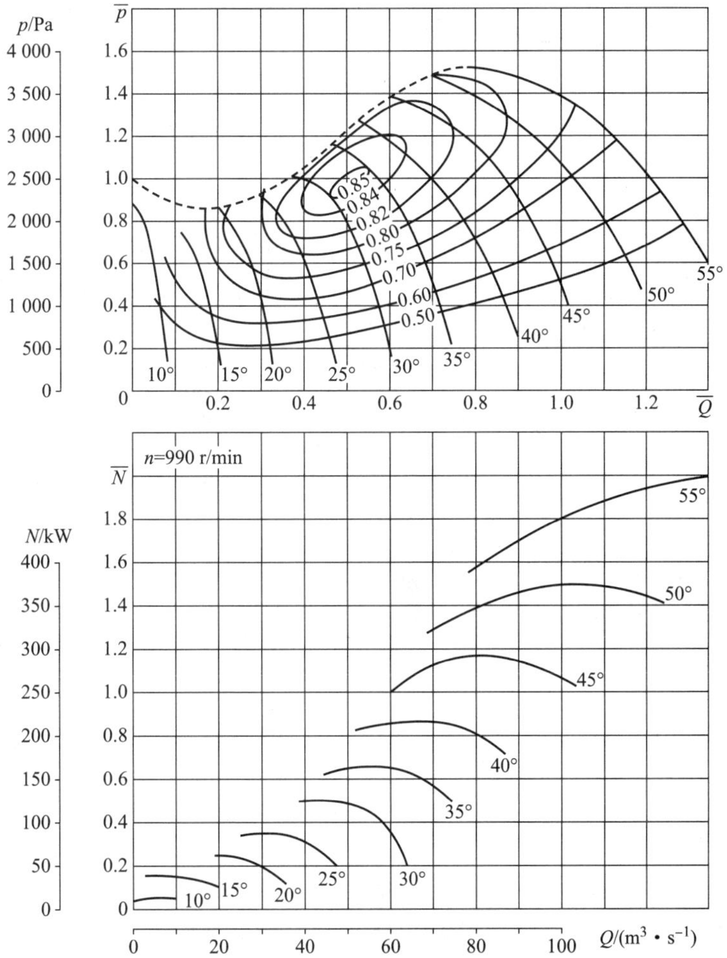

图 9－16 K66－1No18.75 型轴流式通风机特性曲线

（四）（B）DK 型轴流式通风机

（B）DK 系列通风机是由燕京矿山风机厂设计制造的节能型对旋式轴流式通风机。BDK 系列通风机主要适于各类含沼气的矿井做抽出或压入式通风，DK 系列通风机适于各类无沼气矿井的抽出或压入式通风。

（B）DK 系列对旋风机设置两台电动机，在每台电动机的伸出端安装叶轮，两叶轮相对互为反向旋转，组成对旋结构。两级叶轮既是工作轮又互为导叶，它避免了普通轴流式通风机中、后导叶的能量损失和电动机与叶轮之间传动装置的能量损失。因此，对旋风机与其他类型通风机相比，静效率和全效率较高，节能效果显著。

该机可配套 YBF 系列（dI）专用隔爆电动机，电压等级为 380 V/660 V 或 6 kW。电动机置于主机筒体内的密闭罩中，采用高强度的外循环风冷散热，使电动机在无沼气的新鲜空气中运行，确保了整机防爆性能，并可省去主要机房（只需电控值班室）和 85% 的主要通风机基础；同时该机反转反风，不必设置反风道，节约了大量的土建工程及基建费用。反转反风时，只开一级通风机的反风率为 55%，两级全开反风率为 75%。

（B）DK 型通风机采用机翼扭曲叶片，叶片用螺栓或锥体固定在轮毂上，叶片安装角度为停机人工调节。小于 No20 号的通风机可推开两级主机调节，No20 号以上通风机则通过打开主机手孔用特制扳手调节。No20 号以上的通风机可沿水平中心线剖分，以利于检修。BDK 型通风机系统组成如图 9－17 所示。

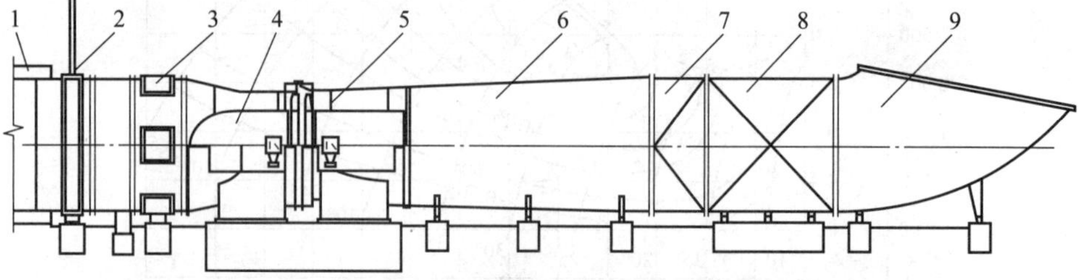

图 9－17　BDK 型通风机系统组成

1—风道；2—风门；3—检查孔接头；4—Ⅰ级主机；5—Ⅱ级主机；6—扩散器；7—方圆接头；8—消声器；9—扩散塔

该系列通风机的机号范围为 No10～No42（即叶轮直径为 1 000～4 200 mm）。No20 以上的通风机机号取其自然整数，No20 以下机号间隔为 0.5。每个机号又可根据工作静压 p_{st} 不同，分为若干个型号。通风机性能范围为 $Q=8\sim480\ m^3/s$，$p_{st}=500\sim600$ Pa。以 BDK－8－No28 型通风机为例，其型号意义为：

B——防爆型；

D——对旋结构；

K——矿用主扇；

8——配套 8 级电动机（$n=740$ r/min）；

No28——机号（叶轮直径 $D=2\ 800$ mm）。

BDK－8No28 型通风机性能曲线如图 9－18 所示。

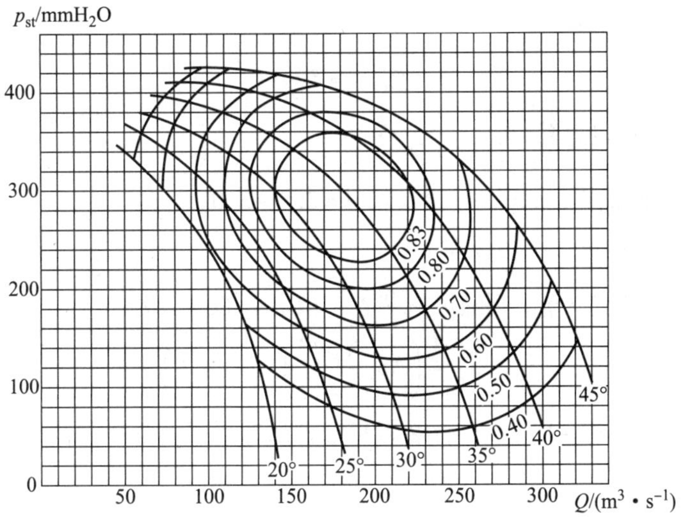

图 9－18　BDK－8No28 型通风机性能曲线

三、扩散器

通风机出口的气流速度很大，动压很高。扩散器就是装于通风机出口的一个断面逐渐扩大的流道，其作用是回收部分动压，以提高通风机装置的静压。小型通风机一般自带扩散器；大、中型通风机的扩散器可由厂家提供，也可由用户根据实际使用条件和安装地点自行设计。

（一）扩散器性能分析

设通风机的全压为 p，出口面积为 F_d，则通风机的静压为

$$p_{st}=p-\frac{\rho}{2F_d^2}Q^2 \qquad (9-5)$$

对抽出式通风系统，若不装扩散器，动压 $\frac{\rho}{2F_d^2}Q^2$ 将损失在大气中，通风机装置的有效压力仅为 p_{st}。为提高装置的有效压力，需降低出口动压，当 p、Q 一定时，唯一的办法就是在通风机出口上装置扩散器，使系统的出口面积增大，以降低装置出口动压。但是，并非扩散器出口面积 F_k 越大越好，F_k 越大，扩散器结构尺寸越大，且气流在扩散器中扩散损失越大。所以，结构合理的扩散器能以最小的损失达到最好的扩压效果。通常，扩散器出口速度小于 10～12 m/s。

扩散器的扩压效果可用损失比 ε_k 来表示，即装置扩散器后的总损失与装置扩散器前的动能损失之比为

$$\varepsilon_k=\frac{\Delta p_k+\rho Q^2/(2F_k^2)}{\rho Q^2/(2F_d^2)} \qquad (9-6)$$

式中　ε_k——扩散器损失比，它是标志扩散器经济效果好坏的重要指标，ε_k 值越小，说明扩散器的结构越合理，对于一个结构合理的扩散器，可使 $\varepsilon_k\approx 0.25\sim 0.40$。

F_d，F_k——扩散器进口（通风机出口）和出口的面积；

Δp_k——扩散器内的压力损失，$\Delta p_k=\xi_k\frac{\rho Q^2}{2F_d^2}$。

式（9－6）可改写为

$$\varepsilon_k=\xi_k+\frac{F_d^2}{F_k^2}=\xi_k+\frac{1}{n^2} \tag{9-7}$$

式中 ξ_k——扩散器的阻力系数；

n——扩散器面积比，$n=\frac{F_k}{F_d}$，通常取 $n=2.5\sim3.0$。

1. 装置扩散器后，通风机的静压

如果通风机的全压仍为 p，则通风机装置扩散器后的静压为

$$p_{st\cdot z}=p-\left(\Delta p_k+\frac{\rho Q^2}{2F_k^2}\right)=p-\varepsilon_k\frac{\rho Q^2}{2F_d^2} \tag{9-8}$$

因 $\varepsilon_k<1$，比较式（9－5）可知，装置扩散器后通风机的静压提高了。静压的增量为

$$\Delta p_{st}=\frac{\rho Q^2}{2F_d^2}-\varepsilon_k\frac{\rho Q^2}{2F_d^2}=(1-\varepsilon_k)\frac{\rho Q^2}{2F_d^2} \tag{9-9}$$

也就是说，在通风机输送给空气的总能量 p 中，用于克服阻力的有效能量增加了 Δp_{st}。若通风网路阻力不变，通风网路所需的能量就会减少，从而达到节能的目的。

2. 装置扩散器后，通风系统所需的全压为

$$p_z=p_{st\cdot z}+\frac{\rho Q^2}{2F_k^2} \tag{9-10}$$

将式（9－8）代入式（9－10）中，并利用式（9－7），可得

$$p_z=p-\xi_k\frac{\rho Q^2}{2F_d^2} \tag{9-11}$$

由此可见，装扩散器后风机装置的全压 p_z 小于原风机的全压 p。

（二）扩散器结构

一般离心式通风机配置的扩散器和轴流式通风机配置的扩散器是不同的。

离心式通风机扩散器通常用钢板焊接而成，常用的有两侧面平行、断面形状为矩形的平面扩散器（图 9－19）和断面为正方形的塔形扩散器（图 9－20）。

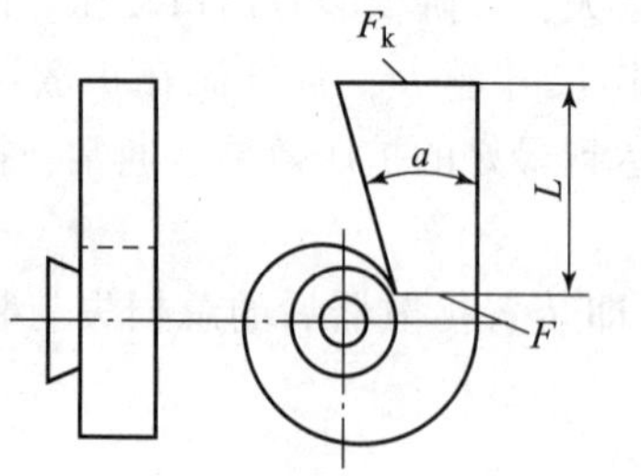

图 9－19　平面扩散器

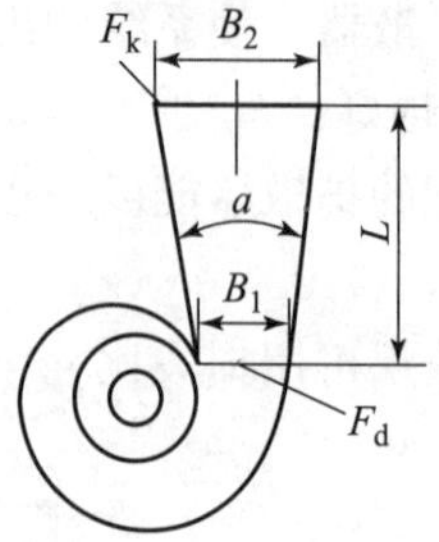

图 9－20　塔形扩散器

轴流式通风机扩散器由芯筒和外筒组成，结构形式随芯筒和外筒的形状不同而异。采用流线型芯筒的效率较高，但制造不及圆柱或圆锥形的简单。一般情况下，大型轴流式通风机扩散器的芯筒用钢板制成，多由厂家提供；外筒则由用户在安装时用混凝土浇筑而成。

为减少损失，扩散器的扩压度不宜过大。若将扩散器的过流通道换算成图 9－21 所示的

当量圆锥，则当量扩散角为

$$\tan\frac{\theta}{2}=\frac{d_k-d_d}{2L} \qquad (9-12a)$$

式中　d_d，d_k——当量锥形扩散器进、出口直径，即

$$d_d=\sqrt{\frac{4F_d}{\pi}},\ d_k=\sqrt{\frac{4F_k}{\pi}} \qquad (9-12b)$$

式中　θ——当量扩散角，通常取 $\theta=10°\sim20°$。

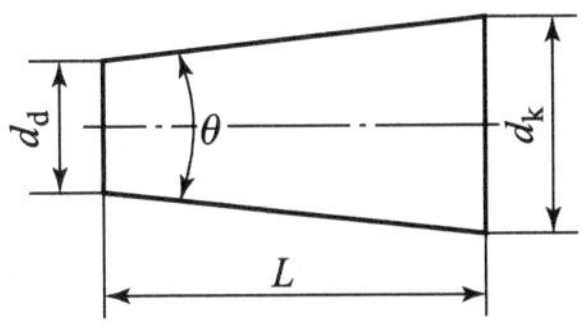

图 9－21　当量扩散器

扩散器的阻力系数 ξ_k 一般由实验确定。当资料不全时，也可按渐扩流道近似计算。由流体学知，以进口速度为特性速度时，突然扩大流道的局部阻力系数为 $\xi=(1-F_1/F_2)^2$，乘以小于 1 的系数 K 可得到扩散器的阻力系数为

$$\xi=K\left(1-\frac{F_d}{F_k}\right)^2 \qquad (9-13)$$

系数 K 与当量扩散角 θ 的关系如表 9－1 所示。

表 9－1　系数 K 与当量扩散角 θ 的关系

θ/(°)	8	10	15	20	30
K	0.15	0.16	0.27	0.43	0.81

【例 9－1】　塔形扩散器进口面积 $F_d=2.4\ m^2$，扩散面积比 $n=3$，长度 $L=4.5$ m，试计算阻力系数 ξ_k 和损失比 ε_k。

【解】　当量圆锥形扩散器进、出口直径分别为

$$d_d=\sqrt{4F/\pi}=\sqrt{4\times2.4/\pi}\ m=1.748\ m$$

$$d_k=\sqrt{4F_k/\pi}=\sqrt{4\times3\times2.4/\pi}\ m=3.03\ m$$

当量扩散角

$$\theta=2\arctan\frac{d_k-d_d}{2L}=2\arctan\frac{3.03-1.748}{2\times4.5}=16.2°$$

由表 9－1 按插值法求得 $K\approx0.308$，代入式（9－13）得

$$\xi=K\left(1-\frac{F_d}{F_k}\right)^2=0.308\times(1-1/3)^2=0.137$$

另有

$$\varepsilon_k=\xi_k+\frac{1}{n^2}=0.137+1/3^2=0.248$$

四、消声装置

矿井通风设备，特别是大型轴流式通风机，在运转时产生很强的噪声，波及工业广场和生活区，影响人们的工作、休息和身体健康。为了保护环境，需要采取有效措施，把噪声降到人们感觉正常的程度。

（一）风机噪声

风机噪声包括气动噪声、机械噪声和电磁性噪声。

1. 气动噪声

气动噪声是风机噪声的主要部分，它又包括旋转噪声和涡流噪声。

旋转噪声是由于叶轮高速旋转时，叶片做周期性运动，引起空气压力脉动而产生的。对于轴流式通风机，当叶轮顶部与外壳之间的间隙不能保持为常数时，此间隙中的涡流层厚度的周期性变化也要产生噪声；当叶轮叶片与导叶片相等时，可能发生干扰，从而使旋转噪声加强。高压通风机以旋转噪声为主。

旋转噪声的基本频率（基频）为

$$f = Zn/60 \tag{9-14}$$

式中 Z——叶片数；

n——叶轮的转速，r/min。

涡流噪声主要是因叶轮叶片与空气互相作用时，在叶片周围的气流引起涡流，这种涡流在黏性力作用下又分裂成一系列小涡流，使气流压力脉动而产生的。低压风机的气动噪声以涡流噪声为主。

2. 机械噪声

机械噪声包括通风机轴承、皮带及传动的噪声，以及转子不平衡引起的振动噪声。

3. 电磁性噪声

电磁性噪声主要产生于电动机。

（二）噪声的度量及计算

声音的强弱常用声动功率 L_W 来表示，一般来说，通风机的风量越大，风压越高，噪声的声功率就越大，噪声也就越严重。轴流式通风机与离心式通风机相比，当叶片数和圆周速度相同时，两者的低频噪声相差不大，但前者的高频成分大于后者。一般来说，离心式通风机噪声的主要成分是中、低频噪声，轴流式通风机的则为中、高频噪声。

根据机械工业部颁布标准《通风机噪声限值》，通风机噪声的声功率大小可按下式估算，即

$$L_W = L_{W0A} + 10\lg(Qp^2) \tag{9-15}$$

式中 L_{WA}——A 级声功率（简称 A 声级），dB；

L_{W0A}——A 级比声功率（简称比 A 声级），dB，即同系列通风机在单位风量（1 m³/h）和单位风压（9.81 Pa）下产生的声功率级。其数值取决于通风机的类型和系列，一般在 20 ~ 45 dB 之间，参见表 9-2；

Q——通风机的风量，m³/s；

p——通风机的全压，9.81 Pa。

表 9-2 各类通风机比 A 声级 L_{W0A} 上限值 dB

离心式				轴流式
前弯叶片	后弯叶片	机翼叶片	径向叶片	
25	28	23	23	36

根据流量系数 $\overline{Q}$ 和全压系数 $\overline{p}$ 的定义可得

$$Q = \frac{\pi^2}{240} D_2^3 n \overline{Q},\ p = \frac{\rho \pi^2}{3\ 600} D_2^2 n^2 \overline{p}$$

将以上两式代入式（9-15），并取 $p = 1.2\ \mathrm{kg/m^3}$，整理得

$$L_{WA}=L_{W0A}+10\lg(\overline{Q}\,\overline{p}^2D_2^7n^5)-63.5\ \mathrm{dB} \tag{9-16}$$

式（9-16）更能清楚地说明同类通风机的噪声与叶轮直径 D_2 和转速 n 之间的关系。

（三）通风机的消声措施

1. 吸声

吸声就是使用吸声材料饰面，使噪声被吸收而降低。吸声材料种类很多，依吸声效果的高低顺序有玻璃棉、矿渣棉、卡普隆纤维、海草、石棉、工业毛毡、加气微孔耐火砖、吸声砖、加气混凝土、木屑、木丝板和甘蔗板等。把吸声材料固定在通风机进风口和出风口（如扩散器）的内壁上，可达到吸声的目的。但注意吸声材料不能散落在气流中，以免污染空气。

2. 消声

消声是利用消声器将声源产生的部分声能吸收，使向外辐射的声能减少。消声器是一种阻止、减弱声音传播而允许气流通过的装置。将消声器安装在通风机出口的扩散通道中，可使通风机的噪声得到降低。使用消声器的缺点是会增大通风阻力。

消声器的种类很多，但用于通风机的大多是阻性（即利用声阻进行消声的）消声器，对高、中频噪声具有较好的消声效果。消声器是用消声板按一定方式排列构成的，按通道的形状可分为排行式、蜂窝式和管式等，如图 9-22 所示。管式消声器一般只用于小型轴流式通风机中。

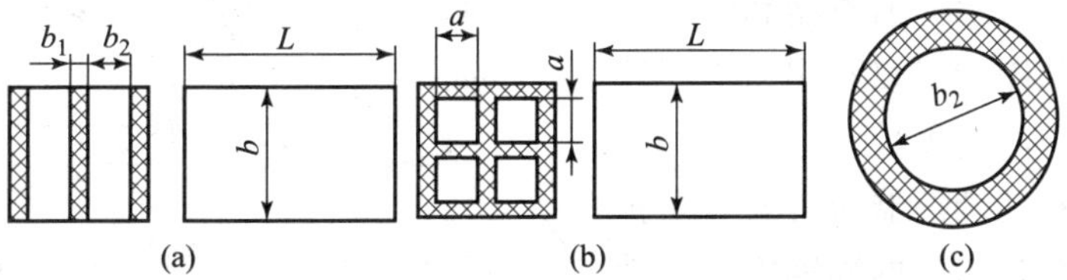

图 9-22 排行式、蜂窝式和管式消声器

（a）排行式；（b）蜂窝式；（c）管式

消声器只对某一频率范围的噪声具有较好的消声效果。因此，每种消声器都有其上限频率和下限频率。

上限频率
$$f_2=1.85c/b_2 \tag{9-17}$$

下限频率
$$f_1=\beta c/b_1 \tag{9-18}$$

式中 c——声速，常温下可取 $c=340$ m/s；

b_2——消声通道直径或有效宽度，m；

b_1——吸声材料厚度，m；

β——系数，与吸声材料性质有关，由表 9-3 查取。

表 9-3 几种吸声材料的 α_t 和 β 值

吸声材料	密度 $\rho/(\mathrm{kg\cdot m^{-3}})$	吸声系数 α_t	β
超细玻璃棉	25～30	0.8	0.04
粗玻璃纤维	0～100	0.9	0.065
毛毡	100～400	0.87	0.04
微孔吸声砖	340～450	0.8	0.017
	620～830	0.6	0.023

对超过上限频率的噪声，可在通风机扩散器出口加装消声弯头，使声能经过多次反射衰减下来。消声弯头一般可降噪 5～10 dB。为吸收低频噪声，可选用密度大的吸声材料，也可增加吸声材料的厚度。

消声器的消声量 ΔL_{WA} 可用下式计算：

$$\Delta L_{WA}=0.815KSL/A \tag{9-19}$$

式中 S——消声通道断面周长，对排行式 $S=2b$，对蜂窝式 $S=4a$；

A——消声通道断面面积，对排行式 $A=b_2b$，蜂窝式 $A=a^2$；

L——消声通道长度；

K——系数，与吸声系数 α_t 有关，见表 9-4。

表 9-4　K 与 α_t 的关系

α_t	0.15	0.30	0.48	0.60	0.74	0.83	0.92	0.98
K	0.11	0.22	0.40	0.60	0.74	0.90	1.2	1.3

式（9-19）计算的是对各种频率噪声消声量的平均值，频率不同时消声量是不等的。图 9-23 所示为消声器和消声弯头的降噪频谱。从图中可以看出，消声装置对不同频率噪声的消声量不等。

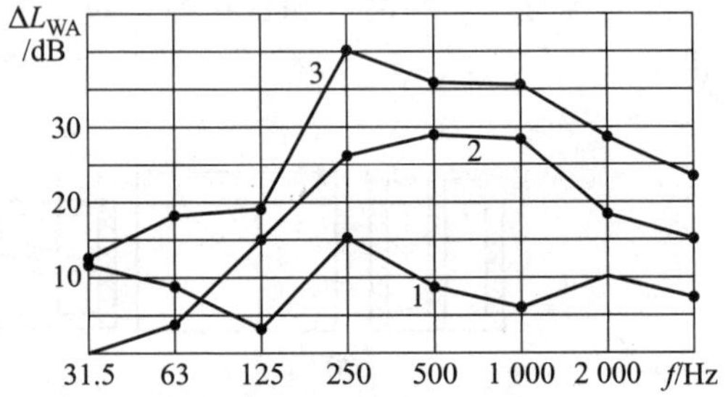

图 9-23　消声器和消声弯头的降噪频谱

1—消声器；2—消声弯头；3—1、2 的合成

矿井主通风机的消声器通常安装在扩散器之后，在出口拐弯处的周围安放由消声板构成的消声弯头，如图 9-24 所示。

消声板的制造也很简单，在两穿孔的薄钢板间填充吸声材料即可。穿孔的排列多为正方形和三角形，如图 9-25 所示。穿孔率 ψ 一般为 20%～30%。ψ 与孔径 d、孔间距 l 的关系为

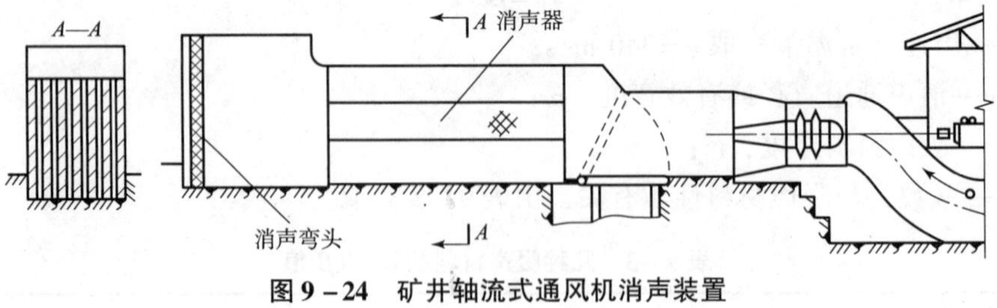

图 9-24　矿井轴流式通风机消声装置

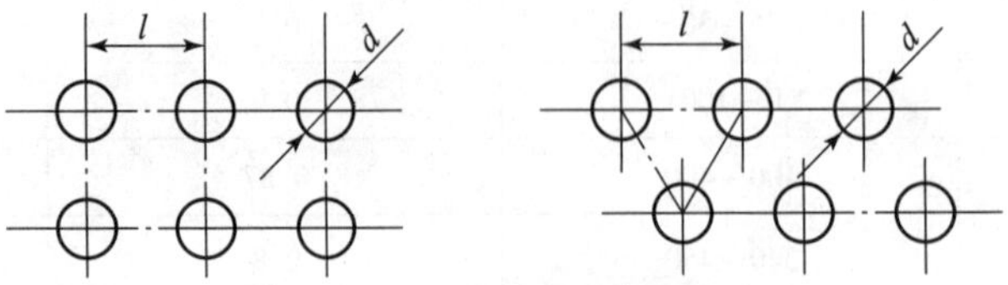

图 9-25　消声器钢板穿孔形式

正方形排列 $$\psi = \frac{\pi}{4}\left(\frac{d}{l}\right)^2 \tag{9-20}$$

三角形排列 $$\psi = \frac{\pi}{2\sqrt{3}}\frac{d}{l} \tag{9-21}$$

为获得较好的消声效果，对消声通道的尺寸应有所限制。对排行式消声器，消声板的间距 $b_2 = 100 \sim 200$ mm；对蜂窝式消声器，通道尺寸为 $a \times a = 200\ \text{mm} \times 200\ \text{mm}$ 左右；对管式消声器，通道内径 $D \leqslant 400$ mm。

气流经过消声器的压力损失 Δp_x 可按下式计算：

$$\Delta p_x = \xi_x \frac{\rho v^2}{2} \tag{9-22}$$

式中　v——通道中气流的速度，一般为 10 ~ 20 m/s；

ξ_x——消声器的阻力系数，ξ_x 与面积比 F/F_0（F_0 和 F 分别为装消声器前、后的通流面积）有关，当 $F/F_0 = 0.6 \sim 0.9$ 时，$\xi_x = 0.45 \sim 0.12$。

3. 隔声

隔声就是把发声的通风机封闭在一个小的空间中，使之与周围环境隔绝开来。典型的隔声装置有隔声罩和隔声间。

4. 减振

机械振动是主要的噪声源之一，因此减轻通风机振动是控制通风机噪声的重要方法。必要时，可在通风机与它的基础间安设减振构件，或者在通风机与风道间采取隔振措施，以减少噪声的传播。

第四节　通风机在网路中的工作

矿井通风方式主要分为抽出式和压入式两种。图 9-26 所示为抽出式矿井通风系统。通风机 3 工作时，将地面的新鲜空气抽吸进入进风井 1，经过工作面后变成污浊空气再经回风井 2 和通风机 3 排出，由此达到为井下工作人员和设备提供新鲜空气的目的。

一、通风机在网路中的工作分析

图 9-27 所示为通风机在网路中的工作图。设风机的全压为 p，根据不可压缩流体定常流伯努利方程式，单位体积的气体在 1—1 和 2—2 断面上的能量关系为

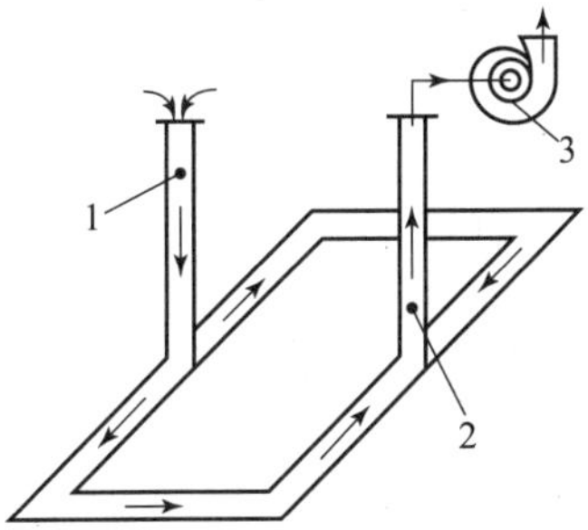

图 9-26　抽出式矿井通风系统

1—进风井；2—回风井；3—通风机

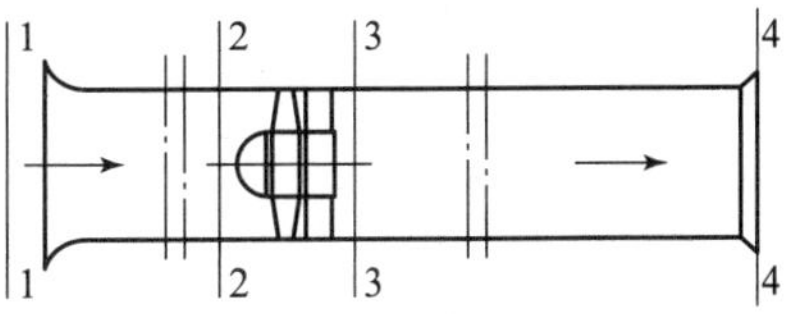

图 9-27　通风机在网路中的工作图

$$p_1+\frac{\rho}{2}v_1^2=p_2+\frac{\rho}{2}v_2^2+\Delta p_{1-2}$$

因 $p_1=p_a$，$v_1\approx 0$，故上式可写成

$$p_a=p_2+\frac{\rho}{2}v_2^2+\Delta p_{1-2} \tag{a}$$

单位体积的气体在2—2和3—3断面上的能量关系为

$$p_2+\frac{\rho}{2}v_2^2+p=p_3+\frac{\rho}{2}v_3^2 \tag{b}$$

单位体积的气体在3—3和4—4断面上的能量关系为

$$p_3+\frac{\rho}{2}v_3^2=p_4+\frac{\rho}{2}v_4^2+\Delta p_{3-4}=p_a+\frac{\rho}{2}v_4^2+\Delta p_{3-4} \tag{c}$$

将式（a）、式（b）和式（c）联立求解得

$$p=\frac{\rho}{2}v_4^2+\Delta p_{1-2}+\Delta p_{3-4} \tag{9-23a}$$

式中 $\frac{\rho}{2}v_4^2$——通风网路出口断面速度能，Pa；

v_4——通风网路出口断面平均速度，可用 v_d 表示，m/s；

Δp_{1-2}——通风网路吸入段的阻力损失，可用 Δp_x 表示，Pa；

Δp_{3-4}——通风网路排出段的阻力损失，可用 Δp_p 表示，Pa。

式（9-23a）可改写为

$$p=\frac{\rho}{2}v_d^2+\Delta p_x+\Delta p_p=\frac{\rho}{2}v_d^2+\Delta p \tag{9-23b}$$

式（9-23b）表明，通风机提供给空气的总能量 p，一部分用于克服网路流动阻力 Δp；另一部分在气体排入大气时被消耗在大气中，即网路出口处的动能 $\frac{\rho}{2}v_d^2$。

通常，将通风机提供的总能量 p 称为全压，其中用于克服网路流动阻力的那部分有益能量，称为静压，用 p_{st} 表示；用于使气体在网路中以一定流速流动，并被消耗在大气中的那一部分能量，称为动压，用 p_d 表示。即通风机所提供的全压可表示为

$$p=p_{st}+p_d \tag{9-24}$$

由上述分析可知，通风机提供的静压所占比例越大，克服网路阻力的能力就越大。因此在设计和使用通风机时，应尽可能地提高通风机产生的静压。

当矿井采用压入式通风时，$\Delta p_x=0$。式（9-23b）可写成

$$p=\Delta p_p+\frac{\rho}{2}v_d^2=p_{st}+p_d \tag{9-24a}$$

当矿井采用抽出式通风时，$\Delta p_p=0$。式（9-23b）可写成

$$p=\Delta p_x+\frac{\rho}{2}v_d^2=p_{st}+p_d \tag{9-24b}$$

由式（9-24b）和式（a）可知

$$p_{st}=\Delta p_x=(p_a-p_2)-\frac{\rho}{2}v_2^2 \tag{9-24c}$$

式（9-24c）表明，在抽出式通风系统中，通风机产生的静压等于通风机入口断面的

负压（p_a-p_2）与该断面的速度能$\frac{\rho}{2}v_2^2$之差。

二、通风网路的网路特性及等积孔

（一）网路特性

空气在网路中流动时，因阻力的存在会产生能量损失，这就需要通风机给空气提供足够的能量以维持其在网路中的流动。通风网路的阻力包括沿程阻力和局部阻力，设网路中的流量为 Q，断面面积为 F，则

$$\Delta p=\left(\lambda\frac{l}{D_d}+\Sigma\zeta\right)\frac{\rho}{2F^2}Q^2=\lambda\frac{L}{D_d}\frac{\rho}{2F^2}Q^2$$

式中　D_d——网路的当量直径，m；

L——网路计算长度，$L=l+\sum l_d$，其中 $\sum l_d$ 为局部装置的当量长度，$\sum l_d=\frac{\sum\zeta}{\lambda}D_d$。

当网路一定时，D_d、L 和 F 为定值，则上式可写成

$$\Delta p=RQ^2 \tag{9-25a}$$

式中，R——$R=\lambda\frac{L}{D_d}\frac{\rho}{2F^2}$，通风网路阻力系数，其单位是 $Pa\cdot s^2/m^6$，对一定的网路，R = 常数。

在抽出式通风网路中，Δp 是空气在网路吸入段中的压力损失，恰好等于网路负压，用 h 表示。于是

$$\Delta p=h=RQ^2 \tag{9-25b}$$

此式称为通风网路的静阻力特性方程。在 $p_{st}-Q$ 坐标系中，它表示一条过原点的抛物线，称为网路静阻力特性曲线，如图 9－28 所示。

若网路出口面积为 F_d，由式（9－23b）得

$$p=\left(R+\frac{\rho}{2F_d^2}\right)Q^2=bQ^2 \tag{9-26}$$

式中，b——$b=R+\rho/(2F_d^2)$，比例系数，网路一定时，b = 常数。

式（9－26）称为网路的全阻力特性方程，在 $p-Q$ 图中它也表示一条抛物线，叫作网路全阻力特性曲线，如图 9－28 中所示。

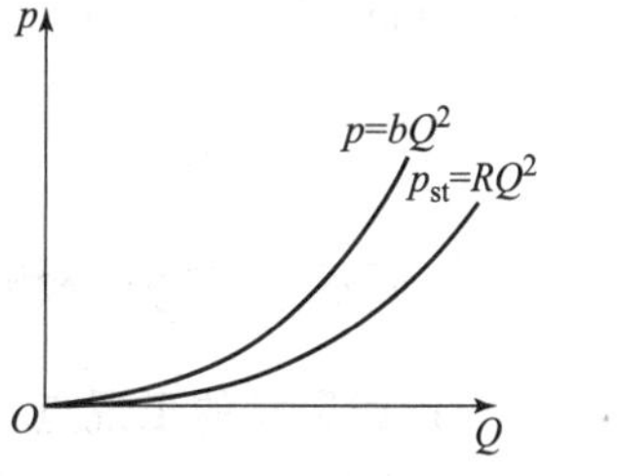

图 9－28　网路阻力特性曲线

对于抽出式通风系统，通风机提供给气体的有效能量正好等于网路负压 h，其值等于通风机的全压减去网路出口动压，即

$$h=p-\frac{\rho}{2F_d^2}Q^2 \tag{9-27}$$

对于抽出式通风系统，网路出口也就是通风机的出口。所以，式（9－27）中的 h 在数值上等于通风机的静压。但应注意，网路负压与风机静压本质上是有区别的，而且只有在抽出式通风系统中，二者在数值上才一定相等。

（二）网路等积孔

在研究通风网路的阻力特性时，为了在概念上更加形象化，经常用网路等积孔大小来代替网路阻力的大小。所谓等积孔，就是假想在薄壁上开一面积为 A_c 的孔口，当流过该孔口的流量等于网路中的流量时，孔口两侧的压差恰好等于网路的阻力，则这个孔口称为该网路的等积孔。

由流体力学可知，在压差 p_{st} 的作用下，通过薄壁孔口 A_c 的流量 Q 为

$$Q = A_c\mu\sqrt{2p_{st}/\rho}$$

于是得

$$A_c = \frac{Q}{\mu}\sqrt{\frac{\rho}{2p_{st}}} \tag{9-28}$$

式中 A_c——孔口面积，简称等积孔，m^2；

Q——网路中的流量，m^3/s；

μ——流量系数，一般取 $\mu = 0.65$。

将式（7－25）代入式（7－28），并取 $\mu = 0.65$，$\rho = 1.2\ kg/m^3$，可得

$$A_c = \frac{1.19Q}{\sqrt{p_{st}}} = \frac{1.19}{\sqrt{R}} \tag{9-29a}$$

或

$$p_{st} = \frac{1.42}{A_c^2}Q^2 \tag{9-29b}$$

显然，式（9－29b）中 $1.42/A_c^2$ 相当于网路阻力损失系数 R。当网路风量一定时，等积孔 A_c 和风阻 R 都表征了对网路通风的难易程度。网路阻力 R 值越小，或等积孔 A_c 值越大，通风越容易，反之通风越困难。所以在判断矿井通风网路阻力大小和通风难易程度时，常习惯使用等积孔。

【例 9－2】 某通风网路的风阻 $R = 1.73\ Pa \cdot s^2/m^6$，出口面积 $F_d = 9.5\ m^2$，则：

（1）计算网路的等积孔 A_c；

（2）当 $Q = 45\ m^3/s$ 时，求网路负压和风机应产生的全压。

【解】（1）网路等积孔为

$$A_c = \frac{1.19}{\sqrt{R}} = \frac{1.19}{\sqrt{1.73}}\ m^2 = 0.905\ m^2$$

（2）网路负压力为

$$p_{st} = RQ^2 = 1.73 \times 45^2\ Pa = 3\ 503\ Pa$$

通风机产生的全压应等于网路的全部能量损失，则有

$$p = \left(R + \frac{\rho}{2F_2^2}\right)Q^2 = \left(1.73 + \frac{1.2}{2 \times 9.5^2}\right) \times 45^2\ Pa = 3\ 517\ Pa$$

三、通风机工况分析

（一）通风机的工况点

如前所述，每一台通风机都是和一定的网路连接在一起进行工作的。通风机所产生的风量，就是从网路中流过的风量；通风机所产生的风压，就是网路所需要的风压。所以，将通风机的风压特性曲线与网路特性曲线按同一比例尺画在同一坐标图上所得的交点，称为通风机的工况点。工况点所对应的各项参数称为工况参数。

通常在离心式通风机的产品说明书中，只给出了全压特性曲线，因此在确定工况点时，应按式（9－25）画出网路的全阻力特性曲线；或从通风机的全压特性曲线中，按式（9－27）扣除动压$\frac{\rho}{2F_d^2}Q^2$（若在通风机的出口装有扩散器，该项变为扩散器的出口动压）即得到通风机的静压特性曲线。通风机的静压特性曲线，需与网路的静阻力特性曲线相配。如图9－29所示，利用全压特性曲线确定的工况点为M'，利用静压特性曲线确定的工况点为M，两者的流量相等。

对于轴流式通风机，厂家提供的曲线是静压特性曲线。因此网路特性也应采用静阻力特性曲线。

（二）通风机的工业利用区

为保证通风机稳定、高效地运转，必须对通风机的工况点范围加以限定，这一限定区域就是通风机的工业利用区。划定工业利用区的原则是保证通风机工作的稳定性和经济性。

1. 稳定性条件

如图9－30所示，轴流式通风机的特性曲线呈马鞍形。当通风机工况点进入曲线最高点左边时就会出现机器振动增大、声音异常、压力及功率参数发生波动等现象。为避免这些现象的发生，通风机应工作在曲线最高点的右边。考虑到某种原因，通风机转速可能下降，故规定工况风压不得超过最高静压的90%，即稳定工作条件为

$$p_M \leqslant 0.9 p_{st \cdot max} \qquad (9-30)$$

除此之外，还应保证通风机只有单一工况点（即不允许出现多工况点）。

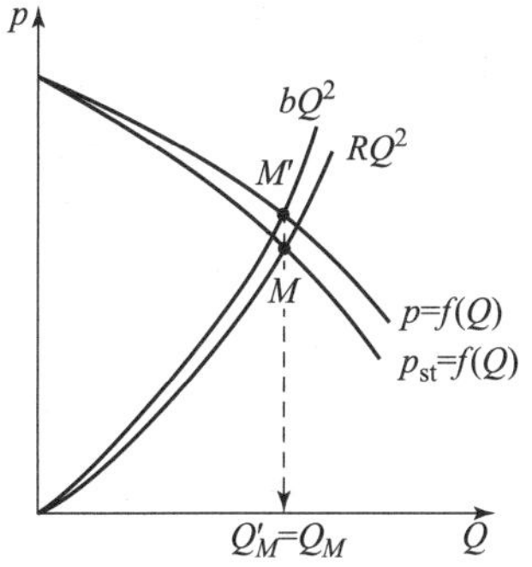

图9－29　通风机工况点

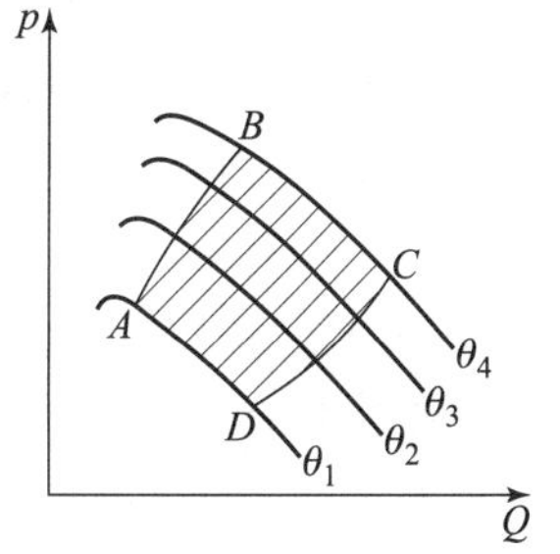

图9－30　轴流式通风机的工业利用区

2. 经济性条件

通风机功率较大，又长时间运转，耗电多为保证工作的经济性，故对效率有一定要求。依据目前的制造水平，一般规定工况静效率应大于或等于通风机最大静效率的80%，但不得低于60%，即经济工作条件为

$$\eta_M \geqslant 0.8\eta_{max} \text{或} \eta_M \geqslant \eta_{min} = 0.6 \qquad (9-31)$$

式中　η_{max}——通风机的最高效率；

η_{min}——人为规定的最低效率。

根据式（9－30）和式（9－31）的要求，可以在通风机的特性曲线上找出一个既满足稳定性条件又满足经济性条件的工作范围，此范围就称为通风机的工业利用区。轴流式通风机的工业利用区即如图9　30中的$ABCD$所限定的范围，其中AB线为不同安装角时，在静压特性曲线上的各90%最大静压值点之间的连线；CD线为静效率等于60%时的等效率曲线

（由效率相等的点所构成的曲线）。离心式通风机的工业利用区即如图 9－31 中的阴影部分所示，其中 p_{st}、N、η_{st} 分别为离心式通风机的静压、轴功率和静效率特性曲线。

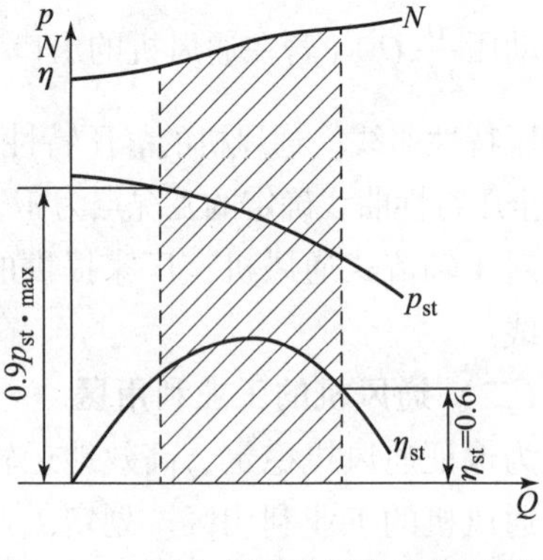

图 9－31　离心式通风机的工业利用区

四、通风机工况点的调节

当通风机产生的风量不能满足要求时，就需要改变通风机的工况点以满足通风要求。因工况点是由通风机和网路二者的风压特性曲线共同决定的，其中任何一个发生变化，工况点都将改变，所以调节方法也就有两种，即改变网路特性和通风机特性。

随着矿井开采的进行，网路阻力将不断增加，但所需风量在各个时期或要求保持不变，或要求有所增加。因此，通风机的工况点必须根据实际需要和稳定、经济条件，进行必要的调节。

调节通风机工况点的途径有两条：一条为改变网路特性曲线；另一条为改变通风机特性曲线。

（一）改变网路特性调节方法

在通风机进风道上都装有调节风门，通过调节风门的开度使网路阻力发生变化，进而使工况点改变，以达到调节流量的目的，这种方法称为闸门节流法或风门调节法。

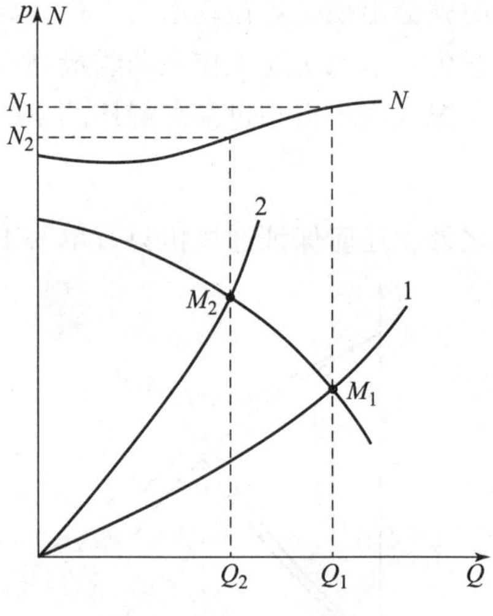

图 9－32　闸门节流法

如图 9－32 所示，开采初期和末期的网路特性曲线分别用 1 和 2 表示。在开采初期，如不进行调整，通风机送入井下的风量 Q_1 比矿井需要的风量 Q_2 大得多，因此多消耗了功率 N_1-N_2。为了节省电能，应将风道中的闸门适当关小，使网路特性曲线由 1 变为 2。随着巷道的延长和网路阻力的增加，再将闸门逐渐开大，使网路特性曲线始终对应于曲线 2，以保持通风机的供风量等于矿井所需的风量 Q_2。

这种调节方法操作简便，调整容易而且均匀，但因有附加能量损失，所以是一种不经济的调节方法，一般情况下只作为辅助性的微调或暂时的应急方法使用。

（二）改变通风机的特性曲线

1. 改变叶轮转速调节法

1）改变叶轮转速调节原理

由比例定律知，当通风机的转速变化时，特性曲线将相应地上下移动。

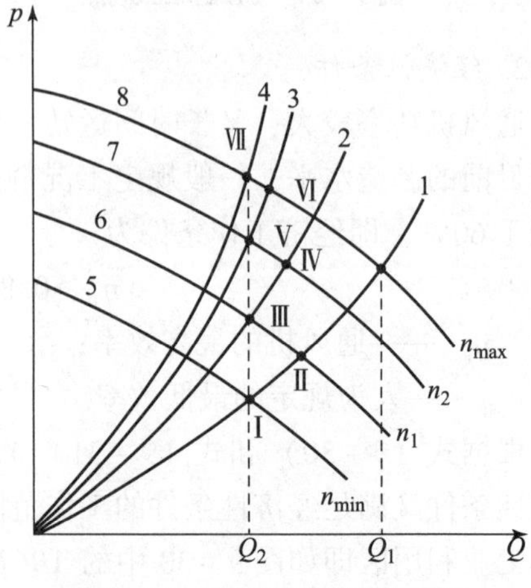

图 9－33　改变叶轮转速调节法

在图 9－33 中，曲线 1、2、3、4 分别为开采初期、中期和末期的网路特性曲线。在矿井开采初期，通风机若以最大转速 n_{max} 运转，所产生的风量 Q_1 将大大超过矿井所需风量 Q_2，为了避免浪费，通常将转速由 n_{max} 降至 n_{min}。在 n_{min} 时，通风机的特性曲线为 5，工况点为 1，此时的风量正好满足要求。但当网路阻力不可避免地增大时，工况点将左移，使通风机的风量小于 Q_2。因此，在开采初期，通风机需以转速 n_1 运转，此时通风机的风量稍大于矿井所需风量 Q_2，经过一段时间后，由于网路阻力的增加，工况点将由Ⅱ点移至Ⅲ点。为了不使通风机风量继续减小，必须将通风机的转速由 n_1 增至 n_2，使通风机的特性曲线由 6 变为 7，工况点由Ⅲ点移至Ⅳ点。依次调节，直到采掘终了为止，此时转速为 n_{max}，通风机的特性曲线为 8，工况点为Ⅶ。采用这种调节方法时，为满足网路特性的不断变化，相应地使通风机的转速由 $n_1 \rightarrow n_2 \rightarrow n_{max}$，工况点则由Ⅱ→Ⅲ→Ⅳ→Ⅴ→Ⅵ→Ⅶ。

2）改变叶轮转速的方法

改变叶轮转速的方法有阶段调速和无级调速之分，若为阶段调速，对于皮带传动的离心式通风机，可采用更换皮带轮或电动机的方法实现；对于轴流式通风机和直连的离心式通风机，可更换转速不同的电动机或采用多速电动机，但应注意不得使叶轮圆周速度大于允许值。若为无级调速，可采用调速型液力偶合器、串级调速系统、变频调速和汽轮机驱动。

可控硅逆变器控制的串级调速原理如图 9－34 所示。转差电动势 E 经二极管后加到逆变器 2 上，由可控硅控制的逆变器再将直流电变成交流电，经过变压器 3 后把转差功率返回到交流电网中，从而大大提高了系统的效率。改变逆变器中可控硅的控制角就可改变电动机 1 的外加电动势的大小，从而使电动机的转速改变。串级调速系统可以在 1.5～2.0 的调速范围内实现无级调速。

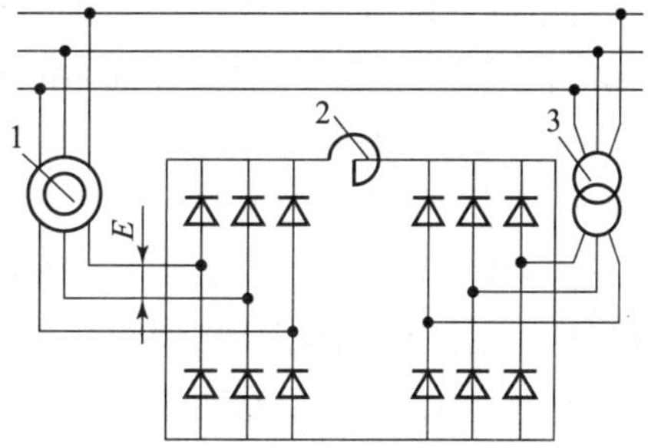

图 9－34 串级调速原理

1—电动机；2—逆变器；3—变压器

变频调速是一种有良好发展前景的调速方法，其原理是通过改变输入电动机交流电的频率来改变电动机的转速。电动机的同步转速，即定子旋转磁场的转速为

$$n_0 = \frac{60f_1}{p}$$

式中 n_0——电动机的同步转速，r/min；

f_1——电动机定子频率，Hz；

p——电动机的磁极对数。

电动机转子的转速为

$$n = n_0(1 - S) = \frac{60f_1(1 - S)}{p}$$

式中 S——异步电动机的转差率。

可见，在其他条件不变时，改变异步电动机定子端输入的交流电源的频率，就可以改变电动机的转速，这就是变频调速的基本原理。用于通风机的变频调速装置主要有电压型、电流型和脉宽调制型等三种。变频调速的变频器较复杂，初步投资较大，使用、维护技术水平高，目前应用还不广泛。但是变频调速技术正在向高性能、高精度、响应快、大容量化、微型化方向发展，其可靠性及技术水平在不断提高和完善。

改变叶轮转速调节法可以获得较宽广的调节范围。若调节前后的工况是相似的，则效率基本不变。阶段调速与无级调速相比，前者机构简单，但需在停机情况下操作；后者（尤其是串级调速系统）虽然结构复杂、投资大，但调节性能好，节电效果明显，其投资很快可以得到补偿，且能在不停机情况下完成调节工作。

仅就通风机而言，采用变速调节则效率不变或变化很小，故可保证通风机高效运转。它是所有调节方法中经济性最好的一种。

2. 前导器调节法

由流体力学中的理想流体的理论全压计算理论知，离心式通风机和轴流式通风机的理论风压与通风机入口处的绝对速度 c_1 在圆周速度方向的投影 c_{1u}（入口旋绕速度）的大小有关。当 c_{1u} 的方向与叶轮旋转方向一致时，c_{1u} 本身为正，使风压减小；反之，c_{1u} 为负，风压增加。根据这个原理，可在离心式或轴流式通风机的入口处加一个预旋空气的前导器，以调整通风机的压力。

G4－73－11 型离心式通风机的前导器如图 9－35 所示。前导器是由扇形叶片组成的，各叶片可以同时绕自身轴旋转。旋转的角度可用装在前导器外壳上的操作手柄（图中未画出）的定位装置确定。叶片偏离轴面的角度决定了气流进入叶轮的方向，即决定了 c_{1u} 的方向和大小。当前导器叶片角为负值时，c_{1u} 本身为正，使风压降低，叶片角负值越大，风压下降越大；当叶片角为正值时，风压增加。可见，调节前导器叶片角可以改变通风机的特性曲线，达到调节工况的目的。图 9－36 所示为 G4－73－11 型离心式通风机的轴向前导器在不同叶片安装角下的类型特性曲线。由图 9－36 可以看出，随着安装角的增大（c_{1u} 增加），流量、压力变小，效率也有所下降。

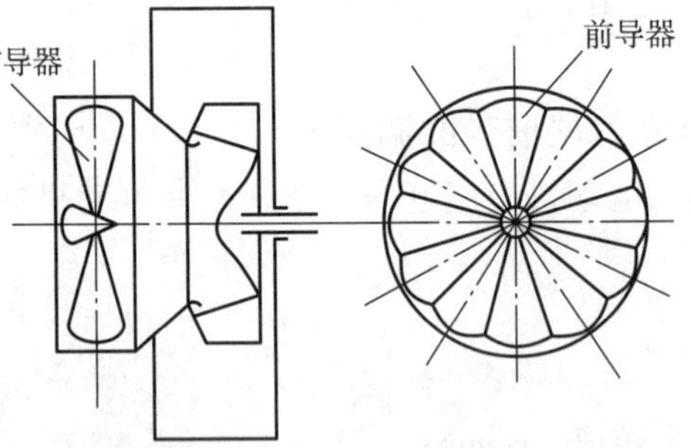

图 9－35　G4－73－11 型离心式通风机的前导器

图 9－37 所示为装有前导器的两级轴流式通风机示意图。前导叶多呈机翼形，通过联动机构可将叶片同时调到所需角度。前导叶可分为两种，一种叶片是直的，如图 9－38 中 1 所示，可左右偏转，产生正预旋或负预旋；另一种叶片是弯的，只能使气流产生单向偏转，如图 9－38 中 2 所示。

用前导器调节工况时，通风机效率略有降低，它的经济性比改变转速调节法差，而优于闸门节流法；但这种调节方法结构简单，调节操作方便，使用可靠，还可在不停机的情况下调节，易于实现自动控制。因此，其作为辅助调节措施在通风机调节中得到广泛应用。

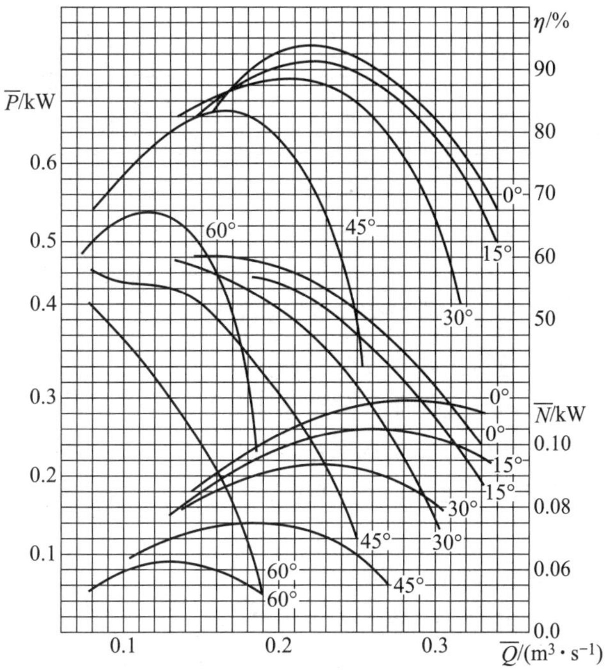

图 9－36　G4－73－11 型离心式通风机特性曲线

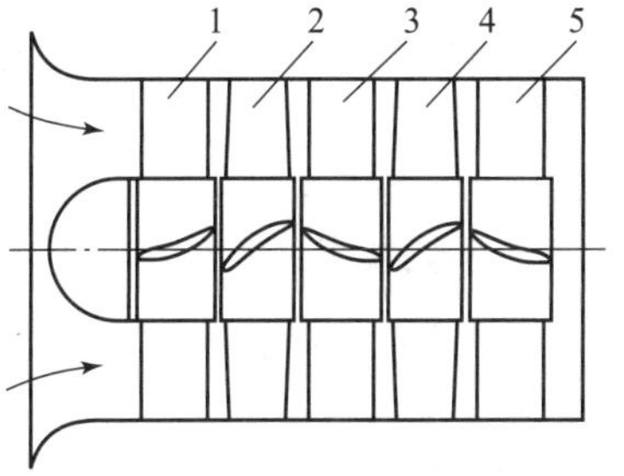

图 9－37　G4－73－11 型装有前导器的两级轴流式通风机示意图

1—前导器；2—第一级叶轮；3—中导器；4—第二级叶轮；5—后导器

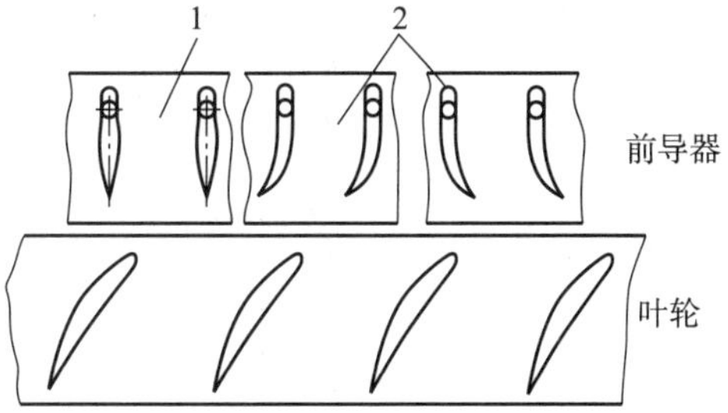

图 9－38　各种形式的前导叶

1—直叶片；2—弯叶片

3. 改变叶轮叶片安装角调节法

改变叶片安装角调节风机特性的方法多用于轴流式通风机。由图 9－39 可以看出，改变叶片安装角 θ，出口相对气流速度 ω_2 和气流角 β_2 都要发生变化，出口旋绕速度 c_{2u} 也随之发生变化。θ 越大，β_2 也越大，c_{2u} 增加越多，通风机产生的风压就越高；反之风压越低。所以这种调节方法实质上是改变通风机的特性曲线，其调节过程如图 9－40 所示。在矿井开采初期，叶片可在安装角 θ_1 的位置工作，其工况点为Ⅰ。为了避免在网路阻力稍有增加就产生风量不足的现象，一般将安装角调整到 θ_2 的位置工作。随着开采的进行，网路特性曲线由 1、2、3，最后变为 4。为了满足风量 Q，可逐渐增大叶片的安装角，由 $\theta_2 \rightarrow \theta_3 \rightarrow \theta_4$，其工况点将由Ⅱ→Ⅲ→Ⅳ→Ⅴ→Ⅵ，最后移至Ⅶ。

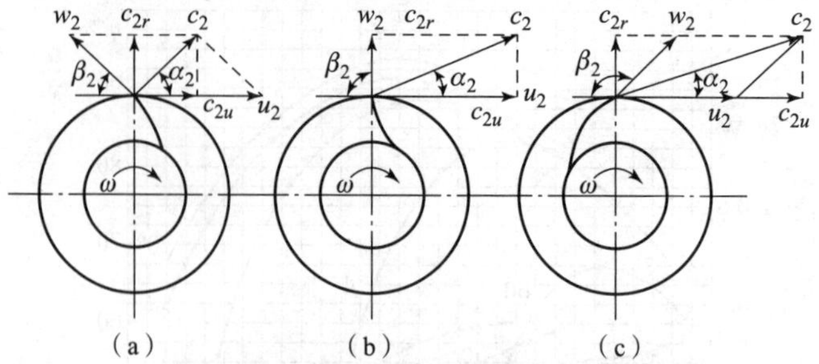

图 9-39　叶片的三种形式

图 9-41 所示为轴流式通风机叶片安装角调节的特性曲线。当叶片安装角 $\theta=45°$ 时，在网路中的工况点为 1，提供的流量为 Q_1。如果在网路特性 R 不变的情况下，欲将风量由 Q_1 减至 Q_2，只需将叶片安装角 θ 从 45°调到 35°，工况点由 1 变到 2。图 9-41 中 3 为采用风门调节时的工况点。

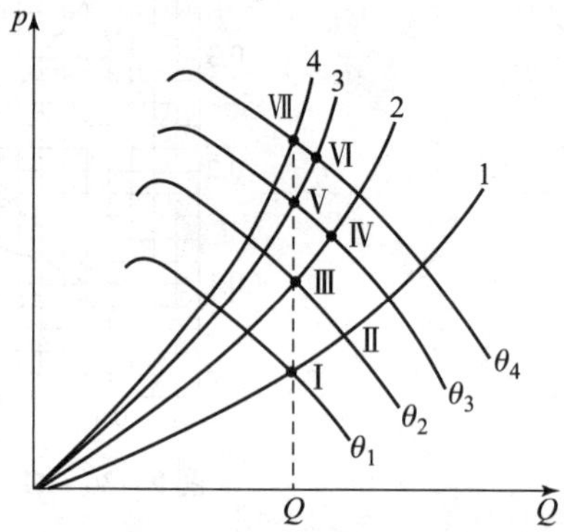

图 9-40　改变叶轮叶片安装角调节法

改变叶片安装角的方法很多，最原始的方法是在停止通风机的情况下，旋松固定叶片的锁紧螺母，然后人工扳动叶片，使其绕自身轴旋转到所需的角度，调节定位后，再拧紧螺母，如图 9-42 所示。这样一片一片地调节，所需时间一般为 1.5～2.0 h，而且还很难保证调节精度。

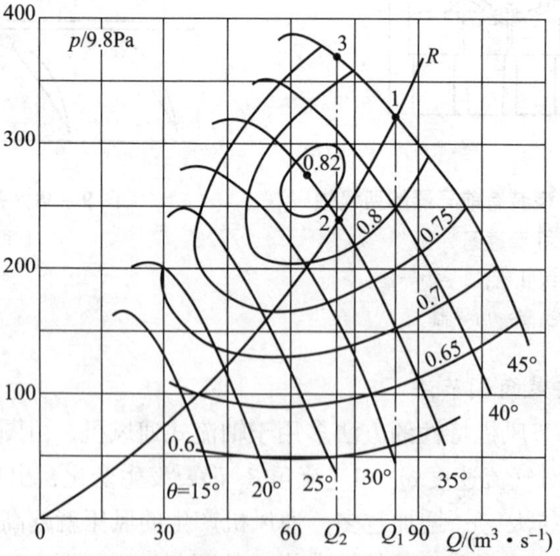

图 9-41　轴流式通风机叶片安装角调节的特性曲线

目前一些新型通风机采用了叶片同时调节机构，如图 9-43 所示。在各叶片的叶柄上装有圆锥齿轮 3，它与圆锥齿轮 4 啮合，圆柱齿轮 2 与蜗杆机构 6 相连。停机后，从机壳上的窗孔中伸入操作手柄转动蜗杆，各叶片便同时转动。这种机构的优点是可保证各叶片的转角相同，而且调节简便。

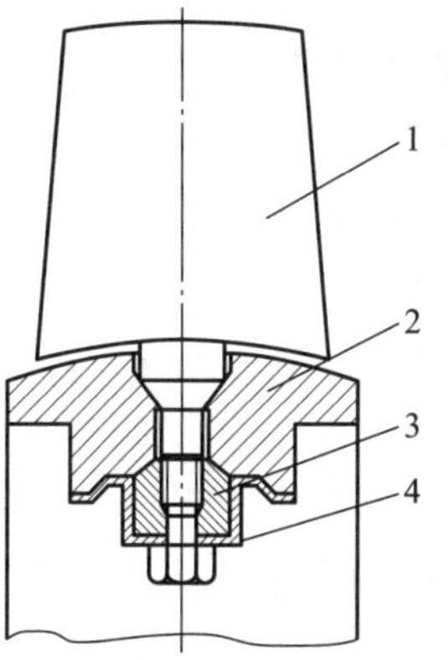

图 9-42 单叶调节

1—叶片；2—轮毂；

3—锁紧螺母；4—防松簧片

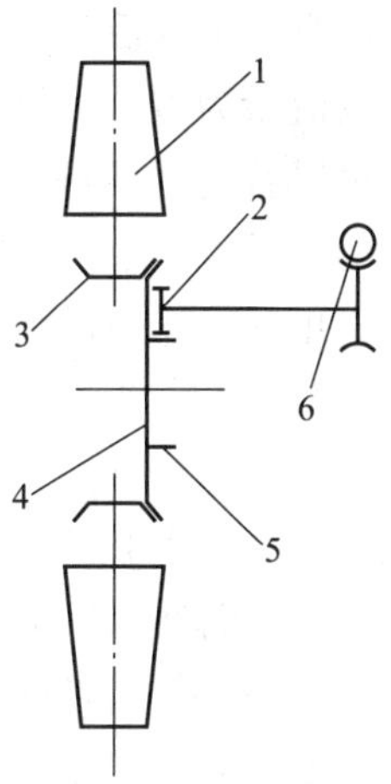

图 9-43 叶片同时调节机构

1—叶片；2，5—圆柱齿轮；

3，4—圆锥齿轮；6—蜗杆机构

在风量变化频繁的系统（如锅炉送风系统），风机还采用了动叶调节机构进行调节，其最大的优点是能够在运转中任意改变叶片的安装角，其操作方法有油压式、机械式和电气式等。

改变叶片安装角（$\theta=15^{\circ}\sim45^{\circ}$）的方法具有调节范围大和效率较高等优点，被广泛应用于轴流式通风机的调节中。

4. 改变叶轮级数和叶片数目调节法

改变叶轮级数和叶片数目调节法只限于轴流式通风机。当采用的是两级轴流式通风机时，若通风机产生的风压大大超过实际需要，则可把后一级叶轮上的叶片全部去掉，使通风机的特性曲线下降，以达到调节风量的目的。在通风机叶片数为偶数的情况下，也可将叶片均匀对称地拿掉几片，使通风机的特性曲线下降。利用这种调节方法时，必须高度注意叶片取下后的叶轮平衡问题。因此，对各个叶片质量及外形尺寸的误差要有严格控制。

改变通风机级数的调节范围，比改变叶轮叶片数目的调节范围大，但两者的效率都有所降低，且都需在停机情况下进行。

五、通风机的联合工作

当单台通风机不能满足通风要求时，可以采用多台通风机联合工作。联合工作的形式很多，最基本的是简单串联和并联，复杂的联合运转都是以此为基础的。

（一）通风机的串联工作

通风机串联工作的主要任务是增加风压，但网路中的流量也有所增加。图 9-44 所示为两台相同通风机在同一地点串联工作的曲线图和示意图。

通风机串联工作时，每台通风机的风量是相等的，但总风压为每台通风机产生的风压之和。所以，若已知两台通风机的特性曲线Ⅰ、Ⅱ，将两曲线在相同流量下的风压相加，即得串联后的合成特性曲线Ⅰ+Ⅱ。

网路特性曲线Ⅲ与串联后的合成特性曲线Ⅰ+Ⅱ的交点 M 即串联工作时的工况点。此时，通风机的合成流量为 Q_M，风压为 p_M。

由图9-44可以看出，当每台通风机在同一网路Ⅲ上单独工作时，其工况点为 $M_{1,2}$，每台通风机所产生的风量为 $Q_{1,2}$，风压为 $p_{1,2}$。显然，两台通风机串联工作时的合成流量和风压，比每台通风机单独工作时的流量和风压都有所增加，即 $Q_M > Q_{1,2}$，$p_M > p_{1,2}$。过 M 点作 Q 轴的垂线分别交曲线Ⅰ和Ⅱ于 M_{I} 和 M_{II} 点，则 M_{I} 和 M_{II} 分别是联合工作时通风机Ⅰ和Ⅱ的工况点。显然，合成风压 $p_{\text{I}+\text{II}} = p_{\text{I}} + p_{\text{II}}$，合成流量 $Q_{\text{I}+\text{II}} = Q_{\text{I}} + Q_{\text{II}}$。在网路阻力较小时，其风压增加不显著，串联效果较差。

如图9-45所示，若通风机Ⅰ的风压特性高于通风机Ⅱ的风压特性，它们串联后的合成特性曲线Ⅰ+Ⅱ与风压较高的通风机Ⅰ的特性曲线必有一交点 C。如果合成工况点 M 在 C 点左侧，串联有效；若合成工况点 M 在 C 点右侧，风压较低的通风机Ⅱ不仅不产生风压，而且还要消耗通风机Ⅰ产生的风压，使串联失效。因此，C 点为不同特性通风机串联工作的临界点。

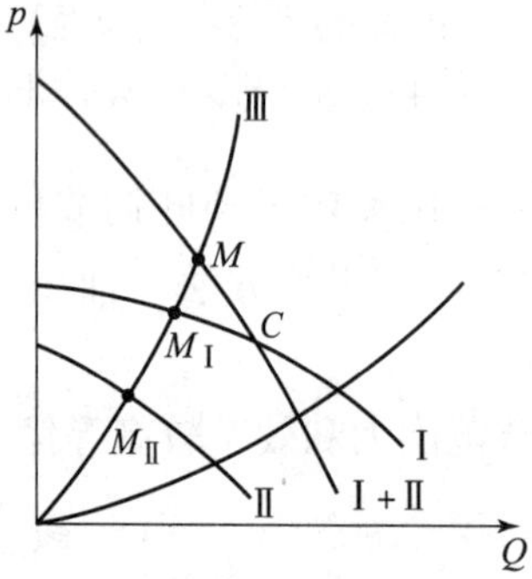

图9-44 两台相同通风机在同一地点串联工作的曲线图和示意图

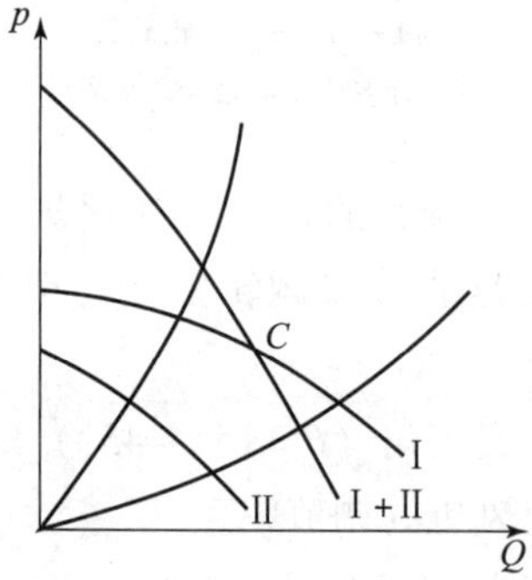

图9-45 不同特性通风机的串联

串联可分两种情况，串联风机首尾紧密相接的称为紧密串接；串联风机之间有一段管道或其他设备的称为间隙串联。

锅炉的送、引风系统就属于两风机间隔串联系统。在矿井生产中，串联通风一般只用在掘进通风中，主通风机很少采用。

（二）通风机的并联工作

通风机并联工作的主要任务是增加网路中的风量。当网路阻力不大时，其风量增加最为显著。图9-46所示为两台相同通风机安装在风井附近同一机房中并联工作的示意图和曲线图。

在同一风压下，把曲线Ⅰ、Ⅱ的横坐标相加，即得Ⅰ、Ⅱ号通风机并联工作时的合成特性曲线Ⅰ+Ⅱ。

并联工作时的合成特性曲线Ⅰ+Ⅱ与网路特性曲线Ⅲ的交点 M，即并联工作时的工况点。此时，通风机的合成流量为 Q_M，风压为 p_M。

过 M 点作 Q 轴的平行线分别与曲线Ⅰ和Ⅱ相交，即确定出风机Ⅰ和Ⅱ的工况点 M_{I} 和 M_{II}，工况参数为 $p_{\text{I}} = p_{\text{II}} = p_M$，$Q_{\text{I}} + Q_{\text{II}} = Q_M$。由图可知，两台相同的通风机并联工作时，每台通风机的流量 $Q_{\text{I}} = Q_{\text{II}} = Q_M/2$，风压为 $p_{\text{I}} = p_{\text{II}} = p_M$。当一台通风机在此网中单独工作时，其工况点为 $M_{1,2}$，流量为 $Q_{\text{I}} = Q_{\text{II}}$，风压为 $p_{1,2}$，显然 $Q_{1,2} < Q_M < 2Q_{1,2}$，$p_M > p_{1,2}$，即并联后，通风机的总流量增加了，因而达到了并联工作的目的。

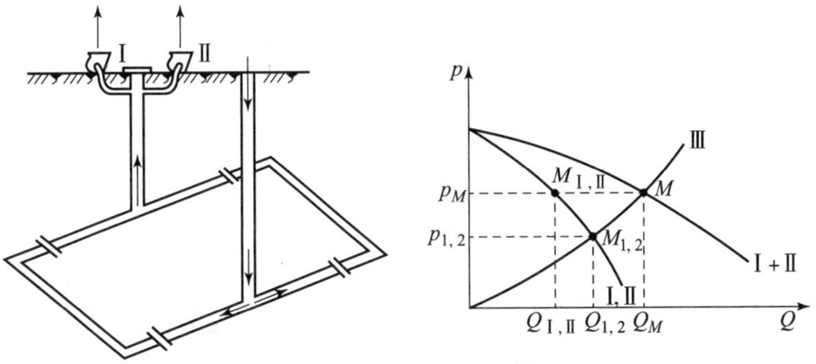

图 9－46 两台相同通风机在同一机房的并联工作

从图 9－46 还可看出，通风机并联工作的效果与网路阻力的大小有关。当网路阻力过大时，并联后的流量与单机运转时的流量相差不大。显然，这样的并联工作意义不大。

通风机并联工作时，需注意运转的稳定性问题。并联工作的不稳定，是由于通风机特性有马鞍形起伏、网路阻力突变、通风机转速下降和自然风压等因素，使通风机特性曲线与网路特性曲线交点不唯一而引起的。如果并联工作的通风机选择合理，各区段的风量分配和风压损失计算正确，且无转速和阻力突变，则通风机不会产生不稳定工作状态。由于4－72型和 G4－73 型离心式通风机的叶片是强后倾的，其特性曲线呈单调下降，这对通风机并联工作的稳定是有利的；而轴流式通风机的特性曲线，一般呈马鞍形，当叶片安装角大于 25°时，马鞍形更显著，这对通风机并联工作的稳定是极为不利的。

（三）对角通风系统中通风机的联合工作

图 9－47 所示为两台风机在矿井对角式通风系统中联合工作（亦称两翼并联工作）。风机Ⅰ和Ⅱ除分别有各自的网路 *OA* 和 *OB* 外，还共有一条网路 *OC*。为求得各风机的工况点，设想将风机Ⅰ和Ⅱ变位到 *O* 点得变位风机Ⅰ′和Ⅱ′，按并联工作求出Ⅰ′和Ⅱ′的工况点后，再反向求取原风机Ⅰ和Ⅱ的工况点。具体步骤如下：

（1）先求变位风机的风压曲线。将风机Ⅰ变位到 *O* 点后，变位风机Ⅰ′的压力比风机Ⅰ的降低了 R_1Q^2（即网路 *OA* 的压力损失），所以风机Ⅰ′的压力应为 $p' = p_1 - R_1Q^2$。先作出网路 *OA* 的特性曲线，再按“流量相等，压力相减”的办法即可作出变位机Ⅰ′的风压曲线Ⅰ′，如图 9－47 所示。

同理，可作出变位风机Ⅰ′的风压曲线Ⅱ′。

（2）按“风压相等，风量相加”的办法，作出变位风机Ⅰ′和Ⅱ′的并联“等效风机”风压特性曲线Ⅰ′＋Ⅱ′，再作公共网路特性曲线 *b* 与曲线Ⅰ′＋Ⅱ′相交可得等效单机工况点 *M*。过 *M* 点作 *Q* 轴的平行线分别交曲线Ⅰ′和Ⅱ′于 M_1' 和 M_2' 点，再过这两点作 *Q* 轴的垂线，分别与曲线Ⅰ和Ⅱ相交，交点 M_1 和 M_2 就是原风机Ⅰ和Ⅱ的工况点。

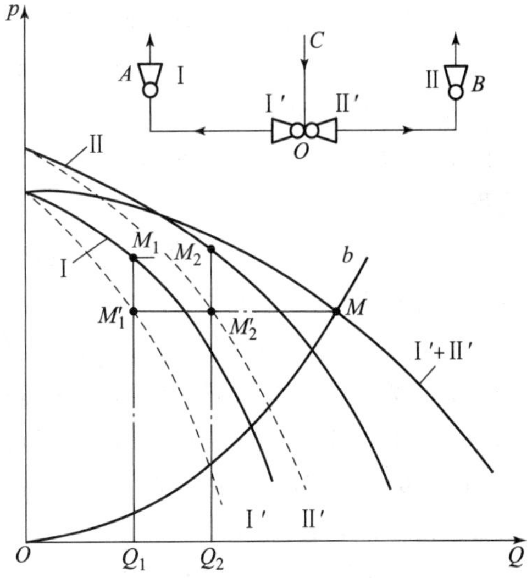

图 9－47 风机两翼并联工作

第五节　通风机及反风的操作

一、通风机的操作

（一）通风机的运转

通风机在安装与检修后要进行调整和试运转。运转前要对通风机做详细的检查，如皮带或联轴器连接情况、各部螺丝的紧固程度、自动控制轴承温度装置是否良好、润滑油是否足够等；运转过程中，应注意机器的响声和振动，检查轴承的温度，观察和记录各种仪表的读数。如发现有撞击声、叶轮与机壳内壁的摩擦声、不正常的振动及其他故障时，应立即停止运转，经修理后再重新启动。

在选择通风机的启动工况时（即选择启动方式），应尽量选在功率最低处并尽量避免出现不稳定现象。为此，对于风压特性曲线没有不稳定段的离心式通风机，因流量为零时功率最小，故应在闸门完全关闭的情况下进行启动。对于风压特性曲线上有不稳定段的轴流式通风机，当由于不稳定而产生的风压波动量不大时，也可选择功率最低点为启动工况，此时闸门应半开，流量为正常流量的 30% ~40%；若不稳定时风压波动太大，也允许在全开闸门情况下启动，启动工况应落在稳定区域内。

离心式通风机试运转时，在运转了 8 ~10 min 后，即便未发现什么问题，也应暂时停运，然后进行第二次启动。此时要将闸门逐渐开启，让通风机带负荷运转约 30 min，再将闸门完全打开，使其在额定负荷下运转 45 min，然后停机。待将所有零件重新检查一遍后，重新投入运转 8 h，再停机检查，确认无问题后，即可正式投入运转。

轴流式通风机在试运转时，应首先将叶片安装角调整为 0°，试运转 2 h 后，如一切正常，将叶片安装角调整到需要的角度上，再试运转 2 h，如情况良好，即可正式投入运转。

（二）通风机日常维护注意事项

（1）只有在设备完全正常的情况下才能运转。

（2）加强机器在运转期间的外部检查，注意机体有无漏风和不正常振动。

（3）每隔 10 ~20 min 检查一次电动机和通风机的轴承温度、电动机和励磁机的温度，以及 U 形压差计、电流表、功率因数表的读数。

（4）定期检查轴承内的润滑油量、轴承的磨损情况、叶片有无弯曲和断裂以及叶片的紧固程度。

（5）机壳内部和叶轮上的灰尘，应每季清扫一次，以防锈蚀。对轴流式通风机，为了防止支承叶片的螺杆日久锈蚀，在螺帽四周应涂石墨油脂。

（6）在检查机壳内部时，应严防工具和杂物掉入。

（7）注意检查皮带的松紧程度或联轴器的连接螺钉，必要时应进行调整或更换。

（8）按规定时间检查风门及其传动装置是否灵活。

（9）在处理电气设备的故障时，必须首先断开检查地点的电源，清扫电动机，尤其是处理绕组故障时更应注意。

（10）露在外面的机械传动部分和电气裸露部分要加装保护罩或遮栏。

（11）备用通风机和电动机必须经常处于完好状态，并保证能在 10 min 内启动。

二、通风机的反风

1. 反风的意义及要求

矿井通风有时需要改变风流的方向，如将抽出式通风临时改为压入式通风。例如，当采用抽出式通风时，在进风口附近、井筒或井底车场等处发生火灾或瓦斯、煤尘爆炸时，必须立即改为压入式通风，以防灾害的蔓延。人为地临时改变通风系统中的风流方向，称为反风。用于反风的各种装置叫作反风设施。

《煤矿安全规程》规定，主要通风机必须装有反风设施，且必须能在 10 min 内改变巷道中的风流方向。当风流方向改变后，主要通风机的供给风量不应小于正常风流的 40%。每季度应当至少检查 1 次反风设施，每年应当进行 1 次反风演习；矿井通风系统有较大变化时，应当进行 1 次反风演习。

当通风机不能反转反风时，必须采用反风道反风；当通风机能反转反风时，可采用反转反风，但供给风量必须满足《煤矿安全规程》要求。

当反风风门的起重力大于 1 t 时，应采用电动、手摇两用绞车，并集中操作；当起重力小于 1 t 时，可用手摇绞车，绞车应集中布置。

近年来，国产矿用轴流式通风机（如 2K60、GAF 以及 KZ 系列等）都具有叶轮反转反风的功能，且反风量不低于正常风量的 60%。

2. 离心式通风机反风道反风

图 9 - 48 所示为两台离心式通风机作矿井主要通风设备及反风系统布置图。两台对称布置，一台左旋、一台右旋，扩散器由屋顶穿出。正常通风时，电动机驱动叶轮旋转，使井下风流由回风井经进风道进入通风机入口，然后由通风机经扩散器排出，风流按实线箭头方向流动。

当矿井需要反风时，首先用手摇绞车或电动绞车通过钢丝绳关闭垂直闸门，打开水平风门，并将扩散器中的反风门提起，堵住扩散器出口，使通风机与反风道相通。此时，大气由水平风门进入进风道和通风机入口，再由通风机出口进入反风道，然后下行压入风井，达到反风目的。风流在此过程中按虚线箭头方向流动。

3. 轴流式通风机的反风

1）反转反风

反转反风是通过改变叶轮的旋转方向来改变风流方向的。但仅仅改变叶轮的旋转方向，一般不能保证反风后的风量要求，因而还需同时改变导叶的安装角。如 2K60 型通风机反转反风时，需将中、后导叶转动 150°。

2）反风道反风

这种方法适用于不能反转反风的通风机。图 9 - 49 所示为两台同型号轴流式通风机并排安装的机房和反风系统布置图。通风机一台工作、一台备用，反风绕道与风硐平行并列在地表下面，断面尺寸相同。正常通风时，反风门 3 提到上方位置，使通风机与风硐 6 连通，同时把反风门 4 放到水平位置，使通风机出口与反风绕道 5 隔开，而与扩散器 7 连通。这样来自井下的风流经风硐 6、通风机 1、扩散器 7 排至大气。气流按实线箭头方向流动。

反风时，先停止通风机，将反风门 3、4 和水平风门 8 放到图 9 - 49 中所示位置（3、8 由一台绞车操作，4 由另一台绞车操作），然后再启动通风机。风流在通风机并未改变转动方向的情况下，由水平风门孔流入风硐 6，经通风机 1 和扩散器风道前端的反风门孔，进入反风绕道 5 而压入井下。风流路线按虚线箭头方向流动。

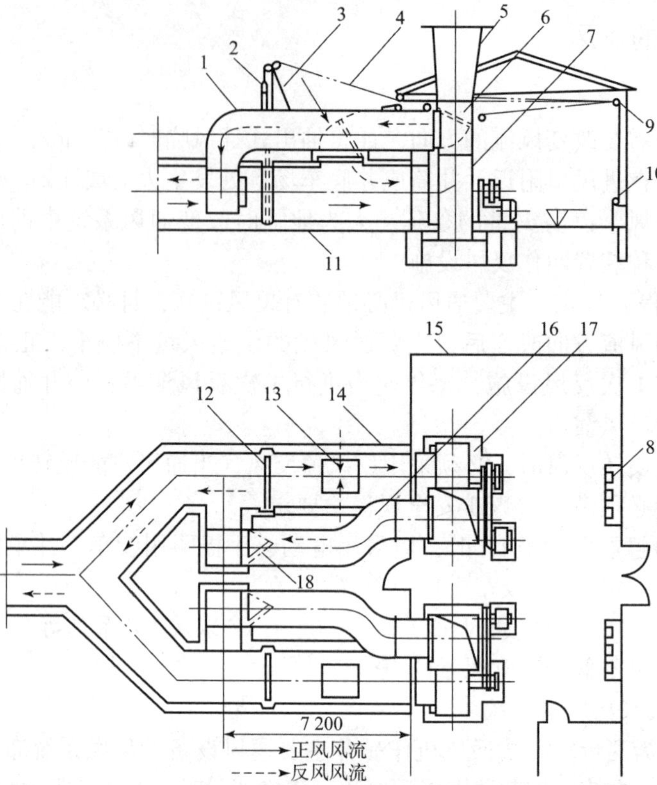

图 9－48　两台离心式通风机布置图

1，16—反风道；2，12—垂直风门；3—闸门架；4—钢丝绳；5—扩散器；6—反风门；7，17—通风机；8，10—手摇绞车；9—滑轮组；11，14—进风道；13—水平风门；15—通风机房；18—检查门

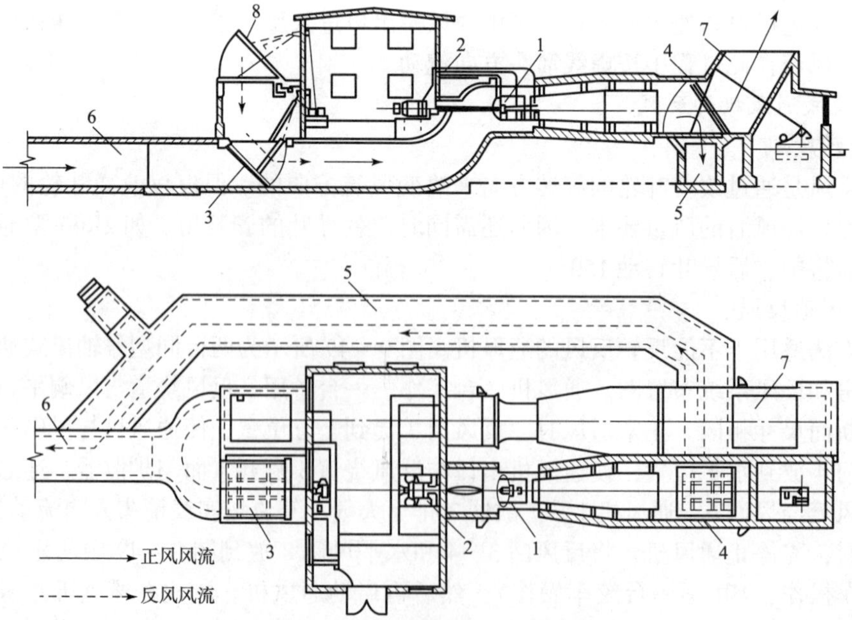

图 9－49　两台同型号轴流式通风机布置图

1—通风机；2—电动机；3，4—反风门；5—反风绕道；6—风硐；7—扩散器；8—水平风门

用反转反风法无须构筑反风绕道，土建工程量小，基建费用低。但这种方法只适用于反转反风量能满足要求的通风机，而且通风机反转时，其性能将发生一定的变化。用反风道反风时，通风机的性能不变，反风量大，适用于各种通风机，但它的基建费和维护费用高，且反风闸门维护量大，漏风严重。

第六节　通风设备的检测和检修

在通风机运转过程中，可能发生某些故障，对于所发生的故障，必须迅速查明原因，及时处理，避免事故的扩大。在运转中的常见故障、产生原因及排除方法见表9－5。

表9－5　通风机常见故障、产生原因及排除方法

常见故障	产生原因	排除方法
叶轮变形或损坏	1. 叶片表面或铆钉头磨损或腐蚀； 2. 叶片和铆钉松动； 3. 叶轮变形或歪斜，使叶轮径跳和端跳过大	1. 只是个别损坏时可个别更换，损坏过半时应更换叶轮； 2. 重新将铆钉铆紧或更换新铆钉； 3. 卸下叶轮，用铁锤或其他方法将叶轮矫正
机壳过热	在风门或阀门关闭情况下运转时间过长	停机，待冷却后再开动
密封圈磨损或损坏	1. 密封圈与轴套不同心，在正常运转中磨损； 2. 机壳变形，使密封圈一侧磨损； 3. 转子振动过大，其径向振幅大于密封径向间隙； 4. 密封齿槽内进入硬质杂物； 5. 推力轴衬熔化，使密封圈与密封齿接触而磨损	1. 调整或更换轴套或密封圈； 2. 整平机壳； 3. 先将转子修整平衡再调整或更换密封圈； 4. 清除杂物； 5. 更换轴衬与密封圈
皮带轮滑下或皮带跳动	1. 两皮带轮位置不正，彼此不在一条中心线上； 2. 两皮带中心距较小或皮带过长	1. 重新找正皮带轮； 2. 调整皮带轮中心距或更换合适的皮带
转子不平衡，通风机与电动机发生同样的振动，振动频率与转速相符合	1. 轴与密封圈发生强烈的摩擦，产生局部高热，使轮轴弯曲； 2. 叶片质量不对称，或一部分叶片腐蚀或严重磨损； 3. 叶片附有不均匀的附着物，如铁锈、石灰等； 4. 平稳块质量与位置不对，或位置移动，或检修后没找平稳； 5. 检修后叶片与轮毂上的插孔不对号	1. 更换新轮轴，并同时更换新的密封圈； 2. 更换损坏叶片或调换叶轮，并找平找正； 3. 清除叶片上的附着物； 4. 重找平稳，并将平稳固定； 5. 将叶片与轮毂上的插孔重新对号

续表

常见故障	产生原因	排除方法
轴的安装不良，振动为不定性的，空转时轻，满载时大	1. 联轴器安装不正，通风机轴和电动机轴中心未对正，或基础下沉； 2. 皮带轮安装不正或两轮不平行； 3. 减速机轴与通风机和电动机轴在找正时未考虑位移和补偿量，或虽考虑过但不符合要求	1. 进行调整，重新找正； 2. 进行调整，重新找正； 3. 进行调整，留出适当的位移补偿量
转子固定部分松动，或活动部分间隙过大，发生局部振动现象	1. 轴衬或轴颈磨损使间隙过大，轴衬与轴承箱之间的紧力过小或有间隙而松动； 2. 转子的叶轮、联轴器或皮带轮与轴的配合松动； 3. 联轴器的螺栓松动，滚动轴承的固定圆螺母松动	1. 补焊轴衬合金，调整垫片，或刮研轴承箱中分面； 2. 修理轴和叶轮，重新配键； 3. 拧紧圆螺母
基础或机座的刚度不够，产生机房邻近的共振现象；电动机和通风机整体振动，而且在各种负荷情形时都一样	1. 基础灌浆不良，地脚螺母松动，垫片松动，机座连接不牢； 2. 基础或机座刚度不够，促使转子的不平稳，引起剧烈的强制共振； 3. 管道未留膨胀余地，与通风机连接处的管道未加支承或安装固定不良	1. 查明原因后适当补修和加固，拧紧螺母，填充间隙； 2. 查明原因，施以适当的补修和加固，如拧紧螺母，填充间隙； 3. 进行调整和修理，加装支承装置
通风机内部有摩擦声，发生的振动不规则，在启动和停车时可以听到金属碰撞声	1. 叶轮歪斜后与机壳内壁相碰或机壳刚度不够，左右晃动； 2. 叶轮歪斜与进气口圈相碰； 3. 推力轴衬歪斜、不平或磨损； 4. 密封圈与密封齿相碰	1. 检修叶轮或推力轴衬； 2. 修理叶轮机进气口圈； 3. 修理或更换推力轴衬； 4. 更换或调整密封圈
风机运转中带有噪声，且振动频率与转速不相符	1. 油膜不良，供油不足或完全停止，轴承密封不良； 2. 润滑油的温度太高； 3. 润滑油质量不良，或不适合转速的要求	1. 查明原因，进行清洗机修理，加润滑油； 2. 停机或更换新的润滑油； 3. 调换优质润滑油，并定期化验
轴衬磨损和损坏过快	1. 轴与轴承歪斜，主轴与电动机轴不同心，推力轴承与支承轴承不垂直使磨损过多，顶隙、侧隙和端隙过大； 2. 轴衬刮研不良，使接触弧度过小或接触不良，上方及两侧有接触痕迹，下半轴衬中分面处的存油沟斜度太小； 3. 表面出现裂纹、破损、损伤、剥落、熔化、磨纹及脱壳等缺陷； 4. 合金成分质量不良或浇铸不良； 5. 轴承中残留或进入杂物	1. 进行焊补或重新浇铸； 2. 重新刮研并找正； 3. 重新浇铸或进行焊补； 4. 重新浇铸； 5. 清除杂物

续表

常见故障	产生原因	排除方法
轴承温升过高	1. 润滑油（脂）质量低劣或变质（如黏度不适，杂物过多，抗乳化能力差）； 2. 轴承与轴的安装位置不正； 3. 轴承与轴承箱孔之间的间隙过大或轴承箱螺栓过紧或过松，使轴衬与轴的间隙过小或过大； 4. 滚动轴承损坏，轴承保护架与其他机件碰撞； 5. 机壳内密封间隙增大使轴间推力增大	1. 更换润滑油（脂）； 2. 重新调整、找正； 3. 调整轴承与轴承箱孔间的垫片和轴承箱盖与座之间的垫片； 4. 修理或更换轴承； 5. 修复或更换密封片
转速相符，压力偏低，流量增大	1. 气体温度过高，重度减小； 2. 进、出风管道破裂或法兰不严，造成风流短路	1. 降低气体温度； 2. 修补管道，紧固法兰
转速相符，压力过高，流量减小	1. 通风机转向错误； 2. 气体温度过低或含有杂质，使气体重度增大； 3. 进风管或出风管堵塞； 4. 叶轮入口间隙过大或叶片严重磨损； 5. 通风机轴上的叶轮松动； 6. 导向器装反； 7. 通风机选择时压力不足	1. 改变通风机旋转方向； 2. 提高气体温度，减少气体杂质； 3. 清除堵塞物； 4. 清除堵塞物； 5. 紧固叶轮； 6. 卸下并重新安装； 7. 改变通风机转速或叶片安装角，若仍达不到要求，则应另选通风机
风机压力降低	1. 网路阻力增大，使工况点落在不稳定工作区； 2. 通风机制造质量不良或风机严重磨损； 3. 通风机转速降低	1. 设法减小网路阻力； 2. 检修通风机； 3. 提高转速
噪声大	1. 无消声装置或隔声设施； 2. 管道或其上附件松动； 3. 消声板上的小孔严重堵塞	1. 加消声装置或隔声设施； 2. 紧固； 3. 拆下消声器清理，或更换
通风系统调节失误	1. 测压仪表失准，阀门或风门失灵或卡死，以致调节失误或不能调节； 2. 由于需要小流量而将风门关得过小，或管道堵塞使风机不稳定工作而发生喘振现象	1. 修理或更换测压仪表，修复阀门或风门； 2. 如需要小流量，应打开旁路阀门，或降低转速，如堵塞应清理

思考题与习题

1. 简述离心式通风机的工作原埋和轴流式通风机的工作原理。
2. 通风机的工作参数有哪些？

3. 什么叫通风机的全压、静压和动压？它们之间有何关系？

4. 为什么我国煤矿常用抽出式通风机？

5. 通风机在网路中工作时的全压与其位置有无关系？为什么？

6. 为什么水泵的网路特性曲线不通过坐标原点，而通风机的网路特性曲线通过坐标原点？当网路阻力损失系数 R 发生变化时，其特性曲线如何变化？

7. 什么是网路等积孔？等积孔与网路阻力的大小有何关系？

8. 如何确保通风机工作的稳定性和经济性？通风机的工业利用区是怎样划定的？

9. 通风机串联和并联工作各有何特点？通风机串联工作一定能提高风压吗？试用图示说明两台通风机并联时工况点的求法。

10. 试比较通风机各种工况点调节方法的特点和适用情况。

11. 4－72－11 型离心式通风机由哪几部分组成？这种通风机效率较高的原因是什么？

12. 2K60 型和 K66 型轴流式通风机的结构、性能有何异同？

13. 通风机辅助装置有哪些？各有何作用？

14. 如何选取离心式通风机的扩散器参数？

15. 通风机的噪声是如何产生的？常见的消声措施有哪几种？

16. 为什么要进行反风？试用简图说明离心式通风机和轴流式通风机反风道反风的过程。

第十章　矿山压气设备

第一节　概述

一、空气压缩机的用途及类型

（一）压缩空气的应用

自然界的空气是可以被压缩的，经压缩后压力升高的空气称为压缩空气。空气经压缩机压缩后体积缩小、压力增高，消耗外界的功；一经膨胀，体积增大、压力降低，并对外做功。利用压缩空气膨胀对外做功的性质驱动各种风动工具和机械，可以从事生产活动，因此压缩空气被作为动力源而得到广泛的应用。

在工业生产和建设中，压缩空气是一种重要的动力源，用于驱动各种风动机械和风动工具，如风钻、风动砂轮机、空气锤、喷砂、喷漆、溶液搅拌、粉状物料输送等；压缩空气也可用于控制仪表及自动化装置、科研试验、产品及零部件的气密性试验；压缩空气还可分离生产氧、氮、氩及其他稀有气体等。上述应用都是以不同压力的压缩空气作为动力或作为原料的。在煤矿输出建设中使用压缩空气作为动力的工具设备有风动扳手、风镐、风钻、风动水泵以及风动道岔等。压风自救系统更是必不可少的煤矿六大系统之一，在煤矿安全工作中发挥着重大作用。

（二）压缩机

压缩机是一种使气体体积压缩，以提高气体的压力并输送气体的机器。压缩机之所以能提高气体的压力，是借助机械作用增加单位容积内的气体分子数，使分子互相接近的方法来实现的。

工业上，应用最广泛的压缩机按作用原理不同可分为容积式和速度式两大类。

1. 容积式压缩机

容积式压缩机的工作原理是用可以移动的容器壁来减小气体所占据的封闭工作空间的容积，以达到使气体分子接近的目的，使气体压力升高。容积式压缩机在结构上又分为往复式和回转式。

往复式压缩机主要有活塞式，它是靠活塞在气缸中做往复运动，通过吸、排气阀的控制，实现吸气、压缩、排气的周期变化。实现活塞往复运动的机构是曲柄连杆机构。

回转式压缩机主要有滑片式压缩机和螺杆式压缩机等。

2. 速度式压缩机

速度式压缩机的工作原理是使气体分子在机械高速转动中得到一个很高的速度，然后又让它减速运动，使动能转化为压力能。速度式压缩机又分为离心式和轴流式两种。它们都是靠高速旋转的叶片对气体的动力作用，使气体获得较高的速度和压力，然后在蜗壳或导叶中扩压，从而得到高压气体的。

生产并输送压缩空气的机器，称为空气压缩机（简称空压机）。国产空压机有活塞式、滑片式、螺杆式、轴流式和离心式（或透平式）。目前，在一般空气压缩机站中，采用最广泛的是活塞式；螺杆式空压机最近几年也在大力发展中；在大型空气压缩机站中，较多采用离心式和轴流式空压机。

矿山生产中常用活塞式和螺杆式空压机。

（三）空压机在矿山生产中的作用

在矿山生产中，除电能外，压缩空气是比较重要的动力源之一。目前矿山使用的各种风动机械，如凿岩机、风镐、锚喷机及气锤等，都是利用空压机产生的压缩空气来驱动机器做功的。利用压缩空气作动力源与用电能相比有以下优点：

（1）在有沼气的矿井中，使用压缩空气作动力源可避免产生电火花引起爆炸，比电力源安全。

（2）矿山使用的风动机械，如凿岩机、风镐等大部分是冲击式机械，往复速度高，冲击强，适宜切削尖硬的岩石。

（3）压缩空气本身具有良好的弹性和冲击性能，适应于变负载条件下作动力源，比电力有更大的过负荷能力。

（4）风动机械排出的废气可帮助通风和降温，改善工作环境。

压缩空气为动力源的缺点是压气设备本身的效率较低，而压缩空气又是二次能源，所以运行费用较高。但由于矿山生产的特殊条件，如温度高、湿度大、粉尘多，还有沼气等有害气体，为确保矿山安全生产，目前和将来压缩空气仍是矿山不可缺少的动力。

（四）矿山压气设备的组成

矿山压气设备主要由空压机、拖动电动机、附属装置（滤风器、风包、冷却装置等）和输气管路等组成。

图 10－1 所示为矿山压气系统示意图。空气由进气管 1 吸入，经空气过滤器 2 进入低压缸 4，进行第一级压缩。此时气体体积缩小，压力增高，然后进入中间冷却器 5 使气体的温度下降。此后再进入高压缸 6 进行第二级压缩。当达到额定压力时，压缩空气经后冷却器 7、逆止阀 8 和管路送入风包 9 中，最后通过压气管路 10 送到井下各用气地点。

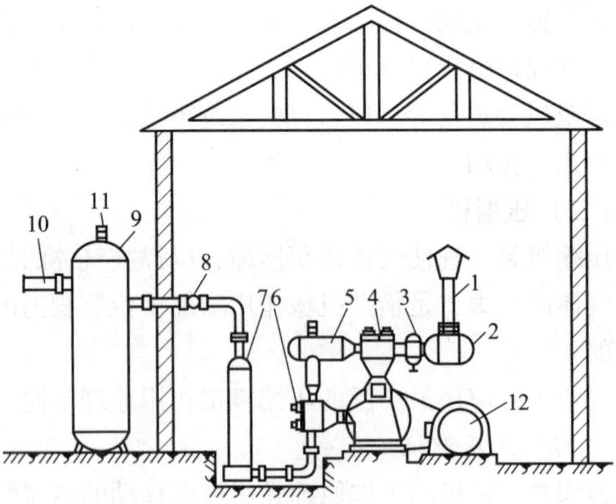

图 10－1　矿井压气系统示意图

1—进气管；2—空气过滤器；3—调节阀片；4—低压缸；5—中间冷却器；6—高压缸；7—后冷却器；8—逆止阀；9—风包；10—压气管路；11—安全阀；12—电动机

第二节　活塞式空压机的工作原理及主要结构

一、矿用空气压缩机的工作原理及特点

(一) 活塞式空压机

1. 活塞式空压机的工作原理

活塞式空压机属于容积型，空气的压缩是靠在气缸内做往复运动的活塞来完成的。图 10－2（a）所示为单缸单作用活塞式空压机示意图，它是由曲轴 6、连杆 5、十字头 4、活塞杆 3、气缸 1、活塞 2 及吸气阀 7 和排气阀 8 等组成的。

当电动机带动曲轴以一定的转速旋转时，通过连杆和十字头把转动变为活塞在缸内的往复直线运动。活塞向右运动时，气缸内容积增大，压力降低。当气缸左侧的压力略低于大气压力一定值时，吸气阀被打开，空气在大气压力的作用下进入气缸，此即吸气过程；当活塞返回向左移动时，缸内容积减少，压力逐渐增加（此时吸气阀关闭），气体在缸内被压缩，此过程称压缩过程；当气缸内气体压力升高至某一额定值时，排气阀打开，压缩空气被活塞排出缸外，此过程称为排气过程。

双作用空压机如图 10－2（b）所示。气缸的右端与左端工作相似，但其工作过程恰好相反，即左端为吸气过程，右端为压缩和排气过程；右端为吸气过程，左端为压缩和排气过程，每一端均各自完成自己的工作循环。

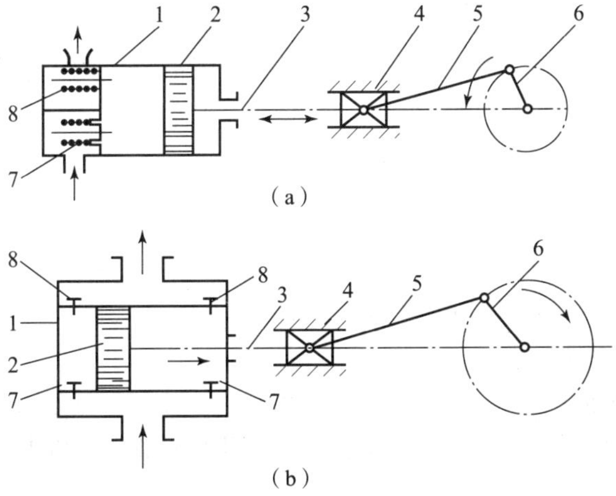

图 10－2　活塞式空压机原理

(a) 单缸单作用活塞式空压机示意图；(b) 双作用空压机示意图

1—气缸；2—活塞；3—活塞杆；4—十字头；5—连杆；6—曲轴；7—吸气阀；8—排气阀

2. 活塞式空压机的类型

1）按气缸中心线位置分类

立式空压机：气缸中心线铅垂布置（图 10－3（a））。

卧式压缩机：气缸中心线水平布置（图 10－3（b）），图 10－3（c）所示为对称平衡式，图 10－3（d）所示为对置式。

角度式压缩机：气缸中心线与水平线成一定角度布置，按气缸排列所呈形状又分为 L

型、V 型、W 型、S 型等，分别见图 10－3（e）～图 10－3（h）。

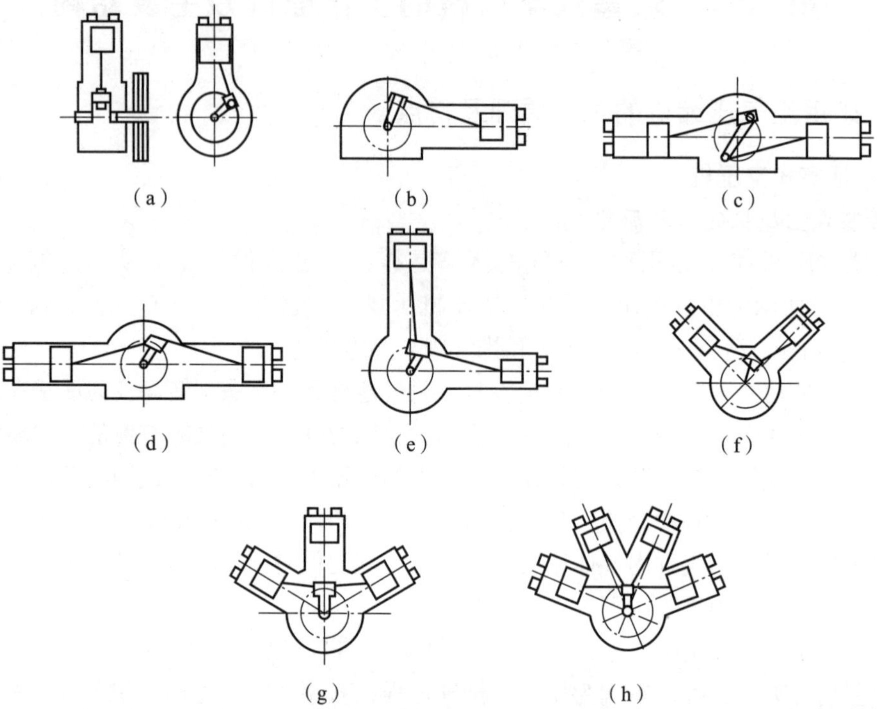

图 10－3　气缸中心线相对地面不同位置的各种配置

2）按活塞在气缸中的作用分类

单作用式（单动式）：气缸内只有活塞一侧进行压缩循环，如图 10－2（a）所示。

双作用式（双动式）：气缸内活塞两侧同时进行压缩循环，如图 10－2（b）所示。

3）按气体达到终了压力压缩级数分类

单级空压机：气体经一级压缩到达终了压力。

两级空压机：气体经两级压缩到达终了压力。

多级空压机：气体经两级以上压缩到达终了压力。

4）按气缸的冷却方式分类

水冷式空压机：用水对空压机各部分进行冷却，多用于大型空压机上。

风冷式空压机：用大气对空压机自然冷却，多用于小型空压机上。

5）按气缸内有无润滑油分类

有润滑空气压缩机：气缸内注入润滑油对气缸和活塞环间进行润滑。

无润滑空气压缩机：气缸内不注入润滑油对气缸和活塞环间进行润滑，采用充填聚四氟乙烯这种自润滑材料制作密封元件——活塞环和密封环。

无油润滑空气压缩机与有油润滑空气压缩机相比，可节省大量的润滑油；由于充填聚四氟乙烯材料的摩擦系数小，故改善了气缸相关件的磨损情况，延长了使用寿命；净化了压缩空气，保证了风动机械的安全使用，并且改善了环境卫生；气缸实现了无油润滑，避免了由于气缸过热引起润滑油燃烧、气缸爆炸的危险，有利于安全运转；取消了注油器润滑系统，避免了跑油、漏油事故，减少了维修量。

3. 活塞式空压机的特点

活塞式空压机具有背压稳定、压力范围广泛、在一般压力范围内空压机对材料的要求低且多用普通钢材和铸铁材料的特点。但由于采用曲柄滑块传动机构，转速不高；单机排气量大于 500 m^3/min 时，机器显得大而重；结构复杂，易损件多，维修量大；运转时有振动；输气不连续，压力有脉动，所以活塞式空压机一般适用于中、小排气量。

目前矿山主要使用固定式、两级、双作用、水冷、活塞式 L 型空压机。

(二) 螺杆式压缩机

螺杆式压缩机的结构如图 10－4 所示。在“∞”字形的气缸中，平行地配置着一对相互啮合的螺旋形转子。通常将节圆外具有凸齿的转子称为阳转子，或阳螺杆；在节圆内具有凹齿的转子称为阴转子，或阴螺杆。一般阳转子与原动机连接，由阳转子带动阴转子转动。因此，阳转子又称为主动转子，阴转子又称为从动转子。在压缩机机体的两端，分别开设一定形状和大小的孔口，一个供吸气用，称作吸气孔口；另一个供排气用，称作排气孔口。

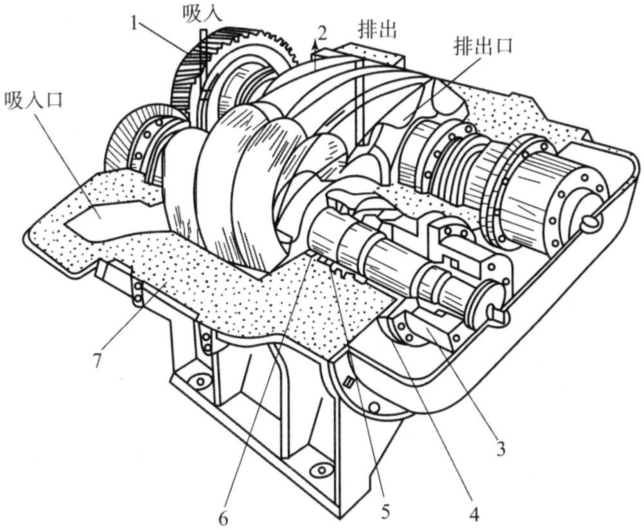

图 10－4　螺杆压缩机结构示意图

1—同步齿轮；2—阴转子；3—推力轴承；4—轴承；5—挡油环；6—轴封；7—气缸

1. 螺杆式压缩机的工作原理

螺杆式压缩机的基元容积是由阳、阴转子和气缸内壁面之间形成的一对齿间容积，随着转子的旋转，基元容积的大小和空间位置都在不断变化。螺杆式压缩机的工作过程如图 10－5 所示。

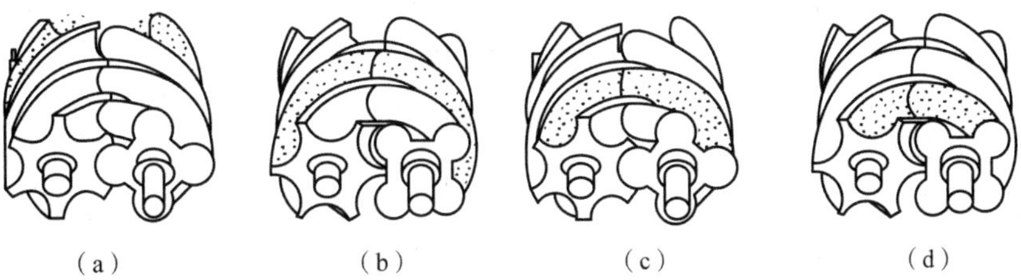

图 10－5　螺杆式压缩机的工作过程

吸气过程开始时，气体经吸气孔口分别进入阳、阴转子的齿间容积，随着转子的旋转，这两个齿间容积不断扩大，当这两个容积达到最大值时，齿间容积与吸气孔口打开，吸气过程结束。随着转子继续旋转，因转子齿的相互挤入，呈“V”字形的基元容积的容积值逐渐减少，从而实现气体的压缩过程，直到该基元容积与排气孔口相连通时为止。在基元容积与排气孔口连通后，即开始排气过程。随着基元容积的不断缩小，具有排气压力的气体逐渐通过排气孔口被完全排出，螺杆式压缩机中不存在穿通容积。

从图 10－5 中还可看出，螺杆式压缩机中，阳、阴转子转向互相迎合的一侧，基元容积在缩小，气体受到压缩，是高压力区；转子转向彼此相背离的一侧，基元容积在扩大，处在吸气过程，是低压力区。为了在机器中实现内压缩过程，螺杆式压缩机的吸、排气孔口应呈对角线布置。

2. 螺杆式压缩机的类型

按其运行方式的不同，螺杆式压缩机可分为无油螺杆压缩机和喷油螺杆压缩机两类。

无油螺杆压缩机又称为干式螺杆压缩机，在这类机器的吸气、压缩和排气过程中，被压缩的气体介质不与润滑油相接触，两者之间有着可靠的密封。另外，无油机器的转子并不直接接触，相互间存在一定的间隙。阳转子通过同步齿轮带动阴转子高速旋转，同步齿轮在传输动力的同时还确保了转子间的间隙。

在喷油螺杆压缩机中，大量的润滑油被喷入所压缩的气体介质中，起着润滑、密封、冷却和降低噪声的作用。喷油机器中不设同步齿轮，一对转子就像一对齿轮一样，由阳转子直接带动阴转子。所以，喷油机器的结构更为简单。

3. 螺杆式压缩机的特点

螺杆式压缩机具有一系列独特的优点：

（1）可靠性高。螺杆式压缩机零部件少，没有易损件，因而其运转可靠，寿命长，无故障运行时间可高达 4 万～8 万小时。

（2）动力平衡好。螺杆式压缩机没有往复运动零部件，不存在不平衡惯性力，可使机器平稳地高速工作，实现无基础运转，从而可与原动机直联，并且体积小、质量小、占地面积少，特别适合用作移动式压缩机。

（3）适应性强。螺杆式压缩机有强制输气的特点，排气量几乎不受排气压力的影响，不会发生喘振现象，可在多方面适应工况的要求，在宽广的范围内能保持较高的效率。

（4）多相混输。螺杆式压缩机的转子齿面间实际上留有间隙，因而能耐液体冲击，可输送液气体、含粉尘气体、易聚合气体等。

（5）可实现无油压缩。无油螺杆式压缩机可实现绝对无油地压缩气体，能保持气体洁净，可用于输送不能被油污染的气体。

由于螺杆式压缩机造价高、系统复杂，以及不能用于高压场合、噪声大等缺点，制约了它的应用，需不断改进。

4. 螺杆式压缩机的发展和应用

螺杆式压缩机是由瑞典的 Alf Lysholm 在 1934 年发明的，由于制造上的困难，早期的螺杆式压缩机仅用作低压比、大流量的无油压缩机。1960 年后，随着喷油技术的逐渐成熟、转子型线的不断改进和专用转子加工设备的开发成功，螺杆式压缩机获得了越来越广泛的应用。

目前，螺杆式压缩机广泛应用于矿山、化工、动力、冶金、建筑、机械、制冷等工业部门。无油螺杆式压缩机的排气量范围为 3 ~ 1 000 m^3/min，单级压比为 1.5 ~ 3.5。喷油螺杆式压缩机的排气量范围为 0.2 ~ 100 m^3/min，单级压比可达 14，排气压力可达 2.5×10^6 Pa。

（三）滑片式空压机

1. 滑片式压缩机的工作原理

滑片式压缩机的构造与工作原理如图 10 - 6 所示。

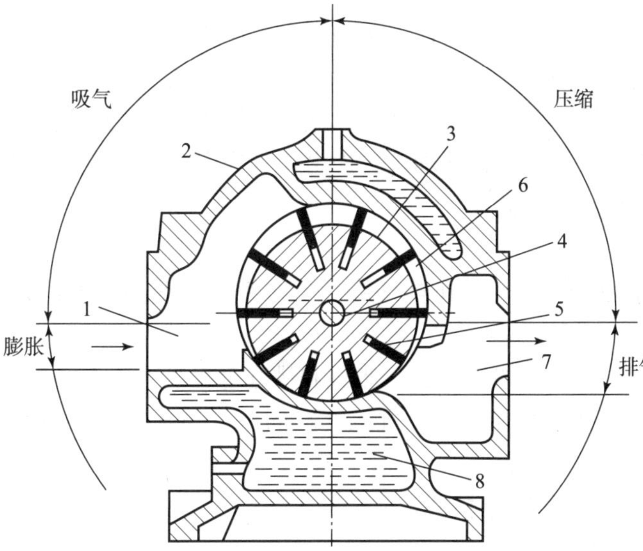

图 10 - 6 滑片式压缩机的构造与工作原理

1—吸气管；2—外壳；3—转子；4—转子轴；5—转子轴上的滑片；
6—气体压缩室；7—排气管；8—水套

滑片式压缩机是由气缸部件、壳体和冷却器等主要部分组成的。气缸部件主要零件为气缸、转子和滑片。气缸是圆筒形的，上面开有进、排气孔口，气缸内有一个偏心安置的转子，转子上开有若干径向的滑槽，内置滑片，滑片在其中做相对的滑动。转子轴通过联轴器与电动机轴直连，当转子旋转时，滑片在离心力的作用下紧压在气缸圆周的内壁上。气缸、转子、滑片和气缸前后的气缸盖组成了若干封闭的小室，依靠这些小室在旋转中容积周期性的变化，完成容积式压缩机所必需的几个工作过程，即吸气、压缩、排气和膨胀过程。也就是说，转子旋转时产生容积变化，实现空气的压缩。因此，它与活塞式压缩机一样均属于容积型。

转子中心与气缸中心的偏心距为（0.05 ~ 0.10）D；气缸长度为（1.5 ~ 2.0）D（D 为气缸直径）；滑片厚度为 1 ~ 3 mm，片数为 8 ~ 24 片。

目前我国生产的滑片式压缩机多数为二级。压缩机由电动机直接驱动，且装在同一个机座上。一级转子通过齿轮联轴器直接带动二级转子，二级气缸吸入端与一级气缸压出端连通。

2. 滑片式压缩机的特点

优点：结构比较简单，由于易损件少，因此使用、维护和运转方便，检修工作量少，使用寿命长，结构紧凑，质量较小。

缺点：密封较困难，效率较低。

滑片式压缩机的排气量为 0.5 ~ 500 m^3/min，排气压力可达 4.5 MPa。在低压、中小流量范围内有很广泛的应用前景。

第三节　活塞式空压机的工作理论及构造

一、活塞式空压机理论工作循环

活塞式空压机是靠活塞在气缸中往复运动进行工作的。活塞在气缸中往复运动一次，气缸对空气即完成一个工作循环。

活塞式空压机在完成每一个工作循环时，气缸内气体的变化过程是很复杂的。为了便于问题研究，简化次要因素的影响，从理论上提出几个假定条件，在假定条件下活塞式空压机完成的工作循环称为理论工作循环。

（一）假定条件

（1）气缸没有余隙容积。气缸在排气终了，即活塞移动到端点位置时，气缸内没有残留的气体。

（2）吸、排气通道及气阀没有阻力。吸气和排气过程没有压力损失。

（3）气缸与各壁面间不存在温差。进入气缸的空气与各壁面间没有热量交换，压缩过程中的压缩指数不变。

（4）气缸绝对密封，没有气体泄漏。

（二）理论工作循环

按上述假定，活塞式空压机在工作时，其理论工作循环如图 10－7 所示，曲轴转一周，活塞在气缸中往复运动一次，完成吸气、压缩和排气三个基本过程。当活塞自左向右移动时，气体以压力 p_1 进入气缸，线 4－1 表示吸气过程；当活塞自右向左移动时，气体被压缩，线1－2表示压缩过程；当气体压力达到排气压力 p_2 后，气体被活塞推出气缸，线 2－3 为排气过程。

图 10－7 又称为空压机理论工作循环示功图（$p-V$ 图）。值得注意的是，在空压机示功图上，其横坐标为气缸的容积 V，而不能用比体积 v。因为在吸气和排气过程中，气体的容积是变化的，但压力和温度不变，比体积也不变，即在吸气和排气两个过程中，气体的状态并未改变，不是真正的热力过程，因此用比体积作横坐标无法表示这两个过程。

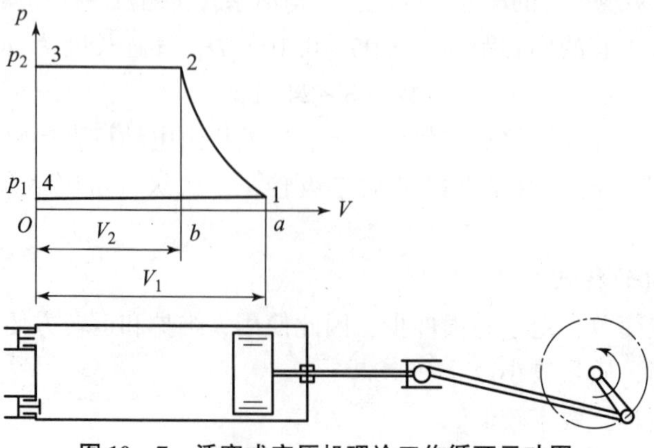

图 10－7　活塞式空压机理论工作循环示功图

空压机把空气从低压压缩至高压，需要消耗能量。空压机完成一个理论工作循环所消耗的理论循环总功 W 等于吸气过程功 W_x、压缩过程功 W_y 和排气过程功 W_p 的总和。

在研究空压机工作循环时，通常规定：活塞对空气做功为正值，空气对活塞做功为负值。按此规定，压缩过程和排气过程的功为正，吸气过程的功为负。各功的大小为：

（1）吸气功 $W_x=-p_1V_1$，相当于图 10－7 中线 4－1 下面所包围的面积 $41aO4$。

（2）压缩功 $W_y=-\int_{V_1}^{V_2}p\mathrm{d}V=\int_{V_2}^{V_1}p\mathrm{d}V$（因 $\mathrm{d}V$ 在压缩时为负值时，为使其为正，故在积分号前加负号），相当于图 10－7 中线 1－2 下面所包围的面积 $23Ob2$。

（3）排气功 $W_p=p_2V_2$，相当于图 10－7 中线 2－3 下面所包围的面积 $12ba1$。

（4）理论循环总功 $W=W_x+W_y+W_p=-p_1V_1+\int_{V_2}^{V_1}p\mathrm{d}V+p_2V_2$，相当于吸气、压缩和排气三个过程线所包围的面积 41234。

（三）不同压缩过程的空压机理论工作循环

在空压机理论工作循环中，只有压缩过程是真正的热力过程。气体在压缩时，可按等温、绝热和多变过程进行。按不同的压缩过程压缩时，空压机的循环总功、空气被压缩时放出的热量以及压缩终了时空气的温度也不相同。

1. 等温压缩

在等温压缩过程中，气体的温度始终保持不变，$T=C$，其过程方程式为 $pV=C$，故有 $p_1V_1=p_2V_2$，循环总功为

$$W=-p_1V_1+\int_{V_2}^{V_1}p\mathrm{d}V+p_2V_2=p_1V_1\ln\frac{V_1}{V_2}=p_1V_1\ln\frac{p_2}{p_1}\tag{10-1}$$

或

$$W=2.303p_1V_1\ln\frac{p_2}{p_1}\tag{10-2}$$

式中　p_1——吸气时的绝对压力，Pa；

p_2——排气时的绝对压力，Pa；

V_1——吸气终了时气体的体积，m^3；

V_2——排气开始时气体的体积，m^3。

可见，按等温压缩时，空压机的循环总功等于压缩过程功。

根据热力学第一定律，等温压缩过程中气体的内能 $\Delta U=0$，则对气体所做的压缩功相当于气体放出的热量，此时空气被压缩时放出的热量为

$$Q=W\tag{10-3}$$

压缩终了时，空气的温度为

$$T_1=T_2\tag{10-4}$$

2. 绝热压缩

绝热压缩过程是不与外界进行热交换的过程。根据过程方程式 $pV^k=C$，有 $\frac{p_1}{p_2}=\left(\frac{V_2}{V_1}\right)^k$，故循环总功为

$$W=-p_1V_1+\int_{V_2}^{V_1}p\mathrm{d}V+p_2V_2=-p_1V_1+\frac{1}{k-1}(p_2V_2-p_1V_1)+p_2V_2$$
$$=\frac{k}{k-1}(p_2V_2-p_1V_1) \tag{10-5}$$

或
$$W=\frac{k}{k-1}p_1V_1\left[\left(\frac{p_2}{p_1}\right)^{\frac{k-1}{k}}-1\right] \tag{10-6}$$

可见，按绝热压缩时，空压机的循环总功等于绝热压缩过程功的 k 倍。

空气被压缩时放出的热量为

$$Q=0 \tag{10-7}$$

压缩终了时，空气的温度为

$$T_2=T_1\left(\frac{p_2}{p_1}\right)^{\frac{k-1}{k}} \tag{10-8}$$

3. 多变压缩

多变压缩过程，其方程式 $pV^n=C$，有 $\frac{p_1}{p_2}=\left(\frac{V_2}{V_1}\right)^n$，故循环总功为

$$W=-p_1V_1+\int_{V_2}^{V_1}p\mathrm{d}V+p_2V_2=-p_1V_1+\frac{1}{n-1}(p_2V_2-p_1V_1)+p_2V_2$$
$$=\frac{n}{n-1}(p_2V_2-p_1V_1) \tag{10-9}$$

或
$$W=\frac{n}{n-1}p_1V_1\left[\left(\frac{p_2}{p_1}\right)^{\frac{n-1}{n}}-1\right] \tag{10-10}$$

可见，多变压缩时，空压机的循环总功等于绝热压缩过程功的 n 倍。

空气被压缩时放出的热量为

$$Q=Mc_V\frac{k-n}{n-1}(T_2-T_1)=Mc_V(T_2-T_1) \tag{10-11}$$

压缩终了时，空气的温度为

$$T_2=T_1\left(\frac{p_2}{p_1}\right)^{\frac{n-1}{n}}=T_1\varepsilon^{\frac{n-1}{n}} \tag{10-12}$$

4. 三种压缩过程的理论工作循环比较

1）循环总功的比较

把相同进气温度和进气压力下的容积 V_1 的空气，按不同的压缩过程压缩到相同终了压力 p_2 时的理论工作循环示功图画在一起，即如图 10－8 所示。1—2 是等温压缩线，1—2′是多变压缩线，1—2″是绝热压缩线。由图 10－8 所示可知，等温压缩时所消耗的循环总功最小（面积 1234），绝热压缩时所消耗的循环总功最大（面积 12″34），多变压缩时介于二者之间（面积 12′34）。因此，等温的循环总功最小。

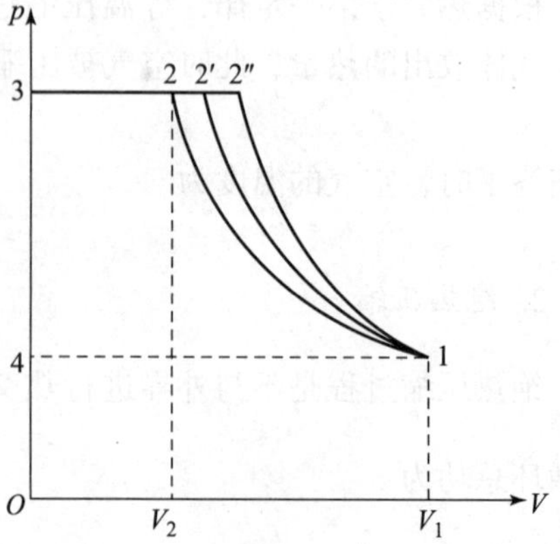

图 10－8　不同压缩过程的循环功

2）压缩终了温度的比较

在空压机循环中，压缩过程所消耗的外功全部变成热量。如采用等温压缩，这些热量全部传给外界，空气的内能和温度没有改变；如采用绝热压缩，这些热量全部转换为空气的内能，使空气温度升高；如采用多变压缩过程时，这些热量的一部分传给了外界，一部分变成空气的内能，所以多变压缩终了的温度低于绝热压缩终了的温度，但高于等温压缩终了的温度。因此，等温压缩的终了温度最低，其安全性也最高。

从以上比较可知，等温压缩是最有利的压缩过程。所以，在空压机的工作中，应最大可能地提高冷却效果，使实际压缩过程接近等温压缩过程，即使多变压缩指数接近 1。

二、活塞式空压机实际工作循环

（一）实际工作循环示功图

空压机实际工作中的示功图（$p-V$ 图）是用专门的示功仪（机械式和压电式）测绘出来的。图 10－9 所示为用示功仪测出的空压机实际工作循环示功图。该图反映出空压机在实际工作循环中，空气压力和容积变化情况。

从实际工作循环示功图可看出实际工作循环和理论工作循环的区别。

1. 实际压缩过程

当活塞由内止点向外止点移动时，空气被压缩，容积逐渐缩小，压力不断升高，此时空气状态沿 1′—2′曲线变化，而不是沿 1—2 曲线变化，这是受到在气缸内压缩时温度升高而产生热交换的影响造成的。当压力升至排气压力 p_2 时，由于阀本身具有一定的惯性阻力和弹簧力，排气阀还不能被顶开，活塞还要继续压缩到 2′点，当气缸内压力达到 p_2' 时，排气阀才被顶开。显然，图中压差 $p_2'-p_2=\Delta p_2$（即压缩终了缸内空气压力与排气腔压力之差）用以克服排气阀上弹簧力及惯性力所需要的压力。

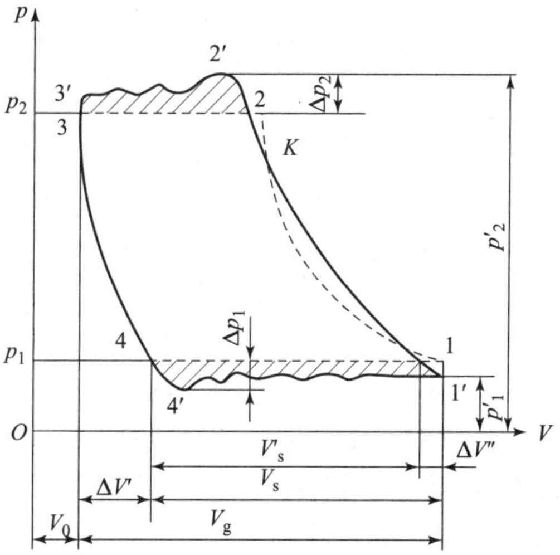

图 10－9 空压机实际工作循环示功图

2. 实际排气过程

排气阀一旦被打开，惯性阻力消失，故气缸内压缩空气压力下降，但仍需保持有一定的压差来克服弹簧力及气流通过气阀缝隙的阻力，以维持排气阀处于开启状态。由于活塞运动速度是变化的，致使排出气体的流速也不均匀，另外弹簧也有振动，因而造成排气腔气流脉动，所以实际排气过程的压力是波动的。

3. 实际膨胀过程

当排气终了、活塞返回时，排气阀立即关闭。由于缸内残留的空气压力比吸气腔中的空气压力高，故吸气阀暂不打开。这部分高压空气随着活塞运动而膨胀，直至压力降到低于吸气腔的压力时，造成了一个压差 $\Delta p_1=p_1-p_1'$，用来克服吸气阀惯性力及弹簧力，此时吸气阀才打开，开始进行吸气。

4. 实际吸气过程

吸气阀打开后，惯性力便消失，压力差很快减少，但是吸气过程线始终低于大气压力线，原因是需保持一定的压差以克服弹簧力和吸气管、滤风器、减荷阀、吸气阀的阻力。吸气过程末期，由于活塞线速度减慢，气流速度也随之降低，于是缸内空气压力回升，直到压差减小到不能克服弹簧力时吸气阀立即关闭，吸气过程结束，下一个循环又重复进行。

（二）影响空压机实际工作循环的因素分析

1. 余隙容积的影响

余隙容积是气缸排气终了时，剩余在气缸中的压缩空气所占有的容积。它是活塞处于气缸端部时，活塞与气缸盖之间的容积和气缸与气阀连接通道的容积所构成的。值得注意的是，气缸中必须留有余隙容积，以避免曲轴连杆机构工作中热膨胀伸长时，活塞撞击气缸盖而造成气缸损坏事故。

如果不考虑其他因素的影响，并假定吸气压力等于理论吸气压力（即大气压力）、排气压力等于理论排气压力（风包压力），余隙容积对空压机实际工作循环的影响如图 10－10 所示。

由于余隙容积的存在，当排气终止于 4 点时，仍有体积等于余隙容积 V_0 的压缩空气存留于气缸中。当活塞由端点向回移动时，因气缸内剩余的高压气体压力大于吸气管中的空气压力，气缸不能立即进气，而是气缸内压力降低，即活塞从起点 4 点移动到 1 点时，才开始吸气。这样，活塞由点 4 至点 1 之间，余隙容积中的气体 V_0 经过一个膨胀过程。因此，吸入气缸的空气体积不是气缸的工作容积 V_g，而是 V_s。显然，余隙容积的存在减少了空压机的排气量。

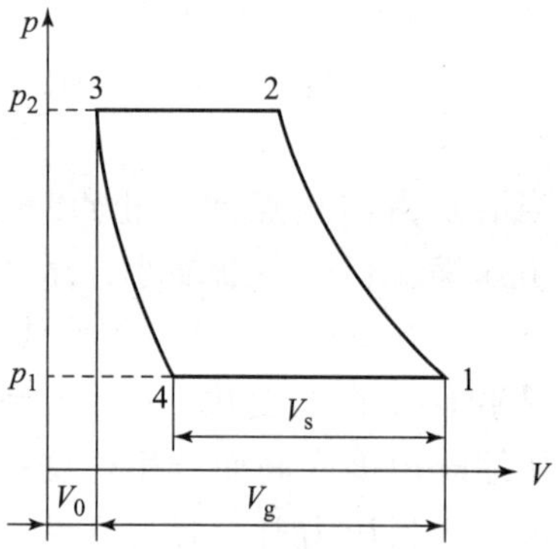

图 10－10　有余隙容积示功图

余隙容积对空压机排气量的影响，常用气缸的容积系数 λ_V 表示，它等于气缸的吸气容积 V_s 与气缸工作容积 V_g 之比，即 $\lambda_V = V_s/V_g$。一般二级空压机的 $\lambda_V = 0.82 \sim 0.92$。

余隙容积的存在，使空压机实际吸入容积 V_s 小于活塞行程容积 V_g，但因压缩余隙容积中残留气体所消耗的功在膨胀时可以收回来，所以在理论上余隙容积不影响空压机的耗功量。

2. 吸、排气阻力的影响

在吸气过程中，外界大气需要克服滤风器、进气管道及吸气阀通道内的阻力后才能进入气缸内，所以实际吸气压力低于理论吸气压力；而在排气过程中，压气需克服排气阀通道、排气管道和排气管道上阀门等处的阻力后才能向风包排气，所以实际排气压力高于理论排气压力。

由于气阀阀片和弹簧的惯性作用，实际吸、排气线的起点出现尖峰；又由于吸、排气的周期性，气体流经吸、排气阀及通道时，所受阻力为脉动变化，因而实际吸、排气线呈波浪状。

如前所述，吸气终了压力 p_1' 低于理论吸气压力 p_1（如图 10－9 中的点 1），所以欲使缸

内压力由 p_1' 上升到 p_1，必须经过一段使吸气容积 V_s 缩小为 V_s' 的预压缩，因而使实际的吸气能力和排气能力下降。一般用压力系数 λ_p 来考虑吸气阻力对排气能力的影响，$\lambda_p = p_1'/p_1$，一般取 $\lambda_p = 0.95 \sim 0.98$。

吸气压力的降低和排气压力的升高，使压缩相同质量空气的循环功增加，其增加部分等于图 10－9 中的阴影面积。

3. 吸气温度的影响

在吸气过程中，由于吸入气缸的空气与缸内残留压气相混合，高温的缸壁和活塞对空气加热，以及克服流动阻力而损失的能量转换为热能等，吸气终了的空气温度 T_1 高于理论吸气温度 T_s（相当于吸气管外的空气温度），从而降低吸入空气的密度，减少了空压机以质量计算的排气量。吸气温度对排气量的影响，常以温度系数 λ_t 来考虑，$\lambda_t = T_s/T_1$，一般 $\lambda_t = 0.92 \sim 0.98$。

吸气温度的升高，对压缩质量为 M kg 的空气所需的循环功也有影响。现将 $p_1V_1 = MRT_1$ 代入式（10－10），则有

$$W = \frac{n}{n-1}MRT_1\left[\left(\frac{p_2}{p_1}\right)^{\frac{n-1}{n}} - 1\right] \tag{10-13}$$

显然，W 将随 T_1 的增大而增大。通常温度升高 3 ℃，功耗约增加 1%。

4. 漏气的影响

空压机的漏气主要发生在吸、排气阀，填料箱及气缸与活塞之间。气阀的漏气主要是由于阀片关闭不严和不及时而引起的，其余地方的漏气则大部分是由机械磨损所致。漏气使空压机无用功耗增加，也使实际排气量减少。考虑漏气使排气量减少的系数，叫作漏气系数，以 λ_1 表示，一般取 $\lambda_1 = 0.90 \sim 0.98$。

5. 空气湿度的影响

含有水蒸气的空气称为湿空气。自然界中的空气实际上都是湿空气，只是湿度大小不同而已。由湿空气性质知，在同温同压下，湿空气的密度小于干空气，且湿度越大，密度越小。和吸入干空气相比，空压机吸入空气的湿度越大，以质量计的排气量就越小。而且吸入的空气中所含的水蒸气，有一部分在冷却器、风包和管道中被冷却成凝结水而析出，这既减少了空压机的实际排气量，又浪费了功耗。考虑空气湿度使空压机排气量减少的系数，叫作湿度系数，以 λ_φ 表示，一般 λ_φ 为 0.98 左右。

综上所述，空压机实际工作循环要受余隙容积，吸、排气阻力，吸气温度，漏气和空气湿度等因素的影响。除余隙容积外，其余因素都将使空压机的循环功增加，且所有因素都使排气量减少。它们对排气量的影响可用排气系数 λ 表示，显然 $\lambda = \lambda_V\lambda_p\lambda_t\lambda_1\lambda_\varphi$。

另外，在空压机工作过程中，因气体与气缸壁面间始终存在着温差，使气体在压缩初期，从高温缸壁获得热量，成为吸热压缩；待空气被压缩到一定程度后又向缸壁放热，成为放热压缩。故在压缩过程中，多变指数为一变数。实际压缩过程线与绝热压缩线有相交点 K，1—K 比绝热线陡，K—2 比绝热线缓。

三、活塞式空压机排气量、功率和效率

（一）排气量

空压机的排气量是指每分钟内空压机最末一级排出的气体体积，换算到第一级额定吸气

状态下的气体体积量，常用单位为 m^3/min。

1. 理论排气量

活塞式空压机理论排气量是指空压机按理论工作循环工作时的排气量，即每分钟内活塞的行程容积，它可由气缸的尺寸和曲轴的转速确定。

对于单作用空压机

$$Q_T = nV_g = \frac{\pi}{4}D^2 Sn \tag{10-14}$$

对于双作用空压机

$$Q_T = \frac{\pi}{4}(2D^2 - d^2)Sn \tag{10-15}$$

式中 D——一级气缸直径，m；

d——活塞杆直径，m；

S——活塞行程，m；

n——空压机曲轴转速，r/min。

对于多级压缩的空压机，上式中的结构参数应按第一级气缸的结构尺寸计算。

2. 实际排气量

实际排气量是指空压机按实际工作循环工作时的排气量。由于影响空压机排气量的主要因素有余隙容积，吸、排气阻力，吸气温度，漏气和空气湿度等，实际排气量比理论排气量要小，故其大小为

$$Q = \lambda Q_T = \lambda_V \lambda_p \lambda_t \lambda_l \lambda_\varphi Q_T \tag{10-16}$$

式中 λ——排气系数，它等于实际排气量和理论排气量之比。

国产动力用空压机的排气系数见表 10-1。

表 10-1 国产空压机的排气系数 λ

类型	排气量/($m^3 \cdot min^{-1}$)	排气压力/(1×10^{-5} Pa)	级数	排气系数 λ
微型	<1	6.87	1	0.58～0.60
小型	1～3	6.87	2	0.60～0.70
V、W 型	3～12	6.87	2	0.76～0.85
L 型	10～100	6.87	2	0.72～0.82

（二）功率和效率

空压机的功率和效率是评价空压机经济性能的指标之一。

空压机消耗的功率，一部分直接用于压缩空气，另一部分用于克服机械摩擦。前者称为指示功率，后者称为机械功率，两者之和为主轴所消耗的总功率，称为轴功率。

1. 理论功率

空压机按理论工作循环压缩气体所消耗的功率称为理论功率，用 N_T 表示，可由下式求得：

$$N_T = \sum N_{Ti} = \sum \frac{W_{Vi} Q}{10^3 \times 60} \tag{10-17}$$

式中 W_{Vi}——第 i 级气缸按一定压缩过程（等温、绝热或多变过程）压缩 1 m^3空气所消耗

的循环功，J/m^3。可按式（10－2）、式（10－6）和式（10－10）计算。

2. 指示功率

空压机按实际工作循环压缩气体所消耗的功率称为指示功率，用 N_j 表示。影响空压机指示功率的主要因素有吸、排气阻力，吸气温度，漏气和空气湿度等，这些因素会使指示功率比理论功率大。

理论功率与指示功率的比值，称为指示效率，用 η_j 表示，即

$$\eta_j = \frac{N_T}{N_j} \tag{10-18}$$

式中　η_j——指示效率。

它考虑了吸、排气阻力，吸气温度，漏气和空气湿度等因素引起的功率损失，当 N_T 为等温压缩时的功率时，η_j 为 0.72～0.80；当 N_T 为绝热压缩时的功率时，η_j 为 0.90～0.94。

3. 轴功率

原动机传递给空压机主轴的功率，称为轴功率，用 N 表示。

$$N = \frac{N_j}{\eta_m} \tag{10-19}$$

式中　η_m——机械效率。

它考虑了传动机构各摩擦部位所引起的摩擦损失和曲轴带动的附属机构所消耗的功率，对于小型空压机，$\eta_m = 0.85 \sim 0.90$；对于大、中型空压机，$\eta_m = 0.90 \sim 0.95$。

理论功率和轴功率的比值，称为空压机的工作效率或总效率，即

$$\eta = \frac{N_T}{N} = \frac{N_T N_j}{N_j N} = \eta_j \eta_m \tag{10-20}$$

空压机的总效率是用来衡量空压机本身经济性的一个重要指标，根据理论功率的计算方法，又分为等温总效率和绝热总效率。一般水冷式空压机的经济性常用等温总效率衡量，而风冷式空压机则用绝热总效率来衡量。表 10－2 列出了空压机不同排气量时的等温全效率，供计算参考。

表 10－2　空压机的等温全效率

介质	主要参数			等温全效率
	排气量/($m^3 \cdot min^{-1}$)	排气压力/(1×10^5 Pa)	级数	
空气	<3	7.85	1	0.35～0.42
	3～12	7.85	2	0.53～0.60
	10～100	7.85	2	0.65～0.70

3. 电动机（驱动）功率

电动机与空压机之间若有传动装置，则电动机的输出功率为

$$N_d = K\frac{N}{\eta_c} \tag{10-21}$$

式中　K——功率备用系数，$K = 1.10 \sim 1.15$；

η_c——传动效率，对于皮带轮传动，$\eta_c = 0.96 \sim 0.99$。

4. 比功率

在一定排气压力下，单位排气量所消耗的功率称为比功率，用 N_b 表示，单位为 $kW/(m^3/min)$。

$$N_b = \frac{N}{Q} \tag{10-22}$$

比功率是评价工作条件相同、介质相同的空压机经济性好坏的重要指标。据统计，国产空压机排气量小于 10 m^3/min 时，$N_b = 5.8 \sim 6.3\ kW/(m^3 \cdot min^{-1})$；排气量大于 10 m^3/min 而小于 100 m^3/min 时，$N_b = 5.0 \sim 5.3\ kW/(m^3 \cdot min^{-1})$。

【例 10-1】 设有一台单级双作用活塞式空压机，已知直径 $D = 420$ mm，活塞杆直径 = 45 mm，活塞行程 = 240 mm，曲轴转速 $n = 400$ r/min，吸气绝对压力 $p_1 = 0.981 \times 10^5$ Pa，排气绝对压力 $p_2 = 7.85 \times 10^5$ Pa，排气系数 $\lambda = 0.6$。试计算空压机的排气量、轴功率及比功率。

【解】（1）排气量 Q。

$$Q = \lambda Q_T = \lambda \frac{\pi}{4}(2D^2 - d^2)Sn = 0.6 \times \frac{\pi}{4} \times (2 \times 0.42^2 - 0.045^2) \times 0.24 \times 400\ m^3/min$$
$$= 15.87\ m^3/min$$

（2）轴功率 N。

$$N = \frac{N_T}{\eta_j \eta_m} = \frac{W_V Q}{1\,000 \times 60 \eta_j \eta_m}$$

按绝热压缩过程计算循环功 W_V，即

$$W_V = \frac{k}{k-1} p_1 \left[\left(\frac{p_2}{p_1} \right)^{\frac{k-1}{k}} - 1 \right] = \frac{1.4}{1.4-1} \times 0.981 \times 10^5 \times \left[\left(\frac{7.85 \times 10^5}{0.981 \times 10^5} \right)^{\frac{1.4-1}{1.4}} - 1 \right] J/m^3$$
$$= 2.79 \times 10^5\ J/m^3$$

取 $\eta_j = 0.92$，$\eta_m = 0.90$，则有

$$N = \frac{2.79 \times 10^5 \times 15.87}{1\,000 \times 60 \times 0.92 \times 0.9}\ kW = 89.125\ kW$$

（3）比功率 N_b。

$$N_b = \frac{N}{Q} = \frac{89.125}{15.87}\ kW/(m^3/min) = 5.62\ kW/(m^3/min)$$

四、活塞式空压机的构造

我国煤矿使用的活塞式空压机，多数为大型固定式空气压缩机，L 型空压机最为常见，如 4L-20/8 型和 5L-40/8 型等。

以 4L-20/8 型和 5L-40/8 型为例说明 L 系列活塞式空压机的型号意义。

4——L 型系列产品序号；

L——高、低压气缸为直角形布置（低压缸立置、高压缸卧置）；

5.5——新 L 系列产品活塞力为 5.5 t；

20，40——额定排气量，m^3/min；

8——额定排气压力（表压力），kg/cm^2（工程单位制），约为0.8 MPa。

图10-11所示为4L-20/8型空压机的结构。L型空压机是两级、双缸、双作用、水冷、固定式空压机，主要由动力传动系统、压缩空气系统、冷却系统、润滑系统、调节系统和安全保护系统六大部分组成。

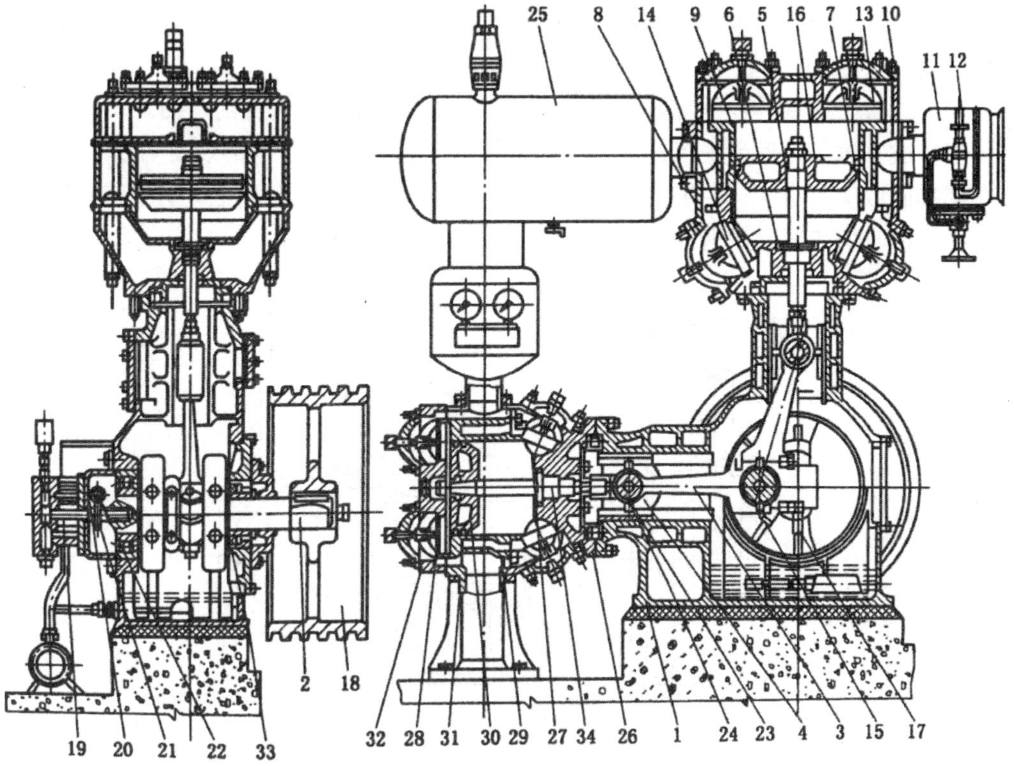

图10-11　4L-20/8型空压机的结构

1—机身；2—曲轴；3—连杆；4—十字头；5—活塞杆；6—一级填料函；7—一级活塞环；8—一级气缸座；9—一级气缸；10—一级气缸盖；11—一级减荷阀组件；12—一级负荷调节器；13—一级吸气阀；14—一级排气阀；15—连杆轴瓦；16—一级活塞；17—螺钉；18—三角皮带轮；19—齿轮泵组件；20—注油器；21，22—蜗轮及蜗杆；23—十字头销钢套；24—十字头销；25—中间冷却器；26—二级气缸座；27—二级吸气阀组；28—二级排气阀组；29—二级气缸；30—二级活塞；31—二级活塞环；32—二级气缸盖；33—滚动轴承组；34—二级填料函

（1）动力传动系统。动力传动系统主要由曲轴、连杆、十字头、飞轮及机架等组成，其作用是传递动力，把电动机的旋转运动转变成活塞的往复运动。

（2）压缩空气系统。压缩空气系统由空气过滤器、吸气阀、排气阀、气缸、活塞组件、密封装置和风包等组成。

（3）润滑系统。润滑系统由齿轮油泵、注油器和滤油器等组成。

（4）冷却系统。冷却系统由中间冷却器、气缸冷却水套、冷却水管、后冷却器和润滑油冷却器等组成。

（5）调节系统。调节系统主要由减荷阀、压力调节器等组成。

（6）安全保护系统。安全保护系统主要由安全阀、油压继电器、断水开关和释压阀等组成。

由 L 型空压机构造图可以看出，其主要系统的流程如下：

压气流程：外界大气→滤风器→减荷阀→一级吸气阀→一级气缸→一级排气阀→中间冷却器→二级吸气阀→二级气缸→二级排气阀→（后冷却器）→风包。

动力传递流程：电动机→三角皮带轮→曲轴→连杆→十字头→活塞杆→活塞。

（一）活塞式空压机的主要部件

1. 机身

机身起连接、支承、定位和导向等作用，图 10－12 所示为机身剖面图。机身与曲轴箱用灰铸铁铸成整体，外形为正置的直角“L”形，在垂直和水平颈部装有可拆的十字头滑道，颈部端面以法兰与一、二级气缸组件相连，机身相对的两个侧壁上开有安装曲轴轴承的大小两孔，机身的底部是润滑油的油池。

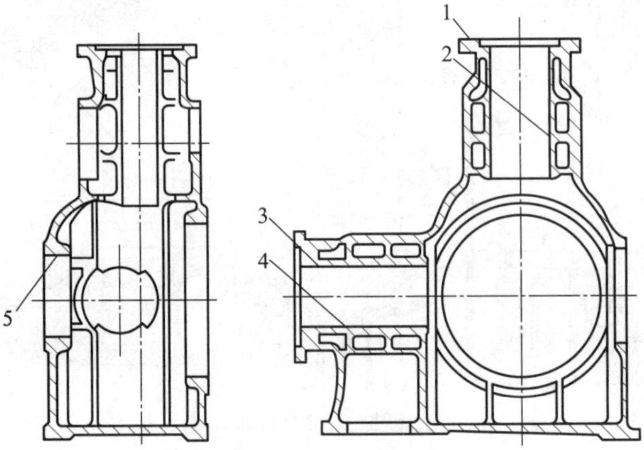

图 10－12　机身剖视图

1—立列黏合面；2—立列十字头导轨；3—卧列黏合面；4—卧列十字头导轨；5—滚动轴承孔

为了观察和控制油池的油面，在机身侧壁上装有安放测油尺的短管。为了便于拆装连杆和十字头等部件，在机身后和十字头滑道旁分别开有方形窗口和圆形孔，均用有机玻璃盖密封，整个机身用地脚螺栓固定在地基上。

2. 曲

曲轴是活塞式空压机的重要运动部件，它接收电动机以扭矩形式输入的动力，并把它转变为活塞的往复作用力以此压缩空气而做功。图 10－13 所示为 4L－20/8 型活塞式空压机的曲轴部件，曲轴的材料一般为球墨铸铁，它由两段轴颈、两个曲臂和一个并列装置、两个连杆的曲拐组成。曲轴两端的轴颈上各装有双列向心球面滚珠轴承，支承在机身侧壁孔上。曲轴的两个曲臂上分别连接一端的曲拐和轴颈，并各装有一块平衡铁，以平衡旋转运动和往复运动时不平衡质量产生的惯性力。曲轴上钻有中心油孔，通过此油孔使齿轮油泵排出的润滑油能流动到各润滑部位。

3. 连杆

连杆是将作用在活塞上的推力传递给曲轴，并且将曲轴的旋转运动转换为活塞的往复运动的部件。由图 10－14 可知，连杆由大头、大头盖、杆体和小头等部分组成。杆体呈圆锥形，内有贯穿大小头的油孔，从曲轴流来的润滑油由大头通过油孔到小头润滑十字头销。连杆材料为球墨铸铁。

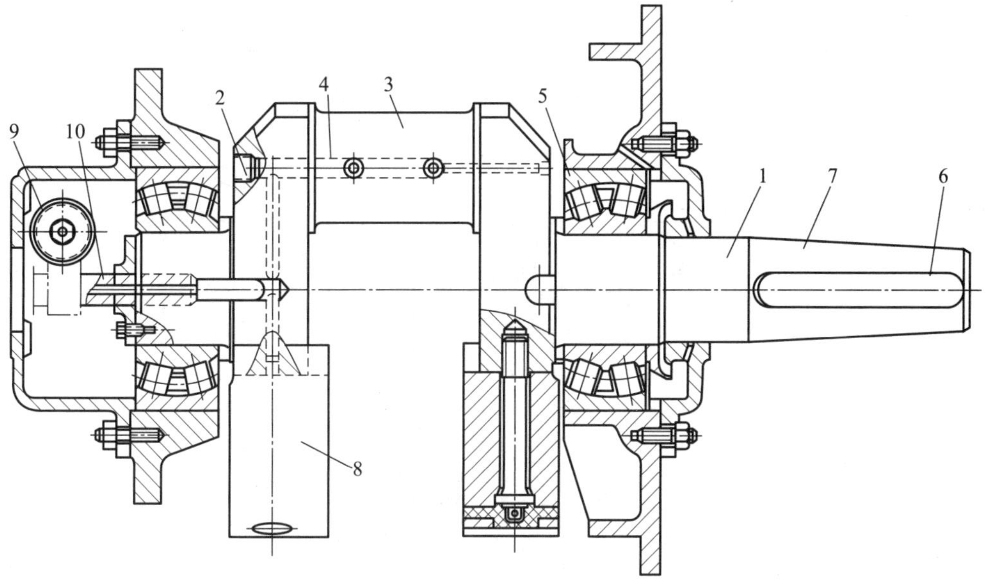

图 10－13　4L－20/8 型活塞式空压机的曲轴部件

1—主轴颈；2—曲臂；3—曲拐；4—曲轴中心油孔；5—双列向心球面小滚子轴承；6—键槽；7—曲轴外伸端；8—平衡铁；9—蜗轮；10—传动小轴

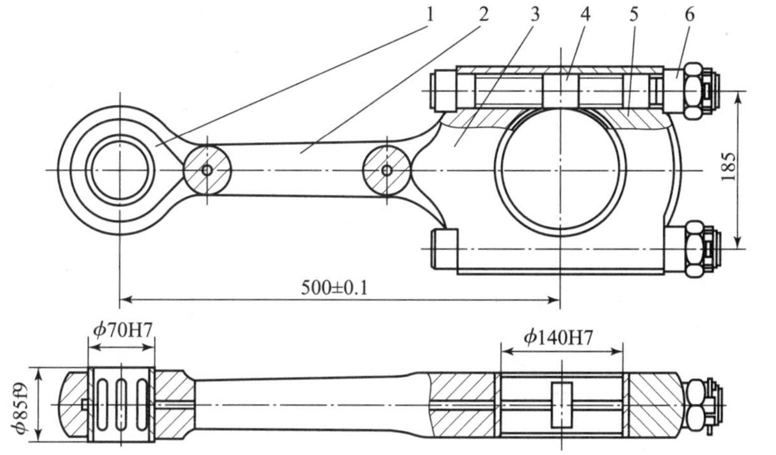

图 10－14　连杆

1—小头；2—杆体；3—大头；4—连杆螺栓；5—大头盖；6—连杆螺母

连杆大头采用剖分结构，大头盖与大头用螺栓连接，安装于曲拐上，螺栓上有防松装置。大头孔内嵌有巴氏合金衬层的大头瓦，其间有两组铜垫，借助铜垫可调整大头瓦和曲拐的径向间隙。连杆小头孔内衬一铜套以减少摩擦，磨损后可以更换。连杆小头瓦内穿入十字头销与十字头相连，可从机身侧面圆形窗口拆卸。

4. 十字头

十字头部件如图 10－15 所示，它是连接活塞杆与连杆的运动机件，在十字头滑道上做往复运动，具有导向作用。其材质为灰铸铁。

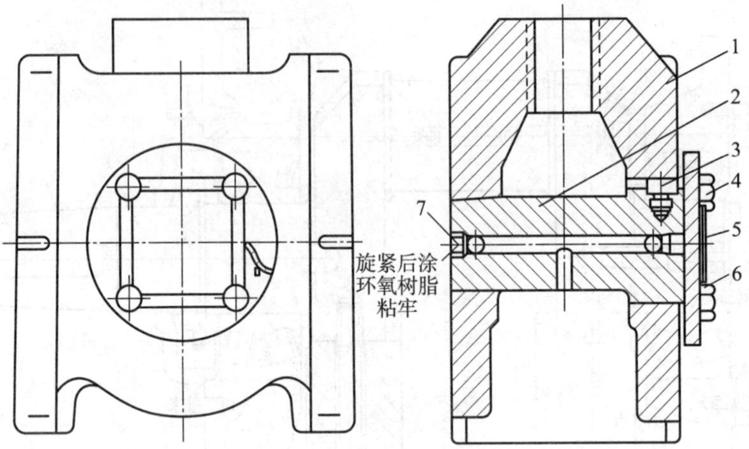

图 10－15　十字头部件

1—十字头体；2—十字头销；3—螺钉键；4—螺钉；
5—盖；6—止动垫片；7—螺塞

十字头主要有十字头体和十字头销两部分。十字头体的一端有内螺纹孔与活塞杆连接，借助于调节螺纹的拧入深度，可以调节气缸的余隙容积大小。两侧装有十字头销的锥形孔，十字头销用键固定在十字头上，并与连杆小头相配合。十字头销和十字头摩擦面上分别有油孔和油槽，则连杆流来的润滑油经油孔和油槽，润滑连杆小头瓦与十字头的摩擦面。

5. 活塞组件

活塞组件包括活塞、活塞环和活塞杆，如图 10－16 所示。

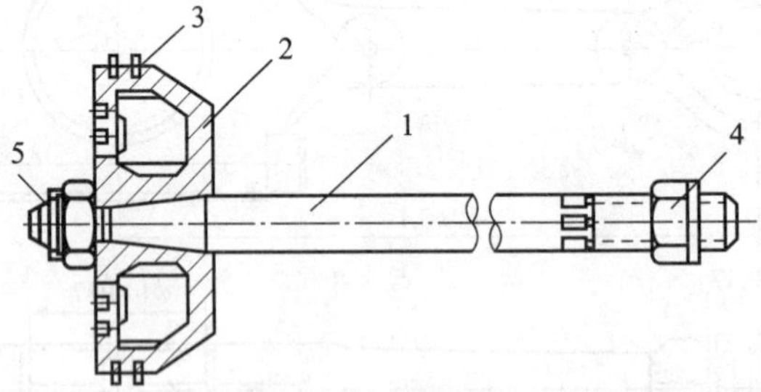

图 10－16　活塞组件

1—活塞杆；2—活塞；3—活塞环；
4—螺母；5—冠形螺母

1）活塞

活塞是活塞式空压机中压缩系统的主要部件，曲轴的旋转运动，经连杆、十字头、活塞杆变为活塞在气缸中的往复运动，从而对空气进行压缩做功。

常见的活塞形状有筒形和圆盘形两种。有十字头的空压机均采用圆盘形活塞，如图 10－16中的 2；为了减小质量，活塞往往铸成空心的，两个端面用加强肋连接，以增加刚度。活塞材质为灰铸铁。

2）活塞环

活塞圆柱表面上有两个环槽，装有矩形断面的活塞环，活塞环一般用铸铁材料制成开口，具有一定的弹力，在自由状态时，其外径大于气缸内径。活塞环的开口形式有直切口、斜切口（斜角为45°或60°）和搭切口，如图10－17所示。

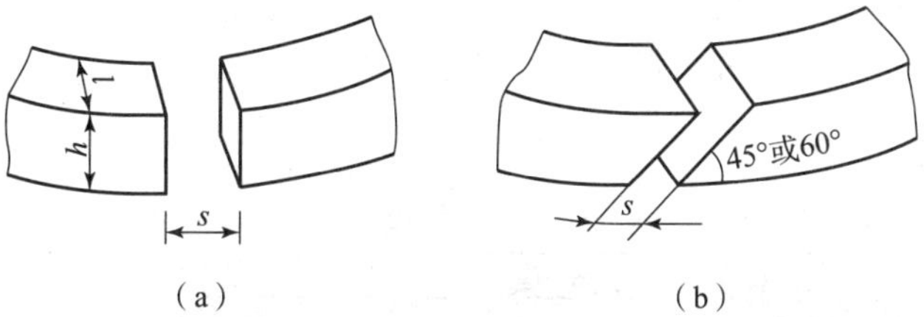

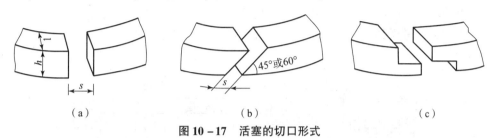

图10－17　活塞的切口形式

活塞环的作用是利用本身张紧力使环的外表面紧贴在气缸镜面上，以防止气体泄漏。为避免气体从切口处窜流，各活塞环的开口应互相错开，错开角度不小于120°。由于活塞环和气缸壁之间有摩擦，故气缸壁内使用润滑油，一般用压缩机油，同时活塞环也起布油和导热作用。无油润滑空压机活塞环采用自润滑的聚四氟乙烯。

3）活塞杆

活塞杆一般用45钢锻造而成，杆身摩擦部分经表面硬化处理，具有良好的耐磨性。活塞杆的一端制成锥形体，插入活塞的锥形孔内，用螺母固结，并插有开口销以防松动。活塞杆的另一端与十字头用螺纹连接，调节好余隙容积后，用螺母锁紧。

6. 气缸

气缸由缸体、缸盖、缸座用螺栓连接而成，接缝处有石棉垫，以保证密封。整个气缸组件连接在机身上，缸盖和缸座各有四个阀室（两个装吸气阀，两个装排气阀）。气缸为双层壁结构，中间为冷却水套，水套将吸气室和排气室的气路隔开，如图10－18所示。

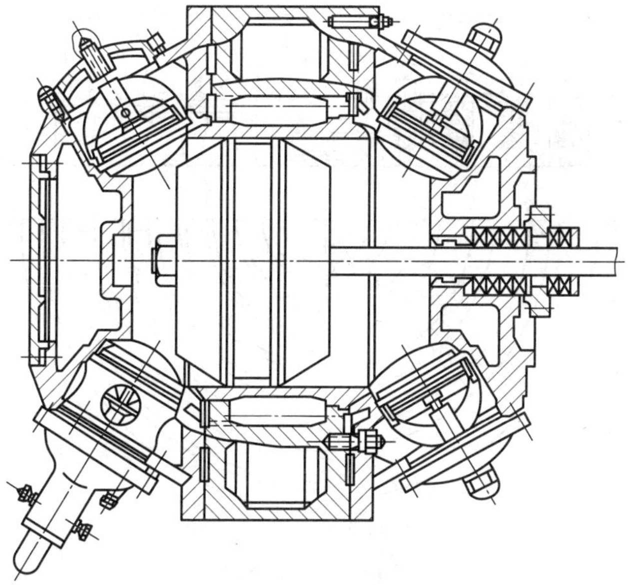

图10－18　双层壁气缸

7. 气阀

气阀包括吸气阀和排气阀，它是空压机最关键也是最容易发生故障的部件。

图 10－19 所示为 4L－20/8 型空压机低压气缸的吸气阀和排气阀，两阀均为单层环状阀，其由阀座、阀片、阀盖、弹簧、连接螺栓和螺帽等组成。阀座是由一组直径不同的同心圆环所组成的，各环间用肋连成一体（图 10－20）。阀座与阀片贴合面制有凸台，以便阀片与阀座保持密封，考虑到阀片启闭频繁，阀片常制成圆环状的薄片。

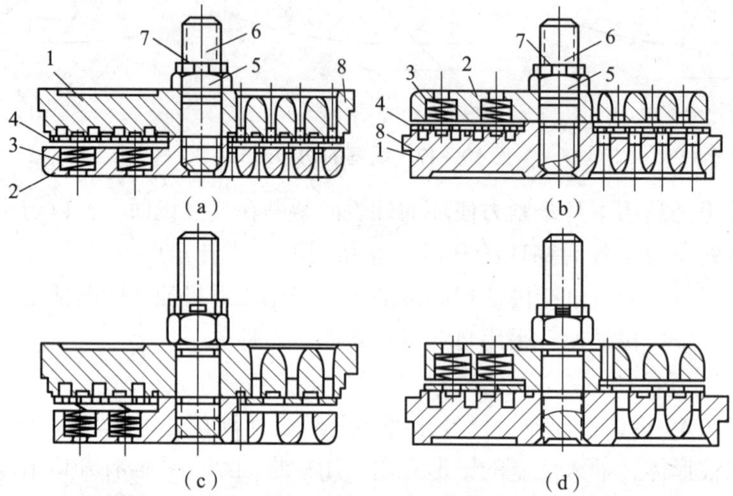

图 10－19　4L－20/8 型空压机低压气缸的吸气阀和排气阀

(a)，(c) Ⅰ、Ⅱ级吸气阀；(b)，(d) Ⅰ、Ⅱ级排气阀

1—阀座；2—阀盖；3—弹簧；4—阀片；5—螺帽；6—螺栓；7—开口销；8—石棉垫

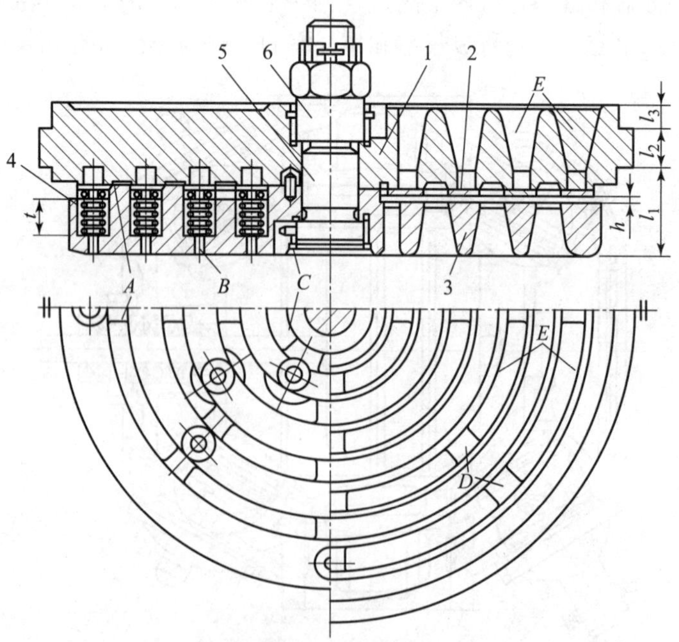

图 10－20　环状阀

1—阀座；2—阀片；3—升程限制器；4—弹簧；5—螺钉；6—螺母

环状阀在工作时，阀盖上布置的小弹簧将阀片紧压在阀座的通气孔道上，吸气阀上部与进气管连接，下部装入气缸内。气体在膨胀过程中，活塞继续运动，缸内压力进一步降低，当缸内压力与进气管内的压力差超过弹簧的预压力时，阀片向气缸内移动，空气通过阀片和阀座的间隙进入气缸。吸气终了，缸内压力上升，当缸内压力与弹簧一起能将阀片抬起压回阀座上时，吸气阀关闭。排气阀的作用和吸气阀相似，但阀座与阀盖的位置正好和吸气阀相反，阀座下部通缸内，上部通缸外排气管，阀盖上的弹簧将阀片向下压在阀座的通气孔道上。当气缸内压力高于排气管的压力，并且两者的压力差大于弹簧的压力时，阀片向上运动，压缩空气通过阀片与阀座的缝隙由缸内向外排气。排气完毕且活塞向回运动时，缸内压力下降，排气阀的阀片被弹簧压回阀座，排气阀被关闭。

8. 填料装置

为了阻止活塞杆与气缸间的气体泄漏，设置填料密封。目前空压机填料密封多使用金属密封。图 10－21 所示为高压缸的金属密封结构，由垫圈、隔环、密封圈、挡油圈和弹簧等组成。两个垫圈和隔环分隔成两室，前室（靠近气缸侧）内放置两道密封圈；后室（靠近机架侧）放置两道挡油圈，以防止传动系统的润滑油进入气缸。

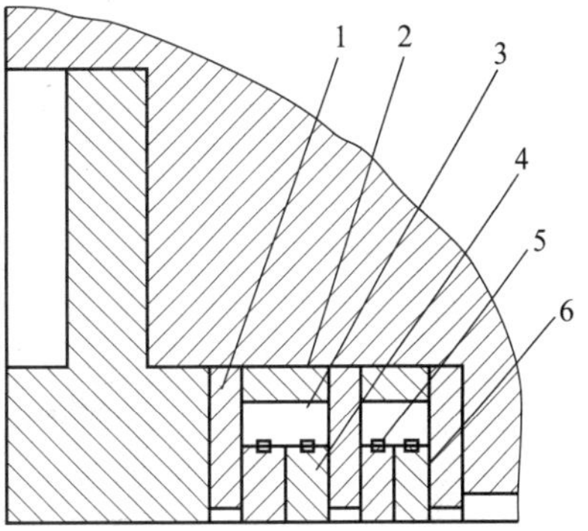

图 10－21　高压缸金属密封结构

1—垫圈；2—隔环；3—小室；4—密封圈；5—弹簧；6—挡油圈

密封圈采用三瓣等边三角形结构，如图10－22所示。外缘沟槽内放有拉力弹簧将其扣紧，使它们的内圆面紧贴在活塞杆上，当内圈磨损后，借助弹簧的力量，使密封圈自动收紧，确保密封。密封室内的两个密封圈，其切口方向相反，放置时切口互相错开。

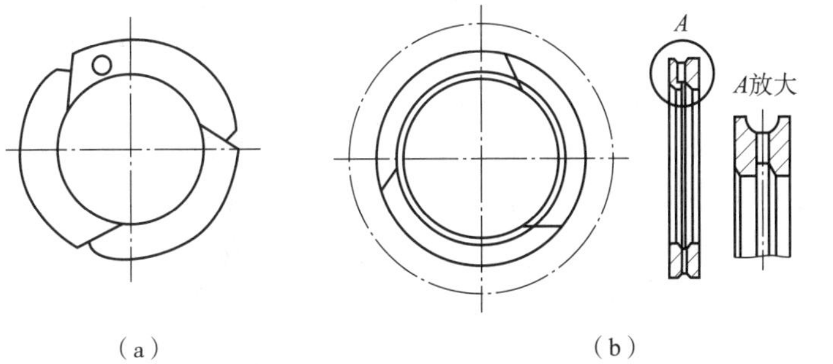

图 10－22　三瓣斜口密封圈和挡油圈

（a）密封圈；（b）挡油圈

挡油圈的结构形式和密封圈相似，只是内圆处开有斜槽，以便把活塞杆上的油刮下来不使其进入气缸。

由于这种填料是自紧式的，因此允许活塞杆产生一定的挠度，而不会影响密封性能。

（二）活塞式空压机的附属设备

1. 滤风器

滤风器的作用是过滤空气，以阻止空气中的灰尘和杂质进入气缸。因为灰尘和杂质吸入气缸后，将与高温气体和润滑油混合而黏附在气阀、气缸壁和活塞环等处，从而使气阀不严密；加快气缸镜面和活塞组件的磨损；增大吸、排气阻力和排气温度，增加功耗和降低效率。

滤风器的结构主要由外壳和滤芯组成。4L－20/8 型空压机的金属网滤风器如图 10－23 所示，其外壳由筒体 1 和封头 2、5 组成，筒体内装有圆筒形滤芯 3，它是由多层波纹状金属网组成的，其上涂有黏性油（一般用 60% 的气缸油和 40% 的柴油混合而成），黏性油的黏度为 3.3～3.7 °E。当污浊空气通过时，灰尘和杂质便黏附在金属网上，使空气得以过滤。

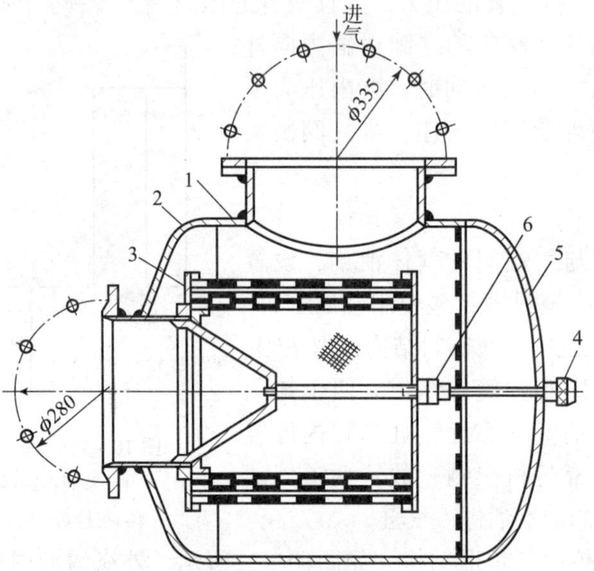

图 10－23　4L－20/8 型空压机的金属网滤风器

1—筒体；2，5—封头；3—圆筒形滤芯；4，6—螺母

滤风器应安装在室外进风管道上，它与空压机的距离应不超过 10 m，并处于清洁、干燥、通风良好的阴凉处为宜。滤风器的吸气口向下布置，以免掉进杂物，并设防雨设施。

2. 风包

风包是大、中型活塞式空压机必须配置的设备，一般竖立装在室外距机房 1.2～1.5 m 处。空压机排出的压缩气体通过排气管输入风包。风包有三个作用，一是稳压作用，做往复运动的活塞，排出的气体量是脉动的，风包能减缓其压力脉动，从而达到稳压的目的；二是储存一定量压气，对风动机械用气的不均衡性起一定的调节作用；三是风包可分离压缩空气中的油、水，提高气体质量。

3. 冷却系统

冷却系统的主要作用是降低压气的温度，从而节省功率消耗，提高空压机工作的经济性和安全性。

空压机内起冷却作用的主要部位是气缸水套和中间冷却器两大部分。气缸用水套进行冷却，由于接触散热面小，故对缸内气体冷却效果不显著，主要目的是限制气缸和压气的温度不要太高，使得气缸内压缩机油维持一定黏度，保证活塞与气缸间的润滑效果。

中间冷却器主要由外壳和一束水管组成，冷却水在管内流，压气在管外流，压气的热量通过管壁传递给冷却水。由于接触面积较大，故散热较快、冷却效果较好。

为了节约用水，大型空压机站都采用循环冷却水系统，如图 10－24 所示，经冷却塔 7

冷却后的水顺水沟 8 流入冷水池 9，由图 10－24 中的 3 号冷水泵经总进水管 1 将冷水首先打入中间冷却器 2，从中间冷却器流出的水再分两路分别引入Ⅰ、Ⅱ级气缸水套 4 和 3，从中流出的热水经漏斗 5 及回水管 6 流回热水池 10。图 10－24 中实线表示冷水，虚线表示热水，No. 2 泵为备用泵。

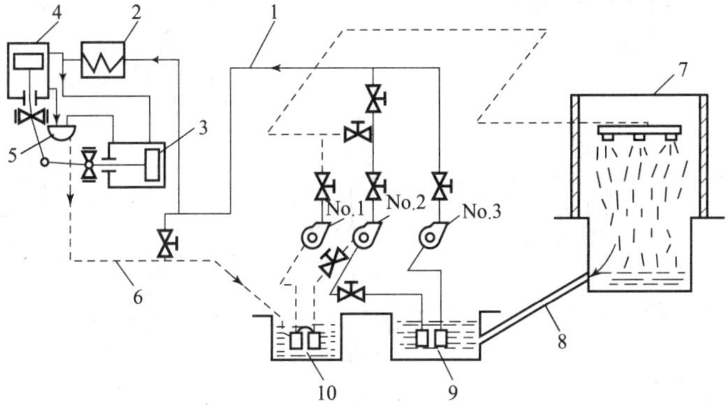

图 10－24　循环冷却水系统

1—总进水管；2—中间冷却器；3—Ⅱ级气缸；4—Ⅰ级气缸；5—漏斗；
6—回水管；7—冷却塔；8—水沟；9—冷水池；10—热水池

4. 润滑系统

空压机需要润滑的部位有气缸、曲轴、连杆和十字头等。由于气缸内部润滑禁止使用一般机械油，故一定采用黏度高、热稳定性好、闪点较高的压缩机油。天热时多采用 19 号压缩机油，天冷时采用 13 号压缩机油。曲轴、连杆和十字头传动机构只要用机油润滑即可，一般采用 30 号、40 号、50 号机油。因此润滑系统可分气缸内润滑系统和传动机构润滑系统，如图 10－25 所示。

气缸内润滑系统：由曲轴 1 上的蜗杆带动蜗轮 3 及凸轮 17，驱动注油器的柱塞上下运动，将油箱中的压缩机油定量注入气缸壁上的小孔，润滑气缸及活塞。

传动机械的润滑系统：装在曲轴 1 上的传动空心轴 2 带动齿轮泵，经过滤器、油管、冷却器从油池中吸油进齿轮泵，加压后经过过滤器注入曲轴中心油孔，润滑连杆大头轴瓦，再经连杆中心油孔进入连杆小头轴瓦及十字头销油孔，最后经十字头滑道流回油池。

5. 调节系统

由于电动机的转速一定，则空压机产生的压气量是一定的，而使用的风动工具和风动机械台数是经常变化的，因此耗气量也是变化的。当耗气量大于运转着的空压机的总排气量时，输气管中的压力降低，这时可启动备用空压机。当耗气量小于空压机的排气量时，多余的压气使输气管中的压力增高，压力增高太多，容易产生危险。当这种情况持续时间较长时，可以暂停部分运转着的空压机；时间较短时，空压机启停太频繁，因此必须采取措施，调节空压机的排气量。

1）关闭进气管调节

关闭进气管调节简单地说是关闭空压机的进气通道，使空压机没有低压空气吸入，从而也就没有高压空气排出。用这种方法调节空压机的排气量简便、经济。

关闭进气管调节装置主要由压力调节器和卸荷阀两个部件组成，其结构如图 10－26 和图 10－27 所示。压力调节器有两个接口，一个接风包，另一个接卸荷阀。在正常情况下，

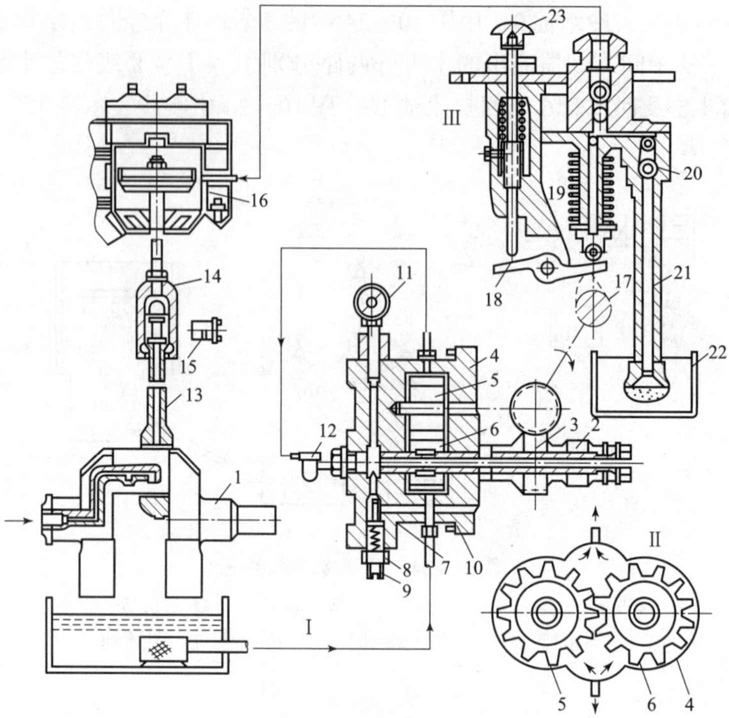

图 10-25 空压机润滑系统原理

1—曲轴；2—传动空心轴；3—蜗轮蜗杆；4—外壳；5—从动轮；6—主动轮；7—一油压调节阀；8—螺帽；9—调节螺钉；10—回油管；11—压力表；12—滤油器；13—连杆；14—十字头；15—十字头销；16—气缸；17—凸轮；18—杠杆；19—柱塞泵；20—球阀；21—吸油管；22—油槽；23—顶杆

两个接口不相通，当风包中的气体压力超过压力调节器的设定压力时，压缩空气顶开压力调节器的阀进入卸荷阀的活塞缸中，推动活塞向上移动关闭蝶形阀，把进气管路堵塞，从而使空压机不能吸气，进入空转状态。当风包中的压力降低到某一值时，压力调节器中的阀在弹簧力的作用下切断风包与卸荷阀的通道，卸荷阀活塞缸下部没有压缩空气供给，同时上部有弹簧的作用，蝶形阀向下运动，使阀处于开启状态，空压机恢复正常运转。

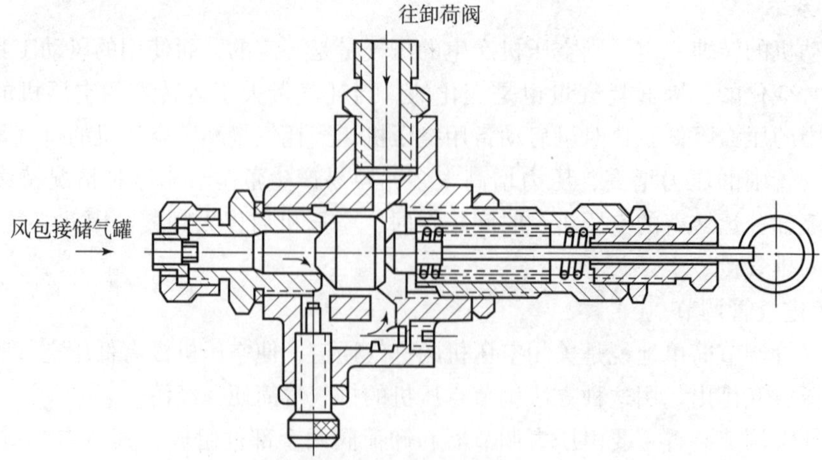

图 10-26 压力调节器

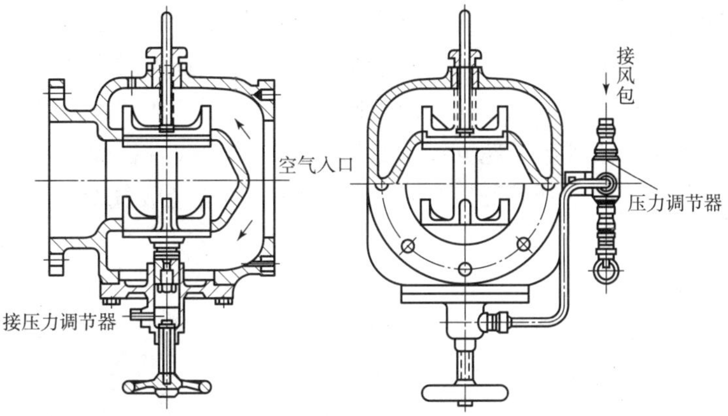

图 10－27 卸荷阀结构

为了使空压机不带负荷启动，启动前转动卸荷阀上的手轮，顶起活塞向上移动，使蝶形阀关闭，空压机可以空载启动。启动完毕，再转动手轮退回，利用弹簧使蝶形阀恢复原位，进入正常运行状态。

2）压开吸气阀调节

压开吸气阀调节是目前普遍采用的方法，实现其动作的结构形式较多，它既可使空压机在空载状态下启动，又可使空压机在工作状态下卸荷。

压开吸气阀调节装置由制动垫圈 1、小弹簧 2、压叉 3、导轴 4、大弹簧 5、销 6、弹簧座 7、指针 8 和手轮 9 等组成。图 10－28 所示为其结构，其中导轴 4 替代吸气阀上的连接螺钉，压叉 3 在导轴上做轴向滑动。当空压机吸气终了时，吸气阀借助弹簧 5 的弹簧力，通过

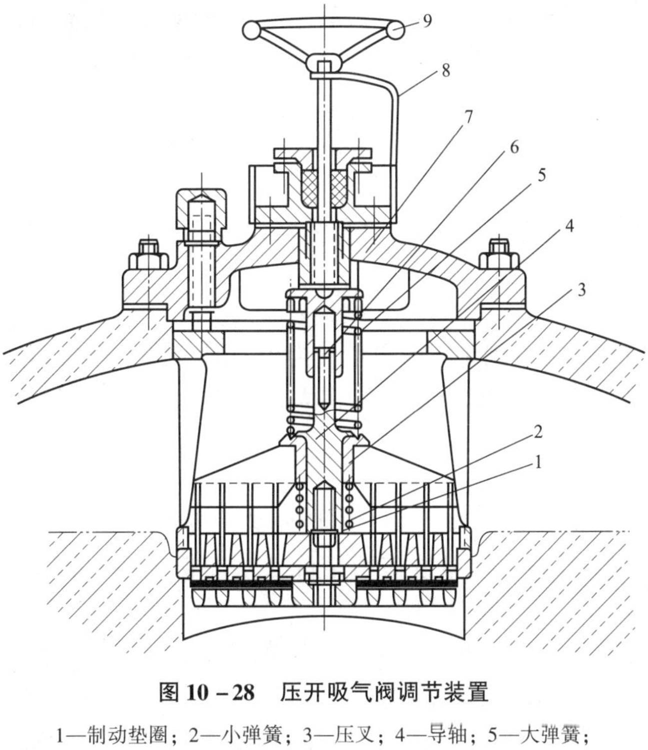

图 10－28 压开吸气阀调节装置

1—制动垫圈；2—小弹簧；3—压叉；4—导轴；5—大弹簧；6—销；7—弹簧座；8—指针；9—手轮

压叉3压开吸气阀的阀片，保持一定的开度，使吸气阀处于开启状态；当活塞返行时，气缸内的部分气体又经吸气阀返回吸气管内，活塞继续运行，气缸内的压力上升；当作用于阀片上的气流压力的合力超过弹簧5的作用力时，阀片开始向阀座运动，最终吸气阀关闭，从而起到调节排气量的作用。指针与手轮固结，给出手轮的旋转角度，旋转手轮就可调节大弹簧的预压力，从而调节吸气阀的开启程度，这样即改变了气体经吸气阀返回进气管的空气量，从而达到连续调节排气量的目的。

3）改变余隙容积调节

改变余隙容积的调节原理是在主气缸上设置余隙缸，当需要减少排气量时，通过加大余隙容积，使气缸容积系数减小，则排气量也相应减小。

图10－29所示为其调节原理，气缸上安装余隙缸，其中缸内部为附加的余隙容积，平常附加余隙容积由阀2与气缸隔开。活塞腔经压力调节器（图中未画出）与风包相通，当风包中的压力增大，超过整定值时，压力调节器打开，压缩空气通过压力调节器后，沿风管进入减荷气缸4内，推动活塞5克服弹簧力向上移动，将阀2打开，使附加余隙容积与气缸相通；排气时部分气体进入附加容积，吸气时气缸中的剩余气体与留在附加余隙容积中的气体一起膨胀，使吸入气缸的气体量减少，从而使空压机的排气量减小。

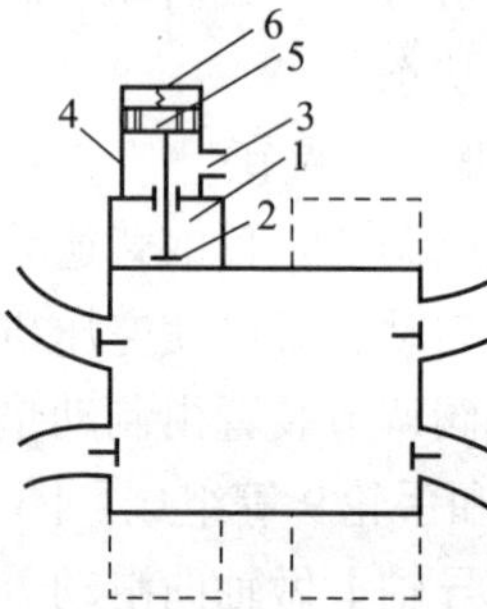

图10－29　改变余隙容积调节原理

1—余隙缸；2—阀；3—进气管；
4—减荷气缸；5—活塞；6—弹簧

采用改变余隙容积调节法，气缸上装有四个附加余隙缸和一个五位压力调节器。压力调节器的每个位置整定成不同的动作压力，调节器的四个位置分别控制一个余隙容积，当每个余隙容积依次和气缸连通时，空压机的排气量将逐步减少25%左右，于是能进行五级调节，分别给出100%、75%、50%、25%、0的排气量。

这种调节法能实现多级调节，但其冷却效果差，结构较复杂，加大了气缸的尺寸，故目前多用于大型空压机。

6. 控制保护装置

空压机是大型设备，关系到生产的安全，为了及时发现空压机运行中的不正常现象，防止事故发生，保证压气设备安全运行，在大、中型空压机上必须设置下列安全保护装置。

1）安全阀

安全阀是压气设备的保护装置，其作用是当系统压力超过某一整定值时，安全阀动作，把压缩气体泄于大气中，使系统压力下降，从而保证压气设备的系统压力在整定值以下运行。

安全阀的种类很多，图10－30所示为常用的弹簧式安全阀。当系统压力大于弹簧3的预压力时，阀芯向上运动，压缩气体经阀座与阀芯的环形间隙排向大气；当系统压力下降，对阀芯2的总压力小于弹簧力时，阀芯向下落在阀座上，停止排气。因此调整螺钉，可调整弹簧的预压力，从而可调节安全阀的开启压力。通过手把6可进行人工放气。

2）压力继电器

压力继电器的作用是保障空压机有充足的冷却水和润滑油，当冷却水水压或润滑油油压不足时，继电器动作，断开控制线路的接点，发出声、光信号或自动停机。图 10－31 所示为压力继电器的原理。当油（或水）管接头 1 中的压力低于某一值时，薄膜上部的弹簧使推杆下降，电开关在本身弹簧力的作用下接点断开。

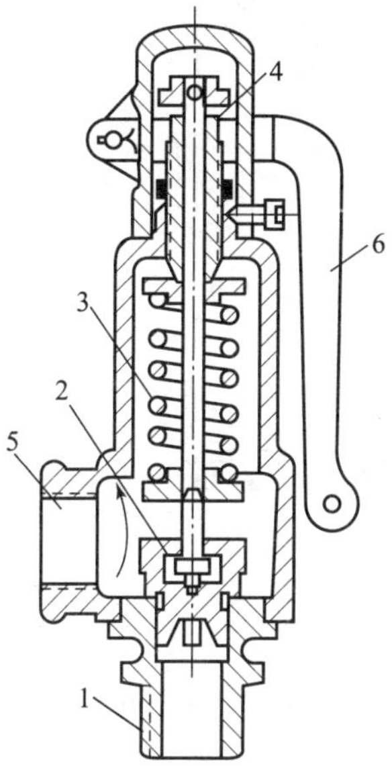

图 10－30 弹簧式安全阀

1—阀座；2—阀芯；3—弹簧；4—调整螺钉；5—排气口；6—手把

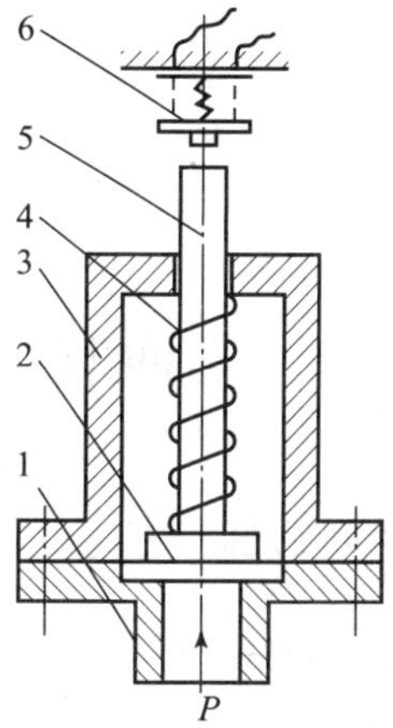

图 10－31 压力继电器原理

1—管接头；2—薄膜；3—继电器外壳；4—弹簧；5—推杆；6—电接点

3）温度保护装置

温度保护装置的作用是保障空压机的排气温度及润滑油的温度不致超过设定值。此类装置有带电接点的水银温度计或压力表式温度计，当温度超限时，电接点接通，发出报警信号或切断电源。

4）释压阀

释压阀是防止压气设备爆炸而装设的保护装置。当压缩空气温度或压力突然升高时，安全阀因流通面积小，不能迅速把压缩气体释放，而释压阀流通面积很大，可以迅速释压，对人身和设备起到保护作用。

释压阀的种类较多，图 10－32（a）所示为常用的一般活塞式释压阀，主要由气缸、活塞、保险螺杆和保护罩等部件组成。释压阀装在风包排气管正对气流方向上，如图 10－32（b）所示，当压气设备由于某种原因，压缩空气压力上升到（1.05 ± 0.05）MPa 时，保险螺杆立即被拉断，活塞冲向右端，使管路内的高压气体迅速释放。

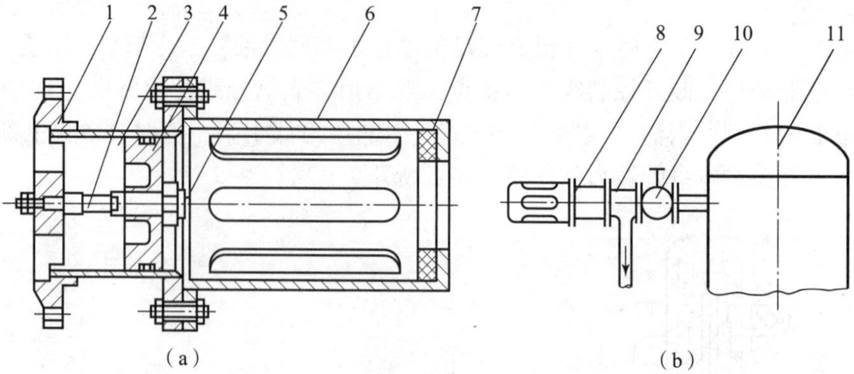

图 10－32　释压阀的构造和安装位置

1—卡盘；2—保险螺杆；3—气缸；4—活塞；5—密封圈；6—保护罩；7—缓冲垫；8—释压阀；9—排气管；10—闸阀；11—风包

第四节　活塞式空压机的两级压缩

一、采用两级压缩的原因

矿用压机的相对排气压力一般为（6.87～7.85）$\times 10^5$ Pa，通常采用两级压缩，其原因主要有以下两方面。

（一）压缩比受余隙容积的限制

如图 10－33 所示，由于余隙容积的存在，随着排气压力的提高，吸气量将不断减少。当排气压力增大到某一值时，吸气过程就完全被残留在余隙容积中的压气的膨胀过程所代替，使吸气量为零。因此，为保证有一定的排气量，压缩比不能过大，即终了压力不宜过高。否则，空压机的工作效率就会过低。

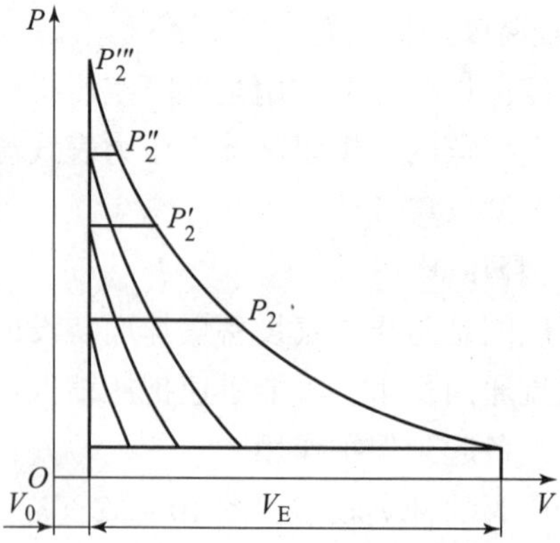

图 10－33　压缩比气缸工作容积的影响

（二）压缩比受气缸润滑油温度的限制

为保证活塞在气缸内的快速往复运动和减少机械摩擦损失，就必须向缸内注油。但随着压缩比的增加，压缩终了时的空气温度也将增加，若增高到润滑油燃点温度（一般为 215～240 ℃），便有发生爆炸的危险。为了避免这类事故的发生，《煤矿安全规程》第 404 条规定，“单缸空气压缩机的排气温度不得超过 190 ℃，双缸不得超过 160 ℃。”以此为条件，可求得在最不利条件下（按绝热压缩）单级压缩的极限压缩比。

根据式（8－8），压缩终了时空气温度为

$$T_2 = T_1\left(\frac{p_2}{p_1}\right)^{\frac{k-1}{k}} = T_1\varepsilon^{\frac{k-1}{k}}$$

于是，压缩比$\left(\varepsilon=\frac{p_2}{p_1}\right)$为

$$\varepsilon=\left(\frac{T_2}{T_1}\right)^{\frac{k}{k-1}} \tag{10-23}$$

取 $T_1=20+273=293$（K），$T_2=190+273=463$（K）并代入上式，即得受油温限制的极限压缩比为

$$\varepsilon=\left(\frac{463}{293}\right)^{\frac{1.4}{1.4-1}}=4.96$$

由此可见，欲得到较高的终压力 p_2，并具有较高的排气量和较低的排气温度，只能采用两级或多级压缩。

二、两级活塞式空压机的工作循环

两级压缩一般是在两个气缸中完成的。

两级压缩的工作原理与单级压缩的工作原理相同，只是在高低压气缸之间加一个中间冷却器，如图 10－34 所示。空气经低压吸气阀进入低压缸 1 内，被压缩至中间压力 p_z，再经低压排气阀进入中间冷却器 2 进行冷却，同时分离出油和水。在中间冷却器内冷却后的压气，经高压吸气阀进入高压缸 3 内继续压缩至额定排气压力后，经高压排气阀排出。

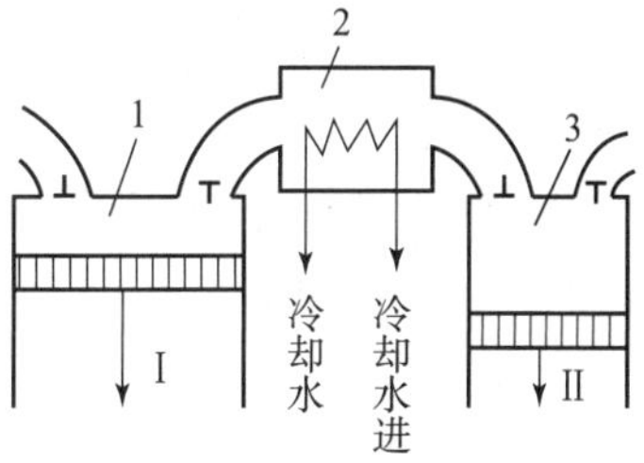

图 10－34　两级空压机简图

1—低压缸；2—中间冷却器；3—高压缸

两级空压机的理论工作循环除遵循单级压缩时的假定条件外，还假定有：

（1）各级压缩过程相同，即压缩指数 n 相等。

（2）在中间冷却器内把空气冷却至低压气缸的吸气温度，即 $T_1=T_2$。

（3）压气在中间冷却器内按定压条件进行冷却。

图 10－35 所示为在上述假定条件下得出的两级空压机理论工作循环，图 10－36 所示为考虑各种因素后两级空压机的实际工作循环。

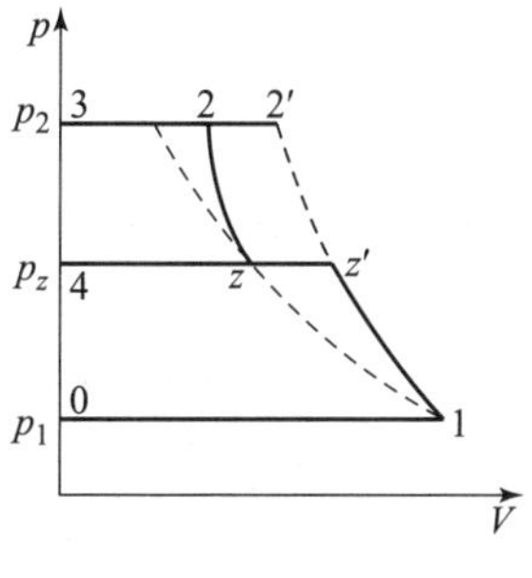

图 10－35　两级空压机理论工作循环

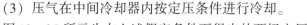

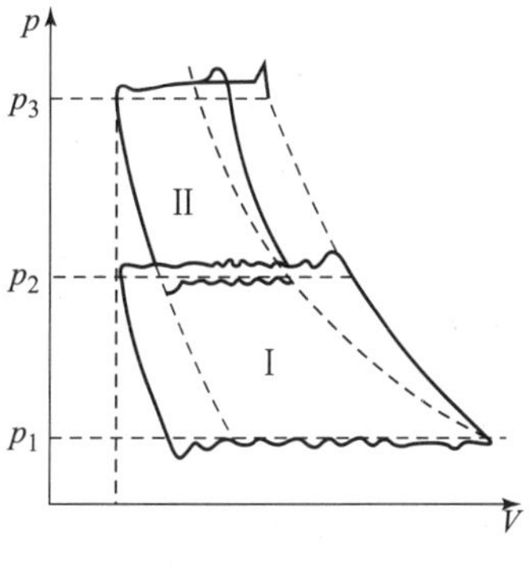

图 10－36　两级空压机实际工作循环

具有中间冷却器的两级压缩，与在同样条件下获得相同终压力的单级压缩相比，有以下优点：

（1）节省功耗。从图 10－35 中可以看出，当压力由 p_1 直接压缩到 p_2 时，其示功图面积为 012′3，而采用两级压缩时，第 I 级压缩到某一中间压力 p_z 后，排入中间冷却器进行冷

却，故第Ⅰ级的示功图面积为 $01z'4$。在中间冷却器内冷却至初始温度 T_1 时，气体体积就由 V_z' 减小至 V_z，然后再进入第Ⅱ级气缸压缩至终压力 p_2。图 10－35 中点 z 表示第Ⅱ级气缸的进气终了状态，它与点 1 在同一等温线上（图中虚线）。第Ⅱ级气缸示功图面积为 $4z23$，两级压缩总功为 $01z'4+4z23$，它比单级压缩节省面积为 $zz'2'2$ 的功耗。

实现两级压缩之所以省功，主要是进行了中间冷却。从图 10－35 中还可看出，若不进行中间冷却，从第Ⅰ级气缸排出的压气体积，就不会由 V_z' 减小为 V_z，并仍以 V_z' 的体积进入第Ⅱ级气缸，这样，两级压缩与单级压缩的功耗相同。

（2）降低排气温度。由式（10－12）知，压气的终温不仅与初始温度成正比，而且和压缩比有关，即与 $\varepsilon^{[(n-1)/n]}$ 成正比。显然，在初始状态和终压相同的条件下，两级压缩比单级压缩的终温有明显下降。

（3）提高容积系数。随着压缩比的上升，余隙容积中压气膨胀所占的容积增大，使得气缸的进气条件恶化。采用两级压缩后，降低了每一级的压缩比，从而提高了气缸的容积系数，增大了空压机的排气量。

（4）降低活塞上的作用力。在转速、行程和气体初始状态及终压力相同的条件下，采用两级压缩时，低压缸活塞面积 A_1 虽与单级压缩时的活塞面积相等，但高压缸活塞面积 A_2 比 A_1 要小很多（一般 $A_2 \approx A_1/2$）；又因为每一级气缸的压缩比均小于单级压缩的压缩比，故两级压缩时，两个活塞所受到的总作用力小于单级压缩时一个活塞上的作用力。如 $p_1=1\times10^5$ Pa，$p_2=9\times10^5$ Pa，$p_z=3\times10^5$ Pa，低压缸活塞面积为 A_1，高压缸活塞面积为 A_2，若不考虑活塞杆的影响，则有：

单级压缩时的活塞力

$$F_1=(9-1)\times10^5A_1=8\times10^5A_1$$

两级压缩时的总活塞力

$$F_2=(3-1)\times10^5A_1+(9-3)\times10^5A_2$$

取 $A_2=A_1/2$，则有

$$F_2=2\times10^5A_1+6\times10^5A_1/2=5\times10^5A_1$$

可见，两级压缩时的活塞力远小于单级压缩时的活塞力。由于活塞力减小，故活塞的质量和惯性也减小，机械强度和机械效率得以提高。

三、压缩比的分配

压缩比的分配是按最省功的原则进行的。使空压机循环总功最小的中间压力称为最有利的中间压力。

设有一台两级空压机，被压缩空气的初始压力为 p_1，容积为 V_1，温度为 T_1；中间压力为 p_z，容积为 V_z，终了压力为 p_2。由式（10－10）可求出各级气缸所需的循环功。

（1）低压缸所需循环功为

$$W_1=\frac{n}{n-1}p_1V_1\left[\left(\frac{p_z}{p_1}\right)^{\frac{n-1}{n}}-1\right]$$

（2）高压缸所需循环功为

$$W_2=\frac{n}{n-1}p_zV_z\left[\left(\frac{p_2}{p_z}\right)^{\frac{n-1}{n}}-1\right]$$

(3) 两级空压机的总循环功为各级循环功之和，即

$$W = W_1 + W_2 = \frac{n}{n-1}p_1V_1\left[\left(\frac{p_z}{p_1}\right)^{\frac{n-1}{n}} - 1\right] + \frac{n}{n-1}p_zV_z\left[\left(\frac{p_2}{p_z}\right)^{\frac{n-1}{n}} - 1\right]$$

若中间冷却器冷却完善，空气进入高压缸时的温度与进入低压缸的初始温度相同，即 $T_1 = T_2$，则有

$$p_1V_1 = p_zV_z$$

$$W = \frac{n}{n-1}p_1V_1\left[\left(\frac{p_z}{p_1}\right)^{\frac{n-1}{n}} + \left(\frac{p_2}{p_z}\right)^{\frac{n-1}{n}} - 2\right] \tag{10-24}$$

为确定最有利的中间压力，取 W 对 p_z 的一阶导数并令其为零，即

$$\frac{\mathrm{d}W}{\mathrm{d}p_z} = \frac{n}{n-1}p_1V_1\left(\frac{n}{n-1}p_1^{-\frac{n-1}{n}}p_z^{-\frac{1}{n}} - \frac{n-1}{n}p_2^{\frac{n-1}{n}}p_z^{-\frac{2n-1}{n}}\right) = 0$$

则有

$$p_1^{-\frac{n-1}{n}}p_z^{-\frac{1}{n}} = p_2^{\frac{n-1}{n}}p_z^{-\frac{2n-1}{n}}$$

$$p_z^{\frac{2n-1}{n}} = (p_1p_2)^{\frac{n-1}{n}}$$

$$p_z^2 = p_1p_2$$

或

$$\frac{p_z}{p_1} = \frac{p_2}{p_z}$$

即

$$\varepsilon_1 = \varepsilon_2$$

设空压机的总压缩比 $\varepsilon = \frac{p_2}{p_1}$，则

$$\varepsilon = \frac{p_2}{p_1} = \frac{p_2}{p_z}\frac{p_z}{p_1} = \varepsilon_1\varepsilon_2 = \varepsilon_1^2 = \varepsilon_2^2$$

即

$$\varepsilon_1 = \varepsilon_2 = \sqrt{\varepsilon} = \sqrt{\frac{p_2}{p_1}}$$

该式说明，在两级压缩的空压机中，为获得最小的功耗，两级压缩比应相等，并等于总压缩比的平方根。

实际压缩比的分配，可通过空压机的结构实现。在冷却器冷却完善的条件下，$T_1 = T_z$，$p_1V_1 = p_zV_z$，则

$$\sqrt{\varepsilon} = \varepsilon_1 = \frac{p_z}{p_1} = \frac{V_1}{V_z} = \frac{S_1A_1}{S_2A_2}$$

当一、二级气压缸中的活塞行程 S_1 和 S_2 相等时，则有

$$\sqrt{\varepsilon} = \frac{V_1}{V_z} = \frac{A_1}{A_2} = \frac{D_1^2}{D_2^2} \tag{10-25}$$

式中 A_1，A_2——一、二级气缸的面积，m^2；

D_1，D_2——一、二级气缸直径，m。

实际设计中，在确定空压机各级压缩比时，除了要考虑耗功量的大小，还要根据空压机的排气量和温度等因素对压缩比做适当调整。通常，为了增加排气量而又不使气缸尺寸过大，往往将一级压缩比适当降低，一般比最有利压缩比低 5% ~10%，即

$$\varepsilon_1' = (0.90 \sim 0.95)\sqrt{\varepsilon} \tag{10-26}$$

如4L－20/8 型空压机的一级气缸和二级气缸的直径分别为 $D_1=420$ mm，$D_2=250$ mm，若额定吸、排气压力为 0.981×10^5 Pa 和 8.83×10^5 Pa，则最有利的压缩比为

$$\varepsilon_1=\varepsilon_2=\sqrt{\varepsilon}=\sqrt{\frac{8.83\times10^5}{0.981\times10^5}}=3$$

而实际上，按设计的结构尺寸计算，该空压机的压缩比为

$$\varepsilon_1'=\frac{D_1^2}{D_2^2}=\left(\frac{420}{250}\right)^2=2.83$$

它只有最有利压缩比的 94%。

第五节　螺杆式空压机

螺杆式空压机是一种工作容积做回转运动的容积式压缩机械。气体的压缩依靠容积的变化来实现，而容积的变化又是以压缩机的一个或几个转子在气缸里做回转运动来达到的。区别于活塞式压缩机，它的工作容积在周期性扩大和缩小的同时，其空间位置也在发生变化。

一、螺杆式空压机的工作理论

（一）理论工作过程

理论工程过程是指在下述假定条件下完成的工作过程，即：

（1）气体在流动过程中没有摩擦，吸、排气过程无压力损失。

（2）在整个工作过程中无热量交换。

（3）工作容积完全密封，无泄漏。

螺杆式压缩机转子的每个运动周期内，分别有若干个工作容积依次进行相同的工作过程。因此，在研究螺杆式压缩机的工作过程时，只需讨论其中某一个工作容积的全部过程，就能完全了解整个机器的工作，这一工作容积称为基元容积。

设转子回转一周，基元容积完成压缩机的一个工作过程。因此，基元容积的容积变化是转子转角参数的函数，如图 10－37 所示。在图 10－37 中，V_m 表示基元容积所能达到的最大容积。

1. 理想工作过程

按容积式压缩机压缩气体的原理，为了充分利用工作容积实现气体的压缩，应在基元容积扩大时，与吸气孔口连通，开始吸气过程，在基元容积达到最大容积时，结束吸气过程；然后，基元容积在封闭状态下减小，并在与排气孔口连通前，压力升高到排气压力，完成压缩过程；最后，随着基元容积的进一步减小，所有高压气体逐渐从排气孔口排出。图 10－38 所示为这种理想工作过程。

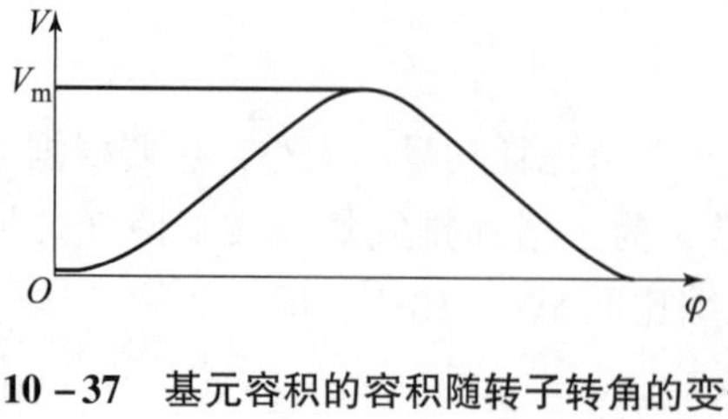

图 10－37　基元容积的容积随转子转角的变化

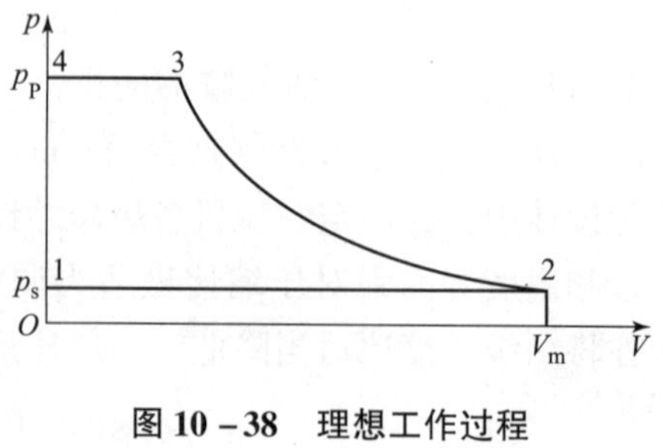

图 10－38　理想工作过程

由于吸、排气孔口位置等压缩机构参数的影响，会使压缩机的工作过程与上述的理想工作过程有所不同。

2. 内、外压力比不相等的工作过程

设压缩机的基元容积与排气孔口即将连通之前，基元容积内的气体压力 p_i 为内压缩终了压力。内压缩终了压力与吸气压力之比，称为内压力比；而排气管内的气体压力 p_p 称为外压力或背压力，它与吸气压力的比值称为外压力比。

螺杆式压缩机吸、排气孔口的位置和形状决定了内压力比；运行工况或工艺流程中所要求的吸、排气压力决定了外压力比。与一般活塞压缩机不同，螺杆式压缩机的内、外压力比彼此可以不相等。

在排气压力大于内压缩终了压力的情况下，基元容积与排气孔口连通的瞬时，排气孔口中的气体将迅速倒流入基元容积中，使其中的压力从 p_i 突然上升至 p_p，然后再随着基元容积的不断缩小而排出气体，如图 10－39（a）所示。

在排气压力低于内压缩终了压力的情况下，基元容积与排气孔口连通的瞬时，基元容积中的气体会迅速流入排气孔口中，使基元容积中的气体压力突然降至 p_p。然后，再随着基元容积的继续缩小，将其余的气体排出，如图 10－39（b）所示。

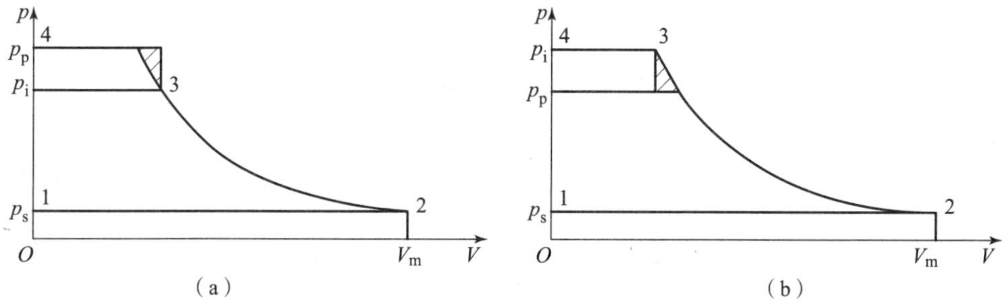

图 10－39　内外压力比不相等的工作过程

由此可见，内、外压力比不相等时，总是造成附加能量损失，如图 10－39 中的阴影面积所示。另外，由于内、外压力不相等，还会伴随着强烈的周期性排气噪声。

（二）实际工作过程

螺杆式压缩机的实际工作过程，与上述的理论工作过程有很大差别。这是因为在实际工作过程中，基元容积内的气体要通过间隙发生泄漏，气体流经吸、排气孔口时，会产生压力损失，被压缩气体要与外界发生热交换等。螺杆式压缩机的实测指示图（示功图）如图 10－40 所示。

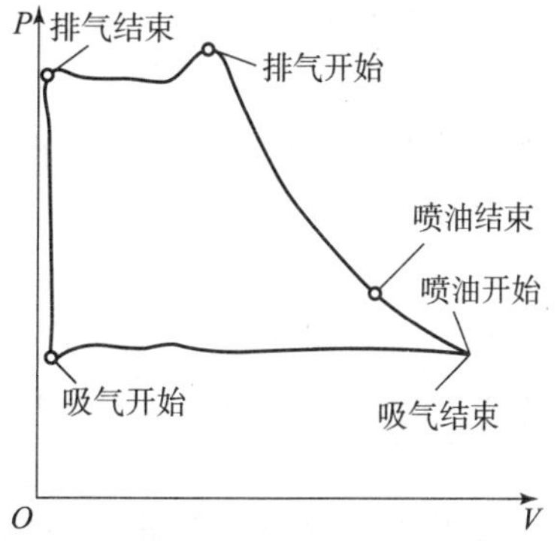

图 10－40　螺杆式压缩机的实测指示图

1. 气体泄漏的影响

螺杆式压缩机中气体的泄漏，可分为内泄漏和外泄漏两类。泄漏使压缩机的排气量和效率都有所降低，在低转速压缩机中，泄漏损失是影响压缩机性能的主要因素。

当泄漏的气体不会直接影响到压缩机的排气量时，称为内泄漏。气体从具有较高压力处泄漏至不处于吸气过程的基元容积，即属于内泄漏。内泄漏使基元容积中气体的温度升高，导致压缩过程功耗增加。另外，由于内泄漏的加热作用，也会间接降低压缩机的排气量。

直接影响排气量的气体泄漏，称为外泄漏。泄漏到处于吸气过程的基元容积中的气体，或直接泄漏到吸气孔口的气体，均属外泄漏。显然，外泄漏会直接使排气量减少、轴功率增加。

2. 气体流动损失的影响

实际气体流动时，不可避免地存在沿程阻力损失和局部阻力损失。当气流具有脉动时，这种损失将会更大。

沿程阻力损失是由气体黏性引起的，它的大小与流速平方成正比，并与流动状态、表面粗糙度以及流动距离等因素有关。局部阻力损失是因截面突变引起的，它的大小与截面突变的情况有关，并与流速平方成正比。由此可见，提高转速将使气流速度增加，从而导致流动损失显著增加。

3. 流体动力损失的影响

螺杆式压缩机中的流体动力损失，主要指转子扰动气体的摩擦鼓风损失、喷液机器转子对液体的扰动损失等。流体动力损失与随转子转速的增加而明显增大，在高转速压缩机中，流体动力损失对效率起主要影响。

4. 热交换的影响

气体进入压缩机时，会与机体发生热交换，使吸气结束时温度升高。这样，换算到吸气状态的排气量就减少了。

由于螺杆式压缩机的实际工作过程受多种因素的影响，故无法用较简单的公式对其进行描述。在现代的螺杆式压缩机研究和设计中，均广泛采用计算机模拟的方法。

螺杆式压缩机工作过程的计算机模拟，是以基元容积为研究对象，对其吸气、压缩和排气过程进行详细的分析，有效地考虑泄漏、喷油及换热等因素对工作过程的影响，并在此基础上建立描述这些过程的一组偏微分方程。利用计算机数值解法，联立求解上述方程，即可求出各过程中基元容积内气体的压力、温度等微观特性，并以这些数据为基础，求出压缩机的排气量、轴功率等宏观性能。

二、螺杆式空压机的构造

（一）主要结构

1. 喷油螺杆空气压缩机

喷油螺杆空气压缩机分为固定式和移动式两类，其主机的结构设计基本相同。喷油螺杆空气压缩机的机体不设冷却水套，转子为整体结构，内部无须冷却，压缩气体所产生的径向力和轴向力都由滚动轴承来承受。排气端的转子工作段与轴承之间有一个简单的轴封，通过在机壳或轴上开出凹槽，并向里边供入一定压力的密封油，即可很好地起到密封作用。另外，在喷油螺杆空气压缩机中没有同步齿轮，通常也不设容积流量调节滑阀和内容积比调节滑阀。

通常喷油螺杆空气压缩机，小齿轮直接安装在转子轴上，大齿轮可以安装在两端用轴承支承的另外一根轴上，也可以直接装在原动机轴的末端。

图 10－41 所示为 LGY－12/7 及 LGY17/7 型喷油螺杆空气压缩机的主机结构。这两种压

缩机采用内置的增速齿轮驱动阳转子，通过采用不同的增速齿轮，就可方便地得到具有不同容积流量的压缩机。在转子的排气端采用面对面配对安装的单列圆锥滚子轴承，同时承受压缩机中的径向力和轴向力，并使转子双向定位。机体由吸气端盖、气缸和排气端盖三部分组成，在吸气端盖上设有轴向吸气孔口，而在气缸上的径向吸气孔口部位则设计了缓冲空间。同时采用轴向和径向排气孔口，分别开设在排气端盖和气缸上。另外，在外伸轴处设有可靠的油润滑机械密封。

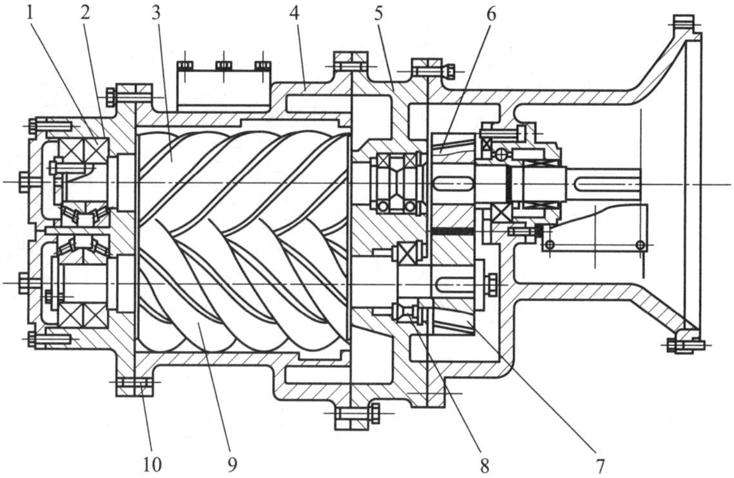

图 10-41　中型喷油螺杆空气压缩机主机结构

1—圆锥滚子轴承；2—排气端盖；3—阴转子；4—气缸体；5—吸气端盖；
6，7—增速齿轮；8—圆柱滚子轴承；9—阳转子；10—定位销

LGY-17/7 型喷油螺杆空气压缩机的主要技术参数：阳转子直径为 262.5 mm；阴转子直径为 210 mm；转子长度为 375 mm；转速为 1 800 r/min；吸气压力为 0.1 MPa；排气压力为 0.8 MPa；排气温度 <100 ℃；排气量为 17 m^3/min；轴功率为 100 kW；冷却方式为风冷；驱动方式为原动机通过压缩机内藏增速齿轮直联驱动。

2. 无油螺杆空气压缩机

与喷油螺杆空气压缩机相比，无油机器的结构较为复杂。

LGW-40/7 型无油螺杆空气压缩机结构如图 10-42 所示。该压缩机的转子之间不能直接接触，所以阳转子是通过高精度的同步齿轮驱动阴转子的，并且阴转子上的同步齿轮是可调的，以确保转子间的啮合间隙处于理想范围。为了减小转子由于热膨胀而产生的不均匀变形，向转子的中心通入循环油冷却。考虑到一般空气压缩机的负荷较小，故径向轴承和推力轴承都采用滚动轴承，以便对转子进行精确定位。在吸排气侧均采用波纹弹簧压紧的石墨环式轴封，以隔离压缩腔和轴承部位。另外，为了防止压缩空气吹进轴承和影响润滑，在最后一个密封单元之间的机体上开有通气孔，以导出泄漏的空气。

LGW-40/7 型无油螺杆空气压缩机的主要技术参数：吸气压力为 0.1 MPa；排气压力为 0.8 MPa；吸气温度 <40 ℃；排气量为 40 m^3/min；轴功率为 260 kW；驱动电动机功率为 280 kW。

（二）主要零部件

1. 机体

机体是螺杆压缩机的主要部件，它由中间部分的气缸及两端的端盖组成。在转子直径较

小的机器中，常将排气侧端盖或吸气侧端盖与气缸铸成一体，制成带端盖的整体结构，转子顺轴向装入气缸。在转子直径较大的机器中，气缸与吸气和排气端盖是分开的，大型螺杆压缩机为了便于机器的拆装和间隙的调整，机体还可在转子轴线平面设水平剖分面。

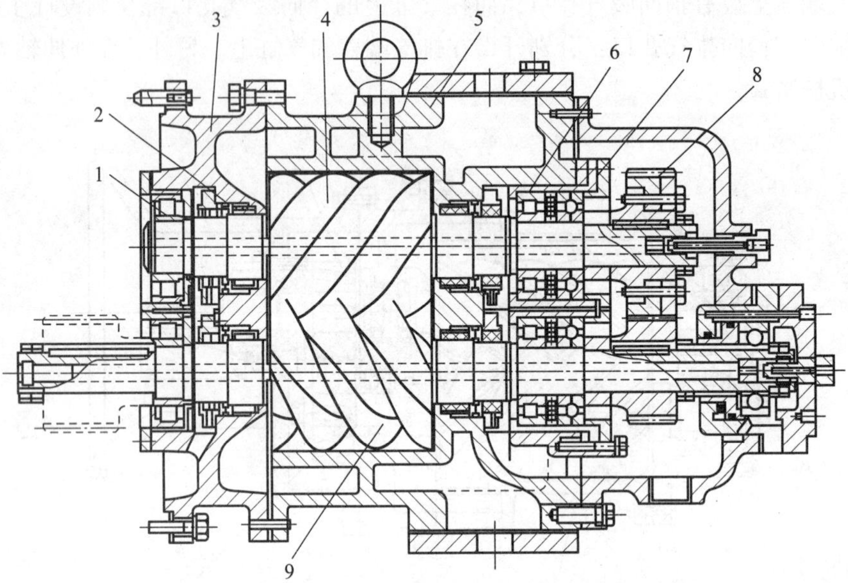

图 10－42　LGW－40/7 型无油螺杆空气压缩机结构

1，6—圆锥滚子轴承；2—轴封装置；3—吸气端盖；4—阴转子；
5—机体；7—球轴承；8—同步齿轮；9—阳转子

如图 10－43 所示，机体可以设计成气体从顶部或底部进入，沿径向或轴向吸入机体。与吸气类似，排气也可设计在机体的顶部或底部，采用轴向或径向排气。

1）端盖

具有吸气通道或排气通道的端盖，有整体式结构和中分式结构两种。通常端盖内置有轴封和轴承，有的端盖同时还兼作增速齿轮或同步齿轮的箱体。

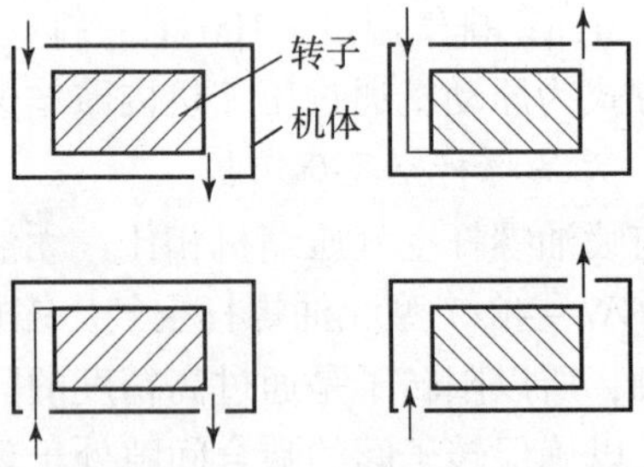

图 10－43　机体上吸排气通道的布置方案

2）气缸

螺杆压缩机的气缸有双层壁结构和单层壁结构两种形式。

无油螺杆压缩机的气缸及排气侧端盖通常制成双层壁结构，夹层内通以冷却水或其他冷却液体，以保证气缸的形状不发生改变。如果排气温度小于 100 ℃，也可采用单层壁结构，但为了增强自然对流冷却效果，在外壁上顺气流方向要设有冷却翅片。

喷油螺杆压缩机的机体多采用单层壁结构，如图 10－44 所示，其转子包含在机体中，机体的外侧即大气。双层壁结构气缸如图 10－45 所示，其外壁为承受全部压力的密闭壳，由于它是圆柱形的，因而并不会因压力而产生变形，也就不需要特别的加强措施。双层壁结构机体优点明显，外壁承受着连接法兰的负荷，以改善内部转子的受力状况，而且第二层壁是一个隔声板，有降低噪声的作用。所以，双层壁结构气缸的压缩机多用于高压力的场合。

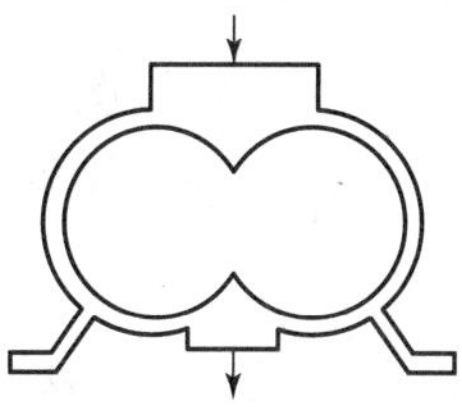

图 10－44　单层壁结构气缸

图 10－45　双层壁结构气缸

3）机体的材料

机体的材料主要取决于所要达到的排气压力和被压缩气体的性质。当排气压力小于 2.5 MPa时，可采用普通灰铸铁；当排气压力大于 2.5 MPa 时，则应采用铸钢或球墨铸铁。另外，普通灰铸铁可用于空气等惰性气体，铸钢或球墨铸铁可用于碳氢化合物和一些轻微腐蚀性气体。对于腐蚀性气体、酸性气体和含水气体，就要采用高合金钢或不锈钢。对于腐蚀性气体介质，也可采用在普通铸铁材料上喷涂或刷镀一层防腐材料的方法。

2. 转子

转子是螺杆式压缩机的主要零件，其结构有整体式和组合式两类。当转子直径较小时，通常采用整体式结构，如图 10－46（a）所示；而当转子直径大于 350 mm 时，转子常采用组合式结构，如图 10－46（b）～图 10－46（d）所示。

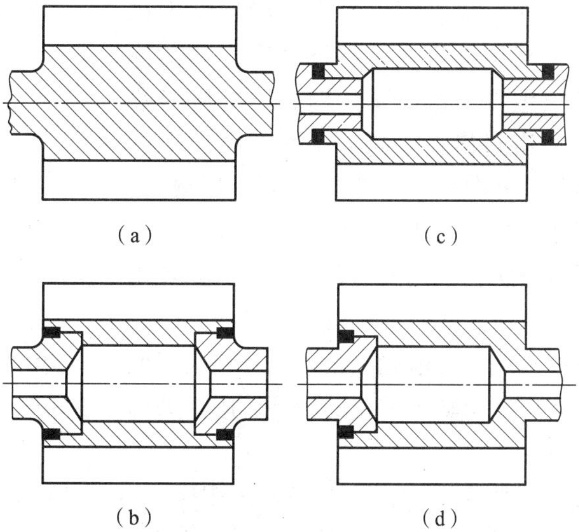

图 10－46　转子结构

（a）整体式；（b），（c），（d）组合式

当排气温度较高时，为了减小转子的变形，无油螺杆压缩机的转子可采用内部冷却的结构。图 10－47 所示为一种无油压缩机转子内部冷却系统。

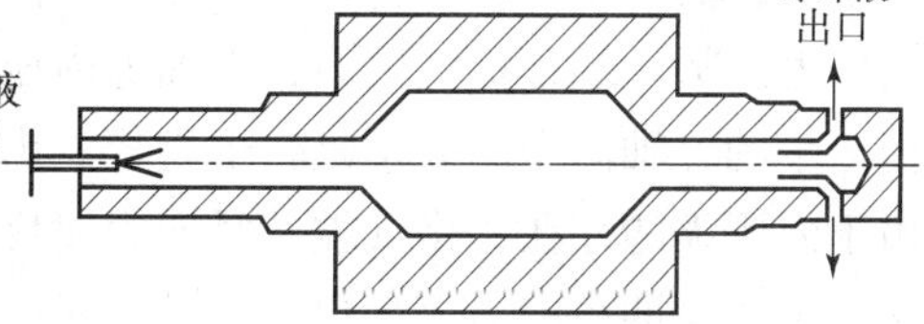

图 10－47　无油压缩机转子内部冷却系统

在螺杆式压缩机中，有时在阴、阳转子的齿顶设有密封齿，并在阳转子齿根圆的相应部位开密封槽，如图 10－48所示。密封齿数及其位置，

有多种方案可供选择。以阴转子为例，图 10－49 中示出了Ⅰ、Ⅱ、Ⅲ共三种方案。另外，有时还在转子的端面，特别是排气端面，加工成许多密封肋，其形状如图 10－48 中 *A*—*A*、*B*—*B* 剖视图所示。这种密封齿可与转子作为一个整体，也可以镶嵌在铣制的窄槽内。

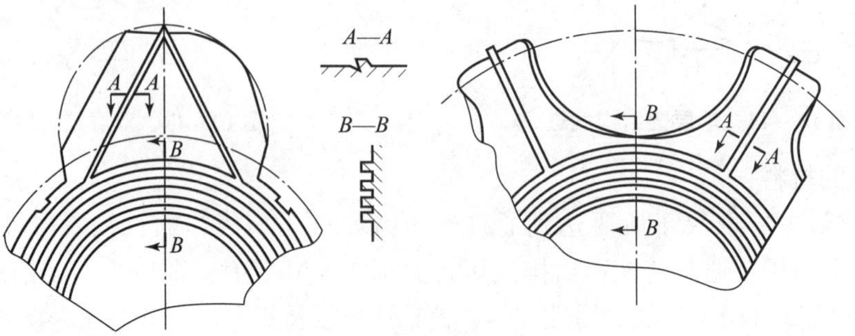

图 10－48　转子密封齿

大多数的无油螺杆压缩机转子齿顶设有密封齿，其目的是使压缩机在实际运行工况下的间隙尽可能小。在刚开始运行后的一段时间内，密封齿能对加工误差、转子变形和热膨胀进行补偿，从而使压缩机在工作时能保持非常小的均匀间隙，使泄漏量尽量减少。当压缩机被逐步加载到额定的运行工况和相应的排气温度时，可以得到压缩机在该工况下的最高效率。但当压缩机在更高排气温度下运行一段时间，再回到低排气温度工况下运行时，压缩机的效率将降低一些。这是因为密封齿在过高的温度下会产生更多的磨损，从而导致运行在较低温度工况时，泄漏量增大。另外，在非正常情况下，密封齿还能起到应急保护作用。如当转子振动、轴承损坏，致使转子与气缸接触时，密封齿可防止引起大面积的咬伤，避免出现严重事故。

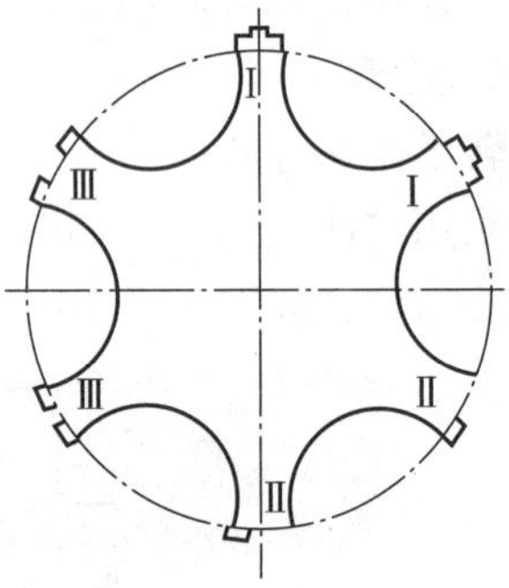

图 10－49　密封齿方案

在喷油螺杆压缩机中，由于排气温度较低、转子热胀较小，一般不设置密封齿。因为设置齿顶密封齿会导致螺杆压缩机的泄漏三角形面积增大，而且还会给加工带来困难，加大制造费用。另外，当螺杆式压缩机转子型线的齿顶圆附近截面足够小时，型线本身就可以起到齿顶密封齿的作用。

螺杆压缩机转子的毛坯常为锻件，一般多采用中碳钢（中 45 号钢等），有特殊要求时也有采用 40Cr 等合金钢或铝合金的。为了便于加工、降低成本，目前也有采用 QT600－3 球墨铸铁的。

3. 轴承

在螺杆式压缩机的转子上，作用有轴向力和径向力。径向力是由于转子两侧所受压力不同而产生的，其大小与转子直径、长径比、内压比及运行工况有关。轴向力是由于转子一端是吸气压力，另一端是排气压力，再加上内压缩过程的影响，以及一个转子驱动另一转子等因素而产生的，轴向力的大小是转子直径、内压比及运行工况的函数。

由于内压缩的存在，排气端的径向力要比吸气端大。由于转子的形状及压力作用面积不同，两转子所受的径向力大小也不一样，实际上阴转子的径向力较大。因此承受径向力的轴承负荷由大到小依次是：阴转子排气端轴承、阳转子排气端轴承、阴转子吸气端轴承和阳转子吸气端轴承。同样，两转子所受轴向力大小也不同，阳转子受力较大。轴向力之间的差别比径向力的差别大得多，阳转子所受轴向力大约是阴转子的 4 倍。

螺杆式压缩机常用的轴承有滚动轴承和滑动轴承两种。在螺杆式压缩机设计中，无论采用何种形式的轴承，都应确保转子的一端固定，另一端能够伸缩。一般情况下，转子在排出侧轴向定位，在吸入侧留有较大的轴向间隙，让其自由膨胀，以便保持排出端有不变的最小间隙值，使气体泄漏为最小，并避免端面磨损。

在无油螺杆空气压缩机中，通常采用高精度的滚动轴承，以便得到高的安装精度，使压缩机获得良好的性能。由于无油螺杆压缩机的转速很高，在选择滚动轴承时，应保证其有足够长的寿命。无油螺杆压缩机工作在中压或高压工况时，滚动轴承的计算寿命往往较低，因此，无油螺杆压缩机的轴向或径向轴承有时也采用滑动轴承。

在喷油螺杆空气压缩机中，由于轴向力及径向力都不大，故都采用滚动轴承。承受轴向力的轴承总是放在排气端，以获得最小的排气端面间隙。通常，用分别安装在转子两端的圆柱滚子轴承承受转子的径向载荷，用安装在排气端的一个角接触球轴承承受轴向载荷，并对转子进行双向定位。在一些机器中，用一对背靠背安装的圆锥滚子轴承或角接触球轴承同时承受径向和轴向载荷。

4. 轴封

1）无油螺杆压缩机的轴封

在无油螺杆压缩机中，压缩过程是在一个完全无油的环境中进行的，这就要求在压缩机的润滑区与气体区之间设置可靠的轴封。轴封不仅需要能在高圆周速度之下有效地工作，并且必须有一定的弹性，以适应采用滑动推力轴承时转子可能产生的轴向移动。另外，轴封的材料还必须能耐压缩机所压缩气体的化学腐蚀。目前无油螺杆压缩机的轴封主要有石墨环式、迷宫式和机械式三种。

图 10－50 所示为最常用的石墨环式轴封，这种轴封包括一组密封盒。密封盒的数量随密封压力的不同而不同，一般为 4～5 个，且排气侧的密封盒多于吸气侧的密封盒数。石墨环 4 在轴向靠波纹弹簧 2 压紧在密封盒 5 和保护圈 1 的侧面上，以防止气体经石墨环的两侧泄漏。

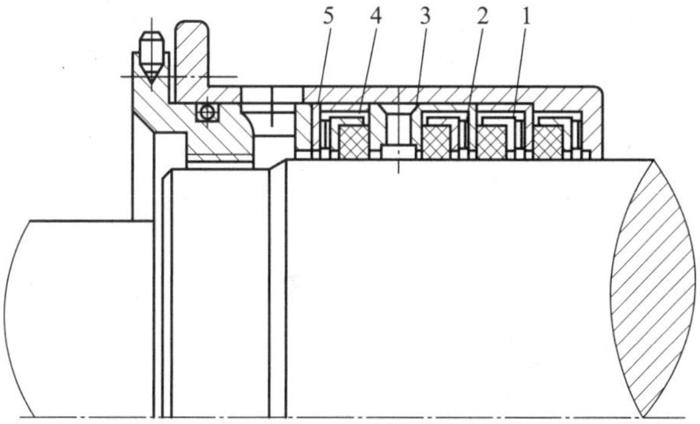

图 10－50　石墨环式轴封

1—保护圈；2—波纹弹簧；3—引气环；4—整圈石墨环；5—密封盒

石墨环式轴封的密封环由摩擦系数较低的石墨制成，且石墨具有良好的自润滑性，可使石墨环与轴颈接触。为了保证强度和使环孔的热膨胀率与转子轴材料的热膨胀率相同，在密封环上装有钢制支承环。

石墨环式轴封采用环状波纹弹簧，把密封环压向密封表面，以防止气体经石墨环的两侧面泄漏。当轴的旋转中心发生变化时，借助于环孔和弹簧的作用，密封环也移动到新的位置并保持在这一位置，从而防止了磨损现象的产生。

图 10－51 所示为无油螺杆压缩机中采用的迷宫式轴封。在这种轴封中，密封齿和密封面之间有很小的间隙，并形成曲折的流道，使气体从高压侧向低压侧流动产生很大的阻力，以阻止气体的泄漏。密封齿可以放在轴上，与轴一起转动，也可以做成具有内密封齿的密封环，固定在机体上。多数情况下，密封齿加工在与轴固定的一个轴套上，当密封齿损坏时便于更换。

在无油螺杆压缩机中，无论采用石墨式轴封还是迷宫式轴封，都可用压力稍高于压缩机内气体压力的惰性气体充入轴封内，以阻止高压气体向外界泄漏。

当无油螺杆压缩机的转速较低时，还可以采用如图 10－52 所示的有油润滑的机械式轴封，这种轴封工作可靠，密封性好。然而，这种轴封需要少量的润滑油流过密封表面，这些润滑油可能会混入所压缩的气体中。如果所压缩气体不允许有这种少量的污染，则需在轴封和压缩机腔之间开一个排油槽。在无油螺杆压缩机的工作转速下，采用有油润滑的机械式轴封时，所消耗的功是比较大的。

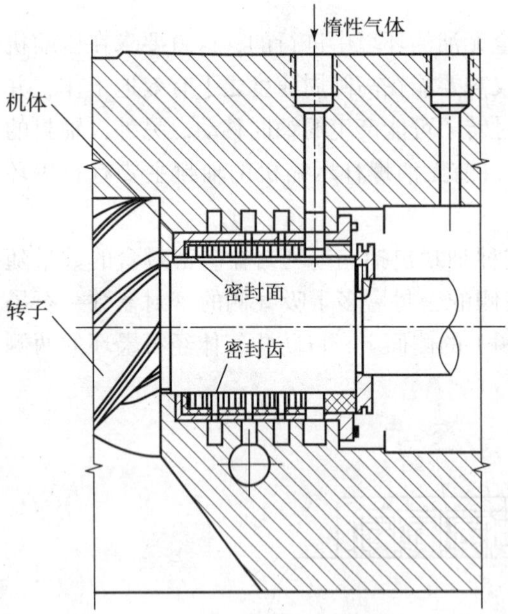

图 10－51　迷宫式轴封

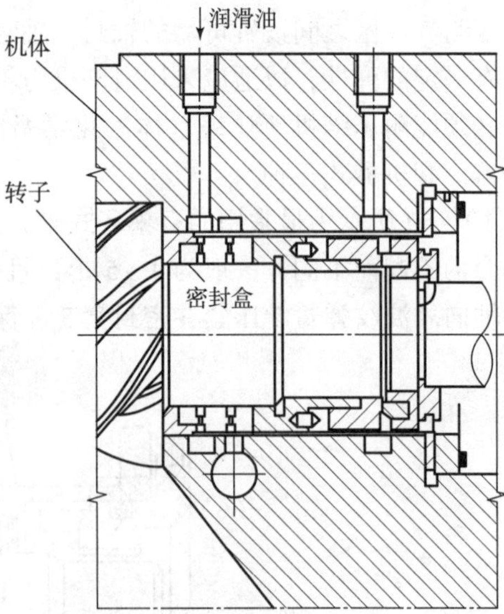

图 10－52　无油螺杆压缩机的机械式轴封

2）喷油螺杆空气压缩机的轴封

这类压缩机都采用滚动轴承，为了防止压缩腔的气体通过转子轴向外泄漏，在排气端的转子工作段与轴承之间加一个轴封。这种轴封可以做得非常简单，如图 10－53 所示，只要在与轴颈相应的机体处开设特定的油槽，通入具有一定压力的密封油，即可达到有效的轴向密封。

喷油螺杆空气压缩机转子的外伸轴通常都设计在吸气侧，只有在利用吸气节流的方式调节压缩机的气量时，外伸轴上的轴封两侧才可能会有一个大气压力的压差。但由于此处的轴封必须防止润滑油的漏出和未过滤空气的漏入，故在小型空压机中，通常采用简单的唇形密封。在大、中型空压机中，采用如图 10－54 所示的有油润滑机械密封。

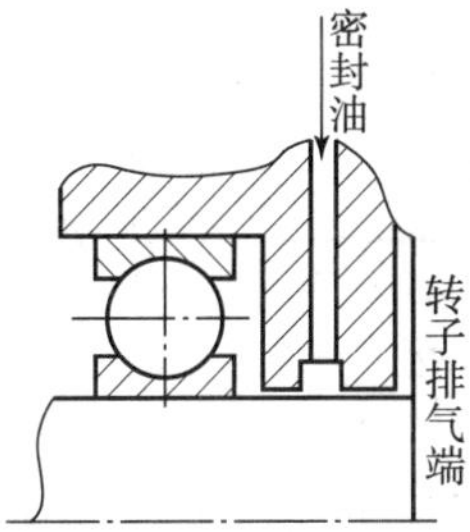

图 10－53　转子轴排气端封

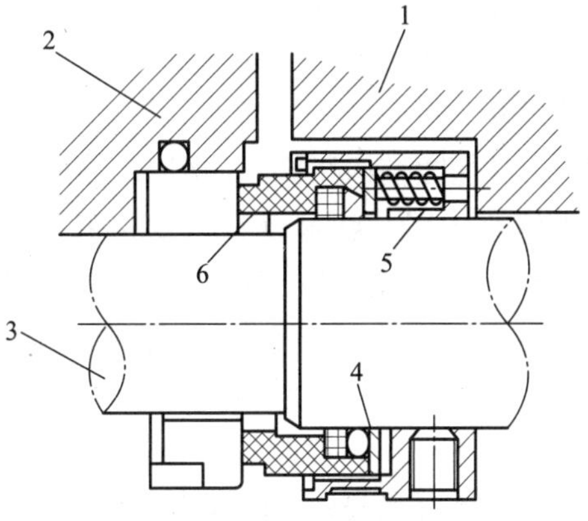

图 10－54　螺杆式空气压缩机转子外伸轴处的轴封

1—机体；2—端盖；3—转子外伸轴；4—动环；5—弹簧；6—静环

5. 同步齿轮

在无油螺杆压缩机中，转子间的间隙和驱动靠同步齿轮来实现。同步齿轮有可调式和不可调式两种结构，通常多采用可调式结构。如图 10－55 所示，小齿圈 1 及大齿圈 2 都套在轮毂 3 上，调整小齿圈 1，使之与大齿圈 2 错开一个微小角度，即可减少与主动齿轮之间的啮合间隙。间隙调整适当以后，将小齿圈 1、大齿圈 2 与轮毂 3 用圆锥销 4 定位，再用螺母 5 将大小齿圈及轮毂固定。为防止螺母松动，螺母 5 之间用防松垫片 6 连接。

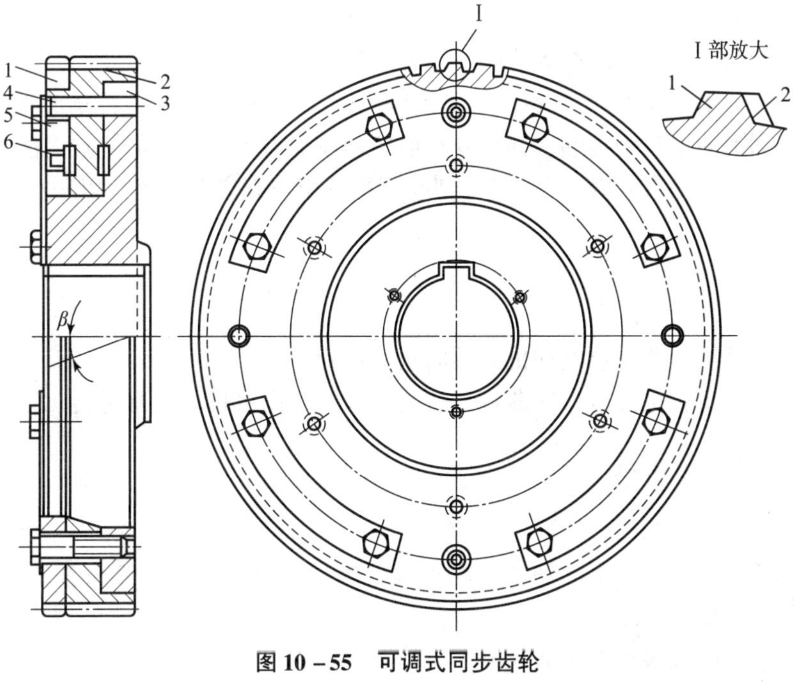

图 10－55　可调式同步齿轮

1—小齿圈；2—大齿圈；3—轮毂；4—圆锥销；5—螺母；6—防松垫片

螺杆式压缩机同步齿轮的齿圈材料可用40CrMo钢，轮毂材料通常为40中碳钢。大小齿圈应组合在一起加工，齿面需经调质处理，硬度以230~270HB为宜。

6. 内容积比调节滑阀

螺杆式压缩机工作过程的重要特点之一是具有内压缩过程，压缩机的最佳工况是内压比等于外压比。若二者不等，无论是欠压缩还是过压缩，经济性都会降低。显然，增大或减小排气孔口的尺寸，将改变齿间容积内气体同排气孔口连通的位置，从而改变内压比。如图10-56所示，通过一种滑阀调节方案，就可以获得变化的排气孔口，从而实现内容积比和内压比的调节。

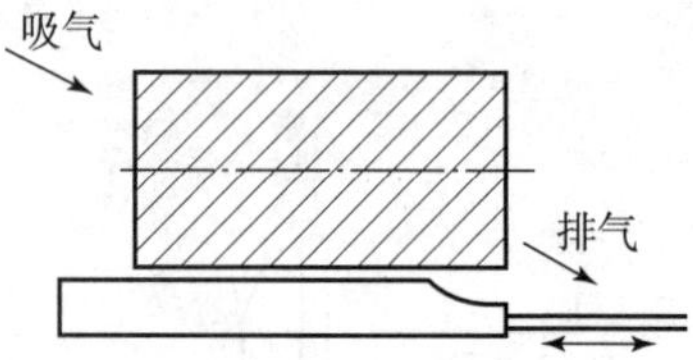

图10-56　内容积比调节滑阀

在实际使用中，还有另外一种较简单的内容积比调节方法，即采用若干个与滑阀完全独立的旁通阀来调节排气孔口的大小。旁通阀可以是轴向的，也可以是径向的。有时还可把旁通阀设计为自动调节，以便对内压缩终了压力与压缩机排气压力之间的压差做出最快的反应。旁通阀不仅可以在压缩机满负荷时使用，也可以在任何载荷情况下使用。

第六节　空压设备的操作

活塞式空压机的运行操作比较复杂，而螺杆式空压机的运行操作相对简单，可按产品要求进行。现给出活塞式空压机运行操作的方法和要求。

一、启动前的准备

(1) 进行外部检查，特别要注意各部螺栓的紧固情况。

(2) 人工盘车2~3 r，检查运动部分有无卡阻现象。

(3) 开动冷却水泵向冷却系统供水，并在漏斗处检查冷却水量是否充足。

(4) 检查润滑油量是否足够，并在开车前转动注油器手轮，以向气缸内注入润滑油。

(5) 关闭减荷阀（或打开吸气阀），把空压机调至空载启动位置，以减少电动机的启动负荷。

二、启动

(1) 启动电动机，并注意电动机的转向是否正确。

(2) 待电动机运转正常后，逐渐打开减荷阀，使空压机投入正常运转。

三、运转中注意事项

(1) 注意各部声响和振动情况。

(2) 注意检查注油器油室的油量是否足够，机身油池内的油面是否在油标尺规定的范围内，各部供油情况是否良好。

(3) 注意检查电气仪表的读数和电动机的温度。

(4) 空压机每工作两小时，将中间冷却器、后冷却器内的油水排放一次；每班将风包内的油水排放一次。

（5）注意检查各部温度和压力表的读数。

润滑油压力在（1.47～2.45）$\times 10^5$ Pa，但不低于 0.981 $\times 10^5$ Pa；冷却水最高排水温度不超过 40 ℃；机身内油温不超过 60 ℃；各级排气温度不超过 160 ℃；一级压力表和二级压力表读数在规定范围内。

（6）当发现润滑油、冷却水中断，排气压力突然上升，安全阀失灵，声音不正常和出现异常情况时，应立即停车处理。

四、停车

（1）逐渐关闭减荷阀，使空压机进入空载运转（紧急停车时可不进行此步骤）。

（2）切断电源，使机器停止运转。

（3）逐渐关闭冷却水的进水阀门，使冷却水泵停止运转。在冬季应将各级水套、中间冷却器和后冷却器内的存水全部放出，以免冻裂机器。

（4）放出末级排气管处的压气。

（5）停机 10 天以上时，应向各摩擦面注入足够的润滑油。

第七节　空压机设备的检测和检修

一、空压机的检测和检修

活塞式空压机在运转中可能发生的故障及排除方法如表 10－3 所示。

表 10－3　活塞式空压机的故障及排除方法

故障现象	产生原因	排除方法
空压机发出不正常声响	1. 气缸的余隙太小； 2. 活塞杆与活塞连接螺母松动； 3. 气缸内掉进阀片、弹簧等碎体或其他异物； 4. 活塞端面螺堵松扣，顶在气缸盖上； 5. 活塞杆与十字头连接不牢，活塞撞击气缸盖； 6. 气阀松动或损坏； 7. 阀座装入阀室时没放正，阀室上的压盖螺栓没拧紧； 8. 活塞环松动	1. 调整余隙大小； 2. 锁紧螺母； 3. 立即停机，取出异物； 4. 拧紧螺堵，必要时进行修理或更换； 5. 调整活塞端面死点间隙，拧紧螺母； 6. 上紧气阀部件或更换； 7. 检查阀是否安装正确，拧紧阀室上的压盖螺栓； 8. 更换活塞
气缸过热	1. 冷却水中断或供水量不足； 2. 冷却水进水管路堵塞； 3. 水套、中间冷却器内水垢太厚； 4. 注油器的供油量不足	1. 停机检查，增大供水量； 2. 检查疏通； 3. 清除水垢； 4. 检修注油器，增大供油量

续表

故障现象	产生原因	排除方法
轴承及十字头滑道过热	1. 润滑油过脏，油压过低； 2. 轴承配合不符合要求； 3. 曲轴弯曲或扭曲； 4. 润滑油或润滑脂过多	1. 清洗油池，换油，检查油泵，调整油压； 2. 检查、调整轴承的装配状况； 3. 更换或修理曲轴； 4. 减少供油量或装脂量
排气量不够	1. 转速不够； 2. 滤风器阻力过大或堵塞； 3. 气阀不严密； 4. 活塞环或活塞杆磨损，气体内泄； 5. 填料箱、安全阀不严密，气体外泄； 6. 气阀积垢太多，阻力过大； 7. 气缸水套和中间冷却器的水垢太厚，气体进入气缸有预热； 8. 余隙容积过大； 9. 气缸盖与气缸体结合不严	1. 查找原因，提高转速； 2. 清洗滤风器； 3. 检查修理； 4. 检查修理或更换； 5. 检查修理； 6. 清洗气阀； 7. 清除水垢； 8. 调整余隙； 9. 刮研气缸盖与气缸体结合面或换气缸垫
填料漏气	1. 密封圈内径磨损严重，与活塞杆密封不严； 2. 密封圈上的弹簧损坏或弹力不够； 3. 活塞杆磨损； 4. 油管堵塞或供油不足； 5. 密封元件间垫有脏物	1. 检修或更换密封圈； 2. 更换弹簧； 3. 进行修磨或更换； 4. 清洗疏通油管，增加供油量； 5. 检查清洗
齿轮油泵压力不够或不上油	1. 油池内油量不够； 2. 滤油器、滤油盒堵塞； 3. 油管不严密或堵塞； 4. 油泵盖板不严； 5. 齿轮啮合间隙磨损过大； 6. 齿轮与泵体磨损间隙过大； 7. 油压调节阀调得不合适，或调节弹簧太软； 8. 润滑油质量不符合规定，黏度过小； 9. 油压表失灵	1. 添加润滑油； 2. 进行清洗； 3. 检查紧固，清洗疏通； 4. 检查紧固； 5. 更换齿轮； 6. 更换齿轮油泵； 7. 重新调整，更换弹簧； 8. 更换润滑油； 9. 更换
注油器供油不良	1. 柱塞与泵体磨损过大； 2. 管路堵塞或漏油； 3. 逆止阀不严密	1. 更换柱塞泵或泵体； 2. 清洗疏通或紧螺母，加垫，更换油管； 3. 进行研磨修理
各级压力分配失调	1. 当二级达到额定压力时，一级排气压力过低（低于 2×10^5 Pa），一级吸、排气阀损坏漏气； 2. 一级排气压力过高（高于 2.25×10^5 Pa），二级吸、排气阀损坏漏气	1. 研磨一级吸、排气阀阀座、阀盖、阀片，或更换阀片与弹簧； 2. 研磨二级吸、排气阀阀座、阀盖、阀片，或更换阀片与弹簧

续表

故障现象	产生原因	排除方法
排气温度过高	1. 一级进气温度过高； 2. 冷却水量不足，水管破裂，水泵出故障； 3. 水垢过厚，影响冷却效果； 4. 气阀漏气，压出的高温气体又流回气缸，再经压缩而使排气温度过高； 5. 活塞环破损或精度不够，使活塞两侧互相窜气	1. 降低进气温度； 2. 更换水管，检修水泵； 3. 清除水套、中间冷却器中的水垢； 4. 研磨阀座、阀盖、阀片，或更换阀片与弹簧； 5. 更换活塞环
气缸中有水	1. 水腔或缸体垫片漏水； 2. 中间冷却器密封不严或水路破裂	1. 拧紧气缸连接螺栓，更换垫片； 2. 拆开检修，必要时更换水管

二、活塞式空压机的拆卸与装配

（一）拆卸须知

（1）放出机器内残存的压气、润滑油和水。

（2）拆卸后的零件应妥善保存，不得碰伤或丢失。

（3）重要零件拆卸时应注意装配位置，必要时应做上记号。

（4）拆卸大件需用起重设备时，应注意其重心，保证安全。

（5）如果必须拆卸机器与基础的连接时，应放在最后进行，以免机器倾倒造成事故。

（二）拆卸顺序

（1）先拆去进、排气管，油管，冷却水管，滤风器和注油器等。

（2）拆去中间冷却器。

（3）拆去各级吸、排气阀。

（4）拆下各级气缸盖。

（5）拆下十字头螺母，将活塞与活塞杆一起取下。

（6）拧下气缸与机身的连接螺母，将气缸体连同气缸座一起取下。

（7）卸下十字头销，取出十字头。

（8）拧下螺栓及螺母，取出连杆，并注意将轴瓦及垫片组按原来位置放好。

（9）拆下齿轮油泵及大皮带轮。

（10）拆下轴承盖，取出曲轴（或不拆大皮带轮，将大皮带轮连同曲轴一起取下。）

（三）装配

（1）装配前应将所有零件清洗或擦拭干净。当以煤油清洗时，必须待煤油挥发后才可装配并在配合面上涂以机油。

（2）各配合零件若发现有拉毛现象或边缘毛刺，则应研磨光滑。

（3）装配时要检查各主要部件的配合间隙及活塞内外止点间隙。

（4）连杆大小头瓦在装配前应用涂色法检验与配合零件的贴合情况，其接触面积一般应保持在75%左右，两个连杆螺栓的紧固程度应一致。

（5）装配顺序与拆卸顺序相反。

思考题与习题

1. 简述活塞式空压机的工作原理。

2. 空压机的工作参数有哪些？

3. 理论工作循环与实际工作循环有哪些区别？用 $p-V$ 图说明。

4. 从三种不同压缩过程的理论循环功分析，为什么等温压缩时最省功？

5. 空压机的排量受哪些因素影响？提高空压机供气效率的途径有哪些？

6. 为何矿用空压机均采用两级压缩？比较一级压缩和两级压缩空压机的优缺点。

7. 某单级空压机吸入的自由空气量为 20 m^3/min，温度为 20 ℃，压力为 0.1 MPa，若 $n=1.25$，使其最终压力提高到 $p_2=0.4$ MPa（表压），求最终温度、最终容积及消耗的理论功。

8. 某两级空压机，吸气温度为 20 ℃，吸气量为 4 m^3，由初压 $p_1=0.1$ MPa 压缩到终压 0.8 MPa（表压），若 $n=1.3$，试求最佳中间压力 p_z 和理论循环功。

9. 空压机由哪几部分机构组成？各机构又包括哪些部件？试述 4 L 空压机的压气流程、动力传递流程、润滑系统和冷却系统。

10. 如何调节气缸的余隙容积？

11. 滤风器和风包各有什么作用？它们应设置在何处？为什么？

12. 空压机润滑的目的是什么？为什么要分气缸和传动机械两套润滑系统？

13. 空压机设置冷却装置有哪些作用？空压机的冷却水循环系统是如何工作的？

14. 空压机排气量调节的目的是什么？常用的调节方法和装置有哪几种？各种调节方法有何优缺点？

15. 螺杆式压缩机与活塞式压缩机的示功图的特征有什么异同点？

16. 影响螺杆式压缩机容积效率和绝热效率的主要因素有哪些？

17. 螺杆式压缩机主要设计参数有哪些？对螺杆式压缩机性能的影响如何？

18. 为什么要调节内容积比？调节方法有哪些？

19. 活塞式空压机为什么要空载启动？怎样实现空载启动？

20. 活塞式空压机在运转时常发生什么故障？应如何排除？

21. 活塞式空压机的拆卸、装配顺序如何？

22. 试述矿井输气管网漏气量的测定法。

23. 选择压气设备的原则是什么？

24. 影响空压机站排气能力的因素有哪些？

参考文献

［1］谢锡纯，李晓豁．矿山机械与设备［M］．徐州：中国矿业大学出版社，2012.

［2］程居山．矿山机械［M］．徐州：中国矿业大学出版社，1997.

［3］李峰．现代采掘机械［M］．北京：煤炭工业出版社，2011.

［4］王仓寅，丁原廉．采掘机械［M］．北京：煤炭工业出版社，2005.

［5］毋虎城，王国文．煤矿采掘运机械使用与维护［M］．北京：煤炭工业出版社，2012.

［6］国家安全生产监督管理总局，国家煤矿安全监察局．煤矿安全规程［M］．北京：煤炭工业出版社，2016.

［7］何全茂，王国文．煤矿固定机械运行与维护［M］．北京：煤炭工业出版社，2011.

［8］黄开启，古莹奎．矿山机电设备使用与维修［M］．北京：化学工业出版社，2011.

［9］赵汝星，陈希．矿山机械运行与维护［M］．北京：中国劳动出版社，2010.

［10］汪浩．煤矿机械修理与安装［M］．北京：煤炭工业出版社，2010.

［11］丁杰．采掘机械使用与维护［M］．徐州：中国矿业大学出版社，2009.

［12］于励民，仵自连．矿山设备选型使用手册［M］．北京：煤炭工业出版社，2007.

［13］徐从清．矿山机械［M］．徐州：中国矿业大学出版社，2009.

［14］陈维健．矿井运输与提升设备［M］．徐州：中国矿业大学出版社，2007.

［15］裴文喜．矿山运输与提升设备［M］．北京：煤炭工业出版社，2004.

［16］毋虎城．采掘运机械［M］．北京：煤炭工业出版社，2011.

［17］方慎权．煤矿机械［M］．徐州：中国矿业大学出版社，1986.

［18］程居山．矿山机械［M］．徐州：中国矿业大学出版社，1997.

［19］李树森．矿井轨道运输［M］．北京：煤炭工业出版社，1986.

［20］孙玉蓉，周法礼．矿井提升设备［M］．北京：煤炭工业出版社，1995.

［21］能源部．煤矿安全规程［M］．北京：煤炭工业出版社，1992.

［22］牛树仁，陈滋平．煤矿固定机械及运输设备［M］．北京：煤炭工业出版社，1988.

［23］尹清泉，刘英林．胶带输送机［M］．太原：山西科学技术出版社，1993.

［24］杨复兴．胶带运输机结构、原理与计算［M］．北京：煤炭工业出版社，1983.

［25］陈玉凡．矿山机械［M］．北京：冶金工业出版社，1981.

［26］于学谦．矿山运输机械［M］．徐州：中国矿业大学出版社，1989.

［27］张景松．流体机械［M］．徐州：中国矿业大学出版社，2001.

［28］陈伯时．电力拖动自动控制系统［M］．北京：机械工业出版社，1997.

［29］陈维健．矿井运输与提升设备［M］．徐州：中国矿业大学出版社，2007.

［30］裴文喜．矿山运输与提升设备［M］．北京：煤炭工业出版社，2004.
［31］中国矿业大学．矿山运输机械［M］．北京：煤炭工业出版社，1979.
［32］张书征．矿山流体机械［M］．北京：煤炭工业出版社，2013.
［33］陈更林，李德玉．流体力学与流体机械［M］．徐州：中国矿业大学出版社，2012.
［34］孟凡英．流体力学与流体机械［M］．北京：煤炭工业出版社，2006.
［35］毛君．煤矿固定机械及运输设备［M］．北京：煤炭工业出版社，2006.
［36］白铭声，陈祖苏．流体机械［M］．北京：煤炭工业出版社，2005.
［37］王维新．流体力学［M］．北京：煤炭工业出版社，1986.
［38］周谟仁．流体力学泵与风机［M］．第3版．北京：中国建筑出版社，1994.
［39］许维德．流体力学［M］．北京：国防工业出版社，1989.
［40］孔笼．流体力学［M］．北京：机械工业出版社，2003.
［41］张克危．流体机械原理［M］．北京：机械工业出版社，2001.
［42］张景松．流体机械［M］．徐州：中国矿业大学出版社，2001.
［43］白铭声．流体力学和流体机械［M］．北京：煤炭工业出版社，1980.
［44］［英］L·M·米尔恩－汤姆森．理论流体动力学［M］．李裕立，译．北京：机械工业出版社，1984.
［45］G·K·巴切勒．流体运动学引论［M］．沈青，译．北京：科学出版社，1997.
［46］王松岭．流体力学［M］．北京：中国电力出版社，2004.
［47］蔡增基，等．流体力学泵与风机［M］．北京：中国建筑工业出版社，1999.
［48］屠大燕．流体力学与流体机械［M］．北京：中国建筑工业出版社，1994.
［49］张兆顺，等．流体力学［M］．北京：清华大学出版社，1999.
［50］姜兴华，等．流体力学［M］．成都：西南交通大学出版社，1999.